电子系统 EDA 新技术丛书

Xilinx Zynq - 7000 嵌入式系统设计与实现
基于 Arm Cortex - A9 双核处理器和 Vivado 的设计方法
（第二版）

何 宾 编著

电子工业出版社
Publishing House of Electronics Industry
北京·BEIJING

内 容 简 介

本书是在作者已经出版的《Xilinx Zynq-7000 嵌入式系统设计与实现：基于 ARM Cortex-A9 双核处理器和 Vivado 的设计方法》一书的基础上进行修订而成的。本书修订后的内容增加到 30 章。修订后，本书的一大特色就是加入了 Arm 架构及分类、使用 PetaLinux 工具在 Zynq-7000 SoC 上搭建 Ubuntu 操作系统，以及在 Ubuntu 操作系统环境下搭建 Python 语言开发环境，并使用 Python 语言开发应用程序的内容。本书修订后，进一步降低了读者学习 Arm Cortex-A9 嵌入式系统的门槛，并引入了在 Zynq-7000 SoC 上搭建 Ubuntu 操作系统的新方法。此外，将流行的 Python 语言引入到 Arm 嵌入式系统中，进一步拓宽了在 Arm 嵌入式系统上开发应用程序的方法。

本书可以作为学习 Arm Cortex-A9 处理器嵌入式开发、Xilinx Zynq-7000 SoC 嵌入式开发，以及在 Arm 嵌入式系统上使用 Python 语言开发嵌入式应用程序的教材、工程参考用书。

未经许可，不得以任何方式复制或抄袭本书之部分或全部内容。
版权所有，侵权必究。

图书在版编目（CIP）数据

Xilinx Zynq-7000 嵌入式系统设计与实现：基于 Arm Cortex-A9 双核处理器和 Vivado 的设计方法/何宾编著. —2 版. —北京：电子工业出版社，2019.11
（电子系统 EDA 新技术丛书）
ISBN 978-7-121-37471-5

Ⅰ. ①X… Ⅱ. ①何… Ⅲ. ①可编程序逻辑器件—系统设计 Ⅳ. ①TP332.1

中国版本图书馆 CIP 数据核字（2019）第 209107 号

责任编辑：张迪（zhangdi@phei.com.cn）
印　　刷：三河市良远印务有限公司
装　　订：三河市良远印务有限公司
出版发行：电子工业出版社
　　　　　北京市海淀区万寿路 173 信箱　邮编：100036
开　　本：787×1092　1/16　印张：47.5　字数：1216 千字
版　　次：2016 年 7 月第 1 版
　　　　　2019 年 11 月第 2 版
印　　次：2023 年 4 月第 8 次印刷
定　　价：179.00 元

凡所购买电子工业出版社图书有缺损问题，请向购书店调换。若书店售缺，请与本社发行部联系，联系及邮购电话：（010）88254888，88258888。
质量投诉请发邮件至 zlts@phei.com.cn，盗版侵权举报请发邮件至 dbqq@phei.com.cn。
本书咨询联系方式：（010）88254469，zhangdi@phei.com.cn。

学 习 说 明
Study Shows

本书提供的教学视频、教学课件、设计文件、硬件原理图、使用说明下载地址
　　北京汇众新特科技有限公司技术支持网址：
　　http://www.edawiki.com
　　注意：所有教学课件及工程文件仅限购买本书读者学习使用，不得以任何方式传播！

本书作者联络方式
　　电子邮件：hb@gpnewtech.com

购买本书配套 Z7-EDP-1 硬件开发平台事宜由北京汇众新特科技有限公司负责
　　公司官网：http://www.gpnewtech.com
　　市场及服务支持热线：010-83139176，010-83139076

何宾老师的微信公众号

前　　言

本书是在作者已经出版的《Xilinx Zynq - 7000 嵌入式系统设计与实现：基于 ARM Cortex - A9 双核处理器和 Vivado 的设计方法》一书的基础上修订而成的。主要修订内容包括：

（1）删除原书第一章 Zynq - 7000 SoC 的 Vivado 设计流程一节的内容，增加了 Arm 架构及分类一节的内容，系统介绍了 Arm 架构与不同处理器 IP 之间的关系，使得读者能更加系统地了解并掌握 Arm 架构与 Cortex-M、Cortex-R 和 Cotex-A 框架下不同处理器 IP 之间的对应关系。

（2）本书增加了第 30 章，该章主要介绍了 PetaLinux 2018.2 工具，以及通过该工具在 Xilinx SoC 器件上构建 Ubuntu 操作系统环境的方法。需要指出，与本书前面使用传统的方法搭建 Ubuntu 操作系统环境相比，通过 Xilinx 公司自己的 PetaLinux 工具，使得在 Xilinx Zynq - 7000 SoC，以及在 UltraScale MPSoC 上搭建 Ubuntu 操作系统环境更加便捷高效，显著降低了构建操作系统运行环境的难度，更加有利于初学者的入门学习。

（3）作为本书的亮点之一，在使用 PetaLinux 工具构建嵌入式操作系统运行环境的基础上，构建了嵌入式 Python 语言开发环境，并在所构建的环境下使用 Python 语言开发了应用程序。为了比较 Python 语言在 Arm Cortex - A9 嵌入式处理器上的运行性能，同时在 PC/笔记本电脑上也构建了 Python 语言开发环境，并使用 Python 语言开发了应用程序。因此，实现了 Zynq - 7000 SoC 作为服务器，以及 PC/笔记本电脑作为客户端的网络交互和数据传输功能。

（4）修改并更正了书中的一些错误。

考虑到 Vivado 集成开发环境的主要功能和开发界面没有明显的不同。因此，书中所有案例仍然保留原来的开发版本。但是，增加的一章内容使用了较新的 PetaLinux 2018.2 环境。

总体来说，通过本书这一次的修订，使得介绍嵌入式系统设计的内容更加条理化，读者更加容易系统学习基于 Arm Cortex - A9 处理器的嵌入式系统硬件和软件的设计方法，进一步降低了学习 Arm 嵌入式系统和 Xilinx Zynq - 7000 SoC 的难度。

由于作者水平有限，书中难免有不足之处，恳请读者批评指正，以帮助读者今后进一步提高图书的编写质量。同时，也要感谢电子工业出版社的张迪编辑为本书的出版所做出的辛勤工作，还要感谢作者曾经带过并且已经毕业的研究生张艳辉，协助作者修订了本书，使得作者可以将更加精彩的内容奉献给广大读者。

编著者
2019.09 于北京

目 录

第1章 Zynq-7000 SoC 设计导论 ... 1
1.1 全可编程片上系统基础知识 ... 1
- 1.1.1 全可编程片上系统的演进 ... 1
- 1.1.2 SoC 与 MCU 和 CPU 的比较 ... 3
- 1.1.3 全可编程 SoC 诞生的背景 ... 4
- 1.1.4 可编程 SoC 系统技术特点 ... 5
- 1.1.5 全可编程片上系统中的处理器类型 ... 5

1.2 Arm 架构及分类 ... 6
- 1.2.1 M - Profile ... 7
- 1.2.2 R - Profile ... 9
- 1.2.3 A - Profile ... 10

1.3 Zynq-7000 SoC 功能和结构 ... 11
- 1.3.1 Zynq-7000 SoC 产品分类及资源 ... 12
- 1.3.2 Zynq-7000 SoC 的功能 ... 12
- 1.3.3 Zynq-7000 SoC 处理系统的构成 ... 14
- 1.3.4 Zynq-7000 SoC 可编程逻辑的构成 ... 19
- 1.3.5 Zynq-7000 SoC 内的互联结构 ... 20
- 1.3.6 Zynq-7000 SoC 的供电引脚 ... 22
- 1.3.7 Zynq-7000 SoC 内 MIO 到 EMIO 的连接 ... 23
- 1.3.8 Zynq-7000 SoC 内为 PL 分配的信号 ... 28

1.4 Zynq-7000 SoC 在嵌入式系统中的优势 ... 30
- 1.4.1 使用 PL 实现软件算法 ... 30
- 1.4.2 降低功耗 ... 32
- 1.4.3 实时减负 ... 33
- 1.4.4 可重配置计算 ... 34

第2章 AMBA 规范 ... 35
2.1 AMBA 规范及发展 ... 35
- 2.1.1 AMBA 1 ... 36

2.1.2　AMBA 2 ··· 36
　　2.1.3　AMBA 3 ··· 36
　　2.1.4　AMBA 4 ··· 37
　　2.1.5　AMBA 5 ··· 38
2.2　AMBA APB 规范 ··· 40
　　2.2.1　AMBA APB 写传输 ··· 40
　　2.2.2　AMBA APB 读传输 ··· 42
　　2.2.3　AMBA APB 错误响应 ··· 43
　　2.2.4　操作状态 ··· 44
　　2.2.5　AMBA 3 APB 信号 ··· 44
2.3　AMBA AHB 规范 ··· 45
　　2.3.1　AMBA AHB 结构 ··· 45
　　2.3.2　AMBA AHB 操作 ··· 46
　　2.3.3　AMBA AHB 传输类型 ··· 48
　　2.3.4　AMBA AHB 猝发操作 ··· 50
　　2.3.5　AMBA AHB 传输控制信号 ··· 53
　　2.3.6　AMBA AHB 地址译码 ··· 54
　　2.3.7　AMBA AHB 从设备传输响应 ··· 55
　　2.3.8　AMBA AHB 数据总线 ··· 58
　　2.3.9　AMBA AHB 传输仲裁 ··· 59
　　2.3.10　AMBA AHB 分割传输 ··· 64
　　2.3.11　AMBA AHB 复位 ··· 67
　　2.3.12　关于 AHB 数据总线的位宽 ··· 67
　　2.3.13　AMBA AHB 接口设备 ··· 68
2.4　AMBA AXI4 规范 ·· 69
　　2.4.1　AMBA AXI4 概述 ·· 69
　　2.4.2　AMBA AXI4 功能 ·· 70
　　2.4.3　AMBA AXI4 互联结构 ·· 78
　　2.4.4　AXI4 - Lite 功能 ··· 79
　　2.4.5　AXI4 - Stream 功能 ·· 80

第 3 章　Zynq - 7000 系统公共资源及特性 ·· 83

3.1　时钟子系统 ·· 83
　　3.1.1　时钟子系统架构 ··· 83
　　3.1.2　CPU 时钟域 ··· 84
　　3.1.3　时钟编程实例 ··· 86
　　3.1.4　时钟子系统内的生成电路结构 ··· 87

3.2 复位子系统 91
    3.2.1 复位子系统结构和层次 92
    3.2.2 复位流程 93
    3.2.3 复位的结果 94

第4章 Zynq 调试和测试子系统 95

4.1 JTAG 和 DAP 子系统 95
    4.1.1 JTAG 和 DAP 子系统功能 97
    4.1.2 JTAG 和 DAP 子系统 I/O 信号 99
    4.1.3 编程模型 99
    4.1.4 Arm DAP 控制器 101
    4.1.5 跟踪端口接口单元（TPIU） 102
    4.1.6 Xilinx TAP 控制器 102
4.2 CoreSight 系统结构及功能 103
    4.2.1 CoreSight 结构概述 103
    4.2.2 CoreSight 系统功能 104

第5章 Cortex - A9 处理器及指令集 107

5.1 应用处理单元概述 107
    5.1.1 基本功能 107
    5.1.2 系统级视图 108
5.2 Cortex - A9 处理器结构 110
    5.2.1 处理器模式 111
    5.2.2 寄存器 113
    5.2.3 流水线 118
    5.2.4 分支预测 118
    5.2.5 指令和数据对齐 119
    5.2.6 跟踪和调试 121
5.3 Cortex - A9 处理器指令集 122
    5.3.1 指令集基础 122
    5.3.2 数据处理操作 125
    5.3.3 存储器指令 130
    5.3.4 分支 131
    5.3.5 饱和算术 133
    5.3.6 杂项指令 134

第6章 Cortex-A9片上存储器系统结构和功能 ………… 138

6.1 L1 高速缓存 ………… 138
6.1.1 高速缓存背景 ………… 138
6.1.2 高速缓存的优势和问题 ………… 139
6.1.3 存储器层次 ………… 140
6.1.4 高速缓存结构 ………… 140
6.1.5 缓存策略 ………… 145
6.1.6 写和取缓冲区 ………… 147
6.1.7 缓存性能和命中速度 ………… 147
6.1.8 无效和清除缓存 ………… 147
6.1.9 一致性点和统一性点 ………… 149
6.1.10 Zynq-7000 中 Cortex-A9 L1 高速缓存的特性 ………… 151

6.2 存储器顺序 ………… 153
6.2.1 普通、设备和强顺序存储器模型 ………… 154
6.2.2 存储器属性 ………… 155
6.2.3 存储器屏障 ………… 155

6.3 存储器管理单元 ………… 159
6.3.1 MMU 功能描述 ………… 160
6.3.2 虚拟存储器 ………… 161
6.3.3 转换表 ………… 162
6.3.4 页表入口域的描述 ………… 165
6.3.5 TLB 构成 ………… 167
6.3.6 存储器访问顺序 ………… 169

6.4 侦听控制单元 ………… 170
6.4.1 地址过滤 ………… 171
6.4.2 SCU 主设备端口 ………… 171

6.5 L2 高速缓存 ………… 171
6.5.1 互斥 L2-L1 高速缓存配置 ………… 173
6.5.2 高速缓存替换策略 ………… 174
6.5.3 高速缓存锁定 ………… 174
6.5.4 使能/禁止 L2 高速缓存控制器 ………… 176
6.5.5 RAM 访问延迟控制 ………… 176
6.5.6 保存缓冲区操作 ………… 176
6.5.7 在 Cortex-A9 和 L2 控制器之间的优化 ………… 177
6.5.8 预取操作 ………… 178
6.5.9 编程模型 ………… 179

目 录

6.6 片上存储器 180
 6.6.1 片上存储器概述 180
 6.6.2 片上存储器功能 181
6.7 系统地址分配 186
 6.7.1 地址映射 186
 6.7.2 系统总线主设备 188
 6.7.3 I/O 外设 188
 6.7.4 SMC 存储器 188
 6.7.5 SLCR 寄存器 188
 6.7.6 杂项 PS 寄存器 189
 6.7.7 CPU 私有寄存器 189

第 7 章 Zynq-7000 SoC 的 Vivado 基本设计流程 190

7.1 创建新的工程 190
7.2 使用 IP 集成器创建处理器系统 192
7.3 生成顶层 HDL 并导出设计到 SDK 197
7.4 创建应用测试程序 199
7.5 设计验证 202
 7.5.1 验证前的硬件平台准备 202
 7.5.2 设计验证的具体实现 203
7.6 SDK 调试工具的使用 205
 7.6.1 打开前面的设计工程 205
 7.6.2 导入工程到 SDK 205
 7.6.3 建立新的存储器测试工程 205
 7.6.4 运行存储器测试工程 206
 7.6.5 调试存储器测试工程 207
7.7 SDK 性能分析工具 209

第 8 章 Arm GPIO 的原理和控制实现 213

8.1 GPIO 模块原理 213
 8.1.1 GPIO 接口及功能 214
 8.1.2 GPIO 编程流程 217
 8.1.3 I/O 接口 218
 8.1.4 部分寄存器说明 218
 8.1.5 底层读/写函数说明 220
 8.1.6 GPIO 的 API 函数说明 220

XI

8.2 Vivado 环境下 MIO 读/写控制的实现 221
　　8.2.1 调用底层读/写函数编写 GPIO 应用程序 221
　　8.2.2 调用 API 函数编写控制 GPIO 应用程序 224
8.3 Vivado 环境下 EMIO 读/写控制的实现 226
　　8.3.1 调用底层读/写函数编写 GPIO 应用程序 227
　　8.3.2 调用 API 函数编写控制 GPIO 应用程序 232

第9章 Cortex-A9 异常与中断原理及实现 236

9.1 异常原理 236
　　9.1.1 异常类型 237
　　9.1.2 异常处理 241
　　9.1.3 其他异常句柄 242
　　9.1.4 Linux 异常程序流 243
9.2 中断原理 244
　　9.2.1 外部中断请求 244
　　9.2.2 Zynq-7000 SoC 内的中断环境 247
　　9.2.3 中断控制器的功能 248
9.3 Vivado 环境下中断系统的实现 252
　　9.3.1 Cortex-A9 处理器中断及异常初始化流程 252
　　9.3.2 Cortex-A9 GPIO 控制器初始化流程 252
　　9.3.3 导出硬件设计到 SDK 253
　　9.3.4 创建新的应用工程 253
　　9.3.5 运行应用工程 256

第10章 Cortex-A9 定时器原理及实现 257

10.1 定时器系统架构 257
　　10.1.1 CPU 私有定时器和看门狗定时器 257
　　10.1.2 全局定时器/计数器 258
　　10.1.3 系统级看门狗定时器 259
　　10.1.4 3 重定时器/计数器 261
　　10.1.5 I/O 信号 264
10.2 Vivado 环境下定时器的控制实现 264
　　10.2.1 打开前面的设计工程 265
　　10.2.2 创建 SDK 软件工程 265
　　10.2.3 运行软件应用工程 267

目录

第11章　Cortex-A9 DMA控制器原理及实现 268

- 11.1 DMA控制器架构 268
- 11.2 DMA控制器功能 271
  - 11.2.1 考虑AXI交易的因素 272
  - 11.2.2 DMA管理器 273
  - 11.2.3 多通道数据FIFO（MFIFO） 274
  - 11.2.4 存储器—存储器交易 274
  - 11.2.5 PL外设AXI交易 274
  - 11.2.6 PL外设请求接口 275
  - 11.2.7 PL外设长度管理 276
  - 11.2.8 DMAC长度管理 277
  - 11.2.9 事件和中断 278
  - 11.2.10 异常终止 278
  - 11.2.11 安全性 280
  - 11.2.12 IP配置选项 282
- 11.3 DMA控制器编程指南 282
  - 11.3.1 启动控制器 282
  - 11.3.2 执行DMA传输 282
  - 11.3.3 中断服务例程 282
  - 11.3.4 寄存器描述 283
- 11.4 DMA引擎编程指南 284
  - 11.4.1 写微代码编程用于AXI交易的CCRx 284
  - 11.4.2 存储器到存储器传输 284
  - 11.4.3 PL外设DMA传输长度管理 287
  - 11.4.4 使用一个事件重新启动DMA通道 289
  - 11.4.5 中断一个处理器 289
  - 11.4.6 指令集参考 290
- 11.5 编程限制 291
- 11.6 系统功能之控制器复位配置 292
- 11.7 I/O接口 293
  - 11.7.1 AXI主接口 293
  - 11.7.2 外设请求接口 293
- 11.8 Vivado环境下DMA传输的实现 294
  - 11.8.1 DMA控制器初始化流程 295
  - 11.8.2 中断控制器初始化流程 295
  - 11.8.3 中断服务句柄处理流程 296

11.8.4　导出硬件设计到SDK …… 296
11.8.5　创建新的应用工程 …… 297
11.8.6　运行软件应用工程 …… 303

第12章　Cortex-A9安全性扩展 …… 305

12.1　TrustZone硬件架构 …… 305
12.1.1　多核系统的安全性扩展 …… 307
12.1.2　普通世界和安全世界的交互 …… 307

12.2　Zynq-7000 APU内的TrustZone …… 308
12.2.1　CPU安全过渡 …… 309
12.2.2　CP15寄存器访问控制 …… 310
12.2.3　MMU安全性 …… 310
12.2.4　L1缓存安全性 …… 311
12.2.5　安全异常控制 …… 311
12.2.6　CPU调试TrustZone访问控制 …… 311
12.2.7　SCU寄存器访问控制 …… 312
12.2.8　L2缓存中的TrustZone支持 …… 312

第13章　Cortex-A9 NEON原理及实现 …… 313

13.1　SIMD …… 313
13.2　NEON架构 …… 315
13.2.1　与VFP的共性 …… 315
13.2.2　数据类型 …… 316
13.2.3　NEON寄存器 …… 316
13.2.4　NEON指令集 …… 318
13.3　NEON C编译器和汇编器 …… 319
13.3.1　向量化 …… 319
13.3.2　检测NEON …… 319
13.4　NEON优化库 …… 320
13.5　SDK工具提供的优化选项 …… 321
13.6　使用NEON内联函数 …… 324
13.6.1　NEON数据类型 …… 325
13.6.2　NEON内联函数 …… 325
13.7　优化NEON汇编器代码 …… 327
13.8　提高存储器访问效率 …… 328
13.9　自动向量化实现 …… 329

目 录

  13.9.1 导出硬件设计到 SDK ··· 329
  13.9.2 创建新的应用工程 ··· 330
  13.9.3 运行软件应用工程 ··· 331
13.10 NEON 汇编代码实现 ··· 331
  13.10.1 导出硬件设计到 SDK ·· 331
  13.10.2 创建新的应用工程 ·· 332
  13.10.3 运行软件应用工程 ·· 333

第14章 Cortex - A9 外设模块结构及功能 ·· 334

14.1 DDR 存储器控制器 ·· 334
  14.1.1 DDR 存储器控制器接口及功能 ·· 335
  14.1.2 AXI 存储器接口 ·· 337
  14.1.3 DDR 核和交易调度器 ·· 338
  14.1.4 DDRC 仲裁 ·· 338
  14.1.5 DDR 存储器控制器 PHY ·· 340
  14.1.6 DDR 初始化和标定 ··· 340
  14.1.7 纠错码 ·· 341
14.2 静态存储器控制器 ·· 342
  14.2.1 静态存储器控制器接口及功能 ·· 343
  14.2.2 静态存储器控制器和存储器的信号连接 ·· 344
14.3 四 - SPI Flash 控制器 ·· 345
  14.3.1 四 - SPI Flash 控制器功能 ·· 347
  14.3.2 四 - SPI Flash 控制器反馈时钟 ·· 349
  14.3.3 四 - SPI Flash 控制器接口 ·· 349
14.4 SD/SDIO 外设控制器 ··· 351
  14.4.1 SD/SDIO 控制器功能 ·· 352
  14.4.2 SD/SDIO 控制器传输协议 ·· 353
  14.4.3 SD/SDIO 控制器端口信号连接 ·· 356
14.5 USB 主机、设备和 OTG 控制器 ·· 356
  14.5.1 USB 控制器接口及功能 ·· 358
  14.5.2 USB 主机操作模式 ·· 361
  14.5.3 USB 设备操作模式 ·· 363
  14.5.4 USB OTG 操作模式 ·· 365
14.6 吉比特以太网控制器 ··· 365
  14.6.1 吉比特以太网控制器接口及功能 ··· 367
  14.6.2 吉比特以太网控制器接口编程向导 ·· 368
  14.6.3 吉比特以太网控制器接口信号连接 ·· 372

14.7　SPI 控制器 ··· 373
　　14.7.1　SPI 控制器的接口及功能 ··· 374
　　14.7.2　SPI 控制器时钟设置规则 ··· 376
14.8　CAN 控制器 ·· 376
　　14.8.1　CAN 控制器接口及功能 ··· 377
　　14.8.2　CAN 控制器操作模式 ·· 379
　　14.8.3　CAN 控制器消息保存 ·· 380
　　14.8.4　CAN 控制器接收过滤器 ·· 381
　　14.8.5　CAN 控制器编程模型 ·· 382
14.9　UART 控制器 ··· 383
14.10　I^2C 控制器 ··· 387
　　14.10.1　I^2C 速度控制逻辑 ··· 388
　　14.10.2　I^2C 控制器的功能和工作模式 ··· 388
14.11　XADC 转换器接口 ··· 390
　　14.11.1　XADC 转换器接口及功能 ·· 391
　　14.11.2　XADC 命令格式 ·· 392
　　14.11.3　供电传感器报警 ··· 392
14.12　PCI-E 接口 ··· 393

第15章　Zynq-7000 内的可编程逻辑资源 ··· 395

15.1　可编程逻辑资源概述 ··· 395
15.2　可编程逻辑资源功能 ··· 396
　　15.2.1　CLB、Slice 和 LUT ··· 396
　　15.2.2　时钟管理 ·· 396
　　15.2.3　块 RAM ··· 398
　　15.2.4　数字信号处理 ·· 398
　　15.2.5　输入/输出 ··· 399
　　15.2.6　低功耗串行收发器 ·· 400
　　15.2.7　PCI-E 模块 ··· 401
　　15.2.8　XADC（模拟-数字转换器）·· 402
　　15.2.9　配置 ·· 402

第16章　Zynq-7000 内的互联结构 ·· 404

16.1　系统互联架构 ··· 404
　　16.1.1　互联模块及功能 ·· 404
　　16.1.2　数据路径 ·· 406

16.1.3 时钟域 407
16.1.4 连接性 408
16.1.5 AXI ID 409
16.1.6 寄存器概述 409
16.2 服务质量 410
  16.2.1 基本仲裁 410
  16.2.2 高级 QoS 410
  16.2.3 DDR 端口仲裁 411
16.3 AXI_HP 接口 411
  16.3.1 AXI_HP 接口结构及特点 411
  16.3.2 接口数据宽度 415
  16.3.3 交易类型 416
  16.3.4 命令交替和重新排序 416
  16.3.5 性能优化总结 416
16.4 AXI_ACP 接口 417
16.5 AXI_GP 接口 418
16.6 AXI 信号总结 418
16.7 PL 接口选择 422
  16.7.1 使用通用主设备端口的 Cortex - A9 423
  16.7.2 通过通用主设备的 PS DMA 控制器（DMAC） 423
  16.7.3 通过高性能接口的 PL DMA 426
  16.7.4 通过 AXI ACP 的 PL DMA 426
  16.7.5 通过通用 AXI 从（GP）的 PL DMA 426

第17章 Zynq - 7000 SoC 内定制简单 AXI - Lite IP 429

17.1 设计原理 429
17.2 定制 AXI - Lite IP 429
  17.2.1 创建定制 IP 模板 429
  17.2.2 修改定制 IP 设计模板 432
  17.2.3 使用 IP 封装器封装外设 436
17.3 打开并添加 IP 到设计中 440
  17.3.1 打开工程和修改设置 440
  17.3.2 添加定制 IP 到设计 442
  17.3.3 添加 XDC 约束文件 445
17.4 导出硬件到 SDK 446
17.5 建立和验证软件应用工程 446
  17.5.1 建立应用工程 447

17.5.2　下载硬件比特流文件到FPGA ………………………………………… 449
17.5.3　运行应用工程 …………………………………………………………… 450

第18章　Zynq-7000 SoC 内定制复杂 AXI-Lite IP ……………………… 451

18.1　设计原理 …………………………………………………………………………… 451
　18.1.1　VGA IP 核的设计原理 …………………………………………………… 451
　18.1.2　移位寄存器 IP 核的设计原理 …………………………………………… 453
18.2　定制 VGA IP 核 …………………………………………………………………… 454
　18.2.1　创建定制 VGA IP 模板 …………………………………………………… 454
　18.2.2　修改定制 VGA IP 模板 …………………………………………………… 455
　18.2.3　使用 IP 封装器封装 VGA IP ……………………………………………… 459
18.3　定制移位寄存器 IP 核 …………………………………………………………… 460
　18.3.1　创建定制 SHIFTER IP 模板 ……………………………………………… 460
　18.3.2　修改定制 SHIFTER IP 模板 ……………………………………………… 462
　18.3.3　使用 IP 封装器封装 SHIFTER IP ………………………………………… 463
18.4　打开并添加 IP 到设计中 ………………………………………………………… 464
　18.4.1　打开工程和修改设置 ……………………………………………………… 464
　18.4.2　添加定制 IP 到设计 ……………………………………………………… 466
　18.4.3　添加 XDC 约束文件 ……………………………………………………… 470
18.5　导出硬件到 SDK ………………………………………………………………… 471
18.6　建立和验证软件应用工程 ………………………………………………………… 472
　18.6.1　建立应用工程 ……………………………………………………………… 472
　18.6.2　下载硬件比特流文件到 FPGA …………………………………………… 476
　18.6.3　运行应用工程 ……………………………………………………………… 477

第19章　Zynq-7000 AXI HP 数据传输原理及实现 ……………………… 478

19.1　设计原理 …………………………………………………………………………… 478
19.2　构建硬件系统 ……………………………………………………………………… 479
　19.2.1　打开工程和修改设置 ……………………………………………………… 479
　19.2.2　添加并连接 AXI DMA IP 核 ……………………………………………… 480
　19.2.3　添加并连接 FIFO IP 核 …………………………………………………… 482
　19.2.4　连接 DMA 中断到 PS ……………………………………………………… 485
　19.2.5　验证和建立设计 …………………………………………………………… 487
19.3　建立和验证软件工程 ……………………………………………………………… 487
　19.3.1　导出硬件到 SDK …………………………………………………………… 488
　19.3.2　创建软件应用工程 ………………………………………………………… 488

目　录

  19.3.3　下载硬件比特流文件到FPGA ……………………………………………… 497

  19.3.4　运行应用工程 ………………………………………………………………… 497

第20章　Zynq-7000 ACP数据传输原理及实现 …………………………………………… 499

 20.1　设计原理 …………………………………………………………………………… 499

 20.2　打开前面的设计工程 ……………………………………………………………… 499

 20.3　配置PS端口 ………………………………………………………………………… 499

 20.4　添加并连接IP到设计 ……………………………………………………………… 500

  20.4.1　添加IP到设计 ………………………………………………………………… 501

  20.4.2　系统连接 ……………………………………………………………………… 501

  20.4.3　分配地址空间 ………………………………………………………………… 502

 20.5　使用SDK设计和实现应用工程 …………………………………………………… 504

  20.5.1　创建新的软件应用工程 ……………………………………………………… 504

  20.5.2　导入应用程序 ………………………………………………………………… 504

  20.5.3　下载硬件比特流文件到FPGA ……………………………………………… 507

  20.5.4　运行应用工程 ………………………………………………………………… 508

第21章　Zynq-7000软件和硬件协同调试原理及实现 …………………………………… 509

 21.1　设计目标 …………………………………………………………………………… 509

 21.2　ILA核原理 ………………………………………………………………………… 510

  21.2.1　ILA触发器输入逻辑 ………………………………………………………… 510

  21.2.2　多触发器端口的使用 ………………………………………………………… 510

  21.2.3　使用触发器和存储限制条件 ………………………………………………… 510

  21.2.4　ILA触发器输出逻辑 ………………………………………………………… 512

  21.2.5　ILA数据捕获逻辑 …………………………………………………………… 512

  21.2.6　ILA控制与状态逻辑 ………………………………………………………… 513

 21.3　VIO核原理 ………………………………………………………………………… 513

 21.4　构建协同调试硬件系统 …………………………………………………………… 514

  21.4.1　打开前面的设计工程 ………………………………………………………… 514

  21.4.2　添加定制IP …………………………………………………………………… 514

  21.4.3　添加ILA和VIO核 …………………………………………………………… 515

  21.4.4　标记和分配调试网络 ………………………………………………………… 516

 21.5　生成软件工程 ……………………………………………………………………… 518

 21.6　S/H协同调试 ……………………………………………………………………… 520

第22章 Zynq-7000 SoC 启动和配置原理及实现 ... 527

22.1 Zynq-7000 SoC 启动过程 ... 527
22.2 Zynq-7000 SoC 启动要求 ... 527
22.2.1 供电要求 ... 528
22.2.2 时钟要求 ... 528
22.2.3 复位要求 ... 528
22.2.4 模式引脚 ... 528
22.3 Zynq-7000 SoC 内的 BootROM ... 530
22.3.1 BootROM 特性 ... 530
22.3.2 BootROM 头部 ... 531
22.3.3 启动设备 ... 535
22.3.4 BootROM 多启动和启动分区查找 ... 538
22.3.5 调试状态 ... 539
22.3.6 BootROM 后状态 ... 540
22.4 Zynq-7000 SoC 器件配置接口 ... 543
22.4.1 描述功能 ... 544
22.4.2 器件配置流程 ... 545
22.4.3 配置 PL ... 549
22.4.4 寄存器概述 ... 550
22.5 生成 SD 卡镜像文件并启动 ... 551
22.5.1 SD 卡与 xc7z020 接口设计 ... 551
22.5.2 打开前面的设计工程 ... 552
22.5.3 创建第一级启动引导 ... 553
22.5.4 创建 SD 卡启动镜像 ... 553
22.5.5 从 SD 卡启动引导系统 ... 555
22.6 生成 QSPI Flash 镜像并启动 ... 556
22.6.1 QSPI Flash 接口 ... 556
22.6.2 创建 QSPI Flash 镜像 ... 557
22.6.3 从 QSPI Flash 启动引导系统 ... 558
22.7 Cortex-A9 双核系统的配置和运行 ... 558
22.7.1 构建双核硬件系统工程 ... 558
22.7.2 添加并互联 IP 核 ... 559
22.7.3 导出硬件设计到 SDK 中 ... 561
22.7.4 设置板级包支持路径 ... 561
22.7.5 建立 FSBL 应用工程 ... 562
22.7.6 建立 CPU0 应用工程 ... 562

22.7.7	建立CPU1板级支持包	566
22.7.8	建立CPU1应用工程	566
22.7.9	创建SD卡镜像文件	570
22.7.10	双核系统运行和测试	571
22.7.11	双核系统的调试	571

第23章 Zynq-7000 SoC 内 XADC 原理及实现 — 574

23.1 ADC 转换器接口结构 — 574
23.2 ADC 转换器功能 — 575
23.2.1 XADC 的命令格式 — 576
23.2.2 供电传感器报警 — 576
23.3 XADC IP 核结构及信号 — 577
23.4 开发平台上的 XADC 接口 — 578
23.5 在 Zynq-7000 SoC 内构建数模混合系统 — 579
23.5.1 打开前面的设计工程 — 579
23.5.2 配置 PS 端口 — 579
23.5.3 添加并连接 XADC IP 到设计 — 580
23.5.4 查看地址空间 — 582
23.5.5 添加用户约束文件 — 583
23.5.6 设计处理 — 583
23.6 使用 SDK 设计和实现应用工程 — 584
23.6.1 生成新的应用工程 — 584
23.6.2 导入应用程序 — 585
23.6.3 下载硬件比特流文件到 FPGA — 591
23.6.4 运行应用工程 — 591

第24章 Linux 开发环境的构建 — 592

24.1 构建虚拟机环境 — 592
24.2 安装和启动 Ubuntu 14.04 客户机操作系统 — 595
24.2.1 新添加两个磁盘 — 595
24.2.2 设置 CD/DVD（SATA） — 596
24.2.3 安装 Ubuntu 14.04 — 597
24.2.4 更改 Ubuntu 14.04 操作系统启动设备 — 600
24.2.5 启动 Ubuntu 14.04 操作系统 — 600
24.2.6 添加搜索链接资源 — 600
24.3 安装 FTP 工具 — 601

24.3.1	Windows 操作系统下 LeapFTP 安装	601
24.3.2	Ubuntu 操作系统环境下 FTP 安装	602

24.4 安装和启动 SSH 和 GIT 组件 603
    24.4.1 安装和启动 SSH 组件 603
    24.4.2 安装和启动 GIT 组件 604

24.5 安装交叉编译器环境 604
    24.5.1 安装 32 位支持工具包 604
    24.5.2 安装和设置 SDK 2015.4 工具 605

24.6 安装和配置 Qt 集成开发工具 606
    24.6.1 Qt 集成开发工具功能 606
    24.6.2 构建 PC 平台 Qt 环境 607
    24.6.3 构建 Arm 平台 Qt 环境 613

第 25 章 构建 Zynq - 7000 SoC 内 Ubuntu 硬件运行环境 622

25.1 建立新的设计工程 622
25.2 添加 IP 核路径 623
25.3 构建硬件系统 623
    25.3.1 添加和配置 ZYNQ7 IP 624
    25.3.2 添加和配置 VDMA IP 核 625
    25.3.3 添加和配置 AXI Display Controller IP 核 626
    25.3.4 添加和配置 HDMI Transmitter IP 核 627
    25.3.5 添加和配置 VGA IP 核 627
    25.3.6 连接用户自定义 IP 核 627
    25.3.7 添加和配置 Processor System Reset IP 核 630
    25.3.8 连接系统剩余部分 630

25.4 添加设计约束文件 632
25.5 导出硬件文件 633

第 26 章 构建 Zynq - 7000 SoC 内 Ubuntu 软件运行环境 635

26.1 u - boot 原理及实现 635
    26.1.1 下载 u - boot 源码 635
    26.1.2 u - boot 文件结构 636
    26.1.3 u - boot 工作模式 637
    26.1.4 u - boot 启动过程 637
    26.1.5 编译 u - boot 650

26.1.6　链接脚本文件结构 ·· 652
26.2　内核结构及编译 ·· 654
　　26.2.1　内核结构 ·· 654
　　26.2.2　下载 Linux 内核源码 ·· 655
　　26.2.3　内核版本 ·· 655
　　26.2.4　内核系统配置 ·· 655
　　26.2.5　Bootloader 启动过程 ·· 658
　　26.2.6　Linux 内核启动过程 ··· 660
　　26.2.7　编译内核 ·· 662
26.3　设备树原理及实现 ·· 662
　　26.3.1　设备树概述 ·· 662
　　26.3.2　设备树数据格式 ··· 663
　　26.3.3　设备树的编译 ·· 664
26.4　文件系统原理及下载 ··· 664
26.5　生成 Ubuntu 启动镜像 ·· 665
　　26.5.1　生成 FSBL 文件 ··· 666
　　26.5.2　生成 BOOT.bin 启动文件 ·· 666
　　26.5.3　制作 SD 卡 ·· 668
　　26.5.4　复制 BOOT. bin 文件 ·· 670
　　26.5.5　复制编译后的内核文件 ··· 670
　　26.5.6　复制编译后的设备树文件 ·· 671
　　26.5.7　复制文件系统 ·· 671
26.6　启动 Ubuntu 操作系统 ·· 672

第27章　Linux 环境下简单字符设备驱动程序的开发 ············ 674

27.1　驱动程序的必要性 ·· 674
27.2　Linux 操作系统下的设备文件类型 ·· 675
27.3　Linux 驱动的开发流程 ·· 676
27.4　驱动程序的结构框架 ··· 676
　　27.4.1　加载和卸载函数模块 ··· 676
　　27.4.2　字符设备中重要的数据结构和函数 ··· 677
27.5　编写 makefile 文件 ·· 683
27.6　编译驱动程序 ··· 684
27.7　编写测试程序 ··· 685
27.8　运行测试程序 ··· 686

第28章 Linux 环境下包含中断机制驱动程序的开发 688

28.1 设计原理 688
28.2 编写包含中断处理的驱动代码 688
  28.2.1 驱动程序头文件 688
  28.2.2 驱动的加载和卸载函数 689
  28.2.3 file_operations 初始化 691
28.3 编写 makefile 文件 691
28.4 编译驱动程序 692
28.5 测试驱动程序 693

第29章 Linux 环境下图像处理系统的构建 694

29.1 系统整体架构和功能 694
29.2 OV5640 摄像头性能 695
  29.2.1 摄像头捕获模块的硬件 696
  29.2.2 SCCB 接口规范 696
  29.2.3 写摄像头模组寄存器操作 697
  29.2.4 读摄像头模组寄存器操作 698
  29.2.5 摄像头初始化流程 700
29.3 Vivado HLS 实现拉普拉斯算子滤波算法的设计 701
  29.3.1 Vivado HLS 工具的性能和优势 701
  29.3.2 拉普拉斯算法与 HDL 之间的映射 703
29.4 图像处理系统的整体构建 706
29.5 图像处理系统软件的设计 708
  29.5.1 Ubuntu 桌面系统的构建 708
  29.5.2 Qt 图像处理程序的开发 708
29.6 嵌入式图像处理系统测试 710

第30章 Zynq-7000 SoC 上构建和实现 Python 应用 712

30.1 设计所需的硬件环境 712
30.2 构建 PetaLinux 开发环境 712
  30.2.1 PetaLinux 开发环境概述 712
  30.2.2 安装 32 位库 714
  30.2.3 安装并测试 tftp 服务器 714
  30.2.4 下载并安装 PetaLinux 715

- 30.3 构建嵌入式系统硬件 ··· 717
  - 30.3.1 下载并安装 Vivado 2018.2 集成开发环境 ··· 717
  - 30.3.2 添加板级支持包文件 ··· 717
  - 30.3.3 建立新的 Vivado 工程 ··· 717
  - 30.3.4 构建硬件系统 ··· 718
- 30.4 构建嵌入式 Python 开发环境 ··· 721
- 30.5 构建 PC 端 Python 开发环境 ··· 723
- 30.6 服务器和客户端 Python 的开发 ··· 724
  - 30.6.1 服务器端 Python 的开发 ··· 725
  - 30.6.2 客户端 Python 的开发 ··· 726
- 30.7 设计验证 ··· 728
  - 30.7.1 启动服务器程序 ··· 728
  - 30.7.2 启动客户端程序 ··· 729

第1章 Zynq - 7000 SoC 设计导论

本章以 Zynq - 7000 SoC 为代表对 Xilinx 公司的全可编程技术进行了全面的介绍，内容主要包括：全可编程片上系统基础知识、Arm 架构及分类，以及 Zynq - 7000 SoC 功能和结构。

通过对以上内容全面系统的介绍，可以帮助读者把握全可编程片上系统的概念、Arm 架构及分类，以及 Zynq - 7000 SoC 的功能和性能。

1.1 全可编程片上系统基础知识

以传统的现场可编程门阵列（Field Programmable Gate Array，FPGA）结构为基础，将专用的中央处理器单元（Central Processing Unit，CPU）和可编程逻辑资源集成在单个芯片中，产生了一种全新的设计平台，我们将其称为全可编程片上系统（All Programmable System on a Chip，All Programmable SoC）。这个全新平台的诞生，对全球信息技术的发展起到了巨大的推动作用。一方面，使得嵌入式系统的设计结构更加灵活，体积显著缩小，可靠性和系统整体性能明显提高；另一方面，使得 FPGA 可以进入嵌入式系统应用领域，极大地扩展了 FPGA 的应用范围。

1.1.1 全可编程片上系统的演进

在二三十年前，构建一个嵌入式系统需要使用大量的器件。例如，对于一台个人电脑来说，其主板由大量的电子元器件、散热装置及固定连接器组成，如图 1.1 所示。

图 1.1 传统电脑的主板结构

从图中可以看出，实现一个嵌入式系统的基本结构需要使用大量的机械连接装置及专用集成电路（Application Specific Integrated Circuit，ASIC）器件。这种传统的设计结构会带来以下4个方面的问题：

（1）增加了系统的整体功耗；

（2）增加了系统的总成本；

（3）降低了系统的可靠性和安全性；

（4）系统维护成本较高。

随着半导体技术的不断发展，可以将构成计算机基本结构的大量元件集成到单个芯片中，如CPU内核、总线结构、功能丰富的外设控制器，以及模数混合器件。例如，Arm公司向其合作伙伴提供了以Arm CPU体系结构为基础的嵌入式处理器物理知识产权（Intellectual Property，IP）核，以这个嵌入式处理器结构为核心，可以在单个芯片内搭载功能丰富的外设资源，如图1.2所示。这种将一个计算机系统集成到单芯片中的结构称为片上系统（System on a Chip，SoC）。在这个结构中，集成了Arm CPU核、高级微控制器总线结构（Advanced Microcontroller Bus Architecture，AMBA），以及用于和外部不同外设连接的物理IP核。

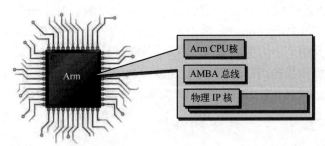

图1.2 以Arm CPU体系结构为核心的片上系统

通过图1.1和图1.2的比较可以发现，采用SoC结构的优势体现在以下5个方面。

1）改善性能

（1）由于将构成电脑结构的绝大部分功能部件集成在单个芯片中，显著地缩短了它们之间的连线长度，因此大大减少了CPU和外设之间信号的传输延迟。

（2）在SoC内，由于构成计算机功能部件的晶体管具有更低的阻抗，因此也降低了逻辑门的翻转延迟。

2）降低功耗

（1）由于半导体技术的不断发展，要求给SoC器件供电的电压在不断降低。例如，SoC器件的供电电压可以降低到2.0V以下。

（2）在SoC内，由于降低了晶体管的电容值，因此在相同的CPU工作频率下，显著降低了系统的整体功耗。

3）减少体积

由于将整个电脑系统的绝大多数元器件集成在一个芯片内，因此大大降低了整个系统的体积和重量。

4）可靠性提高

将整个电脑系统的绝大部分元器件集成在一个芯片内，减少了使用外部器件的数量，与外设连接所需要的接口数量也相应减少。因此，提高了系统的可靠性。

5）降低总成本

由于减少使用外部元器件的数量，因此构成系统所使用印制电路板的面积也相应地缩小。更进一步，缩小了整个系统的封装体积。所以，显著地降低了构成系统的总成本。

正如任何事物总不是十全十美的，SoC 也有其局限性，主要体现在以下 3 个方面。

1）灵活性差

传统电脑可以允许用户更新某个外部的元器件，如 DDR RAM、显卡。但是，一旦 SoC 量产后，更新其内部功能部件的可能性基本没有。

2）专用性强

由于绝大多数的 SoC 器件都是用于某个专门的领域（用途）的，因此很难将其应用到其他的领域，或作为其他用途。

3）设计复杂

通常情况下对于基于 SoC 的系统设计，要求具备软件和硬件相关的系统级设计知识，这个要求要比传统基于 PCB 的系统设计高很多。

因此，一种更灵活的 SoC 结构应运而生，这就是全球知名的可编程逻辑器件厂商——美国 Xilinx 公司所提出的全可编程（All Programmable）SoC 结构。与 SoC 相比，全可编程 SoC 充分利用了现场可编程门阵列内部结构的灵活性，克服了传统 SoC 器件灵活性差、专用性强及设计复杂的缺点；同时，又具备了传统 SoC 器件的所有优势。

1.1.2　SoC 与 MCU 和 CPU 的比较

本小节将对片上系统 SoC、中央处理单元 CPU 和微控制器 MCU 进行比较，以帮助读者清楚地区分它们并且能将它们正确地应用到不同的领域中。

1．SoC 的特点

（1）在 SoC 器件内，可以集成多个功能强大的处理器内核。

（2）在 SoC 器件内，可以集成容量更大的存储器块、不同的 I/O 资源，以及其他外设。

（3）随着半导体工艺的不断发展，在 SoC 器件内也集成了功能更强大的图形处理器单元（Graphics Processing Unit，GPU）、数字信号处理器（Digital Signal Processor，DSP），以及视频和音频解码器等。

（4）在基于 SoC 所构成的系统上，可以运行不同的操作系统，如微软公司的 Windows 操作系统、Linux 操作系统和谷歌公司的 Android 操作系统。

（5）由于 SoC 具有强大的功能，因此它可以用于更高级的应用，如数字设备的主芯片（智能手机、平板电脑）。

2．CPU 的特点

（1）CPU 是单个处理器核。当然，对于 Intel 公司量产的包含多个 CPU 核的芯片来说，已经不是传统意义上的 CPU 了，它已经体现了 SoC 的影子。

(2) CPU 可以用在绝大多数的应用场合,但是需要外部额外的存储器和外设的支持。

3. MCU 的特点

(1) 只有一个处理器内核。
(2) 内部包含了存储器块、基本的 I/O 和其他外设。
(3) MCU 主要用于工业控制领域,如嵌入式应用。

1.1.3 全可编程 SoC 诞生的背景

由于持续地要求嵌入式系统具有更多的功能、更好的性能和灵活性,因此传统的设计方法已经不适应这种要求了。为了得到更高的处理性能,设计人员尝试通过使用高性能的嵌入式处理器,但是遇到了吞吐量和性能方面的限制。而这种限制源于系统和结构的瓶颈,以及存储器带宽的限制。传统上解决问题的方法是专用,即对某个嵌入式系统的应用使用专门的解决方法。例如,数字信号处理器(DSP)用于解决某一类专门的数字信号处理。而对于一些高容量的应用,设计人员可能还需要专门开发 ASIC 芯片。

作为全球知名的可编程逻辑器件供应商,Xilinx 将自己开发的 8 位 PicoBlaze 和 32 位 MicroBlaze 软核嵌入式处理器,以及 IBM 公司的 PowerPC 和 Arm 公司的双核 Cortex - A9 硬核处理器嵌入到 FPGA 芯片中。这种集成了嵌入式处理器的 FPGA 芯片被重新定义成 All Programmable SoC 平台。这种基于 FPGA 的全可编程平台提供了一个更加灵活的解决方案。在这个解决方案中,单个可编程芯片上提供了大量不同的 IP 软核和硬核资源,并且设计人员可以在任何时间对这些资源进行升级。这种全可编程的结构特点,大大缩短了系统的开发时间。并且,同一平台能应用在很多领域,因此极大地提高了平台的资源复用率。

全可编程结构的出现使得设计人员可以优化系统吞吐量和开发周期,并且提供前所未有的软件和硬件逻辑协同设计的灵活性。这种灵活性主要体现在当设计嵌入式系统时,设计人员能够根据系统性能要求和所提供的设计资源,灵活地确定如何将系统所实现的功能合理地分配到软件(也就是 CPU)和可编程逻辑资源。这就是我们所说的软件和硬件设计的协同性,这种协同性不同于传统嵌入式系统的协同设计,这是因为虽然传统的嵌入式系统也使用软件和硬件的协同设计,但是基本上还是大量地使用分离的设计流程。例如,硬件设计人员负责制定硬件设计规范,而软件设计人员负责制定软件设计规范,结果就导致参与嵌入式系统设计的软件和硬件开发人员对同一问题有着截然不同的理解。同时,对设计团队的沟通能力也提出了很高的要求。

目前,随着全可编程 SoC 容量和性能的不断提高,全新的全可编程技术已经应用到不同领域中,如通信、汽车电子、大数据处理、机器学习等。它已经不是传统意义上用于连接不同接口设备的连接逻辑,而是逐渐变成整个嵌入式系统最核心的部分。当传统的可编程逻辑器件发展到全可编程 SoC 后,设计的复杂度也不断提高,硬件和软件的协同设计在这个全可编程平台上显得非常重要。由于全可编程平台集成了大量的包括片上总线和存储器在内的设计资源,设计人员更多的是需要系统设计和系统结构方面的经验,尤其是系统建模的能力。

在全可编程平台设计阶段,设计已经从传统上以硬件描述语言 HDL 为中心的硬件逻辑设计转换到了以 C 语言为代表的软件为中心的功能描述。所以，就形成了以 C 语言描述嵌入式系统结构的功能，而用 HDL 语言描述硬件的具体实现的设计方法，这也是基于全可编程 SoC 和传统上基于 SoC 器件实现嵌入式系统设计的最大区别，即真正实现了软件和硬件的协同设计。

1.1.4 可编程 SoC 系统技术特点

与传统的嵌入式系统设计相比，使用全可编程 SoC 实现嵌入式系统的设计，具有以下 4 个方面的优势。

1. 定制

基于全可编程 SoC 平台，嵌入式系统设计人员可以根据设计的要求灵活地选择所要连接的外设和控制器。这样设计人员就可以在单个全可编程 SoC 内设计出满足特定要求的定制外设，并且通过 Arm AMBA 总线与 Arm 处理器进行连接。对于一些非标准的外设，设计人员很容易地使用全可编程 SoC 实现。例如，通过使用全可编程 SoC，嵌入式开发人员很容易设计出具有 10 个 UART 接口的嵌入式系统，而在基于 SoC 的传统嵌入式系统设计中需要通过外扩 UART 芯片才能实现这个特定的功能和需求。

2. 延长产品生命周期

一些公司，特别是为军方提供产品的公司，它们产品的供货周期常常比标准电子产品的周期要长。对于它们来说，电子元器件的停产将是一个非常严重的问题，因为这将导致这些公司无法继续稳定地为军方提供所需要的电子产品。解决这个问题的一个方法就是在传统的 FPGA 器件内嵌入软核处理器，这样就可以充分满足长期稳定供应电子产品的需求。

3. 降低元器件成本

由于全可编程 SoC 功能的多样性，使得以前需要用很多外部专用 ASIC 器件才能实现的系统现在可以只使用一个全可编程 SoC 器件实现。通过这个平台，不但减少在嵌入式系统设计中所使用的电子元器件数量，而且可以显著缩小电路板的尺寸，因此降低实现嵌入式系统的物理总成本。

4. 硬件加速

当使用全可编程 SoC 实现嵌入式系统时，设计者可以根据需求在硬件实现和软件实现之间进行权衡，使所设计的嵌入式系统满足最好的性价比要求。例如，在实现一个嵌入式系统设计时，当使用软件实现算法成为整个系统性能的瓶颈时，设计人员可以选择在全可编程 SoC 内使用硬件逻辑定制协处理器引擎来高效地实现该算法。这个使用硬件逻辑实现的协处理器，可以通过 AMBA 接口与全可编程 SoC 内的 Arm Cortex - A9 嵌入式处理器连接。此外，通过 Xilinx 所提供的最新高级综合工具 HLS，设计者很容易将软件瓶颈转换为由硬件处理。

1.1.5 全可编程片上系统中的处理器类型

根据不同的需求，全可编程片上系统内的处理器可分为软核处理器和硬核处理器。

1．硬核处理器

在芯片内的硅片上通过划分一定的区域来实现一个处理器称为硬核处理器，早期 Xilinx 将 IBM 公司的 PowerPC 硬核处理器集成到 Virtex-II Pro 到 Virtex-5 系列的 FPGA 芯片中。后来 Xilinx 将 Arm 公司的双核 Cortex-A9 硬核处理器集成到 Zynq-7000 系列的 SoC 芯片中。最近，Xilinx 将 Arm 公司的双核/四核 Cortex-A53 硬核处理器和双核 Cortex-R5 硬核处理器集成到 Zynq UltraScale+ MPSoC 中。

2．软核处理器

对于一些对处理器性能要求不是很高的需求来说，没有必要在硅片上专门划分一定的区域来实现专用的处理器，而是通过使用 FPGA 芯片内所提供的设计资源，包括 LUT、BRAM、触发器和互联资源，实现一个处理器的功能，这就是软核处理器。对于软核处理器来说，它通过 HDL 语言或网表进行描述，然后通过综合后才能被使用。

例如，Arm 提供可以在 Xilinx FPGA 上运行的 Cortex-M0 IP 核（等效逻辑门的 RTL 描述），通过 Vivado 工具的综合和实现，可以在 FPGA 内构建一个嵌入式系统硬件平台。

当采用硬核处理器时，其性能较高，但是整个器件的成本也相对较高，同时灵活性较差。而采用软核处理器正好相反，即性能较低，但是整个器件的成本相对较低，同时灵活性较高，也就是只有需要的时候才在 FPGA 内通过使用逻辑资源生成一个专用嵌入式处理器。

1.2 Arm 架构及分类

术语"架构（Architecture）"是指功能规范。在 Arm 架构的情况下，指的是处理器的功能规范。体系架构指定处理器的行为方式，如处理器的指令和指令的作用。我们可以将架构看作软件和硬件之间的"契约"，该架构描述了软件可以依赖硬件所提供的功能。有些特性是可选的，将在后面的微结构中说明。

Arm CPU 架构使用最先进的微架构技术以支持广泛的性能点，包括 Arm 处理器的小型实现和高级设计的高效实现。架构指定了下面内容，包括：

（1）指令集。每条指令的功能，以及该指令在存储器中的表示方法（编码）。

（2）寄存器集。寄存器的数量、寄存器的大小、寄存器的功能，以及它们的初始状态。

（3）异常模型。不同特权级、异常类型，以及采纳异常和从异常返回时发生的事情。

（4）存储器模型。存储器访问的顺序，以及当软件必须执行准确维护时，缓存的行为。

（5）调试、跟踪和统计。如何设置和触发断点，以及跟踪工具可以捕获的信息和采用的方式。

Arm CPU 架构最初基于精简指令集计算机（Reduced Instruction Set Computer，RISC）原理并包括：

（1）统一寄存器文件，其中指令不限于对特定寄存器执行操作。

（2）一种加载/保存架构，其中数据处理仅在寄存器内容上操作，而不是直接在存储器内容上操作。

（3）简单寻址模式，其中所有加载/保存地址仅由寄存器内容共和指令字段确定。

随着时间的推移，Arm 架构不断发展，其新功能可满足新兴市场的需求，并可改善功能、安全性和性能。

最新的 M - Profile 架构是 Armv8.1 - M，是当前 Armv8 - M 架构的扩展。它带来许多新的功能，包括用于信号处理应用的新的通用矢量扩展，称为 M - Profile 矢量扩展（M - Profile Vector Extension，MVE）。在 Arm Cortex - M 处理器中，MVE 被命名为 Helium。除 MVE 之外，还有许多其他架构增强功能。

Arm 提供了 3 种架构概要（Profile）：A - Profile、R - Profile 和 M - Profile。

（1）A - Profile（应用）。用于复杂的计算应用领域，如服务器、移动电话和汽车主机。

（2）R - Profile（实时）。用于需要实时响应的地方。例如，安全关键应用或需要确定性响应的应用，如医疗设备或车辆转向、制动和信号。

（3）M - Profile（微控制器）。用于能效、功耗和尺寸很重要的地方。M - Profile 特别适合于深度嵌入式芯片。最近，简单的物联网（Internet of Things，IoT）设备已经成为 M - Profile CPU 的关键应用，如小型传感器、通信模块和智能家居产品等。

Arm 架构由内建的调试和可视化工具支持。

不同架构的概要和版本号写作 Armv8 - A、Armv7 - R、Armv6 - M。A、R 和 M 表示相关的架构框架（概要），6、7 和 8 表示架构的不同版本。Arm IP 具有单独的产品编号。

> 注：架构（Architecture）不会告诉你如何构建处理器并真正工作。处理器的构建和设计称为微架构（Micro - Architecture）。微架构告诉你特定处理器的工作原理。微架构包含以下内容，即流水线长度和布局、缓存的数量和大小、单个指令的周期数，以及实现了哪些可选的特性。例如，Cortex - A53 和 Cortex - A72 都实现 Armv8 - A 架构。这意味着它们有相同的架构，但是它们的微结构并不相同。例如，Cortex - A53 为功耗效率优化，它有 8 级流水线，而 Cortex - A72 为性能优化，它有 15+级流水线。架构兼容的软件无须修改即可在 Cortex - A53 或 Cortex - A72 上运行，因为它们都实现了相同的架构。

1.2.1 M - Profile

Arm 生产了一整套处理器，它们提供共享通用指令集和程序员模型，并具有某种程度的向后兼容性。微控制器（M）框架为深度嵌入式系统提供低延迟和高确定性操作。

1. Armv8.1 - M

Armv8.1 - M 将 Armv8 - M 架构带入了新的性能水平，同时又不影响软件开发的简易性和 Arm 第三方生态系统的丰富性。新架构包括 M - Profile 矢量扩展（M - Profile Vector Extenion，MVE），可提供机器学习和信号处理性能水平的显著提升。它实现了简化的程序员 Cortex - M 处理器模型，为数百万开发人员带来了先进的计算能力。在 Arm Cortex - M 处理器中，MVE 被命名为 Arm Helium 技术。该架构还通过 Arm TrustZone 增强了系统范围的安全性。

Armv8.1 - M 架构包括以下功能：

（1）一种有效的矢量处理功能，可加速信号处理和机器学习算法，称为 MVE。

（2）在矢量扩展中支持其他数据类型，如半精度浮点（FP16）和 8 位整数（INT8）。

（3）低开销循环。

（4）聚集加载，分散保存存储器访问。

Arm8.1 - M 有几个可选的新架构扩展，它们是：

（1）Helium - MVE 用于未来的 Arm Cortex - M 处理器。

（2）低开销分支扩展。

（3）用于 MPU 的特权从不执行（Privileged Execute Never，PXN）扩展。

（4）可靠性、可用性和可服务性（Reliablity，Availability and Serviceability，RAS）扩展。

（5）用于调试特性的额外扩展。

2．Armv8 - M

Armv8 - M 架构针对深度嵌入式系统进行了优化。它实现了程序员的模型，专为低延迟处理设计。基于受保护存储器系统架构（Protected Memory System Architecture，PMSA），它可以实现存储器保护单元（Memory Protection Unit，MPU）（可选）。它支持 T32 指令集的"变种"。

Armv8 - M 架构包含以下功能：

（1）新系统级程序员模型。

（2）基于 PMSAv8，允许一个可选的 MPU。

（3）仅支持 T32 指令集的子集。

（4）各种框架扩展，以实现设计的高度灵活性和可扩展性。

Armv8 - M 有几个可选的架构扩展，包括：

（1）主扩展。这提供了与 Armv7 - M 的向后兼容性，并且是浮点和 DSP 扩展所需要的。

（2）安全扩展。这也可以称为 Armv8 - M 的 Arm TrustZone。

（3）浮点扩展。这要求实现主扩展。

（4）调试扩展。

（5）数字信号处理（Digital Signal Processing，DSP）扩展。这需要实现主扩展。

3．Armv7 - M

Armv7 - M 架构为简单的流水线设计提供了机会，可在广泛的市场和应用中提高系统性能水平。它提供低周期数执行最小的中断延迟和无缓存操作，专为深度嵌入式系统而设计。它支持 T32 指令集的"变种"，专为整体大小和确定性操作比绝对性能更重要的实现而设计。

Armv7 - M 有两个可选的架构扩展，包括：

（1）DSP 扩展。

（2）浮点扩展。

4．Armv6 - M

Armv6 - M 架构是 Armv7 - M 的子集，提供：

（1）Armv7 - M 程序员模型的轻量级版本。

（2）调试扩展，包含用于调试支持的架构扩展。

（3）支持 T32 指令集。

（4）向上兼容 Armv7 - M。为 Armv6 - M 开发的应用级和系统级软件可以在 Armv7 - M 上不进行任何修改就可以执行。

Armv6 - M 有一些可选的架构扩展，包括：

（1）非特权/特权扩展。这允许 Armv6 - M 系统使用与 Armv7 - M 先沟通的权限级别。

（2）PMSA 扩展。这需要实现非特权/特权扩展。

M - Profile 与处理器核的对应关系如表 1.1 所示。

表 1.1　M - Profile 与处理器核的对应关系

处理器核	M - Profile	处理器核	M - Profile
Cortex - M35P	Armv8 - M Mainline（Harvard）	Cortex - M3	Armv7 - M Harvard
Cortex - M33	Armv8 - M Mainline（Harvard）	Cortex - M1	Armv6 - M
Cortex - M23	Armv8 - M Baseline（Von Neumann）	Cortex - M0+	Armv6 - M
Cortex - M7	Armv7 - M	Cortex - M0	Armv6 - M
Cortex - M4	Armv7E - M Harvard		

1.2.2　R - Profile

Arm 生产了一整套处理器，它们共享通用指令集和程序员模型，并具有一定程度的向后兼容性。实时（R）概要为安全关键环境提供了高性能处理器。

1．Armv8 - R 架构

Armv8 - R 架构是针对实时框架的最新 Arm 架构。它引入最高安全级别的虚拟化，同时保留了基于 MPU 的 PMSA。它支持 A32 和 T32 指令集。

Armv8 - R 架构引入了很多功能，允许为安全关键环境设计和实现高性能处理器。这些包括：

（1）没有重叠的存储区域。

（2）与 Armv8 - A 模型兼容的新异常模式。

（3）支持客户操作系统的虚拟化。

（4）（可选）支持双精度浮点和高级单指令多数据流（Single Instruction Multiple Data，SIMD）。

2．Armv7 - R 架构

Armv7 - R 架构实现了具有多种模式的传统 Arm 架构，并支持基于 MPU 的 PMSA。它支持 Arm（32 位）和 Thumb（16 位）指令集。

该架构支持多种扩展，这些包括：

（1）多处理扩展。这是一组可选扩展，提供了一组增强多处理功能的特性。

（2）通用定时器扩展。这是一个可选扩展，为其提供系统定时器和低延迟寄存器接口。

（3）性能监视器扩展。该扩展定义了推荐的性能监视器实现，并为性能监视器保留了寄存器空间。

R - Profile 与处理器核的对应关系如表 1.2 所示。

表 1.2 R-Profile 与处理器核的对应关系

处理器核	R-Profile	处理器核	R-Profile
Cortex-R52	Armv8-R	Cortex-R5	Armv7-R
Cortex-R8	Armv7-R	Cortex-R4	Armv7-R
Cortex-R7	Armv7-R		

1.2.3　A-Profile

Arm 生产了一整套处理器，它们共享通用指令集和程序员模型，并具有一定程度的向后兼容性。应用（A）框架瞄准移动和企业等高性能市场。

1. Armv8-A 架构

Armv8-A 架构是针对应用（A）框架的最新一代 Arm 架构。它引入了使用 64 位和 32 位执行状态的能力，分别称为 AArch64 和 AArch32。AArch64 执行状态支持 A64 指令集，保存 64 位寄存器中的地址，并允许基本指令集中的指令使用 64 位寄存器进行处理。AArch32 执行状态是一个 32 位执行状态，它保留了与 Armv7-A 架构的向后兼容性，并增强了该框架，这样它可以支持 AArch64 状态中包含的某些功能。它支持 T32 和 A32 指令集。

Armv8-A 是唯一支持 AArch64 执行的配置文件，其中 AArch64 和 AArch32 之间的关系称为进程间处理。此外，Armv8-A 架构允许不同级别的 AArch64 和 AArch32 支持，例如：

① AArch64 设计。

② AArch64 设计也支持 AArch32 操作系统/虚拟机。

③ AArch64 仅支持（非特权）应用程序级别的 AArch32。

Armv8 架构引入了大量的变化，能够实现更高性能的处理器，包括：

（1）大物理地址。这使得处理器能够访问超过 4GB 的物理存储器。

（2）64 位虚拟寻址。这使得虚拟存储器超过 4GB 限制。这对于使用存储器映射文件 I/O 或稀疏寻址的现代桌面和服务器软件非常重要。

（3）自动事件信令。能实现高效的和高性能的自旋锁。

（4）更大的寄存器文件。31 个 64 位通用寄存器，提高了性能并减少了堆栈的使用。

（5）高效的 64 位立即生成。对文字池的需求较少。

（6）大的 PC 相对寻址范围。±4GB 寻址范围，用于在共享库和位置无关的可执行文件中进行高效的数据寻址。

（7）额外的 16KB 和 64KB 转换颗粒。这减少了转换旁视缓冲区（Translation Lookaside Buffer，TLB）的缺失率和搜索页面的深度。

（8）新异常模型。这降低了操作系统（OS）和监控程序软件的复杂度。

（9）高效的缓存管理。用户空间缓存操作可改善动态代码生成的效率。使用数据缓存零指令可以快速清除数据缓存。

（10）硬件加密的加速。提供 3 倍到 10 倍更好的软件加密性能。这对于小颗粒解密和加密非常有用，因为太小以至于不能有效地卸载到硬件加速器，如 https。

（11）加载-获取、保存-释放指令。专为 C++11、C11、Java 存储器模型设计。它们通过消除显式的存储器屏障指令来提高线程安全代码的性能。

（12）NEON 双精度浮点高级 SIMD。这使得 SIMD 矢量化能应用于更广泛的算法集，如科学计算、高性能计算（High Performance Computing，HPC）和超级计算机。

2. Armv7 - A 架构

Armv7 - A 架构引入了架构框架的概念，该架构框架已经进入 Armv8 架构。它实现了具有多种模式的传统 Arm 架构，支持基于 MMU 的 VMSA，并支持 Arm（A32）和 Thumb（T32）指令集。

该架构还支持多种扩展，包括：

（1）安全扩展。这是一组可选的扩展，提供了一组便于开发安全应用程序的安全功能。

（2）多处理扩展。这是一组可选的扩展，提供了一组增强多处理功能的功能。

（3）大物理地址扩展。这是一个可选的扩展，它提供了一个地址转换系统，在细粒度转换下，支持高达 40 位的物理地址，它要求实现多处理扩展。

（4）虚拟化扩展。这是一组可选的扩展，为虚拟机监视器提供硬件支持，称为监控程序（Hypervisor），以在客户与操作系统之间切换。它要求实现安全扩展和大物理地址扩展。

（5）通用定时器扩展。这是一个可选的扩展，提供了一个系统定时器和与它接口的低延迟寄存器。它作为大物理地址扩展或虚拟化扩展的一部分，但是也可以使用早期版本的 Armv7 - A 架构实现。

（6）性能监视器扩展。此扩展定义了推荐的性能监视器实现，并为性能监视器保留了寄存器空间。

尽管性能监视器扩展仍然是可选的，但是这些扩展提供的大多数功能都包含在 Armv8 - A 架构中。

A - Profile 与处理器核的对应关系如表 1.3 所示。

表 1.3　A - Profile 与处理器核的对应关系

处理器核	A - Profile	处理器核	A - Profile
Cortex - A76AE	Armv8 - A(Harvard)	Cortex - A35	64 bit Armv8 - A
Cortex - A65AE	Armv8 - A(Harvard)	Cortex - A32	32 bit Armv8 - A
Cortex - A76	Armv8 - A(Harvard)	Cortex - A17	Armv7 - A
Cortex - A75	Armv8 - A(Harvard)	Cortex - A15	Armv7 - A
Cortex - A73	Armv8 - A	Cortex - A9	Armv7 - A
Cortex - A72	Armv8 - A	Cortex - A8	Armv7
Cortex - A57	Armv8 - A	Cortex - A7	Armv7 - A
Cortex - A55	Armv8 - A(Harvard)	Cortex - A5	Armv7 - A
Cortex - A53	Armv8 - A		

1.3　Zynq - 7000 SoC 功能和结构

本节将对 Zynq - 7000 SoC 的功能和结构进行概述，以帮助读者从整体上把握基于 Zynq - 7000 的全可编程 SoC 所提供的功能。

1.3.1 Zynq-7000 SoC 产品分类及资源

Zynq-7000 SoC 产品的分类及资源如表 1.4 所示。

表 1.4 Zynq-7000 SoC 产品的分类及资源

器件名字	Z-7010	Z-7015	Z-7020	Z-7030	Z-7035	Z-7045	Z-7100
元件代号	XC7Z010	XC7Z15	XC7Z020	XC7Z030	XC7Z035	XC7Z045	XC7Z100
处理器核	Arm 双核 Cortex-A9 硬核处理器（包含 CoreSight）						
处理器扩展	每个处理器核包含单精度/双精度浮点单元 NEON						
最高频率	866MHz，最高为 1GHz						
L1 高速缓存	每个处理器都有各自的 32KB 的指令高速缓存和 32KB 的数据高速缓存						
L2 高速缓存	512KB						
片上存储器	256KB						
支持外部存储器	DDR3、DDR3L、DDR2、LPDDR2						
支持外部静态存储器	2 个四-SPI、NAND、NOR						
DMA 通道	8 个，其中 4 个专用于可编程逻辑						
外设	2 个 UART、2 个 CAN 2.0B、2 个 I^2C、2 个 SPI、4 个 32 位 GPIO						
内建 DMA 的外设	2 个 USB2.0（OTG）、2 个三模式千兆以太网、2 个 SD/SDIO						
安全性	第一个启动引导 RSA 认证。用于安全启动的 AES 和 SHA 256 位的加密与认证						
PS 到 PL 接口端口	2 个 AXI 32 位主端口、2 个 AXI 32 位从端口、4 个 AXI 64 位/32 位存储器、一个 AXI 64 位 ACP、16 个中断						
7 系列等效的可编程逻辑	Artix-7	Artix-7	Artix-7	Kintex-7	Kintex-7	Kintex-7	Kintex-7
逻辑单元（估计的 ASIC 门）	28K (~430K)	74K (~1.1M)	85K (~1.3M)	125K (~1.9M)	275K (~4.1M)	350K (~5.2M)	444K (~6.6M)
查找表（LUT）	17600	46200	53200	78600	171900	218600	277400
触发器	35200	92400	106400	157200	343800	437200	554800
总的块 RAM（#36Kb 块）	2.1Mb (60)	2.1Mb (60)	2.1Mb (60)	2.1Mb (60)	2.1Mb (60)	2.1Mb (60)	2.1Mb (60)
可编程 DSP 切片	80	160	220	400	900	900	2020
DSP 峰值性能	100GMAC	200GMAC	276MAC	593GMAC	1334GMAC	1334GMAC	2622GMAC
PCI-E（根端口/端点）	—	Gen2×4	—	Gen2×4	Gen2×8	Gen2×8	Gen2×8
模拟混合信号（AMS）/XADC	2 个 12 位，1Msps 采样率 ADC 转换器，支持最多 17 个差分输入						
安全性	用于可编程逻辑安全配置的 AES 和 SHA 256 位的加密与认证						

1.3.2 Zynq-7000 SoC 的功能

Zynq-7000 系列基于 Xilinx 全可编程的可扩展处理平台（Extensible Processing Platform，EPP）结构，该结构在单芯片内集成了基于 Arm 公司的 Arm Cortex-A9 多核处理器的处理系统（Processing System，PS）和基于 Xilinx 可编程逻辑资源的可编程逻辑（Programmable Logic，PL）系统，如图 1.3 所示。同时，该结构基于最新的高性能低功耗

(High Performance Low Power,HPL)的 28nm、高 K 金属栅极（High - K Metal Gate，HKMG）工艺，这样就保证了该器件在高性能运行的同时，具有了比同类 Cortex - A9 双核处理器更低的功耗。

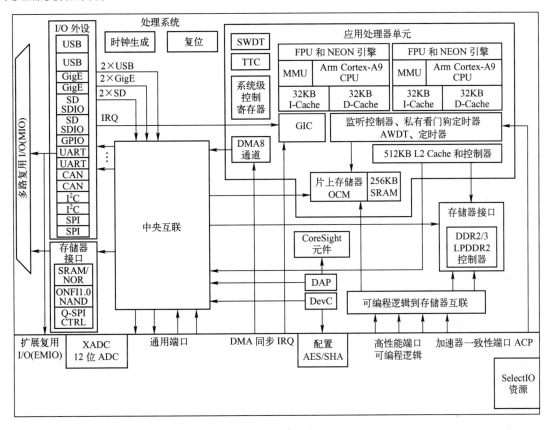

图 1.3　Zynq - 7000 SoC 的内部结构

在该全可编程 SoC 内，双核 Arm Cortex - A9 多核 CPU 是 PS 的心脏，它包含片上存储器、外部存储器接口和具有丰富功能的外设。

与传统的 FPGA 和 SoC 相比，Zynq - 7000 全可编程 SoC 不但提供了 FPGA 的灵活性和可扩展性，同时也提供了与专用集成电路（Application - Specific Integrated Circuit，ASIC）和专用标准产品（Application - Specific Standard Product，ASSP）相关的性能、功耗和易用性。Zynq - 7000 SoC 使得设计者能够使用工业标准的工具在单个平台上实现高性能和低成本的应用。可扩展处理平台中的每个器件包含了相同的 PS，不同器件所包含的 PL 和 I/O 资源是不同的。Zynq - 7000 平台可以应用在很多领域，包括汽车驾驶员辅助系统、驾驶员信息系统和娱乐系统；广播级的摄像机；工业的电机控制、工业组网和机器视觉；IP 和智能相机；LTE 的无线和基带；医疗诊断和成像；多功能打印机；视频和夜视装备。

Zynq - 7000 结构便于将定制逻辑和软件分别映射到 PL 和 PS 中。这样就可实现独一无二的系统功能。带有 PL 的 PS 可扩展处理平台的系统集成，提供了两片解决方案（比如 ASSP 和 FPGA）中由于 I/O 带宽、松散耦合和功耗预算所不能达到的性能。

与传统配置 FPGA 方法不同的是，Zynq-7000 SoC 总是最先启动 PS 内的处理器，这样允许 PS 上运行的软件程序用于启动系统并且配置 PL。这样，可以将配置 PL 的过程设置成启动过程的一部分或者在将来的某个时间再单独配置 PL。此外，可以实现 PL 的完全重配置或者使用部分可重配置。

> 注：部分可重配置（Partional Reconfiguration，PR），允许动态地重新配置 PL 中的某一部分，这样能够对设计进行动态的修改。

1.3.3 Zynq-7000 SoC 处理系统的构成

本小节将对处理器系统内的各个模块进行简单介绍，用于帮助读者了解 PS 可以实现的功能。

1. 应用处理器单元 APU

应用处理器单元 APU 提供了大量的高性能特性和兼容标准 Arm 处理器的能力。主要表现在：

（1）双核 Arm Cortex-A9 多核处理器 CPU（Arm v7）。

（2）实时运行选项。允许单个处理器，以及对称或非对称的多处理（Symmetrical Multi-processing，SMP）配置。

（3）Arm v7 ISA。提供标准的 Arm 指令和 Thumb-2 指令，以及 Jazelle RTC 和 Jazelle DBX JAVA 加速。

（4）每个 Cortex-A9 处理器核都有独立的 NEON，可以实现 128 位 SIMD 协处理器和 VFPv3。

（5）每个 Cortex-A9 处理器核包含带有校验的 32KB L1 指令高速缓存和 32KB L1 数据高速缓存。

（6）双核 Cortex-A9 共享带有校验的 512KB L2 高速缓存。

（7）每个 Cortex-A9 有私有定时器和看门狗定时器。

（8）系统级的控制寄存器（System-Level Control Registers，SLCRs），一组不同的控制器用来控制 PS 的行为。

（9）侦测控制单元（Snoop Control Unit，SCU）包含了 L1 和 L2 的一致性要求。

（10）从 PL（主设备）到 PS（从设备）的加速器一致性端口（Accelerator Coherency Port，ACP）。

（11）提供带有校验功能的 256KB 片上存储器 OCM，它提供了两个访问端口。Zynq-7000 内的 Cortex-A9 处理器、可编程逻辑及中央互联均可访问 OCM。与 PS 内的 L2 处于同一层次，但没有提供缓存能力。

（12）PS 内提供的 64 位高级可扩展接口（Advanced Extended Interface，AXI）从端口，提供了访问 L2 高速缓存和片上存储器 OCM 的能力，以及保证在数据交易时与 L1 和 L2 高速缓存的数据一致性。

（13）DMA 控制器。其中的 4 个通道用于 PS，实现存储器与系统内任何存储器的数据交换；另外 4 个通道用于 PL，实现存储器到 PL 及 PL 到存储器之间的数据交换。

（14）通用的中断控制器（General Interrupt Controller，GIC）。它们有各自独立的中断屏蔽和中断优先级。其中包含 5 个 CPU 私有外设中断（Private Peripheral Interrupt，PPI）、16 个 CPU 软件中断（Software Generated Interrupt，SGI），以及分配来自系统、PS 和 PL 剩余部分的共享外设中断（Shared Peripheral Interrupt，SPI）（其中 20 个来自 PL）。

此外，支持来自 CPU 发送到 PL 的等待中断（Wait For Interrupt，WFI）和等待事件（Wait For Event，WFE）信号，以及扩展的安全特性支持 TrustZone 技术。

2．存储器接口

存储器接口提供对不同存储器类型的支持。

1）DDR 控制器

（1）支持 DDR3、DDR2、LPDDR‑2 类型的存储器，由器件的速度和温度等级决定工作速度。

（2）该控制器提供了 16/32 位数据宽度。

（3）支持 16 位 ECC。

（4）使用最多 73 个专用的 PS 引脚。

（5）模块（不是 DIMM）。对于 32 位宽度来说，可选配置包括 4×8 位、2×16 位、1×32 位；对于 16 位宽度来说，可选配置包括 2×8 位、1×16 位。

（6）根据可配置的空闲周期，自动进入 DDR 低功耗状态及自动退出 DDR 低功耗状态。

（7）数据读选通自动标定。

（8）写数据字节使能支持每拍数据。

（9）使用高优先级读（High Priority Read，HPR）队列的低延迟读机制。

（10）支持发给每个端口的特殊紧急信号。

（11）在 64MB 边界上可编程 TrustZone 区域。

（12）对于两个不同 ID 来说，每个端口提供了互斥的访问能力，但不支持锁定交易功能。

2）四‑SPI 控制器

（1）提供了连接 1 个或 2 个 SPI 设备的能力。

（2）支持一位和两位数据宽度的读操作。

（3）用于 I/O 模块 100MHz 的 32 位 APB3.0 接口，允许包括编程、读和配置的全设备操作。

（4）100MHz 32 位 AXI 线性地址映射接口用于读操作。

（5）支持单个芯片选择线。

（6）支持写保护信号。

（7）提供可用的 4 位双向 I/O 信号线。

（8）支持读速度为×1、×2 和×4，写速度为×1 和×4。

（9）主模式下最高的 SPI 时钟频率可以达到 100MHz。

（10）252 字节入口 FIFO 深度，用于提高四‑SPI 读效率。

（11）支持四‑SPI 器件的存储容量最高为 128MB。

（12）支持双四‑SPI 器件，即并列的两个四‑SPI 器件。

3）静态存储器控制器（Static Memory Controller，SMC）

SMC 提供了 NAND 存储器和并行 SRAM/NOR 存储器的读/写控制功能。

（1）对于 NAND 存储控制器来说，提供了下面的功能：支持 8/16 位的 I/O 数据宽度；提供一个片选信号；支持 ONFI 规范 1.0；提供 16 个字读和 16 个字写数据 FIFO 的能力；提供 8 字命令 FIFO；用户可通过配置界面修改 I/O 周期的时序；提供 ECC 辅助功能；支持异步存储器工作模式。

（2）对于并行 SRAM/NOR 控制器来说，提供了下面的功能：支持 8 位数据宽度，以及最多 25 位地址信号；提供两个片选信号；提供 16 个字读和 16 个字写数据 FIFO 的能力；提供 8 字命令 FIFO；对于每个存储器，提供用户可配置的可编程 I/O 周期时序；支持异步存储器操作模式。

3．I/O 外设

Zynq - 7000 的 PS 系统提供了用于满足不同要求的 I/O 接口。

1）通用输入/输出端口 GPIO

（1）PS 提供了 54 个可用的 GPIO 信号。通过复用 I/O 模块 MIO，将这些信号连接到 Zynq - 7000 器件的外部引脚，并且可以通过软件程序控制这些信号的三态使能功能。

（2）通过扩展的复用 I/O 模块 EMIO，可以将 PS 内的 GPIO 信号引入 Zynq - 7000 内的 PL 单元，支持最多 192 个 GPIO 信号，其中，64 个为输入，128 个为输出。

（3）可以基于单个或者组，对每个 GPIO 的功能进行动态编程，即实现使能、按位或者分组写数据，输出使能和方向控制。

（4）根据每个 GPIO 所配置的中断能力，支持读取中断的状态；支持在上升沿、下降沿、任意边沿、高电平或低电平产生中断信号。

2）两个三模式以太网控制器

（1）在 RGMII 模式时，使用 MIO 引脚和外部的 PHY。

（2）额外的接口使用 PL 内带有额外软核的 PL SelectIO 和外部的 PHY。

（3）在 SGMII 模式时，使用 Zynq - 7000 PL 内的 GTX 收发器模块。

（4）该控制器提供可以实现分散—聚集功能的 DMA 控制器。

（5）支持 IEEE802.3 和 IEEE1588 V2.0 协议。

（6）支持唤醒功能。

3）两个 USB 控制器

（1）使用相同硬件的 USB2.0 高速 OTG（On The Go）双重角色 USB 主机控制器或者 USB 设备控制器操作。

（2）只提供 MIO 引脚。

（3）内建 DMA 控制器。

（4）支持 USB2.0 高速设备。

（5）可作为 USB2.0 高速主机控制器。它所提供的寄存器和数据结构遵循扩展主机控制器接口（Enhanced Host Controller Interface，EHCI）规范。

（6）支持 USB 收发器低引脚数接口（USB Low Pin Interface，ULPI）。ULPI 支持 8 位

（7）要求使用外部的 PHY。

（8）支持最多 12 个端点。

4）两个 SD/SDIO 控制器

（1）它可以作为 Zynq-7000 基本的启动设备。

（2）内建 DMA 控制器。

（3）该控制器只支持主模式。

（4）支持 SD 规范 2.0。

（5）支持全速和低速设备。

（6）支持 1 位和 4 位数据接口。

（7）支持低速接口。低速时钟范围为 0~400kHz。

（8）支持高速接口。全速时钟的频率范围为 0~50MHz，最大吞吐量为 25MB/s。

（9）支持存储器、I/O 和组合卡。

（10）支持电源控制模式。

（11）支持中断。

（12）1KB 数据 FIFO 接口。

5）两个 SPI 控制器

（1）提供 4 个信号线，即 MOSI、MISO、SCLK、SS。

（2）支持全双工模式，该模式支持同时接收和发送数据的能力。

（3）在主机模式下，支持下面功能，即手工或自动开始数据传输；手工或自动从设备选择 SS 模式；支持最多 3 个从设备选择线；允许使用外部 3-8 译码选择设备；软件可控制的发送延迟。

（4）在从模式下，软件可配置开始检测模式。

（5）在多个主设备的环境下，如果没有使能，则驱动为三态。如果检测到多个主设备，则识别出一个错误条件。

（6）通过 MIO 模块，该控制器支持最高 50MHz 的外部 SPI 时钟。当通过 EMIO 到 PL 的 SelectIO 引脚时，支持最高为 25MHz 的时钟频率。

（7）可选择所使用的主时钟。

（8）支持可编程的主波特率分频器。

（9）支持独立的 128 字节的读 FIFO 和 128 字节的写 FIFO，每个 FIFO 为 8 个字节宽度。

（10）软件程序可控制的 FIFO 门槛。

（11）支持可编程的时钟相位和极性。

（12）作为驱动中断的设备，软件能轮询状态或功能。

（13）可编程产生中断。

6）两个 CAN 控制器

（1）遵守 ISO11898-1、CAN2.0A 和 CAN2.0B 标准。

（2）支持标准（11 位标识符）帧和扩展（29 位标识符）帧。

（3）支持的最高速度为 1Mb/s。

（4）带有 64 个消息深度的发送消息 FIFO。

(5)发送优先级贯穿一个高优先级发送缓冲区。

(6)Tx FIFO 和 Rx FIFO 支持水印中断。

(7)在普通模式下,当错误或丢失仲裁时,自动重新发送。

(8)可保存 64 个消息的接收消息 FIFO。

(9)提供最多 4 个接收滤波器,用于对接收消息进行过滤。

(10)支持带有自动唤醒的休眠模式。

(11)支持侦听模式。

(12)提供闭环模式,用于诊断应用。

(13)可屏蔽的错误和状态中断。

(14)用于接收消息的 16 位时间戳。

(15)可读的错误计数器。

7)两个 UART 控制器

(1)可编程的波特率发生器。

(2)提供最多 64 字节的接收和发送 FIFO。

(3)可选择的 6、7 或 8 个数据位。

(4)可选择的 1、1.5 或 2 个停止位。

(5)可选择的奇、偶,空格、标记或没有奇偶。

(6)可选择的奇、偶、帧和溢出错误检测。

(7)支持换行符生成和检测。

(8)支持自动呼应、本地环路和远程环路通道模式。

(9)支持产生中断。

(10)支持通过 MIO 和 EMIO 模块提供 Rx 和 Tx 信号。

(11)通过 EMIO 接口模块,可以提供 CTS、RTS、DSR、DTR、RI 和 DCD 等调制解调器控制信号。

8)两个 I^2C 控制器

(1)支持 16 字节 FIFO。

(2)支持 I^2C 总线规范 V2。

(3)可程序控制的普通/快速总线数据率。

(4)支持主设备模式。在该模式下,支持写传输、读传输、地址扩展,以及用于慢速处理器服务的 HOLD。

(5)支持从设备监控器模式。

(6)支持从设备模式。在该模式下,支持从设备发送器和从设备接收器、支持地址扩展、支持软件可编程的从设备响应地址。

(7)支持 HOLD,防止溢出条件。

(8)支持 TO 中断标志,避免停止条件。

(9)作为中断驱动设备时,软件能轮询状态或功能。

(10)可通过软件控制产生中断。

9)总共 54 个 PS 一侧的 MIO 引脚

(1)这 54 个引脚分成两组。第 0 组包括 16 个引脚,引脚范围为 0~15;第 1 组包括 38

第 1 章　Zynq - 7000 SoC 设计导论

个引脚，引脚范围为 16～53。

（2）通过配置，可以选择支持 LVTTL 3.3V、LVCMOS 3.3V、LVCMOS 2.5V、LVCMOS 1.8V 或 HSTL 1.8V 标准。

> **注**：由于 MIO 引脚的个数为 54 个，因此以上这些 I/O 外设不能同时有效，在后面的设计中将详细说明。

1.3.4　Zynq - 7000 SoC 可编程逻辑的构成

PL 提供了用户可配置能力的丰富结构。

（1）可配置逻辑块（Configurable Logic Block，CLB）资源。在 CLB 内提供了下面的资源。

① 6 输入查找表（Look - UP Table，LUT）。
② LUT 内的存储器能力。
③ 寄存器和移位寄存器功能。
④ 支持级联的加法器。

（2）36KB 容量的 BRAM 资源，它的主要特性如下。

① 提供了双端口访问能力。
② 支持最多 72 位数据宽度。
③ 可配置为双端口 18KB 的存储器。
④ 可编程的 FIFO 逻辑。
⑤ 内建错误校准电路。

（3）数字信号处理 DSP48 E1 资源。

① 提供 25×18 宽度的二进制补码乘法器/累加器，可以实现高达 48 位的高分辨率信号处理器功能。
② 提供 25 位的预加法器，用于降低功耗及优化对称滤波器应用。
③ 提供高级特性，用于可选的可级联流水线，以及可选的 ALU 和专用总线。

（4）时钟管理单元，提供了下面的功能。

① 用于低抖动时钟分布的高速缓冲区和布线。
② 频率合成及相位移动。
③ 低抖动时钟生成和抖动过滤。

（5）可配置的 I/O 资源，提供了下面的功能。

① 支持高性能的 SelectIO 技术。
② 封装内提供高频去耦合电路，用于扩展信号的完整性。
③ 数字控制的阻抗 DCI 能三态，用于最低的功耗和高速 I/O 操作。其中，高范围（High Range，HR）I/O 支持的电压范围为 1.2～3.3V，高性能（High Performance，HP）I/O 支持的电压范围为 1.2～1.8V（仅对 Z - 7030 和 Z - 7045 器件有效）。

（6）低功耗的吉比特收发器（仅 Z - 7030 和 Z - 7045 器件存在）。

① 高性能收发器，其速率最高达到 12.5Gb/s（GTX）。
② 低功耗模式用于芯片和芯片的连接。

③ 提供高级发送预加重和后加重能力,接收器线性(CTLE)和判决反馈均衡(Decision Feedback Equalization,DFE),包含自适应均衡,用于额外的裕量。

(7) 模拟到数字的转换器(XADC)。

① 两个 12 位的模拟到数字的转换器,采样速率高达 1Msps。

② 提供最多 17 个用户可配置的模拟输入端口。

③ 用户可以选择片上或外部参考源。

④ 提供用于检测温度的片上温度传感器,最大误差为±4℃。

⑤ 提供用于检测芯片各个供电电压的电源供电传感器,最大误差为±1%。

⑥ JTAG 连续地访问 ADC 测量结果。

(8) 用于 PCI-E 设计的集成接口模块(仅 Z-7030 和 Z-7045 器件可用)。

① 兼容 PCI-E 基本规范 2.1,提供端点和根端口能力。

② 支持 Gen1(2.5Gb/s)和 Gen2(5.0Gb/s)速度。

③ 提供高级配置选项、高级错误报告(Advanced Error Report,AER)、端到端 CRC(End-to-End CRC,ECRC)高级错误报告及 ECRC 特性。

1.3.5 Zynq-7000 SoC 内的互联结构

Zynq-7000 SoC 内的互联结构用于实现 Zynq-7000 SoC 内 PS 内各个模块的连接,以及 PS 和 PL 的连接。

1. PS 内模块的互联

在 PS 内用于连接各个功能模块的互联单元主要包含 OCM 互联单元和中央互联单元。

1) OCM 互联单元

(1) 提供来自中央互联和 PL 的访问,它用于对 256KB OCM 的访问。

(2) CPU 和 ACP 接口。通过 SCU 访问 OCM 时,有最低的延迟。

2) 中央互联单元

(1) 中央互联单元为 64 位数据宽度,通过它可以将 I/O 端口和 DMA 控制器连接到 DDR 存储器控制器和 OCM。此外,可以连接到用于互联 PL 逻辑的 AXI_GP 接口。

(2) 用于连接以太网、USB 和 SD/SDIO 控制器内的本地 DMA 单元。

(3) 用于将 PS 内的主设备与 I/O 端口连接在一起。

2. PS-PL 接口

PS 到 PL 的接口提供了可用于 PL 内定制外设的所有可用信号,通过 PS-PL 接口可以实现 PL 内定制的外设(也称为 IP 核)与 PS 内的 Cortex-A9 双核处理器及相关资源的连接。

在 PS 和 PL 之间提供了两种类型的接口。

1) 功能接口

包含 AXI 互联,用于大多数 I/O 外设、中断、DMA 流控制、时钟和调试接口的扩展 MIO 接口(EMIO)。这些信号可用于连接 PL 内用户设计的 IP 模块。PL AXI 接口基于 AXI3 的接口规范,如 AXI-GP、AXI-HP 和 AXI-ACP 接口。每个接口由多个 AXI 通道构成。PL AXI 接口如表 1.5 所示。下面对这些接口进行详细说明。

表 1.5 PL AXI 接口

接口名字	接口描述	主设备	从设备
M_AXI_GP0	通用（AXI_GP）	PS	PL
M_AXI_GP1		PS	PL
S_AXI_GP0	通用（AXI_GP）	PL	PS
S_AXI_GP1		PL	PS
S_AXI_ACP0	加速器一致性端口，高速缓存一致性交易（ACP）	PL	PS
S_AXI_HP0	包含读/写 FIFO、两个 DDR 控制器上的专用存储器端口和连接到 OCM 路径的高性能端口。AXI_HP 接口也称为 AFI	PL	PS
S_AXI_HP1		PL	PS
S_AXI_HP2		PL	PS
S_AXI_HP3		PL	PS

> 注：对 Zynq-7000 内各个元件的描述是从 PS 的角度出发的。例如，PS 上一个到 PL 的通用从接口，表示主设备为 PL。一个高性能的从接口表示高性能的主设备存在于 PL 中。一个通用的主接口表示 PS 是主设备，从设备位于 PL 中。

（1）AXI_ACP 接口，它是 PL 内的一个 64 位高速缓存一致性主端口。

（2）ACI_HP，它是 PL 内的 4 个高性能/带宽主设备端口。其主要特性如下。

① 支持 32 位/64 位数据宽度的主设备接口。

② 在 32 位从接口配置模式下，高效地调整数据宽度及高效地扩展到 64 位数据宽度，用于非对齐的 32 位数据传输。

③ 通过 AxCACHE[1]，动态地实现在 32 位和 64 位接口之间宽度的转换。

④ 分开地 R/W 可编程发布能力，用于读和写命令。

⑤ 在 PS 和 PL 之间，提供异步时钟穿越所有 AXI 接口的能力。

⑥ 对于读和写操作，提供 1KB（128×64 位）容量的数据 FIFO，用于消除长延迟传输。

⑦ 可选择使用来自 PL 端口的 QoS 信号。

⑧ 对命令 FIFO 和数据 FIFO 的填充计数值可用于 PL 内定制的外设。

⑨ 支持标准的 AXI3.0 接口。

⑩ 在 14~70 个命令（根据猝发长度）范围内，从接口可以接受更多的读操作。

⑪ 在 8~32 个命令（根据猝发长度）范围内，从接口可以接受更多的写操作。

（3）AXI_GP，提供 4 个通用端口。

① 它包含两个 32 位的主接口和两个 32 位的从接口。

② 在 PS 和 PL 之间，异步时钟域可以穿越所有 AXI 接口。

③ 支持标准的 AXI3.0 接口。

（4）AXI_ACP，提供了 64 位的从接口。

连接到侦测控制单元 SCU，用于 CPU 和 PL 之间的高速缓存一致性。

2）配置信号

包含处理器配置访问端口（Processor Configuration Access Port，PCAP）、配置状态、单个事件翻转（Single Event Upset，SEU）和 Program/Done/Init（编程/完成/初始化）。在 PL 配置块内的这些信号连接到固定的信号，用于 PS 控制。

1.3.6　Zynq-7000 SoC 的供电引脚

PS 和 PL 供电是相互独立的。然而需要强调的是，在给 PL 供电以前，必须先给 PS 供电。Zynq-7000 内的信号、接口和引脚如图 1.4 所示，表 1.6 为 Zynq-7000 SoC 供电引脚的正常电压和描述。

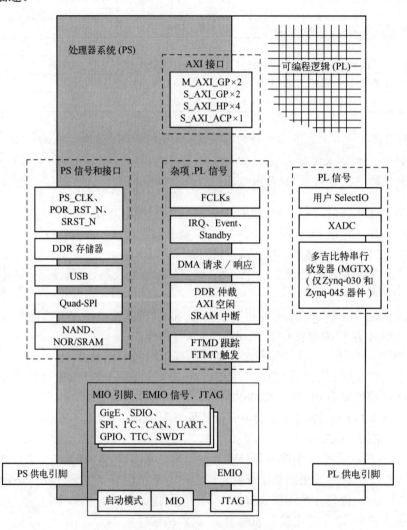

图 1.4　Zynq-7000 内的信号、接口和引脚

表 1.6　Zynq-7000 SoC 供电引脚的正常电压和描述

类　型	引脚名字	正常电压	供电引脚描述
PS 电源	VCCPINT	1.0V	内部逻辑
	VCCPAUX	1.8V	I/O 缓冲区，独立于 PL VCCAUX
	VCCAUX	1.8V	I/O 缓冲区预驱动器
	VCCO_DDR	1.2~1.8V	DDR 存储器接口

续表

类 型	引脚名字	正常电压	供电引脚描述
PS 电源	VCCO_MIO0	1.8~3.3V	第 0 组 MIO
	VCCO_MIO1	1.8~3.3V	第 1 组 MIO
	VCCPLL	1.8V	3 个模拟 PLL 时钟
PL 电源	VCCINT	1.0V	内部核逻辑
	VCCO_#	1.8~3.3V	I/O 缓冲区驱动器（每组）
	VCC_BATT_0	1.5V	PL 解密密钥存储器备份
	VCCBRAM	1.0V	PL BRAM
	VCCAUX_IO_G#	1.8~2.0V	PL 辅助 I/O 电路
地	GND	地	数字地和模拟地

1.3.7　Zynq-7000 SoC 内 MIO 到 EMIO 的连接

MIO 是 I/O 外设连接的基础。在 Zynq-7000 SoC 内，MIO 引脚的个数是有限的，总共 54 个。通过配置，可以将 I/O 信号连接到 MIO 引脚。此外，通过 EMIO 接口，也可以将 PS 内的 I/O 外设连接到 PL 中（包含 PL 器件引脚）。如图 1.5 所示，允许 PS 内的 I/O 外设控制器与 PL 内的用户定制逻辑连接，这对于访问更多的器件引脚（PL 引脚）是非常有用的。

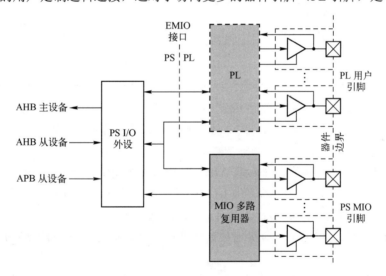

图 1.5　MIO 到 EMIO 的结构

I/O 控制器的 I/O 多路复用信号是不同的，即一些 I/O 接口信号仅能使用 MIO 引脚，而不能使用 EMIO，也就是说这些 I/O 接口信号不能通过 EMIO 引到 PL 中。

> **注**：PS 内的 USB 接口信号、四-SPI 接口信号和 SMC 接口信号就不能通过 EMIO 引入 PL 中。

在 Zynq-7000 SoC 中，绝大多数 I/O 接口引脚可以使用 MIO 或 EMIO，而一些接口信号线仅可以通过 EMIO 访问。I/O 外设 MIO-EMIO 接口布线如表 1.7 所示。

表1.7 I/O 外设 MIO - EMIO 接口布线

外设	MIO 布线	EMIO 布线
TTC[0, 1]	时钟输入、Wave_out 输出、来自每个计数器的一对信号	时钟输入、Wave_out 输出、来自每个计数器的3对信号
SWDT	时钟输入、复位输出	时钟输入、复位输出
SMC	并行 NOR/SRAM 和 NAND Flash	不可用
四 - SPI[0, 1]	串行、双和四模式	不可用
SDIO[0, 1]	50MHz	25MHz
GPIO	最多 54 I/O 通道（GPIO 组 0 和 1）	64 GPIO 通道，带有输入、输出和三态控制（GPIO 组 2 和 3）
USB[0, 1]	主机、设备和 OTG	不可用
以太网[0, 1]	RGMII V2.0	GMII、RGMII V2.0、RGMII V1.3、RMII、MII、SGMII
SPI[0, 1]	50MHz	可用
CAN[0, 1]	ISO11898 - 1、CAN 2.0A/B	可用
UART[0, 1]	简单 UART, 两线（Tx/Rx）	TX、RX、DTR、DCD、DSR、RL、RTS、CTS
I²C[0, 1]	SCL、SDA[0, 1]	SCL、SDA[0, 1]
PJTAG	TCK、TMS、TDI、TDO	TCK、TMS、TDI、TDO，用于三态 TDO
跟踪端口接口单元（Trace Port IU）	最多 16 位数据	最多 32 位数据

通过 MIO，I/O 外设的端口映射可以出现在不同的位置，如图 1.6 所示。使用来自多个端口的映射信号，能实现对每个信号的布线。甚至可以通过 EMIO 接口，将 PS 引脚和 PL 引脚混合来构建信号。

除千兆以太网外，大多数的外设在 MIO 和 EMIO 之间保持相同的功能。对于 PS 内的千兆以太网控制器来说，为了减少所使用引脚的个数，当工作在 RGMII 模式时，使用 4 位 MIO 引脚，其速率为 250MHz；当工作在 GMII 模式时，使用 8 位的 EMIO 引脚，其速率为 125MHz。在通过 EMIO 接口实现数据交换前，必须通过 LVL_SHFTR_EN 使能 PL 电平转换器。

在互联端，USB、以太网和 SDIO 外设连接到中央互联，用于为 6 个 DMA 通道提供服务。通过 PS 内提供的 AHB 互联接口，软件程序可以访问从模式下的四 - SPI 外设和 SMC 外设。此外，通过 PS 内提供的 APB 互联接口，软件程序也可以访问 GPIO、SPI、CAN、UART 和 I²C 从控制器。除 SDIO 控制器（每个有两个 AHB 接口）外，通过 APB 互联接口，软件程序可以访问所有的控制寄存器和状态寄存器。上述访问方法是为了在每个控制器接口所需要的带宽之间进行权衡。

注：AHB 和 APB 是 ARM AMBA 规范的一部分，将在本书第 2 章详细介绍。

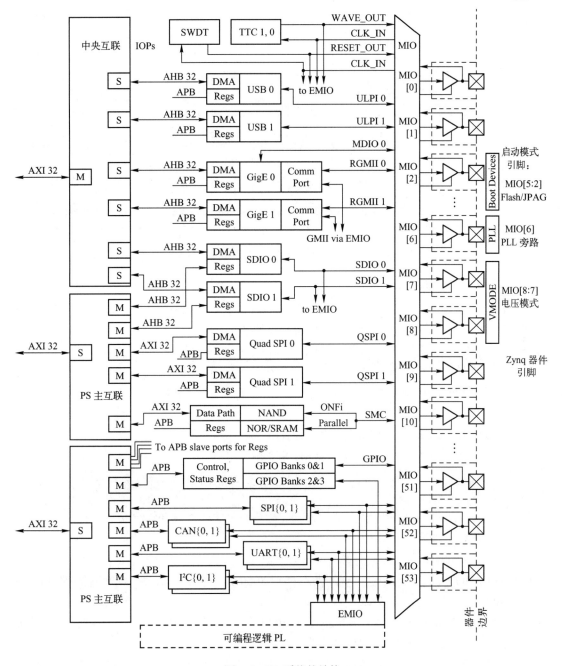

图 1.6　I/O 系统的结构

Zynq - 7000 SoC 处理系统内外设可分配的 MIO 引脚图如图 1.7 所示，该图给出了当设计者在 MIO 的 54 个引脚上为 PS 内的外设分配引脚时的快速分配参考。

注：设计者在为 PS 一侧的外设分配可用的 MIO 引脚时，必须遵循这些规则；否则会出现 MIO 分配错误，以及 PCB 的设计错误。

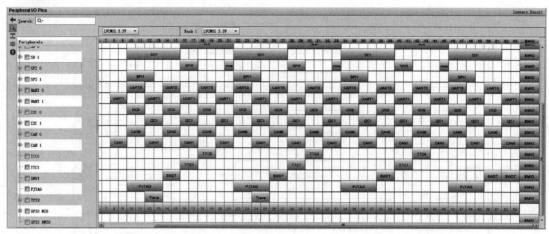

图1.7　Zynq - 7000 SoC 处理系统内外设可分配的 MIO 引脚图

1. MIO 引脚分配考虑因素

通常，给每个引脚分配一个功能。但是下面要讨论一些例外的情况。当使用 EMIO 作为布线的另一个选择时，PS 内外设的最高时钟频率将降低。

注：Zynq - 7000 SoC 数据手册给出了使用 MIO 的每个接口时钟频率。

1）两个 MIO 电压组

MIO 引脚分割成两个独立配置的 I/O 缓冲区集合：

（1）第 0 组（Bank0），引脚范围为 MIO[15 : 0]。

（2）第 1 组（Bank1），引脚范围为 MIO[53 : 16]。

注：通过配置界面，用户可以设置每个引脚的工作电压，可选的配置为 1.8V、2.5V 或 3.3V。

2）启动模式引脚

用于设置启动模式的 MIO 引脚，可以分配给 PS 内的 I/O 外设使用。在可用的 MIO 引脚中，引脚 MIO[8 : 2]用于确定：①启动 Zynq - 7000 SoC 的外部设备；②使能/旁路 PLL 时钟；③MIO 组所使用的电压模式。

当释放 PS_POR_B 复位信号后，Zynq - 7000 SoC 将对启动模式引脚采样 PS_CLK 个周期，用于确定 Zynq - 7000 SoC 的启动模式。

注：在设计 PCB 的时候，使用 20kΩ 的上拉或下拉电阻，将这些信号连接到 VCC 或 GND。

3）I/O 缓冲区输出使能控制

由 MIO_PIN[TRI_ENABLE]寄存器位控制每个 MIO 输入/输出缓冲区的输出使能，MIO_MST_TRI 寄存器位选择信号的类型（输入或不是）。当满足下面的条件时，使能输出：

MIO_PIN_xx[TRI_ENABLE] = 0，MIO_MST_TRIx[PIN_xx_TRI] = 0，并且信号为输出或 I/O 外设希望驱动一个 I/O 信号。

4）选择从 SDIO 设备启动 Zynq - 7000 SoC

当选择从 SDIO 设备启动 Zynq - 7000 SoC 时，BootROM 希望将外部的 SDIO 设备（如 MICRO SD/Mini SD 卡）通过 SD 卡槽连接到 Zynq - 7000 SoC 器件的 MIO[40 : 45]引脚。

注：MIO[40 : 45]引脚分配给 SDIO 0 外设。

5）静态存储器控制器（SMC）接口

在使用 Zynq - 7000 SoC 实现嵌入式系统设计时，在 PS 一侧的 MIO 只提供一个 SMC 接口。这是由于 SMC 控制器会消耗大量的 MIO 引脚，并且 Zynq - 7000 SoC 不提供将 SMC 接口信号通过 EMIO 引入 PL 的功能。

在 Zynq - 7000 SoC 嵌入式系统设计中，当使用 MIO 为 SMC 分配引脚实现连接外部一个 8 位的 NAND Flash 时，由于占用了 Zynq - 7000 SoC 为四 - SPI 控制器所可以分配的 MIO 引脚，因此在该设计中不可以使用 PS 内的四 - SPI 控制器，并且测试端口限制在 8 位。如果实现一个 16 位的 NAND Flash，则消耗额外的引脚，不可以使用以太网 0。SRAM/NOR 接口消耗了大约 70%的 MIO 引脚。

注：（1）在通过 MIO 连接外部 SRAM/NOR 时，可选择使用 Busy 信号和高地址位。
（2）当使用 SMC 接口连接外部静态存储器时，MIO 为其分配的信号引脚将跨越两个 MIO 电压组。

6）四 - SPI 接口

如果在基于 Zynq - 7000 SoC 的嵌入式系统设计中使用了 PS 内的四 - SPI 子系统，则必须使用引脚较少的存储器四 - SPI 接口（QSPI_0）。另一个 SPI 接口（QSPI_1）是可选的，它们用于两个存储器的布局（并行或堆叠）。

注：在 Zynq - 7000 SoC 的嵌入式设计中，不要单独使用四 - SPI 接口 1。

7）MIO[8 : 7]引脚

这些 MIO 引脚只能用于输出。GPIO 通道 7 和通道 8 只能配置为输出。

注：读者在自己设计 Zynq - 7000 SoC 系统时，务必要注意上面 MIO 分配的一些限制条件。

2. MIO 信号的布线连接

MIO_PIN_[53 : 0]配置寄存器用于控制 MIO 内的信号连接。在 Zynq - 7000 SoC 中使用 4 级复用，用于控制 MIO 到 MIO 的各个输入/输出信号。MIO 信号的布线连接如图 1.8 所示。高速数据信号（如用于吉比特以太网的 RGMII 和用于 USB 的 ULP1）只通过 1 级多路复用，而低速信号线（如 UART 和 I^2C）可以通过所有 4 级多路复用。

由 MIO_PIN 寄存器内的每个比特位独立控制用于每个 MIO 引脚的布线。

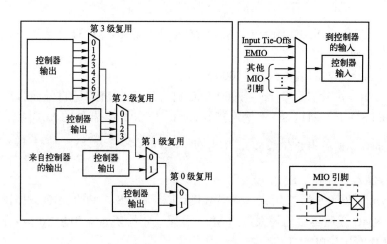

图1.8 MIO信号的布线连接

1.3.8 Zynq-7000 SoC 内为 PL 分配的信号

可编程逻辑接口组在 PS 和 PL 之间包含其他接口。一个输入是由 PL 驱动的，一个输出是由 PS 驱动的。信号可能带有后缀，后缀"N"表示低有效信号，后缀"TN"表示低三态使能信号，为连接到 PL 的输出。连接到 PL 的输出信号总是处于逻辑高或逻辑低状态。

1．时钟

在 Zynq-7000 SoC 内，PS 内的时钟模块可以为 Zynq-7000 SoC 内的 PL 提供 4 个时钟 FCLK[3:0]，这 4 个时钟的频率可以通过配置界面进行修改。由于这 4 个时钟由 PS 引到 PL 中，所以可将 FCLK 连接到 PL 时钟缓冲区，作为 PL 内定制外设的时钟源。

注：这 4 个 PL 时钟之间并不保证确定的时序和相位关系。

2．复位

在 Zynq-7000 SoC 内，PS 中的复位模块可以为 PL 提供 4 个复位信号 FCLKRESETN[3:0]，这 4 个复位信号的属性可以通过配置界面进行修改。

注：这些信号和 FCLK 时钟是异步的，通过写 slcr.FPGA_RST_CTRL SLCR[FPGA[3:0]_OUT_RST]位进行控制。

3．中断信号

前面已经提到，在 Zynq-7000 SoC 中，来自 PS 内的外设可以连接到 PL，与 FCLK 时钟为异步关系。在 Zynq-7000 SoC 的 PL 中，可以为 PS 提供最多 20 个中断。

（1）16 个中断信号映射到中断控制器作为一个外设中断，为这个中断信号设置优先级，并且映射到 PS 内的一个或两个 Cortex-A9 处理器。

（2）剩余 4 个 PL 中断信号被翻转，并且直接连接到 nFIQ 和 nIRQ 中断，它被连接到中断控制器的私有外设中断（Private Peripheral Interrupt，PPI）单元。Zynq-7000 SoC 内的每个 CPU 都有自己的 nFIQ 和 nIRQ 中断。PS 到 PL 的中断和 PL 到 PS 的中断如表 1.8 所示。

第1章 Zynq-7000 SoC 设计导论

表 1.8 PL 中断信号

类型	PL 信号名字	I/O	描述
PL 到 PS 的中断	IRQF2P[7:0]	I	SPI：[68:61]
	IRQF2P[15:8]	I	SPI：[91:84]
	IRQF2P[19:16]	I	PPI：nFIQ 和 nIRQ（所有 CPU）
PS 到 PL 的中断	IRQP2F[27:0]	O	PL 逻辑，这些信号来自 I/O 外设，提交到中断控制器。这些信号也提供作为输出连接到 PL

4. 事件信号

PL 支持来自 PS 或到 PS 的处理器事件，如表 1.9 所示。这些信号与 PS 和 FCLK 时钟是异步的。

表 1.9 PL 事件信号

类型	PL 信号	I/O	描述
事件	EVENTEVENTI	I	使得从 WFE 状态唤醒一个或所有 CPU
	EVENTEVENTO	O	当一个 CPU 已经执行 SEV 指令时，确认
待机	EVENTSTANDBYWFE[1:0]	O	CPU 待机模式：当 CPU 正在等待一个事件时，确认
	EVENTSTANDBYWFE[1:0]	O	CPU 待机模式：当 CPU 正在等待一个中断时，确认

5. 空闲 AXI、DDR Urgent/Arb、SRAM 中断信号

连接到 PS 内的空闲 AXI 信号用来说明目前在 PL 内没有活动的 AXI 交易，该信号由 Zynq-7000 SoC 内的 PL 一侧驱动，这个信号是其中的一个条件。通过确认所有 PL 内的总线设备当前为空闲时，就会使能关闭 PS 内的总线时钟，用于降低系统功耗。

DDR Urgent/Arb 信号用来发一个紧急的存储器饥饿条件信号给 DDR 仲裁，该仲裁用于 PS DDR 存储器控制器的 4 个 AXI 接口，如表 1.10 所示。

表 1.10 PL 空闲 AXI、DDR Urgent/Arb 和 SRAM 中断信号

类型	PL 信号名字	I/O	描述
PL 空闲 AXI 接口	FPGAIDLEN	I	中央互联时钟禁止逻辑
DDR Urgent/Arb 信号	DDRARB[3:0]	I	DDR 存储器控制器
SRAM	EMIOSRAMINTIN	I	静态存储器控制器中断

6. DMA Req/Ack 信号

通过 M_AXI_GP 接口，这里有 4 套 DMA 控制器流控制器信号，用于连接最多 4 个 PL 从设备。这 4 套流控制信号对应于 DMA 通道 4 到 DMA 通道 7，如表 1.11 所示。

表 1.11 PL DMA 信号

类型	信号	PL 信号名字	I/O
时钟和复位	时钟	DMA[3:0]ACLK	I
	复位	DMA[3:0]RSTN	O

续表

类型	信号	PL 信号名字	I/O
请求	准备	DMA[3:0]DRREADY	O
	有效	DMA[3:0]DRVALID	I
	类型	DMA[3:0]DRTYPR[1:0]	I
	最后	DMA[3:0]DRLAST	I
响应	准备	DMA[3:0]DAREADY	I
	有效	DMA[3:0]DAVALID	O
	类型	DMA[3:0]DATYPE[1:0]	O

1.4 Zynq-7000 SoC 在嵌入式系统中的优势

与传统嵌入式系统硬件平台相比，当采用 Zynq-7000 SoC 作为嵌入式系统设计的硬件平台时，其在性能、成本、系统功耗等方面的优势明显。下面将对这些优势进行详细说明。

1.4.1 使用 PL 实现软件算法

本小节将从以下 3 个方面对使用 PL 实现软件算法进行详细说明。

1. 使用 PL 加速的优势

1）性能

使用可编程逻辑实现算法，可以真正地实现算法的全并行执行，这样提供了最大的吞吐量；或者以较低的面积开销（消耗较少的逻辑资源）实现部分算法的并行执行，以获取中间的吞吐量级。上面这两种策略都可以提高软件算法运行的性能，这些性能在 Cortex-A9 或 NEON 单元上都无法完美实现。

例如，考虑一个算法，大约需要执行 100 个基本的操作，等效为 Cortex-A9 上的 100 条指令或 100 行 C 语言代码，而一个全并行可编程逻辑可以通过使用 LUT、DSP 和 BRAM 实现这些操作。如果可编程逻辑并行执行这 100 个操作，并且以 ARM Cortex-A9 处理器时钟的 1/4 速度执行它，则还可以潜在地获得 25 倍加速的性能改善（假设在 PL 内实现时没有 I/O 或资源方面的限制）。

2）功耗

将算法执行的操作移动到 PL 内执行的另一个优势是降低了系统功耗。根据算法操作的复杂度不同，Zynq-7000 SoC 内的 PL 可以为每个操作降低功耗 10～100 倍。因此，通过在 PL 上实现算法来降低系统功耗是一种非常有效的方法。

> 注：如果算法要求访问外部存储器，而消耗在访问外部存储器的功耗将成为总体功耗最主要的部分，此时在操作上功耗的降低就变成一件并不重要的事情。

3）延迟

PL 内的并行逻辑有一个低的可预测的延迟，这个执行过程不能被打断。由于这个原因，用于响应来自 PL 实时事件的算法可以通过可编程逻辑内的算法实现很好的实时性。这个方法能显著降低响应的时间间隔，范围为 10~1000 个时钟。

2．实现 PL 加速器的方法

例如，设计者可以使用 Verilog HDL 或 VHDL 在 Zynq‐7000 SoC 内的 PL 中创建定制 IP，用于算法的加速实现。有经验的设计者可以直接使用 C 代码设计一个模型，通过使用 Xilinx 提供的 Vivado HLS 综合工具在 Zynq‐7000 SoC 内的 PL 中创建一个高效算法的硬件实现 IP 核。

对于一些软件程序员来说，他们很熟悉 C 语言，通过 C 语言到 RTL 的高级综合工具 HLS，允许用户直接使用 C 语言建立硬件加速器模型。

> **注**：C 语言是一个顺序语句，高级综合工具 HLS 用来将 C 语言描述的顺序代码转换成并行的硬件逻辑，这个过程一般不需要用户进行干预，只有在对并行硬件逻辑性能有很高要求的时候，才需要通过添加额外的用户策略对 HLS 工具的转换过程进行干预。

例如，对于一个使用 C 语言描述的 for 循环，如代码清单 1‐1 所示。

代码清单 1‐1 for 循环的 C 语言描述

```
for( i = 0 ; i < 10 ; i + + )
        {
    x[i] = a[i] + b [i]  ;
        }
```

通过 Vivado HLS 工具的用户命令，可以将该循环全部展开，用来创建 10 个独立的加法器。这样，就可以实现 10 个数据元素的全并行相加操作。

此外，对于视频等数字信号处理算法来说，通过使用 MATLAB Simulink 和 Xilinx System Generator 软件工具，可以直接通过构建算法流程图来创建实现算法的硬件逻辑。使用 MATLAB Simulink 的一个优势就是因为它包含丰富的算法函数库，这些函数库能用于帮助设计者构建复杂的算法模型，并且对算法模型进行仿真和硬件实现。

不管加速器或减负引擎如何设计，一旦实现，它要求在加速器间有高效的数据流。在很多情况下，与实现真正的算法相比，在加速器和 DRAM 之间调度数据流可能遇到更多的挑战。字的数据流用于参考数据在系统存储器和 PL 功能单元（通过 AXI 互联和本地互联）之间的移动。

3．影响 PL 加速的因素

使用 PL 实现算法加速器可达到的加速比由 I/O 速率、资源和延迟要求所限制。

1) I/O 速率

一个需要考虑的因素是处理的速度不能超过数据在功能单元之间来回传输数据的速度。对于连接到可以提供多个 I/O 引脚的操作来说，数据率并不是一个限制因素。然而，对于连接到只提供很少 I/O 引脚的操作来说，数据率将会限制可获得的最高性能。

例如，假设从 DDR 读取 12 字节的输入数据，将 4 字节的结果写回到 DDR 中。对于 32 位数据宽度，吞吐量为 1066Gb/s 和利用率为 75%的 DDR3 来说，其工作带宽被限制在 3.2GB/s 以内。如果每个操作要求 16 个字节，则数据流将性能限制在 3200/16 或者每秒

200M 个功能内。

> **注**：该指标与功能复杂度无关。

甚至由于 DDR 带宽的限制，一个 3 输入的加法器带宽被限制在每秒 200M 个操作范围内，不可能比使用一个 Arm Cortex-A9 处理器运行更快。然而，如果大量操作所构成的功能能够使用并行或流水方式进行处理，则可编程逻辑所构成的硬件加速器可以达到 10~100 倍的加速比。

2）资源限制

当要求达到更高的潜在加速比时，PL 内的逻辑数量限制了可以达到的最大加速比。例如，要求使用 100 个 DSP 实现 24 倍的加速，但是如果只有 50 个 DSP，则加速比被限制到 12 倍以内。

3）延迟限制

在上述所介绍的例子中，前提条件是 PL 可以高效地单独处理算法，而 Arm Cortex-A9 处理器不会干预 PL 内算法的执行。这种情况下，需要的条件是 PL 实现预先确定的算法，数据流使用预先分配的缓冲区，数据没有驻留在高速缓存中。如果需要处理器为 PL 内的加速器创建数据，则在允许 PL 在开始处理数据前，要求额外的 CPU 实现创建数据的任务。在这种情况下，CPU 可能需要预先分配缓冲区，并且将物理缓冲区地址传递给 PL 内的加速器，或者刷新从高速缓存到 DDR/OCM 的数据，或者给 PL 发送开始处理数据的启动信号。这些额外的步骤增加了总的处理延迟。如果这些因素引起的延迟非常明显，则会降低潜在的加速比。例如，Arm Cortex-A9 处理器需要使用 100~200 个时钟将一些数据字写到 PL 内的加速器中。

1.4.2 降低功耗

与使用 Arm Cortex-A9 处理器运行程序相比，使用 Zynq-7000 SoC 内的 PL 实现软件算法将降低功耗，这是因为在 PL 内实现一个功能使用的是较短的、低容性的本地连接路径。而在一个本地汇编命令行的方式中，需要将数据从一个操作单元传输到另一个传输单元。而在 Arm Cortex-A9 处理器上实现算法功能要求从本地缓存或外部存储器中取出指令和数据，运行程序得到结果后，将结果写回寄存器或者存储器系统，这需要通过一个较长的、较高容性的接口。

当算法要求将数据保存到存储器中时，与使用 Arm Cortex-A9 处理器高速缓存相比，使用 Zynq-7000 SoC 内 PL 一侧所提供的 BRAM 资源将显著降低功耗，如表 1.12 所示。

表 1.12 对于普通操作的功耗估计

操作	PL 资源	Arm A9 资源	Arm A9 能量/OP（微微焦耳或 mW/GOP/s）	PL 能量/OP（微微焦耳或 mW/GOP/s）
两变量逻辑操作	LUT/FF	ALU	—	1.3
32 位加	LUT/FF	ALU	—	1.3
16×16 乘	DSP	ALU	—	8.0

续表

操 作	PL 资源	Arm A9 资源	Arm A9 能量/OP（微微焦耳或 mW/GOP/s）	PL 能量/OP（微微焦耳或 mW/GOP/s）
32 位读/写寄存器	LUTRAM	L1	—	1.4
32 位读/写 AXI 寄存器	LUT/FF	AXI	—	30
32 位读/写本地 RAM	BRAM	L2	—	23.7/17.2
32 位读/写 OCM	AXI/OCM	CPU/OCM	—	44
32 位读/写 DDR3	AXI/DDR	CPU/DDR	—	541/211

注：（1）Arm Cortex - A9 的功耗估计来自 Arm 功耗指示性基准。
（2）用于可编程逻辑实现定制功能的 PL 功耗使用 Xilinx XPE 功耗估计器进行估计。

例如，读/写外部 DDR 存储器的功耗大约和操作功耗一样或更大。对于要求很少访问外部存储器的功能，所需要的总能量主要由外部访问确定。在这种情况下，使用 PL 和在 CPU 上实现算法所消耗的总能量是相同的。因此，降低功耗的关键是将数据保存在本地，并且将其移动到 Zynq - 7000 SoC 的 PL 中。当有足够的片内存储空间时，尽量不要把数据保存在片外存储器中，可以将这些数据保存在 Zynq - 7000 SoC 器件内的 OCM、BRAM、LUTRAM 或触发器中。在使用这种方法时，可能要求重构代码，以避免使用不必要的缓冲区资源。

1.4.3 实时减负

通常情况下，Arm Cortex - A9 处理器用于处理应用程序，而不是用于实现对事件的实时响应。因此，在 Arm Cortex - A9 处理器中经常运行一个操作系统，如 Linux。通过辅助使用 Zynq - 7000 SoC 内的 PL 资源，显著增强了 Arm Cortex - A9 处理器的实时响应能力。

1. MicroBlaze 辅助实时处理

设计者可以使用 Xilinx 提供的一个或多个 MicroBlaze 32 位软核处理器实现对实时事件的管理。MicroBlaze 提供了较好的实时响应能力，可以专门用于服务某个特殊的任务。例如，MicroBlaze 使用了 PL 内的一些 BRAM，大约 2000 个 LUT，该处理器的时钟频率在 100～200MHz 范围之间，中断响应时间可以控制在 10 个时钟周期内。通过软件程序，MicroBlaze 也可以轮询事件，它能在几个时钟内对事件进行服务。此外，MicroBlaze 也可以使用 C 语言编写代码，用于实现最终的实时控制。对于很多应用来说，Xilinx 提供的 8 位 PicoBlaze 软核处理器已经能够满足这些应用要求，该 8 位的软核处理器只使用几百个 LUT 资源。

2. PL 中断服务

在 Zynq - 7000 SoC 中，设计者可以将 PS 一侧的中断连接到 PL 中，也可以由 MicroBlaze 或硬件状态机提供服务。

3. HW 状态机

当 MicroBlaze 或 PicoBlaze CPU 的响应时间不足时，设计者可以在 PL 内创建硬件状态机，用于快速响应事件。这些状态机通常使用 RTL 进行描述，也可以使用 MATLAB Simulink 图形模块生成。

1.4.4 可重配置计算

当需要提供新的硬件加速器时,可以重新配置 Zynq - 7000 SoC 内的可编程逻辑。当重新配置整个器件或重新配置 PL 所选择的一部分逻辑时,允许将加速器功能库保存在磁盘、Flash 存储器或 DRAM 中,然后当需要时再将这些加速器功能库加载到 PL 中。Zynq - 7000 SoC 的 PS 可以通过它的 PCAP 接口实现重配置过程,并且负责 PL 资源的管理和分配。

例如,基于加速器的可编程逻辑实现一个指定的数据流图,它用于将输入数据直接转换成输出数据。一个是矩阵相乘的例子,从一个输入缓冲区提取数据,将其送到乘法器和加法器阵列,然后将其保存到结果缓冲区内。一个可替换的方法是,用于建立一个包含乘法器和加法器指令的可编程引擎来实现算法,通用存储器用于保存数据。

虽然不像固定功能的流图那样高效,但是可编程引擎有一个优势,即可重新编程实现一个可替换的算法。这种方法的其他优势是,如果操作数只被指令存储器或所要求的从 DRAM 取指的带宽限制,当它们能用来实现复杂的功能时,与一个固定功能的流图相比,一个可编程的引擎也能很容易地用来匹配所要求的计算速度。通常地,可编程引擎要求访问本地存储器,用于保存代码和数据。与固定功能的流图相比,可编程引擎可能要求大量的存储器,所需要的额外逻辑用于产生地址和对指令进行译码。

第2章 AMBA 规范

本章详细介绍了 AMBA 规范。AMBA 规范是由 Arm 公司制定的用于 SoC 内 IP 互联的规范。本章主要内容包括 AMBA 规范及发展、AMBA APB 规范、AMBA AHB 规范和 AMBA AXI4 规范。本章除详细介绍 APB 和 AHB 规范外,还详细介绍了 AMBA AXI4 规范,AXI4 规范是 Arm 和 Xilinx 共同制定的最新一代用于 SoC 内 IP 互联的规范。

读者要理解和掌握 Zynq-7000 内所用到的 AMBA 规范内的相关内容,以便能更好地理解和掌握 Zynq-7000 的内部结构,以及后续能更好地配置 IP 核的接口参数。

2.1 AMBA 规范及发展

Arm 高级微控制器总线架构(Advanced Microcontroller Bus Architecture,AMBA)规范是一种开放式标准片上互联规范,用于连接和管理片上系统(System on Chip,SoC)中的功能块。它有助于首次开发具有大量控制器和外围设备的多处理器设计。AMBA 通过为 SoC 模块定义通用接口标准来促进设计重用。

AMBA 是一种广泛用于 SoC 设计的架构,可在芯片总线中找到。AMBA 规范标准用于设计高级嵌入式微控制器。AMBA 的主要目标是提供技术独立性并鼓励模块化系统设计。更进一步,它强烈鼓励开发可重复使用的外部设备,同时最大限度地减少硅基础设施。

简言之,它是每个人用来在其芯片中将块连接在一起的接口。

还有一些和 AMBA 相关的其他缩略词,如 AHB 或 AXI。表 2.1 列出了 7 个主要的接口和其目的的说明。

表 2.1 AMBA 中的 7 个主要接口和其目的的说明

接口名字	功 能	相关的处理器
高级系统总线(Advanced System Bus,ASB)	现在过时了,不用担心这一个	—
高级外设总线(Advanced Peripheral Bus,APB)	简单、容易,用于外设	—
高级高性能总线(Advanced High-performance Bus,AHB)	在 Cortex-M 设计中用得很多	Cortex-M 系列
高级可扩展接口(Advanced Extensible Interface,AXI)	最普遍的,现在到了 AXI4	Cortex-A、Cortex-R、Mali-V500、Mali-T760
高级跟踪总线(Advanced Trace Bus,ATB)	用于在芯片周围移动跟踪数据	—
AXI 一致性扩展(AXI Coherency Extensions,ACE)	用于智能手机、平板电脑等的 big.LITTLE 系统	Cortex-A15、Cortex-A17、Cortex-A7
相关集线器接口(Coherent Hub Interface,CHI)	最高性能,用于网络和服务器	Cortex-A72、Cortex-A57、Cortex-A53

既然它是一个标准，那么它又是怎么一步步出现的呢？AMBA 可追溯到 1995 年，那时 Arm 公司比较小，并获得了来自欧盟的一些资金。借助于欧盟的支持，AMBA 在上一年的内部开发后于 1996 年作为开放式架构推出。它有助于开发具有大量控制器和外围设备的多处理器设计。自成立以来，AMBA 规范，尽管它的名字指向微控制器，但是远远超出了微控制器设备。现在，AMBA 广泛应用于各种 ASIC 和 SoC 器件，包括应用处理器，这些处理器通常存在于智能手机等现代便携移动设备中。

AMBA 很快就变成了 Arm 公司的注册商标。SoC 的一个重要方面不仅包括它所包含的组件或块，还包括它们互联的方法。它很快成为将控制器或外设 IP 块推向市场的"事实上的"标准接口。

2.1.1　AMBA 1

AMBA 的第一个版本包括两个总线，即 ASB 和 APB。

2.1.2　AMBA 2

在它的第二个版本 AMBA 2 中，Arm 增加了 AMBA AHB，它是一个单时钟沿协议。AMBA 2 广泛应用于基于 ARM7 和 ARM9 的设计，至今仍用在基于 Arm Cortex - M 的设计中。

（1）AMBA 2 AHB 接口规范

可在单个频率系统中实现主设备之间的高效率互联。该接口包括 AMBA 3 AHB 接口的所有功能，但也允许构造中的主设备之间使用仲裁。

（2）AMBA 2 APB 接口规范

支持通过低带宽交易，用于访问外设中的寄存器和通过低带宽外设的数据流量。这个高度紧凑的低功耗接口将该数据流量与高性能 AMBA 2 AHB 互联隔离开来。

2.1.3　AMBA 3

2003 年，Arm 推出第三代 AMBA 3，包括 AXI，以实现更高性能的 ATB，作为 CoreSight 片上调试和跟踪解决方案的一部分。具体包括：

（1）AMBA 3 AXI。提供支持高效数据流量吞吐量的特性。在 5 个单向通道之间具有灵活的相对时序，以及具有无序数据功能的多个未完成交易，可实现用于高速操作的流水线互联，用于电源管理的频率之间的高效桥接、同时的读和写交易，以及支持高初始延迟外设。

（2）AMBA 3 AHB。在单一频率子系统中的简单外设之间使能高效的互联，而不需要 AMBA 3 AXI 性能。其固定的流水线结构和单向通道可与 AMBA 2 AHB - Lite 规范开发的外设兼容。

（3）AMBA 3 APB。支持用于访问外设的低带宽交易。支持必要的低带宽交易，用于访问外设的配置寄存器和通过低带宽外设的数据流量。高度紧凑的低功耗接口将这个数据流量与高性能的 AMBA 3 AHB 和 AMBA 3 AXI 互联隔离开来。AMBA 3 APB 接口完全向后兼容 AMBA 2 APB 接口，允许使用现有的 APB 外设。

（4）AMBA 3 ATB。将用于在跟踪系统中跟踪数据的不可知接口添加到 AMBA 规范。跟踪组件和总线与外设和互联并联，为调试目的提供可视化。

2.1.4 AMBA 4

2010 年，AMBA 4 规范从 AMBA 4 AXI4 开始引入，然后在 2011 年扩展了与 AMBA 4 ACE 的系统一致性（该系统一致性允许不同的处理器集群共享并支持 Arm 的 big.LITTLE 处理等技术）。这些都广泛地用于 Arm 的 Cortex - A9 和 Cortex - A15 处理器。

1．性能

1）支持缓存一致性和强化的顺序

ACE 使能处理器侦听其他的缓存。ACE - Lite 使能媒体和 I/O 主设备侦听并保持与处理器缓存的一致性。

2）时钟频率

允许实现通过在不损失吞吐量的情况下轻松重定时来实现更高的时钟频率（采用点到点的通道架构）。

3）全局异步本地同步

支持全局异步本地同步（Globally Asynchronous Local Synchronous，GALS）技术，用于大量带有不同频率的时钟域。轻松添加寄存器级以实现时序收敛。

2．架构

分离的通道架构，通过充分利用深度流水线的 SDRAM 存储器系统来提高吞吐量。
（1）基于猝发的交易，仅发布起始地址。
（2）发布多个未完成的地址。
（3）乱序交易完成。
（4）单独的地址/控制和数据阶段。

3．内容

1）ACE

增加了 3 个额外的通道，用于在 ACE 主缓存和缓存维护的硬件控制之间共享数据。ACE 也增加了屏障支持，以强制执行多个未完成交易的排序，从而最大限度地减少等待前一个交易完成的 CPU 停止。分布式虚拟存储器（Distributed Virtual Memory，DVM）信令维护跨多个主设备地虚拟存储器映射。

2）ACE - Lite

它是 ACE 信号的一小部分，提供 I/O 或单向一致性，其中 ACE 主设备维护 ACE - Lite 主设备的缓存一致性。ACE - Lite 主设备仍然侦听 ACE 主设备缓存，但是其他主设备无法侦听 ACE - Lite 主设备的缓存。ACE - Lite 也支持屏障。

3）AXI4

该协议是对 AXI3 的更新，用于在多个主设备使用时提高互联的性能和利用率。它包括以下增强功能。
（1）支持猝发长度最多为 256 拍。
（2）服务信令质量。
（3）支持多个区域接口。

4）AXI4 - Lite

该协议是 AXI4 协议的一个子集，用于与组件中更简单、更小的控制寄存器接口进行通信。AXI4 - Lite 接口的主要功能如下：

（1）所有交易都是一个猝发长度。

（2）所有数据访问的大小与数据总线的宽度相同。

（3）不支持抢占式访问。

5）AXI - Stream

该协议用于从主设备到从设备的单向数据传输，显著降低了信号布线资源。该协议的关键特性如下：

（1）支持同一组共享线路的单个或多个数据流。

（2）支持在同一互联中的多个数据宽度。

（3）非常适合在现场可编程门阵列（Field Programmable Gate Array，FPGA）中实现。

6）LPI

Q 通道和 P 通道的 LPI 设计用于管理 SoC 组件的时钟和电源功能。LPI 协议的主要特点如下：

（1）Q 通道用于管理自主的分层时钟门控和简单组件的功耗控制。

（2）P 通道用于管理更复杂的电源控制功能，以提高电源效率。

2.1.5 AMBA 5

2013 年，引入了 AMBA 5 CHI 规范，重新设计了高速传输层，旨在减少拥堵。它的架构是为了可扩展性，以便在组件数量和流量增加时保持性能。这包括在主设备放置额外的要求以响应相干的侦测交易，这意味着在一个拥堵的系统中可以更容易地保证特定主设备的前进进度。将识别机制分离为主设备标识符和交易标识符，允许以更高效的方式构建互联。AMBA 5 架构用于连接完全相干处理器的接口，如 Cortex - A57 和 Cortex - A53。

1. 自适应流量概要（Adaptive Traffic Profile，ATP）

它是一个新的综合流量框架，能够以简单和可移植的方式对系统主设备和从设备高级存储器访问行为进行建模。

流量概要能够用于跨多个工具和设计/验证环境，以帮助设计和验证复杂的 SoC。在其他用例中，它们实现更简单和更快速的仿真机制，同时具有可预测性和自适应性。

2. AMBA 5 CHI

该架构规范定义了用于连接完全相干的处理器（如 Cortex - A75 和 Cortex - A55）和动态存储器控制器（如 CoreLink DMC - 620）的接口，以实现高性能和非阻塞互联，如 CoreLink CMN - 600。它适用于需要一致性的各种应用，包括移动、网络、汽车和数据中心。

CHI 规范将协议和传输层分开，以允许不同的实现，以提供在性能、功耗和面积之间的最佳权衡。这种分离允许互联设计范围从一个高效、小的交叉开关阵列到高性能的、大规模的网状网络。

CHI 的架构用于当组件数量和流量增加时保持性能。这包含对主设备设置额外的要求，

第 2 章 AMBA 规范

以响应一致的侦听交易，这意味着在拥挤的系统中可以更容易地保证特定主设备的前进进度。将识别机制分离为主标识符和交易标识符，以更有效的方式构建互联。

该协议也提供服务质量（Quality of Service，QoS）机制以控制系统中多个处理器共享资源的方式，而无须详细了解每个组件，以及它们交互的方式。

AMBA 5 CHI 规范当前可供集成 SoC 或开发 IP 的合作伙伴或实现它的工具使用。请联系 Arm 账户经理获取有关副本的详细信息。

最新一代、高性能的 AMBA 5 接口称为 CHI，旨在提供从移动电话到高性能计算应用的任何设计点的高性能。一些功能包括：

① 支持多个处理器之间高频率和无阻塞的相干数据传输；
② 一个分层模型，允许为灵活的拓扑分离通信和传输协议，如交叉开关阵列、环形、网格或 ad hoc；
③ 缓存存储，允许加速器或 I/O 设备将关键数据保存在 CPU 缓存中，以实现低延迟访问；
④ 远程原子操作使能互联执行对共享数据的高频率更新；
⑤ 端到端的数据保护。

3. ACE5、ACE5 - Lite 和 AXI5

AXI 和 ACE 协议已经被用在各种应用中（包括移动、消费、网络、汽车和嵌入式应用），实现高频率和高带宽的互联设计。ACE5、ACE5 - Lite 和 AXI5 协议扩展了前几代，以包括大量性能和可扩展特性，以对齐和补充 CHI。

一些新特性和选项包括：

① 原子交易；
② 缓存存储；
③ 数据保护和毒化信令；
④ ArmV8.1 分布式虚拟存储器消息；
⑤ 服务质量接受信令；
⑥ 持久性的缓存维护操作（Cache Maintenance Operation，CMO）；
⑦ 缓存回收交易。

新规范可供下载，包括所有 ACE5 和 AXI5 协议变种的完整更新列表与新的可用功能。

4. AHB5

该架构规范广泛用于 Cortex - M 处理器的接口协议，用于嵌入式设计和其他低延迟 SoC。

AHB5 建立在上一代 AHB - Lite 规范的基础上，有两个主要目标：

① 它补充了 Armv8 - M 架构，并将 TrustZone 安全基础从处理器扩展到整个系统；
② 它提供了与 AXI4 规范的一致性和对齐，包括在 SoC 中简化了基于 Cortex - A 和 Cortex - M 的系统集成，允许包含 AXI 和 AHB 系统的统一 TrustZone 安全解决方案。

规范中引入的新特性包括：

① 地址阶段安全/非安全的信令，以支持安全或非安全的交易；
② 扩展的存储器类型用于支持更复杂的系统；

③ 抢占传输支持信号量类型的操作。

由于它们被广泛采用，AHB5 进一步澄清了 AHB-Lite 协议的属性，即

① 多个从设备选择用于面积效率；

② 单复制和多复制原子性，使能扩展到多核；

③ 用户信号允许用户扩展，并与 AMBA 4 AXI 规范保持一致。

目前，AHB5 规范可供 Arm 的合作伙伴下载，旨在为包括实时和物联网核嵌入式微控制器设计在内的应用构建下一代 SoC。

5. DTI

分布式转换接口（Distributed Translation Interface，DTI）协议规范与 Arm System MMU 架构对齐，为转换服务定义可扩展的分布式消息传递协议。在 SMMU 实现中，通常有 3 个组件，即

① 执行转换表搜索的转换控制单元（Translation Control Unit，TCU）；

② 转换缓冲单元（Translation Buffer Unit，TBU），用于拦截需要转换的交易，并且缓存这些交易，以减少交易延迟；

③ PCI Express（PCIe）根联合体，包括地址转换服务（Address Translation Service，ATS）。

DTI 是一种点对点协议，其中每个通道由链路、DTI 主设备和 DTI 从设备构成。该规范概述了 DTI 主设备和从设备之间的两种不同协议。

① DTI-TBU：定义了 TBU 主设备和 TCU 从设备之间的通信。

② DTI-ATS：定义了 PCIe 根联合体和 TCU 从设备之间的通信。

6. 通用闪存总线（Generic Flash Bus，GFB）

通过在系统和 Flash 之间提供简单的接口，GFB 简化了在子系统中集成嵌入式 Flash 控制器。GFB 存在于 Flash 控制器主端和从端之间的边界上。主端有一个通用的 Flash 控制器，它具有大多数 eFlash 宏支持的通用功能。

从端具有与处理相关的 Flash 宏，用于特定的实现。GFB 用作访问 Flash 存储器资源的数据路径，通过其他接口处理控制相关访问。这有利于重用带有不同处理的通用功能。

2.2 AMBA APB 规范

APB 属于 AMBA 3 协议系列，它提供了一个低功耗的接口，并降低了接口的复杂性。APB 接口用在低带宽和不需要高性能总线的外部设备上。APB 是非流水线结构，所有的信号仅与时钟上升沿相关，这样就可以简化 APB 外部设备的设计流程，每个传输至少消耗两个时钟周期。

APB 可以与 AMBA 高级高性能总线和 AMBA 高级可扩展接口连接。

2.2.1 AMBA APB 写传输

APB 写传输包括两种类型：无等待状态写传输和有等待状态写传输。

1. 无等待状态写传输

图 2.1 给出了一个无等待状态的写传输时序图。在时钟上升沿后，改变地址、数据、写信号和选择信号。

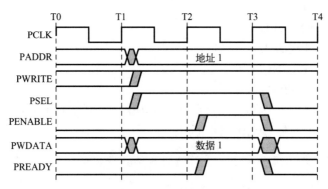

图 2.1　无等待状态的写传输时序图

（1）T1 周期。写传输开始于地址总线信号 PADDR、写数据信号 PWDATA、访问方向信号 PWRITE 和选择信号 PSEL。这些信号在 PCLK 的上升沿寄存。T1 周期称为写传输的建立周期。

（2）T2 周期。在 PCLK 的上升沿寄存使能信号 PENABLE 和准备信号 PREADY。

① 当确认时，使能信号 PENABLE 表示传输访问周期的开始。

② 当确认时，准备信号 PREADY 表示在 PCLK 的下一个上升沿从设备可以完成传输。

（3）地址总线信号 PADDR、写数据信号 PWDATA 和控制信号一直保持有效，直到在 T3 周期完成传输后，结束访问周期。

（4）在传输结束后，使能信号 PENABLE 变成无效。选择信号 PSEL 也变成无效，除非相同的外设立即开始下一个传输时，这些信号才重新有效。

2. 有等待状态写传输

图 2.2 说明从设备如何使用准备信号 PREADY 扩展传输。在访问周期，当使能信号 PENABLE 为高时，可以通过拉低准备信号 PREADY 来扩展传输。

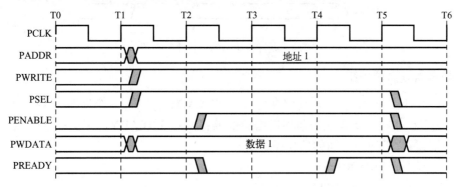

图 2.2　具有等待状态的写传输时序图

下面信号保持不变：

① 地址信号：PADDR；
② 访问方向信号：PWRITE；
③ 选择信号：PSEL；
④ 使能信号：PENABLE；
⑤ 写数据信号：PWDATA；
⑥ 写选通信号：PSTRB；
⑦ 保护类型信号：PPROT。

当使能信号 PENABLE 为低时，准备信号 PREADY 可以为任何值。确保外部器件使用两个固定的周期来使准备信号 PREADY 为高。

> **注**：推荐在传输结束后不要立即更改地址和写信号，保持当前状态直到开始下一个传输，这样可以降低功耗。

2.2.2 AMBA APB 读传输

APB 读传输包括无等待状态读传输和有等待状态读传输两种总线类型。

1. 无等待状态读传输

图 2.3 给出了无等待状态读传输时序图。图中给出了地址总线信号 PADPR、访问方向信号 PWRITE、选择信号 PSEL 和使能信号 PENABLE。在读传输结束以前，从设备必须主动提供数据。

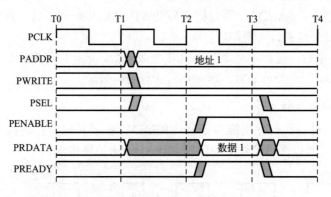

图 2.3 无等待状态的读传输时序图

2. 有等待状态读传输

图 2.4 给出了在读传输中，使用准备信号 PREADY 来添加两个周期。在传输过程中，也可以添加多个周期。如果在访问周期内拉低准备信号 PREADY，则扩展读传输。协议保证在额外的扩展周期时，下面的信号保持不变：

① 地址信号：PADDR；
② 访问方向信号：PWRITE；
③ 选择信号：PSEL；

第 2 章 AMBA 规范

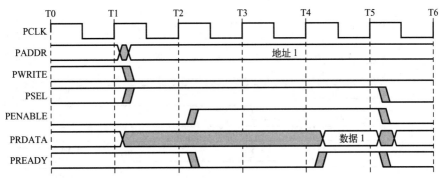

图 2.4 具有等待状态的读传输时序图

④ 使能信号：PENABLE；
⑤ 保护类型信号：PPROT。

2.2.3 AMBA APB 错误响应

在传输过程中，可以使用 PSLVERR 信号来指示 APB 传输的错误条件。在读和写的交易过程中，可能发生错误条件。

在一个 APB 传输中的最后一个周期内，当 PSEL、PENABLE 和 PREADY 信号都为高时，PSLVERR 信号才是有效的。

当外设接收到一个错误的交易时，外设的状态可能发生改变。当接收到一个错误时，写交易并不意味着没有更新外设内的寄存器；当接收到一个错误时，读交易能够返回无效的数据。对于一个读错误，并不要求外设将数据总线驱动为 0。

1. 写传输和读传输的错误响应

图 2.5 给出了一个写传输失败的例子。图 2.6 给出了一个读传输失败的例子。

2. PSLVERR 映射

1）从 AXI 到 APB

将一个 APB 错误映射到 RRESP/BRESP = SLVERR，通过将 PSLVERR 映射到 RRESP[1] 信号（用于读）和 BRESP[1]信号（用于写）来实现该映射。

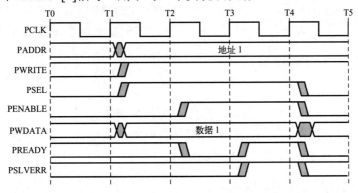

图 2.5 写传输失败的例子

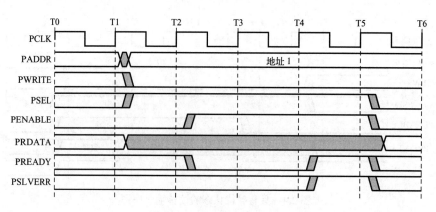

图 2.6 读传输失败的例子

2）从 AHB 到 APB

对于读和写，将 PSLVERR 信号映射到 HRESP = SLVERR，通过将 PSLVERR 信号映射到 AHB 信号 HRESP[0]来实现该映射。

2.2.4 操作状态

图 2.7 给出了 APB 总线的操作状态。

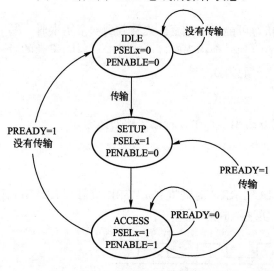

图 2.7 APB 的操作状态

1. IDLE

表示空闲。这是默认的 APB 状态。

2. SETUP

表示建立。当请求传输时，总线进入 SETUP 状态，设置选择信号 PSELx。总线仅在 SETUP 状态停留一个时钟周期，并在下一个时钟周期进入 ACCESS 状态。

3. ACCESS

表示访问。在 ACCESS 状态中置位使能信号 PENABLE。在从 SETUP 状态到 ACCESS 状态转变的过程中，地址信号、写信号、选择信号和写数据信号保持不变。是否从 ACCESS 状态退出，由器件的准备信号 PREADY 控制。

（1）如果准备信号 PREADY 为低，保持 ACCESS 状态。

（2）如果准备信号 PREADY 为高，则退出 ACCESS 状态。如果此时没有其他传输请求，总线返回 IDLE 状态，否则进入 SETUP 状态。

2.2.5 AMBA 3 APB 信号

表 2.2 给出了 AMBA 3 APB 信号及描述。

表 2.2　AMBA 3 APB 的信号及其描述

信　号	来　源	描　述
PCLK	时钟源	时钟信号
PRESETn	系统总线	复位信号。APB 复位信号低有效。该信号一般直接与系统总线复位信号相连
PADDR	APB 桥	地址总线信号。最大可达 32 位，由外设总线桥单元驱动
PPROT	APB 桥	保护类型信号。这个信号表示交易为普通的、剥夺的或安全保护级别的，以及这个交易是数据访问或指令访问
PSELx	APB 桥	选择信号。APB 桥单元产生到每个外设从设备的信号。该信号表示选中从设备，要求一个数据传输。每个从设备都有一个 PSELx 信号
PENABLE	APB 桥	使能信号。这个信号表示 APB 传输的第二个和随后的周期
PWRITE	APB 桥	访问方向信号。该信号为高时，表示 APB 写访问；当该信号为低时，表示 APB 读访问
PWDATA	APB 桥	写数据信号。当 PWRITE 为高时，在写周期内，外设总线桥单元驱动写数据总线
PSTRB	APB 桥	写选通信号。这个信号表示在写传输时，更新哪个字节通道。每 8 个比特位有一个写选通信号。因此，PSTRB[n]对应于 PWDATA[(8n + 7) : (8n)]。在读传输时，写选通信号是不活动的
PREADY	从接口	准备信号。从设备使用该信号来扩展 APB 传输
PRDATA	从接口	读取数据信号。当 PWRITE 信号为低时，在读周期，所选择的从设备驱动这个总线。该总线最多为 32 位宽度
PSLVERR	从接口	该信号表示传输失败。APB 外设不要求 PSLVERR 引脚。对已经存在的设计和新的 APB 外设设计，当外设不包含这个引脚时，将到 APB 桥的数据适当拉低

2.3　AMBA AHB 规范

AHB 是新一代的 AMBA 总线，目的是用于解决高性能可同步的设计要求。AMBA 是一个新级别的总线，高于 APB，用于实现高性能、高时钟频率系统的特征要求，这些要求包括：

（1）猝发传输；

（2）分割交易；

（3）单周期总线主设备交易；

（4）单时钟沿操作；

（5）无三态实现；

（6）更宽的数据总线配置（64/128 比特）。

2.3.1　AMBA AHB 结构

1. AMBA AHB 典型结构

一个典型的 AMBA 系统中包括 AHB 总线和 APB 总线的结构，如图 2.8 所示。例如，一个基于 AMBA 的微控制器包括高性能系统背板总线，该总线能够支持外部存储器的带宽。在这个总线上存在 CPU 和其他 DMA 设备，并且还存在一个较窄的 APB 总线。在 APB 总线上有较低带宽的外设。AHB 总线和 APB 总线的特性比较如表 2.3 所示。

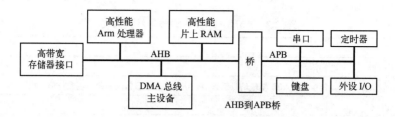

图 2.8 一个典型的 AMBA 系统

表 2.3 AHB 总线和 APB 总线的特性比较

AMBA 高级高性能总线 AHB	AMBA 高级外设总线 APB
① 高性能	① 低功耗
② 流水线操作	② 锁存的地址和控制
③ 猝发传输	③ 简单的接口
④ 多个总线主设备	④ 适合很多外设
⑤ 分割交易	

2. AMBA AHB 总线互联

基于多路复用器互联机制设计 AMBA AHB 总线规范。使用这个机制，总线上的所有主设备都可以驱动地址和控制信号，用于表示它们所希望执行的传输。仲裁器用于决定连接到所有从设备的主设备地址和控制信号。译码器要求控制读数据和响应信号的切换，用于从从设备中选择合适的包含用于传输的信号。图 2.9 给出了一个结构，该结构中有 3 个主设备和 4 个从设备。

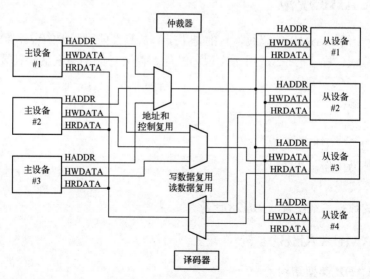

图 2.9 多路复用器互联

2.3.2 AMBA AHB 操作

1. 操作概述

在开始一个 AMBA AHB 传输前，必须授权总线主设备访问总线。通过主设备对连接到仲裁器请求信号的确认启动这个过程，然后指示授权主设备将要使用总线。

通过驱动地址和控制信号，一个授权的总线主设备启动 AHB 传输。这些信号提供了地址、方向和传输宽度的信息，以及指示传输是否是猝发的一部分。AHB 允许两种不同的猝发传输：

（1）增量猝发，在地址边界不回卷；

（2）回卷猝发，在一个特殊的地址边界回卷。

一个写数据总线用于将数据从主设备移动到从设备，而一个读数据总线用于将数据从从设备移动到主设备。每个传输的构成如下：

（1）一个地址和控制周期；

（2）一个或多个数据周期。

由于不能扩展地址，因此在这个期间内，所有的从设备必须采样地址。然而，通过使用 HREADY 信号，允许对数据进行扩展。当 HREADY 信号为低时，允许在传输中插入等待状态。因此，允许额外的时间用于从设备提供或采样数据。

在一个传输期间内，从设备使用响应信号 HRESP[1∶0]显示状态。

（1）OKAY：OKAY 响应用于指示正在正常的处理传输。当 HREADY 信号变高时，表示传输成功地结束。

（2）ERROR：ERROR 响应信号指示。当发生传输错误时，传输是失败的。

（3）RETRY 和 SPLIT：所有的 RETRY 和 SPLIT 传输响应信号指示。该响应表示不能立即完成传输，但是总线主设备应该继续尝试传输。

在正常操作下，在仲裁器授权其他主设备访问总线前，允许一个主设备以一个特定的猝发方式完成所有的传输。然而，为了避免产生太长的仲裁延迟，仲裁器可能将一个猝发进行分解。在这种情况下，主设备必须为总线重新仲裁，以便完成猝发传输中剩余的操作。

2．AMBA AHB 基本传输

一个 AHB 传输由两个不同的部分组成：

（1）地址周期，持续一个单周期；

（2）数据周期，可能要求几个周期。通过使用 HREADY 信号实现。

图 2.10 给出了一个简单的传输，没有等待状态。

在一个没有等待状态的简单传输中：

（1）在 HCLK 的上升沿，主设备驱动总线上的地址和控制信号；

（2）在下一个时钟上升沿，从设备采样地址和控制信息；

（3）当从设备采样地址和控制信息后，驱动正确的响应信号。在第 3 个时钟上升沿时，总线主设备采样这个响应。

这个简单的例子说明了在不同的时钟周期，如何产生地址和数据周期。实际

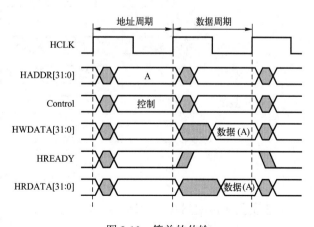

图 2.10　简单的传输

上，任何传输的地址周期可以发生在前一个传输的数据周期。这个重叠的地址和数据是总线流水线的基本属性，允许更高性能的操作，同时为一个从设备提供了充足的时间，用于对一个传输的响应。

如图 2.11 所示，在任何一个传输中，一个从设备可能插入等待状态。

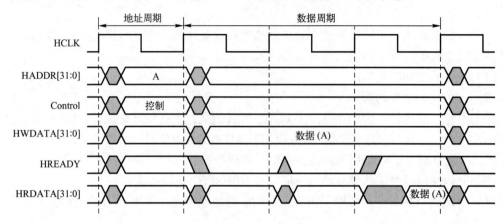

图 2.11 带有等待状态的传输

（1）对于写传输，在扩展周期内，总线主设备应该保持总线稳定。
（2）对于读传输，从设备不必提供有效数据，直到将要完成传输。

当传输以这种方式扩展时，在随后传输的地址周期中有副作用。图 2.12 说明传输了 3 个无关的地址 A、B 和 C。

（1）传输地址 A 和 C，都是零等待状态。
（2）传输地址 B 是一个等待周期。
（3）传输的数据周期扩展到地址 B，传输的扩展地址周期影响到地址 C。

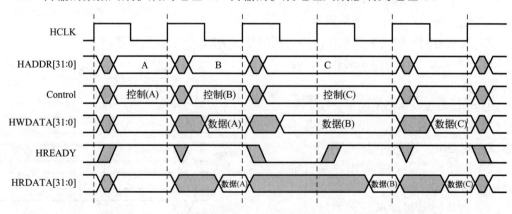

图 2.12 多个传输

2.3.3 AMBA AHB 传输类型

每个传输可以分成 4 个不同类型中的一个，由表 2.4 中的 HTRANS[1 : 0]信号表示。

第 2 章　AMBA 规范

表 2.4　传输类型编码

HTRANS[1:0]	类　型	描　　述
00	IDLE	表示没有请求数据传输。在空闲传输类型中，将总线主设备授权给总线，但不希望执行一个数据传输时使用空闲传输。从设备必须总是提供一个零等待状态 OKAY 来响应空闲传输，并且从设备应该忽略该传输
01	BUSY	忙传输类型。允许总线主设备在猝发传输中插入空闲周期。这种传输类型表示总线主设备正在连续执行一个猝发传输，但是不能立即产生下一次传输。当一个主设备使用忙传输类型时，地址和控制信号必须反映猝发中的下一次传输。 从设备应该忽略这种传输。与从设备响应空闲传输一样，从设备总是提供一个零等待状态 OKAY 响应
10	NONSEQ	表示一次猝发的第一个传输或一个单个传输。地址与控制信号与前一次传输无关。总线上的单个传输被看作一个猝发。因此，传输类型是不连续的
11	SEQ	在一个猝发中剩下的传输是连续传输且地址与前一次传输有关。控制信息和前一次传输时一样。地址等于前一次传输的地址加上传输大小（字节）。在回卷猝发的情况下，传输地址在地址边界处回卷，回卷值等于传输大小乘以传输的次数（4、8 或 16 中的其中之一）

如图 2.13 所示，给出了不同传输类型的例子。

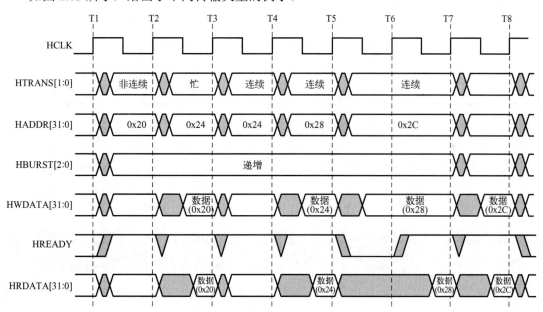

图 2.13　不同传输类型的例子

（1）第 1 个传输是一次猝发的开始，所以传输类型为非连续传输。

（2）主设备不能立刻执行猝发的第 2 次传输，所以主设备使用了忙传输来延时下一次传输的开始。在这个例子中，主设备在它准备开始下一次猝发传输之前，仅要求一个忙周期，下一次传输完成不包含等待状态。

（3）主设备立刻执行猝发的第 3 次传输，但此时从设备不能完成传输，并用 HREADY

信号来插入一个等待状态。

（4）以无等待状态完成猝发的最后一个传输。

2.3.4　AMBA AHB 猝发操作

1．操作概述

AMBA AHB 协议定义了 4、8 和 16 拍猝发，也有未定长度的猝发和信号传输。协议支持递增和回卷。

（1）递增猝发：访问连续地址，并且猝发中每次传输的地址仅是前一次地址的一个递增。

（2）回卷猝发：如果传输的起始地址并未和猝发（x 拍）中的字节总数对齐，那么猝发传输地址将在达到边界处回卷。例如，一个 4 拍回卷猝发的字（4 字节）访问将在 16 字节边界回卷。因此，如果传输的起始地址是 0x34，那么它将包含 4 个地址，即 0x34、0x38、0x3C 和 0x30。

通过使用 HBURST[2∶0]提供猝发信息。表 2.5 给出了 8 种可能的猝发类型。

表 2.5　猝发类型

HBURST[2∶0]	类　型	描　述	HBURST[2∶0]	类　型	描　述
000	SINGLE	单一传输	100	WRAP8	8 拍回卷猝发
001	INCR	未指定长度的递增猝发	101	INCR8	8 拍递增猝发
010	WRAP4	4 拍回卷猝发	110	WRAP16	16 拍回卷猝发
011	INCR4	4 拍递增猝发	111	INCR16	16 拍递增猝发

猝发不能超过 1KB 的地址边界。因此，主设备不要尝试发起一个超过该边界的定长递增猝发。

当使用只有一个猝发长度的、未指定长度的递增猝发来执行单个传输时，这是可以接受的。

一个递增猝发可以是任何长度，但是其上限由地址不能超过 1KB 边界这个事实所限制。

> **注**：猝发大小表示猝发的节拍数量，并不是一次猝发传输的实际字节数。一次猝发传输的数据总量可以用节拍数乘以每拍数据的字节数来计算，每拍字节数由 HSIZE[2∶0]指示。

所有猝发传输必须将地址边界和传输大小对齐。例如，字传输必须对齐到字地址边界（也就是 A[1∶0]=00），半字传输必须对齐到半字地址边界（也就是 A[0]=0）。

2．猝发早期停止

对任何一个从设备而言，在不允许完成一个猝发的特殊情况下，如果提前停止猝发，那么利用猝发信息采取正确的动作非常重要。通过监控 HTRANS 信号，从设备能够决定何时提前终止一个猝发，并且确保在猝发开始之后每次传输有连续或忙的标记。如果产生一个非连续或空闲传输，那么表明已经开始一个新的猝发。因此，一定已经终止了前一次猝发传输。

如果总线主设备因为失去对总线的占有而不能完成一次猝发时，它必须在下一次获取访问总线时正确地重建猝发。例如，如果一个主设备仅完成了 4 拍猝发中的 1 拍，那么它必须用一个未定长度猝发来执行剩下的 3 拍猝发。

图 2.14 给出了 4 拍回卷猝发。图 2.15 给出了 4 拍递增猝发。

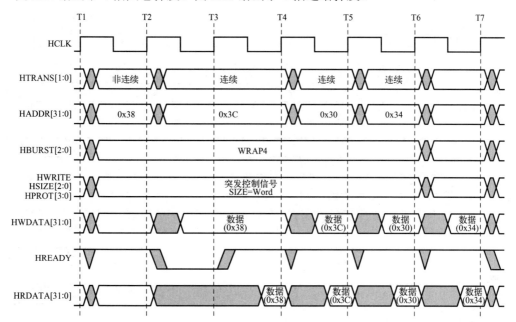

图 2.14　4 拍回卷猝发

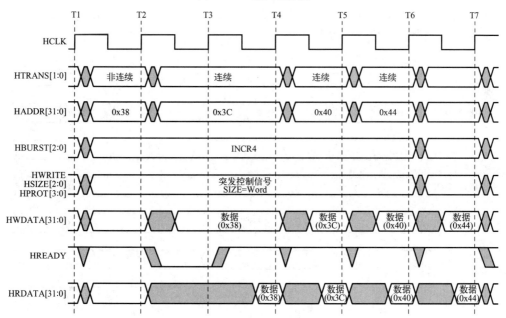

图 2.15　4 拍递增猝发

在 4 拍回卷猝发中，在第一个传输中添加了一个等待状态。由于 4 拍回卷猝发的字传输中，地址将在 16 字节边界回卷，因此在传输地址 0x3C 后面是传输地址 0x3O。

图 2.15 表示了回卷猝发和递增猝发的唯一不同,地址连续通过 16 个字节边界。

图 2.16 给出了 8 拍回卷猝发。地址将在 32 字节边界处回卷。因此,地址 0x3C 之后的地址是 0x20。

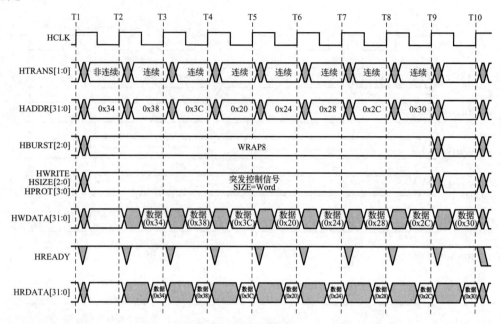

图 2.16 8 拍回卷猝发

图 2.17 中的猝发使用半字传输,所以地址每次增加 2 个字节,并且递增猝发。因此,地址连续增加,穿过 16 个字节边界。

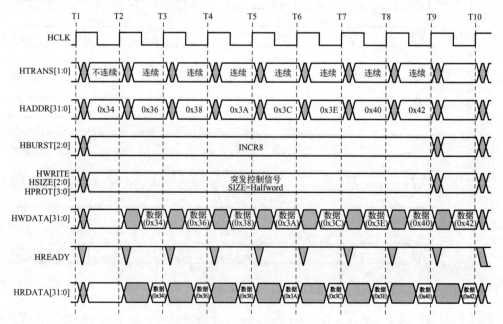

图 2.17 8 拍递增猝发

图 2.18 表示未定义长度的递增猝发。图中表示两个猝发。

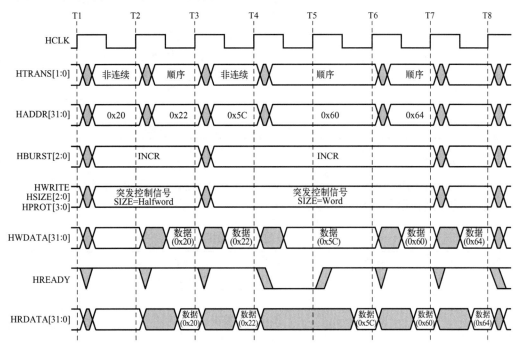

图 2.18　未定义长度的递增猝发

（1）在地址 0x20 处，开始传输两个半字。半字传输地址以 2 递增。

（2）在地址 0x5C 处，开始传输 3 个字。字传输地址以 4 递增。

2.3.5　AMBA AHB 传输控制信号

传输类型和猝发类型一样，每次传输都会有一组控制信号用于提供传输的附加信息。这些控制信号和地址总线有严格一致的时序。在一次猝发传输过程中，它们必须保持不变。

1．传输方向

当 HWRITE 为高时，该信号表示一个写传输，并且主设备将数据广播到写数据总线 HWDATA[31：0]上；当该信号为低时，将会执行一个读传输，并且从设备必须将数据放到读数据总线 HRDATA[31：0]上。

2．传输大小

HSIZE[2：0]用于表示传输的宽度，如表 2.6 所示。传输宽度与 HBURST[2：0]信号一起决定回卷猝发的地址边界。

表 2.6　传输宽度编码

HSIZE[2]	HSIZE[1]	HSIZE[0]	宽　　度	描　　述
0	0	0	8 位	字节
0	0	1	16 位	半字

续表

HSIZE[2]	HSIZE[1]	HSIZE[0]	宽度	描述
0	1	0	32 位	字
0	1	1	64 位	双字
1	0	0	128 位	4 字
1	0	1	256 位	8 字
1	1	0	512 位	16 字
1	1	1	1024 位	32 字

3．保护控制

保护控制信号 HPROT[3：0]，提供总线访问的附加信息，并且最初是给那些希望执行某种保护级别的模块使用。控制保护级别如表 2.7 所示。

表 2.7 控制保护级别

HPROT[3] 高速缓存	HPROT[2] 带缓冲的	HPROT[1] 特权模式	HPROT[0] 数据/预取指	描述
—	—	—	0	预取指
—	—	—	1	数据访问
—	—	0	—	用户模式访问
—	—	1	—	特权模式访问
—	0	—	—	无缓冲
—	1	—	—	带缓冲
0	—	—	—	无高速缓存
1	—	—	—	带高速缓存

这些信号表示传输是：

（1）一次预取指或数据访问；

（2）特权模式访问或用户模式访问。

对于包含存储器管理单元的总线主设备来说，这些信号也表示当前访问是带高速缓存的还是带缓冲的。并不是所有总线主设备都能产生正确的保护信息。因此，建议从设备在没有严格要求的情况下不要使用 HPROT 信号。

2.3.6 AMBA AHB 地址译码

对于每个总线上的从设备来说，使用一个中央地址译码器提供选择信号 HSELx。选择信号是高位地址信号的组合译码，并且建议使用简单的译码方案，以避免复杂译码逻辑，确保高速操作。

从设备只能在 HREADY 信号为高时采样地址总线信号、控制信号和 HSELx 信号。当 HSELx 信号为高时，表示已经完成当前传输。在特定的情况下，有可能在 HREADY 信号为低时采样 HSELx 信号。但是，会在当前传输完成后更改选中的从设备。

能够分配给单个从设备的最小地址空间是 1KB。所设计的总线主设备不能执行超过

1KB 地址边界的递增传输。因此，需要保证一个猝发不会超过地址译码的边界。在设计系统时，如果一个存储器映射未完全填满存储空间时，应该设置一个额外的默认从设备，以便在访问任何不存在的地址空间时提供响应。如果一个非连续传输或连续传输尝试访问一个不存在的地址空间时，这个默认从设备应该提供一个 ERROR 响应。当空闲或忙传输访问不存在的空间（默认从设备）时，应该给出一个零等待状态的 OKAY 响应。例如，默认从设备的功能将由中央地址译码器的一部分来实现。

图 2.19 表示了一个地址译码系统和从设备选择信号。

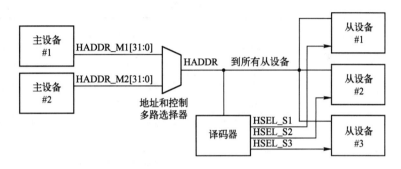

图 2.19　地址译码系统和从设备选择信号

2.3.7　AMBA AHB 从设备传输响应

当主设备发起传输后，从设备决定传输的方法。AMBA AHB 规范中没有做出总线主设备在传输已经开始后取消传输的规定。

只要访问从设备，那么它必须提供一个表示传输状态的响应。使用 HREADY 信号，用于扩展传输并与响应信号 HRESP[1 : 0]相结合，以提供传输状态。

从设备能够用多种方式完成传输：

（1）立刻完成传输；

（2）插入一个或多个等待状态，以允许有足够时间完成传输；

（3）发出一个错误信号，表示传输失败；

（4）延时传输的完成，但是允许主设备和从设备放弃总线，把总线留给其他传输使用。

1. 传输完成

HREADY 信号用来扩展一次 AHB 传输的数据周期。当 HREADY 信号为低时，表示将要扩展传输；当该信号为高时，表示传输完成。

> 注：在从设备放弃总线之前，每个从设备必须有一个预先确定的所插入最大等待状态的个数，以便能够计算访问总线的延时。建议但不强制规定，从设备不要插入多于 16 个等待状态，以阻止任何单个访问将总线锁定较长的时钟周期。

2. 传输响应

一般从设备会用 HREADY 信号。在传输中插入适当数量的等待状态，而当 HREADY 信号为高时，完成传输并给出 OKAY 响应，表示成功完成传输。

从设备用 ERROR 响应来表示某种形式的错误条件和相关的传输。例如，将其用作保护错误，或尝试写一个只读存储空间。

SPLIT 和 RETRY 响应组合允许从设备延长传输完成的时间。但是，允许释放总线给其他主设备使用。这些响应组合通常仅由有较高访问延时的从设备请求，并且从设备能够利用响应编码保证在长时间内不阻止其他主设备访问总线。

HRESP[1:0]的编码、响应和每个响应的描述如表 2.8 所示。

表 2.8 响应编码

HRESP[1]	HRESP[0]	响 应	描 述
0	0	OKAY	当 HREADY 信号为高时，表示已经成功完成传输。OKAY 响应也被用来插入任意一个附加周期。当 HREADY 信号为低时，优先给出其他 3 种响应之一
0	1	ERROR	该响应表示发生了一个错误。错误条件应该发信号给总线主设备，以便让主设备知道传输失败。一个错误条件需要两个周期响应
1	0	RETRY	重试信号表示传输并未完成。因此，总线主设备应该尝试重新传输。主设备应该继续重试传输直到完成为止。要求两个周期的重试响应
1	1	SPLIT	未成功完成传输。在下一次授权总线主设备访问总线时尝试重新传输。当能够完成传输时，从设备将请求代替主设备访问总线。要求双周期的 SPLIT 响应

当决定将要给出何种响应类型之前，从设备需要插入一定数量的等待状态。从设备必须驱动响应为 OKAY。

3．双周期响应

在单个周期内，仅可以给出 OKAY 响应。因此，需要至少两个周期响应 ERROR、SPLIT 和 RETRY。为了完成这些响应中的任意一个，在最后一个传输的前一个周期，从设备驱动 HRESP[1:0]，以表示 ERROR、RETRY 或 SPLIT 响应。同时，驱动 HREADY 信号为低，给传输扩展一个额外的周期。在最后一个周期，驱动 HREADY 信号为高电平以结束传输。同时，保持驱动 HRESP[1:0]，以表示 ERROR、RETRY 或 SPLIT 响应。

如果从设备需要两个以上的周期以提供 ERROR、SPLIT 或 RETRY 响应，那么可能会在传输开始时插入额外的等待状态。在这段时间内，将 HREADY 信号驱动为低电平。同时，必须将响应设为 OKAY。

因为总线通道的本质特征，所以需要双周期响应。在从设备开始发出 ERROR、SPLIT 或 RETRY 中的任何一个响应时，接下来传输的地址已经广播到总线上了。双周期响应允许主设备有足够的时间来取消该地址，并且在开始下一次传输之前驱动 HTRANS[1:0]为空闲传输。

由于当前传输完成之前禁止发生下一次传输，因此对于 SPLIT 和 RETRY 响应来说，必须取消随后的传输。然而，对于 ERROR 响应，因为不重复当前传输，所以可以选择完成接下来的传输。

图 2.20 给出了带有 RETRY 响应的传输。

图中包含以下事件：

（1）主设备从地址 A 开始传输。

第 2 章 AMBA 规范

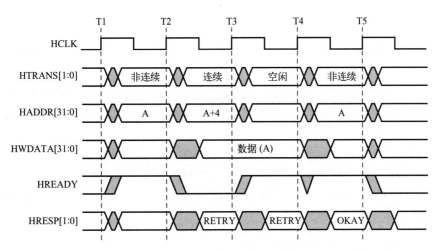

图 2.20 带有 RETRY 响应的传输

(2) 在接收到这次传输响应之前,主设备将地址变为 A+4。

(3) 在地址 A 的从设备不能立刻完成传输,因此从设备发出一个 RETRY 响应。该响应告诉主设备无法完成在地址 A 的传输,并且取消在地址 A+4 的传输,使用空闲传输替代。

图 2.21 表示了一个传输中从设备请求一个周期来决定将要给出的响应(在 HRESP 为 OKAY 的时间段),之后从设备用一个双周期的 ERROR 响应来结束传输。

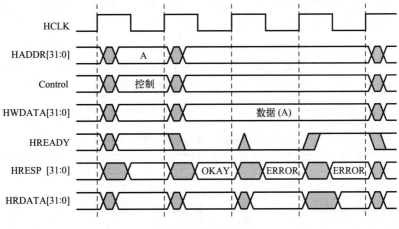

图 2.21 错误响应

4. 错误响应

如果从设备提供一个错误响应,那么主机可以选择取消猝发中剩下的传输。然而,这并不是一个严格的要求。同时,主机继续猝发中剩下的传输也是可以接受的。

5. 分割和重试

分割和重试响应给从设备提供了在无法立刻给传输提供数据时释放总线的机制。这两种机制都允许结束总线传输。因此,允许更高优先级的主设备访问总线。

分割(SPLIT)和重试(RETRY)的不同之处在于仲裁器在发生分割和重试后分配总线

的方式。

（1）重试：仲裁器将继续使用常规优先级方案，因此只有拥有更高优先级的主机才能获准访问总线。

（2）分割：仲裁器将调整优先级方案，以便其他任何主设备请求总线时能立即获得总线访问（即使是优先级较低的主设备）。为了完成一个分割传输，从设备必须通知仲裁器何时数据可用。

分割传输增加了仲裁器和从设备的复杂性，却有可以完全释放总线给其他主设备使用的优点。但是，在重试响应的情况下，就只允许较高优先级的主设备使用总线。

总线主设备应该以同样的方式对待分割和重试响应。主设备应该继续请求总线并尝试传输直到传输成功完成，或者遇到错误响应时终止。

2.3.8　AMBA AHB 数据总线

为了不使用三态驱动，同时又允许运行 AHB 系统，要求读和写数据总线分开。规定最小的数据宽度为 32 位。此外，可以增加总线宽度。

1. HWDATA[31 : 0]

在写传输期间，由总线主设备驱动写数据总线。如果是扩展传输，则总线主设备必须保持数据有效，直到 HREADY 信号为高（表示传输完成）为止。

所有传输必须对齐到与传输数据宽度相等的地址边界。例如，字传输必须对齐到字地址边界，也就是 A[1 : 0] = 00；半字传输必须对齐到半字地址边界，也就是 A[0] = 0。

对于宽度小于总线宽度的传输（例如，一个在 32 位总线上的 16 位传输），总线主设备仅需要驱动相应的字节通道。从设备负责从正确的字节通道选择写数据。表 2.9 和表 2.10 分别表示小端系统和大端系统中的有效字节通道。如果有要求，可以在更宽的总线应用中扩展这些信息。传输宽度小于数据总线宽度的猝发传输将在每拍猝发中有不同有效的字节通道。

表 2.9　32 位小端数据总线的有效字节通道

传输宽度	地址偏移	DATA[31 : 24]	DATA[23 : 16]	DATA[15 : 8]	DATA[7 : 0]
字	0	√	√	√	√
半字	0	—	—	√	√
半字	2	√	√	—	—
字节	0	—	—	—	√
字节	1	—	—	√	—
字节	2	—	√	—	—
字节	3	√	—	—	—

表 2.10　32 位大端数据总线的有效字节通道

传输大小	地址偏移	DATA[31 : 24]	DATA[23 : 16]	DATA[15 : 8]	DATA[7 : 0]
字	0	√	√	√	√
半字	0	√	√	—	—
半字	2	—	—	√	√

第 2 章 AMBA 规范

续表

传输大小	地址偏移	DATA[31:24]	DATA[23:16]	DATA[15:8]	DATA[7:0]
字节	0	√	—	—	—
字节	1	—	√	—	—
字节	2	—	—	√	—
字节	3	—	—	—	√

有效字节通道由系统的端结构决定，但是 AHB 并不指定所要求的端结构。因此，要求总线上所有主设备和从设备的端结构相同。

2．HRDATA[31:0]

在读传输期间，由合适的从设备驱动读数据总线。如果从设备拉低 HREADY 信号，则可以扩展读传输过程，从设备只需要在传输的最后一个周期提供有效数据，由 HREADY 信号为高表示。

对于小于总线宽度的传输来说，从设备仅需要在有效的字节通道提供有效数据。如表 2.9 和表 2.10 所示。总线主设备负责从正确的字节通道中选择数据。

当传输以 OKAY 响应结束时，从设备仅需要提供有效数据。SPLIT、RETRY 和 ERROR 响应不需要提供有效的读数据。

3．端结构

为了正确地运行系统，事实上所有模块都有相同的端结构。并且任何数据通路或桥接器也具有相同的端结构。

在大多数嵌入式系统中，动态的端结构将导致明显的硅晶片开销，所以不支持动态的端结构。

对于模块设计者来说，建议只有应用场合非常广泛的模块才设计为双端结构。通过一个配置引脚或内部控制位来选择端结构。对于更多特定用途的模块，将端结构固定为大端或小端，将产生体积更小、功耗更低、性能更高的接口。

2.3.9 AMBA AHB 传输仲裁

使用仲裁机制保证任意时刻只有一个主设备能够访问总线。仲裁器的功能是检测多个使用总线的不同请求，以及确定当前请求总线的主设备中优先级最高的主设备。仲裁器也接收来自从设备需要完成分割传输的请求。

任何没有能力执行分割传输的从设备不需要了解仲裁的过程，除非它们遇到需要检测由于总线所有权改变而导致猝发传输不能完成的情况。

1．信号描述

以下给出每个仲裁信号的简要描述。

1）HBUSREQx

总线请求信号。总线主设备使用这个信号请求访问总线。每个总线主设备各自都有连接到仲裁器的 HBUSREQx 信号，并且在任何一个系统中最多可以有 16 个独立的总线主设备。

2）HLOCKx

在主设备请求总线的同时确定锁定信号。该信号告诉仲裁器，主设备正在执行一系列不可分割的传输，并且一旦锁定传输的第一个传输已经开始，仲裁器不能授权任何其他主设备访问总线。在寻址到所用的地址之前，必须保证 HLOCKx 信号在一个周期内有效，以防止仲裁器改变授权信号。

3）HGRANTx

由仲裁器产生授权信号，并且表示某个主设备是当前请求总线的主设备中优先级最高的主设备，优先考虑锁定传输和分割传输。

当 HGRANTx 信号为高时，主设备获取地址总线的所有权，并且在 HCLK 的上升沿时，HREADY 为高电平。

4）HMASTER[3：0]

通过 HMASTER[3：0]信号表示仲裁器当前授权使用总线的主设备，并且该信号可用来控制中央地址和多路选择器。有分割传输能力的从设备也可以请求主设备号，以便它们提示仲裁器能够完成一个分割传输的主设备。

5）HMASTLOCK

通过断言 HMASTLOCK 信号，仲裁器指示当前传输是一个锁定序列的一部分，该信号和地址及控制信号有相同的时序。

6）HSPLIT[15：0]

这是 16 位有完整分割能力的总线。有分割能力的从设备用来指示能够完成一个分割传输的总线主设备。仲裁器需要这些信息，以便于授权主设备能够通过访问总线来完成传输。

2. 请求总线访问

总线主设备使用 HBUSREQx 信号请求访问总线，并且可以在任何周期请求总线。仲裁器将在时钟的上升沿采样主设备请求，然后使用内部优先级算法确定获得访问总线的下一个主设备。

如果主设备请求锁定访问总线，那么主设备也必须通过断言 HLOCKx 信号来告诉仲裁器不会将总线授权给其他主设备。

当给一个主设备授权总线时，并且正在执行一个固定长度的猝发时，没有必要继续请求总线，以便完成传输。仲裁器监视猝发的进程，并且使用 HBURST[2：0]信号来决定主设备请求的传输个数。如果主设备希望在当前正在进行的传输之后执行另一个猝发，则主设备需要在猝发中重新断言请求信号。

如果主设备在一次猝发当中失去对总线的访问权限，那么它必须通过重新断言 HBUSREQx 信号请求线来获取访问总线的权限。

对未定长度的猝发，主设备应该继续断言请求，直到已经开始最后一次传输。在未定长度的猝发结束时，仲裁器不能预知改变仲裁的时间。

对于主设备而言，有可能在它未申请总线时却被授予总线权限。这可能在没有主设备请求总线且仲裁器将访问总线授权的一个默认主设备时发生。因此，如果一个主设备没请求访问总线，那么它驱动传输类型 HTRANS 来表示空闲传输。

3. 授权总线访问

通过正确断言 HGRANTx 信号，仲裁器表示请求当前总线主设备中优先级最高的设备。由 HREADY 为高时表示完成当前传输。那么，将授权主设备使用总线，并且通过改变 HMASTER[3∶0]信号，仲裁器表示总线主设备序号。

图 2.22 表示当所有传输都为零等待状态并且 HREADY 信号为高时的处理过程。

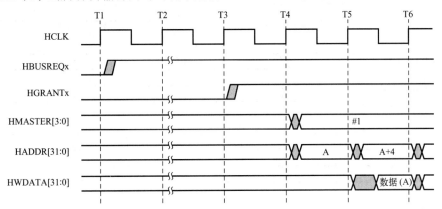

图 2.22　没有等待周期的授权访问

图 2.23 表示在移交总线时等待状态的影响。

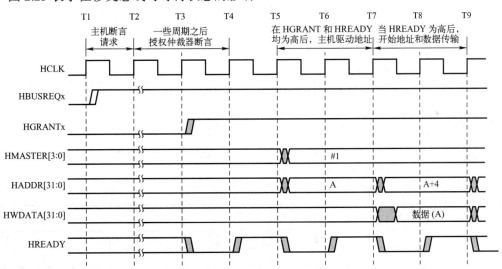

图 2.23　有等待周期的授权访问

数据总线的所有权延时在地址总线的所有权之后。只有完成一次传输（由 HREADY 为高时所表示后），占有地址总线的主机才能使用数据总线，并且将继续占有数据总线直到完成传输为止。图 2.24 表示当在两个总线主设备之间移交总线时转移数据总线所有权的方法。

图 2.25 给出了仲裁器在一次猝发传输结束时移交总线的例子。在采样最后一个前面的地址时，仲裁器改变 HGRANTx 信号。在采样猝发最后一个地址的同时，采样新的 HGRANTx 信息。

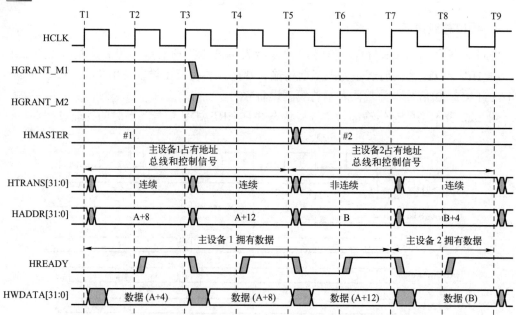

图 2.24 转移数据总线所有权的方法

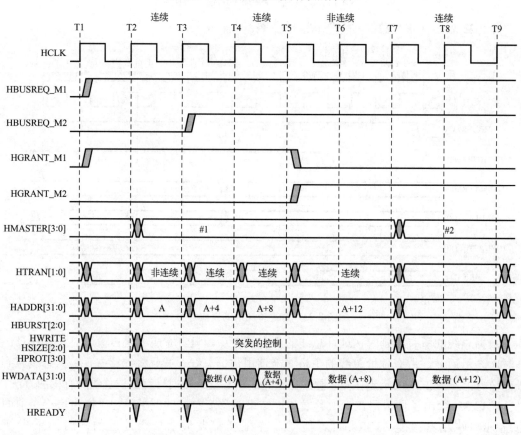

图 2.25 仲载器在一次猝发传输时总线的移交

图 2.26 表示在系统中使用 HGRANTx 信号和 HMASTER 信号的方法。

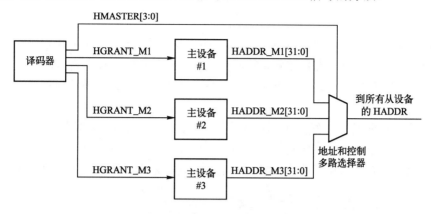

图 2.26　在系统中使用 HGRANTx 信号和 HMASTER 信号的方法

> **注**：因为使用了中央多路选择器，每个主设备可以立刻输出它希望执行的地址，而不需要等到被授权总线。通过 HGRANTx 信号，主设备决定拥有总线的时间。因此，需要考虑让合适的从设备采样地址的时间。

HMASTER 信号总线的延时版本用于控制写数据多路选择器。

4．早期的猝发停止

通常，在猝发传输结束之前，仲裁器不会将总线移交给一个新的主设备。但是，如果仲裁器决定必须提前终止猝发以防止过长的总线访问时间时，它可能会在一个猝发完成之前将总线授权转移给另外一个总线主设备。

如果主设备在猝发传输期间失去了对总线的所有权，那么它必须重新断言总线请求，以完成猝发传输。主设备必须确保更新 HBURST 信号和 HTRANS 信号，以反映主设备不再执行一个完整的 4、8 或 16 拍的猝发。

例如，如果一个主设备仅能完成一个 8 拍猝发的 3 个传输，那么当它重新获得总线时必须使用一个有效的猝发编码来完成剩下的 5 个传输。主设备可以使用任何有效的组合，因此无论是 5 拍未定长度的猝发还是 4 拍固定长度的猝发，跟上一个单拍未定长度的猝发都是可以接受的。

5．锁定传输

仲裁器必须监视来自各个主设备的 HLOCKx 信号，以确定主设备何时希望执行一个锁定连续传输。之后，仲裁器负责确保没有授权总线给其他总线主设备，直到完成锁定传输。

在一个连续锁定传输之后，仲裁器总是为一个附加传输保持将该总线主设备授权给总线，以确保成功完成锁定序列的最后一个传输，并且不会接收到 SPLIT 响应或 RETRY 响应。因此，建议但不规定，主设备在任何锁定连续传输之后插入一个空闲传输，以提供给仲裁器在准备另外一个猝发发传输之前改变总线授权的机会。

仲裁器也负责断言 HMASTLOCK 信号，HMASTLOCK 信号和地址及控制信号有相同的时序。该信号指示每个从设备的当前传输是锁定的，因此必须在将其他主设备授权给总线之前将其处理掉。

6．默认总线主设备

每个系统必须包含一个默认总线主设备。如果其他所有主设备不能使用总线，则授权该主设备使用总线。当授权主设备使用总线时，默认主设备只能执行空闲传输。

如果没有请求总线，那么仲裁器可以授权默认主设备访问总线或访问总线延时较低的主设备。

授权默认主设备访问总线，也为确保在总线上没有新的传输开始提供了一个有用的机制，并且，也是预先进入低功耗操作模式的有用步骤。

如果其他所有主设备都在等待分割传输完成，则必须给默认主设备授权总线。

2.3.10　AMBA AHB 分割传输

分割传输是指根据从设备的响应操作来分割主设备操作，以便给从设备提供地址和合适的数据，以提高总线的总体使用效率。

当产生传输时，如果从设备认为传输的执行将占据大量的时钟周期，那么从设备能够决定发出一个分割响应。该信号提示仲裁器不给尝试这次传输的主设备授权访问总线，直到从设备表示它准备好完成传输为止。因此，仲裁器负责监视响应信号，并且在内部屏蔽已经是分割传输主设备的任何请求。

在传输的地址周期，仲裁器在 HMASTER[3∶0]产生一个标记，或者总线主设备号，以表示正在执行传输的主设备。任何一个发出分割响应的从设备必须表示它有能力完成这个传输，并且通过记录 HMASTER[3∶0]信号上的主设备号来实现该目的。

之后，当从设备能够完成传输时，它就根据主设备序号在从设备到主设备的 HSPLITx[15∶0]信号上断言合适的位，然后仲裁器使用这个信息解除对来自主设备请求信号的屏蔽，并且及时授权主设备访问总线，以尝试重新传输。在每个时钟周期仲裁器，采样 HSPLITx 总线。因此，从设备只需要一个周期断言适当的位，以便仲裁器能够识别。

如果系统中有多个具有分割能力的从设备，那么可以将每个从设备的 HSPLITx 总线逻辑"或"在一起，以提供给仲裁器单个 HSPLIT 总线。

大多数系统中并没有用到最大 16 个总线主设备的能力。因此，仲裁器仅要求一个位数和总线主设备数量一样的 HSPLIT 总线。但是，建议将所有有分割能力的从设备设计成支持最多 16 个主设备。

1．分割传输顺序

分割传输的基本步骤如下。

（1）主设备以和其他传输一样的方式发起传输并发出地址和控制信息。

（2）如果从设备能够立刻提供数据，则立即提供数据。如果从设备确定获取数据可能会占据较多的周期，那么它给出一个分割传输响应。

在每次传输中，仲裁器广播一个号码或标记，表示正在使用总线的主设备。从设备必须记录该号码，以便在此之后的一段时间重新发起传输。

（3）仲裁器授权其他主设备使用总线和分割响应的动作，允许主设备移交总线。如果所有其他主设备也接收到一个分割响应，那么将授权默认主设备使用总线。

（4）当从设备准备完成传输时，它断言 HSPLITx 信号中适当的位。这样，告诉仲裁器应该重新授权访问总线的主设备。

（5）在每个时钟周期，仲裁器监视 HSPLITx 信号，并且当断言 HSPLITx 中的任何一位时，仲裁器将恢复对应主设备的优先级。

（6）仲裁器授权分割的主设备总线。因此，主设备可以重新尝试传输。如果一个优先级更高的主设备正在使用总线，这可能不会立刻发生。

（7）当最终开始传输后，从设备以一个 OKAY 响应结束传输。

2．多个分割传输

总线协议只允许每个总线主设备有一个未完成的处理。如果任何主设备模块能够处理多个未完成的处理，那么它需要为每个未完成的处理设置一个额外的请求和授权信号。在协议级上，一个信号模块可以表现为许多不同的总线主设备，每个主设备只能有一个未完成的处理。

然而，一个有分割能力的从设备可能会接收比它能并发处理传输还要多的传输请求。如果发生这种情况，那么从设备可以不用记录对应传输的地址和控制信息，仅需记录主设备号就可发出分割响应，之后通过断言 HSPLITx 信号中适当的位，从设备给之前已经给出分割响应的所有主设备，以表示它能处理另外一个传输。

之后，仲裁器能够重新授权这些主设备访问总线，并且它们将重试传输，给出从设备所要求的地址和控制信息。这表示在最终完成所要求的传输之前，多次授权主设备使用总线。

3．预防死锁

在使用分割和重试响应时，必须注意预防总线死锁。单个传输决不会锁定 AHB，因为将每个从设备设计成能在预先确定的周期数内完成传输。但是，如果多个不同主设备尝试访问同一个从设备，而从设备发出分割或重试响应表示从设备不能处理它们时，那么就有可能发生死锁。

1）分割传输

从设备可以发出分割响应，通过确保从设备能够承受系统中每个主设备（最多 16 个）的单个请求来预防死锁。从设备并不需要存储每个主设备的地址和控制信息，它只需要简单地记录已经处理和已经发出分割响应的传输请求即可。最后，所有主设备将处在低优先级。然后从设备可以以次序地来处理这些请求，告诉仲裁器正在服务的请求，以确保最终服务所有请求。

当从设备有许多未完成的请求时，它可能以任何顺序随机地来选择处理这些请求。从设备需要注意锁定传输，而且必须在继续任何其他传输之前完成。

从设备使用分割响应而不用锁存地址和控制信息显得非常合适。从设备仅需要记录特定主设备做出的传输尝试，并且在稍后的时间段从设备通过告诉自己已经准备好完成传输，就能获取地址和控制信息，然后将授权主设备使用总线并将重新广播传输，以允许从设备锁存地址和控制信息，并且立刻应答数据或发出另外一个分割响应（如果还需要额外的一些周期）。

在理想情况下，从设备不应该有多于它能支持的未完成的传输，但是要求支持这种机制以防止总线死锁。

2）重试传输

发出分割响应的从设备一次只能被一个主设备访问。在总线协议中并没有强制，但是在系统体系结构中应该确保这一点。大多数情况下，发出重试响应的从设备必须是一次只能被一个主设备访问的外设。因此，这会在一些更高级协议中得到保证。

硬件保护和多主机访问重试响应的从设备相违背并不是协议中的要求，但是可能会在下文描述的设计中得到执行。仅有的总线级要求是，从设备必须在预先确定的时钟周期内驱动 HREADY 信号为高。

如果要求硬件保护，那么被重试响应的从设备可以自己执行。当一个从设备发出一个重试信号后，它能够采样主机序号。在这之后和传输最终完成之前，重试的从设备可以检查做出的每次传输尝试以确保主设备号是相同的。如果从设备发现主设备号不一致，那么它可以选择下列的行为方式：

（1）一个错误响应；
（2）一个信号给仲裁器；
（3）一个系统级中断；
（4）一个完全的系统复位。

4．分块传输的总线移交

协议要求主设备在接收到一个分割或重试响应后立刻执行一个空闲传输，以允许将总线移交给另外一个主设备。图2.27 表示了发生一个分割传输的顺序事件。

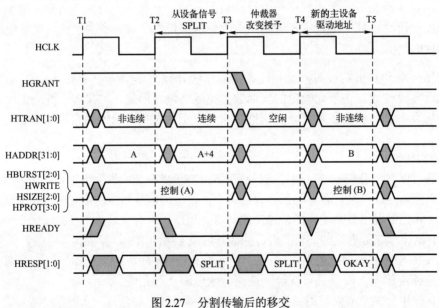

图 2.27　分割传输后的移交

需要注意以下的要点：

（1）在时间 T1 之后，传输的地址出现在总线上。在时钟沿 T2 和 T3 之后，从设备返回两个周期的 SPLIT 响应。

（2）在第一个响应周期的末尾，也就是 T3，主设备能够检测到将传输分块。因此，主设备改变接下来的传输控制信号，以表示一个空闲传输。

（3）同样也在时间 T3 处，仲裁器采样响应信号并确定已经分块传输。之后，仲裁器可以调整仲裁优先权,并且在接下来的周期改变授权信号。这样能够在时间 T4 后授权新的主设备访问地址总线。

(4) 因为空闲传输总是在一个周期内完成,所以新的主设备可以保证立刻访问总线。

2.3.11　AMBA AHB 复位

复位信号 HRESETn 是 AMBA AHB 规范中唯一的低有效信号,并且是所有总线设备的主要复位源。复位可以异步方式确认,但是在 HCLK 的上升沿被同步地撤销确认。

在复位期间,所有主设备必须确保地址和控制信号处于有效电平,并且使用 HTRANS[1:0]信号表示空闲。

2.3.12　关于 AHB 数据总线的位宽

一种能提高总线带宽而不用提高操作频率的方法是使片上总线的数据通道更宽。金属层的增加和大容量片上存储模块(如嵌入式 DRAM)的使用都是更宽片上总线使用的推动因素。

指定一个固定宽度的总线,将意味着在大多数场合下总线宽度在应用中并不是最佳的。因此,允许可变总线宽度的途径已经被采纳。但是,必须确保模块在设计中高度的可移植性。

协议允许 AHB 数据总线可以是 8、16、32、64、128、256、512 或 1024 位宽。然而,建议使用中最低的总线宽度为 32 位,并且预期最大 256 位宽的总线将适合几乎所有应用。

对读和写传输来说,接收模块必须从总线上正确的字节通道选择数据。但是,不要求将数据复制到所有字节通道上。

1. 在宽总线上实现窄从设备

图 2.28 表示在一个原始设计中,在较宽的 64 位总线上实现 32 位数据总线的窄从设备,仅需要增加外部逻辑,而不需要修改任何内部的设计。因此,该技术也可以用在难以设计的宏单元上。

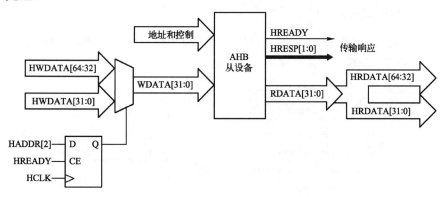

图 2.28　在宽总线上实现窄从设备

对于输出,当从较窄的总线转换成较宽的总线时,需要完成下列事件之一:

(1) 如图 2.28 所示,将数据复制到宽总线上的两半部分上;

(2) 使用额外的逻辑电平来确保总线上只有适当的那一半被改变,这会降低功耗。从设备可以只接收与它接口相同宽度的传输。如果一个主设备尝试一个大于从设备能够支持的传输,那么从设备可以使用错误传输响应。

2. 在窄总线上实现宽从设备

图 2.29 表示了一个在窄总线上实现宽从设备的的例子。同样,只需要外部逻辑。因此,通过简单的修改,初步的设计或导入的模块就可以工作在不同宽度的数据总线上了。

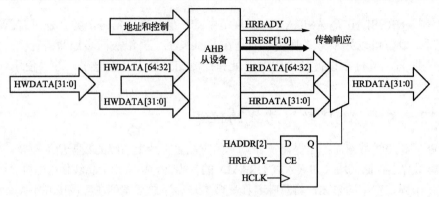

图 2.29 在窄总线上实现宽从设备

与最初打算通过使用相同方式修改从设备以工作在宽总线上相比,经过下面简单的修改,总线主设备便能够工作在宽总线上:
(1)多路选择输入总线;
(2)复制输出总线。

然而,总线主设备不能工作在比原先设计要窄的总线上,除非有一些限制。总线主设备尝试传输的宽度的机制将主设备也包含在内。禁止主设备尝试宽度(由 HSIZE 表示)大于所连接数据总线的传输。

2.3.13 AMBA AHB 接口设备

图 2.30 给出了 AMBA AHB 总线从设备符号,图 2.31 给出了 AMBA AHB 总线主设备符号,图 2.32 给出了 AMBA AHB 总线仲裁器设备符号。

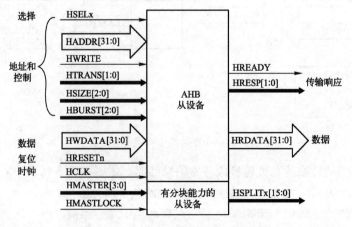

图 2.30 AMBA AHB 从线主设备符号

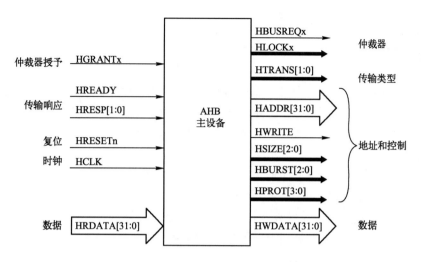

图 2.31　AMBA AHB 总线主设备符号

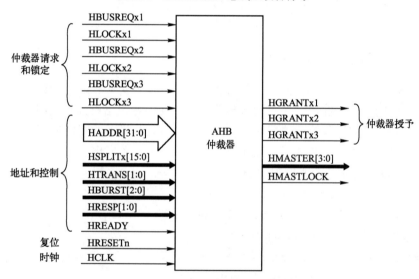

图 2.32　AMBA AHB 总线仲裁器设备符号

2.4　AMBA AXI4 规范

2.4.1　AMBA AXI4 概述

AXI 协议的关键特性表现在以下 7 个方面：
（1）独立的地址/控制和数据阶段。
（2）使用字节选通，支持非对齐的数据传输。
（3）只有开始地址的猝发交易。
（4）独立的读和写数据通道，使能低成本的直接存储器访问 DMA 传输。
（5）能发出多个未解析的地址。
（6）完成无序交易。

（7）容易添加寄存器切片，满足时序收敛要求。

AXI 协议较其他协议提供了下面的优势：

（1）提供了更高的生产率，主要体现在以下 3 个方面。

① 将不同的接口整合到一个接口（AXI4）中，因此用户仅需要了解单个系列的接口即可。

② 简化了不同领域 IP 的集成，并使自身或第三方 IP 的开发工作更简单易行。

③ 由于 AXI4 IP 已为实现最高性能、最大吞吐量及最低时延进行了优化，从而进一步简化了设计工作。

（2）提供了更大的灵活性，主要体现在以下 3 个方面。

① 支持嵌入式、DSP 及逻辑版本用户。

② 调节互联机制，满足系统要求，即性能、面积和功耗。

③ 帮助设计者在目标市场中构建最具号召力的产品。

（3）提供了广泛的 IP 可用性。

① 第三方 IP 和 EDA 厂商普遍采用 AXI4 标准，从而使该接口获得更广泛的应用。

② 基于 AXI4 的目标设计平台可加速嵌入式处理、DSP 及连接功能设计开发。

2.4.2　AMBA AXI4 功能

AXI4 协议基于猝发式传输机制。在地址通道上，每个交易有地址和控制信息，这些信息描述了需要传输的数据性质。在主设备和从设备之间传输数据，分别使用连接到从设备的写数据通道和到连接主设备的读数据通道。在从主设备到从设备的写数据交易中，AXI 提供了一个额外的写响应通道。通过写响应通道，从设备向主设备发出信号表示写交易完成。

所有的 AXI4 包含了 5 个不同的通道：

（1）读地址通道（Read address channel，AR）；

（2）写地址通道（Write address channel，AW）；

（3）读数据通道（Read data channel，R）；

（4）写数据通道（Write data channel，W）；

（5）写响应通道（Write response channel，B）。

每个通道由一个信号集构成，并且使用双向的 VALID 和 READY 握手信号机制。信息源使用 VALID 信号，表示在通道上存在可用的有效数据或控制信息；而信息接收方使用 READY 信号，表示可以接收数据。读数据通道和写数据通道也包含 LAST 信号，该信号用来表示在发生一个交易时，最后一个传输的数据项。

图 2.33 给出了 AXI4 使用读地址通道和读数据通道的读交易过程。图 2.34 给出了 AXI4 使用写地址通道、写数据通道和写响应通道的写交易过程。

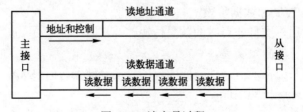

图 2.33　读交易过程

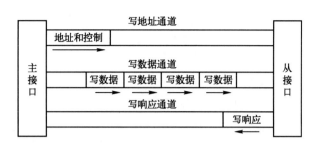

图 2.34 写交易过程

1. AXI4 全局信号

表 2.11 给出了 AXI4 的全局信号。

表 2.11 AXI4 的全局信号

信 号	源	描 述
ACLK	时钟源	全局时钟信号。在全局时钟的上升沿采样所有的信号
ARESETn	复位源	全局复位信号。该信号低有效

2. 低功耗接口信号

表 2.12 给出了 AXI4 的低功耗接口信号。

表 2.12 AXI4 的低功耗接口信号

信 号	源	描 述
CSYSREQ	时钟控制器	系统低功耗请求。该信号来自系统时钟控制器,使外设进入低功耗状态
CSYSACK	外设	低功耗请求响应信号。该信号来自系统低功耗请求外设的响应信号
CACTIVE	外设	时钟活动。该信号表示外设是否要求它的时钟信号。当为 1 时,表示要求外设时钟

3. AXI4 通道及信号

读和写交易有各自的地址通道。在地址通道上,给出交易所要求的地址和控制信息。AXI4 读地址通道和写地址通道包括下面的机制:

(1) 可变长度的猝发操作,每次猝发操作包含 1~256 个数据;

(2) 提供服务质量(QoS)信号;

(3) 支持多个区域接口;

(4) 猝发传输不能超过 4KB 边界;

(5) 回卷、递增和非递增猝发;

(6) 使用互斥和锁的原子操作;

(7) 系统级缓存和缓冲控制;

(8) 安全和特权访问。

1) 读地址通道和写地址通道

读和写交易有各自的地址通道。地址通道加载交易所有要求的地址和控制信息。表 2.13 给出了写地址通道信号及其信号的描述。表 2.14 给出了读地址通道信号及其信号的描述。

表 2.13 写地址通道信号及其信号的描述

信号名	源	描述
AWID[3:0]	主	写地址 ID。该信号用于写地址信号组的标记
AWADDR[31:0]	主	写地址。写地址信号给出写猝发交易的第一个传输地址。相关的控制信号线用于确定猝发中剩余传输的地址
AWLEN[7:0]	主	猝发长度。给出猝发中准确的传输个数。该信息给出了与地址相关的数据传输个数
AWSIZE[2:0]	主	猝发大小。这个信号确定猝发中每个传输的宽度。字节通道选通用来说明需要更新的字节通道
AWBURST[1:0]	主	猝发类型。该信息与传输宽度信息一起,表示在猝发过程中,将地址用于每个传输的方法
AWLOCK	主	锁类型。该信号提供了关于传输原子特性的额外信息(普通或互斥访问)
AWCACHE[3:0]	主	缓存类型。该信号表示可缓冲、可缓存、写通过、写回和分配交易属性
AWPROT[2:0]	主	保护类型。该信号表示交易的普通、特权或安全保护级,以及交易是数据访问还是指令访问
AWVALID	主	写地址有效。该信号表示写地址有效和控制信息可用。该信号一直保持有效,直到响应信号 AWREADY 高为止
AWREADY	从	写地址准备。该信号表示从设备准备接受地址和相关的控制信息
AWQOS[3:0]	主	用于每个写交易地址通道上的 4 位 QoS 标志符(可作为优先级标志)
AWREGION[3:0]	主	用于每个写交易地址通道上的域标志符

表 2.14 读地址通道信号及其信号的描述

信号名	源	描述
ARID[3:0]	主	读地址 ID。该信号用于读地址信号组的标记
ARADDR[31:0]	主	读地址。该信号给出读猝发交易的第一个传输地址。只提供猝发的开始地址和控制信号,详细描述了在猝发的剩余传输中计算地址的方法
ARLEN[7:0]	主	猝发长度。该信号给出猝发中准确的传输个数。该信息给出了与地址相关的数据传输数量
ARSIZE[2:0]	主	猝发大小。该信号确定猝发中每个传输的宽度。字节通道选通用来指示需要更新的字节通道
ARBURST[1:0]	主	猝发类型。该信号与宽度信息一起,用于在猝发过程中,确定将地址用于每个传输的方法
ARLOCK	主	锁类型。该信号提供了关于传输原子特性的额外信息(普通或互斥访问)
ARCACHE[3:0]	主	缓存类型。该信号提供可缓存传输属性
ARPROT[2:0]	主	保护类型。该信号提供用于传输的保护单元信息
ARVALID	主	读地址有效。该信号表示读地址有效和控制信息可用。该信号一直保持有效,直到响应信号 ARREADY 高为止
ARREADY	从	读地址准备。该信号表示从设备准备接受地址和相关的控制信息
ARQOS[3:0]	主	用于每个读交易地址通道上的 4 位 QoS 标志符(可作为优先级标志)
ARREGION[3:0]	主	用于每个读交易地址通道上的域标志符

2)读数据通道

读数据通道传送所有来自从设备到主设备的读数据及读响应信息。表 2.15 给出了读数据通道信号及其信号的描述。读数据通道包括:

(1)数据总线宽度,如 8、16、32、64、128、256、512 和 1024 位;

(2)读响应信息,表示读交易完成的状态。

第 2 章 AMBA 规范

表 2.15 读数据通道信号及其信号的描述

信 号 名	源	描 述
RID[3:0]	从	读 ID 标记。该信号是读数据信号组标记。由从设备产生 RID，RID 必须与读交易中的 ARID 值匹配
RDATA[31:0]	从	读数据。读数据总线可以是 8、16、32、64、128、256、512 和 1024 位
RRESP[1:0]	从	读响应。该信号表示读传输的状态。允许的响应为 OKAY、EXOKAY、SLVERR 和 DECERR
RLAST	从	读最后一个。该信号表示读猝发中的最后一个传输
RVALID	从	读有效。该信号表示所要求的读数据可用，可以完成读传输
RREADY	主	读准备。该信号表示主设备能够接受读数据和读响应信息

3）写数据通道

写数据通道传送所有从主设备到从设备的写数据。表 2.16 给出了写数据通道信号及其信号的描述。写数据通道包括：

（1）数据总线宽度，如 8、16、32、64、128、256、512 和 1024 位；

（2）每 8 位有一个字节通道选通，用来表示数据总线上有效的字节。

表 2.16 写数据通道信号及其信号的描述

信 号 名	源	描 述
WDATA[31:0]	主	写数据。写数据总线可以是 8、16、32、64、128、256、512 和 1024 位
WSTRB[3:0]	主	写选通。用于表示更新存储器的字节通道。对应数据总线的每 8 位，有一个写选通
WLAST	主	写最后一个。表示写猝发中的最后一个传输
WVALID	主	写有效。该信号表示所要求的写有效数据和选通可用
WREADY	从	写准备。该信号表示从设备可以接受写数据

4）写响应通道

写响应通道提供了一种方法，用于从设备响应写交易。所有的写信号使用完成信号。每个响应用于一次猝发的完成，而不是用于每个交易的数据。

读交易和写交易可以通过下面的交易例子进行说明：

（1）读猝发交易；

（2）重叠猝发交易；

（3）写猝发交易。

表 2.17 给出了写响应通道信号及其信号的描述。

表 2.17 写响应通道信号及其信号的描述

信 号 名	源	描 述
BID[3:0]	从	响应 ID。写响应识别标记。BID 值必须匹配写交易的 AWID 值
BRESP[1:0]	从	写响应。该信号表示写交易的状态。可允许的响应为 OKAY、EXOKAY、SLVERR 和 DECERR
BVALID	从	写响应有效。该信号表示所要求的有效写响应可用
BREADY	主	响应准备。该信号表示主设备可以接受响应信息

图 2.35 给出了读猝发交易过程中典型信号的交互过程。图 2.36 给出了写猝发交易过程中典型信号的交互过程。

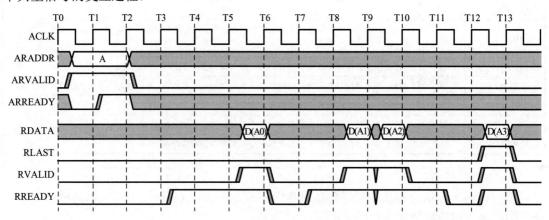

图 2.35　读猝发交易过程中典型信号的交互过程

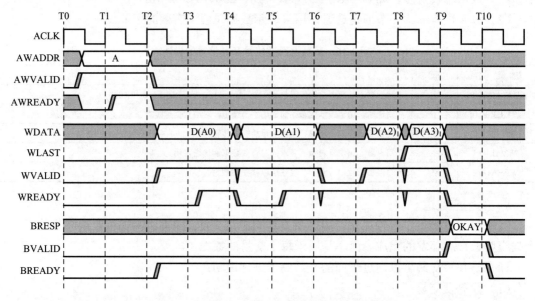

图 2.36　写猝发交易过程中典型信号的交互过程

4．AXI4 交易通道的握手信号关系

为了避免死锁条件，必须考虑握手信号之间存在的依赖关系。在任何交易中：

（1）在 AXI 互联中，VALID 信号不依赖交易中其他元件的 READY 信号；

（2）READY 信号能够等待确认 VALID 信号。

1）AXI4 读交易的握手信号关系

图 2.37 给出了读交易中握手之间的依赖关系：

（1）在确认 ARREADY 信号前，从设备能够等待确认 ARVALID 信号；

（2）在从设备通过确认 RVALID 信号开始返回数据前，必须等待确认所有的 ARVALID

信号和 ARREADY 信号。

2）AXI4 写交易的握手信号关系

图 2.38 给出了写交易中握手之间的依赖关系：

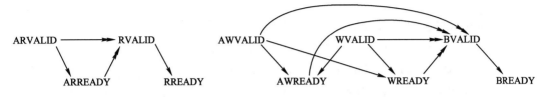

图 2.37　读交易中握手之间的依赖关系　　　图 2.38　写交易中握手之间的依赖关系

（1）在确认 AWVALID 信号和 WVALID 信号前，主设备不需要等待从设备确认 AWREADY 信号或 WREADY 信号；

（2）在确认 AWREADY 信号前，从设备能够等待 AWVALID 信号或 WVALID 信号，或者全部这两个信号；

（3）在确认 WREADY 信号前，从设备能够等待 AWVALID 信号或 WVALID 信号，或者全部这两个信号；

（4）从设备在确认 BVALID 信号前，从设备必须等待确认所有的 AWVALID 信号和 AWREADY 信号；

（5）在确认 BVALID 信号前，从设备不需要等待主设备确认 BREADY 信号；

（6）在确认 BREADY 信号前，主设备能够等待 BVALID 信号。

5．AXI4 猝发类型及地址计算

1）AXI4 猝发类型

AXI 协议中定义了 3 种猝发类型：

（1）固定猝发；

（2）递增猝发；

（3）回卷猝发。

表 2.18 给出了 ARBURST 信号和 AWBURST 信号所选择的猝发类型。

表 2.18　ARBURST 信号和 AWBURST 信号所选择的猝发类型

ARBURST[1:0] AWBURST[1:0]	猝发类型	描　　述	访　　问
00	固定	固定地址猝发	FIFO 类型
01	递增	递增地址猝发	普通顺序存储器
10	回卷	递增地址猝发，但在边界时，返回到低地址	高速缓存行
11	保留	—	—

对于回卷式的猝发方式，有两个限制：

（1）起始地址必须对齐传输大小；

（2）猝发的长度必须是 2、4、8 或 16。

大于16拍的猝发传输只支持递增类型。回卷和固定类型只限于小于16拍的猝发传输。

2）AXI4猝发地址

为了说明猝发交易过程中地址的计算方法，首先给出计算过程中所需要使用的一些术语。

（1）Start_Address：主设备给出的开始地址。

（2）Number_Bytes：每次数据传输过程中最大的字节个数。

（3）Data_Bus_Bytes：数据总线上字节通道的个数。

（4）Aligned_Address：起始地址的对齐版本。

（5）Burst_Length：在一个猝发中数据传输的总个数。

（6）Address_N：在一个猝发中传输N个的地址。

（7）Wrap_Boundary：在一个回卷猝发方式中的低地址。

（8）Lower_Byte_Lane：一个传输中最低寻址字节的字节通道。

（9）Upper_Byte_Lane：一个传输中最高寻址字节的字节通道。

（10）INT(x)：x取整操作。

给上面的术语进行如下的赋值操作：

（1）Start_Address = ADDR

（2）Number_Bytes = 2^{SIZE}

（3）Burst_Length = LEN + 1

（4）Aligned_Address = (INT(Start_Address / Number_Byte)) × Number_Bytes

在一个猝发中，第一个传输的地址表示为

- Address_1 = Start_Address

在一个猝发中，传输N个数据后的地址表示为

- Address_N = Aligned_Address + (N - 1) × Number_Bytes

对于WARP的猝发方式，其边界由下式确定为

- Wrap_Boundary = (Int(Start_Address / (Number_Bytes × Burst_Length))) × (Number_Bytes × Burst_Length)

如果 Address_N = Wrap_Boundary + (Number_Bytes × Burst_Length)，则使用这个等式：

- Address_N = Wrap_Address

在边界后，使用这个等式：

- Address_N = Start_Address + ((N - 1) × Number_Bytes) - (Number_Bytes × Burst_Length)

使用下面的等式确定第一个传输中使用哪个字节通道：

（1）Lower_Byte_Lane = Start_Address - (INT(Start_Address / Data_Bus_Bytes)) × Data_Bus_Bytes

（2）Upper_Byte_Lane = Aligned_Address + (Number_Bytes - 1) - (INT(Start_Address / Data_Bus_Bytes)) × Data_Bus_Bytes

使用下面的等式确定在一个猝发中第一个传输后用于所有传输中使用哪个字节通道：

（1）Lower_Byte_Lane = Address_N - (INT(Address_N / Data_Bus_Bytes)) Data_Bus_Bytes

（2）Upper_Byte_Lane = Lower_Byte_Lane + Number_Bytes - 1

传输数据的范围在：

- DATA[(8 × Upper_Byte_Lane) + 7：(8 × Lower_Byte_Lane)]

6. AWCACHE 和 ARCACHE 属性

下面详细介绍了 AXI4 中 AWCACHE 信号和 ARCACHE 信号的属性。

1）AWCACHE[3 : 2]和 ARCACHE[3 : 2]

AWCACHE[2]和 ARCACHE[2]为读分配位。AWCACHE[3]和 ARCACHE[3]为写分配位。

（1）对于读交易，写分配位表示：

① 由于一个写交易，能预先在高速缓存中分配位置；

② 由于其他主设备的行为，能预先在高速缓存中分配位置。

（2）对于写交易，读分配位表示：

① 由于一个读交易，能预先在高速缓存中分配位置；

② 由于其他主设备的行为，能预先在高速缓存中分配位置。

2）AWCACHE[1]和 ARCACHE[1]

在 AXI 中，AWCACHE[1]和 ARCACHE[1]表示可修改位。当该位为 1 时，表示交易是可修改的；否则，表示交易是不可修改的。

（1）不可修改的交易。

对于不可修改的交易来说，不能将其分割成多个交易或与其他交易合并。当交易为不可修改的交易时，下面的参数是不可修改的，即传输地址（AWADDR、ARADDR、AWREGION、ARREGION）、猝发大小（AWSIZE、ARSIZE）、猝发长度（AWLEN、ARLEN）、猝发类型（AWBURST、ARBURST）、锁类型（AWLOCK、ARLOCK）和保护类型（AWPROT、ARPROT）。

在不可修改的交易中，交易 ID 和 QoS 值是可以修改的。对于猝发长度大于 16 的不可修改的交易来说，允许分割成多个交易。每个产生的交易都满足上面的要求，但减少猝发长度，所产生的猝发地址也相应进行修改。

（2）可修改的交易。

可修改的交易可以通过下面的方法进行操作：

① 交易可以分割成多个交易；

② 多个交易可以合并成一个交易；

③ 读交易能够取出比要求多的数据；

④ 写交易能够访问比要求更大的地址范围，使用写选通信号以保证只更新正确的地址空间；

⑤ 可以修改每个产生交易的传输地址（AWADDR、ARADDR）、猝发大小（AWSIZE、ARSIZE）、猝发长度（AWLEN、ARLEN）、猝发类型（AWBURST、ARBURST）。但是，不能修改锁类型（AWLOCK、ARLOCK）和保护类型（AWPROT、ARPROT）。

在可修改的交易中，交易 ID 和 QoS 值是可以修改的。

3）AWCACHE[0]和 ARCACHE[0]

AWCACHE[0]和 ARCACHE[0]表示可缓冲。当为低时，AWCACHE[0]表示写响应由终端设备发出；否则，可以由中间设备发出。ARCACHE[0]表示读数据由终端设备发出或由所写的目的设备发出。

7. AMBA 用户信号

通常情况下，不推荐使用用户信号。因为在 AXI4 协议中没有定义它们的功能，两个元件在不兼容行为下使用相同的用户信号，可能导致互操作性问题。下面给出每个 AXI4 通道的用户信号名字。

① AWUSER：写地址通道用户信号。
② ARUSER：读地址通道用户信号。
③ WUSER：写数据通道用户信号。
④ RUSER：读数据通道用户信号。
⑤ BUSER：写响应通道用户信号。

当实现用户信号时，并不要求所有通道支持用户信号。此外，不希望在一个通用的主设备和从设备元件接口支持用户信号。

推荐：包含支持用户信号的互联元件允许这些信号在主设备和从设备之间进行传递。用户信号的宽度在实现时定义，在每个通道的宽度可以不同。

2.4.3 AMBA AXI4 互联结构

AMBA AXI4 的互联结构模型包括直通模式、只转换模式、$N-1$ 互联模式、$1-N$ 互联模式、$N-M$ 互联模式。下面对这几种互联结构模型进行介绍。

1. 直通模式

如图 2.39 所示，当只有一个主设备和一个从设备与 AXI 互联时，AXI 互联不执行任何转换或流水线功能，AXI 互联结构退化成直接的线连接。在这种模式下，没有延迟存在，同时不消耗逻辑资源。

2. 只转换模式

如图 2.40 所示，当连接一个主设备和一个从设备时，AXI 互联能够执行不同的转换和流水线功能。这些功能主要包括数据宽度转换、时钟速率转化、AXI4 - Lite 从适应、AXI - 3 从适应、流水线（例如，一个寄存器 Slice 或数据通道 FIFO）。在只转换模式下，AXI 互联不包含仲裁、解码或布线逻辑，但是可能产生延迟。

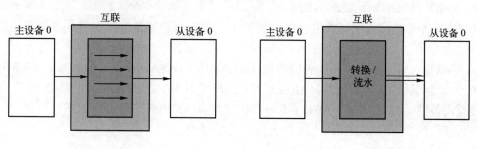

图 2.39　直通模式　　　　　　图 2.40　只转换模式

3. N-1 互联模式

如图 2.41 所示，AXI 互联的一个普通的退化配置模式是多个主设备访问一个从设备。例如，一个存储器控制器，很显然需要仲裁逻辑。这种情况下，AXI 互联不需要地址译码逻辑（除非需要确认地址的有效范围）。在这个配置中，也执行数据宽度和时钟速率的转换。

4. 1-N 互联模式

如图 2.42 所示，另一个 AXI 互联退化的结构是一个主设备，如处理器，访问多个存储器映射的从外设。在这种模式下，AXI 互联不执行仲裁（在地址和写数据通道）。

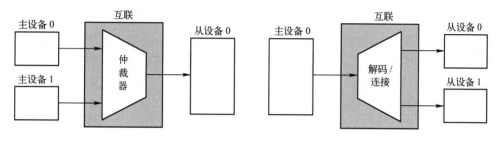

图 2.41　N-1 互联模式　　　　　　　图 2.42　1-N 互联模式

5. N-M 互联模式

AXI 互联提供了一种共享地址多数据流（SAMD）拓扑结构，这种结构中包含稀疏的数据交叉开关连接、单线程写和读地址仲裁。如图 2.43 所示，给出了一种共享写和读地址仲裁的 N-M 的 AXI 互联结构。图 2.44 给出一种稀疏互联开关写和读数据通路。

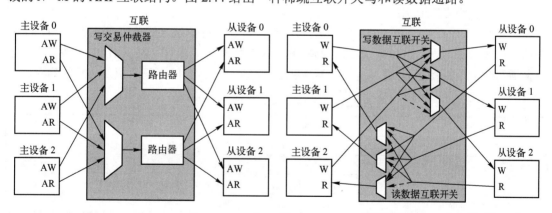

图 2.43　共享写和读地址仲裁的 N-M 的 AXI 互联结构　　图 2.44　稀疏互联开关写和读数据通路

2.4.4　AXI4-Lite 功能

AXI4-Lite 接口是 AXI4 接口的子集，专用于与元件内的控制寄存器进行通信。AXI4-Lite 允许构建简单的元件接口。这个接口规模较小，对设计和验证方面的要求更少。AXI4-Lite 接口的关键特性如下：

（1）所有交易的猝发长度为 1；
（2）所有访问数据的宽度和数据总线的宽度相同；

（3）支持数据总线的宽度为 32 位或 64 位（要求 64 位原子访问）；
（4）所有的访问相当于 AWCACHE 和 ARCACHE 等于 b0000（非缓冲和非缓存的）；
（5）不支持互斥性操作。

表 2.19 给出了 AXI4–Lite 接口所使用的信号线。

表 2.19 AXI4-Lite 接口所使用的信号线

全 局	写地址通道	写数据通道	写响应通道	读地址通道	读数据通道
ACLK	AWVAILD	WVALID	BVALID	ARVALID	RVALID
ARESETn	AWREADY	WREADY	BREADY	ARREADY	RREADY
—	AWADDR	WDATA	BRESP	ARADDR	RDATA
—	AWPROT	WSTRB	—	ARPROT	RRESP

AXI4-Lite 支持多个未完成的交易。但是，通过合理地使用握手信号，一个所设计的从设备允许对这种交易进行限制。

在 AXI4-Lite 中不支持 AXI ID。该定义规定了所有的交易必须是顺序的，所有的交易必须使用一个单独固定的 ID 值。

从设备可选择支持 AXI ID 信号。这样，允许使用的从设备是全 AXI 接口，而不需要对接口进行修改。

AXI4-Lite 支持写选通。这样，允许实现多个不同大小的寄存器，也允许实现可以使用字节和半字访问进行写操作的存储器结构。所有的主接口和互联必须提供正确的写选通信号。所有的从设备元件可以选择是否使用写选通信号。对于提供类似存储器行为的从设备元件，其必须完全支持写选通。

表 2.20 给出了 AXI 和 AXI-Lite 的互通性。只有主设备是 AXI 和从设备是 AXI4-Lite 的情况需要特殊考虑。这种情况要求反映 ID，使用和地址交易相关的 AXI ID。然后，随读数据或写响应返回相同的 ID 号。这是因为主设备需要返回的 ID 来正确识别交易的响应。

表 2.20 AXI 和 AXI4-Lite 的互通性

主设备	从设备	互通性
AXI	AXI	充分
AXI4-Lite	AXI4-Lite	充分
AXI	AXI4-Lite	要求反映 AXI ID，可能要求转换
AXI4-Lite	AXI	充分

2.4.5 AXI4-Stream 功能

AXI4-Stream 协议作为一个标准的接口，用于连接希望交换数据的元件。接口将产生数据的一个主设备和接收数据的一个从设备连接。当很多元件和从元件连接时，也能使用该协议。协议支持使用具有相同设置共享总线的多个数据流。该协议允许建立一个互联结构。该结构能够执行扩展、压缩和路由操作。

AXI4-Stream 接口支持很多不同的流类型。流协议在传输和包之间定义了联系。表 2.21 给出了 AXI4-Stream 接口的信号描述。

第 2 章　AMBA 规范

表 2.21　AXI4 - Stream 接口的信号描述

信　号	源	描　述
ACLK	时钟源	全局时钟信号。所有信号在 ACLK 信号的上升沿采样
ARESETn	复位源	全局复位信号，ARESETn 低有效
TVALID	主	TVALID 信号表明主设备正在驱动一个有效的传输。当确认 TVALID 信号和 TREADY 信号后，发生一个传输
TREADY	从	TREADY 信号表明在当前周期能够接收一个传输
TDATA[(8n - 1) : 0]	主	TDATA 信号是基本的有效载荷，用来提供跨越接口的数据。数据为整数个字节
TSTRB[(n - 1) : 0]	主	TSTRB 信号为字节修饰符，用来描述 TDATA 信号相关字节内容作为一个数字字节或一个位置字节
TKEEP[(n - 1) : 0]	主	TKEEP 信号是字节修饰符，用来表明 TDATA 信号相关字节的内容是否作为数据流的一部分。 TKEEP 字节修饰符未被确认的那些相关的字节是空字节，可以从数据流中去除
TLAST	主	TLAST 信号表明了包的边界
TID[(i - 1) : 0]	主	TID 信号是数据流的标识符，用来表明不同的数据流
TDEST[(d - 1) : 0]	主	TDEST 信号为数据流提供路由信息
TUSER[(u - 1) : 0]	主	TUSER 信号是用户定义的边界信息，该信息能伴随数据流进行发送

TVALID 和 TREADY 握手信号用来确定跨越接口数据的时间。双向的流控制机制使得主设备和从设备能控制跨越接口所发送的数据和控制信息的速度。对于一个发生的传输，必须确认 TVALID 信号和 TREADY 信号。

一个主设备不允许在确认 TVALID 信号前，等待确认 TREADY 信号。一旦确认 TVALID，必须一直保持这个状态，直到产生握手信号。

在确认相应的 TREADY 信号前，一个从设备允许等待确认 TVALID 信号。如果从设备确认了 TREADY 信号，在 TVALID 信号确认前，允许不确认（释放）TREADY 信号。

1. TVALID 信号在 TREADY 信号前的握手信号

图 2.45 给出了 TVALID 信号在 TREADY 信号前的握手信号。从图中可以看出，主设备给出数据和控制信号，并且确认 TVALID 信号为高。一旦主设备确认了 TVALID，来自主设备的数据或控制信息保持不变。这种状态一直保持到从设备驱动 TREADY 信号为高为止，它用来表示从设备可以接收数据和控制信号。在这种情况下，一旦从设备确认 TREADY 信号为高，则开始进行传输。箭头标记的地方表示传输开始。

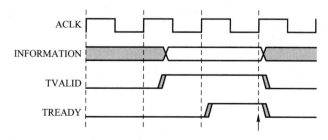

图 2.45　TVALID 信号在 TREADY 信号前的握手信号

2. TREADY 信号在 TVALID 信号前的握手信号

图 2.46 给出了 TREADY 信号在 TVALID 信号前的握手信号。从图中可以看出，在数据和控制信息有效前，从设备驱动 TREADY 信号为高。这表示，目的设备能在一个 ACLK 周期内接收数据和控制信息。在这种情况下，一旦主机确认 TVALID 信号为高，则开始传输。箭头标记的地方表示传输开始。

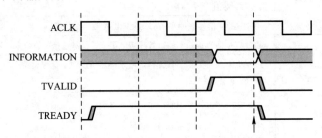

图 2.46 TREADY 信号在 TVALID 信号前的握手信号

3. TVALID 信号和 TREDAY 信号握手

图 2.47 给出了 TVALID 信号和 TREADY 信号握手的图。在一个 ACLK 周期内，主设备确认 TVALID 信号为高，从设备确认 TREADY 信号为高。在箭头标记的地方产生传输。

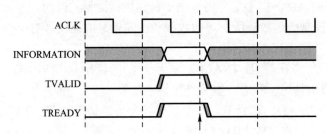

图 2.47 TREADY 信号和 TVALID 信号的握手

第3章 Zynq-7000系统公共资源及特性

本章将主要介绍系统的公共资源及其相关的功能。其内容主要包括:时钟子系统和复位子系统。在时钟子系统部分介绍了时钟子系统架构、CPU 时钟域、时钟编程实例和时钟系统内生成电路结构;在复位子系统部分介绍了复位系统结构和层次、复位流程和复位的结果。

通过本章内容的学习,读者可以了解时钟和复位子系统的原理和功能,以便在将来的设计中能更好地利用这些公共资源。

3.1 时钟子系统

通过对 3 个 PLL 编程,可以由 PS 时钟子系统产生时钟。这些 PLL 中的每一个时钟与 CPU、DDR 和外设系统相关。

3.1.1 时钟子系统架构

时钟子系统包含的主要模块如图 3.1 所示。从图中可以看出,在通常操作模式下,由

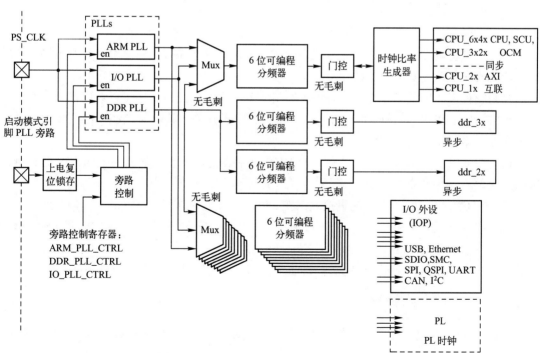

图 3.1 时钟子系统包含的主要模块

PS_CLK 驱动 PLL；在旁路模式下，PS_CLK 时钟直接为各种时钟生成器产生时钟，此时并不通过 PLL。

当上电复位后，对 PLL 旁路模式引脚采样。然后在 PLL 旁路模式和用于 3 个 PLL 的 PLL 使能模式之间进行选择。明显地，采用 PLL 旁路模式运行系统比采用普通模式运行系统要慢。但是，旁路模式可以用于低功耗应用和调试。在处理完启动过程后，当执行用户代码时，由软件分别控制旁路模式和每个 PLL 的输出频率。

1. 3 个可编程 PLL

（1）单个外部参考时钟，用于所有 3 个 PLL 的输入。

① ARM PLL：通常用于 CPU 和互联的时钟源；

② DDR PLL：通常用于 DDR DRAM 控制器和 AXI_HP 接口的时钟源；

③ I/O PLL：通常用于 I/O 外设的时钟源。

（2）单个 PLL 旁路控制，以及对输出频率进行编程。

（3）用于 VCO 的共享带隙参考电压电路。

2. 时钟分支

Zynq - 7000 SoC 内的时钟分支包含如下：

（1）6 位可编程控制频率的分频器；

（2）支持大多数时钟电路的动态切换；

（3）用于可编程逻辑的 4 个时钟生成器。

3. 复位

时钟子系统是 PS 的一部分。复位系统时也复位时钟子系统，所有用于控制时钟模块的寄存器的值恢复到其复位时的默认值。

从系统观点所呈现出来的系统时钟域如图 3.2 所示。从图 3.2 中可以看出，中央互联有两个主时钟域：DDR_2x 和 CPU_2x。图中存在 5 个子开关，其中 4 个在 CPU_2x 时钟域，另一个存储器互联在 DDR_2x 时钟域。

（1）在 CPU（通过 L2 高速缓存）和 DDR 控制器之间的直接通路在 DDR_3x 时钟域，以保证最大的吞吐量。

（2）在 CPU 和 OCM 之间的直接通路在 CPU_6x4x 时钟域。

（3）在 SCU ACP 和 PL 之间的直接通路在 CPU_6x4x 时钟域（通过在 PL 的 PS 一侧的异步 AXI 桥，实现穿越 PL 时钟域和 CPU 时钟域）。

思考与练习 3 - 1：请根据图 3.2 分析 Zynq - 700 的时钟域，以及不同时钟域的特点。

3.1.2 CPU 时钟域

生成 CPU 时钟和作用域的详细结构如图 3.3 所示。一个 CPU 时钟频率的例子，如表 3.1 所示。

第 3 章 Zynq-7000 系统公共资源及特性

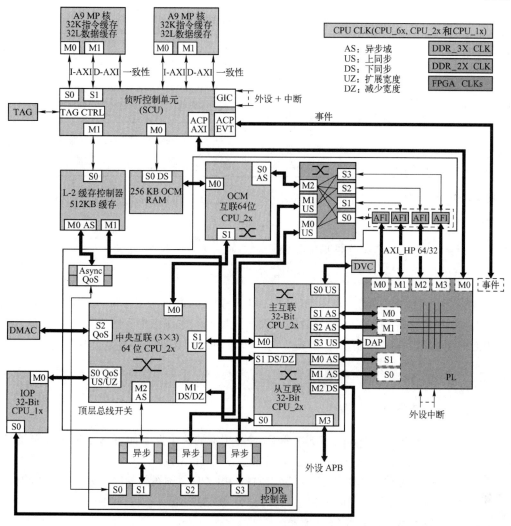

图 3.2 系统时钟域

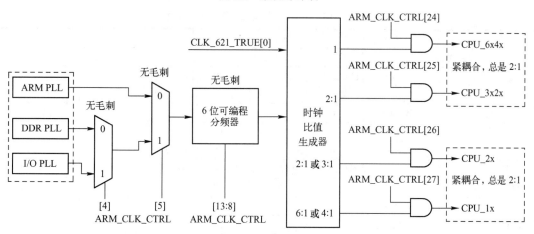

图 3.3 生成 CPU 时钟和作用域的详细结构

表 3.1 CPU 时钟频率的例子

CPU 时钟	6∶2∶1	4∶2∶1	时钟域描述
CPU_6x4x	800MHz（比 CPU_1x 快 6 倍）	600MHz（比 CPU_1x 快 4 倍）	CPU 时钟频率，CPU 互联和 OCM 仲裁，NEON，L2 高速缓存
CPU_3x2x	400MHz（比 CPU_1x 快 3 倍）	300MHz（比 CPU_1x 快 2 倍）	APU 定时器
CPU_2x	266MHz（比 CPU_1x 快 2 倍）	300MHz（比 CPU_1x 快 2 倍）	I/O 外设、中央互联、主互联、从互联和 OCM RAM
CPU_1x	133MHz	150MHz	I/O 外设 AHB 和 APB 接口总线

从表中可以看出，CPU 时钟域主要由 4 个独立的时钟构成：CPU_6x4x、CPU_3x2x、CPU_2x 和 CPU_1x。

注：这 4 个时钟的名字是根据时钟频率命名的，它们之间的关系为 6∶3∶2∶1 或 4∶2∶2∶1。

所有的 CPU 时钟互相同步，而 DDR 时钟互相独立，并且独立于 CPU 时钟。I/O 外设时钟，如 CAN 参考时钟和 SDIO 参考时钟，都通过类似的方法产生，即来自 PS_CLK 引脚，通过 PLL 和分频器，最后到达目的外设。每个外设时钟和其他时钟是完全异步的。

注：PS 的每个外设都有一个独立的门控用于控制 CPU 时钟。这是一个无毛刺的门电路。

3.1.3 时钟编程实例

在 6∶2∶1 模式下，Zynq - 7000 SoC 时钟配置的两个例子如表 3.2 所示。例子 1 的 PS_CLK 时钟频率为 33.33MHz，例子 2 的时钟频率为 50MHz。

从表 3.2 可知，PLL 的输出频率由输入时钟 PS_CLK 频率与 PLL 反馈分频器的值（M 值）相乘得到。例如，用于 ARM PLL 的时钟为 33.333×40 = 1.333GHz。对于一些外设时钟，如 CAN 和以太网等，有两级分频器。

表 3.2 用于 6∶2∶1 模式的时钟频率设置

PS_CLK			例子 1			例子 2		
			33.333MHz			50MHz		
		PLL	PLL 反馈分频器值		PLL 输出频率	PLL 反馈分频器值		PLL 输出频率
		ARM PLL	40		1333	20		1000
		DDR PLL	32		1067	16		800
		I/O PLL	30		1000	20		1000
时钟	个数	PLL 源	分频因子 0	分频因子 1	时钟频率	分频因子 0	分频因子 1	时钟频率
CPU_6x4x	1	ARM PLL	2	~	667	2	~	500
CPU_3x2x	1	ARM PLL		~	333		~	250
CPU_2x	1	ARM PLL		~	222		~	167
CPU_1x	1	ARM PLL		~	111		~	83

续表

时钟	个数	PLL 源	分频因子 0	分频因子 1	时钟频率	分频因子 0	分频因子 1	时钟频率
ddr_3x	1	DDR PLL	2	~	533	2	~	400
ddr_2x	1	DDR PLL	3	~	356	3	~	267
DDR DCI	1	DDR PLL	7	15	10	7	15	8
SMC	1	I/O PLL	10	~	100	12	~	83
Quad SPI	1	I/O PLL	5	~	200	6	~	167
GigE	2	I/O PLL	8	1	125	8	1	125
SDIO	2	I/O PLL	10	~	100	10	~	100
UART	1	I/O PLL	40	~	25	40	~	25
SPI	2	I/O PLL	5	~	200	8	~	125
CAN	2	I/O PLL	10	1	100	12	1	83
PCAP	1	I/O PLL	5	~	200	6	~	167
跟踪端口	1	I/O PLL	10	~	100	15	~	67
PLL FCLK	4	I/O PLL	20	1	50	20	1	50

注："~"表示没有第二级分频器。

3.1.4 时钟子系统内的生成电路结构

本小节将介绍时钟子系统内的生成电路结构，包括基本时钟分支设计、DDR 时钟域、I/O 外设时钟、GPIO 和 I²C 时钟，以及 PL 时钟和跟踪端口时钟。

1. 基本时钟分支设计

每个时钟生成电路都包含一些不同的单元，如图 3.4 所示。

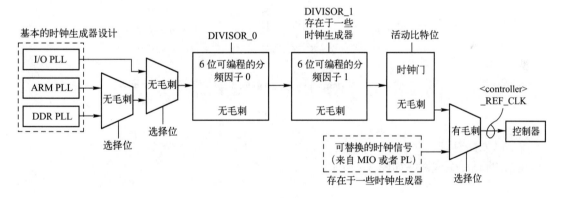

图 3.4 时钟生成电路

（1）用于选择时钟源的 2∶1 多路选择器。
（2）可编程频率的分频器。
（3）无毛刺时钟门。

2. DDR 时钟域

在 Zynq-7000 SoC 内有两个单独的 DDR 时钟域：DDR_2x 和 DDR_3x，如图 3.5 所示。
（1）DDR_3x 驱动 DDR 存储器端口、控制器和 DRAM 接口。

(2) DDR_2x 驱动 AXI_HP 端口和由 AXI_HP 到 DDR 互联模块的 AXI_HP 互联路径。这些时钟之间是异步的，它们之间有很宽的频率比值范围。

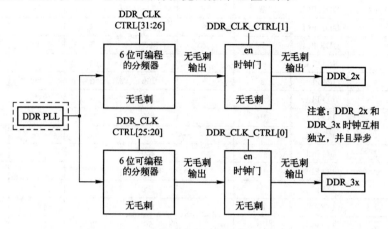

图 3.5　DDR 时钟生成

3．I/O 外设时钟

本部分将介绍 I/O 外设时钟，这些外设时钟包括 USB 时钟、以太网时钟、SDIO 时钟、SMC 时钟、SPI 时钟、4-SPI 时钟、UART 时钟、CAN 时钟。

1）USB 时钟

ULPI 时钟来自一个 USB MIO 引脚。ULPI 时钟通过一个时钟门，用于 USB 控制器的时钟接口一侧，如图 3.6 所示。

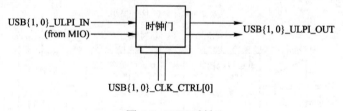

图 3.6　USB 时钟

2）以太网时钟

以太网时钟生成网络如图 3.7 所示。

（1）以太网接收时钟。

从图 3.7 中可以看到，有两个以太网接收时钟，即 gem0_rx_clk 和 gem1_rx_clk。

① 在通常的功能模式下，通过 MIO 引脚，其时钟可以来自外部以太网物理芯片，也可来自扩展的 MIO（EMIO）。

② 对于 MAC 内部环路模式，这些时钟来自内部的以太网参考时钟。这些时钟通过时钟门控制，用于功耗控制。

由于源时钟可能并没有出现，因此源选择和环路选择多路复用开关不是无毛刺的。因此，在改变选择之前，应使用时钟门控制。为了支持环路模式，提供由 gem0_ref_clk 和 gem1_ref_clk 所生成的 gem0_rx_clk 和 gem1_rx_clk。

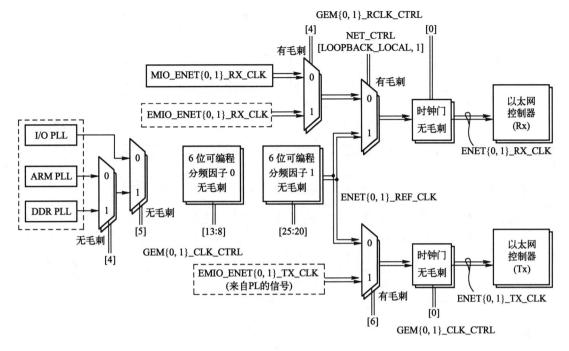

图 3.7 以太网时钟生成网络

（2）以太网发送时钟。

要求产生两个以太网时钟，即 gem0_ref_tx_clk 和 gem1_ref_tx_clk。这些时钟用于以太网 MAC 发送一侧的时钟，并且作为 RGMII 接口的同步输出时钟。当选择内部环路模式时，它们也用来提供一个连接到以太网接收路径的稳定参考时钟。

此外，这些时钟也可以来自于 EMIO。在这种情况下，禁止相关的 RGMII 接口。通过 MII 或 GMII 接口，MAC 连接到 Zynq-7000 SoC 内的 PL 部分，它们与 MII 和 GMII 无关。通常，在 MII 模式时，tx_clk 是输入；在 GMII 时，tx_clk 是输出。

当工作在 MII 或 GMII 模式时，它的参考时钟由 PL 通过 eth*_emio_tx_clk 提供。EMIO 源多路复用开关是有毛刺的，这是因为并不能依赖所出现的 EMIO 源时钟。因此，预知时钟源的选择是静态的，或者在改到 EMIO 时钟源之前，对所生成的时钟进行门控。

3）SDIO、SMC、SPI、四-SPI 和 UART 时钟

SDIO 模块、SMC 模块、SPI 模块、四-SPI 模块和 UART 模块的时钟编程模型相同，如图 3.8 所示。每个 I/O 外设控制器共享 PLL 源和分频器的值，并且可以单独使能/禁止这些外设时钟。

4）CAN 时钟

两个控制器局域网络（CAN）参考时钟为 CAN0_REF_CLK 和 CAN1_REF_CLK，如图 3.9 所示。所有的时钟共享相同的 PLL 源选择和分频器。每个时钟均有独立的源选择，即 MIO 引脚或者时钟生成器，以及单独的时钟门控。这些时钟用于 CAN 外设的 I/O 接口一侧。

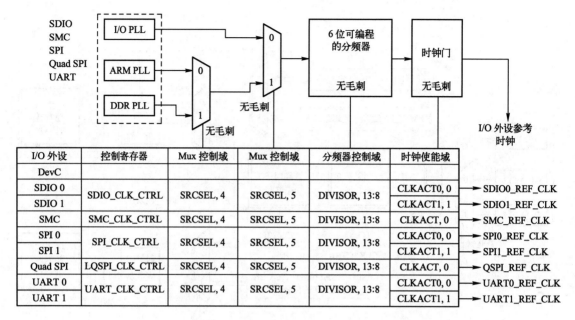

图 3.8 SDIO、SMC、SPI、四-SPI 和 UART 参考时钟

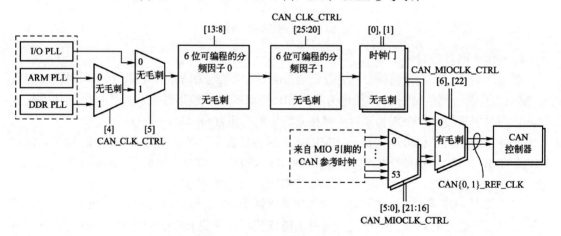

图 3.9 CAN 时钟生成

4. GPIO 和 I²C 时钟

通过互联，由 APB 总线接口时钟给 GPIO 和 I²C 模块提供时钟。

5. PL 时钟

Zynq-7000 SoC 内的 PL 有它自己的时钟管理模块，如图 3.10 所示。此外，它也接收来自 PS 一侧时钟生成器提供的 4 个时钟信号。

> 注：所产生的 4 个时钟，它们之间是完全异步的，没有任何关系。4 个时钟来自 PS 内所选择的 PLL。每个 PL 时钟有独立的输出信号，用于为 PL 产生合适的时钟波形。

第 3 章 Zynq-7000 系统公共资源及特性

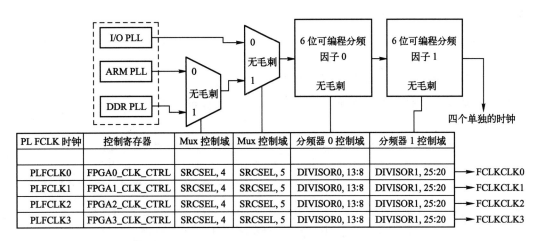

图 3.10 PL 时钟管理模块

6. 跟踪端口时钟

跟踪端口时钟用于驱动 Zynq-7000 SoC 调试内部的顶层跟踪端口和跟踪缓冲区，如图 3.11 所示。这个生成的时钟必须是所期望跟踪端口时钟频率的两倍。

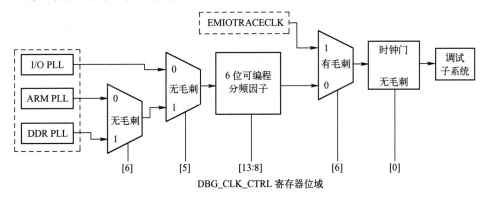

图 3.11 跟踪端口时钟生成

此外，一方面必须使 trace_clk 的频率足够高，这样跟踪端口就能跟上正在跟踪数量的数据；另一方面要足够慢，用于满足输出缓冲区的动态特性。为了满足灵活性要求，从一个分频的内部 PLL 输出产生 TRACE_CLK。

3.2 复位子系统

复位子系统包括硬件复位、看门狗定时器复位、JTAG 控制器复位和软件复位。在 Zynq-7000 内的每个模块和系统包含复位系统产生的一个复位。硬件复位由上电复位信号 PS_POR_B 和系统复位信号 PS_SRST_B 驱动。

在 PS 内，提供了 3 个看门狗定时器，可以用来产生复位信号。JTAG 控制器所产生的复位只能复位 PS 的调试部分和一个系统级的复位。软件能够独立产生每个模块的复位或一个系统级的复位。

在 Zynq-7000 Soc 内，很多不同的源可以产生复位信号，并且到达不同的目的方。

3.2.1 复位子系统结构和层次

复位子系统的结构如图 3.12 所示。复位子系统的主要特点如下：

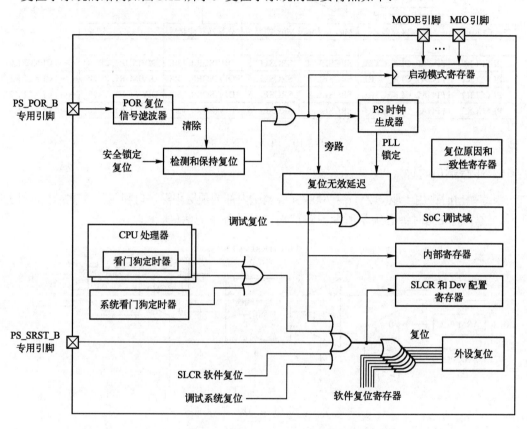

图 3.12 复位子系统的结构

（1）包含来自硬件、看门狗定时器、JTAG 控制器复位和软件复位；
（2）驱动每个模块和系统的复位；
（3）是设备安全系统的一个集成部分；
（4）执行三级序列，即上电、存储器清除和系统使能。

思考与练习 3-2：请根据图 3.12，分析 Zynq-7000 的复位子结构。

在 PS 内有很多不同类型的复位，从上电复位（用于对整个系统复位）到外设复位（在软件的控制下，复位某个子系统）。PS 内所有主要复位信号之间的关系如图 3.13 所示。复位信号流从顶到下。例如，上电复位用于复位 PS 内的所有逻辑，但是系统复位只能复位图中所给出的功能。

思考与练习 3-3：请根据图 3.13，分析 Zynq-7000 的复位层次。

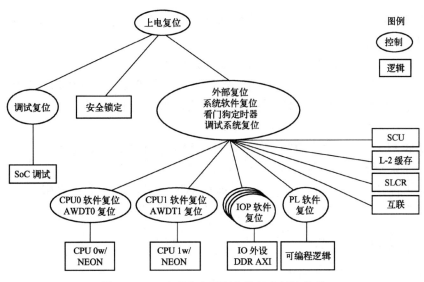

图 3.13　PS 内所有主要复位信号之间的关系

3.2.2　复位流程

完整的上电复位流程如图 3.14 所示。当上电复位后，由外部系统和 PS 逻辑所控制的前两步才开始响应。当 PS 可以工作时，在上电复位后可以产生任何类型的复位，之后将这些复位插入流程图中相应的位置。

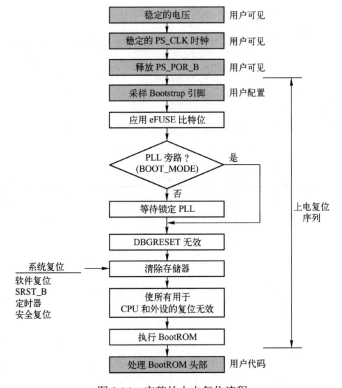

图 3.14　完整的上电复位流程

能异步地确认或使上电复位无效。当上电复位后，有条件地允许其干净地传播到时钟模块输入逻辑，并且如果使能，将其连接到 PLL 时钟电路。

有一个 BOOT_MODE 引脚，用于使能或者旁路所有 PLL。

eFUSE 控制器脱离复位，它自动将一些数据应用到 PLL，这样可以改善性能，并且为 PS 内的一些 RAM 提供冗余信息。这个行为对用户来说是不可见的，用户不能影响这些行为。这个行为要求 50~100μs 的时间来完成。

如果使能 PLL，则延迟上电复位信号，直到 PLL 锁定为止。设置 PLL 时钟将花费 60μs 锁定。如果选择旁路 PLL，则不延迟上电复位信号。

在开始执行 BootROM 前，通过将 0 写入所有的地址来清除内部的 RAM。

思考与练习 3-4：请根据图 3.14，分析 Zynq-7000 的启动引导过程。

3.2.3 复位的结果

各种复位的结果如表 3.3 所示。

表 3.3 各种复位的结果

复位名字	源	系统	清除 RAM
上电复位（PS_POR_B）	器件引脚	整个芯片，包含调试。必须重新编程（所有）PL	所有
安全锁定 （要求上电复位恢复）	DVI		所有
系统复位	器件引脚	除了调试和一致性寄存器外，所有单元都复位。 必须重新编程 PL	所有
系统软件	SLCR		所有
系统调试复位	JTAG		所有
系统看门狗定时器	SWDT		所有
CPU 看门狗定时器 （slcr.RS_AWDT_CTRL{1, 0} = 0）	AWDT		所有
CPU 看门狗定时器 （slcr.RS_AWDT_CTRL{1, 0} = 1）	AWDT	只有 CPU	无
调试复位	JTAG	调试逻辑	无
外设	SLCR	所选择的外设	无

第4章 Zynq 调试和测试子系统

本章介绍了 Zynq-7000 调试和测试子系统，主要内容包括 JTAG 和 DAP 子系统、CoreSight 系统结构及功能。在 JTAG 和 DAP 子系统部分介绍了 JTAG 和 DAP 子系统功能、JTAG 和 DAP 子 I/O 信号、编程模型、Arm DAP 控制器、跟踪端口接口单元 TPIU 和 Xilinx TAP 控制器；在 CoreSight 系统结构及功能部分介绍了 CoreSight 结构概述和 CoreSight 系统功能。

通过本章内容的学习，读者应该了解并掌握 Zynq-7000 调试和测试子系统的原理和功能，为后续使用调试和测试子系统对系统进行调试打下基础。

4.1 JTAG 和 DAP 子系统

通过一个标准的 JTAG（IEEE 1149.1）调试接口，提供了对 Zynq-7000 全可编程平台的调试访问。在内部，Zynq-7000 器件实现 PS 内的一个 Arm 调试访问端口（Debug Access Port，DAP）和 PL 内一个标准的 JTAG 测试访问端口（Test Access Port，TAP）控制器。Arm DAP 作为 Arm CoreSight 调试器结构的一部分，允许用户补充支持工业上标准的第三方的调试器工具。

除了标准的 JTAG 功能以外，Xilinx TAP 端口支持大量的 PL 特性，包括调试 PL、编程 eFUSE/BBRAM、访问片上 XADC 等。更重要的是，通过 DAP 和 PL 硬件，同步地使用 PS 和 PL 之间带有一个共享跟踪缓冲区和交叉触发接口，使得它允许进行 ARM 软件调试。

Zynq-7000 全可编程平台所包含的另一个重要调试特性是支持调试跟踪。这个特性允许用户将对 PS 和 PL 的所有跟踪捕获到一个公共的跟踪缓冲区内。通过 JTAG 读取跟踪缓冲区，或者通过跟踪端口接口单元（Trace Port Interface Unit，TPIU）将跟踪缓冲区的内容发送出去。

DAP/TAP 的顶层结构如图 4.1 所示。根据 JTAG BOOT_MODE 引脚的设置，控制器处于级联 JTAG 链路或独立模式。在非安全启动过程中，一旦内部的 ROM 代码将控制权交给了用户软件，则自动使能 JTAG 链。这允许从用户软件入口点对系统进行调试。

JTAG 支持两种不同的模式：级联 JTAG 模式（也称为单个链模式）和独立的 JTAG 链模式（也称为分裂链模式）。当系统脱离复位后，由模式输入引脚确定 JTAG 模式。

由 PS 上的模式引脚确定，当处于级联 JTAG 链模式时，通过外部的 JTAG 调试工具或 JTAG 测试器可以看到 TAP 和 DAP。在 PL 侧有专用的 PL_TDO/TMS/TCK/TDI 引脚，它只能连接一条 JTAG 电缆。通过该电缆，可以同时访问 Zynq-7000 SoC 内的 PS 和 PL。

为了使用单独的电缆同时调试 ARM 软件和 PL 设计，用户必须切换到独立的 JTAG 模式。在这个模式中，通过专用的 PL_TDO/TMS/TCK/TDI 引脚，JTAG 只能看到 Xilinx TAP 控制器。为了调试 Arm 软件，通过 MIO 或 EMIO，用户可以连接 ARM DAP 信号（PJTAG），并且在 PL 内例化一个软核。

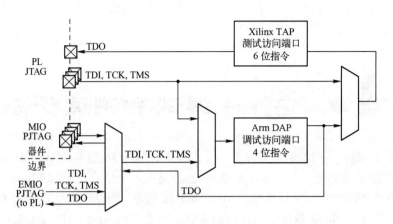

图 4.1　DAP/TAP 的顶层结构

需要特别注意的是，必须给 PS 和 PL 同时上电，才能使用 JTAG 调试。由于安全性的原因，JTAG 链路使用 3 个冗余门电路逻辑进行保护，用于防止由于单独事件扰乱（SEU），使得在安全环境下偶尔使能调试。

通过使用一个 eFUSE 比特位进行记录，Zynq - 7000 提供了永久禁止 JTAG 的功能。由于 eFUSE JTAG 禁止是不可逆的，因此在选择这个选项时要特别注意。

如图 4.2 所示，该图给出了调试跟踪端口的结构。通过 APB 调试总线，使用 JTAG/DAP 接口或软件，用户可以使能下列调试跟踪源，即 PTM、ITM 和 FTM。

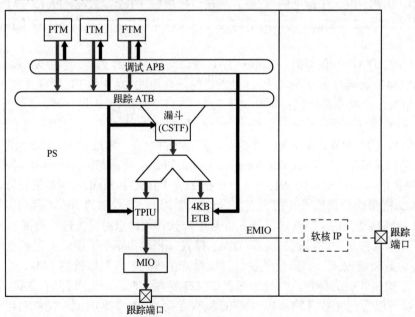

图 4.2　调试跟踪端口的结构

该部分主要关注跟踪端口接口单元，它是跟踪槽模块的其中一个，用于将实时跟踪导入外部的跟踪捕获模块。TPIU 和 ETB 可以正确接收来自多个跟踪源，并将其汇总到跟踪的准确副本中。

尽管 ETB 能够支持高跟踪带宽，但是因为 4KB 容量的限制，所以只允许在很小的窗口时间内捕获跟踪。为了在一个较长的时间周期内监视跟踪信息，通过 MIO/EMIO，用户必须使能 TPIU 导入，这样才能跟踪外部跟踪捕获设备（如 HP 逻辑分析仪、Lauterbach Trace32、Arm DStream 等）的捕获。

JTAG 调试接口的关键如下。

（1）支持 JTAG1149.1 边界扫描。

（2）两个 1149.1 兼容的 TAP 控制器，即一个 JTAG TAP 控制器和一个 Arm DAP。

（3）用于每个 Zynq - 7000 的唯一 IDCODE。

（4）支持 IEEE1532 系统内可配置（In System Configurable，ISC）编程，即 eFUSE 编程、BBRAM 编程和 XADC 访问。

（5）板上 Flash 编程。

（6）支持 Xilinx Chipscope 调试。

（7）使用 Arm DAP 的 Arm CoreSight 调试中心控制。

（8）通过 DAP - AP 端口，直接访问系统地址空间。

（9）使用 PS 内的 MIO，或者 PL 内的 EMIO，实现捕获外部跟踪。

4.1.1 JTAG 和 DAP 子系统功能

Arm DAP 和 JTAG TAP 控制器按顺序连接到菊花链上，如图 4.3 所示，其中 Arm DAP 在菊花链路的前端，并且两个 JTAG 控制器属于两个不同的电压域。Arm DAP 在 PS 电压域内，JTAG TAP 在 PL 电压域内。JTAG I/O 引脚位于 PL 电压域，利用了 PL 内已有的 JTAG I/O 引脚。尽管 PS 支持 PL 断电模式，但是应该给所有的电压域上电，以支持所有 JTAG 相关的属性。

ARM DAP 控制器有一个 4 位长度的指令寄存器（Instruction Register，IR），TAP 控制器有一个 6 位长度的指令寄存器。JTAG TAP 和 Arm DAP 控制器完全独立地工作。在独立模式下，用户能够同时访问 JTAG TAP 和 ARM DAP 控制器。由于安全性原因，当 PS 脱离复位后，旁路 Arm DAP 控制器。可以通过 PL 配置逻辑内的 eFUSE 或控制寄存器，禁止 PL 内的 Xilinx TAP 控制器。

所有 PL 内的调试元件都在调试工具的直接控制下，这些调试工具包括 Arm RVDS 或 Xilinx SDK。在 PS 内的所有设计和集成调试元件（包括 DAP），遵循 Arm CoreSight 结构。尽管在 PL 内没有 CoreSight 元件，但是 PS 内的 FTM 元件允许将 PL 跟踪导入 ETB。CTI/CTM 支持 PS 和 PL 之间的交叉触发。

将所有的 PS 调试目标绑定到带有 DAP 的调试 APB 总线，作为唯一的总线主设备，如图 4.3 所示。外部的调试工具通过 JTAG 连接到 Arm DAP，使用调试 APB 总线配置所有的调试元件，包括 CPU、CTI/CTM、PTM、ITM 和 FTM。调试 APB 用于从 ETB 提取数据。

正确配置所有的调试元件支持用户的调试需要这是一个比较复杂的过程。庆幸的是，大多数的工作由调试工具自动完成。然而，了解 Zynq - 7000 调试结构是必要的，这样可以更好地利用全系统调试能力。

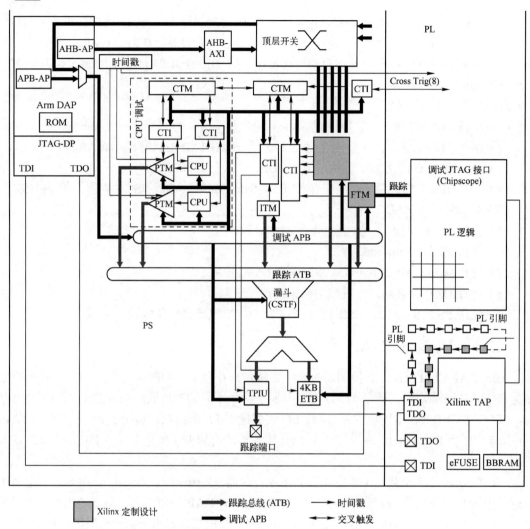

图 4.3　Arm DAP 和 JTAG TAP 控制器按顺序连接到菊花链上

除调试控制之外，Arm DAP 也作为系统互联内的一个主设备。在以前的调试系统中，为了探测系统地址空间，它要求停止 CPU。而在这个新的安排中，允许用户直接访问系统地址空间，但不会停止 CPU。

TPIU 提供了一种机制，用来在较长的时间周期内捕获跟踪。这里并没有内部的时间限制，即导出一个跟踪的时间，在实际中唯一的限制就是 Zynq - 7000 带宽。如果通过 MIO 使用 PS 的 I/O 作为跟踪的导出，最大的跟踪带宽取决于能够分配跟踪 I/O 的 MIO 引脚个数。另一个可替换的方法是，通过 EMIO 导出跟踪。PL 软件逻辑将 EMIO 跟踪信号连接到 PL SelectIO。这里有其他潜在的创新方法，用来管理 EMIO 跟踪。

例如，用户能环路 EMIO 跟踪数据，将其返回到 PS，并且将其保存到 DDR 存储器或者通过吉比特以太网输出跟踪，用于远程调试或监视。在典型的调试流程中，用户充分地使能跟踪源导出能力，使得跟踪数据能适应所分配的 TPIU 吞吐量。在一个很小的时间窗口后，当通过跟踪窗口发生了所确定的调试后,如果有要求的话,用户能充分使能跟踪导出能力,将较短周期数据保存到 ETB 内,用于下一级调试。不同于调试,跟踪端口也产生重要的数据,用于软件统计。软件统计用于帮助用户识别消耗 CPU 功耗最大的软件例程。基于这个统计数据,用户就能执行软件优化或改由 PL 处理。

思考与练习 4-1:请说明 Zynq-7000 的 JTAG 子系统的结构特点和实现的功能。

思考与练习 4-2:请说明 Zynq-7000 的 DAP 子系统的结构特点和实现的功能。

4.1.2 JTAG 和 DAP 子系统 I/O 信号

JTAG 信号如表 4.1 所示。Zynq-7000 全可编程平台不支持用于 ARM DAP 的 SWD 模式。在级联 JTAG 模式下,只有 PJTAG 信号对 JTAG 是有用的。用户可以通过这些信号访问 Arm DAP 或 Xilinx TAP。在 JTAG 独立模式下,用户通过 PSJTAG 信号只能访问 Xilinx JTAG。为了访问 Arm DAP 控制器,用户必须使用 PL 软核的 SelectIO 将 EMIO 信号连接到 SelectIO。用户必须确定用于 Arm DAP 调试信号。用户可见的 TPIU 信号如表 4.2 所示。

表 4.1 JTAG 信号

信号名字	EMIO		PJTAG(通过 MIO)	
	信号	I/O	引脚	I/O
TCK	EMIOPJTAGTCK	I	MIO12、MIO24、MIO36 或 MIO48	I
TMS	EMIOPJTAGTMS	I	MIO13、MIO25、MIO37 或 MIO49	I
TDI	EMIOPJTAGTDI	I	MIO10、MIO22、MIO34 或 MIO46	I
TDO	EMIOPJTAGTDO	O	MIO11、MIO23、MIO35 或 MIO47	O
TDO 三态	EMIOPJTAGTDIN	O		

表 4.2 用户可见的 TPIU 信号

信号名字	EMIO		MIO	
	信号	I/O	引脚	I/O
TRACE_CLK	EMIOTRACECLK	I	MIO12 或 MIO24	O
TRACE_CTL	EMIOTRACECTL	O	MIO13 或 MIO25	O
TRACE_DATA[1:0]	EMIOTRACEDATA	O	MIO[15:14]或[27:26]	O
TRACE_DATA[3:2]			MIO[23:22]	
TRACE_DATA[7:4]			MIO[19:16]	
TRACE_DATA[15:8]			MIO[9:2]	

注:带有 EMIO,用于 I/O 参考的边界是 PS/PL 边界;带有 PJTAG,边界是器件封装的边界。

4.1.3 编程模型

下面给出两个例子,用于说明 PS 和 PL 的调式。

1. 实例:带有跟踪端口使能的软件调试

这是一个用于大多数应用的调试情况,如图 4.4 所示,该图给出了 Arm 工具链的解决方案。它也可能用 Xilinx 或 Lauterbach 调试工具代替 Arm Real View ICE。在这种情况下,不要求编程 PL，只要芯片上电，用户就能够开始软件调试。在这种情况下，DAP 是活动的，用于软件调试。但是，TAP 处于旁路模式，也可以通过 MIO 引脚使能跟踪端口。尽管在一些情况下存在 MIO 可用性的限制，但是用户可以使能一个跟踪导出功能，而不依赖于 PL 配置。对于大多数用户的主要挑战是需要分配 MIO 引脚用于跟踪端口的。

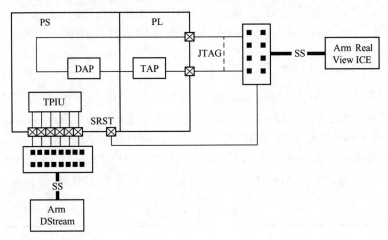

图 4.4　用户例子（1）

2. 实例：包含跟踪端口使能的 PS 和 PL 调试

第二个例子给出了使用两个独立的调试工具，在同一时刻使能 PS 软件和 PL 硬件调试的方法，如图 4.5 所示。连接到 Xilinx TAP 的典型工具是 Xilinx 调试工具，连接到 PS DAP 的工具可以是 Xilinx 或来自 Arm 和 Lauterbach 的第三方调试工具。

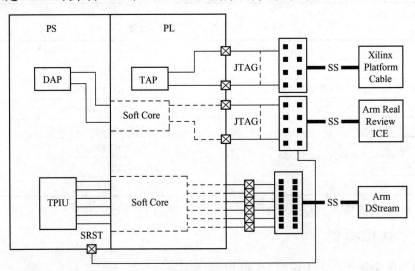

图 4.5　用户例子（2）

为了支持这个模式，要求配置 PL，用于将 DAP JTAG 信号连接到 PL 的 SelectIO。图 4.5 给出了通过 PL SelectIO 的跟踪端口访问。如果有办法将跟踪端口连接到有限的 MIO

引脚进行复用,用户则可以像前面的例子那样,使用 MIO 跟踪端口。通过 SelectIO 的跟踪端口访问可以支持最多 32 位的跟踪数据和提供用户足够的跟踪端口吞吐量,以解决大多数的调试需求。当使用 JTAG DAP 访问时,必须配置 PL。在 PS/PL 边界上,将来自 EMIO 的跟踪信号连接到 PL SelectIO。

4.1.4 Arm DAP 控制器

调试访问端口(Debug Access Port,DAP)是 Arm 标准调试端口的一个实现,它由单个配置内所提供的大量元件组成。所有提供的元件适配到各种不同的结构元件中,用于调试端口(Debug Port,DP),该端口用于从外部调试器访问 DAP 和访问端口(Access Port,AP),用于访问片上系统资源。

JTAG - DP,IEEE1149.1 扫描链可用于读/写寄存器。下面两个扫描链寄存器,用于访问调试端口内的主控制器和访问寄存器:

(1) DPACC 用于访问调试端口 DP;
(2) APACC 用于访问访问端口 AP。

APACC 能够访问系统调试元件内的一个寄存器。由 JTAG - DP 实现的扫描链模型,捕获当前 APACC 或 DPACC 的当前值,并且用新的值更新它。一个更新将引起对 DAP 寄存器的读/写访问,也可能引起对一个所连接调试元件内的一个调试寄存器进行读/写访问。Arm DAP IR 指令如表 4.3 所示,所有其他 IR 指令的实现为 BYPASS。

表 4.3　Arm DAP IR 指令

IR 指令	二进制码[3:0]	DR 宽度	描述
ABORT	1000	35	JTAG - DP 退出寄存器
DPACC	1010	35	JTAG DP 访问寄存器
APACC	1011	35	JTAG AP 访问寄存器
ARM_IDCODE	1110	32	用于 Arm DAP IP 的 IDCODE
BYPASS	1111	1	—

Arm DAP 由一个调试端口 DP 和 3 个访问端口 AP 构成。在 3 个 AP 之间,Zynq - 7000 器件作为总线主设备只实现 APB - AP,用于访问所有的调试端口,并且 AHB - AP 用于直接访问系统存储器空间。DP 内所有的寄存器如表 4.4 所示。

表 4.4　DP 内所有的寄存器

DP 寄存器	访问	描述
CTRL/STAT	IR = DPACC/ADDRESS = 0x4	DP 控制和状态寄存器
SELECT	IR = DPACC/ADDRESS = 0x8	它的主要目的是选择当前访问端口和在哪个访问端口内活动的四字节寄存器窗口

DAP 内的 AHB - AP 和 APB - AP 寄存器如表 4.5 所示。对于每一个 AP,这里有与每个 AP 端口相关的一个唯一的寄存器集。尽管 DAP 允许 JTAG - AP,但是 Zynq 器件不支持这个特性。

表 4.5 DAP 内的 AHB-AP 和 APB-AP 寄存器

AP 寄存器	访问	描述
CSW	IR = APACC/ADDRESS = 0x0	控制和状态字
TAR	IR = APACC/ADDRESS = 0x4	传输地址
DRW	IR = APACC/ADDRESS = 0xC	数据读/写
BD0-3	IR = APACC/ADDRESS = 0x10~0x1C	带外数据 0~3

4.1.5 跟踪端口接口单元（TPIU）

TPIU 内的所有寄存器如表 4.6 所示。

表 4.6 TPIU 内的所有寄存器总结

TPIU 寄存器	偏移	描述
SUPPORT_PORT_SIZE	0x0	32 位寄存器，每位描述允许单个端口的大小
CURRENT_PORT_SIZE	0x4	指示当前跟踪端口的大小，只有一个 32 位可以设置
TRIG_MODE	0x100	表示支持的触发器模式
TRIG_COUNT	0x104	8 位寄存器，使能延迟指示触发器到外部的跟踪捕获设备
TRIG_MULT	0x108	触发计数器乘法器
TEST_PATTERN	0x200 - 0x208	配置一个测试模式，产生一个已知的比特序列，该序列可由外部设备捕获
FORMAT_SYNC	0x300 - 0x308	控制产生停止、触发和刷新事件

4.1.6 Xilinx TAP 控制器

Xilinx TAP 包含协议和典型 JTAG 结构所描述的 4 个强制专用引脚。表 4.7 给出了 JTAG 命令。

表 4.7 JTAG 命令

边界扫描命令	二进制码[5:0]	描述
EXTEST	000000	使能边界扫描 EXTEST 操作
SAMPLE	000001	使能边界扫描 SAMPLE 操作
USER1	000010	访问用户定义的寄存器 1
USER2	000011	访问用户定义的寄存器 2
USER3	100010	访问用户定义的寄存器 3
USER4	100011	访问用户定义的寄存器 4
CFG_OUT	000100	访问用于回读的配置总线
CFG_IN	000101	访问用于配置的配置总线
INTEST	000111	使能边界扫描 INTEST 操作
USERCODE	001000	使能移出用户码
IDCODE	001001	使能移出 ID 码
ISC_ENABLE	010000	标记 ISC 配置开始
ISC_PROGRAM	010001	使能系统内编程
ISC_PROGRAM_SECURITY	010010	将安全状态从安全改为非安全，反之亦然

续表

边界扫描命令	二进制码[5:0]	描　　述
ISC_NOOP	010100	无操作
ISC_READ	101011	用于回读 BBR
ISC_DISABLE	010111	完成 ISC 配置，执行启动序列
BYPASS	111111	使能旁路

4.2 CoreSight 系统结构及功能

Zynq-7000 SoC 的测试和调试能力使用户能够使用侵入式或非侵入式的调试方法对 PS 和 PL 进行调试。用户可以调试一个完整的系统，包含 PS 和 PL。除调试软件外，用户也能够调试 PS 内的关键硬件点和用户所选择的 PL 内的关键硬件点。

4.2.1 CoreSight 结构概述

基于 Arm CoreSight v1.0 结构规范，测试和调试能力大多由 Arm 所支持的元件构成。但是，也包含一个 Xilinx 支持的元件。Arm CoreSight 结构定义了 4 类 CoreSight 元件，即访问和控制类元件、跟踪源类元件、跟踪链接类元件和跟踪槽类元件。

1. 访问和控制类元件

提供一个用户接口，通过 JTAG 或存储器映射的位置，访问调试基本结构。该元件类型也通过一个触发器信号分配网络，协调独立的 CoreSight 元件操作。

2. 跟踪源类元件

捕获调试信息，如指令地址、总线交易地址和产生跟踪包。这些跟踪包与跟踪链接类元件连接。

3. 跟踪链接类元件

在跟踪链接类元件中，对跟踪包进行组合或复制。

4. 跟踪槽类元件

接收到跟踪包，并将它们导入片上跟踪缓冲区，将它们通过 MIO 连接到芯片引脚输出或通过 EMIO 送到 PL。

通过 3 个主要类型的总线/信号，即编程、触发和跟踪，将 CoreSight 元件连接在一起。编程总线是一条路径，用于访问和控制类元件，通过 JTAG 或处理器将编程信息传递到其他 CoreSight 元件。触发器信号被所有的元件类使用，用于（从其他元件类）接收和发送（到其他元件类）触发器，以协调它们的操作。跟踪总线是主要的路径，用于跟踪包的流动，连接跟踪源、跟踪链接和跟踪槽类元件。

CoreSight 元件提供下面的能力，用于系统宽范围的跟踪。

（1）通过单个的调试器连接，实现整个系统的调试和跟踪可见性。

（2）支持在 SoC 子系统间的交叉触发。

（3）在单个流内多个源跟踪。

（4）相比前面的解决方案来说，提供更多的数据压缩能力。
（5）用于标准工具支持的标准程序员模型。
（6）自动发现拓扑结构。
（7）用于第三方核的开放接口。
（8）低引脚数目选择。

4.2.2 CoreSight 系统功能

CoreSight 系统的结构如图 4.6 所示，图中给出了 4 类 CoreSight 元件。
（1）访问和控制类元件：ECT。
（2）跟踪源类元件：PTM、FTM 和 ITM。
（3）跟踪链接类元件：漏斗和复制。
（4）跟踪槽类元件：ETB、TPIU。

3 个类型的总线/信号用于链接元件。
（1）编程。
（2）触发。
（3）跟踪。

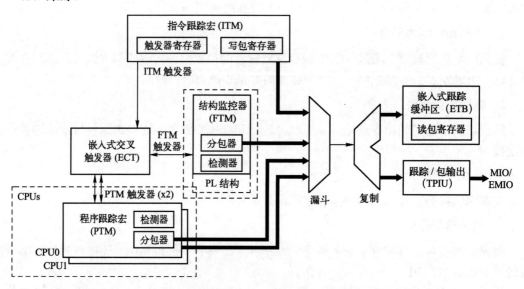

图 4.6　CoreSight 系统的结构

CoreSight 系统进行的交互如下。
（1）CPU：通过 PTM 用于调试和跟踪。
（2）CPU：通过 ITM 用于跟踪。
（3）PL：通过 FTM 用于调试和跟踪。
（4）CPU：通过 ETB 用于导入跟踪。
（5）EMIO/MIO：通过 TPIU 用于导入跟踪。
（6）CPU/JTAG：通过 DAP 用于编程 CoreSight 元件。

1. 调试访问端口

调试访问端口（Debug Access Port，DAP）是前端，用于用户访问 Zynq-7000 SoC 的测试和调试功能。它是访问和控制类的一个 CoreSight 元件，使用编程总线将其连接到其他元件。DAP 为用户提供了两个接口，用于访问 CoreSight 的基本结构。

（1）外部的：JTAG，来自芯片引脚输出。

（2）内部的：APB 从设备，来自从互联。

一个调试器能使用 JTAG 与 CoreSight 的基本结构通信。同时，运行在 CPU 的软件也可以通过分配给 CoreSight 基本结构的存储器映射地址使用 APB。通过其中一个接口，DAP 将到达的访问请求提交给所请求的 CoreSight 元件。

此外，DAP 也有其他接口用来访问 PS 上的子系统。

（1）内部的：AHB 主设备，到主互联。

（2）使用 AHB，DAP 将来自 JTAG 的访问请求提交到 PS 的其他子系统，然后进行认证。例如，一个调试器能够查询 DDR 一个地址的内容或一个协处理器寄存器的值。

DAP 块是 Arm 提供的一个 IP 核，使用下面的配置。

（1）JTAG 是器件引脚输出的唯一外部接口。不提供串行线接口（Serial Wire Interface，SW-DP）。

（2）APB 从端口和 AHB 主端口是两个内部接口。在 DAP 内部一侧（JTAG-AP）不出现 JTAG。

（3）不支持掉电模式。

2. 嵌入式交叉触发

嵌入式交叉触发（Embedded Cross Trigger，ECT）是一个交叉触发机制。通过 ECT，CoreSight 能使用发送与接收触发与其他元件进行交互。ECT 由两个元件构成。

（1）CTM：交叉触发矩阵。

（2）CTI：交叉触发接口。

一个或多个 CTM 构成一个包含多个通道事件的广播网络。对于一个事件，一个 CTI 会侦听一个或多个通道。将一个接收到的事件映射到一个触发上，将触发发送到与 CTI 连接的一个或多个 CoreSight 元件。一个 CTI 也将来自所连接 CoreSight 元件的触发进行组合和映射，并且将其作为事件广播到一个或多个通道。CTM 和 CTI 是控制和访问类的 CoreSight 元件。

ECT 配置包含 4 个广播通道、5 个 CTI，它不支持掉电模式。

3. 程序跟踪宏

PTM 是一个块，用于跟踪处理器的执行流。它基于 Arm 程序流跟踪（Program Flow Trace，PFT）结构，是跟踪源类的一个 CoreSight 元件。通过只跟踪程序执行中的某些点，PTM 产生跟踪工具所需要的信息，这些信息用于重新构建程序的执行。这样，就减少了跟踪数据的数量。PTM 支持时间戳，用于关联多个跟踪流和粗粒度的代码统计。

PTM 提供了一些通用的资源，如地址/ID 比较器、计数器、序列器，以及用于设置用户定义事件的触发条件，这扩展了跟踪程序执行的基本功能。

Zynq-7000 内部的 PTM 块是 Arm 提供的标准 IP，没有定制的配置。

4. 仪器跟踪宏

仪器跟踪宏（Instrumentation Trace Macrocell, ITM）是一个块，用于软件产生跟踪。它是跟踪源类的一个 CoreSight 元件，也支持触发和粗粒度时间戳。主要应用如下：

（1）Printf 类型的调试。

（2）跟踪 OS 和应用事件。

（3）发出诊断系统消息。

Zynq-7000 内部的 ITM 块是 Arm 提供的标准 IP，没有定制的配置。

5. 漏斗

漏斗（Funnel）是一个块，用于将来自多个源的跟踪数据合并到一个单个数据流中。它是跟踪链接类的一个 CoreSight 元件。用户选择需要合并的数据源，并且给它们分配优先级。

Zynq-7000 内部的漏斗是 Arm 提供的标准 IP，没有定制的配置。

6. 嵌入跟踪缓冲区

嵌入跟踪缓冲区（Embedded Trace Buffer, ETB）是片上跟踪数据的存储区域。它是跟踪槽类的一个 GoreSight 元件。ETB 提供实时全速保存能力，但是大小受限。支持触发用于这些事件，即缓冲区满和捕获完成。

Zynq-7000 内部的 ETB 块是 Arm 提供的标准 IP，没有定制的配置。

7. 跟踪包输出（Trace Packet Output, TPIU）

跟踪包输出（Trace Packet Output, TPIU）是一个块，用于将跟踪数据输出到 PL 或器件引脚输出。它是跟踪槽类的一个 GoreSight 元件。TPIU 提供了无限的跟踪数据输出能力，但是带宽受限。支持触发和刷新操作。

Zynq-7000 内部的 TPIU 块是 Arm 提供的标准 IP，配置如下。

（1）最大数据宽度：32。

（2）每个 CoreSight 规范：每个 CoreSight 元件有 4KB 地址空间，每个 CoreSight 元件的基地址如表 4.8 所示。

表 4.8 每个 CoreSight 元件的基地址

元件	基地址	元件	基地址
DAP ROM	0xF880_0000	Cortex-A9 ROM	0xF888_0000
ETB	0xF880_1000	CPU0 调试逻辑	0xF889_0000
CTI（连接到 ETB、TPIU）	0xF880_2000	CPU0 PMU	0xF889_1000
TPIU	0xF880_3000	CPU1 调试逻辑	0xF889_2000
漏斗	0xF880_4000	CPU1PMU	0xF889_3000
ITM	0xF880_5000	CTI（连接到 CPU0, PTM0）	0xF889_8000
CTI（连接到 FTM）	0xF880_9000	CTI（连接到 CPU1, PTM1）	0xF889_9000
CTI（连接到 AXIM）	0xF880_A000	PTM0（用于 CPU0）	0xF889_C000
FTM	0xF880_B000	PTM1（用于 CPU1）	0xF889_D000

思考与练习 4-3：请说明 CoreSight 系统的结构特点与实现的功能。

第5章 Cortex-A9 处理器及指令集

本章将详细介绍 Zynq-7000 应用处理单元内 Cortex-A9 处理器的结构和指令集,其内容主要包括应用处理单元概述、Cortex-A9 中央处理器结构、Cortex-A9 处理器指令集。

本章所介绍的内容是学习和掌握 Arm Cortex-A9 处理器的基础。只有掌握了 Cortex-A9 处理器的结构原理及指令系统,才能真正全面理解和掌握 Zynq-7000 的应用处理单元。

5.1 应用处理单元概述

在 Zynq-7000 SoC 中,应用处理单元(Application Processing Unit,APU)为 PS 最核心的部分,它包含两个高性能且低功耗的 Cortex-A9 处理器,每个处理器都包含 NEON 单元。在多处理器配置中,通过共享一个 512KB L2 高速缓存,实现两个处理器之间的数据交换。每个处理器都包含 32KB L1 数据高速缓存和 32KB L1 指令高速缓存。Cortex-A9 处理器采用 Armv7-A 结构,支持虚拟存储器,可以执行 32 位的 Arm 指令、16 位及 32 位的 Thumb 指令,以及在 Jazelle 状态下的一个 8 位 Java 字节码。NEON 单元内的媒体和信号处理结构增加了用于音频、视频、图像处理、语音处理和 3D 图像的指令。这些高级的单指令多数据流(Single Instruction Multiple Data,SIMD)指令可用于 Arm 和 Thumb 状态。

> 注:Jazelle 是 Arm 体系结构的一种相关技术,用于在处理器指令层次对 JAVA 加速。

5.1.1 基本功能

APU 结构如图 5.1 所示。在多核配置模式下,两个 Cortex-A9 处理器连接到一个侦测控制单元(Snoop Control Unit,SCU),用于保证两个处理器之间,以及与来自 PL 的 ACP 接口的一致性。在 PS 内的 APU 中,为两个 Cortex-A9 处理器提供了一个可共享的 512KB L2 高速缓存,用于缓存指令和数据。与 L2 高速缓存并列,提供了一个 256KB 的低延迟片上存储器(On Chip Memory,OCM)。

加速器一致性端口(Accelerator Coherency Port,ACP),用于 Zynq-7000 SoC 内 PL 和 APU 之间的通信。该 64 位 AXI 接口允许 PL 作为 AXI 的主设备,PL 内建的主设备可以通过该接口访问 L2 和 OCM,同时保证存储器和 CPU L1 缓存的一致性。

统一的 512KB L2 高速缓存是一个 8 路组关联结构,允许用户基于缓存行、路或主设备锁定缓存行的内容。根据地址信息,所有通过 L2 缓存控制器的访问都能连接到 DDR 控制器,或者发送到 PL,或者 PS 内其他相关地址的从设备。为了降低到 DDR 存储器的访问延迟,在 APU 内提供了一个从 L2 控制器到 DDR 控制器的专用端口。

在 APU 内,提供了调试和跟踪两个处理器核的能力,并且互联作为 CoreSight 调试和跟踪系统的一部分。通过调试器访问端口(Debug Access Port,DAP),用户可以控制和查询所有的处理器和存储器。通过片上嵌入跟踪缓冲区（Embedded Trace Buffer，ETB）或跟踪端口接口单元（Trace Port Interface Units，TPIU），将来自两个处理器的 32 位 AMBA 跟踪总线（AMBA Trace Bus，ATB）主设备和其他 ATB 主设备（如 ITM 和 FTM）汇集在一起，产生统一的 PS 跟踪。

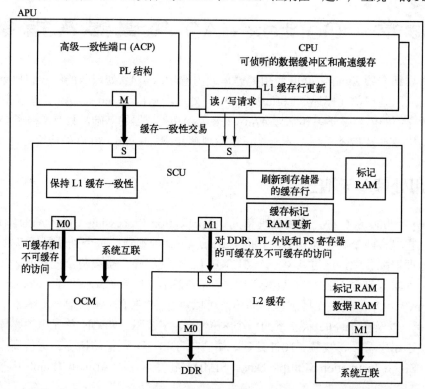

图 5.1　APU 结构

Arm 结构支持包括超级、系统和用户模式在内的多种操作模式，用于提供不同级别的保护和应用程序级别。此外，该结构还支持 TrustZone 技术，用于帮助用户创建安全的环境，用于运行应用程序和保护这些应用程序的内容。内建在 Arm CPU 和其他外设的 TrustZone 使能一个安全的系统，用于管理密钥、私有数据和加密信息，不允许将这些秘密泄露给不信任的程序或用户。

APU 包含一个 32 位的看门狗定时器和一个带有自动递减特性的 64 位全局定时器，可以将它们用作通用定时器，也可以作为从休眠模式唤醒处理器的一个机制。

5.1.2　系统级视图

APU 是系统中最关键的部件，它构成了 PS 与 PL 内所实现的 IP，以及诸如外部存储器和外设这样的板级设备，如图 5.2 所示。APU 通过 L2 控制器的两个接口（M0 和 M1）和一个到 OCM 的接口（OCM 和 L2 高速缓存并列）与系统其他单元进行通信。

所有来自双核 Cortex - A9 MP 系统的访问都要通过 SCU。此外，来自其他主设备同时要求与 Cortex - A9 MP 系统一致的所有访问也需要通过 ACP 端口连接到 SCU。所有不通过 SCU 的访问和 CPU 是非一致性的，软件必须负责管理同步和一致性。

第5章 Cortex-A9处理器及指令集

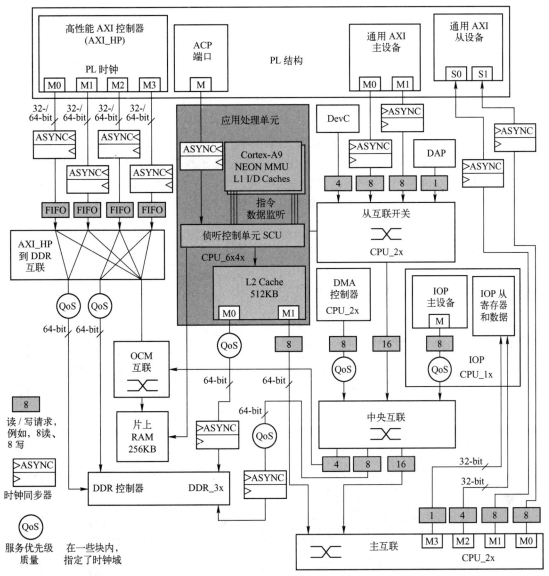

图 5.2 APU 的系统结构

来自 APU 的访问，其目标可以是 OCM、DDR、PL、IOP 从设备或 PS 子模块内的寄存器。为了将访问 OCM 的延迟降低到最小，在 SCU 上提供一个专用主设备端口用于处理器和 ACP 访问 OCM，这个访问延迟甚至小于对 L2 高速缓存的访问。

所有 APU 到 DDR 的访问，需要通过 L2 缓存控制器进行连接。为了改善 DDR 访问延迟，在 L2 缓存控制器上提供了一个连接到 DDR 存储器控制器的专用主端口，允许所有从 APU 到 DDR 的交易不需要经过与其他主设备共享的主互联。对于既不访问 OCM 也不访问 DDR 的 APU 其他访问，将通过 L2 缓存控制器的第二个端口连接到主互联上。通过 L2 缓存控制器的访问是不必缓存的。

APU 和它的子模块工作在 CPU_6x4x 时钟域中，如图 5.2 所示。APU 到 OCM 的接口和到主互联的接口都是同步的。主互联能工作在 1/2 或 1/3 的 CPU 频率。DDR 模块工作在 DDR_3x 时钟域,与 APU 是异步的。ACP 端口到 APU 模块包含一个同步器,使用这个端口的 PL 主设备,它的时钟可以与 APU 异步。

5.2 Cortex-A9 处理器结构

Cortex-A9 处理器的内核结构如图 5.3 所示。每个 Cortex-A9 的 CPU 能在一个周期给出两个指令,并且以无序的方式执行。CPU 动态地实现分支预测和可变长度的流水线,性能达到 2.5DMIPS/MHz。Cortex-A9 处理器实现 Armv7-A 的结构,支持虚拟存储器,能执行 32 位的 Arm 指令、16 位及 32 位的 Thumb 指令和在 Jazelle 状态下的一个 8 位 Java 字节码。

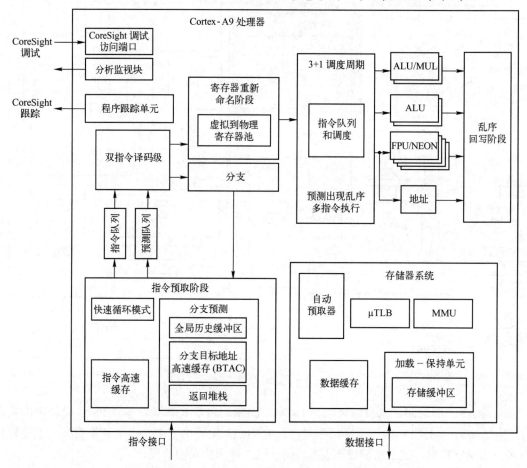

图 5.3 Cortex-A9 处理器的内核结构

注:(1)Jazelle-DBX(Direct Bytecode eXecution)在 Armv5-TEJ 中引入,用于加速 Java 的性能,同时兼顾功耗。在应用处理器中,由于增加存储器利用率和改善即时(JIT)编译器的组合,降低了它的价值,因此很多 Armv7-A 处理器不实现这种硬件加速。这个技术能在有限的存储器空间(如手机和低成本的嵌入式应用)内很好地实现高性能的 Java。

（2）Armv7 架构包含两套指令集，即 Arm 和 Thumb 指令集。在这两套指令集中，绝大部分可用的功能是一样的。Thumb 指令集是最通用 32 位 Arm 指令集的子集。Thumb 指令为 16 位长度，它所对应的每一条 32 位指令都有相同的效果。使用 Thumb 指令的优势在于减少代码密度。由于改善了代码密度，使得缓存 Thumb 指令比缓存 Arm 指令要好很多，显著降低了所要求的存储器空间。程序员仍可使用 Arm 指令集用于特殊的且对性能要求很高的代码段。

（3）在 Armv6-T2 中引入了 Thumb-2 技术，在 Armv7 中也要求使用它。该技术将最初的 16 位 Thumb 指令集扩展到包含 32 位指令。在 Armv6-T2 中引入的 32 位 Thumb 指令，允许 Thumb 代码达到与 Arm 代码相近的性能。此外，与单纯使用 16 位 Thumb 代码相比，有更好的代码密度。

5.2.1 处理器模式

Arm 结构为莫代尔结构。在引入安全性扩展之前，处理器有 7 种模式，如表 5.1 所示。其中有 6 种特权模式和 1 种非特权（用户）模式。在特权模式下，可以执行用户模式下不能执行的某些任务。在用户模式下，操作时有一些限制，对系统的整体配置有影响，如 MMU 配置和缓存操作。

表 5.1 在 Armv6 前的 Arm 处理器模式

模　　式	功　　能	特权/非特权
用户（USER）	在该模式下，运行大部分的程序	非特权
FIQ	当一个 FIQ 中断异常时，进入该模式	特权
IRQ	当一个 IRQ 中断异常时，进入该模式	
超级用户（Supervisor）	当复位或执行一个超级调用指令 SVC 时，进入该模式	
异常终止（ABT）	当存储器访问异常时，进入该模式	
未定义（UND）	当执行一条未定义的指令时，进入该模式	
系统（SYS）	在该模式下，运行操作系统，与用户模式共享寄存器视图	

引入 TrustZone 安全性扩展后，为处理器创建了两种安全状态，它与特权/非特权模式相独立，带有一个新的监控模式，用作安全和非安全状态之间的门槛，其独立于每种安全状态，如图 5.4 所示。

对于实现安全性扩展的处理器来说，通过将用于器件的硬件和软件资源分配到用于安全子系统的安全世界或普通世界（非安全世界），实现系统的安全性。当处理器处于非安全状态时，它不能访问分配给安全状态的存储器。

在这种情况下，安全监控程序就相当于在两个世界直接来回移动的门槛。如果实现了安全扩展，则在监控模式下所运行的软件控制处理器安全和非安全状态之间的切换。

Armv7-A 结构的虚拟化扩展增加了系统管理程序（Hypervisor）模式，该技术使得在相同的系统内共存多个操作系统，Arm 的虚拟化扩展使得其可以在相同的平台上运行多个操作系统，如图 5.5 所示。

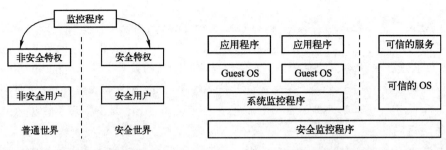

图 5.4 安全和非安全世界　　　　图 5.5 系统管理程序

注：Guest OS 指运行在虚拟机上的操作系统。

如果实现了虚拟化扩展，此处的特权模式不同于前面的结构。在普通世界中，有 3 个特权级，即 PL0、PL1 和 PL2。

（1）PL0：应用程序软件的特权级，在用户模式下执行。在用户模式下执行软件被描述为非特权软件。软件不能访问处理器结构的一些特征。特别地，不能改变任何配置设置。

（2）PL1：在所有模式下执行的软件，不同于用户模式和系统监控程序模式，称为 PL1。通常，操作系统软件运行在 PL1。

（3）PL2：系统管理程序模式，它能控制并切换在 PL1 执行的客户操作系统（Guest OS）。

如果实现虚拟化扩展，系统管理程序将运行在 PL2。虚拟化扩展使得其可以在相同的平台上运行多个操作系统。这些特权级从 TrustZone 安全和普通设置中独立出来。

注：特权级定义了在当前安全状态下访问资源的能力。

在处理器的不同状态下可用处理器模式，如图 5.6 所示。

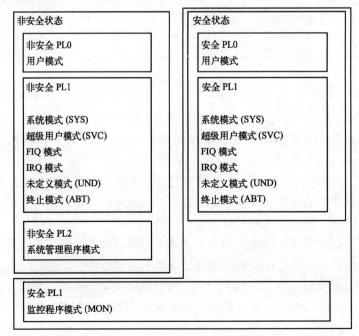

图 5.6 特权级

一个通用的操作系统，如 Linux，希望运行在非安全状态。厂商特定的固件或对安全性敏感的软件希望占用安全状态。在一些情况下，运行在安全状态下的软件比运行在非安全状态下有更多的特权。

> **注**：当前的处理器模式和执行状态被保存在当前程序状态寄存器（Current Program Status Register，CPSR）中。特权软件可以修改处理器的状态和模式。

5.2.2 寄存器

本小节将介绍 Arm Cortex-A9 处理器提供的寄存器类型。

1. 通用寄存器

Arm 结构中提供了 16 个 32 位的通用寄存器（R0~R15）给软件使用，如图 5.7 所示。它们中的 15 个（R0~R14）用于通用的数据存储，而 R15 用于程序计数器。当 CPU 内核执行指令的时候，会修改 R15 的值。对 R15 的写操作，将改变程序流。软件也可以访问 CPSR。对前面所执行模式时 CPSR 的保存复制，称为被保存的程序状态寄存器（Saved Program Status Register，SPSR）。

虽然软件可以访问寄存器，但是根据运行软件的模式和所访问的寄存器，一个寄存器可能对应于不同的物理存储位置，这称为分组（Banking）。如图 5.8 所示，背景为灰色的寄存器被分组。它们使用物理区分保存方法，只有当进程在特殊的模式下运行时才可访问。

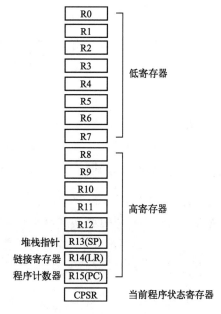

图 5.7 用于用户模式，程序员可见的寄存器

在所有模式下，低寄存器和 R15 共享相同的物理存储空间。对于高寄存器来说，在不同模式下被分程序员可见的寄存器组，如图 5.8 所示。例如，将 R8~R12 分组用于 FIQ 模式，即在不同的物理存储空间访问它们。对于不是用户模式和系统模式的其他模式而言，将 R13 和 SPSR 分组。

在分组寄存器情况下，软件不能按照以前那样指定所访问的寄存器实例。例如，在用户模式下执行程序，指定 R13 将访问 R13_user；在 SVC 模式下执行程序，指定 R13 将访问 R13_svc。

在所有模式下，R13 寄存器都是堆栈指针，当不要求堆栈操作时，可以作为通用寄存器使用。

R14（链接寄存器）用于保存进入子程序后从子程序返回的地址，通常通过使用 BL 指令实现。当它没有用于保存返回地址时，也可以用于通用寄存器。R14_svc、R14_irq、R14_fiq、R14_abt 和 R14_und 的用法类似，当产生中断和异常时，或者当在中断或异常处理程序中执行分支（跳转）或者链接指令时，其用于保存来自 R15 的返回值。

USER	SYS	FIQ	IRQ	ABT	SVC	UND	MON	HYP
R0	R0	R0	R0	R0	R0	R0	R0	R0
R1	R1	R1	R1	R1	R1	R1	R1	R1
R2	R2	R2	R2	R2	R2	R2	R2	R2
R3	R3	R3	R3	R3	R3	R3	R3	R3
R4	R4	R4	R4	R4	R4	R4	R4	R4
R5	R5	R5	R5	R5	R5	R5	R5	R5
R6	R6	R6	R6	R6	R6	R6	R6	R6
R7	R7	R7	R7	R7	R7	R7	R7	R7
R8	R8	R8_fiq	R8	R8	R8	R8	R8	R8
R9	R9	R9_fiq	R9	R9	R9	R9	R9	R9
R10	R10	R10_fiq	R10	R10	R10	R10	R10	R10
R11	R11	R11_fiq	R11	R11	R11	R11	R11	R11
R12	R12	R12_fiq	R12	R12	R12	R12	R12	R12
R13(sp)	R13(sp)	SP_fiq	SP_svc	SP_abt	SP_svc	SP_und	SP_mon	SP_hyp
R14(lr)	R14(lr)	LR_fiq	LR_svc	LR_abt	LR_svc	LR_und	LR_mon	R14(lr)
R15(pc)	R15(pc)	R15(pc)	R15(pc)	R15(pc)	R15(pc)	R15(pc)	R15(pc)	R15(pc)
(A/C)PSR	CPSR	CPSR SPSR_fiq	CPSR SPSR_irq	CPSR SPSR_abt	CPSR SPSR_svc	CPSR SPSR_und	CPSR SPSR_mon	CPSR SPSR_hyp ELR_hyp

图 5.8 Arm 寄存器集

R15 是程序计数器，保存当前程序地址。当在 Arm 状态下读取 R15 时，[1：0]比特总是为零，[31：2]保存着 PC。在 Thumb 状态下，对[0]比特的读总是返回 0。

> **注：**（1）实际上，在 Arm 状态下，总是指向当前指令前面的 8 个字节；在 Thumb 状态下，总是指向当前指令前面的 4 个字节。
> （2）当复位时，R0~R14 的值是不确定的。此外，在使用堆栈指针 SP 之前，必须由启动程序对其进行初始化。

2. HYP 模式

对于支持虚拟化扩展的实现，在 HYP 模式下，提供了额外的寄存器。系统管理程序工作在特权 PL2 级，它访问自己的 R13（SP）和 SPSR 版本。它使用用户模式链接寄存器用于保存函数的返回地址，并且有一个专用的寄存器 ELR_hyp 用于保存异常返回地址。Hyp 模式只用于普通世界，它提供了用于虚拟化的工具。

3. 程序状态寄存器（PSR）

在任何时刻，软件可以访问 16 个寄存器（R0~R15）及 CPSR。在用户模式下，访问 CPSR 的一个限制形式，称为应用程序状态寄存器（Application Program Status Register，APSR）。

当前状态寄存器用于保存 APSR 标志、当前处理器的模式、中断禁止标志、当前处理器的状态（Arm/Thumb/ThumbEE/Jazelle）、端、用于 IT 块的执行状态位。

程序状态寄存器（Program Status Register，PSR）构成一个额外的分组寄存器集，每个异常模式有它自己的保存程序状态寄存器（Saved Program Status Register，SPSR）。当发生异常时，将自动保存发生异常前的 CPSR。在用户模式下，不可以访问它们。

对于应用程序的程序员来说，必须使用 APSR 访问 CPSR 的一部分，可以在非特权模式下修改它们。APSR 只能用于访问 N、Z、C、V、Q 和 GE[3:0]比特。通常，不能直接访问这些比特位，但是可以通过条件码指令设置和测试。

例如，指令"CMP R0，R1"用于比较 R0 和 R1 的值。如果 R0 和 R1 的内容相同，则对 Z 标志置位。

CPSR 寄存器比特位的分配如图 5.9 所示。

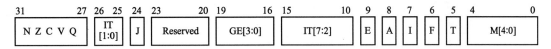

图 5.9 CPSR 比特位的分配

（1）N：来自 ALU 的负数结果。当结果为负数时，该位为 1。
（2）Z：来自 ALU 的零结果。当结果为全零时，该位为 1。
（3）C：来自 ALU 操作的进位输出。当结果有最高位进位时，该位为 1。
（4）V：来自 ALU 操作的溢出。当结果溢出时，该位为 1。
（5）Q：累计饱和（也称为 sticky）。
（6）J：用于确认处理器内核是否在 Jazelle 状态。
（7）GE[3:0]：一些 SIMD 指令使用它。
（8）IT[7:2]：Thumb-2 指令组执行 if-then 条件。
（9）E：控制加载/保存端。
（10）A：禁止异步异常终止。
（11）I：禁止 IRQ。
（12）F：禁止 FIQ。
（13）T：指示处理器核是否在 Thumb 状态下。
（14）M[4:0]：指定处理器模式。①USR 模式时为 10000；②FIQ 模式时为 10001；③IRQ 模式时为 10010；④SVC 模式时为 10011；⑤MON 模式时为 10110；⑥ABT 模式时为 10111；⑦HYP 模式时为 11010；⑧UND 模式时为 11011；⑨SYS 模式时为 11111。

通过指令直接写 CPSR 模式比特位就可以改变处理器内核的不同模式。更普遍的情况，当出现异常结果时，处理器自动修改模式。在用户模式下，程序员不能对 PSR 的[4:0]比特位进行操作，这些位用于控制处理器的模式，也不能操作 A、I 和 F 比特位，它们用于使能/禁止异常。

4. 协处理器（CP15）

CP15 称为系统控制协处理器，提供对 CPU 核大量特性的控制能力。它包含最多 16 个 32 位的基本寄存器。访问 CPU 由特权控制，在用户模式下，有些寄存器不可使用。CP15 寄存器访问指令指定所要求访问的基本寄存器，指令中的其他域用于更准确地定义访问及增加 CP15 内 32 位物理寄存器的数量。在 CP15 内，将 16 个基本寄存器命名为 c0~c15，但是经常用它们的名字作为参考，如 CP15 系统控制寄存器称为 CP15.SCTLR。

CP15 内的寄存器集如表 5.2 所示。

表 5.2 CP15 内的寄存器集

寄 存 器	描 述
主 ID 寄存器（MIDR）	给出用于处理器的识别信息（包含器件号和版本）
多处理器密切度寄存器（MPIDR）	给出在一个簇中，唯一识别单个处理器的方法
CP15 c1 系统控制寄存器	
系统控制寄存器（SCTLR）	主处理器控制寄存器
辅助控制寄存器（ACTLR）	由实现定义的额外控制和配置选项
协处理器访问控制寄存器（CPACR）	控制访问除 CP14 和 CP15 外的所有协处理器
安全配置寄存器（SCR）	被 TrustZone 使用
CP15 c2 和 c3，存储器保护和控制寄存器	
转换表基地址寄存器 0（TTBR0）	第一级转换表的基地址（低）
转换表基地址寄存器 1（TTBR1）	第一级转换表的基地址（高）
转换表基地址控制寄存器（TTBCR）	控制 TTBR0 和 TTBR1 的使用
CP15 c5 和 c6，存储器故障寄存器	
数据故障状态寄存器（DFSR）	给出最后数据故障的状态信息
指令故障状态寄存器（IFSR）	给出最后指令故障的状态信息
数据故障地址寄存器（DFAR）	给出访问的虚拟地址，该访问引起最近准确数据的异常终止
指令故障地址寄存器（IFAR）	给出访问的虚拟地址，该访问引起最近准确预加载的异常终止
CP15 c7，高速缓存维护和其他功能	
缓存和分支预测器维护功能	见后续内容
数据和指令屏障	见后续内容
CP15 c8，TLB 维护操作	
CP15 c9，性能监控器	
CP15 c12，安全扩展寄存器	
向量基地址寄存器（VBAR）	提供用于异常的异常基地址，在监控模式下不处理它
监控器基地址寄存器（MVBAR）	保存用于所有引起进入监控模式异常的异常基地址
CP15 c13，进程，上下文（现场）和线程 ID 寄存器	
上下文 ID 寄存器（CONTEXIDR）	见后续内容
软件线程 ID 寄存器	见后续内容
CP15 c15，由实现定义的寄存器	
配置基地址寄存器（CBAR）	提供用于全局中断控制器 GIC 和本地定时器类型的基地址

通过一个通用处理器寄存器（Rt），读/写 CP15 内的寄存器 CRn，以实现对所有系统结构功能的控制。其中指令中的 Op1、Op2 和 CRm 域用于选择寄存器或者操作，访问 CP15 的指令格式如代码清单 5-1 所示，其中：

（1）Op1 为协处理器指定的 4 位操作码，对于 CP15 来说，Op1 为 0000；

（2）CRn 为目标寄存器的协处理寄存器编号，即 c0～c15；

代码清单 5-1 访问 CP15 的指令格式

```
MRC p15,Op1,Rt,CRn,CRm,Op2        ;将 CP15 寄存器中的内容读到 Arm 寄存器中
MCR p15,Op1,Rt,CRn,CRm,Op2        ;将 Arm 寄存器中的内容写到 CP15 寄存器中
```

（3）CRm 为额外的目标寄存器或源操作数寄存器，如果不需要设置额外信息，将其设置为 c0；

（4）Op2 提供附加信息，如寄存器的版本号或访问类型，用于区分同一编号的不同物理寄存器，可以省略 Op2 或将其设置为 0。

下面以只读 ID 号寄存器（MIDR）为例，说明读取该寄存器的方法，如图 5.10 所示为 MIDR 比特位的分配，其中：

（1）[31:24]为制定者，对于 Arm 设计的处理器来说值为 0x41；

（2）[23:20]为变种，给出了处理器的版本号；

（3）[19:16]为架构，对于 Arm 架构 v7 来说值为 0xF；

（4）[15:4]为器件号，如 0xC09 表示 Cortex-A9 处理器；

（5）[3:0]为版本，给出了处理器的补丁版本。

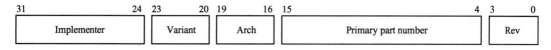

图 5.10 MIDR 比特位的分配

在特权模式下，程序员可以使用下面的指令读取 MIDR：

```
MRC p15,0,R1,c0,c0,0
```

5. 系统控制寄存器（SCTLR）

通过使用 CP15 来访问 SCTLR。SCTLR 用于控制标准的存储器和系统工具，以及提供状态信息，用于 CPU 核内所实现的功能。当 CPU 在 PL1 或更高级时才可以访问 SCTLR。SCTLR 的简化视图如图 5.11 所示，其中：

（1）TE，Thumb 异常使能，用于控制是在 Arm 状态还是在 Thumb 状态发生异常；

（2）NMFI，支持不可屏蔽 FIQ（MMFI）；

（3）EE，异常端，用于定义在进入异常时 CPSR.E 比特的值；

（4）U，表示所用的对齐模型；

（5）FI，FIQ 配置使能；

（6）V，用于选择异常向量表的基地址；

（7）I，指令缓存使能位；

（8）Z，分支预测使能位；

（9）C，缓存使能位；

（10）A，对齐检查使能位；

（11）M，MMU 使能位。

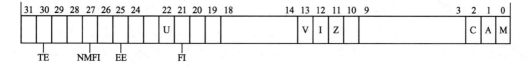

图 5.11 SCTLR 的简化视图

启动代码序列的一部分用于设置 CP15.SCTLR，使能分支预测，如代码清单 5-2 所示。

代码清单 5-2　设置 SCTLR

MRC p15,0,r0,c1,c0,0	;读 SCTLR 的配置数据，读到寄存器 r0
ORR r0,r0,#（1 << 2）;	;设置 C 比特
ORR r0,r0,#（1 << 12）	;设置 I 比特
ORR r0,r0,#（1 << 11）	;设置 Z 比特
MCR p15,0,r0,c1,c0,0	;将 r0 寄存器中的内容写到 SCTLR 中

5.2.3　流水线

在 Cortex-A9 CPU 内所实现的流水线，采用了高级取指和指令预测技术，可以避免由于存储器延迟引起指令的停止而影响分支指令的执行。在 Cortex-A9 CPU 中，可以预先加载最多 4 个指令缓存行，用于降低存储器延迟对指令吞吐量的影响。在每个周期内，CPU 取指单元能够向指令译码缓冲区连续发送 2~4 条指令，以保证高效地使用超标量流水线。CPU 实现一个超标量译码器，用于在一个周期内对两个完整的指令进行译码。4 个 CPU 流水线中的任何一个流水线都能从发布队列中选择指令。在每个周期内，并行流水线支持下面单元的并行执行，即两个算术单元、加载和保存单元，以及解析任何分支（跳转）。

通过将物理寄存器动态重命名到一个虚拟可用的寄存器池，使能 Cortex-A9 CPU 采用预测执行指令技术。CPU 通过使用虚拟寄存器重命名来消除寄存器之间的依赖性，但不会影响程序的正确执行。通过基于展开循环的有效硬件，该特性允许代码加速。同时，通过在相邻指令间消除数据的依赖性提高流水线的利用率。

Cortex-A9 CPU 中的存储器系统内，通过提交相互依赖的加载—存储指令进行解析，以降低流水线出现停止的可能性。通过自动或用户驱动的预取操作，Cortex-A9 CPU 核支持最多 4 个数据缓存行填充要求。

CPU 的一个关键特性就是允许指令的无序写回，这样就可以释放流水线资源而不依赖于系统所提供的和所要求的数据顺序。

在指令条件或前面分支解析之前，或者需要写的数据可用之前，CPU 能预测出加载—保存指令。如果用于执行加载/保存的条件失败，则刷新任何不利的影响。例如，修改寄存器的行为。

5.2.4　分支预测

为了减少分支对高度流水 CPU 所造成的不利影响，在 Cortex-A9 内静态地和动态地实现分支预测。在编译程序的时候，由指令提供静态分支预测。通过前一条指定指令的执行结果，动态地实现分支预测可以确定是否执行分支。动态分支预测逻辑使用一个全局分支历史缓冲区（Global Branch History Buffer，GHB）。GHB 是一个 4096 入口的表，包含用于指定分支的 2 位预测信息。当每次执行分支指令时，更新预测信息。分支执行和总的指令吞吐量得益于分支目标地址缓存（Branch Target Address Cache，BTAC）的使用。在 BTAC 中，保存着最近分支的目标地址。该 512 入口的地址缓存结构是 2 路×256 入口。根据所计算的有效地址和转换后的物理地址，在产生真正的目标地址前，将用于指定分支的目标地址送到预加载单元中。此外，如果一个指令循环适配 4 个 BTAC 入口，将关闭对指令缓存的访问，以降低功耗。

Cortex - A9 CPU 能预测条件分支、无条件分支、间接分支、PC 目的数据处理操作，以及在 Arm 和 Thumb 状态之间切换的分支。然而，不能预测下面的分支指令：

（1）除在 Arm 和 Thumb 状态之间切换的分支外，在其他状态之间切换的分支；

（2）不能预测带有 S 后缀的指令，如这些指令用于从异常返回，这是由于这些指令可能改变特权模式和安全性状态，对程序的执行有不利的影响。

（3）所有用于改变模式的指令。

通过将 CP15 c1 控制寄存器的 Z 比特位设置为 1，用户可以使能程序流预测。在打开程序流预测前，必须执行一个 BTAC 刷新操作，它的效果就是将 GHB 设置为一个已知状态。Cortex - A9 也用一个 8 入口的返回堆栈缓存，它保存 32 位子程序的返回地址。这个特性显著地降低了执行子程序调用带来的不利影响，可以寻址最大 8 级深度的嵌套程序。

5.2.5 指令和数据对齐

Arm 结构指定了 Arm 指令为 32 位宽度，要求其为字对齐方式。Thumb 指令是 16 位宽度，要求半字对齐。Thumb - 2 指令是 16 位或 32 位宽度，也要求半字对齐。数据访问可以是非对齐的，CPU 内的保存/加载单元将其分解为对齐访问。当需要的时候，就插入这些访问的数据并发送到 CPU 内的寄存器文件中。

> **注**：应用处理单元 APU 和 PS 整体只支持用于指令和数据的小端结构。

1. 端

术语小端（little - endian）和大端（big - endian）最早出现在 20 世纪 80 年代丹尼科恩（Danny Cohen）的论文"On Holy Wars and a Plea for Peace"中。

对于存储器自身，其有两种基本的查看方法，即小端和大端。在使用大端的机器中，在存储器中，一个对象的最高有效位保存在地址的最低有效位；在小端机器中，最高有效字节保存在最高的地址。

使用术语字节排序（byte - ordering）不同于端。考虑代码清单 5 - 3 所示的代码片段。

代码清单 5 - 3　端访问

```
int i = 0x44332211;
unsigned char c = *( unsigned char *)&i;
```

在一个 32 位的大端机器中，给 c 的值为最高有效字节 i:0x44；在一个小端机器中，给 C 的值为最低有效字节 i:0x11。如图 5.12 所示，该图给出通过 STR 指令，将一个寄存器的 32 位数据写到地址 0x1000，然后核执行 LDRB 指令对一个字节进行读。根据存储器系统使用大端还是小端，指令序列将返回不同的值。

Arm 核支持大端和小端模式，但是通常情况下，默认为小端模式。用于 Arm 的 Linux 只使用小端。x86 是小端模式。PowerPC 通常是大端模式，尽管它也能处理小端。一些普通的文件格式和网络协议指定不同的端。例如，.BMP 和.GIF 文件是小端，而.JPG 是大端，TCP/IP 为大端，但是 USB 和 PCI 为小端。

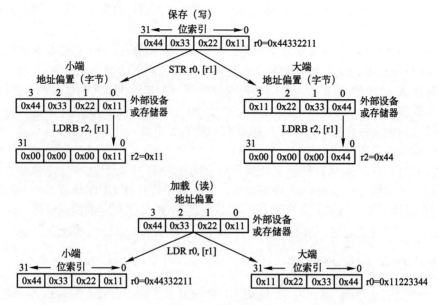

图 5.12 大端和小端

因此，需要考虑两个问题，即代码的可移植性和数据共享。使用多个块构建的一个系统，包括一个或多个核、DSP、外设、存储器和网络连接。当在这些元素之间共享数据时，会有潜在的数据冲突，可能需要修改代码。

Cortex - A 系列的处理器提供支持系统使用不同的端配置，通过 CPSR 的 E 比特位实现在小端和大端之间的切换。指令 REV 可以对 Arm 寄存器内的字节进行翻转，这样就可以在小端和大端之间提供简单的转换。

软件可以动态地修改 CPSR 的 E 比特位，SETEND 汇编指令同于该功能。CP15.SCTLR（系统控制寄存器 c1）包含了 EE 比特位，它定义了异常时所切换的端模式，以及转换表查找的端。

现代的 Arm 处理器支持一个大端格式，其架构称为 BE8，它只应用于数据存储器系统。以前的 Arm 处理器使用不同的格式，称为 BE - 32，它应用到数据和指令。

2. 对齐

Arm 核的对齐访问是非常重要的。在以前的 Arm 处理器中，对存储器的非对齐访问是可以的。在 Arm7 和 Arm9 处理器中，在存储器中执行非对齐的 LDR 和对齐访问是相同的，但是将返回的数据进行旋转，因此在所要求地址中的数据被放在所加载寄存器的最低有效字节。一些以前的编译器和操作系统能使用这个行为进行优化。当把代码从 Armv4/Armv5 移植到 Armv7 的时候会出现问题。

程序员可以配置 Arm 的 MMU（通过使用 CP15.SCTL 的 A 比特位），让其自动检测非对齐的访问，并且异常终止这些访问。

对于 Cortec - A 系列的处理器来说，支持非对齐访问，需要设置 CP15.SCTL 的 U 比特位来使能这样的访问，这就意味着读/写字/半字的指令可以访问没有对齐到半字/字边界的地址。然而,加载或保存多个指令(LDM 和 STM),以及加载和保存双字(LDRD/STRD)必须至少对齐字边界。加载和保存浮点值也需要对齐。ABI 施加了更强的额外对齐约束。

与对齐访问相比,非对齐访问需要消耗额外的周期,因此对齐也是一个性能问题。此外,不保证这样的访问是原子的,这就意味着一个外部的代理(系统中其他的核)可能执行一个存储器访问,它看上去会穿过非对齐的访问。例如,它可能读被访问的位置,看到了一些字节新的数据,而其他字节是以前的数据。

一个对齐的字地址是 4 的倍数,如 0x100、0x104、0x108、0x10c、0x110 等,如图 5.13 所示。

一个非对齐的字地址如图 5.14 所示。从地址 0 中取出 3 个字节,然后再从地址 4 中取出一个字节。

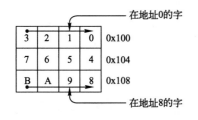

图 5.13 对齐的字地址

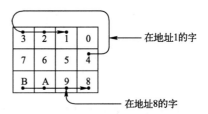

图 5.14 非对齐的字地址

一个简单的例子,使用 memcpy()函数时,在字对齐边界上复制少量的字节将被编译到 LDM 或 STM 指令。而在字边界上复制较大的块将使用优化的库函数,它也使用 LDM 或 STM。复制起始点或结束点不在字边界的一块数据,将导致调用通用的 memcpy()函数,这样速度明显变慢,如果源和目的没有对齐,则没有优化开始和结束碎片。

5.2.6 跟踪和调试

Cortex - A9 处理器实现 Armv7 调试结构,处理器的调试接口由下面构成。

(1)一个基准 CP14 接口,用于实现 Armv7 调试结构和 Arm 结构参考手册上所描述的一套调试事件。

(2)一个扩展的 CP14 接口,实现处理器指定的一套调试事件(Arm 结构参考手册上进行了解释)。

(3)通过一个调试访问端口 DAP,一个外部的调试接口连接到外部的调试器。

Cortex - A9 包含一个程序跟踪模块,该模块提供了 Arm CoreSight 技术,用于其中一个 Cortex - A9 处理器的程序流跟踪能力,并且提供了观察处理器真实指令流的能力。Cortex - A9 程序跟踪宏(Program Trace Module,PTM)使得对所有代码分支和带有周期计数使能统计分析的程序流变化可见。通过 PTM 模块和 CoreSignt 设计工具,使软件开发者能够非强制性地跟踪多个处理器的执行历史,并且通过标准的跟踪接口,将带有校正时间戳的历史信息保存到片上缓冲区或片外存储区。这样,就提高了开发和调试过程的可视性。

Cortex - A9 处理器也可实现程序计数器和事件监控器,将它们配置用于搜集处理器和存储器系统工作时的统计信息。

5.3 Cortex - A9 处理器指令集

在早期的 Arm 处理器中，使用了 32 位指令集，称为 Arm 指令，这个指令集具有较高的运行性能。与 8 位和 16 位的处理器相比，提供了更大的程序存储空间。但是，也带来了较大的功耗。

1995 年，16 位的 Thumb - 1 指令集首先应用于 ARM7TDMI 处理器，它是 Arm 指令集的子集。与 32 位的 RISC 结构相比，它提供了更好的代码密度，将代码长度减少了 30%，但是性能也降低了 20%。通过使用多路复用器，它能与 Arm 指令集一起使用，如图 5.15 所示。

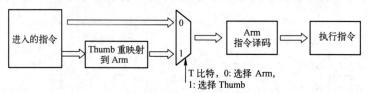

图 5.15 Thumb 指令选择

Thumb - 2 指令集由 32 位的 Thumb 指令和最初的 16 位 Thumb 指令组成，与 32 位的 Arm 指令集相比，代码长度减少了 26%，但保持相似的运行性能。

在 Arm Cortex - A9 处理器中，其指令分为下面 4 类：

（1）数据处理操作，如 ALU 操作 ADD。
（2）存储器访问，从存储器加载及保存到存储器。
（3）控制流，如循环、goto、条件代码和其他程序流控制。
（4）系统，如协处理器和模式变化等。

5.3.1 指令集基础

本小节将介绍指令集的一些基本知识。

1. 常数和立即数

前面提到 Arm 指令集为 32 位长度，而 Thumb 指令集为 16 位长度，这就意味着程序员不能在操作码中编码一个任意的 32 位值。

在 Arm 指令集中，由于操作码比特位用于标志条件码，指令本身和所使用的寄存器只有 12 位可用于表示立即数。程序员就需要考虑如何使用这 12 位。不同于用 12 位指定 −2048~+2047 的范围，而是使用其中的 8 位作为常数，其余 4 位为旋转的值。旋转的值使能 8 位常数值可以向右旋转，范围为 0~30，步长为 2，即 0、2、4、6、8 等。

这样，就可以有立即数 0x23 或 0xFF。程序员可以产生其他有用的立即数，如外设或存储器块的地址。例如，通过 0x23 ROR 8 就可以产生一个 0x23000000 数。但是，对于其他常数，如 0x3FF，就不能使用一条指令来产生它。对于这些值，程序员或者使用多条指令，或者从存储器加载它们。程序员不需要专门关心这个，除非汇编器给出相关的错误信息。取而代之的是，程序员可以使用汇编语言伪指令产生所要求的常数。

在 Thumb 指令中，一条指令中的常数可以被编码为

（1）对一个 8 位的数向右旋转偶数位。
（2）0x00xy00xy。
（3）0xxy00xy00。
（4）0xxyxyxyxy。

其中，xy 为十六进制的数字，范围为 0x00～0xFF。

MOVW 指令（宽移动）将 16 位的立即数移动到寄存器中，同时目标寄存器的高 16 位补 0。MOVT 指令（向上移）将 16 位的立即数移动到给定寄存器的高 16 位，而不改变低 16 位的值。这允许一个 MOV32 伪随机指令能够构造任何一个 32 位的常数。这里汇编器可以提供更多的帮助，如前缀":upper16:"和":lower16:"从 32 位数中提取出相应的 16 位数。例如：

```
MOVW R0 ,#:lower16: label
MOVT R0 ,#:upper16: label
```

尽管要求两条指令，但是这不要求使用任何额外的空间来保存该常数，也不要求从存储器中读一个数。

读者也可以使用伪指令 LDR Rn, = < const >或 LDR Rn, = label。这只是用于以前处理器的选项，因为没有 MOVW 和 MOVT 指令。汇编器将使用最好的顺序在指定的寄存器内产生这些常数（来自一个文字池，MOV、MVN 或 LDR）。文字池是一个代码段内的常数区域。可以通过汇编命令 LTORG（或使用 GNU 工具的.ltorg）控制文字池的位置。被加载的寄存器可以是程序计数器，它会引起分支（跳转）。当绝对寻址时，这是非常有用的。很明显，这将导致与位置相关的代码。常数值可以由汇编器或链接器确定。

Arm 工具也提供相关的伪指令 ADR Rn, = label。这使用 PC 相关的 ADD 或 SUB，通过一条指令，将符号地址放到指定的寄存器中。如果产生更大的地址，使用 ADRL。这要求两条指令，但给出更大的范围。它能用于为独立于位置的代码生成地址，但是只是在相同的代码段内。

2．有条件执行

Arm 指令集的一个特色就是几乎所有的指令都可以是有条件执行的。在大多数其他的架构中，只有分支或跳转才是有条件执行的。

下面给出一个例子，在两个值之间找到更小的值，这两个值在 R0 和 R1 中。将结果放在 R2 中，如代码清单 5 - 4 所示。

代码清单 5 - 4　分支代码清单（GNU）

```
CMP R0,R1
BLT.Lsmaller        @ 如果 R0 < R1，则跳转
MOV R2,R1           @ R1≥R0
B.Lend              @ 完成
.Lsmaller:
MOV R2,R0           @ R0≤R1
.Lend:
```

对于上面的代码，重新使用有条件的 MOV 指令描述，没有分支，如代码清单 5 - 5 所示。

代码清单 5 - 5　使用有条件指令代码

```
CMP R0,R1
```

```
MOVGE R2,R1          @ R1≤R0
MOVLT R2,R0          @ R0 < R1
```

在以前的 Arm 处理器中，后面的代码不但长度变短，而且执行速度变快。然而，这样的代码运行在 Cortex - A9 时就变慢，因为内部指令的依赖性将使得比分支有更长的停止。分支预测能降低或潜在地消除分支代价。

这种类型的编程依赖于一个事实，一些指令可选择设置状态标志。如果在代码清单 5 - 5 中自动设置标志，程序可能不会正确工作。加载和保存指令从不设置标志。然而，对于数据处理操作来说，你可以有选择。默认在这些操作中，保护标志。如果指令使用后缀 S（如使用 MOVS 而不是 MOV），指令将设置标志。通过专用的程序状态寄存器操作命令 MSR 设置标志。一些指令根据 ALU 的结果设置进位标志，而其他则基于桶形移位寄存器（在一个周期，将一个指定的数据字移动指定的位数）的进位。

在 if - then（IT）指令中引入了 Thumb - 2 技术，提供了有条件的执行，用于最多 4 个连续的指令。条件可能是相同的，或者是相反的。在 IT 块内的指令必须指定所用的条件码。IT 是 16 位指令，根据 ALU 标志的值，通过使用条件后缀，使几乎所有的 Thumb 指令可以有条件执行。指令的语法为 IT{x{y{z}}}，这里的 x、y 和 z 为 IT 块指定条件开关，或者是 T（Then），或者是 E（Else），如 ITTET，如代码清单 5 - 6 所示。

代码清单 5 - 6 IITET 使用

```
ITT EQ
SUBEQ r1,r1,#1
ADDEQ r0,r0,#60
```

例如，汇编器自动产生 IT 指令，而不是人工编写代码。16 位的指令通常修改条件码的标志，不在 IT 块内这样做，除了 CMP、CMN 和 TST，它们只是设置标志。在 IT 块内限制所使用的指令。在 IT 块内可以发生异常，当前的 if - then 状态被保存在 CPSR，并被复制到异常入口的 SPSR。这样，当从异常返回时，继续正确地执行 IT 块。

某些指令总是设置标志，但是没有其他作用。这些指令是 CMP、CMN、TST 和 TEQ，它们与 SUBS、ADDS、ANDS 和 EORS 类似，但是 ALU 的计算结果只用于更新标志，但不把结果放在寄存器中。表 5.3 中的条件码可以用于大多数的指令。

表 5.3 条件码后缀

后缀	含义	标志	后缀	含义	标志
EQ	等于	Z = 1	VC	现在溢出	V = 0
NE	不等于	Z = 0	HI	无符号更大	C = 1 且 Z = 0
CS	设置进位（等于 HS）	C = 1	LS	无符号更小或相同	C = 0 或 Z = 1
HS	无符号更大或相同	C = 1	GE	有符号的大于等于	N = V
CC	清除进位（等于 LO）	C = 0	LT	有符号小于	N! = V
LO	无符号更小（等于 CC）	C = 0	GT	有符号大于	Z = 0 且 N = V
MI	减或负的结果	N = 1	LE	有符号小于或等于	Z = 1 且 N! = V
PL	正或零的结果	N = 0	AL	总是，为默认	—
VS	溢出	V = 1			

3. 状态标志和条件码

前面已经提到在当前程序状态寄存器 CPSR 中包含 4 个状态标志,即 Z(零)、N(负)、C(进位)和 V(溢出)。这些标志的设置条件如表 5.4 所示。

表 5.4 CPSR 的状态标志

标 志	比 特 位	名 字	描 述
N	31	负	与结果的第 31 比特位相同,对于一个 32 位的有符号数来说,当设置第 31 比特位时,表示为一个负数
Z	30	零	当结果为 0 时,设置为 1;否则,设置为 0
C	29	进位	设置为结果的进位,或者移位操作溢出的最后一位的值
V	28	溢出	如果有符号数溢出(包括上溢和下溢),则设置为 1;否则,设置为 0

如果一个无符号的操作使得 32 位结果寄存器溢出,则设置 C 标志。该位可以用于通过 32 位操作来实现 64 位或更长的算术运算。

V 标志和 C 标志的操作相同,但是对于有符号数来说,0x7FFFFFFF 表示最大的有符号的整数。如果给这个数加 2,则结果为 0x8000001,为最大的负数。设置 V 比特位表示从比特位 30 到比特位 31 的上溢或下溢。

5.3.2 数据处理操作

算术运算和逻辑操作是 Arm 核最基本的功能。乘法操作被认为是这些中的特殊情况。例如,它们使用略微不同的格式和规则,在核内专用的单元上执行。

Arm 核只执行寄存器上的数据处理,不会直接在寄存器上处理。绝大部分的数据处理指令使用一个目的寄存器和两个源操作数。基本格式如下:

操作码{条件码}{S} Rd,Rn,Op2

Arm Cortex-A9 提供的数据处理指令如表 5.5 所示。

表 5.5 Arm Cortex-A9 提供的数据处理指令

操 作 码	操 作 数	描 述	功 能
ADC	Rd, Rn, Op2	带进位的加法	Rd = Rn + Op2 + C
ADD	Rd, Rn, Op2	加法	Rd = Rn + Op2
MOV	Rd, Op2	移动	Rd = Op2
MVN	Rd, Op2	取反移动	Rd =~ Op2
RSB	Rd, Rn, Op2	反向减	Rd = Op2 - Rn
RSC	Rd, Rn, Op2	带借位的反向减法	Rd = Op2 - Rn - !C
SBC	Rd, Rn, Op2	带借位的减法	Rd = Rn - Op2 - !C
SUB	Rd, Rn, Op2	减法	Rd = Rn - Op2
逻辑操作			
AND	Rd, Rn, Op2	逻辑与	Rd = Rn & Op2
BIC	Rd, Rn, Op2	位清除	Rd = Rn & ~ Op2
EOR	Rd, Rn, Op2	逻辑异或	Rd = Rn ^ Op2
ORR	Rd, Rn, Op2	逻辑或	Rd = Rn | Op2

续表

操 作 码	操 作 数	描 述	功 能
标志设置指令			
CMP	Rn，Op2	比较	Rn − Op2
CMN	Rn，Op2	比较负	Rn + Op2
TEQ	Rn，Op2	测试相等	Rn ^ Op2
TST	Rn，Op2	测试	Rn & Op2

注：比较和测试指令（标志设置指令）只修改 CPSR，没有其他作用。

1. 操作数和桶形移位寄存器

对于所有的数据处理指令来说，第一个操作数总是寄存器，而第二个操作数比较灵活，可以是立即数（#x）、一个寄存器（Rm）或被一个立即数移位的移位寄存器，或者寄存器"Rm，shift #x"，或者"Rm，shift Rs"。这里有 5 个移位操作，即逻辑左移（LSL）、逻辑右移（LSR）、算术右移（ASR）、向右旋转（也称为循环右移 ROR）、向右旋转扩展（RRX）。

当执行右移操作时，在寄存器的顶端留出空余位置。在这种情况下，需要程序员区分逻辑移位和算术移位。逻辑移位的高位补零，而算术移位用符号位，即第 31 比特位填充空出来的高位。因此，ASR 操作可用于有符号的值，而 LSR 操作用于无符号的值。在左移时，没有区别，即总是在最低有效位位置插入 0。

因此，与很多汇编语言不同的是，Arm 汇编语言不要求显式移位指令。取而代之的是，MOV 指令可用于移位和旋转。R0 = R1 >> 2，用 MOV R0，R1，LSR #2 等效实现。通常将移位和 ADD、SUB 或其他指令组合。例如，将 R0 乘以 5，可以写成如下的形式：

ADD R0,R0,R0,LSL #2

即表示 R0 = R0 +（4 × R0）。对于右移来说，提供了相应的除法操作。

除乘法和除法外，使用移位操作的是数组索引查找。考虑下面的例子，R1 指向一个 32 位整型数组的基本元素；R2 是索引，它指向该数组中的第 n 个元素。通过一条加载指令，计算 R1+（R2×4），程序员可以得到正确的地址。下面给出了 Op2 不同类型的例子，如代码清单 5 - 7 所示。

代码清单 5 - 7　Op2 不同类型的例子

```
add R0,R1,#1            @ R2 = R2 + 1
add R0,R1,R2            @ R2 = R1 + R2
add R0,R1,R2,LSL #4     @ R2 = R1 + R2 << #4
add R0,R1,R2,LSI R3     @ R0 = R1 + R2 << R3
```

2. 乘法操作

与常数相乘，需要首先将其加载到寄存器中，如表 5.6 所示。

表 5.6　乘法操作指令

操 作 码	操 作 数	描 述	功 能
MLA	Rd, Rn, Rm, Ra	乘累加（MAC）	Rd = Ra +（Rn × Rm）
MLS	Rd, Rn, Rm, Ra	乘和减	Rd = Ra −（Rn × Rm）

操 作 码	操 作 数	描 述	功 能
MUL	Rd, Rn, Rm	乘	Rd = Rn × Rm
SMLAL	RdLo, RdHi, Rn, Rm	有符号 32 位乘，包含一个 64 位的累加	RdHiLo + = Rn × Rm
SMULL	RdLo, RdHi, Rn, Rm	有符号 64 位乘	RdHiLo = Rn × Rm
UMLAL	RdLo, RdHi, Rn, Rm	无符号 64 位乘和累加	RdHiLo + = Rn × Rm
UMULL	RdLo, RdHi, Rn, Rm	无符号 64 位乘	RdHiLo = Rn × Rm

乘法操作提供了一种方法，将一个 32 位寄存器和另一个 32 位寄存器相乘，产生 32 位结果或 64 位有符号/无符号结果。在所有情况中，可以选择在结果中累加一个 32 位或 64 位的值。增加了额外的乘法指令，包括有符号最高字乘法 SMULL、SMMLA 和 SMMLS，执行 32×32 位乘法，结果是高 32 位乘积，将低 32 位结果丢弃。通过使用 R 后缀，结果可能四舍五入，否则被截断。

3．整数 SIMD 指令

在 ARMv6 架构中，首先引入单指令多数据流（Single Instruction Multiple Data，SIMD）指令。这些指令能够在 32 位的寄存器内打包、提取和拆包 8 位与 16 位的数，并且能够执行多个算术操作，如加法、减法、比较或乘法这些打包的数据。

注：不要和更强大高级的 SIMD 操作混淆，它属于 Arm 的 NEON 单元。

1）整数寄存器 SIMD 指令

ARMv6 SIMD 操作使用了当前程序状态寄存器 CPSR 中的 GE（大于或等于）标志，这是与普通条件标志的区别，它对应于一个字中 4 个字节的每个位置。普通的数据处理操作产生一个结果，并且设置 N、Z、C 和 V 标志。SIMD 最多产生 4 个输出，只设置 GE 标志，用于表示溢出。通过 MSR 和 MRS 指令，可以直接读取这些标志。

SIMD 指令中，每个寄存器内的子字是并行工作的（例如，可以执行 4 个字节的 ADDS），并且根据指令的结果设置或清除 GE 标志。通过使用正确的前缀，指定不同类型的加法和减法运算操作。例如，QADD16 在一个寄存器内执行半字的饱和加法。SADD/UADD8 与 SSUB/USUB8 设置每个 GE 比特；而 SADD/UADD16 与 SSUB/USUB16 根据高 16 位的结果设置 GE 的[3∶2]比特，根据低 16 位的结果设置 GE 的[1∶0]比特。

此外，可以用 ASX 和 SAX 类的指令，它交换一个操作数的半字，并且并行地加/减或减/加。类似于前面所讲的 ADD 和减法指令，它们以无符号（UASX/USAX）、有符号（SASX/SSAX）和饱和（QASX/QSAX）版本存在。

SADD16 指令如图 5.16 所示。图中给出了在一个指令中，执行两个独立的加法操作。寄存器 R3 和 R0 的高 16 位相加，结果送到 R1 寄存器的高 16 位；寄存器 R3 和 R0 的低 16 位相加，结果送到 R1 寄存器的低 16 位，根据高 16 位结果设置 CPSR 寄存器的 GE[3∶2]，以及根据低 16 位结果设置 CPSR 寄存器的 GE[1∶0]。在每种情况下，在指定的比特对内，复制溢出信息。

2）整数寄存器 SIMD 乘法

类似于其他 SMID 操作，这些操作在寄存器内的子字之间是并行的。指令也包含一个累加选项，指定加法或减法。指令为 SMUAD（SIMD 乘和加，不是累加）、SMUSD（SMID 乘和减，没有累加）、SMLAD（乘和加，带有累加）和 SMLSD（乘和减，带有累加）。

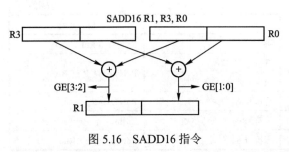

图 5.16 SADD16 指令

注：（1）在 D 之前添加 L 表示 64 位累加。
（2）使用 X 后缀，表示在计算之前对 Rm 内的半字进行交换。
（3）如果累加溢出，则设置 Q 标志。

SMUSD 指令如图 5.17 所示。该指令执行两个有符号数的 16 位乘法（高×高，低×低），并且对这两个结果进行相减操作。当执行带有实部和虚部的复数操作时，这个指令是非常有用的，滤波器算法常用到它。

3）绝对差求和

在通常的视频 codec 的运动向量估计中，差的绝对值求和操作是一个关键操作。USADA8 Rd, Rn, Rm, Ra 指令如图 5.18 所示。该指令计算 Rn 和 Rm 寄存器中每个字节的绝对差的和，加上保存在寄存器 Ra 内的值，结果保存到 Rd 中。

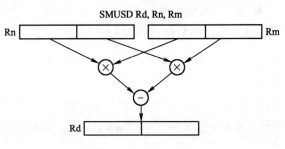

图 5.17 SMUSD 指令

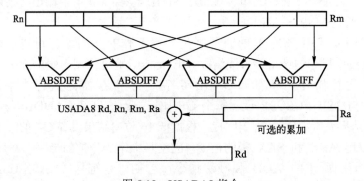

图 5.18 USADA8 指令

4）数据打包和解包

在很多视频和音频 codec 中，将数据打包（数据封装是非常普遍的，视频数据经常被表示为 8 位像素打包后的数组，音频数据可使用打包的 16 位采样），在网络协议中也存在。在 ARMv6 架构中添加额外的指令之前，必须用 LDRH 和 LDRB 指令加载数据，或者作为字加载，然后使用移位和位清除操作拆包，这样做效率较低。打包（PKHBT，PKHTB）指令允许从寄存器内的任何位置提取 16 位或 8 位的值,然后打包到另一个寄存器中。解包(UXTH、UXTB,加上一些变形,以及有符号,带有加法)指令,能从寄存器内的任意比特位提取 8 位或 16 位的值。

这使得通过字或双字加载,就可以高效率地加载存储器内打包的数据序列,解包到独立的寄存器值,操作,然后再打包回寄存器用于高效地写到存储器中。

在 32 位寄存器中打包和解包 16 位的数据如图 5.19 所示。图中的 R0 包含两个独立的 16 位数据,表示为 A 和 B。程序员可以使用 UXTH 指令将两个半字解包到寄存器中,用于将来的处理,然后使用 PKHBT 指令将两个寄存器中的半字数据打包到一个寄存器中。

在每种情况下,可以使用 MOV 或 LSR/LSL 指令代替解包指令,但是在这种情况下,单指令工作在寄存器的一部分。

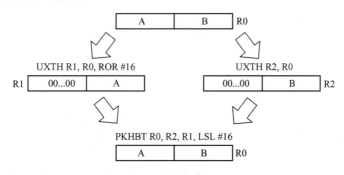

图 5.19 打包和解包 16 位的数据

5)字节选择

根据 CPSR 寄存器中的 GE[3:0]的值,SEL 指令用于在第一个或第二个操作数,相应的字节中选择结果的每个字节。打包数据算术操作设置这些位。在提取一部分数据后,可以使用 SEL。例如,在每个位置内的两个字节中,找到较小的数。语法格式如下:

SEL{cond} {Rd,} Rn,Rm

表示:

(1)如果设置 GE[0],Rn[7:0] →Rd[7:0];
(2)如果设置 GE[1],Rn[15:8] →Rd[15:8];
(3)如果设置 GE[2],Rn[23:16] →Rd[23:16];
(4)如果设置 GE[3],Rn[31:24] →Rd[31:24]。

思考与练习 5-1:如何用一条指令将-1 的二进制补码加载到寄存器 3。
提示:MOVN   R6, #0

思考与练习 5-2:只使用两条指令,为一个保存在寄存器内的值求绝对值。
提示:MOVS   R7, R7   设置标志
     RSBMI R7, R7, #0   如果是负数,则 R7 = 0 - R7

思考与练习 5-3:乘一个数 35,保证在 2 个 CPU 周期内执行完。
提示:ADD R9, R8, R8, LSL #2   ; R9 = R8*5
     RSB R10, R9, R9, LSL #3   ; R10 = R9*7

5.3.3 存储器指令

Arm 核在寄存器上执行 ALU 操作。Arm 核所支持的存储器操作包括加载（将存储器中的数据读到寄存器中）或保存（将寄存器中的数据写到存储器中）。LDR 和 STR 指令可以有条件地执行。

程序员可以在 LDR/STR 后面添加 B 用于字节、添加 H 用于半字、添加 D 用于双字（64 位），如 LDRB。对于只加载而言，附加的 S 用于表示有符号的字节或半字（SB 用于有符号的字节，SH 用于有符号的半字），这个方式是非常有用的。例如，如果将一个 8 位或 16 位的数加载到 32 位寄存器中，程序员必须确定处理高 16 位的方式。对于无符号数来说，为零扩展；而对于有符号数来说，将符号位（对于字节是第 7 位，对于半字是第 15 位）复制到寄存器的高 16 位。

1. 寻址模式

对于 Arm 的加载和保存来说，提供了很多寻址模式，如代码清单 5-8 所示。

（1）寄存器寻址：地址保存在寄存器中①。

（2）预索引寻址：在访问存储器之前，将相对于基本寄存器的偏置与基本寄存器的内容相加。其基本形式为 LDR Rd，[Rn, Op2]。偏置可以是正数或负数，可以是一个立即数，也可以是另一个带有可选移位的寄存器②、③。

（3）带有写回的预索引：在这个指令后添加一个!符号标志。发生存储器访问后，通过加上偏移值更新基本寄存器④。

（4）带有写回的索引后：在方括号后面写偏置值。来自基本寄存器的值只用于存储器访问。在存储器访问后，将偏置值加到基本寄存器中⑤。

代码清单 5-8　存储器访问寻址模式

```
① LDR R0, [R1]                  @ R1 指向的地址
② LDR R0, [R1, R2]              @ 由 R1 + R2 指向的地址
③ LDR R0, [R1, R2, LSL #2]      @ 地址是 R1 +（R2 × 4）
④ LDR R0, [R1, #32]!            @ 由 R1 + 32 指向地址，然后，R1 = R1 + 32
⑤ LDR R0, [R1], #32             @ R1 指向的地址读到 R0，然后，R1 = R1 + 32
```

思考与练习 5-4：假设一个数组有 25 个字，编译器将 y 和 R1 关联，将数组的地址放到 R2。将下面的 C 语言代码翻译成 3 条指令：

```
array[10] = array[5] + y;
```

提示：　LDR　　r3, [r2, #5]　　　　　; r3 = array [5]
　　　　ADD　　r3, r3, r1　　　　　　 ; r3 = array [5] + y
　　　　STR　　r3, [r2, #10]　　　　 ; array [5] + y = array [10]

2. 多个传输

加载和保存多个指令使能从存储器连续读或连续写到存储器中。对于堆栈操作和存储器复制来说，这些指令非常有用。使用这种方法，操作对象只能是字，并且使用字对齐地址边界。

操作数是一个基寄存器（可选的符号!用于表示基寄存器写回），在多个寄存器列表中间用逗号分隔，使用破折号表示范围。加载和保存寄存器的顺序和列表中所指定的顺序无关。取而代之的是，以固定的方式进行处理，即最低标号的寄存器总是映射到最低的地址。例如：

```
LDMIA R10!,{ R0 - R3,R12 }
```

该指令表示从寄存器 R10 指向的地址读，由于指定了写回，在结束后给 R0 的内容增加 20（5×4 字节）。

指令必须说明从基寄存器 Rd 处理的方法。这个可能性包括 IA/IB（递增后/递增前）及 DA/DB（递减后/递减前）。这些也可以通过使用别名 FD、FA、ED 和 EA 指定，它是来自堆栈的角度，用于说明堆栈指针是否指向一个满或空的堆栈顶部，以及存储器内堆栈递增还是递减。例如，LDMFD 是 LDMDB 的同义词。

> 注：（1）IA/DA：表示每个传输结束后，对地址递增/递减。
> （2）IB/DB：表示在每个传输开始之前，对地址递增/递减。

按惯例，只有满递减（FD）选项用于 Arm 处理器的堆栈。这意味着堆栈指针是堆栈存储器内最后填充的位置，并且当每个新的数据入栈时递减堆栈指针，如代码清单 5 - 9 所示。

代码清单 5 - 9　STM/LDM 指令

STMFD sp!,{ r0 - r5 }	;压入一个满递减堆栈
LDMFD sp!,{ r0 - r5 }	;弹出一个满递减堆栈

将两个寄存器压栈，如图 5.20 所示。在执行 STMFD（入栈）指令前，堆栈指针指向堆栈最后一个填充的位置。当执行该指令后，堆栈指针递减 8（两个字），并且两个寄存器的内容写到存储器中，最低编号的寄存器写到了最低的存储器地址。

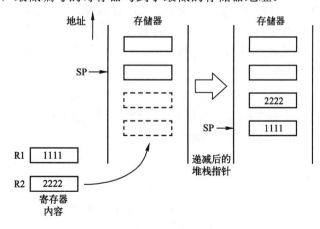

图 5.20　入栈操作

5.3.4　分支

Cortex - A9 提供了许多不同类型的分支指令。对于简单的相对分支（相对于当前地址的偏置）来说，使用 B 指令。调用子程序，需要将返回的地址保存在链接寄存器 LR 中，使用

BL 指令。B/BL 机器指令的格式如图 5.21 所示。

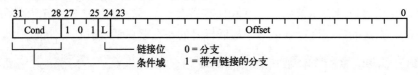

图 5.21 B/BL 机器指令格式

```
B{cond}{.w} label
BL{cond} label
```

其中，.w 为可选项，表示在 Thumb 中使用一个 32 位的指令。

使用 BL 指令，实现 func1 和 func2 两个函数调用和返回的过程，如图 5.22 所示。从图中可以看出来，当使用 BL 调用程序时，将返回地址保存在 LR 中。当从调用函数中返回时，从 LR 中将返回地址恢复到 PC。对于非叶子函数来说，必须将 LR 入栈。

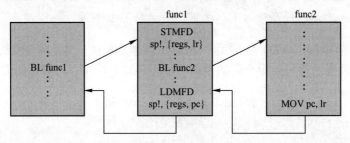

图 5.22 使用 B/BL 指令的函数调用

如果程序员想改变指令集，如从 Arm 改到 Thumb，或者从 Thumb 改到 Arm，使用 BX 或 BLX。

程序员可以将 PC 作为普通数据处理操作，如 ADD/SUB，作为结果的目的寄存器。但是通常在 Thumb 中并不支持。一个可实现的额外分支指令类型是带有 PC 作为目标的 LDR，加载多个 LDM，或者带有 PC 的出栈。

Thumb 有比较和分支指令，它融合了 CMP 指令和一个条件分支，但是不改变 CPSR 的条件码标志。这有两个操作码为 CBZ（比较，当 Rn 为 0 时，分支跳转到标号）和 CBNZ（比较，当 Rn 不为 0 时，分支跳转到标号）。这些分支只能在 4～130 个字节内进行跳转。格式如下（它们没有 Arm 或 32 位的 Thumb 版本）：

```
CBZ Rn,label
CBNZ Rn,label
```

Thumb 也有 TBB（表示分支字节）和 TBH（表示分支半字）。这些指令从一个偏置表中，以字节或半字读取一个值，然后执行从表中返回字节/半字值 2 倍的一个向前的 PC 相对分支。这些指令要求在 Rn 寄存器中说明一个表的基地址，另一个寄存器 Rm 说明索引。这些指令的格式如下：

```
TBB [ Rn,Rm]
TBH [ Rn,Rm,LSL,#1]
```

5.3.5 饱和算术

在视频和音频 codec 中经常使用饱和算术运算。当计算返回比最大正数（负数）更大的数时，能够表示为没有溢出。取而代之的是，将结果设置为最大的正数或负数。Arm 指令集中包含大量的指令使能这样的算法。

Arm 的饱和算术指令可以对字节、字或半字的数据操作。例如，QADD8 和 QSUB8 指令表示它们操作字节宽度的值。操作结果将饱和到最大可能的正数或负数。如果结果已经溢出且饱和，将设置 CPSR 寄存器的 Q 比特位，一旦设置该标志就一直保持，直到对 CPSR 一个明确的写操作才能清除该标志。指令格式如下：

```
QADD8{ cond} { Rd,} Rn,Rm
QSUB8{ cond} { Rd,} Rn,Rm
```

其中，Rd 为目标寄存器；Rm 和 Rn 保存着操作数。

指令集提供了特殊的指令 QSUB 和 QADD。此外，提供了 QDSUB 和 QDADD 用于支持 Q15 或 Q31 的定点算术运算。指令格式如下：

```
QDADD{ cond} { Rd,} Rm,Rn
QDSUB{ cond} { Rd,} Rm,Rn
```

其中，Rd 为目标寄存器；Rm 和 Rn 保存着操作数。这两条指令所实现的功能是 Rm ± 饱和（Rn*2）→Rd

在设置最高有效位之前，前导零计数（Count Leading Zeros，CLZ）指令返回 0 的个数，指令格式如下：

```
CLZ{ cond} Rd,Rm
```

如果 Rm 全为 0，则将 32→Rd。如果设置第 31 位，则将 0→Rd。

在用于某些除法的量化时，该指令是非常有用的。将一个值饱和到一个指定的比特位位置（有效饱和到 2 的幂次方），可以使用 USAT/SSAT（无符号和有符号）饱和操作。指令格式如下：

```
USAT{ cond} Rd,#sat,Rm{,shift}
```

该条指令实现无符号饱和，执行一个移位，并将结果饱和到无符号的范围 $0 \leqslant x \leqslant 2^{sat}-1$。如果发生饱和，则设置 Q 标志。

其中，Rd 为目的寄存器；sat 指定要饱和到的比特位位置，范围为 0～31；Rm 保存着操作数；shift 是可选的移位个数，可以是 ASR #n（在 Arm 状态下为 1～32，在 Thumb 状态下为 1～31），或者 LSL #n（范围为 0～31）。

```
SSAT{ cond} Rd,#sat,Rm{ ,shift}
```

该条指令实现有符号饱和，执行一个移位，并将结果饱和到无符号的范围 $-2^{sat-1} \leqslant x \leqslant 2^{sat-1}-1$。如果发生饱和，则设置 Q 标志。

其中，Rd 为目的寄存器；sat 指定要饱和到的比特位位置，范围为 1～32；Rm 保存着操作数；shift 是可选的移位个数，可以是 ASR #n（在 Arm 状态下为 1～32，在 Thumb 状态下为 1～

31），或者 LSL #n（范围为 0～31）。

USAT16 和 SSAT16 允许在一个寄存器内对两个打包的 16 位半字同时执行饱和操作。指令格式如下：

```
USAT16{ cond} Rd,#sat,Rn
SSAT16{ cond} Rd,#sat,Rn
```

5.3.6 杂项指令

本小节将介绍 Cortex-A9 提供的杂项指令，包括协处理器指令、SVC、修改 PSR、位操作、缓存预加载、字节翻转和其他指令。

1. 协处理器指令

在 Arm 指令集中提供了协处理器指令。在 Cortex-A9 中，可以实现最多 16 个协处理器，编号为 0～15（CP0～CP15）。这些协处理器可能是内部的（内建在处理器中），也可能是外部的，通过专用接口连接。使用外部协处理器在以前的处理器中不是常见的，所有 Cortex-A 系列处理器均不支持外部协处理器。

（1）协处理器 15 是内建的处理器，提供对核特性的控制，包括缓存和 MMU。

（2）协处理器 14 是内建的处理器，提供对核硬件调试工具的控制，如断点单元。

（3）协处理器 10 和 11 用于访问系统内的浮点和 NEON 硬件。

如果执行协处理器指令，但是所对应的协处理器并没有出现在系统中，则发生未定义的指令异常。

在 Cortex-A9 处理器中，提供了 5 类协处理器指令。

（1）CDP：初始化一个协处理器数据处理操作，格式如下。

```
CDP{ cond} coproc,#opcode1 ,CRd,CRn,CRm{ ,#opcode2 }
```

其中，coproc 为所应用的协处理器的名字，通常的形式为 pn，n 为 0～15 之间的整数；opcode1 为一个 4 位的协处理指定的操作码；opcode2 为一个可选的 3 位协处理器指定的操作码；CRd、CRn、CRm 为协处理器寄存器。

（2）MRC：将协处理器寄存器的内容复制到 Arm 寄存器中，格式如下。

```
MRC{ cond} coproc,#opcode1 ,Rt,CRn,CRm{ ,#opcode2 }
```

其中，Rt 为所要用到的 Arm 寄存器。

（3）MCR：将 Arm 寄存器中的内容复制到协处理器寄存器中，格式如下。

```
MCR{ cond} coproc,#opcode1 ,Rt,CRn,CRm{ ,#opcode2 }
```

（4）LDC：将存储器中的内容加载到协处理器寄存器中，格式如下。

```
LDC{ L}{ cond} coproc,CRd,[ Rn]
LDC{ L}{ cond} coproc,CRd,[ Rn,#{ - } offset]{!}
LDC{ L}{ cond} coproc,CRd,[ Rn],#{ - } offset
LDC{ L}{ cond} coproc,CRd,label
```

其中，L 表示有多个寄存器，传输的长度由协处理器决定，但是不能超过 16 个字；Rn 是寄存器，保存着用于存储器操作的基地址；offset 为 4 的倍数，范围为 0~1020，从 Rn 中加/减，如果有符号!，则表示将包含的地址写回到 Rn 中，为字对齐的 PC 相对的地址标号。

（5）STC：将协处理器寄存器的内容保存到存储器中，格式如下。

```
STC{L} {cond} coproc,CRd,[Rn]
STC{L} {cond} coproc,CRd,[Rn,#{-} offset] {!}
        STC{L} {cond} coproc,CRd,[Rn] ,#{-} offset
        STC{L} {cond} coproc,CRd,label
```

此外，也提供了以上多个指令的变形。

（1）MRRC：将一个协处理器的值传到一对 Arm 处理器寄存器中，格式如下。

```
MRRC{cond} coproc,#opcode3 ,Rt,Rt2 ,CRm
```

（2）MCRR：将一对 Arm 处理器寄存器的值传到一个协处理器中，格式如下。

```
MCRR{cond} coproc,#opcode3 ,Rt,Rt2 ,CRm
```

（3）LDCL：将多个寄存器的值读到一个协处理寄存器中。

（4）STCL：将一个协处理器的值写到多个寄存器中。

2. SVC

SVC 为监控程序调用指令。当执行该指令时，引起监控调用异常。该指令包含一个 24 位（ARM）或 8 位（Thumb）的编号，SVC 句柄代码会检查这个编号。通过 SVC 机制，一个操作系统可以指定一套特权操作（系统调用），在用户模式下运行的应用程序可以请求它。这些指令最初称为 SWI（软件中断）。

3. PSR 修改

一些指令可以用于读/写程序状态寄存器 PSR。

（1）MRS 用于将 CPSR 或 SPSR 的值传到通用寄存器中。而 MSR 用于将通用寄存器的值传到 CPSR/SPSR 中。这个状态寄存器或它的一部分都能被更新。在用户模式下，可以读所有的位，但是只能修改条件标志。

MRS 的格式如下：

```
MRS{cond} Rd,psr
MRS{cond} Rn,coproc_register
MRS{cond} APSR_nzcv,DBGDSCRint
MRS{cond} APSR_nzcv,FPSCR
```

其中，psr 可以是 APSR、CPSR 或 SPSR；Rd 为目的寄存器；coproc_register 是 CP14 或 CP15 寄存器的名字；DBGSCR 是 CP14 寄存器的名字，它能被复制到 APSR 中。

MSR 的格式如下：

```
MRS{cond} APSR_flags,Rm
        MRS{cond} coproc_register
        MRS{cond} APSR_flags,#constant
        MRS{cond} psr_fields,#constant
MRS{cond} psr_field,Rm
```

其中，flags 可以是一个/多个 ALU 标志，或者是 SIMD 标志 g；Rm 和 Rn 为源寄存器；constant 为 8 位模式，被旋转了偶数位；psr 可以是 APSR、CPSR 或 SPSR；field 可以是 c 控制域屏蔽字节 PSR[7:0]、x 扩展域屏蔽字节 PSR[15:8]、s 状态域屏蔽字节 PSR[23:16]、f 标志域屏蔽字节 PSR[31:24]。下面给出了用例，如代码清单 5-10 所示。

代码清单 5-10　MSR/MRS 的用法

MRS r0,CPSR	;将 CPSR 读到 r0 寄存器
BIC r0,r0,#0x80	;清除第 7 位使能 IRQ
MSR CPSR_c,r0	;将修改的值写到 c 字节

（2）在特权模式下，修改处理器状态指令 CPS，可以用于直接修改 CPSR 内的模式和中断使能/禁止（I 和 F）位，格式如下。

```
CPS #mode
CPSIE iflags{,#mode}
CPSID iflags{,#mode}
```

其中，mode 是处理器进入模式的编号；IE 使能中断或异常终止；ID 禁止中断或异常终止；iflags 指定为 a 时表示异步异常终止、为 i 时表示 IRQ、为 f 时表示 FIQ。

（3）指令 SETEND 用于修改 CPSR 的 E（端）比特位。用于系统在大端和小端混合模式之间的切换，格式如下。

```
SETEND LE
SETEND BE
```

4．位操作

下面给出可以在寄存器中实现位操作的指令。

（1）比特域插入指令 BFI，将一个寄存器从低端开始的一系列连续的比特位（由宽度值和 LSB 位置决定）复制到目标寄存器的任意位置，格式如下。

```
BFI{ cond} Rd,Rn,#lsb,#width
```

其中，Rd 为目的寄存器；Rn 为包含将要被复制比特的寄存器；lsb 表示要写到 Rd 的最低有效位；width 为要复制的比特位的宽度。

（2）比特域清除 BFC 指令，将一个寄存器内相邻的比特位清零，格式如下。

```
BFI{ cond} Rd,#lsb,#width
```

（3）SBFX 和 UBFX 指令（有符号和无符号比特域抽取），将一个寄存器中相邻的位复制到第二个寄存器的最低有效位，符号扩展或者零扩展到 32 位，格式如下。

```
SBFX{ cond} Rd,Rn,#lsb,#width
UBFX{ cond} Rd,Rn,#lsb,#width
```

（4）RBIT 指令，将一个寄存器内所有的位进行翻转。格式如下：

```
RBIT{ cond} Rd,Rn
```

5. 缓存预加载

Cortex-A9 提供了缓存预加载指令，即 PLD（数据缓存预加载）和 PLI（指令缓存预加载）。所有指令作为对存储器系统的暗示，表示对指定地址的访问可能很快就会发生。不支持这些操作的实现将预加载看作 NOP。但是，Cortex-A 系列处理器支持缓存预加载。在 PLD 指令中，当把任何一个非法地址指定为一个参数时，不会导致数据异常终止，格式如下。

> PLD{ cond} [Rn {,#offset}]
> PLD{ cond} [Rn, + / - Rm {,shift}]
> PLD{ cond} label

其中，Rn 为保存基地址的寄存器；offset 为立即数；Rm 保存偏移值，不能是 PC（在 Thumb 状态下为 SP）。

6. 字节翻转

用于对字节顺序进行翻转的指令非常有用，如数据重排序或者端调整。

（1）REV 指令将一个字的字节顺序进行翻转，如图 5.23 所示，格式如下。

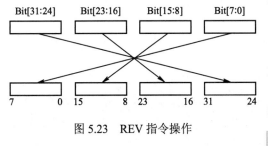

图 5.23 REV 指令操作

> REV{ cond} { Rd},Rn

（2）REV16 对一个寄存器内半个字的每个字节进行翻转，格式如下。

> REV16{ cond} { Rd},Rn

（3）REVSH 先对低端的两个字节进行翻转，然后符号扩展到 32 位，格式如下。

> REVSH{ cond} { Rd},Rn

7. 其他指令

此外，还提供了其他指令。

（1）断点指令 BKPT，引起预取异常终止，或者引起核进入到待机模式。调试器使用该指令。

（2）等待中断指令 WFI，使得 CPU 核进入待机模式。CPU 核停止执行，直到被一个中断或调试事件唤醒。如果执行 WFI，而禁止中断，一个中断仍能唤醒 CPU 核，但是不会产生中断异常。在 WFI 后，CPU 核处理指令。在以前的 Arm 处理器中，实现 WFI 作为一个 CP15 操作。

（3）空操作指令 NOP。它并不保证会消耗时间执行该指令，因此不能在代码中通过插入 NOP 指令实现时间延迟。使用该指令用于填充。

（4）与 WFI 指令类似，等待事件指令 WFE，引起 CPU 核进入待机模式。CPU 核将休眠，直到被另一个核执行 REV 指令产生一个事件唤醒为止。一个中断或一个调试事件唤醒 CPU 核。

（5）发送事件 SEV 指令，用于产生唤醒事件，它可以唤醒簇内的其他核。

第6章 Cortex-A9 片上存储器系统结构和功能

本章将详细介绍 Zynq-7000 PS 内 Cortex-A9 片上存储器系统的结构和功能，内容包括 L1 高速缓存、存储器顺序、存储器管理单元、侦听控制单元、L2 高速缓存、片上存储器和系统地址分配。

了解和掌握存储器系统的结构及各模块的功能，对于读者编写满足性能要求的设备驱动程序及应用程序有很大的帮助。

> **注：** 完整的 Cortex-A9 存储器系统还应该包含第三级片外的存储器。本章只介绍片上存储器系统。关于片外存储器系统，将在"Cortex-A9 外设模块结构及功能"一章详细介绍。

6.1 L1 高速缓存

在 Zynq-7000 SoC 器件的应用处理单元（APU）中，每个 Cortex-A9 处理器都有独立的 32KB L1 指令高速缓存和 32KB L1 数据高速缓存。

我们经常说，高速缓存对于程序员是"透明的"，或者是"隐藏的"，但是知道高速缓存操作的一些细节问题，对于程序员也是十分必要的。

6.1.1 高速缓存背景

最初开发 Arm 架构时，处理器的时钟速度和访问存储器的速度大致相同。但是，处理器核变得越来越复杂，其时钟速度提高了好几个数量级。然而，存储器外部总线的频率不能提高到相同的数量级。也就是说，CPU 的运行速度要比存储器外部总线的频率高很多。因此，人们就尝试实现一小块片上 SRAM，访问它的速度和 CPU 一样快，也就是 CPU 可以用与自己一样快的速度访问这一小块 SRAM，但是这种 SRAM 的成本要比标准的 DRAM 块贵很多。因为在相同的价格上，标准 DRAM 的容量为 SRAM 的几千倍。在基于 Arm 处理器的系统上，对外部存储器的访问将使用几十甚至上百个 CPU 的周期才能完成。

高速缓存是一小块快速存储器，它位于 CPU 核与主存储器之间。实际上，它是对主存储器一部分内容的复制，也就是将主存储器的一部分内容按一定规则复制到这一小块存储器中。CPU 核对高速缓存的访问要比对主存储器的访问快得多。

由于高速缓存只保存主存储器的一部分内容，因此也必须同时保存相对应的主存储器的地址。当任何时候 CPU 核想读/写一个特定的地址时，CPU 应该在高速缓存内快速查找。如果在高速缓存内找到地址，则使用高速缓存内的数据，而不需要再访问主存储器。通过减少访问外部主存储器的次数，这种方法潜在地增加了系统的性能，并且由于避免对外部信号的驱动，因此也显著地降低了系统功耗。

与系统中整体的存储器相比，高速缓存的容量是相对比较小的。当增加缓存容量时，将使得芯片成本变高。此外，当增加内核的缓存容量时，将潜在地降低 CPU 核的工作速度。因此，对这个有限资源的高效利用，将是程序员编写能高效运行在 CPU 上的代码的关键因素之一。

前面提到，片上 SRAM 可以用于实现高速缓存，它保存着对主存储器一部分内容的复制。而一个程序中的代码和数据，存在暂时性和空间局部性的特点。这就意味着，程序可能在一个时间段内重复使用相同的地址（时间局部性）及使用互相靠近的地址（空间局部性）。例如，代码可能包括循环，表示重复执行相同代码，或者多次调用一个函数。数据访问（如堆栈）能限制到存储器内很小的一个区域。基于这个事实，也就是访问的局部性，而不是真正的随机，所以可以使用高速缓存的策略。

写缓冲区用于当执行保存指令时，对 CPU 核的写操作进行解耦和，这个写是通过外部存储器总线对外部存储器的访问操作的。CPU 将地址、控制和数据值放到一套硬件缓冲区内。就像高速缓存那样，它位于 CPU 核与主存储器之间。这就使得 CPU 可以移动并执行下一条指令，而不需要因为慢速对外部主存储器的直接写操作，使得 CPU 停下来等待这个过程的完成，因为这个过程往往需要消耗很多 CPU 周期。

6.1.2 高速缓存的优势和问题

正如上面所提到的那样，程序的执行并不是随机的，因此缓存加速了程序的运行。程序趋向于重复访问相同的数据集，以及反复执行相同的指令集。当首次访问时，通过将代码或数据移动到更快的存储器中，随后对这些代码或数据的访问将变得更快。刚开始将数据提供给缓存的访问并不比正常情况更快。但是，随后对缓存数据的访问将变得很快，因此显著改善了系统的整体性能。尽管已经将存储器的一部分（包含外设）标记为非缓存的，但是 CPU 核的硬件将检查缓存内所有的取指和数据读/写。由于高速缓存只保存了主存储器的子集，因此需要一种方法能快速确定所需要的地址是否在高速缓存中。

从上面可以很明显地看出，由于对执行程序进行了加速，因此高速缓存和写缓冲区自然是一个优势。然而，也带来一些问题，如当它们没有出现在缓存中时，如何处理；程序的执行时间可能变得不确定。

这就意味着，由于高速缓存的容量很小，它只保存了很少一部分的主存储器内容，当执行程序时，必须快速地填充它。当缓存满时，必须将缓存内的一些条目移出，以便为新的条目（指令/数据）腾出空间。因此，在任意给定的时间，对于一个应用程序来说，并不能确定特定的指令或数据是否在缓存中。也就是说，在执行代码的某个特殊部分时，执行时间的差异很大。因此，对于要求有确定时间的硬实时系统来说，这就会带来一个问题，即响应时间的不确定性。

而且，要求一种方法用于控制缓存和写缓冲区对存储器不同部分的访问。在一些情况下，你可能想让 CPU 从外部设备中读取最新的数据，这样就不趋向使用被缓存的数据，比如定时器外设。有时候，你想让 CPU 核停止并等待完成保存的过程。这样，高速缓存和写缓冲区就需要你做一些额外的工作。

偶尔高速缓存的内容和存储器并不相同，这可能是由于处理器在更新缓存内容时没有将更新后的内容写回主存储器中，或者当 CPU 核更新缓存内容时由一个代理更新相应主存储器的内容。这就是一致性问题。当有多个 CPU 核或存储器代理（如外部 DMA 控制器）时，这就成为一个特殊的问题。

6.1.3 存储器层次

在计算机科学中，存储器的层次是指存储器类型的层次，容量较小且速度较快的存储器靠近 CPU 核，而容量较大且速度较慢的存储器离 CPU 核较远。在绝大多数的系统中，有第二级存储，包括磁盘驱动和基本存储，如 Flash、SRAM 和 DRAM。在嵌入式系统中，可以分为片上和片外存储器。与 CPU 核在同一个芯片（至少在相同封装）内的存储器，其速度更快。

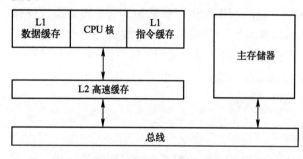

图 6.1 典型的哈佛缓存结构

在一个层次中，可以在任何一级包含高速缓存，用于改善系统的性能。在基于 Arm 处理器的系统中，第一级（L1）缓存直接连接到 CPU 核，用于取指及处理加载和保存指令。对于哈佛结构来说，提供了用于指令的独立缓存和用于数据的独立缓存，如图 6.1 所示。

这些年来，由于 SRAM 容量和速度的提高，L1 缓存容量也在不断增加。在写的时候，16KB 和 32KB 容量的缓存是非常普遍的，由于这是最大的 RAM 容量，它能提供单周期访问，访问速度可以和 CPU 核速度一样快，甚至更高。

很多 Arm 系统额外提供了第二级高速缓存，它的容量比 L1 缓存要大。例如，256KB、512KB 或 1MB。但是速度较慢，并且是统一的，即用于保存指令和数据。它可以在 CPU 核中，也可以使用外部的块实现。它位于 CPU 和存储器系统剩余部分之间。Arm L2C‑310 是外部 L2 缓存控制器块的例子。

此外，在簇内可以实现 CPU 核，每个 CPU 核有自己的 L1 高速缓存。这个系统要求一种机制用于维护高速缓存之间的一致性，这样当一个 CPU 核改变了一个存储器的位置，这种变化对于共享该存储器的其他 CPU 核是可见的。

6.1.4 高速缓存结构

在冯·诺依曼体系结构中，一个统一的高速缓存用于指令和数据。在一个修改的哈佛结构中，采用了分离的指令和数据总线，因此有两个高速缓存，即一个指令缓存（I‑Cache）和一个数据缓存（D‑Cache）。在一个 Arm 系统中，有独立的指令和数据 L1 高速缓存，以及统一的 L2 高速缓存。

高速缓存要求保存一个地址、一些数据和一些状态信息。32 位地址的高位用于告诉高速缓存信息在主存储中的位置，称为标记（Tag）。总的缓存容量使用可以保存数据的总量进行衡量，用于保存标记值的 RAM 没有计算在内。实际上，标记要占用缓存内的物理空间。

为每个标记地址保存一个数据字是不充分的，因此在相同的标记下，将一些位置进行分组。我们通常把这个逻辑块称为缓存行（Line）。地址中间的比特位，或者称为索引（Index），用于识别缓存行。索引被用作缓存 RAM 的地址，不要求将其保存为标记的一部分。当一个缓存行保存了缓存的数据或指令时，称为有效的；否则，称为无效的。

这就意味着地址的最低几位（偏置）并不需要保存在标记中，即你要求的是整个缓存行的地址，而不是一行中每个字节的地址。这样，地址的最低 5 位或 6 位总是为 0。

与每一行相关的数据，有一个或多个状态位。例如，使用有效位，用于标记缓存行中所包含的数据，表示地址标记表示一些真实的值。在一个数据缓存中，可能使用一个或多个脏比特位，标记是否是一个缓存行或是它的一部分中，保存了与主存储器相同位置不同的数据。

1．缓存相关术语

为了帮助读者理解上面的缓存术语，用图 6.2 说明。

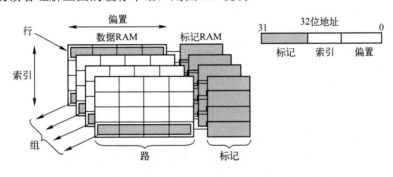

图 6.2　高速缓存术语

（1）Line - 缓存行：用于指向一个缓存最小可加载的单位，它是来自主存储器连续的一块字。

（2）Index - 索引：存储器地址的一部分，它决定在高速缓存的哪一行可以找到缓存地址。

（3）Way - 路：一个缓存的细分。每一路的容量相同，并且以相同的方式索引。将来自每个缓存路的带有一个特定索引值的多个行关联在一起，组成一组，称为 Set。

（4）Tag - 标记：它是缓存内存储器地址的一部分，用于识别与缓存行数据所对应的主存储器地址。

2．缓存映射方式

下面对高速缓存的两种不同映射方式进行详细说明，以帮助读者更进一步地理解高速缓存的工作原理。

1）直接映射

在高速缓存和主存储器之间最简单的缓存映射方式就是直接映射。在直接映射的缓存中，主存储器的每个位置映射到高速缓存中的一个位置。然而，由于主存储器的容量要比高速缓存大很多，因此主存储器的很多地址将映射到高速缓存相同的位置。如图 6.3 所示，一个小的高速缓存，每个缓存行有 4 个字，一共有 4 个缓存行。

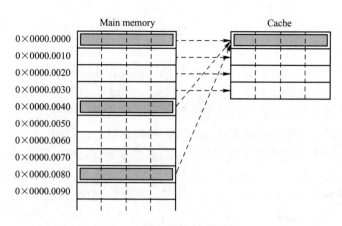

图 6.3 直接映射高速缓存操作

这就意味着，缓存控制器使用地址的[3∶2]比特位作为一行内用于选择某个字的偏置，地址的[5∶4]比特位作为索引用于在 4 个可用的行内选择其中一行。地址中的剩余比特[31∶6]比特位用作标记，如图 6.4 所示。

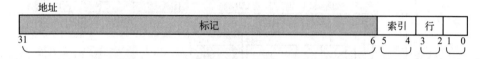

图 6.4 高速缓存地址

当查找缓存内的一个特定地址时，硬件从地址中提取出索引位，并且在缓存中读取与该行相关的标记值。如果两者相同，并且有效位表示缓存行包含着有效数据，则为命中。然后，通过使用偏置和地址的字节部分，就从缓存行相关的字中提取出数据值。如果缓存行包含有效数据，但是没有产生一个命中，则标记显示缓存行保存主存储器中的不同地址，之后就将该缓存行从高速缓存中移出，最后用所要求地址的数据进行替换。

很清楚，与[5∶4]比特位有相同值的所有主存储器地址将映射到缓存中相同的行。在任何一个时刻，这些行中只有一行能在缓存中。这就意味着，过早就会发生频繁替换的情况。考虑在地址 0x00、0x40 和 0x80 的位置反复执行一个循环，如代码清单 6-1 所示。

代码清单 6-1　for 循环 C 语言代码

```
void add_array( int *data1,int *data2,int *result,int size)
{
    int i;
    for ( i = 0 ;i < size ;i + + ) {
        result[ i] = data1[ i] + data2[ i];
    }
}
```

在该代码中，如果 result、data1 和 data2 在 0x00、0x40 和 0x80，反复执行该循环会引起反复访问存储器位置的问题，这是因为它们都映射到缓存中相同的行。

(1) 当读取地址 0x40 时，它不在缓存中，这样会发生行填充，将把 0x40～0x4F 地址的数据填充到高速缓存中。

（2）当读取地址 0x80 时，它不在缓存中，这样会发生行填充，将把 0x80～0x8F 地址的数据填充到高速缓存中，在这个过程中，将地址为 0x40～0x4F 的数据从缓存中移出。

（3）将结果写到 0x00。根据分配策略，这将引起另一次行填充。在这个过程中，将地址为 0x80～0x8F 的数据从缓存中移出。

（4）在循环的每次迭代中，将发生相同的事情，这样软件的执行情况很不好。因此，一般在 Arm 核的主缓存内部不使用直接映射的缓存方法，但是可以在一些地方看到这种方法，如 Arm1136 处理器的分支目标地址缓存。

CPU 核使用硬件优化，用于写整个缓存行。在一些系统中，这可能花费很多的时钟周期。例如，执行类似 memcpy()或 memset()的函数，执行块复制，或者执行大块的零初始化。在这些情况下，在初次读数据值时并没有优势。这就导致缓存的性能特性和通常所期望的有很大的不同。

缓存分配策略对于 CPU 核来说是个暗示，它们不能保证将一片存储器读进高速缓存，结果是，你不能依赖它们。

2）组关联映射

Arm 核的主缓存使用组关联缓存，这显著地降低了缓存内容频繁替换的发生，同时提高了程序的执行速度，以及程序的运行时间更加确定。这是以增加硬件复杂度为代价的，会略微地增加功耗，这是由于在一个周期内同时比较多个标记。

使用这种类型的缓存结构，缓存被分成大小相同的许多片，称为路。一个存储器的位置映射到路，而不是一行。地址索引仍然继续用于选择特殊的行，但是现在指向所有每个路的一行。一般使用 2 路或 4 路，一些 Arm 的实现会使用更多的个数。

由于 L2 缓存的容量更大，因此实现它（如 ArmL2 C - 310）时使用了更多个数的路，即更高的关联性。有相同索引值的缓存行属于一组。当检查命中时，必须检查组内的每个标记。一个 2 路缓存的结构如图 6.5 所示，来自地址 0x00、0x40 或 0x80 的数据可以在其中一个缓存路中的第 0 行找到。

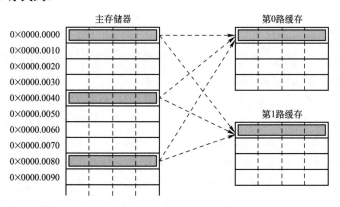

图 6.5 一个 2 路缓存的结构

当增加相关性时，就减少了频繁缓存替换的发生。理想的情况是全关联，即主存储器的任何一个位置都能映射到缓存内的任何地方。然而，构建这样一个缓存是不实际的。在实际中，当超过 4 路关联时，对性能的改善是比较小的，而 8 路或 16 路关联对于更大的第 2 级高速缓存来说是有用的。

下面以 Arm Cortex - A9 处理器的 L1 高速缓存组关联的结构为例，如图 6.6 所示。在该缓存结构中，每个缓存行的长度为 8 个字（32 个字节）。32KB 容量的高速缓存被分为 4 路，每路有 256 行。这就意味着需要使用地址的[12∶5]比特位在每路中索引一个缓存行。同时，尽管在行中所要求的索引取决于是访问一个字、半字还是字节，但是仍使用地址的[4∶2]比特位从一个缓存行中的 8 个字中选择其中一个。在这种结构中，地址的[31∶13]比特位用作标记。

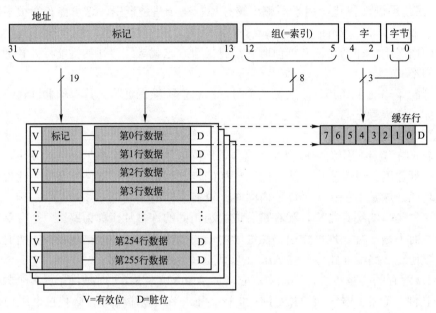

图 6.6　Arm Cortex - A9 处理器的 L1 高速缓存组关联的结构

3. 缓存控制器

用于控制缓存的缓存控制器是一个硬件块，负责管理高速缓存存储器，它对程序是不可见的。它自动地将代码或数据从主存储器写到高速缓存中。它得到来自 CPU 核的读/写存储器请求，并对高速缓存或外部存储器执行必要的行为。

当它接收到来自 CPU 核的请求时，首先检查在高速缓存中是否发现所请求的地址，这称为缓存查找。这是通过将带有标记的请求地址与缓存行进行比较来实现的。当匹配（命中）时，就将该行标记为有效的，然后通过缓存存储器执行读/写操作。

当 CPU 核请求特殊地址的指令或数据，但没有命中缓存时，将导致缓存缺失，此时请求将传给第二级高速缓存或外部存储器。这也将引起填充缓冲行。高速缓存的行填充将主存储器新的内容重新复制到高速缓存内。同时，所请求的指令或数据也会送给 CPU 核。这个过程对于软件程序员来说是透明的，他们根本看不到这个过程。

CPU 核没有必要等待缓冲行过程的结束就可以使用数据。例如，缓存控制器将首先访问缓存行内的关键字。如果想执行一个加载指令，而该指令在缓存中缺失，则引起缓存行填充，CPU 首先重新得到包含所请求数据的部分缓存行。这个关键数据被提供给 CPU 核流水线，同时缓存硬件和外部总线结构可以在后台读剩余的缓存行。

4. 虚拟和物理标记及索引

> 注：学习该部分内容需要有地址转换过程的一些基本知识。不熟悉该部分内容的读者需要先学习 6.3 节存储器管理单元的知识。

每个 Arm 处理器，如 Arm720T 或 Arm926EJ - S，它们使用虚拟地址提供所有的索引和标记值。这种方式的优势是 CPU 核可以查找存储器，而不需要虚拟地址到物理地址的转换。它的缺点是改变系统内虚拟地址到物理地址的映射意味着必须先清空无效的缓存，这对性能有很大的影响。

Arm11 系列的处理器使用不同的缓存标记方法。在这种方法中，缓存索引仍然来自一个虚拟地址，但是标记来自物理地址。物理标记的优势在于当改变系统内虚拟地址到物理地址的映射时，不需要无效缓存。对于经常需要修改转换表映射的多任务操作系统来说，有很明显的优势。因为使用虚拟地址，所以有一些硬件优势。这意味着缓存硬件能以并行的方式读取来自每路中相应行的标记值，而不必真正执行虚拟地址到物理地址的转换，这样就得到快速的缓存响应，经常称为虚拟索引物理标记（Virtually Indexed，Physically Tagged，VIPT）。

VIPT 的实现也有一些缺点。对于一个 4 路组关联 32KB 或 64KB 的高速缓存来说，地址的[12]和[13]比特位要求用于选择索引。如果在 MMU 中使用了 4KB 的页面，虚拟地址的[13:12]比特位可能不等于物理地址的[13:12]比特位。因此，如果多个虚拟地址映射到相同的物理地址，则可能存在潜在的一致性问题。一般通过使用物理索引和物理标记（Physically Indexed，Physically Tagged，PIPT）缓存策略可以避免这个问题。Cortex - A9 处理器的数据缓存就使用了这个策略。

6.1.5 缓存策略

缓存操作中，有不同的选择，包括考虑来自外部存储器的一行如何放到缓存中，也就是分配策略；控制器如何决定组关联缓存的哪一行用于进来的数据，也就是替换策略；当 CPU 核执行一个写操作，并且该写操作命中缓存时，所发生的情况，也就是写策略。

1. 分配策略

当 CPU 执行一个缓存查找，并且地址不在高速缓存中时，它必须确定是否执行缓存行填充操作，并且复制存储器的地址。

1）读分配策略

只在读的时候分配一个缓存行。如果 CPU 核执行写，而在缓存内缺失，则缓存没有影响，并且将写传到层次中的下一级存储器。

2）写分配策略

在读或写的时候，如果在缓存中缺失，则分配一个缓存行，更准确地应该称为读—写缓存分配策略。对于所有缺失缓存的读和缺失缓存的写，将执行缓存行填充操作。例如，当前的 Arm 核中，它用于和一个写回写策略的组合。

2．替换策略

当出现缓存缺失时，缓存控制器必须选择组内的一个缓存行，用于新进来的数据。被选中的缓存行称为被淘汰者（Victim）。如果淘汰者包含有效的脏数据，在将新的数据写到被淘汰的缓存行之前，必须将该行写到主存储器中，这称为淘汰。

> 注：Victim 表示被选中的缓存行内的数据将要被替换掉，可以翻译成牺牲者，或者被淘汰者。

替换策略用于控制选择被淘汰者的过程。地址的索引位用于选择缓存行的组，替换策略用于从所要替换的组中选择特定的缓存行。

1）轮询或周期替换策略（Round - robin）

使用一个计数器（被淘汰者计数器），它周期性地贯穿可用的路。当到达最大的路时，返回到 0。

2）伪随机替换策略（Pseudo - random）

随机选择组内下一个缓存行作为替换。被淘汰者计数器以随机的方式递增，可以指向组内的任意一行。

3）最近很少使用策略（Least Recently Used，LRU）

用于替换最近很少使用的缓存行或页面。

大多数的 Arm 处理器同时支持轮询和伪随机策略。Cortex - A15 处理器也支持 LRU。一个轮询替换策略有更好的可预测性，但是在某些情况下可能性能较低，因此可能倾向于使用伪随机策略。

3．写策略

当 CPU 核执行一个保存指令时，执行给定地址上的缓存查找。对于一个缓存命中的写操作来说，有两个选择。

1）写通过

该策略对缓存和主存储器同时执行写操作。这就意味着，高速缓存和主存储器必须保持一致性。由于对主存储器有较多的写操作，因此在一些情况下，如频繁更新存储器时，写通过策略比写回策略速度要慢。如果连续写较大的存储器块，将对写进行缓冲，这样就可以和写回策略一样高效。如果不期望很快从任何时候开始读存储器，如较大存储器的复制和存储器初始化，则最好不要使用这种策略填充缓存。

2）写回

该策略只对高速缓存执行写操作，而不写主存储器。这就意味着，缓存行和主存储器可以保存不一样的数据，即缓存行保存较新的数据，而主存储器保存旧的数据。为了标识这些行，缓存的每一行都有一个相关的脏位。当发生写操作更新缓存而不是主存储器时，设置脏位。如果替换带有脏标志的缓存行时，将该行写到主存储器中。使用写回策略能显著地降低对主存储器的访问次数，因此提高了系统性能并降低了功耗。然而，如果在系统中没有其他代理时，它能以与 CPU 核相同的速度访问存储器，此时需要考虑一致性问题。

6.1.6 写和取缓冲区

写缓冲区是 CPU 核内（有时候它在系统的其他部分）的硬件块，使用大量的缓冲区实现。它接受与写存储器相关的地址、数据和控制值。当 CPU 核执行保存指令时，它会放置相应的细节，如所写的位置、要写的数据和写到缓冲区的交易大小。CPU 并不等待完成对主存储器的写操作，而是继续执行下一条指令。写缓冲区本身将清空来自 CPU 核的写操作，并将它们写到存储器系统。

由于 CPU 不必等待写主存储器过程的完成，因此使用写缓存区可以提高系统性能。事实上，假设在写缓冲区内有空间时，写缓冲区掩盖了延迟。如果写次数较少且有空间，写缓冲区不会变满。如果 CPU 核产生写的速度快于写缓存区将数据写到主存储器的速度，则写缓冲区最终会变满，这样对性能的提升就比较有限。

一些写缓冲区支持写合并（也称为写组合），能将多个写，如对相邻字节的写数据流合并成一个猝发，这就能减少对外部主存储器写的次数，提高了性能。

当访问外设时，写缓冲区的行为可能不是程序员想要的，程序员可能想让 CPU 核在处理下一步之前停下来等待写过程的完成。有时程序员确实想写字节流，并且不想合并写操作。

类似的部件称为取缓冲区，在一些系统中能用于读。例如，CPU 核包含预取缓冲区，在将指令真正插入流水线之前，从存储器中读取这些指令。通常，这些缓冲区对程序员是透明的。当看存储器顺序时，可能需要考虑与此有关的一些冒险情况。

6.1.7 缓存性能和命中速度

命中速度被定义为在一个指定的时间范围内，命中缓存的次数除以存储器到缓存的请求次数，通常用百分比表示。缺失率是总的缓存缺失次数除以存储器到缓存的总请求次数。

通常，较高的命中率将导致较高的性能。命中率主要取决于代码或数据关键部分的长度和空间的局限性，以及缓存大小等。

有一些简单的规则可以给出更好的性能。这些规则中最明显的是使能高速缓存和写缓冲区，并且在任何可能的地方使用它们。例如，对于保存代码的存储器系统的所有部分，更进一步地对于 RAM 和 ROM，但不是外设。如果指令存储器被缓存，将显著提高 Cortex-A 系列处理器的性能。在存储器中，将经常访问的数据放在一起也是很有帮助的。例如，经常访问的数组放在一个缓存行开始的一个基地址中。

取一个数据的值涉及读取整个缓存行，如果没有使用缓存行内的其他字，对性能的提高就很小。这个问题可以通过"缓存友好"进行缓解。例如，访问连续的地址，访问数组的一行。

较短的代码要比较长的代码缓存得更好，有时候甚至给出看上去非常矛盾的结果。例如，当编译为 Thumb（为最短的代码）时，一段 C 语言代码可以适配到整个缓存，但是编译为 Arm（为最高的性能）时，却不是这样。这样，导致可能比某些优化过的版本运行还要快。

6.1.8 无效和清除缓存

当外部存储器的内容已经变化，并且想要从高速缓存中移除旧的数据时，就要求无效和清除缓存。对于 MMU 的相关活动，如改变访问许可、缓存策略或虚拟地址到物理地址的映射，也要求无效和清除缓存。

刷新（Flush）一词用于描述无效和清除缓存操作。Arm 通常只用术语清除（Clean）和无效（Invalidate）。

（1）无效缓存或缓存行意味着清除数据。通常通过清除一个缓存行或多个缓存行的有效位来实现该目的。当复位后没有定义它的内容时，高速缓存总是无效的。如果缓存包含脏的数据，通常来说使它无效是不正确的。通过简单的无效，将使得任何在缓存中已经被更新的数据，在写回到存储器中可缓存的区域时，造成数据的丢失。

（2）清除缓存或缓存行意味着将脏数据的内容写到主存储器中，并且清除缓存行内的脏位。这就使得缓存行和主存储器的内容相互一致。这只应用于使用写回策略的数据高速缓存。缓存组、缓存路或虚拟地址可以执行无效缓存和清除缓存操作。

将代码从一个位置复制到另一个位置可能要求清除或无效高速缓存。存储器复制代码将使用加载和保存指令，它们将运行在 CPU 核的数据一侧。如果数据缓存将写回策略用于被写代码的区域，那么在执行代码前，必须清除来自缓存的数据。这就保证保存指令将数据写到主存储器中，然后用于取指令逻辑。此外，如果用于代码的区域先前被其他程序使用，指令高速缓存将包含旧的数据。因此，在跳转到最新复制的代码之前，有必要使指令缓存无效。

对缓存的清除和无效操作是通过 CP15 完成的。它们只可用于特权级代码，不能在用户模式下执行。在使用 Trust Zone 安全性扩展的系统中，对于这些操作的非安全使用有一些硬件上的限制。

CP15 指令可以清除/无效，或者同时清除和无效第一级数据与指令高速缓存。当知道缓存没有包含脏的数据时，只无效但不清除是安全的。例如，哈佛结构指令高速缓存，或者当数据正在被覆盖时，不用担心丢失以前的值。可以在整个缓存或缓存行上执行操作。这些单独的缓存行可以通过给定一个虚拟地址进行清除或无效，或者在一个特殊组内指定缓存行号。

准备缓存的代码如代码清单 6-2 所示。

代码清单 6-2　准备缓存的代码

```
setup_caches
    MRC p15,0,r1,c1,c0,0        ;读系统控制寄存器（SCTLR）
    BIC r1,r1,#1                ;关闭 MMU
    BIC r1,r1,#（1 << 12）       ;关闭指令缓存
    BIC r1,r1,#（1 << 2）        ;关闭数据缓存和第二级缓存
    MCR p15,0,r1,c1,c0,0        ;写系统控制寄存器（SCTLR）
;------------------------------------------
;1.MMU,L1 $ 禁止
;------------------------------------------
    MRC p15,0,r1,c1,c0,0        ;读系统控制寄存器（SCTLR）
    BIC r1,r1,#1                ;关闭 MMU
    BIC r1,r1,#（1 << 12）       ;关闭指令缓存
    BIC r1,r1,#（1 << 2）        ;关闭数据缓存和第二级缓存
    MCR p15,0,r1,c1,c0,0        ;写系统控制寄存器（SCTLR）
;------------------------------------------
;2.无效：L1 $,TLB,分支预测器
```

```
;------------------------------------------
MOV r0,#0
MCR p15,0,r0,c7,c5,0      ;无效指令缓存
MCR p15,0,r0,c7,c5,6      ;使分支预测阵列无效
MCR p15,0,r0,c8,c7,0      ;使整个统一主 TLB 无效
ISB                       ;同步屏障
;------------------------------------------
;2.a.使能指令缓存和分支预测
;------------------------------------------
MRC p15,0,r0,c1,c0,0      ;读系统控制寄存器（SCTLR）
ORR r0,r0,#1 << 12        ;使能指令缓存
ORR r0,r0,#1 << 11        ;程序流预测
MCR p15,0,r0,c1,c0,0      ;写系统控制寄存器（SCTLR）
```

注：（1）内存屏障是一条指令或指令序列，它用于强制对事件进行同步。也就是说，当不执行完前面的代码时，不能继续执行下面的代码。例如，数据存储器屏障指令 DMB，用于保证在 DMB 指令后的任何存储器访问到来之前，系统中访问存储器的指令都应该完成。它不影响处理器执行其他指令的顺序。

（2）数据同步屏障 DSB 与 DMB 有相同的效果，此外也对包含全指令流的存储器访问进行同步，而不只是其他存储器访问。当遇到 DSB 指令时，停止执行，直到完成所有超前明确的存储器访问为止。当完成所有超前读，以及清空写缓存区后，继续正常的操作。它不影响指令预取。

（3）指令同步屏障 ISB 指令，用于刷新处理器的流水线和预取缓冲区。这样，在指令完成后，从缓存或存储器取出在 ISB 后的所有指令，这样保证改变上下文操作的效果在 ISB 后所加载的指令之前执行，如 CP15、ASID、TLB 或分支预测器操作的变化。它本身并不会引起数据和指令缓存之间的同步，但是被要求作为这个操作的一部分。

（4）可以通过 Linux 内核代码访问这些操作。使用下面的函数。

　　void _clear_cache（char* beg,char* end）；

类似的函数存在于其他操作系统中，Google 的安卓操作系统中使用 cacheflush()函数。

一个无效和清除缓存的普遍情况是 DMA 请求。当要求 CPU 核所进行的修改对外部存储器是可见时，这样 DMA 存储器可以进行读，此时需要清除缓存。当 DMA 写外部存储器时，也需要保证它对于 CPU 核是可见的，在缓存中必须无效那些被影响的地址。

6.1.9　一致性点和统一性点

对于基于组/路的清除和无效，在一个指定的缓存级上执行操作。对于使用虚拟地址的操作来说，架构定义了两个概念点。

1．一致性点（PoC）

对于特殊的地址，PoC 是一个点，在该点所有能访问存储器的块，如 CPU 核、DSP 或 DMA 引擎，保证在一个存储器位置看到相同的拷贝（复制）。例如，只是外部的主系统存储器，如图 6.7 所示。

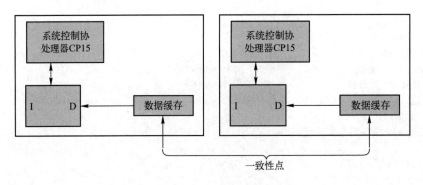

图 6.7 一致性点

2. 统一性点（PoU）

用于一个 CPU 核的 PoU 是一个点，在该点上，确保 CPU 核的指令和数据缓存在一个存储器位置中看到相同的拷贝（复制），如图 6.8 所示。例如，一个统一的 L2 高速缓存是系统中的 PoU，包含哈佛结构的第一级高速缓存和一个用于缓存转换表入口的 TLB。如果没有出现外部缓存，主存储器应该是 PoU。

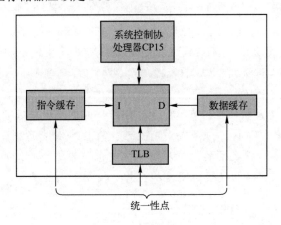

图 6.8 统一性点

在 Cotex - A9 处理器中，PoC 和 PoU 本质上在相同的位置，即 L2 接口。

注：对于 TLB 不熟悉的读者可以参考 6.3 节内容。

维护高速缓存的代码如代码清单 6 - 3 所示。该代码给出了一个通用的机制，用于清除整个数据或将缓存统一到 PoC。

代码清单 6 - 3　维护高速缓存的代码

```
MRC p15,1,R0,c0,c0,1        ;将 CLIDR 读到 R0
ANDS R3,R0,#0x07000000
MOV R3,R3,LSR #23           ;缓存级的值（自然对齐）
BEQ Finished
MOV R10,#0
```

```
Loop1
        ADD R2,R10,R10,LSR #1      ;确定 3x 缓存级
        MOV R1,R0,LSR R2           ;最低 3 位用于这一级的缓存类型
        AND R1,R1,#7               ;单独得到这 3 位
        CMP R1,#2
        BLT Skip                   ;在这一级没有缓存或只有指令缓存
        MCR p15,2,R10,c0,c0,0      ;将 R10 写到 CSSELR
        ISB                        ;ISB 用于将变化同步到 CCSIDR
        MRC p15,1,R1,c0,c0,0       ;将当前的 CCSIDR 读到 R1
        AND R2,R1,#7               ;提取行长度域
        ADD R2,R2,#4               ;加 4 用于行长度偏置（$\log_2$ 16 字节）
        LDR R4, = 0x3FF
        ANDS R4,R4,R1,LSR #3       ;R4 是路大小的最大值（右对齐）
        CLZ R5,R4                  ;R5 是路大小递增的比特位位置
        MOV R9,R4                  ;R9 是对 R4 的复制（右对齐）
Loop2
        LDR R7, = 0x00007FFF
        ANDS R7,R7,R1,LSR #13      ;R7 是索引大小的最大数（右对齐）
Loop3
        ORR R11,R10,R9,LSL R5      ;将路的个数和缓存个数放到 R11
        ORR R11,R11,R7,LSL R2      ;将索引的个数放到 R11
        MCR p15,0,R11,c7,c10,2     ;DCCSW,由路/组清除
        SUBS R7,R7,#1              ;索引递减
        BGE Loop3
        SUBS R9,R9,#1              ;递减路的个数
        BGE Loop2
Skip
        ADD R10,R10,#2             ;递增缓存的个数
        CMP R3,R10
        BGT Loop1
        DSB
Finished
```

6.1.10 Zynq-7000 中 Cortex-A9 L1 高速缓存的特性

1. 公共特性

（1）通过系统控制协处理器，可以单独禁止每个缓存。

（2）所有 L1 缓存的缓存行长度为 32 字节。

（3）所有缓存为 4 路组关联。

（4）L1 缓存支持 4KB、64KB、1MB 和 16MB 的虚拟存储器页。

（5）两个 L1 缓存均不支持锁定特性。

（6）通过 64 位的接口，L1 缓存连接到整数核和 AXI 主接口。

（7）缓存替换策略为伪轮询或伪随机。当缺失时，读取淘汰计数器。如果没有分配，则在分配时递增。在组中，替换一个无效的行先于使用淘汰计数器。

（8）当缓存缺失时，首先执行使用关键字填充缓存。

（9）为了降低功耗，通过利用很多缓存操作是连续的特点，减少读全部缓存的次数。如

果一个读缓存与前面的读缓存是连续的,并且是在一个相同的缓存行内读取,则只访问之前所读取的数据 RAM 组。

(10) 所有的 L1 缓存支持奇偶校验。

(11) 将所有存储器的属性输出到外部存储器系统。

(12) 对于 Trust Zone 安全性,支持将安全/非安全状态输出到缓存和存储器中。

(13) 当 CPU 复位时,清除所有 L1 缓存内容,以遵守安全性要求。

> **注:** 用户在使用指令缓存、数据缓存和 BTAC 前,必须使它们无效。即使为了安全性的原因推荐,也不要求无效主 TLB。这样保证兼容未来处理器的版本。

2. 指令缓存特性

L1 指令缓存用于给 Cortex - A9 处理器提供一个指令流。L1 指令缓存直接连接到预取指令单元。预取指令单元包含两级预测机制。L1 指令缓存为虚拟索引和物理标记。

3. 数据缓存特性

L1 数据缓存用于保存 Cortex - A9 处理器所使用的数据。L1 数据缓存的关键特性如下。

(1) 数据缓存为物理索引和物理标记。

(2) 数据缓存为非阻塞型。因此,加载/保存指令能连续地命中缓存。同时,执行由于先前读/写缺失所产生的来自外部存储器的分配。数据缓存支持 4 个超前读和 4 个超前写。

(3) CPU 能支持最多 4 个超前预加载指令。然而,明确的加载/保存指令有更高的优先级。

(4) Cortex - A9 加载/保存单元支持预测的数据预加载,它用于监视程序顺序的访问。在请求开始前,开始加载下一个期望的行。通过 CP15 辅助控制寄存器的 DP 位,使能该特性。在分配前,可以不使用这个预取行,因为预加载指令有更高的优先级。

(5) 数据缓存支持两个 32 字节的行填充缓冲区和一个 32 字节的淘汰缓冲区。

(6) Cortex - A9 CPU 有一个包含 64 位槽和数据合并能力的保存缓冲区。

(7) 数据缓存的所有读缺失和写缺失都是非阻塞型的,它支持最多 4 个超前数据读缺失和 4 个超前数据写缺失。

(8) 通过使用 MESI 算法,APU 数据缓存支持全部的侦听一致性控制。

(9) Cortex - A9 内的数据缓存包含本地保存/加载互斥监视程序,用于 LDREX/STREX 指令同步,该指令用于实现信号量。互斥监控程序只管理包含 8 个字或一个缓存行颗粒度的地址。因此,避免交错的 LDREX/STREX 序列。并且,总是执行一个 CLREX 指令,作为任何上下文切换的一部分。

(10) 数据缓存只支持写回/写分配策略,并不实现写通过和写回/非写分配策略。

(11) L1 数据缓存支持与 L2 缓存相关的互斥操作。互斥操作表示只有在 L1 或 L2 内的一个缓存行是有效的,但不是同时有效,即当某一行填充到 L1 时,在 L2 内将该行标记为无效。同时,淘汰 L1 中的某一行,将使得该行被分配到 L2 中。当把来自 L2 脏的一行填充到 L1 时,将强制将该行淘汰到外部存储器中。默认时,禁止互斥操作。这样,就增加了缓存的利用率并降低了功耗。

6.2 存储器顺序

以前的 Arm 实现的架构按程序的顺序执行所有的指令,在开始下一条指令前,完成当前执行的指令。

新的处理器进行了大量优化,这些优化与指令的执行顺序,以及访问存储器的路径有关。正如前面所看到的,CPU 执行指令的速度比访问外部存储器的速度快得多。因此,高速缓存和写缓冲区被用来隐藏两者在速度方面的差异。其潜在的影响在于对存储器的访问重新排序。CPU 核执行加载和保存指令的顺序不必和外部设备所看到的顺序一致。

例如,对于代码清单 6-4,执行顺序如下。

代码清单6-4 存储器访问顺序

```
STR R12,[ R1]            @访问 1
LDR R0,[ SP],#4          @访问 2
LDR R2,[ R3,#8]          @访问 3
```

(1) 访问 1 进入写缓冲区。
(2) 访问 2 引起缓存查找(在缺失时)。
(3) 访问 3 引起缓存查找(命中时)。
(4) 访问 2 返回的值引起缓存行填充;
(5) 执行访问 1 所触发的存储器保存。

第一条指令执行对外部存储器的写操作,在该例子中,写入写缓冲区中(访问 1),其后面是两个读,一个在缓存中缺失(访问 2),另一个在缓冲中命中(访问 3)。在访问 1 完成写缓冲区访问之前,可以完成所有的读访问。在缓存中的 hit-under-miss 行为意味着在缓存中的加载命中(访问 3)可以先于在从缓存加载缺失之前完成。

所以,仍然可能造成假象,即硬件按照程序员编写代码的顺序执行指令。通常,只有在很少的情况下需要关注这个影响。例如,如果你正在修改 CP15 寄存器、复制或修改存储器中的代码,那必须让 CPU 核等待这些操作的完成。

对于超高性能的 CPU,它支持预测数据访问、多发指令、缓存一致性协议和无序执行,用于实现额外的性能提高,甚至更有可能用于重新排序。通常,在单核系统中,这个重排序对程序员的影响是不可见的。硬件会关心这些可能的问题。它保证遵守数据依赖性并确保读操作返回正确的值,允许前面写操作引起潜在的修改。

然而,在多核系统的情况下,当通过共享存储器进行通信(或者以其他方式共享数据)时,考虑存储器的顺序是非常重要的。程序员很可能关心正确的存储器顺序点,在这些点必须同步多个执行的线程。

使用 Armv7-A 架构的处理器采用了存储器弱顺序模型,这就意味着用于加载和保存操作的存储器访问顺序不需要和程序代码的顺序一致。模型可以对存储器读交易进行重排序(例如,LDR、LDM 和 LDD 指令),以及保存操作和某些指令。当读/写普通存储器时,硬件可以重新排序,它受限于数据依赖性,以及准确的存储器屏障指令。在对顺序有更强要求的情况下，通过描述存储器的转换表入口的存储器类型属性与 CPU 核通信。CPU 核的强制顺序规则对可能的硬件优化进行限制，因此降低了系统性能，并且增加了功耗。

Cortex-A9 结构定义了一套存储器属性，用于支持系统存储器映射中所有的存储器和设备。下面的互斥主存储器属性描述了存储器区域：普通的、设备和强顺序。对于普通的存储器来说，可以指定存储器是否可以共享。对于普通的存储器来说，可以指定内部和外部的可缓存属性。对于 A1 和 A2 这两个访问，如果没有地址重叠。在程序代码中，A1 发生在 A2 之前，但是写可以无序发布，如表 6.1 所示。

表 6.1　存储器类型访问顺序

A2 / A1	普 通 的	设　　备	强 顺 序
普通的	不强制顺序	不强制顺序	不强制顺序
设备	不强制顺序	按程序顺序发布	按程序顺序发布
强顺序	不强制顺序	按程序顺序发布	按程序顺序发布

6.2.1　普通、设备和强顺序存储器模型

1. 普通存储器

所有的 ROM 和 RAM 设备都被看作普通存储器，处理器所要执行的代码必须在普通存储器中，不能放在被标记为设备和强顺序的存储区域内。其属性主要如下。

（1）处理器可以反复执行读和某些写访问操作。

（2）处理器可以预取或预测性地访问其他的存储位置，如果 MMU 允许它访问预先允许的设置时，不会产生不利的结果。处理器执行预测的写操作。

（3）可以执行非对齐访问。

（4）处理器硬件可以将多个访问合并到一个更大的较少个数的访问中。例如，多个字节的写操作可以合并成单个双字的写操作。

普通存储器区域可以使用可缓存属性描述。Arm 架构支持将普通存储器的可缓存属性用于两级高速缓存（内部和外部缓存）。内部是指最里面的缓存，总是包含 CPU 核的第一级缓存。一个实现可能没有任何外部的缓存，或者它能将外部可缓存属性应用到第二级或第三级高速缓存。在包含 Cortex-A9 处理器的系统中，L2C-310 第二级缓存控制器，它被认为外部缓存。

2. 设备和强顺序

访问设备和强顺序存储器使用相同的存储器模型。例如，系统外设属于设备和强顺序存储器类型。它们的访问规则如下。

（1）保护访问的个数和大小。访问是基于原子的，不能被中途打断。

（2）所有的读/写访问对系统可能有不利的影响。这些访问不会被缓存，并且不执行预测访问。

（3）不支持非对齐访问。

（4）根据程序中指令访问设备或强顺序存储器的顺序，访问设备存储器。它只应用于相同的外设或存储器块内。

对于设备和强顺序存储器的访问，不同之处在于：

（1）对强顺序存储器的写操作只能在访问到达写操作需要访问的外设或存储器元件的时候才能完成；

（2）对设备存储器的写操作允许在访问到达写操作需要访问的外设或存储器元件之前就完成。

> 注：（1）系统外设基本上都映射为设备存储器。
> （2）可以使用可共享属性描述设备存储器类型的区域。

6.2.2 存储器属性

除存储器类型外，存储器类型也定义了存储器区域的访问顺序。

1. 共享

共享域定义了总线拓扑内存储器访问的区域，这些访问保持一致性和潜在的一致性。在这个区域之外，主设备不能看到与该区域内相同的存储器访问顺序。存储器访问顺序发生在这些定义域内。

（1）非共享（NSH）。该域只由本地主设备构成。访问不必与其他核、处理器或设备进行同步。在 SMP 系统内，不常使用 NSH。

（2）内部共享（ISH）。多个主设备潜在共享该域，但不是系统内所有的主设备。一个系统可以有多个内部共享的域。一个系统中，对一个内部共享域的操作不影响其他内部共享域。

（3）外部共享（OSH）。该域基本上确定被多个主设备共享，很像由一些内部可共享的域构成。对一个外部共享域的操作会对该域内其他可内部共享的域产生影响。

（4）全系统（SY）。在全系统内的一个操作影响系统内的所有主设备、所有非共享的区域、所有内部可共享的区域和所有外部可共享的区域。

该属性只能用于普通存储器和一个实现内的设备存储器（它不包含大的物理地址扩展 LPAE）。在一个包含 LPAE 的实现中，设备存储器总是外部可共享的。

2. 缓存

可缓存属性只用于普通存储器类型。这些属性提供了控制一致性的机制，即主设备位于存储器共享区域外。普通存储器内的每个区域可分配的缓存属性包括写回可缓存、写通过可缓存和不可缓存。

此外，Cortex-A9 为两级缓存提供了单独的缓存属性，即内部和外部可缓存。内部是指最内侧的高速缓存，总是包含最底层的缓存，即 L1 高速缓存。外部缓存是指 L2 高速缓存。

6.2.3 存储器屏障

存储器屏障是一个指令，它要求在对存储器进行操作时对 CPU 核使用顺序约束。这些存储器的操作发生在程序中的存储器屏障前后。在其他架构中，这些操作也称为存储器围墙（Memory Fences）。

术语屏障又指编译器机制，当执行优化时，它阻止编译器调度数据访问指令穿越屏障。例如，在 GCC 内，程序员可以使用内联汇编器存储器"敲打"（Clobber），用于说明指令修改存储器，因此优化器不能跨越屏障对存储器的访问进行重新排序，语法如下：

asm volatile（" " ::: "memory"）；

前面已经提到由于采用了很多 CPU 优化技术，使得程序执行的顺序与书写的顺序并不一致。通常，这对于程序员是不可见的。通常，应用程序开发人员不用担心存储器屏障。然而，在有些情况下必须关注这些顺序问题，如在设备驱动中，或者多个主设备进行数据同步时。

Arm 结构指定了存储器屏障指令，这样可以强制 CPU 核等待完成存储器访问。在 Arm/Thumb 指令集中，用户模式和特权模式均支持这些指令。在以前的架构中，只在 Arm 指令中可以操作 CP15。

1．屏障指令

下面详细说明在单核系统中这些指令的实际影响。术语显式访问用于描述程序中加载和保存指令所产生的数据访问，并不包含取指。

1）数据同步屏障（Data Synchronization Barrier，DSB）

该指令强迫在执行任何其他的指令集之前，CPU 等待完成所有未完成的显式访问。它对预取指令没有影响。

2）数据存储器屏障（Data Memory Barrier，DMB）

该指令保证在系统中观察到屏障之前，按照程序的顺序访问所有存储器，也就是当它前面的存储器访问操作都执行完成后才执行它后面的指令。它不影响 CPU 核中任何其他指令的执行顺序，或者指令加载的顺序。

3）指令同步屏障（Instruction Synchronization Barrier，ISB）

该指令将刷新 CPU 核的流水线和预取缓冲区，这样当完成所有的指令后，将从高速缓存或存储器中加载 ISB 后的所有指令。这保证在 ISB 后，在 ISB 指令对任何已经加载的指令可见之前，执行修改上下文操作的结果，如 CP15 或者 ASID 的变化，或者 TLB，或者分支预测器操作。它本身不会引起数据和指令缓存之间的同步，但是要求它作为这个操作的一部分。

此外，DMB 和 DSB 指令提供了一些选项，用于提供访问类型和可共享域。

（1）SY：这是默认选项，表示屏障用于整个系统，包括所有的 CPU 核与外设。

（2）ST：屏障只等待保存完成。

（3）ISH：屏障只应用于内部可共享区域。

（4）ISHST：屏障，对 ST 和 ISH 的组合，它只保存到内部可共享区域。

（5）NSH：屏障只用于统一点 PoU。

（6）NSHST：屏障只等待保存完成，只到 PoU。

（7）OSH：屏障只用于外部可共享区域。

（8）OSHST：屏障只等待保存完成，只到外部可共享区域。

为了理解这个，在多核系统中，程序员必须使用 DMB 和 DSB 操作更通用的定义。在下面的描述中，使用字处理器（或者代理），并不一定是 CPU 核，也可指 DSP、DMA 控制器、硬件加速器或其他访问共享存储器的块。

在一个可共享区域内，DMB 指令的效果是强迫存储器访问的顺序。在 DMB 指令之前，保证在可共享区域的所有处理器可以看到所有显式的存储器访问，在 DMB 之后，在所有处理器观察到任何显式存储器访问之前。

DSB 指令和 DMB 指令有相同的效果，但是额外地也同步包含有全指令流的存储器访问，而不仅仅是其他存储器访问。这意味着，当发布 DSB 时，将停止执行，一直等到完成所有提交的显式存储器访问为止。当完成处理它们并清空写缓冲区后，继续正常执行程序。

考虑一个四核 Cortex - A9 簇的例子。簇构成了一个内部可共享区域。当簇内的单核执行 DMB 指令时，在完成屏障之前，该 CPU 核确保按照程序顺序访问所有数据存储器，在屏障后，在任何显式存储器访问按照程序顺序出现之前。在簇内的所有 CPU 核都能在屏障的一侧以 CPU 执行它们相同的顺序看到访问。如果使用 DMB ISH 时，对于外部观察者并不保证相同的顺序，如 DMA 控制器或 DSP。

2．屏障指令例子

考虑以下的例子，有两个 CPU 核 A 和 B，在核寄存器中保存了普通存储器内的两个地址 Addr1 和 Addr2。每个核执行下面的两个指令，如代码清单 6 - 5 所示。

代码清单 6 - 5　存储器访问顺序例子

（1）CPU 核 A：

```
STR R0,[ Addr1]
LDR R1,[ Addr2]
```

（2）CPU 核 B：

```
STR R2,[ Addr2]
LDR R3,[ Addr1]
```

这里没有顺序要求，不能说明任何交易发生的顺序。地址 Addr1 和 Addr2 是独立的，不要求其中的一个 CPU 核按程序书写的顺序执行加载和保存，或者考虑另一个核的活动情况。因此，这段代码有 4 种可能的结果。

（1）A 得到旧的值，B 得到旧的值。
（2）A 得到旧的值，B 得到新的值。
（3）A 得到新的值，B 得到旧的值。
（4）A 得到新的值，B 得到新的值。

如果想包含第 3 个 CPU 核 C，必须注意到没有要求每两个 CPU 核看到的顺序是一样的。对于 A 和 B 来说，在地址 Addr1 和 Addr2 看到旧的数据是没问题的，但是对于 C 来说，看到新的数据。

考虑下面的情况 B 查找由 A 设置的标志控制,然后读取存储器。例如,如果将消息从 A 传递到 B,可以看到类似的代码,如代码清单 6-6 所示。

代码清单 6-6　使用邮箱的可能风险

(1) Core A:

```
STR R0,[ Msg]
LDR R1,[ Flag]
```

(2) CPU 核 B:

```
Poll_loop:
    LDR R1,[ Flag]
    CMP R1,#0          @是否设置标志
    BEQ Poll_loop
    LDR R0,[ Msg]      @读新的数据
```

这可能没有按照我们预期的目标实现。这里不存在任何理由不允许核 B 在该[Flag]之前,执行从[Msg]预测的读。这是很正常的,弱顺序和 CPU 核并不知道两者之间可能的相关性。通过一个存储器屏障,程序员必须显式地强调依赖性。在这个例子中,程序员要求两个存储器屏障。核 A 要求在两个保存操作之间有一个 DMB,以保证它们按照最初指定的顺序访问存储器。核 B 要求在指令 LDR R0, [Msg]之前有一个 DMB,保证在设置标志之前不会读取消息。

3. 屏障避免死锁

当没有使用屏障指令而可以引起死锁的情况是核写一个地址,然后轮询一个外设给出的响应值,如代码清单 6-7 所示。

代码清单 6-7　死锁

```
STR R0,[ Addr]         @给一个外设寄存器写一条命令
DSB
Poll_loop:
    LDR R1,[ Flag]
    CMP R1,#0          @等待设置响应标志
    BEQ Poll_loop
```

如果没有多处理器扩展,Armv7 架构并不严格要求保存到[Addr]完成(它可以在写缓冲区内,同时存储器系统忙于读取标志)。这样所有核将潜在地死锁,它们都在互相等待。在 STR 之后插入 DSB,在读标志前,强迫核能观察到它的保存操作。

实现多处理器扩展的 CPU 核要求在一个有限的时间内完成访问(也就是必须清空写缓冲区),因此不要求屏障指令。

4. WFE 和 WFI 与屏障交互

等待事件 WFE 和等待中断指令 WFI 可以停止 CPU 的运行并进入低功耗状态。为了保证在执行 WFE 和 WFI 之前完成所有的存储器访问,必须插入 DSB 指令。

在一个多核系统中，其他考虑与等待事件指令 WFE 和发送事件等待事件指令 SEV 的使用有关。这些指令能够降低自旋锁功耗。取代 CPU 核重复轮询锁的方法，使用 WFE 指令，可以暂停 CPU 的执行并进入低功耗状态。

当识别出一个中断或其他异步异常，或者其他核发送的一个事件时，唤醒 CPU。在释放锁之后，有锁的核将使用 SEV 指令唤醒其他处于 WFE 状态的核。对于存储器屏障指令的目的，事件信号并没有被看作一个显式的存储器访问。因此，在执行 SEV 指令之前，必须考虑更新存储器，因为释放锁对其他处理器是可见的。这要求使用 DSB 指令，DMB 是不充分的，因为它只影响存储器访问的顺序，并没有将它们同步到一条指令，然而 DSB 将阻止 SEV 指令的执行，直到其他处理器可以看到前面的存储器访问为止。

5. Linux 中的屏障用法

屏障被用于强制存储器操作的顺序。通常不需要理解或显式使用存储器屏障。这是因为在操作系统的内核中已经包含了解锁和调度原语。然而，编写设备驱动程序的人或理解操作系统内核的人会觉得这些细节比较有用。

编译器和核架构的优化允许改变指令和相关的存储器操作，有时仍然需要强制指定存储器的操作顺序。例如，你想写存储器映射的外设。这个写可能对系统有一些不利的影响。在程序中，先于这个写或之后的存储器操作，由于在存储器的不同位置，看上去好像能重新排序。在一些情况下，在写外设完成之前必须保证所有操作的完成。或者你可能需要在任何其他存储器操作开始前确认已经完成外设操作。Linux 提供相关函数用于实现这些功能。

（1）对于特殊的存储器操作，不允许指导编译器进行重新排序。通过调用函数 barrier() 实现，它只控制编译器代码的生成和优化，不影响硬件的重新排序。

（2）调用映射到 Arm 处理器指令的存储器屏障指令，执行存储器屏障操作。它强迫一个特殊的硬件排序。下面给出可用的屏障（在 Linux 中支持 Cortex - A SMP）。

① 读存储器屏障函数 rmb()，确保在执行出现在屏障后的任何读操作之前已经完成出现在屏障前的任何读操作。

② 写存储器屏障函数 wmb()，确保在执行出现在屏障后的任何写操作之前已经完成出现在屏障前的任何写操作。

③ 存储器屏障函数 mb()，确保在执行出现在屏障后的任何访问之前已经完成出现在屏障前的任何存储器操作。

（3）这里有共享的 SMP 版本的屏障，即 smp_mb()、smp_rmb()和 smp_wmb()函数。它们用于在相同簇内多个处理器之间，强迫普通可缓存存储器的顺序。当没有使用 CONFIG_SMP 编译它们时，这些调用扩展到 barrier()描述。

6.3 存储器管理单元

本节将详细介绍 Cortex - A9 内存储器管理单元（Memory Management Unit，MMU）的结构和功能。

6.3.1 MMU 功能描述

MMU 的一个重要功能就是使得程序员可以管理任务,就如同独立的程序运行在自己私有的虚拟存储器空间。这样,一个虚拟存储器系统的关键特性是地址重定位,或者将处理器给出的虚拟地址转换成主存储器内的物理地址。

Arm 的 MMU 负责将代码和数据的虚拟存储器地址转换到系统内真实的物理地址。转换过程由 MMU 负责,对应用程序来说是透明的。此外,MMU 也控制存储器的访问许可、排序和用于每个存储器区域的缓存策略。

在多任务嵌入式系统中,要求使用一种方法分配存储器映射,并且为存储器的这些区域分配许可和存储器属性。在运行更复杂操作系统的情况下,如 Linux,要求对存储器系统进行更多的控制。

通过 MMU,在编写程序或任务时,不需要有物理存储器映射的知识,也不需要知道此刻可能有其他程序在同时运行。这样,使得程序员可以为每个程序使用相同的虚拟存储器地址空间。此外,即使物理存储器是不连续的,也可让程序员使用一个连续的虚拟存储器映射。虚拟地址空间和系统内的真实存储器物理映射相独立。在虚拟存储器空间写应用程序和编译并且链接来运行。当把代码放到存储器时,程序员、编译器和链接器使用虚拟地址,而真实的硬件系统使用物理地址。

操作系统负责对 MMU 进行编程,以实现两个空间之间的转换,如图 6.9 所示。在一个系统中,不同的处理器与设备可能有不同的虚拟地址和物理地址映射,如一些多核板和 PCI 设备。

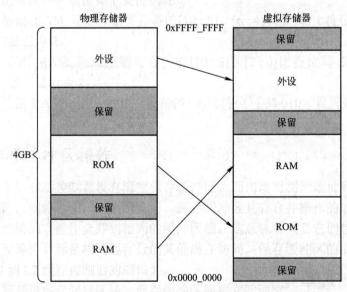

图 6.9 虚拟和物理存储器

当禁止 MMU 时,所有的虚拟地址直接映射到物理地址。如果 MMU 不能转换地址,处理器则产生一个异常终止,提供相关的问题信息。如果有要求,这个特性可以用于映射存储器或设备,一次一页。

6.3.2 虚拟存储器

MMU 使程序员可以建立包含多个虚拟地址映射的系统。每个任务可以有自己的虚拟存储器映射。操作系统内核将每个应用程序内的代码和数据放到物理存储器中,但是应用程序本身对位置并没有要求。

通过使用转换表,MMU 负责地址转换。通过软件,在存储器中创建树形的数据结构表。通过对表的遍历,MMU 硬件完成虚拟地址的转换。

> **注:** 在 Arm 结构中,在通常的计算机术语中,这个概念称为页表。Arm 结构使用多级页表,为所有的页表定义转换表作为一个通用项。页表中的入口中包含所有的信息,这些信息用于将虚拟存储器的一个页面转化到物理存储器的一个页面。软件负责配置指定的遍历机制和表的格式。

MMU 的块图结构如图 6.10 所示。MMU 的关键特性就是地址转换,它将来自虚拟存储器的代码和数据的地址转换到系统真实的物理地址。通过 MMU,使得程序员编写任务或应用程序时,不要求知道系统物理存储器的映射,或者在同一时刻所运行的其他程序,这就使得编写应用程序变得非常简单。因此,程序员可以为每个应用程序使用相同的虚拟存储器地址空间。这个虚拟的地址空间与系统真实的存储器物理映射相互之间独立。

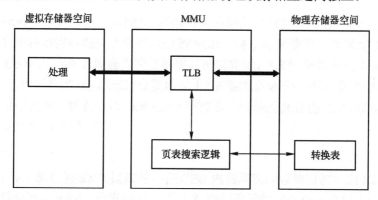

图 6.10 MMU 的块图结构

根据保存在转换表内的转换入口,MMU 执行转换过程。根据表的入口,在 MMU 内的两个主要功能单元自动提供地址转换。

(1) 表搜索器为所要求的转换自动重新得到正确的转换表入口。

(2) 转换旁视缓冲区(Translation look - aside Buffer,TLB)保存最近使用的转换入口,它的作用就像转换表中的高速缓存。

在使能 MMU 之前,必须将转换表写到存储器中。必须设置 TTBR,将其指向转换表。

使能 MMU 的代码如代码清单 6-8 所示。

代码清单 6-8　使能 MMU

MRC p15,0,R1,c1,C0,0	;读控制寄存器
ORR R1,#0x1	;设置 M 比特
MCR p15,0,R1,C1,C0,0	;写控制寄存器使能 MMU

注：如果使能 MMU 改变了地址映射，则需要考虑使用屏障来保证操作的正确性。

6.3.3 转换表

转换表也称为转换旁视缓冲区（Translation Lookaside Buffer，TLB）。当有一个存储器访问时，MMU 首先在 TLB 中检查是否已经缓存了转换关系。如果所要求的转换可用，则命中 TLB，TLB 立即提供物理地址的转换。如果 TLB 没有为该地址提供可用的转换，则出现 TLB 缺失，需要外部转换搜索表。这个新加载的转换关系可以缓存到 TLB 中，用于下次访问时使用。

对于不同的 Arm 处理器来说，TLB 的结构也不相同。它的入口实现虚拟地址到物理地址的转换，经常被称为页表，其包含一系列的入口，每个入口描述了物理地址转换，用于部分存储器映射。转换表入口由虚拟地址构成，每个虚拟地址准确地对应于转换表中的一个入口，它们也为该页或块提供访问许可和存储器属性。一组专用的转换表用于给出转换和存储器属性，这些属性将用于加载指令和数据的读/写。MMU 访问页表到转换地址的过程称为页表搜索。

当开发一个基于表的地址转换策略时，一个最重要的设计参数是每个转换表中所描述的存储器页面大小。MMU 支持 4KB、64KB、1MB 和 16MB 容量。当使用较大的页面时，可以使用较小的转换表。而使用较小的页面时，如 4KB，将显著增加动态存储器的分配效率和消除碎片，但是将要求百万个入口跨越整个 4GB 的地址空间。为了更好地平衡这两个需求，Cortex-A9 处理器的 MMU 支持包含两级页表的多级页表结构，即第一级（L1）和第二级（L2）。

1. 第一级页表

第一级页表有时也称为一个主页表，它将 4GB 的地址空间分成 4096 个 1MB 的空间。所以，L1 页表包含 4096 个入口，每个入口为字宽度。每个入口保存指向 L2 页表的指针，或者用于转换 1MB 空间的一个页表入口。如果页表入口正在转换 1MB 空间，它给出在物理存储器中的基地址。L1 页表的基地址称为转换表基地址 TTB，保存在 CP15 的一个寄存器 C2 中，它必须对齐 16KB 的边界。

一个 L1 页表入口是 4 个可能类型中的一个：在入口的[1:0]比特位定义了入口包含的内容，如图 6.11 所示。

- 一个故障入口产生一个终止异常。根据存储器访问的类型，这可能使预加载或数据异常终止，表示没有映射虚拟地址。

第6章 Cortex-A9 片上存储器系统结构和功能

	31 24	23	19	18	17	16	15	14 13 12	11 10	9	8 7 6 5	4	3	2	1	0
Fault					IGNORE										0	0
Page Table			Page Table Base Address, bits[31:10]							0	Domain	SBZ	NS	SBZ	0	1
Section	Section Base Address, PA[31:20]			NS	0	nG	S	AP[2]	TEX[2:0]	AP[1:0]	0	Domain			1	0
Supersection	Supersection Base Address PA[31:24]	Extended Base Address PA[35:32]		NS	1	nG	S	AP[2]	TEX[2:0]	AP[1:0]	0	Extended Base Address AP[39:36]	XN	C	B	1	0
Reserved					Reserved										1	1

图6.11 L1 页表格式

- ➢ 一个 1MB 空间的转换入口。
- ➢ 一个入口指向 L2 页表,它表示可以将容量为 1MB 的存储空间分成更小的页面。
- ➢ 一个 16MB 的超级空间。这是一种特殊的 1MB 空间入口,其要求在页表中有 16 个入口。

下面举例说明从 L1 页表中产生物理地址的过程,如图 6.12 所示。

假设 L1 页表放在地址 0x12300000 的位置。处理器核给出一个虚拟地址 0x00100000。[31:20]比特位定义了正在访问的 1MB 的虚拟地址空间,在这种情况下,0x001 表示需要读取表入口[1],每个入口宽度为 1 个字(4 个字节)。为了得到偏移地址,需要将入口号与入口宽度相乘,即 0x001 × 4 = 0x004,表示地址偏移。入口的地址为 0x12300000 + 0x004 = 0x12300004。因此,当从处理器接收到这个地址后,MMU 就从地址 0x12300004 读取字。

2. 第二级页表

L2 页表包含 256 个字宽度的入口,要求 1KB 的存储器空间,必须对齐 1KB 边界。每个入口将一个 4KB 的虚拟存储器块转换到物理存储器的 4KB 块。一个页表入口可以给出 4KB 或 64KB 页面的基地址。在 L2 页表中有 3 种类型的入口，由入口最低两位的值标识，如图 6.13 所示。

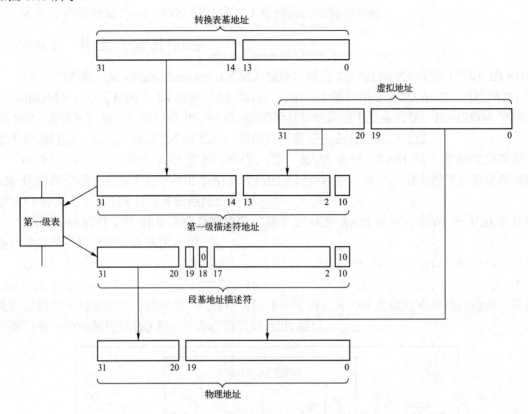

图 6.12　从 L1 页表中产生物理地址的过程

	31　　　　　　　　　　　　16	15	14 13 12	11	10	9	8 7 6	5 4	3	2	1	0
Fault	IGNORE										0	0
Large Page	Large Page Base Address	XN	TEX [2:0]	nG	S	APX	SBZ	AP	C	B	0	1
Small Page	Small Page Base Address			nG	S	APX	TEX [2:0]	AP	C	B	1	XN

图 6.13　L2 页表结构

由 L2 页表实现地址转换的过程，如图 6.14 所示。虚拟地址的[31:20]比特位用于索引 L1 页表的 4096 个入口，由 CP15 TTB 寄存器给出基地址。L1 页表入口指向 L2 页表，它包含 256 个入口。虚拟地址的[19:12]比特位用于选择给出页面基地址的入口。通过将物理地址的剩余比特位和基地址进行组合，产生最终的物理地址。

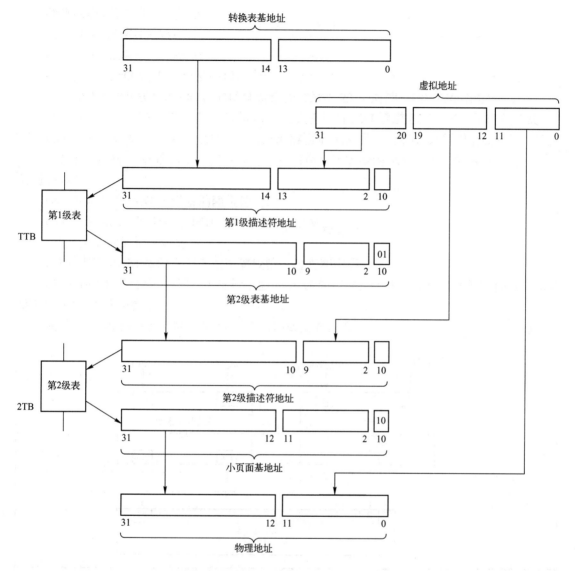

图 6.14 由 L2 页表实现地址转换的过程

6.3.4 页表入口域的描述

1. 存储器访问许可（AP 和 APX）

页表入口的访问许可位（AP 和 APX）为一个页提供了访问许可标志，如表 6.2 所示。没有访问许可页面的访问将被放弃。如果此时访问数据，将导致一个数据丢弃异常。在取一条指令时，这个访问被标记为异常终止。并且，在执行指令之前，如果没有刷新它，则发生弃预取异常。关于引起故障的故障位置的地址信息及原因将保存在 CP15（故障地址和故障状态寄存器）中，然后由故障句柄对所对应的故障进行相应的处理。

表 6.2 访问许可编码

APX	AP1	AP0	特权	非特权	描述
0	0	0	无访问	无访问	访问故障
0	0	1	读/写	无访问	只有特权访问
0	1	0	读/写	读	非用户模式写
0	1	1	读/写	读/写	充分访问
1	0	0	—	—	保留
1	0	1	读	无访问	只特权读
1	1	0	读	读	只读
1	1	1	—	—	保留

2．存储器属性（TEX、C 和 B 比特）

页表入口的 TEX、C 和 B 比特用于设置一个页面的存储器属性和使用的缓存策略，如表 6.3 和表 6.4 所示。

表 6.3 存储器属性编码（1）

TEX[2:0]	C	B	描述	存储器类型
0	0	0	强顺序	强顺序
0	0	1	可共享设备	设备
0	1	0	外部和内部写通过，在写时无分配	普通
0	1	1	外部和内部写回，在写时无分配	普通
1	0	0	外部和内部非可缓存	普通
1	—	—	保留	—
10	1	0	非可共享的设备	设备
10	—	—	保留	—
11	—	—	保留	—
1xx	Y	Y	可缓存的存储器 XX - 外部策略 YY - 内部策略	普通

表 6.4 存储器属性编码（2）

编码比特		缓存属性
C	B	
0	0	非缓存的
0	1	写回，写分配
1	0	写通过，非写分配
1	1	写回，非写分配

3．域（Domain）

一个域是一堆存储器区域。域只对 L1 页面入口有效。L1 页表的入口格式支持 16 个域，要求软件定义一个转换表，将每个存储器区域分配到一个域中。域块（Domain Field）

在 16 个域中指定入口所在的域。对于每个域,在域访问控制寄存器 DACR 中提供两位用于定义所允许的访问,每个域中可能的设置如下。

1)不可访问

使用转换表描述符的任何访问将产生一个域故障。

2)客户

使用转换表描述符的任何访问,将检查访问许可属性。因此,访问可能产生一个允许故障。

3)经理

使用转换表描述符的任何访问,不检查访问许可属性。因此,访问不会产生一个允许故障。

4. 可共享的位(S)

该位确定转换是否用于可共享存储器。当 S 为 0 时,存储器分配是非共享的;否则,就是可共享的。

5. 非全局区域位(nG)

转换入口中的 nG 位,允许虚拟存储器映射被分割到全局和非全局区域。每个非全局区域(nG = 1)有一个相关地址空间标志符 ASID,它是由操作系统给每个任务分配的一个数字。如果 nG 位被设置用于一个特殊的页,则页面与所指定的应用程序关联,并且不是全局的。这就意味着,当 MMU 执行一个转换时,它使用虚拟地址和 ASID 值。当发生页表搜索及更新 TLB 时,将入口标记为非全局的,ASID 值保存在 TLB 入口内。随后的 TLB 查找只匹配当前 ASID 与保存在入口 ASID 相匹配的入口。这就表示设计者可以有多个有效的 TLB 入口用于一个特殊页(标记为非全局的),但是包含不同的 ASID 值。在切换上下文时,这显著减少了软件开销,这是因为避免了对片上 TLB 的刷新。

6. 从不执行位(xN)

在客户域内,当把一个存储器位置标记为从不执行(它的 XN 属性设置为 1)时,不允许取/预取指令。任何对于读操作的存储器区域必须被标记为从不执行,以避免预测预取可能对存储器的访问。例如,任何与读敏感外设相关的存储区域必须被标记为从不执行。

6.3.5 TLB 构成

Cortex - A9 MMU 包含两级 TLB,它包含一个统一的 TLB,用于指令和数据。然后分成两个微 TLB,用于数据和指令。微 TLB 作为第一级 TLB,每个有 32 个全关联入口。如果在相应的微 TLB 中一个取指令或加载/保存地址缺失,则访问统一的或主 TLB。统一的主 TLB 提供一个两路关联的 2 × 64 入口表(128 个入口),并且使用入口锁定模型来支持 4 个可锁定的入口。TLB 使用一个伪随机轮询替换策略,当出现缺失时,确定在 TLB 中应该替换的入口。

不像其他 RISC 处理器要求软件管理和更新驻留在存储器中来自页表的 TLB,Cortex - A9 中的 TLB 支持硬件页表搜索,用于执行在 L1 数据高速缓存内的查找。因此,允许缓存页表。

通过对 MMU 配置，即在 TTB 寄存器中设置 IRGN 比特位，就可以在可缓存的区域执行硬件转换表搜索。如果 IRGN 比特编码为写回，则执行 L1 数据高速缓存查找，并且从数据缓存中读取数据。如果 IRGN 比特编码为写通过和非缓存，则执行对外部存储器的访问。

TLB 入口可以是全局的，或者通过 ASID 分配给特殊的进程或者应用程序。当切换上下文时，ASID 使能 TLB 入口保持驻留状态，以避免要求随后重新加载它们。

> **注**：Arm Linux 内核贯穿所有 CPU（不是基于每个 CPU）管理全局 8 位 TLB ASID 空间。对于新的进程，递增 ASID。当 ASID 回卷到 0 时，给两个 CPU 发送 TLB 刷新请求。然而，只有 CPU 处于一个上下文切换中间时才立即更新其当前的 ASID 上下文，而其他 CPU 继续使用当前预回卷前的 ASID，直到调度间隔到达，然后它的上下文切换到一个新的进程。

通过集成在 Cortex-A9 中的专用协处理器 CP15 控制 TLB 的维护和配置操作。这个协处理器提供标准机制，用于配置 L1 存储器系统。

1. 微 TLB

用于页表信息的第一级缓存是一个包含 32 个入口的微 TLB，它分别用于指令和数据一侧。在一个周期内，这些块提供全关联虚拟地址的查找。

微 TLB 将物理地址返回到缓存，用于比较地址，并且检查保护属性，以便发出预取异常终止或数据异常终止的信号。

所有与主 TLB 相关的操作都会影响指令和数据微 TLB，即刷新它们。同样地，上下文 ID 寄存器的任何变化都会引起微 TLB 的刷新。复位后，在使能 MMU 之前，主/统一 TLB 是无效的。

2. 主 TLB

主 TLB 是 TLB 结构的第二层，它缓存来自微 TLB 的缺失。它也提供中心化资源，用于可锁定的转换入口。

主 TLB 负责处理来自指令和数据微 TLB 的缺失。根据完成来自每个微 TLB 的请求和其他与实现相关的因素，对主 TLB 的访问将花费几个周期。

在主 TLB 可锁定区域的入口，可以以单个入口颗粒度被锁定。只要可锁定区域不包含任何锁定的入口，就可以给它分配非锁定入口，以增加整个主 TLB 的存储容量。

3. 转换表基地址寄存器 0 和 1

当通过多个应用程序各自的页表管理它们时，需要复制多个 L1 页表。复制后的每个页表对应于每个应用程序，每个页表的大小为 16KB。每个页表的入口大致相同，只有一个存储器区域是由任务指定的。如果需要修改一个全局页表入口，则需要修改每个表。

为了减轻这个问题所造成的不利影响，可以使用第二个页表基地址寄存器。在 PC15 中，包含两个页表基地址寄存器，即 TTBR0 和 TTBR1。TTB 控制寄存器给出 0～7 范围的 N 值，这个 N 值告诉 MMU 应该检查虚拟地址的哪些高位，以确定所使用的 TTBRx。当 N

为 0 时，表示所有的虚拟地址使用 TTRB0 进行映射。当 N 在 1～7 之间时，硬件查看虚拟地址的最高有效位。如果 N 的最高有效位都是 0，则使用 TTBR0；否则，使用 TTBR1。

典型地，TTBR0 用于进程指定的地址。当上下文切换时，更新 TTBR0 指向新上下文的第一级转换表，如果该变化引起转换表大小的变化，则更新 TTBCR。这个表大小的变化范围为 128B～16KB。

4. TLB 匹配过程

每个 TLB 入口包含一个虚拟地址、一个页面大小、一个物理地址和一套存储器属性。它们中的每一个都被标记为与一个特殊的应用程序空间相关，或者标记为全局，用于所有应用程序空间。如果与被修改虚拟地址 MVA 的[31 : N]匹配，则匹配一个 TLB 入口，其中 N 为用于 TLB 入口页面大小的 log2，它被标记为全局的，或者 ASID 匹配当前的 ASID。

当下面的条件为真时，匹配一个 TLB 入口：

（1）它的虚拟地址匹配所要求的地址；

（2）它的非安全 TLB ID（NSTID）匹配 MMU 请求的安全或者非安全状态；

（3）它的 ASID 匹配当前 ASID，或者该 ASID 为全局的。

操作系统必须保证在任何一个时刻，基本上有一个 TLB 入口匹配。根据下面的块大小，TLB 可以保存入口。

（1）Supersection：16MB 的存储器块。

（2）Section：1MB 的存储器块。

（3）Large page：64KB 的存储器块。

（4）Small page：4KB 的存储器块。

6.3.6 存储器访问顺序

当处理器产生一个存储器访问后，转换过程如图 6.15 所示，MMU 执行下面的步骤。

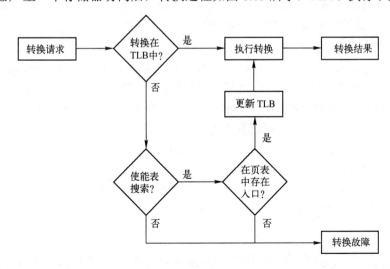

图 6.15 转换过程

（1）在相关的指令或数据微 TLB 中，查找所要求的虚拟地址、当前地址空间标志符 ASID 和安全状态。

（2）如果在微 TLB 中缺失，则在主 TLB 内查找所要求的虚拟地址、当前地址空间标志符 ASID 和安全状态。

（3）如果在主 TLB 中缺失，则执行一个硬件转换表搜索。

MMU 可能没找到全局映射，或者用于当前所选择地址空间标志符 ASID 的映射，这个空间标志符包含一个匹配的用于 TLB 内虚拟地址的非安全 TLB ID（NSTID）。在这种情况下，如果使能 TLB 控制寄存器硬件内的 PD0 和 PD1 位，则进行一个转换表的搜索。如果禁止转换表搜索，则处理器返回一个段转换故障。

如果 MMU 找到一个匹配的 TLB 入口，它使用入口内的信息。

（1）访问许可位和域决定是否使能访问。如果匹配入口没有通过许可检查，MMU 则发出一个存储器退出信号。

（2）在 TLB 入口和 CP15 c10 重映射寄存器内指定存储器的区域属性、控制缓存和写缓冲区，并且决定访问是安全的或不安全的，是共享的或非共享的，是普通的存储器、设备或者强顺序的。

（3）MMU 将虚拟地址转换为物理地址，用于存储器访问。

如果 MMU 没有找到匹配的入口，则产生硬件表搜索。

6.4 侦听控制单元

通过 SCU 模块，两个 Cortex - A9 处理器与存储器子系统连接，并且智能化管理两个处理器与 L2 缓存之间的缓存一致性。这个模块负责管理互联仲裁、通信、缓存和系统存储器传输，以及 Cortex - A9 处理器的缓存一致性。APU 也将 SCU 的能力开放给通过 ACP 接口所连接的 PL 内的加速器，该接口允许 PL 内所构建的主设备共享和访问处理器内不同的缓存结构。SCU 所提供的系统一致性不但改善了性能，也降低了软件复杂度；否则，需要每个操作系统的驱动程序维护软件的一致性。

SCU 模块通过缓存一致总线（Cache Coherency Bus，CCB）与每个 Cortex - A9 处理器通信，并且负责管理 L1 和 L2 缓存一致性。SCU 支持 MESI 侦听，通过避免不必要的系统访问，改善了功耗和系统性能。模块实现被复制的 4 路关联标记 RAM，用作一个本地目录，它列出了保存在 CPU L1 数据缓存内的一致性缓存行。该目录允许 SCU 以最快的速度检查数据是否在 L1 数据缓存内，并且不会打断 CPU 的执行。此外，过滤访问，该访问只能是共享数据的处理器。

此外，SCU 也能将一个干净数据从一个处理器高速缓存复制到其他位置，不需要通过主存访问来执行这个任务。而且，它能在处理器间移动脏的数据、扫描共享状态和避免写回操作带来的延迟。

注：Cortex - A9 处理器不能直接修改 L1 缓存的内容，因此不保证 L1 指令缓存间的一致性。

6.4.1 地址过滤

SCU 的一个功能是根据地址信息，过滤处理器和 ACP 产生的交易，并且将其连接到相应的 OCM 或 L2 控制器。在 SCU 内，地址过滤的颗粒度是 1MB。因此，当地址在 1MB 窗口内时，所有处理器的访问或通过 ACP 的访问，其目标只能是 OCM 或 L2 控制器。在 SCU 内的默认地址过滤设置是将 4GB 地址空间内的高 1MB 和低 1MB 地址连接到 OCM，剩余的地址连接到 L2 控制器。

6.4.2 SCU 主设备端口

每个连接到 L2 或 OCM 的 SCU AXI 主端口有写发布能力和读发布能力。

1. 写发布能力

（1）每个处理器发布 10 个写交易，其中 8 个为非缓存写，另外 2 个来自 L1 中的替换。
（2）2 个额外的写用于来自 SCU 的替换流量。
（3）来自 ACP 大于 3 个的写交易。

2. 读发布能力

（1）每个处理器发布 14 个读交易，包括 4 个指令读、6 个行填充读和 4 个可非缓存读。
（2）来自 ACP 大于 7 个的读交易。

6.5　L2 高速缓存

L2 高速缓存基于 Arm PL310，包含一个 8 路组关联的 512KB 缓存，用于 Cortex - A9 双核处理器。L2 高速缓存为物理寻址和物理标记，并且支持固定的 32 字节行宽度。L2 高速缓存的特点主要如下。

（1）使用 MESI 算法支持侦测一致性控制。
（2）为 L2 高速缓存存储器提供奇偶校验。
（3）支持 SMP 模式下的预测读操作。
（4）提供 L1/L2 互斥模式，即数据可以保存在 L1/L2 中的一个，但不能同时出现在 L1 与 L2 中。
（5）可以基于主设备、行或路锁定缓存。
（6）实现 16 个入口深度的预加载引擎，用于将数据加载到 L2 缓存存储器。
（7）为改善延迟，支持关键字首行填充。
（8）使用带有决策选项的伪随机替换选择策略，即写通过和写回，以及读分配、写分配、读和写分配。
（9）当复位 L2 时，清除 L2 的数据和标记 RAM 的内容，遵守所要求的安全性原则。
（10）L2 控制器实现多个 256 位的行缓冲区，以改善高速缓存的效率。
① 用于外部存储器访问的行填充缓冲区（Line Fill Buffer，LFB）可以创建一个完整的缓存行，然后放在 L2 缓存存储器内。4 个 LFB 用于支持 AXI 交替读。

② 用于每个从端口的两个 256 位的缓存行读缓冲区。当命中缓存时，这些缓冲区保存来自 L2 缓存的一个缓冲行。

③ 3 个 256 位的替换缓冲区保存着来自 L2 缓存淘汰的缓存行，这些缓存行将要写回到主存储器中。

④ 当送到主存储器或 L2 缓存之前，3 个 256 位的保存缓冲区保存着可缓冲的写。这样，可以将对相同缓存行的多个写操作合并在一起。

（11）在4KB 边界内，控制器实现可选择的缓存行预取操作。

（12）L2 缓存控制器将来自 L1 的互斥请求提交给 DDR、OCM 或外部存储器。

注：SCU 不能保证在指令和数据 L1 缓存之间的一致性，所以需要使用软件保持其一致性。

L2 高速缓存实现 TrustZone 的安全性扩展，用来扩展操作系统的安全性。在标记 RAM 上添加一个不安全 NS 的标记位，作为一个地址比特位，用于在相同的路内进行查找。此外，在所有缓冲区内也添加 NS 标记。标记 RAM 内的 NS 比特位，用来确定淘汰到 DDR 和 OCM 的安全性。控制器限制对控制、配置和维护寄存器的非安全访问。

下面给出了不同类型 Cortex - A9 交易的描述。

1）可缓冲的

当到达交易的目的地时，互联或任何一个共它元件可以将交易延迟任意数量的周期。这通常只和写相关。

2）可缓存的

最终目的的交易不必出现原始交易的特征。对于写操作，意味着可以将很多写合并在一起。对于读操作，意味着对一个位置预取/取一次就可以用于多个读交易。这个属性应该与读分配和写分配属性一起使用，以确定是否应该缓存一个交易。

3）读分配

如果是一个读传输，当它在缓存中缺失时，则应该为它分配缓存。如果传输是不可缓存的，该属性无效。

4）写分配

如果是一个写传输，当它在缓存中缺失时，则应该为它分配缓存。如果传输是不可缓存的，该属性无效。

在 Arm 的结构中，内部属性用于控制 L1 缓存和写缓冲区的行为，外部属性被输出到 L2 或外部存储器系统。

类似大多数的现代处理器，在 Cortex - A9 处理器系统中，为了改善性能和功耗，在系统的很多级中进行了优化。这些优化并不能被完全地隐藏起来（不被外部看到），因此这可能引起所希望顺序执行模型的冲突。这些优化例子如下：

（1）多发预测和无序执行；

（2）合并加载/保存操作，用于最小化加载/保存延迟；

（3）在一个多核处理器内，基于硬件的一致性管理可能引起缓存行在处理器之间透明的迁移。这样，导致不同的处理器核以不同的顺序看到对缓存存储器位置的更新；

（4）当外部主设备通过 ACP 被包含在一致性系统内时，外部系统的特性可能产生新的额外竞争。

因此，定义一个规则是至关重要的，这个规则用于限制一个 CPU 核访问存储器的顺序，该顺序与周围的指令相关，或者能被多核处理器系统的另一个处理器所观察到。

在 Cortex - A9 中，对所支持的 Armv7 加载/保存交易类型的响应，L2 缓存控制器通常的行为如表 6.5 所示。

表 6.5 L2 缓存控制器通常的行为

交易类型	Armv7 等效	L2 缓存控制器的行为
非缓存和非缓冲	强顺序	对于读，在 L2 中没有缓存，导致访问存储器；对于写，没有缓冲，导致访问存储器
只缓冲	设备	对于读，在 L2 中没有缓存，导致访问存储器；对于写，放在保存缓冲区内，没有合并，立即发送到存储器
可缓存，但无分配	外部非可缓存	对于读，在 L2 中没有缓存，导致访问存储器；对于写，放在保存缓冲区中，当清空保存缓冲区时，写到存储器中
可缓存的写通过、读分配	外部写通过、没有写分配	读命中，从 L2 读；读缺失，将行填充到 L2；写命中，放在缓冲区内，填满缓冲区后写到 L2 和存储器中；写缺失，放在缓冲区内，清空缓冲区后写到存储器中
可缓存的写回、读分配	外部写回，没有写分配	读命中，从 L2 读；读缺失，行填充到 L2；写命中，放在缓冲区内，填满缓冲区后写到 L2，并且将缓存行标记为脏；写缺失，放在缓冲区内，清空缓冲区后写到 L2
可缓存的写通过、写分配	—	读命中，从 L2 读；读缺失，没有在 L2 中缓存，引起存储访问；写命中，放在缓冲区内，当清空缓冲区时写到 L2，并且将缓存行标记为脏；写缺失，放在缓冲区内，当清空缓冲区时，检查是否满。如果不满，在给 L2 分配缓冲区之前，向存储器请求字或行，并分配给 L2，写到存储器
可缓存的写回、写分配	—	读命中，从 L2 读；读缺失，没有在 L2 中缓存，引起存储访问；写命中，放在缓冲区内，当清空缓冲区时写到 L2，并且将缓存行标记为脏；写缺失，放在缓冲区内，当清空缓冲区时，检查是否满。如果不满，在给 L2 分配缓冲区之前，向存储器请求字或者行，并分配给 L2
可缓存的写通过、读和写分配	外部写通过、读/写分配	读命中，从 L2 读；读缺失，行填充到 L2；写命中，放在缓冲区内，当清空缓冲区时写到 L2 和存储器；写缺失，放在缓冲区内，当清空缓冲区时，检查是否满。如果不满，在给 L2 分配缓冲区之前，向存储器请求字或行，并分配给 L2，写到存储器
可缓存的写回、读/写分配	外部写回、写分配	读命中，从 L2 读；读缺失，行填充到 L2；写命中，放在缓冲区内，当清空缓冲区时写到 L2，并且将缓存行标记为脏；写缺失，放在缓冲区内，当清空缓冲区时，检查是否满。如果不满，在给 L2 分配缓冲区之前，向存储器请求字或者行，并分配给 L2

6.5.1 互斥 L2 - L1 高速缓存配置

互斥的缓存配置模式中，Cortex - A9 处理器的 L1 数据缓存和 L2 缓存是互斥的。在任何时候，将一个给定的地址缓存在 L1 数据缓存或 L2 缓存内，但不是所有（也就是说，L1 和 L2 是互斥的）。这样，增加了 L2 缓存的可用空间和使用效率。当选择互斥的缓存配置时：

（1）修改数据缓存替换行策略，这样，在 L1 内的淘汰缓存行总是被淘汰到 L2，即使它是干净的；

（2）如果 L2 缓存的一行是脏的，则来自处理器对这个地址的读请求引起写回到外部存储器，以及关联到处理器的行填充。

必须将所有的 L1 和 L2 缓存行配置成互斥的。通过使用 L2 辅助控制寄存器的第 12 比特位和 Cortex-A9 内 ACTLR 寄存器的第 7 比特位，将 L2 和 L1 缓存配置成互斥操作。

对于读行为：

（1）对于一个命中，缓存行标记为非有效的（复位标记 RAM 的有效位），脏比特位不变，如果设置脏比特位，未来的访问仍然能命中该缓存行，但是该行是未来替换的首选；

（2）对于一个缺失，没有将缓存行分配给 L2 高速缓存。

对于写行为来说，取决于 SCU 的属性值。该属性值用来指示写交易是否是一个来自 L1 存储器系统的替换，以及是否是一个干净的替换。AWUSERS[8]属性表示一个替换，AWUSERS[9]表示一个干净的替换。

行为总结如下。

（1）对于一个命中，该行标记为脏，除非 AWUSERS[9:8] = 11。这种情况下，脏位不变。

（2）对于一个缺失，如果缓存行被替换（AWUSERS[8] = 1），则分配缓存行。根据是否是脏的替换，确定它的脏位状态。如果缓存行是脏的替换（AWUSERS[8] = 0），则只有它是写分配时才分配缓存行。

6.5.2 高速缓存替换策略

辅助控制寄存器的[25]比特位用于配置替换策略，该策略是基于轮询或伪随机的算法。

1. 轮询替换策略

首先填充无效的和未锁定的路。对于每一行，当路都是有效的或锁定的时候，该替换将选择下一个未锁定的路。

2. 伪随机替换策略

首先填充无效的和未锁定的路。对于每一行，当路都是有效的或锁定的时候，在未锁定的路之间随机选择替换。

当要求一个确定的替换策略时，使用锁定寄存器阻止对路进行分配。例如，由于 L2 缓存是 512KB 的并且是 8 路组关联的，所以每路为 64KB。使用一个确定性的替换策略时，如果一段代码要求驻留在两个路（128KB），则在代码填充到 L2 缓存前，必须锁定 1~7 路。如果代码最开始的 64KB 只分配给第 0 路，则必须锁定第 0 路，将第 1 路解锁，这样就可以将剩下的 64KB 分配给第 1 路。

此处有两个锁定寄存器，一个用于数据，一个用于指令。如果要求的话，一个锁定寄存器就能将数据和指令分配到 L2 缓存内各自的路。

6.5.3 高速缓存锁定

允许由缓存行、路或主设备（包括 CPU 和 ACP 主设备）锁定 L2 缓存控制器入口，可可以同时使用行锁定和路锁定。此外，也可以同时使用行锁定和主设备锁定。然而，路锁定和主设备锁定是互斥的。这是由于路锁定是主设备锁定的子集。

1. 行锁定

当使能时，标记所有新分配的缓存行的锁定状态。控制器认为已经锁定新分配的缓存行，并且不会自然淘汰这些新分配的缓存行。通过设置行使能寄存器（LER）的[0]比特位，使能锁定行。标记 RAM 的[21]比特位给出了每个缓存行的锁定状态。

> **注**：一个锁定行使能的例子是，一个关键部分的软件代码加载到 L2 缓存中。

解锁所有行的后台操作，使得解锁所有由行锁定机制标记为锁定的行。通过读解锁所有行寄存器检查这个操作的状态。当正在对所有行执行解锁的操作时，用户不能启动一个后台缓存维护操作。如果尝试这样操作，将返回一个 SLVERR 错误。

2. 路锁定

L2 缓存是 8 路组关联的，允许用户将基于路的策略用于锁定替换算法。使能设置计数从 8 路所有的路数减少到直接的映射。32 位的缓存地址由下面的域构成：

[标记域],[索引域],[字域],[字节域]

当查找一个缓存时，索引定义了所要查找缓存路的位置。路数定义了包含相同索引位置的个数，称为一个组。因此，一个 8 路组关联缓存有 8 个位置。这些位置存在包含索引 A 的地址。在 512KB 的 L2 缓存内，有 211 或 2048 个标记。

锁定格式 C，正如 Arm 结构参考手册中所描述的那样，提供了一种方法，这种方法用于约束替换策略。该策略用于在组内分配缓存行，这种方法使得：

（1）取代码或将数据加载到 L2 中；

（2）保护由于其他访问导致的替换；

（3）这个方法也能减少缓存污染。

L2 缓存控制器内的锁定寄存器，用于锁定 L2 缓存内 8 路中的任意一路。为了使用锁定，用户设置每个比特位为 1，用于分别锁定各自的路。例如，设置[0]比特位用于 0 路，[1]比特位用于 1 路。

3. 主设备锁定

主设备锁定特性是路锁定特性的超集，它使能多个主设备共享 L2 缓存，以及使 L2 行看上去是为这些主设备专用的更小 L2 缓存。该特性使得用户可以为特定的主设备 ID 号保护 L2 缓存路。L2 缓存控制器中有 8 个指令和 8 个数据锁定寄存器（0xF8F02900～0xF8F0293C），每个寄存器与 AR/WUSERSx[7:5]识别的主 ID 号中的一个相关。每个寄存器包含一个 16 位的 DATALOCK/INSTRLOCK 域。通过将这些域的 16 位中的任何一个设置为 1，用户可以锁定用于相应主 ID 所指定的路。

由主设备实现的 L2 缓存控制锁定，最多只能区分 8 个不同的主设备。然而，在 Cortex-A9 多核内最多有 64 个 AXI 主设备 ID 号。64 个主 ID 值被分组成 8 个可锁定的组，如表 6.6 所示。

表 6.6　主设备 ID 组的锁定

ID 组	描述	ID 组	描述
A9 核 0	来自核 0 的所有 8 个读/写请求	ACP 组 0	ACP ID = { 000 ,111 }
A9 核 1	来自核 1 的所有 8 个读/写请求	ACP 组 1	ACP ID = { 010 ,011 }
A9 核 2	保留	ACP 组 2	ACP ID = { 100 ,101 }
A9 核 3	保留	ACP 组 3	ACP ID = { 110 ,111 }

6.5.4　使能/禁止 L2 高速缓存控制器

默认情况下，禁止 L2 缓存。通过设置独立于 L1 缓存的 L2 缓存控制寄存器 CCR 的比特 0，使能 L2 缓存。当禁止缓存控制块时，根据它们的地址，将交易传递到 DDR 存储器或缓存控制器主端口的主互联。由于禁止缓存控制器而导致的地址延迟时间是来自 SCU 从端口内的一个时钟加上主端口内一个周期的总和。

6.5.5　RAM 访问延迟控制

L2 缓存数据和标记 RAM 使用与 Cortex-A9 处理器相同的时钟。然而，当时钟以它最高的速度运行时，在单周期内访问这些 RAM 是不行的。为了解决这个问题，L2 缓存控制器提供了一个机制。通过设置标记 RAM 和数据 RAM 延迟控制寄存器（Latency Control Register，LCR）各自的[10:8]、[6:4]和[2:0]比特位，以调整用于所有 RAM 阵列的写访问、读访问和建立延迟。对于所有的寄存器，这些位域的默认值是 3'b111，这些默认值对应于每个 RAM 阵列 3 个属性的 8 个 CPU_6x4x 周期的最大延迟。由于这些大的延迟将导致较低的缓存性能，所以软件应该按如下复位属性。

（1）通过给标记 RAM 延迟控制寄存器的[10:8]、[6:4]和[2:0]比特位写 3'b001，设置 3 个标记 RAM 的延迟为 2。

（2）通过给数据 RAM 延迟控制寄存器的[10:8]和[2:0]比特位写 3'b001，设置数据 RAM 的写访问和建立延迟为 2。

（3）通过给数据 RAM 延迟控制寄存器的[6:4]比特位写 3'b010，设置数据 RAM 的读访问延迟为 3。

6.5.6　保存缓冲区操作

如果在第一个访问后控制器没有清空保存缓冲区，而出现对相同地址和相同安全比特位的两个缓冲写访问，则将覆盖第一个写访问。保存缓冲区具有合并操作的能力，这样它将对一个相同行地址连续的写操作合并到相同的缓冲区槽。这意味着只要它们包含数据，控制器就不会清空槽，而等待目标是相同缓存行的其他潜在访问。保存缓冲区的清空策略如下（从端口是指从 SCU 到 L2 缓存控制器的端口）。

（1）如果目标是设备存储器区域，保存缓冲区槽被立即清空。

（2）一旦它们满，则清空保存缓冲区槽。

（3）当从端口发生每一个强顺序读时，清空缓冲区。

（4）当从端口发生每一个强顺序写时，清空缓冲区。

(5) 如果保存缓冲区包含数据，清空最近访问的槽。

(6) 如果一个保存缓冲区槽检测到有风险时，则清空缓冲区，用于解决风险。当数据出现在缓存缓冲区时会发生风险，但是出现在缓存 RAM 或外部存储器时则不会出现风险。

(7) 当从端口接收到一个锁定的交易时，清空保存缓冲区。

(8) 当从端口接收到一个目标是配置寄存器的交易时，清空保存缓冲区。合并条件取决于地址和安全属性。合并只发生在数据在保存缓冲区，并且没有正在清空的时候。

当清空一个写分配可缓存的槽时，缓存缺失，并且没有满，保存缓冲区通过主端口发送一个请求到主互联或 DDR，以完成缓存行。相应的主端口通过互联发送一个读请求，并且给保存缓冲区提供数据。当槽满时，将它分配到缓存行。

6.5.7 在 Cortex - A9 和 L2 控制器之间的优化

为了提高性能，SCU 和 L2 控制器存在接口，并且有一部分与 OCM 进行连接，用于实现下面的优化。

（1）较早的写响应。

（2）预取提示。

（3）充分的写零填充行。

（4）Cortex - A9 多核处理器预测读操作。

这些优化应用于来自处理器的传输，但不包括 ACP。

1. 较早的写响应

在来自 Cortex - A9 到 L2 缓存控制器的写交易期间，只有当最后一拍数据到达 L2 控制器时，来自 L2 控制器的写响应才正常返回到 SCU。这个优化使得只要保存缓冲区接受写地址，并且允许 Cortex - A9 处理器为写提供更高的带宽时，L2 控制器就发送某个写交易的写响应。默认时，禁止这个特性。通过设置用于 L2 控制器的辅助控制寄存器内的早期 BRESP 使能位，用户可以使能该特性。Cortex - A9 不要求任何编程来使能这个特性。OCM 不支持这个特性，正常产生写响应。

2. 预取提示

当 Cortex - A9 配置为 SMP 模式时，在 CPU 内自动实现预取数据，向 L2 缓存控制器发送读访问。这些特殊的读称为预取提示。当 L2 控制器接收到这个预取提示时，它为一个缺失分配目标缓存行到 L2 缓存，但不给 Cortex - A9 处理器返回任何数据。用户可以通过下面两种方法，使能生成 Cortex - A9 处理器预取提示。

（1）通过设置 ACTLR 寄存器的[1]比特位，使能 L2 预取提示特性。使能时，当在一致性存储器上检测到规则的取模式时，这个特性设置 Cortex - A9 处理器自动发出 L2 预取提示请求。

（2）使用预加载引擎（Pre - Load Engine，PLE）。当在 Cortex - A9 内使用这个特性时，在被编程的地址上 PLE 发送一系列的 L2 预取提示请求。

不要求对 L2 控制器额外编程。将预取提示应用到 OCM 存储器空间时不引起任何行为，这是因为与缓存不同，在将数据传输到 OCM RAM 时，要求软件准确地操作。

3. 充分的行写零

当使能这个特性时，在单个写命令周期内，Cortex - A9 处理器可以将整个非一致性的由零所填充的缓存行写到 L2 缓存中，该特性使得改善性能和降低功耗。当一个 CPU 正在执行存储器分配 memset 例程来初始化一个特殊的存储器区域时，Cortex - A9 很可能使用这个特性。

默认时，禁止该特性。通过设置用于 L2 控制器的辅助控制寄存器的充分的行写零使能比特位和 Cortex - A9 ACTLR 寄存器的使能位，使能该特性。使能该特性，必须执行下面的步骤。

（1）在 L2 控制器内使能所有行零填充特性。
（2）使能 L2 缓存控制器。
（3）在 Cortex - A9 内使能所有行零填充特性。缓存控制器不支持包含该特性的强顺序写访问。如果在 Cortex - A9 内使能该特性，OCM 也支持这个特性。

4. Cortex - A9 预测读

该特性是 Cortex - A9 多核处理器独一无二的配置。通过使用 SCU 控制寄存器内一个专门的软件控制比特位，使能该特性。对于该特性，通过使用 ACTLR 寄存器内的 SMP 比特位，使 Cortex - A9 处于 SMP 模式。然而，L2 控制器不要求任何特定设置。当使能预测读特性时，在一致性行填充上，SCU 给控制器发布预测的包含查找该标记的读交易。对于这些预测的读操作，控制器并不返回数据，而只在它的缓存行读缓冲区内准备的数据。

如果 SCU 缺失，它给控制器发布一个行填充确认，确认与控制器内前面的预测读合并。使能控制器返回数据给 L1 缓存，要比命中 L2 缓存快。如果命中 SCU，在几个周期后或存在资源冲突时，自然终止 L2 内的预测读。当结束预测读时，L2 控制器通知 SCU，或者确认，或者终止。

6.5.8 预取操作

预取操作使得系统能够预先从存储器取缓存行，用于改善系统性能。用户通过设置预取控制寄存器的[29]或[28]比特位，使能预取特性。使能时，如果 SCU 从端口接收到一个可缓存的读交易时，在随后的缓存行执行一个缓存查找。预取控制寄存器的[4:0]比特位提供了随后缓存行的地址。如果发生缺失，从外部存储器取缓存行，并且分配到 L2 缓存。

默认，预取偏置是 5'b0000。例如，如果 S0 接收到在地址 0x100 上一个可缓存的读，预取地址为 0x120 的缓存行。预取下一个缓存行可能不会优化性能。在一些系统中，超前预取更多以达到更好的性能。通过将预取缓存行的地址设置为缓存行+1+偏置，使得超前预取更多。预取偏置的优化值取决于外部存储器读延迟和 L1 的读发布能力。预取机制不能跨越 4KB 的边界。

在控制主端口内，预取访问可以使用大量的地址槽。这将阻止对非预加载访问的服务，将影响性能。为了应对这个不利影响，控制器可以放弃预取访问。通过使用预取控制寄存器的[24]比特位来控制它。使能时，如果在控制器主端口内的预取和非预取之间存在资源冲突时，则放弃预取访问。当从外部存储器返回这些预取访问的数据时，放弃这些数据，并且不会把它们分配给 L2 高速缓存。

6.5.9 编程模型

下面的操作应用于 L2 缓存控制器内的寄存器。

（1）通过存储器映射的寄存器集控制缓存控制器。在 L1 页表中，必须将用于这些寄存器的存储器区域定义为强顺序或设备存储器属性。

（2）必须保护所有寄存器的保留位；否则，设备可能发生不可预测的行为。

（3）除非在相关文字中进行描述，所有寄存器均支持读和写访问。写操作用于更新寄存器的内容，读操作返回寄存器的内容。

（4）在处理所有对寄存器的写操作前，自动执行一个初始的同步操作。

1．初始化序列

作为一个例子，由下列的寄存器操作构成一个典型的缓存控制器启动编程序列。

（1）将 0x020202 写到地址为 0xF8000A1C 的寄存器中，这是必须要执行的一步。

（2）使用一个读修改写建立全局配置。写到辅助、标记 RAM 延迟、数据 RAM 延迟、预取和电源控制的寄存器中：①关联和组大小；②RAM 访问延迟；③分配策略；④预取和电源能力。

（3）通过路使得安全写无效，偏移为 0x77c，使缓存内的所有入口无效：①写 0xFFFF 到 0x77c；②轮询缓存维护寄存器，直到完成无效操作。

（4）如果需要，写寄存器 9 以下锁定数据缓存和指令缓存。

（5）写中断清除寄存器，用于清除任何所剩余的初始的中断设置。

（6）如果希望使能中断，则写中断屏蔽寄存器。

（7）使用最低有效位为 1，写控制器 1，用于使能缓存。

如果使能 L2 缓存，执行对辅助、标记 RAM 延迟或数据 RAM 延迟控制寄存器的写操作，将导致 SLVERR 错误。在写这些寄存器之前，通过写控制寄存器来禁止 L2 缓存。

2．由路锁定缓存的序列

下面给出执行步骤。

（1）确认被锁定的代码在可缓存的存储器区域。可以通过对用于该存储器区域的页表入口给出正确的存储器属性来实现。

（2）确定被锁定的代码在非缓存的存储器区域。例如，将区域标记为强顺序区域。

（3）禁止中断。

（4）清除并使 L2 缓存无效。该步骤用于保证不会将被锁定的代码加载到 L2 缓存中。

（5）根据代码长度，找到用于加载代码的路号。

（6）解锁计算的路，并且保证锁定剩余的路。通过写数据锁定寄存器来实现这个功能。

（7）使用 PLD 指令将代码加载到 L2 缓存中。PLD 指令总是生成数据参考，这就是使用数据锁定寄存器的原因。

（8）通过写数据锁定寄存器，锁定所加载的路，解锁剩余的路。

（9）使能中断。

6.6 片上存储器

本节将详细介绍 Zynq - 7000 APU 内片上存储器的结构和功能。

6.6.1 片上存储器概述

片上存储器（On - Chip Memory，OCM）模块，包含 256KB 的 RAM 和 128KB 的 ROM（BootROM）。它支持两个 64 位的 AXI 端口，其中一个端口用于 CPU/ACP，通过 APU 内的 SCU 访问它；另一个端口由 PS 和 PL 内的所有其他总线主设备共享。BootROM 空间专用于启动过程，对用户来说是不可见的，即用户不需要关心它的启动过程。

OCM 支持高吞吐量的 AXI 读和写操作，用于 RAM 访问（RAM 是 1 个单端口双宽度 128 位的存储器）。为了充分利用 RAM 较高的访问吞吐量，用户的应用程序必须使用偶数个 AXI 猝发大小和 128 位对齐的地址。

TrustZone 特性支持 4KB 存储器颗粒度。整个 256KB RAM 可以分成 64 个 4KB 的存储块，并且单独地分配安全属性。

OCM 上有 10 个相关的 AXI 通道，5 个用于 CPU/ACP（SCU）端口，5 个用于其他 PS/PL 主设备（OCM 开关端口），如图 6.16 所示。在 OCM 模块内，执行 SCU 和 OCM 开关端口的读和写通道之间的仲裁。只有在访问 RAM 时，才产生奇偶校验并进行检查。其他主端口有一个中断信号 RQ 和一个寄存器访问 APB 端口。

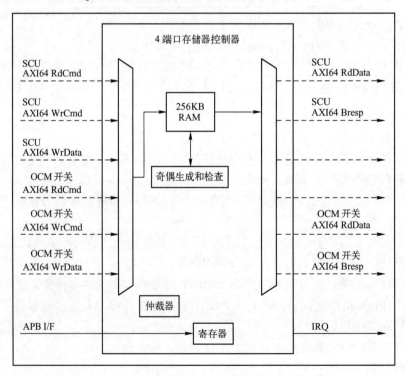

图 6.16 OCM 模块

OCM 模块的关键特性如下。

（1）片上 256KB RAM。

（2）片上 128KB BootROM。

（3）两个 AXI3.0 的 64 位从端口。

（4）用于 CPU/ACP 读 OCM 的低延迟路径（最小 23 个周期，CPU@667MHz）。

（5）在 OCM 互联端口（非 CPU 端口）上的读和写 AXI 通道之间，采用轮询预仲裁。

（6）在 CPU/ACP（通过 SCU），以及 OCM 互联 AXI 端口之间，采用固定优先级仲裁。

（7）在 OCM 互联端口上，支持同时读和写命令所需要的 AXI 64 位的带宽（带有优化的对齐限制）。

（8）支持来自 AXI 主设备的随机访问。

（9）TrustZone 支持包含 4KB 页颗粒度的 RAM。

（10）灵活的地址映射能力。

（11）支持 RAM 按照字节产生奇偶校验，检查和中断。

（12）在 CPU（SCU）端口上支持下面非 AXI 的特性：①零填充行；②预取提示；③早期 BRESP；④预测行预取。

从系统的角度，所描述的 OCM 系统结构如图 6.17 所示。

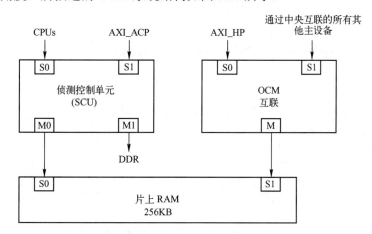

图 6.17 OCM 系统结构

6.6.2 片上存储器功能

OCM 模块主要由 RAM 存储器模块组成。OCM 模块也包含仲裁、组帧、奇偶校验和中断逻辑。

1．优化的传输对齐

RAM 是一个单端口的双宽度（128 比特）模块。在一些指定的条件下，它可以模拟一个双端口存储器。当使用 128 位对齐时，自动模拟产生双端口操作，甚至使用猝发的多个 AXI 命令访问 64 位宽度的 OCM AXI 接口。对猝发的优化，理论上可以达到 100%的 RAM 吞吐量。如果猝发没有对齐 128 位，或者猝发宽度是多个奇数个 64 位，模块内的控制逻辑自动重新对齐传输，提供给 RAM 的起始地址和结束地址，采用 64 位操作，而不使用更优化的 128 位操作。

不推荐下面的操作。

（1）配置 OCM 存储器作为 MMU 内的设备存储器。

（2）通过 ACP 端口时，使用窄的、不可修改的访问。

这是因为这种类型的流量模式不能利用双宽度存储器的优势，使得 OCM 的效率降低到 25%。

2．时钟

OCM 模块由 CPU_6x4x 时钟驱动。然而，RAM 本身是个例外，它由 CPU_2x 时钟驱动。尽管它的 128 位宽度是任何进入 64 位宽度 AXI 通道的一倍。OCM 开关送到 OCM 模块，它由 CPU_2x 时钟驱动。SCU 由 CPU_6x4x 时钟驱动。

3．仲裁策略

除 CPU 和 ACP 外，假设所有 AXI 总线的主设备没有强延迟要求。因此，在两个 AXI 从设备接口之间，OCM 使用固定的仲裁策略（基于数据拍）。默认优先级递减的顺序是 SCU—读、SCU—写、OCM—切换。

使用 ocm.OCM_CONTROL.ScuWrPriorityLo 寄存器设置，可以将递减的优先级仲裁修改为 SCU—读、SCU—切换、OCM—写。

默认（ScuWrPriorityL0 = 0）OCM 仲裁结构如图 6.18 所示。

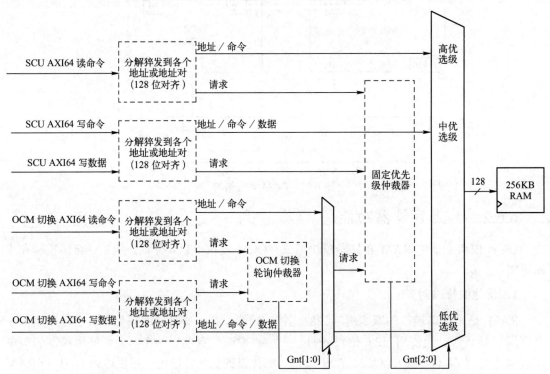

图 6.18　默认（ScuWrPriorityLo = 0）OCM 仲裁结构

这里有一个额外的轮询预仲裁过程，给予每个数据拍在一个读或写交易之间进行选择，用于 OCM 开关端口流量。

> **注**：（1）执行仲裁是基于传输的（数据拍或时钟周期），而不是基于 AXI 命令的。在仲裁前，进入的 AXI 读和写命令被分割成各个地址（或者 128 位地址对，用于对齐猝发操作）。
> （2）每个单个的写地址拍不要求访问存储器阵列，直到与它相关的写数据在 OCM 模块内可用为止，这将防止由于没有可用的数据而停止一个写请求。

对于 OCM 上的系统，限制如下。

（1）RAM 阵列和 OCM 开关端口由 CPU_2x 驱动，其工作频率为 CPU 时钟的 1/2 或 1/3。
（2）SCU（CPU/ACP）端口由全速率 CPU 时钟驱动。
（3）进入 AXI 的 4 个数据通道都是 64 位宽度。
（4）RAM 阵列为 128 位宽度。
（5）OCM 开关端口有单独的读和写通道，这些通道可以同时活动。
（6）SCU（CPU/ACP）端口有单独的读和写通道，这些通道可以同时活动。
（7）SCU（CPU/ACP）端口有固定的仲裁优先级，默认其优先级高于 OCM 开关端口。

由于这些限制的结果，在 SCU CPU 或 ACP 接口上产生 RAM "饱和"，而"饿死" OCM 开关和它所服务的主设备。然而，如果 CPU 运行时打开高速缓存。在这个速度下，它们产生到这个模块新的命令是非常少的。这样，允许 OCM 开关端口共享 RAM，也可以提升 OCM 开关的仲裁优先级，使其高于 SCU 写通道的优先级。

4．地址映射

用户可以修改分配给 OCM 模块的地址访问空间，使其存在于地址映射空间最开始和最后的 256KB 上，这样可以灵活地管理 ARM 低或高异常向量模式。此外，使用 SCU 地址过滤功能，CPU 和 ACP AXI 端口能使它们最低的 1MB 地址范围的访问转移到 DDR。

当寻址 OCM 时，必须考虑下面的细节。

（1）OCM 模块响应地址范围为 0x0000_0000～0x0007_FFFF。访问 RAM 阵列内没有映射的地址时，将给出一个错误的响应。
（2）通过 4 位的 slcr.OCM_CFG[RAM_HI]，以 4 个独立的 64KB 区域粒度，将 256KB RAM 阵列映射到低地址范围（0x0000_0000～0x0003_FFFF），或者高地址范围（0xFFFC_0000～0xFFFF_FFFF）。
（3）以任何形式复位时，由硬件设置 SCU 地址过滤域：

(mpcore.SCU_CONTROL_REGISTER [Address_filtering_enable])

用户不应该禁止。对非 OCM 的地址过滤是必要的，这是为了正确地在两个下游 SCU 端口之间进行连接交易。地址过滤范围为 1MB 的颗粒度。

（4）SCU 地址过滤特性使得将来自 CPU 和 ACP 主设备所访问的目标地址范围（0x0000_0000～0x00F_FFFF），其地址包含了 OCM 的低地址范围，重新映射到 PS DDR

DRAM，它不依赖 RAM 地址的设置。

（5）所有其他没有通过 SCU 的主设备总是不能访问 OCM 低地址范围（0x0000_0000～0x0007_FFFF）内较低的 512KB DDR 空间。

进入用户模式后，不能再访问 BootROM，并且与 RAM 空间分开。注意一个 64KB 范围驻留在 OCM 高地址，其他 192KB 驻留在低地址范围。初始的 OCM/DDR 地址映射和寄存器设置如表 6.7 和表 6.8 所示。

表 6.7 初始的 OCM/DDR 地址映射

地址范围（十六进制）	大小	CPU/ACP	其他主设备
0000_0000～0000_FFFF	64KB	OCM	OCM
0001_0000～0001_FFFF	64KB	OCM	OCM
0002_0000～0002_FFFF	64KB	OCM	OCM
0003_0000～0003_FFFF	64KB	保留	保留
0004_0000～0007_FFFF	256KB	保留	保留
0008_0000～000F_FFFF	512KB	保留	DDR
0010_0000～3FFF_FFFF	1023MB	DDR	DDR
FFFC_0000～FFFC_FFFF	64KB	保留	保留
FFFD_0000～FFFD_FFFF	64KB	保留	保留
FFFE_0000～FFFE_FFFF	64KB	保留	保留
FFFF_0000～FFFF_FFFF	64KB	OCM	OCM

表 6.8 初始的寄存器设置

寄存器	值
slcr.OCM_CFG[RAM_HI]	1000
mpcore.SCU_CONTROL_REGISTER[Address_filtering_enable]	1
mpcore.Filtering_Start_Address_Register	0x0010_0000
mpcore.Filtering_End_Address_Register	0xFFE0_0000

对于一个连续的 RAM 地址映射，当在 0x0000_0000～0x0002_FFFF 的地址范围内时，通过 SLCR 寄存器，将 RAM 地址重新定位到基地址 0xFFFF_C0000。

slcr.OCM_CFG[RAM_HI]的每一位对应一个 64 位的范围，MSB 对应于最高的地址偏置范围。

一个 OCM 重定位地址映射和 OCM 重定位寄存器的设置如表 6.9 和表 6.10 所示。

表 6.9 一个 OCM 重定位地址映射的设置

地址范围（十六进制）	大小	CPU/ACP	其他主设备
0000_0000～0000_FFFF	64KB	保留	保留
0001_0000～0001_FFFF	64KB	保留	保留
0002_0000～0002_FFFF	64KB	保留	保留

续表

地址范围（十六进制）	大　小	CPU/ACP	其他主设备
0003_0000～0003_FFFF	64KB	保留	保留
0004_0000～0007_FFFF	256KB	保留	保留
0008_0000～000F_FFFF	512KB	保留	DDR
0010_0000～3FFF_FFFF	1023MB	DDR	DDR
FFFC_0000～FFFC_FFFF	64KB	OCM	OCM
FFFD_0000～FFFD_FFFF	64KB	OCM	OCM
FFFE_0000～FFFE_FFFF	64KB	OCM	OCM
FFFF_0000～FFFF_FFFF	64KB	OCM	OCM

表 6.10　一个 OCM 重定位寄存器的设置

寄　存　器	值
slcr.OCM_CFG[RAM_HI]	1111
mpcore.SCU_CONTROL_REGISTER[Address_filtering_enable]	1
mpcore.Filtering_Start_Address_Register	0x0010_0000
mpcore.Filtering_End_Address_Register	0xFFE0_0000

通过 SCU 端口，CPU 和 ACP 所看到的 OCM 视图与通过 OCM 开关所看到的其他主设备是不同的。与 OCM 不同，SCU 使用其自己专门的地址过滤机制寻址从设备，而系统内的其他总线主设备则通过内建在系统互联内的固定地址译码机制进行连接。

通过访问该地址范围，即地址 0x0000_000～0x0007_FFFF 和地址 0xFFFF_C000～0xFFFF_FFFF，这些其他的总线主设备进入到 OCM 空间。通过访问这些地址范围，其他总线主设备总是能"看到"OCM。根据 SLCR OCM 寄存器的配置，当这些访问终止于 RAM 阵列或一个默认的保留地址时，将导致 AXI SLVERR 错误。在 RAM 地址映射空间内，这些其他主设备潜在地看到"间隙"。

然而，使用 SCU 地址过滤，CPU/ACP 视图可能是不同的。例如，如果 CPU 想让 DDR DRAM 位于地址 0x0000_0000，它能配置地址过滤和 SLCR OCM 寄存器，这样就能看到表 6.11 所给出的地址映射范围。

表 6.11　OCM 重定位地址映射的例子

地址范围（十六进制）	大　小	CPU/ACP	其他主设备
0000_0000～0000_FFFF	64KB	DDR	保留
0001_0000～0001_FFFF	64KB	DDR	保留
0002_0000～0002_FFFF	64KB	DDR	保留
0003_0000～0003_FFFF	64KB	DDR	保留
0004_0000～0007_FFFF	256KB	DDR	保留
0008_0000～000F_FFFF	512KB	DDR	DDR
0010_0000～3FFF_FFFF	1023MB	DDR	DDR

续表

地址范围（十六进制）	大 小	CPU/ACP	其他主设备
FFFC_0000~FFFC_FFFF	64KB	OCM	OCM
FFFD_0000~FFFD_FFFF	64KB	OCM	OCM
FFFE_0000~FFFE_FFFF	64KB	OCM	OCM
FFFF_0000~FFFF_FFFF	64KB	OCM	OCM

> 注：CPU/ACP 主设备能寻址整个 DDR 地址范围，而其他主设备不能寻址 DDR 较低的 512KB 空间。

OCM 重定位寄存器的设置，如表 6.12 所示。

表 6.12　OCM 重定位寄存器的设置

寄存器	值
slcr.OCM_CFG[RAM_HI]	1111
mpcore.SCU_CONTROL_REGISTER[Address_filtering_enable]	1
mpcore.Filtering_Start_Address_Register	0x0000_0000
mpcore.Filtering_End_Address_Register	0xFFE0_0000

6.7　系统地址分配

本节将介绍 Cortex-A9 双核处理器系统的地址空间分配，包括地址映射、系统总线主设备、I/O 外设、SMC 存储器、SLCR 寄存器、杂项寄存器、CPU 私有总线寄存器。

6.7.1　地址映射

系统级的地址映射如表 6.13 所示，阴影部分表示保留的地址范围，不能访问该地址范围。保留的地址范围如表 6.14 所示。

表 6.13　系统级的地址映射

地址范围	CPU 和 ACP	AXI_HP	其他总线主设备[1]	注　意
0000_0000~0003_FFFF[2]	OCM	OCM	OCM	地址没有被 SCU 过滤，OCM 被映射到低地址范围
	DDR	OCM	OCM	地址被 SCU 过滤，OCM 被映射到低地址范围
	DDR			地址被 SCU 过滤，OCM 没有被映射到低地址范围
				地址没有被 SCU 过滤，OCM 没有被映射到低地址范围
0004_0000~000F_FFFF[3]	DDR	DDR	DDR	地址被 SCU 过滤
		DDR	DDR	地址没有被 SCU 过滤

续表

地址范围	CPU 和 ACP	AXI_HP	其他总线主设备[1]	注意
0010_0000～3FFF_FFFF	DDR	DDR	DDR	可访问所有互联主设备
4000_0000～7FFF_FFFF	PL		PL	到 PL 的通用端口#0, M_AXI_GP0
8000_0000～BFFF_FFFF	PL		PL	到 PL 的通用端口#1, M_AXI_GP1
E000_0000～E02F_FFFF	IOP		IOP	I/O 外设寄存器，见表 6.15
E100_0000～E5FF_FFFF	SMC		SMC	SMC 存储器，见表 6.16
F800_0000～F800_0BFF	SLCR		SLCR	SLCR 寄存器，见表 6.17
F800_1000～F880_FFFF	PS		PS	PS 系统寄存器，见表 6.18
F890_0000～F8F0_2FFF	CPU			CPU 私有寄存器，见表 6.19
FC00_0000～FDFF_FFFF[4]	四-SPI		四-SPI	用于线性模式的四-SPI 线性地址
FFFC_0000～FFFF_FFFF[2]	OCM	OCM	OCM	OCM 被映射到高地址范围
				OCM 没有被映射到高地址范围

表 6.14 系统级的地址映射（保留的地址）

地址范围	CPU 和 ACP	AXI_HP	其他总线主设备	注意
C000_0000～DFFF_FFFF				保留
E030_0000～E0FF_FFFF				保留
E600_0000～F7FF_FFFF				保留
F800_0C00～F800_0FFF				保留
F801_0000～F88F_FFFF				保留
F8F0_3000～FBFF_FFFF				保留
FE00_0000～FFFB_FFFF				保留

注：（1）其他总线主设备包括 S_AXI_GP 接口、器件配置接口（DevC）、DAP 控制器、DMA 控制器和带有本地 DMA 单元的各种控制器（以太网、USB 和 SDIO）。

（2）OCM 被分成 4 个 64KB 区域。每个区域独立映射到低或高地址范围。但是，在同一时间并不是所有。此外，SCU 能过滤到 DDR DRAM 控制器的 OCM 低地址范围。

（3）在一个主设备访问 DDR 存储器空间前，必须使能 DDR 存储器控制器。如果禁止控制器或没有产生功能，则在 DDR 存储器空间内的读或写将挂起互联，并且引起看门狗定时器复位。除 CPU 和 ACP 外，任何主设备不可以使用 DDR 的低 512KB 空间。当使能对 SCU 低 1MB（地址过滤的颗粒度）的地址过滤时，CPU 和 ACP 只能访问低 512KB 空间。

（4）当使用单个设备时，它必须连接到 QSPI0。在这种情况下，地址映射起始于 FC00_0000，最大到 FCFF_FFFF（16MB）。当使用两个设备时，这两个设备必须有相同的容量。对于两个设备的地址映射关系，取决于设备的大小和它们的连接配置。对于共享 4 比特位的并行 I/O 总线，QSPI0 器件的地址起始于 FC00_0000，最大到 FCFF_FFFF（16MB）。QSPI1 设备的地址起始于 FD00_0000，最大到 FDFF_FFFF（16MB）。如果第一个设备小于 16MB，则在两个设备间存在一个存储器的空隙。对于 8 比特的双堆栈模式（8 位总线）。存储器地址映射空间，连续地从 FC00_0000 到最大的 FDFF_FFFF（32MB）。

（1）PL AXI 端口注意事项：在 Zynq-7000 内，有两个互联端口 M_AXI_GP{1,0}引入到 PL。PS 内的主设备可以对每个端口寻址。如表 6.13 所示，每个端口分配 1GB 的系统地址空间。M_AXI_GP 的地址直接来自 PS，M_AXI_GP 不再以自己的方式重新映射到 PL。这些范围外的地址不会出现在 PL。

（2）就地执行功能的设备：DDR、OCM、SMC SRAM/NOR、四-SPI（线性地址模式）、M_AXI_GP{1,0}（带有合适 PL 控制器的 PL BRAM）等设备具有就地执行功能。

6.7.2 系统总线主设备

除 CPU 有私有总线用于访问它们的私有定时器、中断控制器和共享的 L2 缓存/SCU 寄存器外，CPU 和 AXI_CP 可以看到相同的存储器映射。AXI_HP 接口为 DDR DRAM 和 OCM 提供高带宽，其他的系统总线主设备如下。

（1）DMA 控制器。

（2）设备配置接口（DevC）。

（3）调试访问端口（DAP）。

（4）连接到 AXI 通用端口上的 PL 总线主设备控制器。

（5）带有本地 DMA 的 AHB 总线主设备端口（以太网、USB 和 SDIO）。

6.7.3 I/O 外设

通过一个 32 位的 APB 总线访问 I/O 外设寄存器，其地址映射如表 6.15 所示。

表 6.15 I/O 外设寄存器映射

寄存器基地址	描 述
E000_0000 和 E000_1000	UART 控制器 0 和 UART 控制器 1
E000_2000 和 E000_3000	USB 控制器 0 和 USB 控制器 01
E000_40000 和 E000_5000	I²C 控制器 0 和 I²C 控制器 1
E000_6000 和 E000_7000	SPI 控制器 0 和 SPI 控制器 1
E000_8000 和 E000_9000	CAN 控制器 0 和 CAN 控制器 1
E000_A000	GPIO 控制器
E000_B000 和 E000_C000	以太网控制器 0 和以太网控制器 1
E000_D000	四 - SPI 控制器
E000_E000	静态存储器控制器（SMC）
E010_0000 和 E010_1000	SDIO 控制器 0 和 SDIO 控制器 1

6.7.4 SMC 存储器

通过一个 32 位的 AHB 总线访问 SMC 存储器。SMC 存储器的地址映射如表 6.16 所示。

表 6.16 SMC 存储器的地址映射

寄存器基地址	描 述
E100_0000	SMC NAND 存储器的地址范围
E200_0000	SMC SRAM/NOR CS0 存储器的地址范围
E400_0000	SMC SRAM/NOR CS1 存储器的地址范围

6.7.5 SLCR 寄存器

系统级控制寄存器（System - Level Control Register，SLCR）由各种寄存器组成，用于控制 PS 的行为。这些寄存器使用加载和保存指令，通过中央互联进行访问。SLCR 寄存器的映射地址如表 6.17 所示。

表 6.17　SLCR 寄存器的地址映射

寄存器基地址	描 述	寄存器基地址	描 述
F800_0000	SLCR 写保护锁定和安全	F800_0600	DDR DRAM 控制器
F800_0100	时钟控制和状态	F800_0700	MIO 引脚配置
F800_0200	复位控制和状态	F800_0800	MIO 并行访问
F800_0300	APU 控制	F800_0900	杂项控制
F800_0400	TrustZone 控制	F800_0A00	片上存储器（OCM）控制
F800_0500	CoreSight SoC 调试控制	F800_0B00	用于 MIO 引脚和 DDR 引脚的 I/O 缓冲区

6.7.6　杂项 PS 寄存器

通过 32 位的 AHB 总线访问 PS 系统寄存器，其地址映射如表 6.18 所示。

表 6.18　PS 系统寄存器的地址映射

寄存器基地址	描 述	寄存器基地址	描 述
F800_1000,F800_2000	三重定时器计数器 0 和三重定时器计数器 1	F800_9000	AXI_HP 1 高性能 AXI 端口 w/FIFO
F800_3000	当安全时，DMAC	F800_A000	AXI_HP 2 高性能 AXI 端口 w/FIFO
F800_4000	当非安全时，DMAC	F800_B000	AXI_HP 3 高性能 AXI 端口 w/FIFO
F800_5000	系统看门狗定时器（SWDT）	F800_C000	片上存储器 OCM
F800_6000	DDR DRAM 控制器	F800_D000	保留
F800_7000	设备配置接口（DevC）	F880_0000	CoreSight 调试控制
F800_8000	AXI_HP 0 高性能 AXI 端口 w/FIFO	—	—

6.7.7　CPU 私有寄存器

表 6.19 给出的寄存器只能是 CPU 通过 CPU 私有总线进行访问。ACP 不能访问任何 CPU 的私有寄存器。CPU 私有寄存器在 APU 中用于控制子系统。

表 6.19　CPU 私有寄存器的地址映射

寄存器基地址	描 述	寄存器基地址	描 述
F890_0000～F89F_FFFF	顶层互联配置和全局编程器查看（GPV）	F8F0_0600～F8F0_06FF	私有定时器和私有看门狗定时器
F8F0_0000～F8F0_00FC	SCU 控制和状态	F8F0_1000～F8F0_1FFF	中断控制器分配器
F8F0_0100～F8F0_01FF	中断控制器 CPU	F8F0_2000～F8F0_2FFF	L2 缓存控制器
F8F0_0200～F8F0_02FF	全局定时器	—	—

第 7 章 Zynq - 7000 SoC 的 Vivado 基本设计流程

本章将介绍 Xilinx Vivado 集成开发环境下 Zynq - 7000 SoC 的基本设计流程。内容包括：创建新的工程、使用 IP 集成器创建处理器系统、生成顶层 HDL 并导出设计到 SDK、创建应用测试程序、设计验证、SDK 调试工具的使用，以及 SDK 性能分析工具。

通过本章内容的学习，读者将初步掌握在 Vivado 集成开发环境下基于 Zynq - 7000 SoC 实现嵌入式系统基本硬件和软件设计的方法和实现流程。在此基础上，读者就可以深入学习本书的后续内容。

7.1 创建新的工程

本节将基于 Vivado 2015.4 创建新的设计工程。

（1）在 Windows 7 操作系统的主界面，选择开始→所有程序→Xilinx Design Tools→Vivado 2015.4→Vivado 2015.4。

（2）在 Vivado 2015.4 主界面下，选择下面的一种方法创建新的工程。

① 在主菜单下，选择 File→New Project…。

② 在主界面 Quick Start 标题栏下，单击 Create New Project 图标，如图 7.1 所示。

图 7.1 Create New Project 图标

（3）出现"New Project：Create a New Vivado Project"对话框。

（4）单击"Next"按钮。

（5）出现"New Project：Project Name"对话框，如图 7.2 所示，参数设置如下。

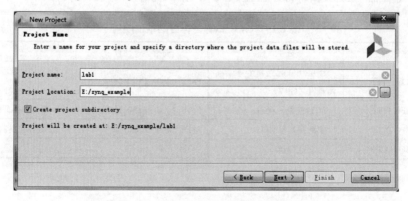

图 7.2 "New Project：Project Name"对话框

① Project name：lab1；
② Project location：E:/ zynq_example；
③ 勾选"Create project subdirectory"。
(6) 单击"Next"按钮。
(7) 出现"New Project：Project Type"对话框，如图7.3所示，选中"RTL Project"选项。

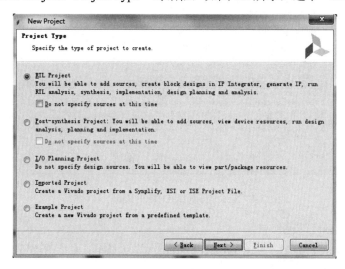

图 7.3 "New Project：Project Type"对话框

(8) 单击"Next"按钮。
(9) 出现"New Projcct：Add Sources"对话框，参数设置如下。
① Target language：Verilog；
② Simulator language：Mixed。
(10) 单击"Next"按钮。
(11) 出现"New Project：Add Existing IP（optional）"对话框。
(12) 单击"Next"按钮。
(13) 出现"New Project：Add Constraints（optional）"对话框。
(14) 单击"Next"按钮。
(15) 出现"New Project：Default Part"对话框，如图7.4所示，单击"Select"右侧的Boards 图标 。
(16) 在"Display Name"中选择"Zynq - 7000 Embedded Development Platform"。

注：（1）必须保证事先把书中给出的 Z7 - EDP - 1 文件夹复制到下面的路径。

安装盘符：\xilinx\vivado\2015.4\data\boards\board_files

如果没有预先完成这步，则必须退出 Vivado 开发环境，并再次重新打开 Vivado 开发环境，并重新按照前面的步骤创建工程。

（2）Z7 - EDP - 1 开发平台由北京汇众新特科技有限公司开发，该开发平台采用 Xilinx 的 XC7Z020clg484 - 1 器件，关于该平台的具体信息和设计资源参见书中给出的学习说明。

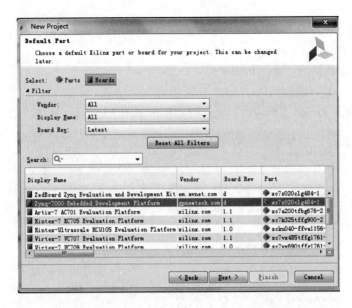

图 7.4 "New Project：Default Part" 对话框

（17）单击"Next"按钮。
（18）出现"New Project：New Project Summary"对话框，给出了建立工程的完整信息。
（19）单击"Finish"按钮。

7.2 使用 IP 集成器创建处理器系统

本节将使用 Vivado 集成开发环境提供的 IP 集成器创建一个新的设计块，用于生成基于 Arm Cortex-A9 处理器的嵌入式硬件系统。该硬件系统用于汇众新特提供的 Z7-EDP-1 开发平台。

（1）在 Vivado 主界面左侧的"Flow Navigator"窗口下，找到并展开"IP Integrator"，如图 7.5 所示。在展开项中，找到并单击"Create Block Design"。

（2）出现"Create Block Design"对话框，如图 7.6 所示。在"Design name"文本框中输入该设计块的名字"system"，其余按默认参数设置。

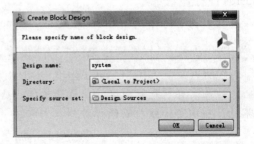

图 7.5 单击"Create Block Design"　　　　图 7.6 "Create Block Design"对话框

(3) 单击"OK"按钮。

(4) Vivado 提供下面的方法,用于从目录中添加 IP(读者可选择其中一种方法)。

① 在"Diagram"面板,单击"This design is empty. Press the button to add IP"中间的 符号,如图 7.7 所示。

图 7.7 添加 IP 入口

② 在"Diagram"面板左侧的一列工具栏内单击 按钮。

③ 按"Ctrl+1"组合键。

④ 在"Diagram"面板,单击鼠标右键,出现浮动菜单。在浮动菜单内,选择"Add IP"。

(5) 弹出 IP 列表界面,如图 7.8 所示。在"Search"文本框中输入字符"z",在下面的 IP 列表中列出了包含字母 z 的所有 IP 核。在给出的列表中找到并用鼠标左键双击"ZYNQ7 Processing System"条目,或者选中该选项,然后按下"Enter"键。这样,就可以将 ZYNQ7 处理系统的 IP 添加到当前设计界面中。

(6) 在"Diagram"面板的顶部,出现消息"Designer Assistance available. Run Block Automation",然后单击"Run Block Automation"按键,如图 7.9 所示。

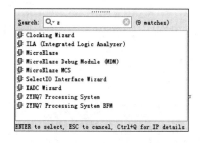

图 7.8 IP 列表界面

图 7.9 "Diagram"面板

(7) 出现"Run Block Automation"对话框,如图 7.10 所示。不修改任何参数设置。

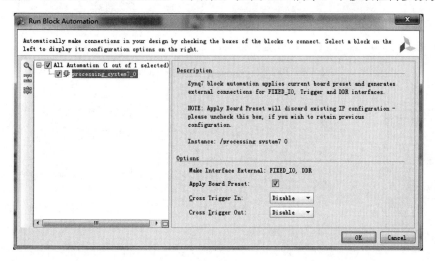

图 7.10 "Run Block Automation"对话框

（8）单击"OK"按钮。

（9）此时，可以看到为 DDR 和固定 I/O 自动添加了端口，如图 7.11 所示。此外，也显示一些可用的多余端口。下面准备修改 ZYNQ 的默认设置，移除这些可用的多余端口。

（10）双击 ZYNQ 块符号，出现"Re - customize IP：ZYNQ7 Processing System"对话框，显示了 Zynq - 7000 SoC 内各种可配置的块，如图 7.12 所示。

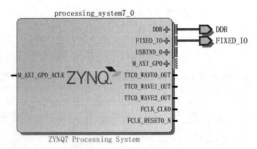

图 7.11 生成 Zynq 和外设端口的自动连接

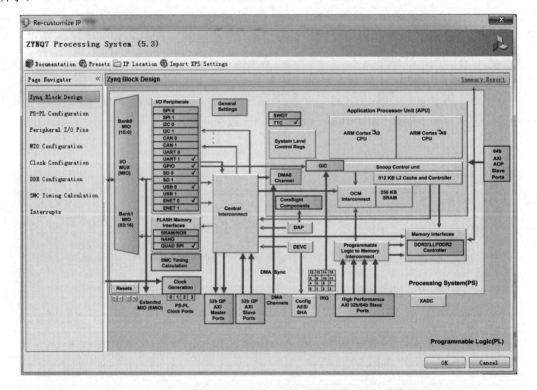

图 7.12 Zynq - 7000 SoC 内各种可配置的块

> 注：（1）在图 7.12 中，凡是读者可配置的模块，都以绿色高亮显示。在这一步，读者可以单击各种可配置的块修改 Zynq - 7000 SoC 内的系统配置。
>
> （2）在该设计中只使用 UART1，下面将修改设置。

（11）单击标记为"I/O Peripherals"窗口内的任意位置，如图 7.13 所示。

（12）打开"MIO Configuration"对话框。除 UART1 外，不勾选其余外设，如图 7.14 所示。

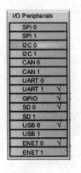

图 7.13 "I/O Peripherals"窗口

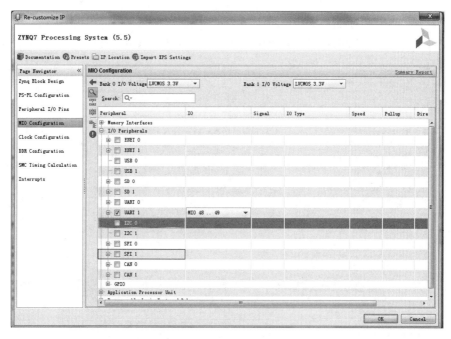

图 7.14 "MIO Configuration"对话框

注:(1)去掉 ENET 0 前面复选框的√。
(2)去掉 USB 0 前面复选框的√。
(3)去掉 SD 0 前面复选框的√。
(4)展开 GPIO 选项。在展开项中,去掉 GPIO MIO 前面复选框的√。
(5)展开 Memory Interfaces 选项。在展开项中,去掉 Quad SPI Flash 前面复选框的√。
(6)展开 Application Processor Unit 选项。在展开项中,去掉 Timer 0 前面复选框的√。

(13)在 Bank 1 I/O Voltage 右侧的下拉框中选择 LVCMOS3.3V。

注:在 Z7-EDP-1 开发平台上,xc7z020 器件的 BANK1 采用 3.3V 供电。

(14)在左侧选择 PS-PL Configuration。在右侧展开 AXI Non Secure Enablement。在展开项中,找到并展开 GP Master AXI Interface。在展开项中,去掉 M AXI GP0 interface 后面复选框的√,如图 7.15 所示。

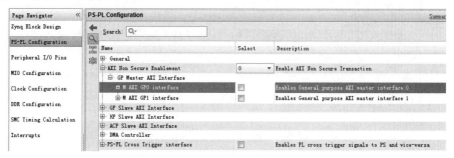

图 7.15 PS-PL 设置(1)

(15)在图 7.15 所示的界面中,找到并展开 General。在展开项中,找到并展开 Enable Clock Resets,如图 7.16 所示。在展开项中,找到并去掉 FCLK_RESET0_N 后面复选框的√。

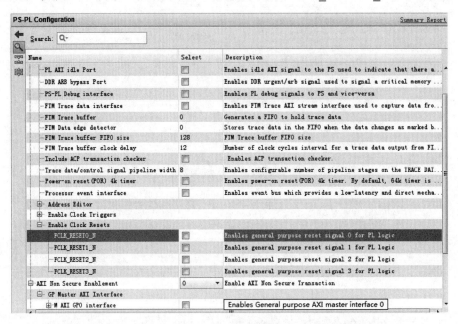

图 7.16　PS-PL 设置（2）

(16)在图 7.15 所示的界面中,在左侧选择 Clock Configuration。在右侧选择并展开 PL Fabric Clocks。在展开项中,找到并去掉 FCLK_CLK0 前面复选框的√,如图 7.17 所示。

(17)单击"OK"按钮,退出"Re-customize IP"对话框。

(18)调整块图的布局结构,选择下面的其中一种方法。

① 在当前块图界面内,单击鼠标右键,出现浮动菜单。在浮动菜单内,选择"Regenerate Layout"。

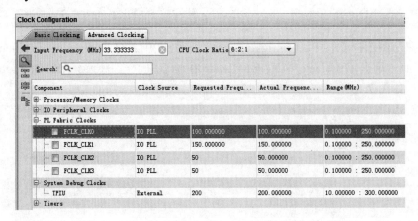

图 7.17　PL Fabric Clocks 的设置

② 在当前块图界面内,单击左侧一列的工具栏列表。在该列表中,单击 按钮。

第 7 章　Zynq-7000 SoC 的 Vivado 基本设计流程

（19）更新块图布局后的嵌入式最小系统的结构如图 7.18 所示。

（20）在当前块图界面左侧一列的工具栏中，单击 图标，或者按"F6"键，检查设计的正确性。

（21）出现"Validate Design"对话框，提示对设计验证成功的信息，表示当前设计正确。

（22）单击"OK"按钮。

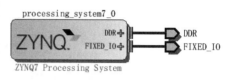

图 7.18　更新块图布局后的嵌入式最小系统的结构

7.3　生成顶层 HDL 并导出设计到 SDK

本节将生成 IP 集成器输出，顶层为 HDL，启动 SDK。

（1）在"Block Design"窗口下，选择"Sources"标签，如图 7.19 所示。在该标签页下，选中 system.bd，并单击鼠标右键，出现浮动菜单。在浮动菜单内，选择"Generate Output Products…"。

（2）出现"Generate Output Products"对话框。在"Preview"处可以看到将要生成的输出结果，如图 7.20 所示。

图 7.19　"Sources"标签页

图 7.20　"Generate Output Products"对话框

注："Synthesis Options"下面的选项用于确定是否对 IP 黑盒进行综合/不综合，在该设计中，使用默认设置"Global"选项。

（3）单击"Generate"按钮。

（4）出现"Generate Output Products"对话框，提示成功生成输出结果。

（5）单击"OK"按钮。

（6）在图 7.19 所示的"Source"标签页中，再次选中 system.bd，单击鼠标右键，出现浮动菜单。在浮动菜单内，选择"Create HDL Wrapper…"，生成顶层 Verilog HDL 模型。

（7）出现"Create HDL Wrapper"对话框，如图 7.21 所示。选中"Let Vivado manage wrapper and auto‐update"选项。

图 7.21 "Create HDL Wrapper"对话框

(8) 单击"OK"按钮。

(9) 创建了 system_wrapper.v 文件,如图 7.22 所示。作为顶层设计文件,用 标记。双击 system_wrapper.v,打开该文件,查看代码。

图 7.22 创建 HDL 文件

注:(1) 在将设计导出到 SDK 前,需要打开块设计。如果没有打开,则在 Vivado 主界面下的"Flow Navigator"窗口下,找到并展开 IP Integrator。在展开项中,单击"Open Block Design"。
(2) 该代码表示顶层文件对 system 块的 IP 元件例化。

(10) 在 Vivado 主界面的主菜单下,选择 File→Export→Export hardware…。
(11) 出现"Export Hardware"对话框,如图 7.23 所示。

注:由于当前设计没有使用 PL 内的任何资源,因此不需要包含比特流文件,所以无须选中"Include bitstream"选项。但是一旦在设计中使用了 Zynq‐7000 SoC 内的 PL 资源,必须选中该选项。

(12) 单击"OK"按钮。
(13) 出现"Save Project"对话框,提示是否在导出之前保存工程。
(14) 单击"Save"按钮。

(15) 在 Vivado 主界面的主菜单下,选择 File→Launch SDK。
(16) 出现"Launch SDK"对话框,如图 7.24 所示。

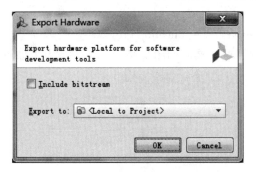

图 7.23 "Export Hardware"对话框

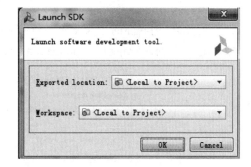

图 7.24 "Launch SDK"对话框

(17) 单击"OK"按钮。
(18) 自动打开 SDK 工具,如图 7.25 所示。从图中可以看到,在 SDK 主界面左侧的"Project Explorer"窗口下,创建了 system_wrapper_hw_platform_0 目录,在该目录下保存着硬件平台信息。在该界面的右侧窗口中,自动打开 system.hdf 文件。在硬件描述文件(hardware description file,hdf)文件中,可以找到工程硬件配置的基本信息。同时,也给出了 PS 系统的地址映射和驱动信息。在后续的软件设计中,SDK 工具将使用 hdf 提供的硬件信息。

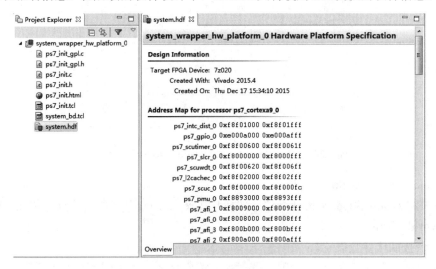

图 7.25 SDK 主界面

> **注**:如果出现"Welcome"对话框,关闭或最小化该对话框。

7.4 创建应用测试程序

本节将使用标准的工程模板,生成简单的应用程序工程。下面给出创建简单应用程序工程的步骤。

> **注**：SDK 集成开发环境中提供了大量的应用程序设计模板，这些设计模板经过 SDK 工具编译完成后可直接运行在 Zynq-7000 SoC 上。

（1）在 SDK 主界面的主菜单下，选择 File→New→Application Project。

（2）出现"New Project：Application Project"对话框，如图 7.26 所示，参数设置如下。

图 7.26 "New Project：Application Project"对话框

① Project name：hello_world0；

② 选中"Board Support Package"后面的"Create New"选项，并且保留文本框内默认的 hello_world0_bsp；

③ 其余按默认参数设置。

> **注**：hello_world0_bsp 为应用工程 hello_world0 的板级支持包工程名字。

（3）单击"Next"按钮。

（4）出现"New Project：Templates"对话框。在左侧的"Available Templates"列表中选择"Hello World"模板，如图 7.27 所示。

（5）单击"Finish"按钮。

（6）SDK 工具将自动创建应用工程 hello_world0 和板支持包工程 hello_world0_bsp。读者可以在 SDK 主界面的"Project Explorer"窗口下看到这两个工程目录。

第 7 章　Zynq - 7000 SoC 的 Vivado 基本设计流程

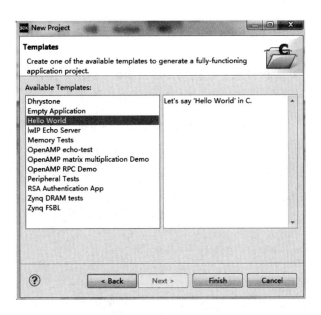

图 7.27　"New Project：Templates"对话框

> **注**：默认地，SDK 工具将对这两个工程进行自动编译，并生成最终的可执行文件。读者可以在下面的"Console"窗口内查看编译过程的信息，如图 7.28 所示。

（7）在 SDK 主界面左侧的"Project Explorer"窗口下，展开目录，观察以下 3 个工程，即 system_wrapper_hw_platform_0、hello_world0_bsp 和 hello_world0，如图 7.29 所示。

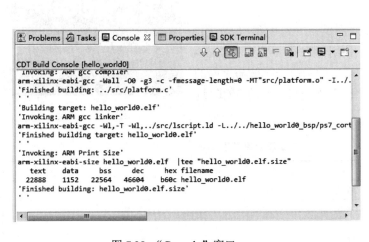

图 7.28　"Console"窗口

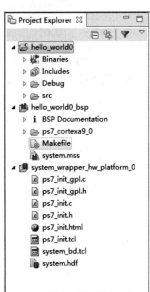

图 7.29　"Project Explorer"窗口

① hello_world0：应用工程，用于验证设计的软件程序功能。
② hello_world0_bsp：板支持包的一部分。

③ system_wrapper_hw_platform_0：包含 ps7_init 函数，用于初始化 PS，它作为第一级启动引导的一部分。

（8）在 hello_world0 工程目录下，找到并展开 src 子目录。在该子目录下，找到并打开 helloworld.c 文件，查看文件内的设计代码，如代码清单 7-1 所示。

代码清单 7-1　helloworld.c 文件

```c
#include <stdio.h>
#include "platform.h"

void print( char *str);

int main ()
{
init_platform();
print(" Hello World \n \r" );
cleanup_platform();
return 0;
}
```

7.5　设计验证

本节将使用 Z7-EDP-1 开发板对设计进行验证。

7.5.1　验证前的硬件平台准备

在硬件验证前需要进行一些准备工作，包括正确设置启动模式、安装 USB-UART 驱动程序、Z7-EDP-1 开发平台供电方式、JTAG 电缆连接方式。

1. 正确设置启动模式

在 Z7-EDP-1 开发板上提供了一组跳线（标号为 M0~M4），如图 7.30 所示。该组跳线用于设置 Zynq-7000 SoC 启动时的模式，如表 7.1 所示。当跳线与上面的 GND 连接时，设置为逻辑"0"；当跳线与下面的 VCC 连接时，设置为逻辑"1"。

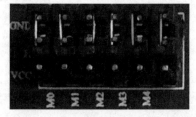

图 7.30　跳线

表 7.1　启动模式设置引脚

跳线标号	M4	M3	M2	M1	启动模式	M0
MIO 引脚号	MIO6	MIO5	MIO4	MIO3		MIO2
功能设置	=0，使能 PLL；=1，禁止 PLL	0	0	0	JTAG	=0，级联模式 =1，独立模式（JTAG）
		0	0	1	NOR	
		0	1	0	NAND	
		1	0	0	四-SPI	
		1	1	0	SD 卡	

在本书中,总是使能 PLL,以及 JTAG 为级联模式,因此 M0~M4 一共有 3 个可能的组合。

(1) 00000:JTAG 模式。
(2) 00010:四 - SPI 模式。
(3) 00110:SD 卡模式。

注:(1) 在本书的后续章节中,会用到不同的模式。
(2) 在本章中,设置为 00000,使用 JTAG 模式。

2. 安装 USB - UART 驱动程序

在使用 Z7 - EDP - 1 开发平台时,该平台上搭载一颗 PL2303 SA 芯片,用于实现 USB - UART 的转换。因此,需要在 PC/笔记本电脑上安装该芯片的驱动程序,这样通过 USB - UART 的转换,就可以实现 Z7 - EDP - 1 开发平台与 PC/笔记本电脑通过串口进行人机交互。

(1) 在本书所提供的资料中,找到并进入下面的路径中:

zynq_example\PL2303_Prolific_DriverInstaller_v1_12_0

(2) 在该目录下,双击 PL2303_Prolific_DriverInstaller_v1.12.0.exe 文件。
(3) 出现"PL2303 USB - to - Serial Driver Installer Program"对话框。
(4) 单击"OK"按钮,开始安装过程。
(5) 弹出"InstallShield Wizard"对话框。
(6) 单击"完成"按钮。

注: 当使用 USB - UART 串口时,需要使用 USB 电缆将 PC/笔记本电脑的 USB 接口与 Z7 - EDP - 1 开发平台上标号为 J13 的 USB 串口连接在一起。

3. Z7 - EDP - 1 开发平台供电方式

该开发平台采用外接+5V@3A 直流供电方式,通过该开发平台配套的电源,以及 Z7 - EDP - 1 开发板 J6 插座给该开发平台供电。在 J6 插座旁边的开关 SW10 用于控制是否给平台供电。当读者向上拨动开关时,给开发平台供+ 5V 电源;否则,未给该平台供电。

4. JTAG 电缆连接方式

在 Z7 - EDP - 1 开发平台上,提供了板载仿真器,因此读者不需要额外使用专门的 Xilinx 硬件仿真器。通过 mini - USB 电缆,将 PC/笔记本电脑的 USB 接口与 Z7 - EDP - 1 开发平台上名字为 J12 的 USB - JTAG 接口连接在一起。通过该连接电缆,就可以将 PC/笔记本电脑上的设计下载到 Z7 - EDP - 1 开发平台的 xc7z020 SoC 芯片中。

7.5.2 设计验证的具体实现

本小节将给 Z7 - EDP - 1 开发平台上电,并且通过"SDK Terminal"标签页建立与主机的串口通信,介绍如何对设计进行验证。

(1) 将 Z7 - EDP - 1 开发平台设置为 JTAG 下载/启动模式。

（2）在 PC/笔记本电脑的 USB 和 Z7-EDP-1 开发平台的 JTAG 端口之间使用 micro-USB 电缆进行连接，在 PC/笔记本电脑和 Z7-EDP-1 开发平台之间的 UART 端口之间也使用 micro-USB 电缆进行连接。

（3）将配套的直流+5V@3A 稳压电源连接到 Z7-EDP-1 开发平台的 J6 插座上。

（4）通过拨动 SW10 开关，给 Z7-EDP-1 开发平台上电。

（5）在 SDK 主界面下方的窗口中，单击"SDK Terminal"标签，如图 7.31 所示。

（6）单击该标签右侧的 按钮。

（7）出现"Connect to serial port"对话框。通过下拉框选择串口端口并设置串口通信参数，如图 7.32 所示。

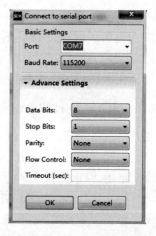

图 7.31 单击"SDK Terminal"标签　　　图 7.32 "Connect to Serial port"对话框

注：当电脑的配置不同时，COM 端口号也可能不同。读者可以通过查看 Windows 的设备管理器，准确知道 COM 端口号。

（8）单击"OK"按钮，退出配置对话框。

（9）在"Project Explorer"窗口下，选择 hello_world0，单击鼠标右键，选择 Run As→Launch on Hardware（GDB），用于下载应用程序，并执行 ps_init.elf 和 hello_world0.elf。

（10）在"Console"窗口下，出现测试结果，如图 7.33 所示。

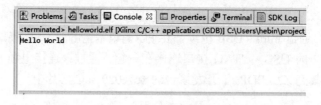

图 7.33 "Console"窗口

（11）在 SDK 主界面，选择 File→Exit，关闭 SDK。

（12）进入 Vivado 集成开发环境。在 Vivado 主界面的主菜单下，选择 File→Close Project。关闭该设计工程。

7.6 SDK 调试工具的使用

通过在 SDK 工具中新建一个存储器测试工程，帮助读者掌握 SDK 调试工具的特性和功能。

7.6.1 打开前面的设计工程

本小节的设计基于前面的设计工程，打开前面设计工程的步骤如下。

（1）在 E：\zynq_example 目录下，新建一个名字为"mem_test"的子目录。将子目录 E:\zynq_example\lab1 下面的所有文件复制到 E:\zynq_example\mem_test 子目录下。

（2）启动 Vivado 2015.4 集成开发环境。

（3）在 Vivado 主界面的主菜单下，选择 File→Open Project；或者在"Quick Start"标题栏下，单击"Open Project"图标。

（4）出现"Open Project"对话框。将路径指向 E:\zynq_example\mem_test 目录，找到并双击 lab1.xpr，打开该设计工程。

7.6.2 导入工程到 SDK

本小节将介绍如何将 Vivado 工程导入 SDK 工具中。

（1）在 Vivado 的"Sources"标签页中，找到并打开 system.bd 文件。

（2）在 Vivado 主界面的主菜单下，选择 File→Export→Export Hardware。

（3）出现"Export Hardware"对话框，取消勾选"Include bitstream"前面的复选框。

（4）单击"OK"按钮。

（5）出现"Module Already Exported"对话框。在该对话框中，提示是否覆盖原来的输出文件信息。

（6）单击"OK"按钮。

（7）在 Vivado 主界面的主菜单下，选择 File→Launch SDK…。

（8）出现"Launch SDK"对话框。在该界面中，使用默认设置。

（9）单击"OK"按钮，自动启动 SDK 2015.4 工具。

7.6.3 建立新的存储器测试工程

本小节将介绍如何在 SDK 工具中建立新的存储器测试工程。

（1）在 SDK 主界面左侧的"Project Explorer"窗口中，找到并通过"Shift"按键和鼠标左键，分别选择 hello_world0、hello_world0_bsp 和 system_wrapper_hw_platform_0 文件夹。单击鼠标右键，出现浮动菜单。在浮动菜单内，选择 Delete。

（2）出现"Delete Resources"对话框，选择"Delete project contents on disk（cannot be undone）"前面的复选框。

（3）单击"OK"按钮。

（4）再次出现"Delete Resources"对话框。

（5）单击"Continue"按钮。

（6）在 SDK 主界面的主菜单中，选择 File→New→Application Project。

（7）出现"New Project：Application Project"对话框。在该对话框中，按如下设置参数。

① Project name：mem_test_0；

② Language：C；

③ Board Support Package：Create New（mem_test_0_bsp）。

（8）单击"Next"按钮。

（9）出现"New Project：Templates"对话框。在左侧的"Available Templates"列表中选择"Memory Tests"。

（10）单击"Finish"按钮。

> 注：（1）读者可以看到在"Project Explorer"窗口中，添加了 mem_test_0 和 mem_test_0_bsp 文件夹。
> （2）SDK 2015.4 自动编译应用工程。

7.6.4 运行存储器测试工程

本小节将介绍如何运行存储器测试工程。

（1）将 Z7-EDP-1 开发平台上的 USB-JTAG 和 USG-UART 电缆连接到 PC/笔记本电脑的 USB 接口上。

（2）给 Z7-EDP-1 开发平台上电。

（3）单击"SDK Terminal"下方的"SDK Terminal"标签。单击右侧的 按钮。

（4）出现"Connect to serial port"对话框。在该对话框中，设置正确的串口通信参数。

> 注：读者根据自己 PC/笔记本电脑虚拟出来的串口号设置。

① Port：COM19。

② Band Rate：115200。

③ Data Bits：8。

④ Stop Bits：1。

⑤ Parity：None。

⑥ Flow Control：None。

（5）单击"OK"按钮，退出"Connect to serial port"对话框。

（6）在"Project Explorer"窗口下，展开 mem_test_0 文件夹。在展开项中，找到并展开 Binaries。在展开项中，找到并选择 mem_test_0.elf，单击鼠标右键，出现浮动菜单。在浮动菜单内，选择 Run As→Launch on Hardware（GDB）。

（7）在"SDK Log"标签页中，可以看到运行的日志信息，如图 7.34 所示。

（8）在"SDK Terminal"窗口中，给出了测试信息，如图 7.35 所示。

思考与练习 7-1：对于 ps7_ddr_0 的测试，填写下面的空格。

（1）基地址：_____。

（2）长度：_____。

第 7 章 Zynq - 7000 SoC 的 Vivado 基本设计流程

思考与练习 7 - 2：对于 ps7_ram_1 的测试，填写下面的空格。
（1）基地址：_____。

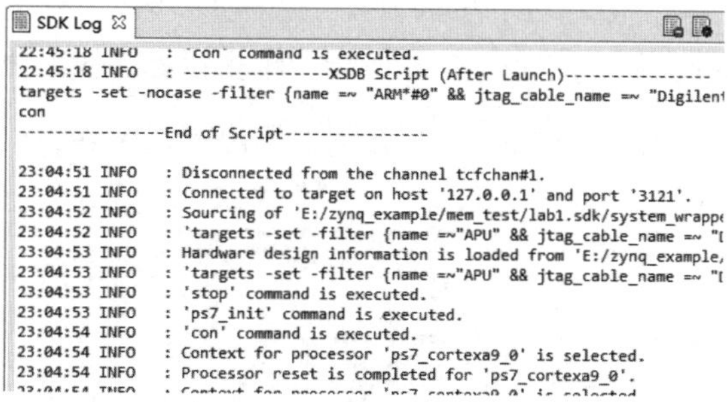

图 7.34 "SDK Log" 标签页

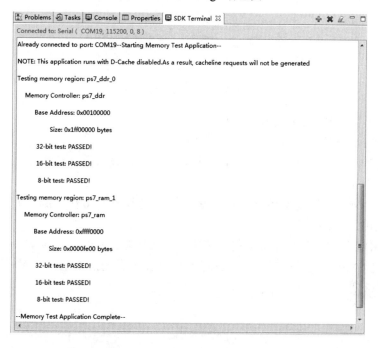

图 7.35 "SDK Terminal" 窗口

（2）长度：_____。

思考与练习 7 - 3：读者展开 mem_test_0 文件夹。在展开项中，找到并展开 stc 文件夹。在展开项中，双击 memorytest.c，打开文件，分析代码。

7.6.5 调试存储器测试工程

本节将通过存储器测试工程介绍 SDK 2015.4 调试工具。
（1）在 SDK 主界面的主菜单下，选择 Run→Debug。
（2）出现"Confirm Perspective Switch"对话框。
（3）单击"Yes"按钮，进入 SDK 调试器界面。

（4）在 SDK 当前调试器主界面的主菜单下，选择 Window→Show View→Memory。

注：执行该步骤将在 SDK 调试器窗口下方添加“Memory”标签页。

（5）打开 memorytest.c 文件，如图 7.36 所示，单击鼠标左键，添加 3 个测试断点。

```
system.hdf | system.mss | ps7_init_gpl.c | ps7_init.c | ps7_init.h | system.hdf | memorytest.c

     *
     * The default linker script generated for this application does not have
     * heap memory allocated. This implies that this program cannot use any
     * routines that allocate memory on heap (printf is one such function).
     * If you'd like to add such functions, then please generate a linker script
     * that does allocate sufficient heap memory.
     */

    print("Testing memory region: "); print(range->name);  print("\n\r");
    print("    Memory Controller: "); print(range->ip);  print("\n\r");
    print("         Base Address: 0x"); putnum(range->base); print("\n\r");
    print("                 Size: 0x"); putnum(range->size); print (" bytes \n\r");

    status = Xil_TestMem32((u32*)range->base, 1024, 0xAAAA5555, XIL_TESTMEM_ALLMEMTESTS);
    print("          32-bit test: "); print(status == XST_SUCCESS? "PASSED!":"FAILED!"); print("\n\r");

    status = Xil_TestMem16((u16*)range->base, 2048, 0xAA55, XIL_TESTMEM_ALLMEMTESTS);
    print("          16-bit test: "); print(status == XST_SUCCESS? "PASSED!":"FAILED!"); print("\n\r");

    status = Xil_TestMem8((u8*)range->base, 4096, 0xA5, XIL_TESTMEM_ALLMEMTESTS);
    print("           8-bit test: "); print(status == XST_SUCCESS? "PASSED!":"FAILED!"); print("\n\r");

}
```

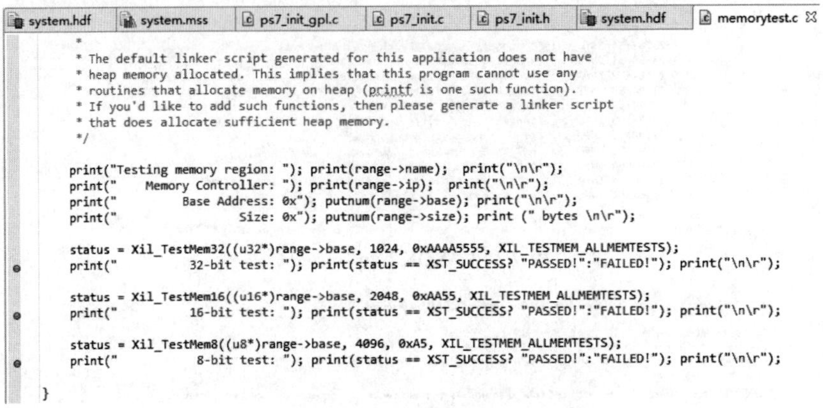

图 7.36　memorytest.c 文件

（6）按“F6”按键，运行到第一个断点。

（7）在“Memory”标签页下，单击按钮。

（8）出现“Monitor Memory”窗口，在该窗口下方，输入 range→base。

（9）单击“OK”按钮。

（10）在“Memory”标签页下，可以看到从存储器地址 00100000 开始的位置填充了 AAAA5555，如图 7.37 所示。

（11）在 SDK 当前调试器主界面的主菜单下，选择 Window→Show View→Registers。

（12）出现“Registers”标签页，在该标签页中给出了 Arm Cortex - A9 处理器的寄存器内容，如图 7.38 所示。

Address	0 - 3	4 - 7	8 - B	C - F
00100000	AAAA5555	AAAA5555	AAAA5555	AAAA5555
00100010	AAAA5555	AAAA5555	AAAA5555	AAAA5555
00100020	AAAA5555	AAAA5555	AAAA5555	AAAA5555
00100030	AAAA5555	AAAA5555	AAAA5555	AAAA5555
00100040	AAAA5555	AAAA5555	AAAA5555	AAAA5555
00100050	AAAA5555	AAAA5555	AAAA5555	AAAA5555
00100060	AAAA5555	AAAA5555	AAAA5555	AAAA5555
00100070	AAAA5555	AAAA5555	AAAA5555	AAAA5555

图 7.37　存储器填充内容

Name	Hex	Decimal
r0	00000000	0
r1	00000020	32
r2	aaaa5555	2863289685
r3	00000000	0
r4	00000003	3
r5	0000001e	30
r6	0000ffff	65535
r7	f8f00000	4176478208
r8	00000000	0
r9	ffffffff	4294967295
r10	00000000	0
r11	0000a02c	41004
r12	00000400	1024
sp	0000a018	40984
lr	0000084c	2124
pc	00000658	1624
cpsr	600000df	1610612959
usr		

图 7.38“Register”标签页

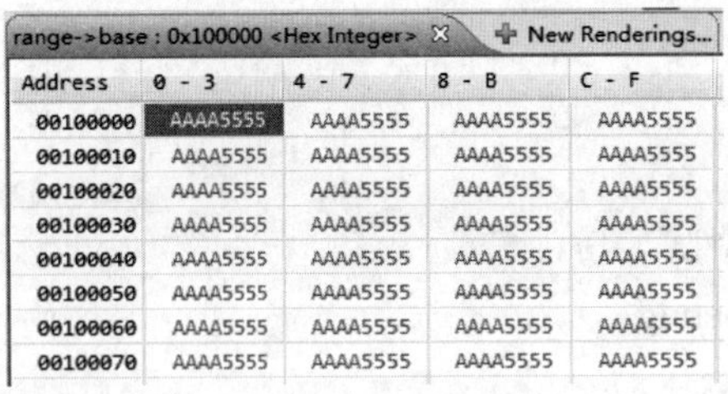

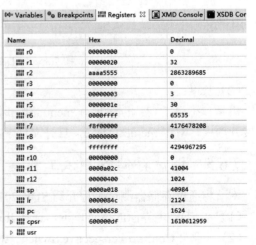

思考与练习 7-4：请根据本书前面所介绍的 Arm Cortex-A9 CPU 的理论知识，说明这些寄存器的功能。

思考与练习 7-5：在 SDK 当前调试器主界面的主菜单下，选择 Window→Show View→Disassembly，查看反汇编代码。

思考与练习 7-6：运行到第二个断点的位置，查看存储器的地址和内容。

思考与练习 7-7：运行到第三个断点的位置，查看存储器的地址和内容。

思考与练习 7-8：读者可以通过选择 Window→Show View，进入不同的调试功能界面，进一步熟悉 SDK 调试器工具所提供的调试功能。

7.7 SDK 性能分析工具

本节将介绍 SDK 内集成的性能分析工具。

（1）在 SDK 主界面的主菜单下，选择 Xilinx Tools→Board Support Package Settings。

（2）出现"Select a board support package"对话框，选中 mem_test_0_bsp。

（3）单击"OK"按钮。

（4）出现"Board Support Package Settings"对话框，找到 Overview 下面的 standalone，将 enable_sw_intrusive_profiling 后面的选项改为 true，如图 7.39 所示。

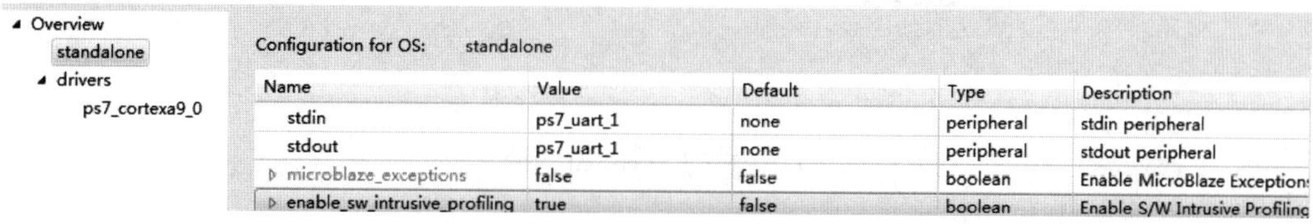

图 7.39 "Board Support Package Settings"对话框（1）

（5）在 drivers 的下面找到 ps7_cortexa9_0，在 extra_compiler_flags 后面添加额外的开关 -pg，如图 7.40 所示。

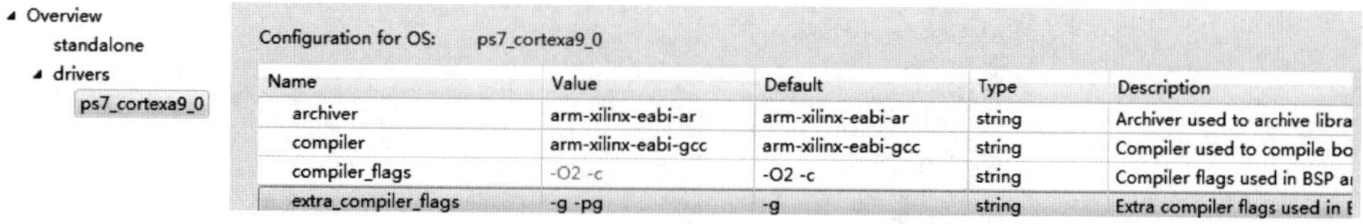

图 7.40 "Board Support Package Settings"对话框（2）

（6）单击"OK"按钮。

（7）在"Project Explorer"窗口中，选择 mem_test_0 文件夹，单击鼠标右键，出现浮动菜单。在浮动菜单内，选择 C/C++Build Settings。

（8）出现"Properties for mem_test_0"对话框。在该对话框的左侧窗口中，找到并展开 ARM gcc compiler 条目。在展开项中，找到 Symbols。在右侧窗口中，单击按钮。

（9）出现"Enter Value"对话框，在该对话框的文本框中输入"SW_PROFILE"。

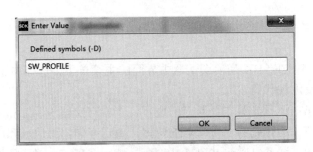

图 7.41 "Enter Value"对话框

（10）单击"OK"按钮，退出"Enter Value"对话框。

（11）可以看到在"Properties for mem_test_0"对话框中新添加了 SW_PROFILE 的定义，如图 7.42 所示。

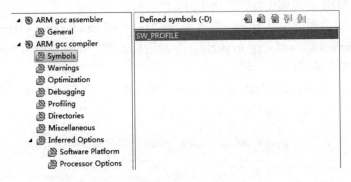

图 7.42 新添加 Symbol 后的界面

（12）在 ARM gcc compiler 下面，找到 Profiling。在右侧窗口中，勾选"Enable Profiling（-pg）"前面的复选框，如图 7.43 所示。

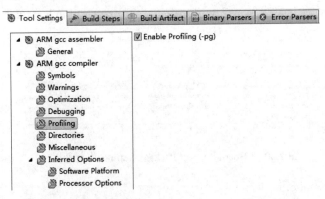

图 7.43 勾选"Enable Profiling（-pg）"前面的复选框

（13）单击"OK"按钮，退出"Properties for mem_test_0"对话框。

（14）在"Project Explorer"窗口中，找到并再次展开 mem_test_0 文件夹。在展开项中，找到并选中 mem_test_0.elf，单击鼠标右键，出现浮动菜单。在浮动菜单内，选择 Run

As→Run Configurations…。

（15）出现"Run Configurations"对话框。在该对话框的左侧窗口中，找到并选择 Xilinx C/C++ application（GDB），单击鼠标右键，出现浮动菜单。在浮动菜单中，选择 New。新添加一个名字为"mem_test_0 Debug"的条目，如图 7.44 所示。

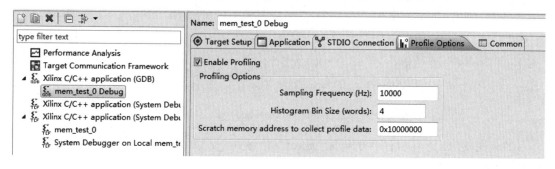

图 7.44 设置 Profile 选项

（16）如图 7.44 所示，选择 mem_test_0 Debug 条目，在右侧窗口中，单击"Profile Options"标签。在该标签页中，按如下设置参数。

① Sampling Frequency（Hz）：10000；

② Histogram Bin Size（words）：4；

③ Scratch memory address to collect profile data：0x10000000。

（17）单击"Run"按钮。

（18）在 SDK 主界面左侧的 Project Explorer 窗口中，展开 mem_test_0 文件夹。在展开项中，找到并展开 Debug 文件夹。在展开项中，找到并双击 gmon.out 文件，如图 7.45 所示。

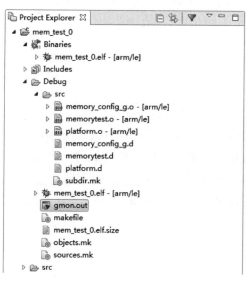

图 7.45 找到并双击 gmon.out 文件

（19）出现"Gmon File Viewer：binary file…"对话框。

（20）单击"OK"按钮。

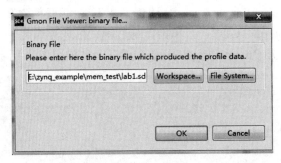

图 7.46 "Gmon File Viewer：binary file…"对话框

（21）在 SDK 工具的右下方出现"gprof"标签页，如图 7.47 所示，单击右侧的 按钮（Sort samples per function）。

Name (location)	Samples	Calls	Time/Call	% Time
XScuGic_DeviceInitialize	0	1	0ns	0.0%
XScuGic_RegisterHandler	0	1	0ns	0.0%
▷ XUartPs_SendByte	444	659	67.374us	90.24%
▷ Xil_L2CacheFlush	1			0.2%
▷ Xil_TestMem16	12			2.44%
▷ Xil_TestMem32	10			2.03%
▷ Xil_TestMem8	23			4.67%
▷ __gnu_mcount_nc	1			0.2%
▷ cleanup_platform	0	1	0ns	0.0%
cortexa9_init	0	0		0.0%
disable_caches	0	1	0ns	0.0%
enable_caches	0	1	0ns	0.0%
init_platform	0	1	0ns	0.0%
main	0	0		0.0%
▷ mcount	1			0.2%
▷ print	0	0		0.0%

图 7.47 "gprof"标签页

（22）在图 7.47 中，单击"% Time"，对列表进行排序。

思考与练习 7-9：观察图 7.47，调用次数最多的函数为_____，被调用的次数为_____，占用的时间百分比为_____。

思考与练习 7-10：请说明存储器测试工程中其他函数调度的次数和占用的时间百分比。

第8章 Arm GPIO 的原理和控制实现

本章将详细介绍 Zynq - 7000 SoC 内 GPIO 控制器的结构和功能,并在 Vivado 环境下,分别通过 Zynq - 7000 SoC 的 MIO 和 EMIO 接口将软件对 GPIO 控制器的读/写操作反映在连接到 Zynq - 7000 SoC 的外设上。

为了帮助读者更好地掌握 Arm Cortex - A9 平台上编写软件代码的方法和技巧,在编写软件时使用了两种方法,其中一种方法是直接对 Cortex - A9 处理器内 GPIO 模块的寄存器进行直接读/写操作;另一种方法是调用 SDK 工具提供的应用程序接口函数 API。

8.1 GPIO 模块原理

通过 MIO 和 GPIO 外设,软件可以监控最多 54 个器件引脚,如图 8.1 所示。通过 EMIO,提供对来自 Zynq - 7000 SoC 可编程逻辑 PL 内 64 个输入和 128 个输出的访问。在 Zynq - 7000 SoC 内,将 GPIO 分成 4 组,由相关的各组信号进行控制。

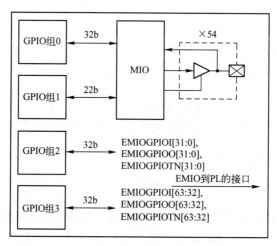

图 8.1 GPIO 系统的结构图

程序员通过软件代码可以独立和动态地对每个 GPIO 进行控制,使其作为输入、输出或中断。

(1) 通过一个加载指令,软件代码可以读取一个 GPIO 组内所有 GPIO 的值。
(2) 通过一个保存指令,将数据写到一个 GPIO 组内的一个或多个 GPIO。

> **注**:(1) 在 Zynq - 7000 SoC 内,GPIO 模块的控制寄存器和状态寄存器采用存储器映射方式,它的基地址为 0xE000_A000。

（2）通过多路复用 MIO 模块，GPIO 模块的 BANK0 和 BANK1 连接到 Zynq - 7000 SoC 芯片的引脚上。

在 Zynq - 7000 SoC 内，GPIO 外设模块的关键特性如下。

（1）通过 MIO 多路复用器，可以将 54 个 GPIO 信号用于器件引脚，它的输出由三态使能控制。

（2）通过 EMIO 接口，在 Zynq - 7000 SoC 的 PS 和 PL 之间提供 192 个 GPIO 信号，其中 64 个输入、128 个输出。

注：在 128 个输出中，其中 64 个为真正的输出，另外 64 个为使能输出。

（3）基于单个 GPIO 或一组 GPIO，程序员可以对每个 GPIO 的功能实现动态编程。

（4）通过软件，可以对一个 GPIO 位或一组 GPIO 实现写操作，以及控制输出使能和输入/输出方向。

（5）每个 GPIO 都提供了可编程的中断。通过软件程序代码可以实现：①读原始和屏蔽中断的状态；②可选的敏感性，包括电平敏感（高或低）或边沿敏感（上升沿、下降沿或双沿）。

当程序员编写程序控制 GPIO 模块时，应注意以下 5 点。

（1）第 0 组控制 MIO 引脚[31∶0]。

（2）第 1 组控制 MIO 引脚[53∶32]。

（3）第 2 组控制 EMIO 信号[31∶0]。

（4）第 3 组控制 EMIO 信号[63∶32]。

（5）通过 GPIO 模块内的一系列存储器映射的寄存器，程序代码实现对 GPIO 的控制。

注：（1）由于总计有 54 个 MIO，因此第 1 组 MIO 的引脚限制为 22 位。
（2）尽管在 MIO 和 EMIO 组之间存在功能的差异，但是对每组 GPIO 的控制是相同的。

8.1.1 GPIO 接口及功能

1. 器件引脚的 GPIO 控制

第 0 组和第 1 组 GPIO 的功能结构如图 8.2 所示，下面对其结构进行简单说明。

（1）DATA_RO：总是读取 GPIO 引脚的状态，而不考虑 GPIO 是输入还是输出。忽略对该寄存器的写操作。

注：如果没有将 MIO 配置为 GPIO，则 DATA_RO 的内容是不可知的，这是因为软件代码不能通过 GPIO 寄存器读取非 GPIO 引脚的值。

（2）DATA：当把 GPIO 配置为输出时，该寄存器用于控制输出的值，一次就对这 32 位寄存器进行写操作。当读该寄存器时，返回上次写到 DATA 或 MASK_DATA_{LSW，MSW} 的值。它并不返回当前器件引脚的值。

第 8 章 Arm GPIO 的原理和控制实现

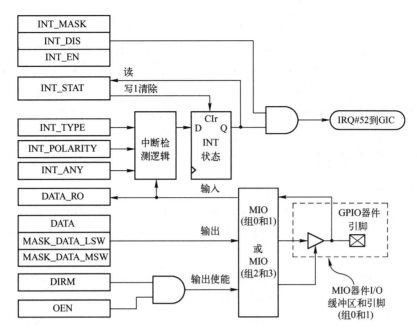

图 8.2 第 0 组和第 1 组 GPIO 的功能结构

（3）MASK_DATA_LSW：该寄存器提供更多选择所期望输出值变化的能力，能写最多 16 位的组合。那些不能被写的比特位是不变的，并且保持它以前的值。当读该寄存器时，返回上次写到 DATA 或 MASK_DATA_{LSW，MSW}的值。它并不返回当前器件引脚的值。

（4）MASK_DATA_MSW：除其控制组的高 16 位外，该寄存器和 MASK_DATA_LSW 相同。

（5）DIRM：方向模式，控制 I/O 引脚是输入还是输出。由于总是使能输入逻辑，这个寄存器有效地禁止/使能输出驱动器。当 DIRM[x]＝＝0 时，禁止输出驱动器；否则，使能输出驱动器。

（6）OEN：输出使能。当 I/O 配置为输出时，它控制使能/禁止输出；当 OEN[x]＝＝0 时，禁止输出驱动器。当禁止输出时，引脚为三态。

注： 如果 MIO 的 TRI_ENABLE = 1，使能三态并禁止驱动器，则忽略 OEN，并且输出为三态。

2. EMIO 信号

用于 EMIO 组的寄存器接口和用于 MIO 组的寄存器相同。然而，由于 EMIO 接口是 PS 和 PL 之间的简单连线，所以 EMIO 和 MIO 之间存在下面的不同。

（1）输入是来自 PL 的布线连接，与 OEN 寄存器的输出值无关。当 DIRM 设置为 0 作为输入时，可以从 DATA_RO 寄存器读取值。

（2）输出线无三态使能，因此 OEN 对其没有影响。输出的值由 DATA、MASK_DATA_LSW 和 MASK_DATA_MSW 寄存器确定。此时，将 DIRM 设置为 1，表示为输出。

（3）输出使能只是简单地从 PS 输出，它由 DIRM/OEN 控制：

EMIOGPIOTN[x] = DIRM[x]&OEN[x]

> **注**：（1）EMIO I/O 不能以任何方式连接到 MIO I/O。EMIO 输入不能连接到 MIO 的输出，MIO 输入不能连接到 EMIO 的输出。每个组是独立的，只能被用作软件可查看/可控制的信号。
>
> （2）第 0 组的 GPIO[8:7]用于在复位时控制 I/O 缓冲区的电压模式。因此，必须根据正确的电压模式由外部系统驱动。为了阻止其被外部逻辑驱动，它们不能用作通用的输入。当系统启动完成后，可以用作输出。

3. GPIO 中断功能

中断检测逻辑用来检测 GPIO 的输入信号。中断触发器可以使用上升沿、下降沿、两个边沿、低电平或高电平中断信号，可以通过 INT_TYPE、INT_POLARITY 和 INT_ANY 寄存器选择中断信号属性。

如果检测到中断，则由中断检测逻辑将 GPIO 的 INT_STAT 状态设置为真。如果使能 INT_STAT 状态，也就是没有屏蔽中断，则通过 OR 功能传递中断。这个功能将 4 个组中所有 GPIO 的中断组合为连接到一个中断控制器的输出（IRQ ID#52）。如果禁止中断，也就是屏蔽中断，则一直保持 INT_STAT 状态，直到清除为止，但是不会传播到中断控制器，除非后面写 INT_EN 用于禁止屏蔽。由于所有的 GPIO 共享相同的中断，所以软件必须通过 INT_MASK 和 INT_STAT 来确定引起中断的 GPIO 源。

通过给 INT_EN 和 INT_DIS 寄存器写 1，控制中断屏蔽状态。给 INT_EN 寄存器写 1，将禁止屏蔽，并且允许一个活动的中断传递到中断控制器。给 INT_DIS 寄存器写 1，则使能屏蔽。通过 INT_MASK 寄存器，可以读取中断屏蔽状态。

如果 GPIO 的中断为边沿触发，则检测逻辑将锁存 INT 状态。通过给 INT_STAT 寄存器写 1，清除 INT 锁存。对于电平触发中断，必须清除连接到 GPIO 的中断源，以清除中断信号。可采取的另一种方法是，软件通过 INT_DIS 寄存器屏蔽该输入。

通过读取 INT_STAT 和 INT_MASK 寄存器，就能推断出到达中断控制器的中断信号状态。当 INT_STAT＝1 且 INT_MASK＝0 时，确认中断信号。

GPIO 组的控制总结如下。

（1）INT_MASK：该寄存器为只读寄存器，表示当前屏蔽的比特位及没有屏蔽/使能的比特位。

（2）INT_EN：向该寄存器的任何一位写 1，将使能/不屏蔽该信号用于中断。对该寄存器的读将返回不可预测的值。

（3）INT_DIS：向该寄存器的任何一位写 1，屏蔽该信号用于中断。对该寄存器的读将返回不可预测的值。

（4）INT_STAT：该寄存器指示是否发生了中断事件。向该寄存器的某一位写 1 将清除该位的中断状态，向该位写 0 将被忽略。

（5）INT_TYPE：该寄存器控制中断是边沿触发还是电平触发。

（6）INT_POLARITY：该寄存器控制中断是低有效还是高有效（或者上升沿，或者下降沿敏感）。

（7）INT_ON_ANY：如果将 INT_TYPE 设置为边沿触发，则该寄存器用于在所有上升沿和下降沿使能一个中断事件。如果将 INT_TYPE 设置为电平触发，则忽略该位。

思考与练习 8-1：请说明 Zynq-7000 内 GPIO 控制器的结构特点和实现的功能。

8.1.2 GPIO 编程流程

1. GPIO 的启动

该过程包括：复位、时钟、GPIO 引脚配置、将数据写到 GPIO 输出引脚、从 GPIO 输入引脚读取数据、将 GPIO 引脚设置为唤醒事件。

2. GPIO 引脚配置

GPIO 控制器中的每个 GPIO 引脚都可以单独配置为输入/输出。然而，BANK0 的[8:7]引脚必须配置为输出。

（1）将 MIO 引脚 10 作为输出。

① 将方向设置为输出。将 0x0000_04000 写到 gpio.DIRM_0 寄存器。

② 输出使能。将 0x0000_0400 写到 gpio.OEN_0 寄存器。

注：只有将 GPIO 引脚配置为输出时输出使能才有意义。

（2）将 MIO 引脚 10 作为输入。

将方向设置为输入。将 0x0 写到 gpio.DIRM_0 寄存器。

3. 将数据写到 GPIO 输出引脚

当 GPIO 引脚配置为输出时，可以通用下面两种方法给 GPIO 引脚写入期望的值。

（1）使用 gpio.DATA_0 寄存器读、修改和更新 GPIO 引脚如使用 DATA_0 寄存器设置 GPIO 输出引脚 10。

① 读 gpio.DATA_0 寄存器：将 gpio.DATA_0 寄存器读到 gpio.DATA_0 变量。

② 修改值：设置 reg_val[10] = 1。

③ 将更新的值写到输出引脚：将 reg_val 的值写到 gpio.DATA_0 寄存器。

（2）使用 MASK_DATA_x_MSW/LSW 寄存器更新一个或多个 GPIO 引脚，如使用 MASK_DATA_0_MSK 寄存器将输出引脚 20、25 和 30 设置为 1。

① 为引脚 20、25 和 30 生成屏蔽值：驱动引脚 20、25 和 30。0xBDEF 是用于 gpio.MASK_DATA_0_MSW[MASK_0_MSW]寄存器的屏蔽值。

② 为引脚 20、25 和 30 生成数据值：将引脚 20、25 和 30 驱动为 1。0x4210 是用于 gpio.MASK_DATA_0_MSW[DATA_0_MSW]寄存器的数据值。

③ 将屏蔽和数据写到 MASK_DATA_x_MSW 寄存器：将值 0xBDEF_4210 写到 gpio.MASK_DATA_0_MSW 寄存器。

4. 从 GPIO 输入引脚读数据

当 GPIO 配置为输入时，提供两种方法用于监控输入。

（1）使用每个组的 gpio.DATA_RO_寄存器。使用 DATA_RO_0 寄存器，从 BANK0 中读

取所有 GPIO 输入引脚的状态。

读输入 BANK0，读 gpio.DATA_0 寄存器。

（2）在输入引脚上使用中断逻辑。将 MIO 引脚 12 配置为上升沿触发。

① 设置触发器为上升沿。将 1 写到 gpio.INT_TYPE_0[12]，将 1 写到 gpio.INT_POLARITY_0[12]，将 0 写到 gpio.INT_ANY_0[12]。

② 使能中断。将 1 写到 gpio.INT_EN_0[12]。

③ 输入引脚状态。当 gpio.INT_STAT_0[12] = 1 时，表示有中断事件。

④ 禁止中断。将 1 写到 gpio.INT_DIS_0[12]。

5. GPIO 作为唤醒事件

通过程序代码，可以配置 GPIO 作为唤醒事件。

注：必须正确设置 GIC。

（1）在 GIC 中使能 GPIO 中断。

（2）通过 gpio.INT_EN_{0…3}寄存器，使能 GPIO 中断用于所需要的引脚。当给 gpio.INT_EN_0[10]写 1 时，使能 GPIO10 中断。

（3）不要关闭任何与 GPIO 相关的时钟。

8.1.3　I/O 接口

通过 MIO，连接 GPIO 控制器内的 BANK0 和 BANK1 引脚。通过 slcr.MIO_PIN_XX 寄存器，可以将这些引脚配置为 GPIO，如将 MIO6 引脚配置为 GPIO 信号。

（1）选择 MIO 引脚作为 GPIO，设置 L0_SEL=0、L1_SEL=0、L2_SEL=0，以及 L3_SEL=0。

（2）设置 TRI_ENABLE=0。

（3）LVCOMS18/LVCMOS33。

（4）慢速 CMOS 边沿。

（5）使能内部上拉电阻。

（6）禁止 HSTL 接收器。

8.1.4　部分寄存器说明

在后面的设计实现中，使用了 Z7 - EDP - 1 开发平台。

（1）在该开发平台上，MIO 模块上的 MIO50 连接外部按键，MIO51 连接外部 LED 灯。MIO50 和 MIO51 在 BANK1 内。

（2）使用 GPIO 的 BANK2，将 PS 对 BANK2 的写操作，通过 Zynq - 7000 SoC 内 PL 一侧的互连线，以及开发板上连接到 PL 一侧的 LED 灯反映出来。

下面仅对 BANK1 寄存器进行说明，对 BANK2 寄存器的操作基本和 BANK1 相同。

注：关于 GPIO 更详细的寄存器说明，请参考 Xilinx 提供的 ug585 - Zynq - 7000 - TRM 手册。

1. DIRM_1 寄存器

该寄存器用于设置 BANK1 内 MIO[53∶32]的输入/输出方向。由于总是使能输入，因此该寄存器实际上是使能/禁止输出驱动器的，该寄存器各比特位的含义如表 8.1 所示。

表 8.1　DIRM_1 寄存器各比特位的含义（地址：0xE000A244）

域名字	比特位	类型	复位值	描述
DIRECTION_1	21∶0	RW	0x0	每一位配置 22 位 BANK1 内所对应的引脚。当为 0 时，输入；当为 1 时，输出

2. OEN_1 寄存器

当把 I/O 配置为输出时，该寄存器用于控制使能/禁止输出。当禁止输出时，I/O 引脚为三态。该寄存器用于控制 BANK1，对应于 MIO[53∶32]，该寄存器各比特位的含义如表 8.2 所示。

表 8.2　OEN_1 寄存器各比特位的含义（地址：0xE000A248）

域名字	比特位	类型	复位值	描述
OP_ENABLE_1	21∶0	RW	0x0	每一位用于配置 22 位 BANK1 内所对应的引脚。当为 0 时，禁止；当为 1 时，使能

3. DATA_1_RO 寄存器

通过该寄存器，软件代码可以看到器件引脚的值。如果 GPIO 信号配置为输出，该寄存器将反映驱动输出的值。对该寄存器的写操作无效。此外，该寄存器反映的是 BANK1 的输入值，它对应到 MIO[53∶32]。该寄存器各比特位的含义如表 8.3 所示。

表 8.3　DATA_1_RO 寄存器各比特位的含义（地址：0xE000A064）

域名字	比特位	类型	复位值	描述
DATA_1_RO	21∶0	R	X	输入数据

4. MASK_DATA_1_MSW 寄存器

通过该寄存器，在一个时刻能够改变最多 6 个比特位的输出值。只有数据所对应的非屏蔽位的输出值才能被修改。如果屏蔽该寄存器中的某一位，则不能修改当前数据值所对应的该位，该位仍然保持以前的值。对于不需要改变输出值的比特位，通过该寄存器操作就不需要使用读—修改—写操作序列。

该寄存器控制 BANK1 的高 6 位，它对应于 MIO[53∶48]。该寄存器各比特位的含义如表 8.4 所示。

表 8.4　MASK_DATA_1_MSW 寄存器各比特位的含义（地址：0xE000A00C）

域名字	比特位	类型	复位值	描述
MASK_1_MSW	21∶16	W	0x0	当写时，只有相应的非屏蔽位才能允许改变输出的值。为 0 时，可以更新对应引脚的值；为 1 时，屏蔽对该引脚的任何更新操作
保留	15∶6	RW	0x0	—

域 名 字	比特位	类型	复位值	描 述
DATA_1_MSW	5:0	RW	x	当写操作时，数据值用于所对应的 GPIO 输出位。每一位控制 BANK1 组内的高 6 位。对其读操作时，返回写到该寄存器以前的值。读操作并不返回 GPIO 引脚的值

注：由于 MIO 单元本身最多有 54 个引脚，因此该寄存器不能控制全部的 16 位。

8.1.5 底层读/写函数说明

在 Xilinx 的 SDK 工具中，提供了多条读/写寄存器的底层函数，在 xil_io.h 头文件中，可以找到这些底层操作函数。

（1）32 位寄存器读函数，如代码清单 8-1 所示。

代码清单 8-1 Xil_In32 函数 C 代码描述

```
u32 Xil_In32 ( INTPTR Addr)
{
    return *( volatile u32 *) Addr;
}
```

（2）32 寄存器写函数，如代码清单 8-2 所示。

代码清单 8-2 Xil_Out32 函数 C 代码描述

```
void Xil_Out32 ( INTPTR Addr, u32 Value)
{
    u32 *LocalAddr = ( u32 *) Addr;
    *LocalAddr = Value;
}
```

8.1.6 GPIO 的 API 函数说明

在 Xilinx 的 SDK 工具中，提供了对 GPIO 控制器进行操作的函数，这些 API 函数在 xgpiops.h 头文件中。

1）XGpioPs_Config*XGpioPs_LookupConfig(u16 DeviceId)

该函数根据设备唯一的 ID 号 DeviceId 查找设备配置。根据 DeviceId，该函数返回一个配置表入口。

2）u32 XGpioPs_CfgInitialize(XGpioPs * InstancePtr，XGpioPs_Config * ConfigPtr，u32 EffectiveAddr)

该函数用于初始化一个 GPIO 实例，包括初始化该实例的所有成员。

3）void XGpioPs_SetDirectionPin(XGpioPs * InstancePtr，u32 Pin，u32 Direction)

该函数为指定的引脚设置方向。

4）void XGpioPs_SetOutputEnablePin(XGpioPs * InstancePtr，u32 Pin，u32 OpEnable)

该函数设置指定引脚的输出使能。

5）u32 XGpioPs_ReadPin(XGpioPs * InstancePtr，u32 Pin)

该函数从指定的引脚读取数据。

6）void XGpioPs_WritePin(XGpioPs * InstancePtr，u32 Pin，u32 Data)

该函数向指定的引脚写数据。

8.2 Vivado 环境下 MIO 读/写控制的实现

在 Z7 - EDP - 1 开发平台上，通过 xc7z020clg484 器件名字为 PS_MIO50_501 的引脚连接一个外部的按键，以及通过该器件名字为 PS_MIO51_501 的引脚连接一个外部的 LED 灯。本节将在 SDK 内设计应用程序，实现 xc7z020clg484 器件 PS 内 GPIO 控制器的交互。

为了使读者进一步熟悉 SDK 软件的开发流程，使用两种不同风格的代码描述。第一种风格是直接通过上面的寄存器读/写函数对 GPIO 控制器内部的寄存器进行读/写控制；另一种是调用 SDK 工具提供的 API 接口函数对 GPIO 控制器进行读/写控制。

注：在 E:\zynq_example 下面分别建立两个名字为"mio_reg"和"mio_api"的子目录。将 lab1 文件夹下的内容分别复制到 mio_reg 和 mio_api 目录中。

8.2.1 调用底层读/写函数编写 GPIO 应用程序

本小节将介绍如何通过调用底层读/写函数实现对 GPIO 的控制。内容包括：导出硬件设计到 SDK、创建新的应用工程和运行应用工程。

1．导出硬件设计到 SDK

（1）启动 Vivado 2015.4 集成开发环境。

（2）在 Vivado 主界面的"Quick Start"标题栏下，单击"Open Project"图标。

（3）出现"Open Project"对话框，定位到下面的路径：

> E:\zynq_example\mio_reg

在该路径下，选择并双击 lab1.xpr，打开前面的设计工程。

（4）在 Vivado 主界面左侧的"Flow Navigator"窗口下，找到并展开 IP Integrator 项。在展开项中，找到并用鼠标左键单击 Open Block Design 项，打开设计块图。

（5）在 Vivado 主界面的主菜单下，选择 File→Export→Export Hardware。

（6）弹出"Export Hardware"对话框。由于设计中没有用到 Zynq - 7000 SoC 的 PL 部分。因此，在该对话框中不要选中"Include bitstream"前面的复选框。

（7）单击"OK"按钮。

（8）弹出"Module Already Exported"对话框，提示发现已经存在的输出文件，是否覆盖该文件信息。

（9）单击"OK"按钮。

（10）在 Vivado 主界面的主菜单下，选择 File→Launch SDK。

（11）出现"Launch SDK"对话框，使用默认的导出路径。

（12）单击"OK"按钮，启动 SDK 工具。

2. 创建新的应用工程

本部分将介绍如何在 SDK 中创建新的应用工程。

（1）在 SDK 主界面左侧的"Project Explorer"窗口下，按"Shift"键和鼠标左键，同时选中 system_wrapper_hw_platform_0 文件夹、hello_world0 文件夹和 hello_world0_bsp 文件夹，如图 8.3 所示。单击鼠标右键，出现浮动菜单。在浮动菜单内，选择 Delete。

（2）出现"Delete Resources"对话框，选中"Delete project contents on disk（cannot be undone）"前面的复选框。

图 8.3 "Project Explorer"窗口

（3）单击"OK"按钮。

（4）出现"Delete Resources"对话框。

（5）单击"Continue"按钮。

（6）在 SDK 主界面的主菜单下，选择 File→New→Application Project。

（7）出现"New Project - Application Project"对话框，参数设置如下。

① Project name：mio_reg0。

② 其他使用默认设置。

（8）单击"Next"按钮。

（9）出现"New Project：Templates"对话框。在"Available Templates"列表中选择"Empty Application"。

（10）单击"Finish"按钮。

（11）在 SDK 左侧的"Project Explorer"窗口内，找到并展开 mio_reg 文件夹。在展开项中，找到并选择 src 子文件夹。

（12）单击鼠标右键，出现浮动菜单。在浮动菜单内，选择 Import。

（13）出现"Import"对话框，找到并展开 General 选项。在展开项中，找到并选择 File System。

（14）单击"Next"按钮。

（15）出现"Import"对话框，单击"Browse"按钮。

（16）出现"Import from directory"对话框，选择导入文件夹的下面路径：

\zynq_example\source

（17）单击"确定"按钮。

（18）在"Import"对话框的右侧窗口中，给出了 source 文件夹下的可选文件。在该对话框中，勾选"mig_reg.c"前面的复选框，如图 8.4 所示。

（19）单击"Finish"按钮。

（20）可以看到在 src 子文件夹下添加了 mio_reg.c 文件。

（21）双击 mio_reg.c，打开该文件，如代码清单 8 - 3 所示。

第 8 章　Arm GPIO 的原理和控制实现

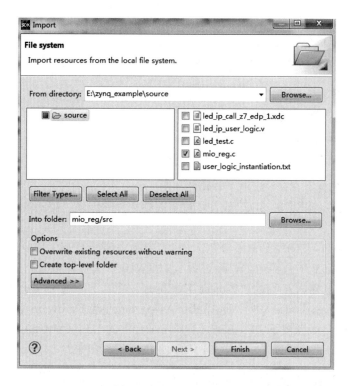

图 8.4 "Import"对话框

代码清单 8 - 3　mio_reg.c 文件

```
int main ( void )
{
    u32 DirModeReg,OpEnableReg;
    u32 Value;
    //set MIO50 and MIO51 direction,MIO50 input ,MIO51 output
    DirModeReg = Xil_In32( XPAR_XGPIOPS_0_BASEADDR + 1*XGPIOPS_REG_MASK_OFFSET
 + XGPIOPS_DIRM_OFFSET);
    DirModeReg & = 0xFBFFFF;              //MIO50 input
    DirModeReg | = 0x080000;              //MIO51 ouput
    Xil_Out32( XPAR_XGPIOPS_0_BASEADDR + XGPIOPS_DIRM_OFFSET + 1*XGPIOPS_REG_
MASK_OFFSET,DirModeReg);
    //MIO51 set output enable
    OpEnableReg = Xil_In32 ( XPAR_XGPIOPS_0_BASEADDR + 1 * XGPIOPS_REG_MASK_
OFFSET + XGPIOPS_OUTEN_OFFSET);
    OpEnableReg | = (( u32)1 < < ( u32)19);     //enable MIO51 output driver
    Xil_Out32( XPAR_XGPIOPS_0_BASEADDR + 1*XGPIOPS_REG_MASK_OFFSET + XGPIOPS_
OUTEN_OFFSET,OpEnableReg);
    while (1)
    {
    if ((( Xil_In32( XPAR_XGPIOPS_0_BASEADDR + 1*XGPIOPS_DATA_BANK_OFFSET +
XGPIOPS_DATA_RO_OFFSET) > > ( u32)18)&( u32)1) = = 1)     //read value of MIO50 pin
        Value = 0xF7FFFF;
    else
```

```
                Value = 0xF7FF00;
                Xil_Out32( XPAR_XGPIOPS_0_BASEADDR + 1*XGPIOPS_DATA_MASK_OFFSET + XGPIOPS
_DATA_MSW_OFFSET,Value);    // write value to MIO51 pin
            }
        return 0;
}
```

思考与练习 8-2：请读者根据上面的代码和底层的寄存器地址分析该代码所实现的功能。

3. 运行应用工程

本部分将介绍如何在 Z7-EDP-1 硬件开发平台上运行应用工程。为了在 xc7z020clg484 SoC 上正确运行程序，以及在 SDK 设计环境下观察运行的结果，需要对运行环境进行配置，其步骤如下：

（1）正确连接 Z7-EDP-1 平台与 PC/笔记本电脑之间的 USB-JTAG 和 USB-UART 电缆，并给平台接入+5V 的直流电源，通过板上的 SW10 开关打开电源。

（2）在 SDK 主界面左侧的"Project Explorer"窗口下，选中 mio_reg0，单击鼠标右键，出现浮动菜单。在浮动菜单内，选择 Run As→Launch on Hardware（GDB）。

思考与练习 8-3：当按下 Z7-EDP-1 开发平台上的 U34（MIO50）时，观察按键的状态是否能正常地在名字为"D1"（MIO51）的 LED 上反映出来？

8.2.2 调用 API 函数编写控制 GPIO 应用程序

本小节将介绍如何通过调用 SDK 提供的 API 函数实现对 GPIO 的控制。内容包括：导出硬件设计到 SDK、创建新的应用工程和运行应用工程。

1. 导出硬件设计到 SDK

（1）启动 Vivado 2015.4 集成开发环境。

（2）在 Vivado 主界面的"Quick Start"标题栏下，单击"Open Project"图标。

（3）出现"Open Project"对话框，定位到下面的路径：

> E：\zynq_example\mio_api

在该路径下，选择并双击 lab1.xpr，打开前面的设计工程。

（4）在 Vivado 主界面左侧的"Flow Navigator"窗口下，找到并展开 IP Integrator 项。在展开项中，找到并用鼠标左键单击 Open Block Design 项，打开设计块图。

（5）在 Vivado 主界面的主菜单下，选择 File→Export→Export Hardware。

（6）弹出"Export Hardware"对话框。由于设计中没有用到 Zynq-7000 SoC 的 PL 部分。因此，在该对话框中不要选中"Include bitstream"前面的复选框。

（7）单击"OK"按钮。

（8）弹出"Module Already Exported"对话框，提示发现已经存在的输出文件，是否覆盖该文件信息。

（9）单击"OK"按钮。

（10）在 Vivado 主界面的主菜单下，选择 File→Launch SDK。

（11）出现"Launch SDK"对话框，使用默认的导出路径。

(12) 单击"OK"按钮, 启动 SDK 工具。

2. 创建新的应用工程

(1) 在 SDK 主界面左侧的"Project Explorer"窗口下,按"Shift"键和鼠标左键,同时选中 system_wrapper_hw_platform_0 文件夹、hello_world0 文件夹和 hello_world0_bsp 文件夹。单击鼠标右键,出现浮动菜单。在浮动菜单内,选择 Delete。

(2) 出现"Delete Resources"对话框,选中"Delete project contents on disk(cannot be undone)"前面的复选框。

(3) 单击"OK"按钮。

(4) 出现"Delete Resources"对话框。

(5) 单击"Continue"按钮。

(6) 在 SDK 主界面的主菜单下,选择 File→New→Application Project。

(7) 出现"New Project: Application Project"对话框,参数设置如下。

① Project name: mio_api0。
② 其他使用默认设置。

(8) 单击"Next"按钮。

(9) 出现"New Project: Templates"对话框,在"Available Templates"列表中选择"Empty Application"。

(10) 单击"Finish"按钮。

(11) 在 SDK 左侧的"Project Explorer"窗口内,找到并展开 mio_api0 文件夹。在展开项中,找到并选择 src 子文件夹。

(12) 单击鼠标右键,出现浮动菜单。在浮动菜单内,选择 Import。

(13) 出现"Import"对话框。找到并展开 General 选项。在展开项中,找到并选择 File System。

(14) 单击"Next"按钮。

(15) 出现"Import"对话框,单击"Browse"按钮。

(16) 出现"Import from directory"对话框,选择导入文件夹的下面路径:

\zynq_example\source

(17) 单击"确定"按钮。

(18) 在"Import"对话框的右侧窗口中,给出了 source 文件夹下的可选文件。在该窗口中,选中"mig_reg.c"前面的复选框。

(19) 单击"Finish"按钮。

(20) 可以看到在 src 子文件夹下添加了 mio_api.c 文件。

(21) 双击 mio_api.c, 打开该文件,如代码清单 8-4 所示。

代码清单 8-4　mio_api.c 文件

```
#include " xparameters.h"
#include " xgpiops.h"
```

```
int main ( void ){
    staticXGpioPspsGpioInstancePtr;
    XGpioPs_Config *GpioConfigPtr;
    intxStatus;

    GpioConfigPtr = XGpioPs_LookupConfig( XPAR_PS7_GPIO_0_DEVICE_ID);
    if ( GpioConfigPtr = = NULL )
        return XST_FAILURE;
    xStatus = XGpioPs_CfgInitialize(&psGpioInstancePtr,GpioConfigPtr,GpioConfigPtr - > BaseAddr);
    if ( XST_SUCCESS!= xStatus)
        print(" PS GPIO INIT FAILED \n \r" );

    XGpioPs_SetDirectionPin(&psGpioInstancePtr,51,1);
    XGpioPs_SetDirectionPin(&psGpioInstancePtr,50,0);
    XGpioPs_SetOutputEnablePin(&psGpioInstancePtr,51,1);
    while (1){
        if ( XGpioPs_ReadPin(&psGpioInstancePtr,50) = = 1){
            XGpioPs_WritePin(&psGpioInstancePtr,51,1);
        }
        else {
            XGpioPs_WritePin(&psGpioInstancePtr,51,0);
        }
    }
    return 0;
}
```

思考与练习 8-4：请读者根据上面的代码和 API 函数文档分析该代码所实现的功能。

3. 运行应用工程

本部分将介绍如何在 Z7-EDP-1 硬件开发平台上运行应用工程。为了在 xc7z020clg484 SoC 上正确运行程序，以及在 SDK 设计环境下观察运行的结果，需要对运行环境进行配置。

（1）正确连接 Z7-EDP-1 平台与 PC/笔记本电脑之间的 USB-JTAG 和 USB-UART 电缆，并给平台接入+5V 的直流电源，通过板上的 SW10 开关打开电源。

（2）在 SDK 主界面左侧的"Project Explorer"窗口下，选中 mio_api0，单击鼠标右键，出现浮动菜单。在浮动菜单内，选择 Run As→Launch on Hardware（GDB）。

思考与练习 8-5：当按下 Z7-EDP-1 开发平台上的 U34（MIO50）时，观察按键的状态是否能正常地在名字为"D1"（MIO51）的 LED 上反映出来？

8.3 Vivado 环境下 EMIO 读/写控制的实现

在 Z7-EDP-1 开发平台上，通过 xc7z020clg484 器件的 PL 部分，外部连接了 8 个名字为 LED0～LED7 的 LED 灯。本节将第 2 组 GPIO 通过 EMIO 引入 PL，然后连接到用于控制 8 个 LED 灯的 8 个引脚上。在 SDK 内设计应用程序，用于对 8 个 LED 灯进行控制。

为了使读者进一步熟悉 SDK 软件的开发流程，使用两种不同风格的代码描述。第一种是直接通过寄存器读/写函数对 GPIO 控制器内部的寄存器进行读/写控制；另一种是调用 SDK 工具提供的 API 接口函数对 GPIO 控制器进行读/写控制。

> 注：在 E：\zynq_example 下面分别建立两个名字为"emio_reg"和"emio_api"的子目录。将 lab1 文件夹下的内容分别复制到 emio_reg 和 emio_api 目录中。

8.3.1　调用底层读/写函数编写 GPIO 应用程序

本小节将介绍通过 EMIO 将 GPIO 连接到 PL 的方法，并通过调用底层的读/写函数，实现对 PL 一侧 LED 灯的控制。内容包括：打开原来的设计工程、修改设计、添加约束文件、导出硬件到 SDK 中、创建新的应用工程、下载硬件比特流文件到 FPGA，以及运行应用工程。

1. 打开原来的设计工程

（1）启动 Vivado 2015.4 集成开发环境。
（2）在 Vivado 主界面的"Quick Start"标题栏下，单击"Open Project"图标。
（3）出现"Open Project"对话框，定位到下面的路径：

　　E：\zynq_example\emio_reg

在该路径下，选择并双击 lab1.xpr，打开前面的设计工程。
（4）在 Vivado 主界面左侧的"Flow Navigator"窗口下，找到并展开 IP Integrator 项。在展开项中，找到并用鼠标左键单击 Open Block Design 项，打开设计块图。

2. 修改设计

下面对设计进行修改，修改设计的步骤如下。
（1）在"Diagram"面板中，双击名字为"processing_system7_0"的块符号。
（2）出现"Re‐customize IP"对话框。用鼠标左键单击名字为"I/O Peripherals"的块符号。
（3）出现"MIO Configuration"对话框。
（4）在该对话框下，找到并展开 GPIO，如图 8.5 所示。在展开项中，找到并勾选 "EMIO GPIO（Width）"前面的复选框。在其右侧的下拉框中选择"8"。

> 注：表示将 PS 一侧的 8 个 GPIO 通过 EMIO 引入到 Zynq‐7000 SoC 的 PL 内。

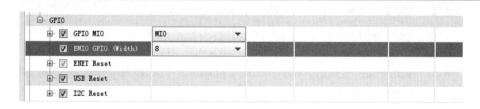

图 8.5　"MIO Configuration"对话框

（5）单击"OK"按钮，退出配置对话框。
（6）在当前"Diagram"面板左侧一列的工具栏内，单击 按钮，重新绘制绘图，如图

8.6 所示。

（7）将鼠标光标放到标记为"GPIO_0 +"的端口上，单击鼠标右键，出现浮动菜单。在浮动菜单内，选择 Make External。

（8）可以看到已经为 GPIO_0 端口添加了外部引脚，如图 8.7 所示。

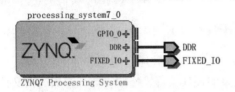 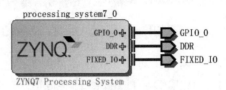

图 8.6　修改 ZYNQ IP 后的设计界面　　　　图 8.7　为 GPIO_0 添加外部引脚

（9）在当前 Vivado 主界面 Block Design 的"Source"标签页中，找到并选择 system_i - system（system.bd），单击鼠标右键，出现浮动菜单。在浮动菜单内，选择 Generate Output Products。

（10）出现"Generate Output Products"对话框。在该对话框中，使用默认选项。

（11）单击"Generate"按钮。

（12）出现"Generate Output Products"对话框，提示成功生成产品。

（13）单击"OK"按钮。

（14）再次选中 system_i - system（system.bd），单击鼠标右键，出现浮动菜单。在浮动菜单内，选择 Create HDL Wrapper。

（15）出现"Create HDL Wrapper"对话框，使用默认选项。

（16）单击"OK"按钮。

（17）在"Sources"标签页，找到并双击 system_wrapper.v，打开该文件，在该文件的第 34 行可以看到新添加了名字为"gpio_0_tri_io"的端口，如图 8.8 所示。

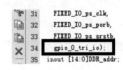

图 8.8　system_wrapper.v 文件

3．添加约束文件

本部分将介绍如何为 gpio_0_tri_io 端口添加设计约束文件 XDC。

（1）在 Vivado 当前工程主界面的"Sources"标签页中，选中 Constraints 选项。单击鼠标右键，出现浮动菜单。在浮动菜单内，选择 Add Sources。

（2）出现"Add Sources"对话框，选中"Add or Create Constraints"前面的复选框。

（3）单击"Next"按钮。

（4）出现"Add Sources：Add or Create Constraints"对话框。

（5）单击"Add Files"按钮，出现"Add Constraint Files"对话框。在该对话框中，定位到本书所提供资料的下面路径：

\zynq_example\source

在该路径下，找到并双击 emio_z7_edp_1.xdc 文件。

（6）自动返回到"Add Sources"对话框，单击"Finish"按钮。

第8章 Arm GPIO 的原理和控制实现

（7）在"Sources"标签页中，找到并展开 Constraints。在展开项中，找到并再次展开 constrs_1。在展开项中，找到并双击 emio_z7_edp_1.xdc，打开约束文件，如代码清单 8-5 所示。

程序清单 8-5　emio_z7_edp_1.xdc 文件

```
#############################
# On - board LED        #
#############################
set_property PACKAGE_PIN Y14 [ get_ports gpio_0_tri_io[0]]
set_property IOSTANDARD LVCMOS33 [ get_ports gpio_0_tri_io[0]]
set_property PACKAGE_PIN AB14 [ get_ports gpio_0_tri_io[1]]
set_property IOSTANDARD LVCMOS33 [ get_ports gpio_0_tri_io[1]]
set_property PACKAGE_PIN V13 [ get_ports gpio_0_tri_io[2]]
set_property IOSTANDARD LVCMOS33 [ get_ports gpio_0_tri_io[2]]
set_property PACKAGE_PIN AA13 [ get_ports gpio_0_tri_io[3]]
set_property IOSTANDARD LVCMOS33 [ get_ports gpio_0_tri_io[3]]
set_property PACKAGE_PIN V12 [ get_ports gpio_0_tri_io[4]]
set_property IOSTANDARD LVCMOS33 [ get_ports gpio_0_tri_io[4]]
set_property PACKAGE_PIN AA12 [ get_ports gpio_0_tri_io[5]]
set_property IOSTANDARD LVCMOS33 [ get_ports gpio_0_tri_io[5]]
set_property PACKAGE_PIN U11 [ get_ports gpio_0_tri_io[6]]
set_property IOSTANDARD LVCMOS33 [ get_ports gpio_0_tri_io[6]]
set_property PACKAGE_PIN W11 [ get_ports gpio_0_tri_io[7]]
set_property IOSTANDARD LVCMOS33 [ get_ports gpio_0_tri_io[7]]
```

（8）在 Vivado 主界面左侧的 Flow Navigator 窗口下，找到并展开 Program and Debug。在展开项中，选择 Generate Bitstream。

（9）出现"No Implementation Results Available"对话框。在该对话框中，提示没有可用的实现结果，工具自动开始对设计进行综合、实现和生成比特流的过程。

（10）单击"Yes"按钮。

（11）出现"Bitstream Generation Completed"对话框。在该对话框中，读者可以选择"View Reports"前面的对话框。

（12）单击"OK"按钮。

4．导出硬件到 SDK 中

（1）在 Vivado 主界面的主菜单下，选择 File→Export→Export Hardware。

（2）弹出"Export Hardware"对话框。由于设计中用到了 Zynq-7000 SoC 的 PL 部分，因此，必须选中"Include bitstream"前面的复选框。

（3）单击"OK"按钮。

（4）弹出"Module Already Exported"对话框，提示发现已经存在的输出文件，是否覆盖该文件信息。

（5）单击"OK"按钮。

（6）在 Vivado 主界面的主菜单下，选择 File→Launch SDK。

（7）出现"Launch SDK"对话框，使用默认的导出路径。

（8）单击"OK"按钮，启动 SDK 工具。

5. 创建新的应用工程

（1）在 SDK 主界面左侧的"Project Explorer"窗口下，按下"Shift"键和鼠标左键，同时选中 system_wrapper_hw_platform_0 文件夹、hello_world0_bsp 文件夹和 hello_world0 文件夹。单击鼠标右键，出现浮动菜单。在浮动菜单内，选择 Delete。

（2）出现"Delete Resources"对话框，选中"Delete project contents on disk（cannot be undone）"前面的复选框。

（3）单击"OK"按钮。

（4）出现"Delete Resources"对话框。

（5）单击"Continue"按钮。

（6）在 SDK 主界面的主菜单下，选择 File→New→Application Project。

（7）出现"New Project：Application Project"对话框。参数设置如下。

① Project name：emio_reg0。

② 其他使用默认设置。

（8）单击"Next"按钮。

（9）出现"New Project：Templates"对话框，在"Available Templates"列表中选择"Empty Application"。

（10）单击"Finish"按钮。

（11）在 SDK 主界面下，找到并展开 emio_reg0 文件夹。在展开项中，找到并选中 src 子文件夹，并单击鼠标右键，出现浮动菜单。在浮动菜单内，选择 Import。

（12）出现"Import"对话框，找到并展开 General 文件夹。在展开项中，找到并选中 File System。

（13）单击"Next"按钮。

（14）单击"Browse"按钮，定位到本书所提供资料的下面路径：

zynq_example\source

（15）从右侧窗口中选择 emio_reg.c 文件。

（16）单击"Finish"按钮。

（17）在 src 子文件夹下，找到并双击 emio_reg.c，打开该文件，如代码清单 8-6 所示。

代码清单 8-6 emio_reg.c 文件

```
#include " xparameters.h"
#include " xgpiops.h"

int main ( void ){
    u32 DirModeReg;
    u32 OpEnableReg;
    u32 value_mask;
    u16 value = 0;
    int i = 0;
```

```
        //MIO54,MIO55,MIO56,MIO57,MIO58,MIO59,MIO60,MIO61 set direction
        DirModeReg = Xil_In32( XPAR_XGPIOPS_0_BASEADDR + 2*XGPIOPS_REG_MASK_OFFSET
+ XGPIOPS_DIRM_OFFSET);
        DirModeReg |= 0x000000FF;
        Xil_Out32( XPAR_XGPIOPS_0_BASEADDR + XGPIOPS_DIRM_OFFSET + 2*XGPIOPS_REG_
MASK_OFFSET,DirModeReg);

        //MIO54,MIO55,MIO56,MIO57,MIO58,MIO59,MIO60,MIO61 set output enable
        OpEnableReg = Xil_In32 ( XPAR_XGPIOPS_0 _BASEADDR + 2 * XGPIOPS_REG_MASK_
OFFSET + XGPIOPS_OUTEN_OFFSET);
        OpEnableReg |= 0x000000FF;
        Xil_Out32( XPAR_XGPIOPS_0_BASEADDR + 2*XGPIOPS_REG_MASK_OFFSET + XGPIOPS_
OUTEN_OFFSET,OpEnableReg);

        while (1){
            value_mask = 0xff00 + ( u16) value;        //write mask and data
            Xil_Out32( XPAR_XGPIOPS_0_BASEADDR + 2*XGPIOPS_DATA_MASK_OFFSET + XGPIOPS
_DATA_LSW_OFFSET,value_mask);
            value ++ ;
            for ( i = 0;i < 50000000;i ++ );           //delay
            if ( value == 255) value = 0;
        }

        return 0;
}
```

思考与练习 8 - 6：请读者根据上面的代码和 EMIO 的原理分析该代码所实现的功能。

6. 下载硬件比特流文件到 FPGA

本部分将介绍如何将比特流文件下载到 Z7 - EDP - 1 开发平台上。

（1）通过 USB 电缆将 Z7 - EDP - 1 开发平台上的 J13Mini USB 接口（该接口提供了 UART - USB 的转换）与用于当前设计的电脑的一个 USB 接口连接（需要事先安装 UART - USB 的软件驱动程序）。

（2）通过 USB 电缆将 Z7 - EDP - 1 板的 J12 Mini USB 接口（该接口提供了 USB - JTAG 的转换）与用于当前设计的电脑的另一个 USB 接口连接（电脑自动扫描并安装驱动程序）。

（3）外接+ 5V 电源插到 Z7 - EDP - 1 开发平台的 J6 接口上，并通过 SW10 开关打开目标板的电源。

（4）在 SDK 主界面的主菜单下，选择 Xilinx Tools→Program FPGA，准备将程序和硬件比特流下载到 FPGA 中。

（5）出现"Program FPGA"对话框，给出了需要下载的比特流文件的路径。

（6）单击"Program"按钮。

（7）出现"Progress Information"（进程信息）对话框，表示当前正在将比特流文件下载到 Z7 - EDP - 1 开发平台上的 Xc7z020clg484 SoC 中。

（8）等待将比特流文件成功下载到 xc7z020clg484 SoC 内。

7. 运行应用工程

本部分将介绍如何在 Z7-EDP-1 硬件开发平台上运行应用工程。为了在 xc7z020clg484 SoC 上正确运行程序，以及在 SDK 设计环境下观察运行的结果，需要对运行环境进行配置。

在 SDK 主界面左侧的"Project Explorer"窗口下，选中 emio_reg0 条目，单击鼠标右键，出现浮动菜单。在浮动菜单内，选择 Run As→Launch on Hardware（GDB）命令。

思考与练习 8-7：观察 Z7-EDP-1 开发平台上名字为 LED0 ～ LED7 的 8 个 LED 灯的变化情况和设计要求是否一致。

8.3.2 调用 API 函数编写控制 GPIO 应用程序

本小节将介绍通过 EMIO 将 GPIO 连接到 PL 的方法，并通过调用 API 读/写函数，实现对 PL 一侧 LED 灯的控制。内容包括：打开原来的设计、修改及导出设计到 SDK、创建新的应用工程、下载硬件比特流文件到 FPGA 和运行应用工程。

1. 打开原来的设计

（1）启动 Vivado 2015.4 集成开发环境。

（2）在 Vivado 主界面的"Quick Start"标题栏下，单击"Open Project"图标。

（3）出现"Open Project"对话框，定位到下面的路径：

E：\zynq_example\emio_api

在该路径下，选择并双击 lab1.xpr，打开前面的设计工程。

（4）在 Vivado 主界面左侧的"Flow Navigator"窗口下，找到并展开 IP Integrator 项。在展开项中，找到并用鼠标左键单击 Open Block Design 项，打开设计块图。

2. 修改及导出设计到 SDK

按照 8.3.1 小节的内容修改设计、添加约束文件、导出硬件到 SDK。

3. 创建新的应用工程

（1）在 SDK 主界面左侧的"Project Explorer"窗口下，按下"Shift"键和鼠标左键，同时选中 system_wrapper_hw_platform_0 文件夹、hello_world0_bsp 文件夹和 hello_world0 文件夹。单击鼠标右键，出现浮动菜单。在浮动菜单内，选择 Delete。

（2）出现"Delete Resources"对话框，选中"Delete project contents on disk（cannot be undone）"前面的复选框。

（3）单击"OK"按钮。

（4）出现"Delete Resources"对话框。

（5）单击"Continue"按钮。

（6）在 SDK 主界面的主菜单下，选择 File→New→Application Project。

（7）出现"New Project：Application Project"对话框。参数设置如下。

① Project name：emio_api0。

② 其他使用默认设置。

第 8 章 Arm GPIO 的原理和控制实现

（8）单击"Next"按钮。

（9）出现"New Project：Templates"对话框，在"Available Templates"列表中选择"Empty Application"。

（10）单击"Finish"按钮。

（11）在 SDK 主界面下，找到并展开 emio_api0 文件夹。在展开项中，找到并选中 src 子文件夹，并单击鼠标右键，出现浮动菜单。在浮动菜单内，选择 Import。

（12）出现"Import"对话框，找到并展开 General 文件夹。在展开项中，找到并选中 File System。

（13）单击"Next"按钮。

（14）单击"Browse"按钮，定位到本书所提供资料的下面路径：

zynq_example\source

（15）从右侧窗口中选择 emio_api.c 文件。

（16）单击"Finish"按钮。

（17）在 src 子文件夹下，找到并双击 emio_api.c，该打开文件，如代码清单 8-7 所示。

代码清单 8-7 emio_api.c 文件

```c
#include " xparameters. h"
#include " xgpiops. h"

    int main ( void ){
    staticXGpioPspsGpioInstancePtr;
    XGpioPs_Config *GpioConfigPtr;
    intxStatus;
    inti;

    GpioConfigPtr = XGpioPs_LookupConfig( XPAR_PS7_GPIO_0_DEVICE_ID);
    if ( GpioConfigPtr == NULL)
        return XST_FAILURE;
xStatus = XGpioPs_CfgInitialize(&psGpioInstancePtr,GpioConfigPtr,GpioConfigPtr -> BaseAddr);

    XGpioPs_SetDirectionPin(&psGpioInstancePtr,54,1);
    XGpioPs_SetOutputEnablePin(&psGpioInstancePtr,54,1);
    XGpioPs_SetDirectionPin(&psGpioInstancePtr,55,1);
    XGpioPs_SetOutputEnablePin(&psGpioInstancePtr,55,1);
    XGpioPs_SetDirectionPin(&psGpioInstancePtr,56,1);
    XGpioPs_SetOutputEnablePin(&psGpioInstancePtr,56,1);
    XGpioPs_SetDirectionPin(&psGpioInstancePtr,57,1);
    XGpioPs_SetOutputEnablePin(&psGpioInstancePtr,57,1);
    XGpioPs_SetDirectionPin(&psGpioInstancePtr,58,1);
    XGpioPs_SetOutputEnablePin(&psGpioInstancePtr,58,1);
    XGpioPs_SetDirectionPin(&psGpioInstancePtr,59,1);
    XGpioPs_SetOutputEnablePin(&psGpioInstancePtr,59,1);
    XGpioPs_SetDirectionPin(&psGpioInstancePtr,60,1);
    XGpioPs_SetOutputEnablePin(&psGpioInstancePtr,60,1);
```

```
            XGpioPs_SetDirectionPin(&psGpioInstancePtr,61,1);
            XGpioPs_SetOutputEnablePin(&psGpioInstancePtr,61,1);

            while (1){
                XGpioPs_WritePin(&psGpioInstancePtr,54,1);
                XGpioPs_WritePin(&psGpioInstancePtr,55,1);
                XGpioPs_WritePin(&psGpioInstancePtr,56,1);
                XGpioPs_WritePin(&psGpioInstancePtr,57,1);
                XGpioPs_WritePin(&psGpioInstancePtr,58,1);
                XGpioPs_WritePin(&psGpioInstancePtr,59,1);
                XGpioPs_WritePin(&psGpioInstancePtr,60,1);
                XGpioPs_WritePin(&psGpioInstancePtr,61,1);
                for ( i = 0;i < 50000000;i + + );

                XGpioPs_WritePin(&psGpioInstancePtr,54,0);
                XGpioPs_WritePin(&psGpioInstancePtr,55,0);
                XGpioPs_WritePin(&psGpioInstancePtr,56,0);
                XGpioPs_WritePin(&psGpioInstancePtr,57,0);
                XGpioPs_WritePin(&psGpioInstancePtr,58,0);
                XGpioPs_WritePin(&psGpioInstancePtr,59,0);
                XGpioPs_WritePin(&psGpioInstancePtr,60,0);
                XGpioPs_WritePin(&psGpioInstancePtr,61,0);
                for ( i = 0;i < 50000000;i + + );
            }
            return 0;
        }
```

思考与练习 8-8：请读者根据上面的代码和 EMIO 的原理分析该代码所实现的功能。

4．下载硬件比特流文件到 FPGA

本部分将介绍如何将比特流文件下载到 Z7-EDP-1 开发平台上。

（1）通过 USB 电缆将 Z7-EDP-1 开发平台上的 J13Mini USB 接口（该接口提供了 UART-USB 的转换）和用于当前设计的电脑的一个 USB 接口连接（需要事先安装 UART-USB 的软件驱动程序）。

（2）通过 USB 电缆将 Z7-EDP-1 板的 J12 Mini USB 接口（该接口提供了 JTAG-USB 的转换）和用于当前设计的电脑的另一个 USB 接口连接（电脑自动扫描并安装驱动程序）。

（3）外接+5V 电源插到 Z7-EDP-1 开发平台的 J6 接口上，并通过 SW10 开关打开目标板的电源。

（4）在 SDK 主界面的主菜单下，选择 Xilinx Tools→Program FPGA，准备将程序和硬件比特流下载到 FPGA 中。

（5）出现"Program FPGA"对话框，给出了需要下载的比特流文件的路径。

（6）单击"Program"按钮。

（7）出现"Progress Information"（进程信息）对话框，表示当前正在将比特流文件下载到 Z7-EDP-1 开发平台上的 xc7z020clg484 SoC 中。

（8）等待将比特流文件成功下载到 xc7z020clg484 SoC 内。

5. 运行应用工程

本部分将介绍如何在 Z7 - EDP - 1 硬件开发平台上运行应用工程。为了在 xc7z020clg484 SoC 上正确运行程序，以及在 SDK 设计环境下观察运行的结果，需要对运行环境进行配置。

在 SDK 主界面左侧的"Project Explorer"窗口下，选中 emio_api0，单击鼠标右键，出现浮动菜单。在浮动菜单内，选择 Run As→Launch on Hardware（GDB）命令。

思考与练习 8 - 9：观察 Z7 - EDP - 1 开发平台上名字为 LED0 ～ LED7 的 8 个 LED 灯的变化情况和设计要求是否一致。

第9章 Cortex-A9 异常与中断原理及实现

本章将介绍 Cortex-A9 异常及中断原理，并通过 Zynq-7000 SoC 实现所介绍的中断机制，内容包括：异常原理、中断原理和 Vivado 环境下中断系统的实现。

中断和异常机制是嵌入式系统最常使用的一种 CPU 和外设联络的机制，理解并掌握它们的实现原理，对于读者掌握在操作系统下如何编写带有中断和异常的驱动程序非常重要。

9.1 异常原理

一个异常是任何一个情况，它要求 CPU 核停止正常的执行，取而代之的是执行专用的软件程序（与每个异常类型相关的异常句柄）。异常是情况或系统事件，通常要求特权级软件采取弥补性的行为或对系统状态进行更新，从而恢复系统的正常状态，这称为异常处理。当已经处理一个异常时，特权软件会让 CPU 核继续异常发生以前所做的事情。其他架构将 Arm 所称的异常称为陷阱或中断，然而在 Arm 架构中，仍然保留这些术语用于指定类型的异常。

所有的微处理器必须对外部的异常事件进行响应，如按下一个按键或时钟到达某个值。通常有专用的硬件用于激活连接到 CPU 核的输入信号线。这使得 CPU 核暂停执行当前的程序序列，然后执行一个特殊的特权句柄例程。在系统设计中，CPU 核对这些事件的响应速度是一个非常重要的问题，称为中断延迟。事实上，很多嵌入式系统中没有主程序，由代码处理所有的系统功能，从中断运行，并为它们分配优先级，这些都是设计中的关键点。不同于 CPU 核经常测试来自系统不同的标志，用于查看是否需要做一些事情，通过产生中断，系统通知 CPU 核发生了一些事情。对于一个复杂的系统来说，有很多具有不同优先级的中断源，并且要求中断嵌套，即较高优先级的中断可以打断较低优先级的中断。

在正常执行程序时，递增程序计数器。程序中的分支语句将改变程序的执行流，如函数调用、循环和条件码。当发生一个异常时，打断这些预定义的执行序列，暂时切换到处理这些异常的句柄。

除响应外部中断外，还有很多其他事件能引起 CPU 感知异常。外部的，如复位、来自存储器系统的外部异常终止；内部的，如 MMU 产生异常终止，或者使用 SVC 指令的 OS 调用。处理异常将使得 CPU 核在不同模式间进行切换，并且将当前寄存器的内容复制到其他地方。

9.1.1 异常类型

非特权用户模式不能直接影响核的异常行为,但是能够产生一个 SVC 异常来请求特权服务。这是用户应用程序请求操作系统完成代表它们任务的方法。

当发生异常时,CPU 核保存当前的状态和返回地址,然后进入一个指定的模式,并且可能禁止中断。从一个称为用于该异常的异常向量所指向的一个固定的存储器地址,启动对该异常的处理。特权软件可以将指定异常向量的位置编程到系统寄存器中,当采纳了各自的异常时,会自动执行它们。

1. Cortex - A9 处理器中的异常

1) 中断

在 Armv7 核内,有两种类型的中断,称为 IRQ 和 FIQ。FIQ 的优先级高于 IRQ。由于 FIQ 在向量表中的位置,以及在 FIQ 模式下它有更多的分组寄存器,因此它有加速的优势。当在句柄中将寄存器压栈时,可以节省很多时钟周期。典型地,所有这些类型的异常都与连接到 CPU 核的输入引脚相关,即外部硬件确认一个中断请求线。当执行完当前的指令,并且没有禁止中断时,产生相应的异常类型。

FIQ 和 IRQ 都有连接到 CPU 核的物理信号。当确认时,如果被使能,CPU 核将采纳相应的异常。在几乎所有的系统中,使用一个中断控制器连接不同的中断源。中断控制器可以对中断的优先级进行仲裁,然后提供串行的单个信号,该信号连接到 CPU 核的 FIQ 和 IRQ。

由于 FIQ 和 IRQ 并不直接与 CPU 核正在执行的软件相关联,因此将它们称为异步异常。

2) 异常终止

失败的取指或失败的数据访问都可以产生异常终止。当访问存储器时(表示可能指定的地址并不对应于系统中真实的存储器),它们可以来自从外部存储器系统给出的错误响应。此外,CPU 的 MMU 也可以产生异常终止。一个操作系统可以使用 MMU 异常终止动态地将存储器分配给应用程序。

当取出一条指令时,可以在流水线内屏蔽一条指令作为异常终止。当 CPU 核尝试执行它时,发生取指异常终止事件,该异常发生在执行指令之前。在异常终止的指令到达流水线的执行阶段之前对流水线进行刷新,则不会发生异常终止事件。执行加载或保存指令发生数据异常终止事件时,已经尝试读和写后则认为发生该事件。

如果异常终止的产生是由于尝试执行或执行指令流引起的,则称为同步的,返回地址将提供引起该异常终止的指令地址。

执行指令不产生异步异常终止,而返回地址不总是提供引起异常终止的细节。

Armv7 架构区分精确/非精确的异步异常终止。由 MMU 产生的异常终止为同步的。该架构不要求对外部异常终止的访问分成同步的。

例如,一个特殊的实现,在一个转换表中查找产生的外部异常终止报告可能被认为是精确的,但是对于所有的核并不要求这样。对于精确的异步异常终止,异常终止句柄会确认引起异常终止的指令,在该指令后不会执行其他的指令。这是与不精确的异步异常终止进行比较的,当外部存储器系统报告的是一个没有识别的访问错误时,称为不精确的异步异常终止。

在这种情况下，异常终止句柄不能确认引起问题的指令，或者在产生异常终止的指令后是否会执行额外的指令。

例如，一个缓冲写操作接收到来自外部存储器系统的错误响应，保存后，已经执行额外的指令。这就意味着，异常终止句柄不可能修正问题，以及返回到应用程序。所有能做的事情就是杀死引起问题的应用程序。甚至当这个存储器被标记为强顺序或设备时，因为对不存在区域的读异常终止将产生非精确的同步异常终止外部报告，所以要求设备探测进行特殊的处理。

异步异常终止的检测由 CPSR 的 A 比特控制。如果设置 A，来自外部存储器系统的异步异常终止将被 CPU 核识别，但是不产生一个异常终止事件。取而代之的是，CPU 核不解决该异常终止，直到清除 A 比特，并且采纳了一个异常为止。操作系统内核代码将使用屏障指令，以保证从正确的代码中识别出悬而未决的异步异常终止。如果由于一个非精确的异常终止而要杀死一个线程，它必须修正该线程。

3）复位

所有的核都有复位输入，当核被复位时，将立即采纳复位异常。复位是最高优先级异常并且不能被屏蔽。当上电后，该异常将执行 CPU 核上的代码，用于对 CPU 核进行初始化。

4）异常生成指令

执行某些指令可以产生异常。例如，执行这些指令用于从运行在较高特权级的软件中请求服务。

（1）监控程序调用指令 SVC，使能用户模式程序能请求一个操作系统服务。

（2）管理程序调用指令 HVC，如果实现虚拟化扩展则可使用，使能客户操作系统请求管理程序服务。

（3）安全监控调用指令 SMC，如果实现安全性扩展则可使用，使能普通世界请求安全世界服务。

尝试执行 CPU 核不识别的指令，将产生一个未定义异常。

当发生异常时，CPU 核执行对应于该异常的句柄。在存储器中用于保存句柄所在的位置称为异常向量。在 Arm 架构中，异常向量被保存在表中，称为异常向量表。对于每个异常向量来说，它位于向量表起始地址开始固定偏置的位置。在系统寄存器内，通过特权软件确定向量表的起始地址。这样，当发生异常时，CPU 核就可以确认每个异常句柄的位置。

可以在安全 PL1、非安全 PL1、安全监控程序和非安全 PL2 特权级配置向量表。根据当前运行的权限，CPU 使用表查找句柄。

程序员可以使用 Arm 或 Thumb 指令集编写异常句柄。CP15 SCTLR.TE 位用于指定异常句柄使用 Arm 还是 Thumb。当处理异常时，将保存优先级模式、状态和 CPU 核的寄存器。这样，在处理完异常后可以继续执行程序。

2．异常优先级

当不同的异常同时发生时，在返回到原来的应用程序之前，依次处理它们，但不可能同时完成它们。例如，未定义指令和 SVC 调用异常互斥，因为它们均是由于执行一条指令触发的。

> **注**：在 Arm 架构中，没有定义何时采纳异步异常终止。因此，相对于其他异常来说，异常终止的优先级不管是同步的还是异步的，都由实现定义。

所有的异常禁止 IRQ，只有 FIQ 和复位禁止 FIQ。通过设置 CPSR I 和 F 比特位，CPU 核自动实现该功能。

因此，除非句柄显式禁止它，一个 FIQ 异常能打断一个异常终止句柄或 IRQ 异常。在同时发生数据异常终止和 FIQ 时，将首先采纳数据异常终止。这样使得 CPU 核记录用于数据异常终止的返回地址。但是由于 FIQ 不能被数据异常终止禁止，CPU 核将立即采纳 FIQ 异常。在 FIQ 结束时，可以返回到数据异常终止句柄。

在同一时刻，潜在地会产生多个异常，但是它们中的一些组合是互斥的。一个预加载异常终止使得一条指令无效，它不能同时发生在未定义指令或 SVC。这些指令不能引起任何存储器的访问，因此不能引起数据异常终止。Arm 架构没有定义什么时候采纳异步异常、FIQ、IRQ 或异步异常退出，但是采纳 IRQ 或数据异常终止异常并不会禁止 FIQ 异常的事实表明，FIQ 的执行优先级超过对 IRQ 或异步异常终止的处理。

在 CPU 核内的异常处理是通过使用一个称之为向量表的存储器区域实现的。默认，保存在存储器底部的地址范围为 0x00~0x1C（字对齐）。大多数带有缓存的 CPU 核使能向量表从 0x0 移动到 0xFFFF0000。

对于包含安全性扩展的情况更复杂。这里存在 3 个向量表，非安全、安全和安全监控程序。对于虚拟化扩展，有 4 个，加上一个系统管理程序向量表。对于包含 MMU 的 CPU 核，这些地址都是虚拟的。

异常向量的地址和位置如表 9.1 所示。

表 9.1 异常向量的地址和位置

向量偏移	高向量地址	非安全	安全	系统管理程序	监控程序
0x0	0xFFFF0000	没有使用	复位	复位	没有使用
0x4	0xFFFF0004	未定义指令	未定义指令	未定义指令	没有使用
0x8	0xFFFF0008	监控程序调用	监控程序调用	安全监控调用	安全监控调用
0xc	0xFFFF000C	预加载异常终止	预加载异常终止	预加载异常终止	预加载异常终止
0x10	0xFFFF0010	数据异常终止	数据异常终止	数据异常终止	数据异常终止
0x14	0xFFFF0014	没有使用	没有使用	Hyp 模式入口	没有使用
0x18	0xFFFF0018	IRQ 中断	IRQ 中断	IRQ 中断	IRQ 中断
0x1c	0xFFFF001C	FIQ 中断	FIQ 中断	FIQ 中断	FIQ 中断

3. 向量表

表 9.1 的第一列给出了向量表内与特定类型异常相关的向量偏移地址。当产生异常时，该表是 Arm 核跳转的指令表。这些指令位于存储器内指定的地方。默认情况下，向量表的基地址为 0x00000000，但是大多数的 Arm 核允许将向量表移动到地址 0xFFFF0000（或 HIVECS）。所有 Cortex-A 系列的处理器允许这样做，它的默认地址由 Linux 内核确定。实现安全性扩展的 CPU 核可以独立于安全和非安全状态，使用 CP15 向量基地址寄存器，额外设置向量基地址。

对于每个异常类型来说，都有一个对应的字地址。因此，对于每个异常来说，只允许放置一条指令（尽管理论上来说，可以使用两条 16 位的 Thumb 指令）。因此，向量表入口基本上总是包含下面一种形式的分支（跳转）。

1）B < label >

该指令执行 PC 相对分支（跳转）。它可用于调用异常句柄代码，它在存储器内足够的近。在分支指令内的 24 位数足够用于对偏移位置进行编码。

2）LDR PC,[PC,#offset]

该指令用于从一个存储器位置加载到 PC，它的地址被定义为相对于异常指令的地址。这使得可以将异常句柄放在 32 位存储器空间的任何位置，但是比 B 指令消耗一些额外的时钟周期。

当 CPU 核在 HYP 模式时，它使用 HYP 模式入口，其来自属于系统管理程序的专用向量表。通过一个称为 HYP 陷阱入口的特殊异常处理，即使用中断向量表内保留的 0x14 地址进入系统管理程序模式。一个专用的寄存器给系统管理程序提供异常的信息或进入系统管理程序的其他原因。

4．FIQ 和 IRQ

FIQ 用于单个、高优先级中断源，这些中断源要求快速的响应时间，而 IRQ 用于系统中的其他中断。

由于 FIQ 位于中断向量表最后入口的位置，因此 FIQ 句柄可以直接放在向量位置，然后从这个地址执行。这避免了分支指令和相关的延迟，加速了 FIQ 的响应时间。在 FIQ 模式下，可用的额外分组寄存器允许在调用 FIQ 句柄之间保留状态，这样就不必将一些寄存器压栈，所以潜在地提高了执行速度。

IRQ 和 FIQ 之间最重要的不同是，FIQ 句柄不期望产生其他任何异常。所以，FIQ 用于系统所指定的特殊的设备，它有存储器映射，不需要通过 SVC 调用访问操作系统内核函数。

例如，Linux 不使用 FIQ。这是由于操作系统内核与架构无关，它没有多个中断形式的概念。一些运行 Linux 的系统可以仍然使用 FIQ，但是由于 Linux 内核从不禁止 FIQ，在系统中它的优先级高于其他，因此需要谨慎使用。

5．返回指令

链接寄存器 LR 用于保存当处理完异常后用于 PC 的返回地址。根据发生异常的类型，修改它的值，如表 9.2 所示。

表 9.2 链接寄存器调整

异 常	调 整	返回指令	指令返回到
SVC	0	MOVS PC, R14	下一条指令
未定义	0	MOVS PC, R14	下一条指令
预加载异常终止	-4	SUBS PC, R14, #4	异常终止的指令
数据异常终止	-8	SUBS PC, R14, #8	如果精确，异常终止的指令
FIQ	-4	SUBS PC, R14, #4	下一条指令
IRQ	-4	SUBS PC, R14, #4	下一条指令

9.1.2 异常处理

异常处理包括进入异常处理和退出异常处理两个过程。

1. 进入异常处理

当发生一个异常时，Arm 核自动实现以下的步骤。

(1) 将 CPSR 的值复制到 SPSR_<mode>，分组寄存器用于指定模式的操作。
(2) 将返回地址保存到新模式的链接寄存器内。
(3) 将 CPSR 模式位修改为与异常类型相关的模式。
① 由 CP15 系统控制寄存器确定其他 CPSR 模式位的值。
② 由 CP15 TE 比特位决定 T 位的设置。
③ 清除 J 比特位，以及将 E（端）比特位设置为 EE（异常端）比特位的值。这使得异常总是运行在 Arm/Thumb 状态、小端/大端，与发生异常前 CPU 核的状态无关。
(4) 将 PC 设置指向来自异常向量表的相关指令。

当在新模式时，CPU 核访问与该模式相关的寄存器。

在异常入口，几乎总是需要异常句柄软件立即将寄存器保存到堆栈中。由于 FIQ 模式使用更多的分组寄存器，不需要使用堆栈，因此句柄的书写比较简单。

用于帮助保存必要寄存器的汇编指令是 SRS（保存返回状态），它用于在任何模式下将 LR 和 SPSR 压栈，所使用的堆栈由指令操作数指定。

2. 退出异常处理

当从异常返回时，需要执行下面的步骤。

(1) 将保存在 SPSR 中的值恢复到 CPSR。
(2) 将 PC 设置为返回地址的偏移。

在 Arm 架构中，可以使用 RFE 指令，或者任何带有 S 后缀标志的设置数据处理指令，它将 PC 作为目的寄存器，如 SUBS PC,LR,#offset。从 RFE 指令返回时，将从当前模式的堆栈中弹出 LR 和 SPSR。

在 Cortex - A9 处理器中，有很多方法可以实现。

(1) 可以使用数据处理指令，调整并将 LR 复制到 PC，例如：

```
SUBS pc,lr,#4
```

指定 S 表示同时将 SPSR 复制到 CPSR 中。当在异常句柄入口使用堆栈保存必须被保护的寄存器时，可以使用包含符号^的加载多条指令操作。例如，使用下面一条指令可以从异常句柄返回：

```
LDMFD sp!,{ pc}^
LDMFD sp!,{ R0 - R12,pc}^
```

在该例子中，符号^表示同时将 SPSR 复制到 CPSR。为了实现这些，异常句柄必须将下面的寄存器保存到堆栈中。

① 当调用句柄时，所有使用的工作寄存器。
② 修改链接寄存器，以产生和数据处理指令相同的效果。

注： 不能使用 16 位的 Thumb 指令从异常返回，这是因为无法恢复 CPSR。

（2）RFE 指令，从当前模式的堆栈中恢复 PC 和 SPSR。格式如下：

RFEFD sp!

9.1.3 其他异常句柄

本小节将简要介绍用于异常终止、未定义指令和 SVC 异常的句柄。

1. 异常终止句柄

在不同的系统之间，异常终止的代码明显不同。在很多嵌入式系统中，一个异常终止表示一个不期望的错误，并且句柄会记录任何诊断信息，报告错误。

在使用 MMU 的一个支持虚拟存储器的系统中，异常终止句柄能将所要求的页面加载到物理存储器中。事实上，它尝试修复最初异常终止的原因，然后返回到异常终止的指令，并且继续执行它。

CP15 寄存器提供了引起访问异常终止的存储器地址（故障地址寄存器）和异常终止的原因（故障状态寄存器）。原因可能是没有访问许可、一个外部异常终止或地址转换故障。此外，链接寄存器（带有-8 或-4）给出了引起异常终止的指令地址。通过检查这些寄存器、所执行的最后一条指令和系统中其他可能的事情，如转换表入口，异常句柄就会决定所采取的行动。

2. 未定义指令处理

如果 CPU 核尝试执行包含操作码的一条指令，这些指令在 Arm 架构规范中没有定义或执行一个协处理器没有识别出来的协处理器指令时，则采纳一个未定义指令异常。

在一些系统中，很可能代码中包含协处理器指令，如 VFP，但是在系统中没有相应的 VFP 硬件。此外，可能 VFP 硬件不能处理特殊的指令，想调用软件来评估它，或者禁止 VFP，通过采纳异常，这样就可以使能它，然后继续执行指令。

通过未定义指令向量来调用这个评估程序，它们检查引起异常的指令操作码，然后决定所要采取的行动，如执行合适的软件浮点操作。在一些情况下，这些句柄可能是菊花链，如评估多个协处理器。

如果没有软件使用未定义的指令或协处理器指令，用于异常的句柄必须记录合理的调试信息，杀死由于这个不期望事件而导致失败的应用程序。

在一些情况下，用于未定义指令异常的其他用法是实现用户断点。

3. SVC 异常处理

例如，SVC 调用用于使能用户模式访问操作系统功能。例如，如果用户代码想要访问系统特权级部分，则使用 SVC 调用。

可以传递给 SVC 句柄的参数或保存在寄存器中，或者通过操作码中的注释域（极少）

说明。

当发生异常时,一个异常句柄可能需要确定 CPU 核在 Arm 状态/Thumb 状态。

特别地,SVC 句柄必须读指令集状态,通过检查 SPSR 的 T 比特位实现这个目的。对于 Arm 状态来说,清除该位;对于 Thumb 状态来说,设置该位。

在 Arm 和 Thumb 指令集中,都有 SVC 指令。当从 Thumb 状态调用 SVC 时,程序员必须考虑下面的事情。

(1)指令地址在 LR - 2 的位置,而不在 LR - 4 的位置。

(2)指令本身是 16 位,并且不要求半字加载。

(3)在 Arm 状态下,SVC 编号保存为 8 位,而不是 24 位。在 Linux 中使用 SVC 的例子,如代码清单 9 - 1 所示。

代码清单 9 - 1　SVC 的代码片段

```
_start:
    MOV R0,#1 @ STDOUT
    ADR R1,msgtext @ Address
    MOV R2,#13 @ Length
    MOV R7,#4 @ sys_write
    SVC #0
    …
    . align 2
msgtxt:
    . asciz " Hello World \ n"
```

指令 SVC #0 将使得 Arm 核采纳 SVC 异常,这是访问操作系统内核功能的机制。寄存器 R7 用于定义需要的系统调用,在上面的例子中,系统调用为 sys_write。R1 指向被写的字符,R2 给出字符串的长度。

9.1.4　Linux 异常程序流

Liunx 利用跨平台框架处理异常。当处理异常时,它并不区分不同权限的 CPU 核模式。因此,Arm 实现使用一个异常句柄存根来使能操作系统内核在 SVC 模式下处理所有的异常。这不同于 SVC 和 FIQ 的所有异常使用存根切换到 SVC 模式,并且调用正确的异常句柄。

1. 启动过程

在启动过程期间,操作系统内核将分配 4KB 的页面作为向量表页。它将这个页面映射到异常向量表的位置,虚拟地址 0xFFFF0000 或 0x00000000。通过使用 arch/arm/mm/mmu.c 函数内的 devicemaps_init()实现这个目的。在启动 Arm 系统时,最早调用它。在这之后,trap_init(在 arch/arm/kernel/traps.c 中)将异常向量表、异常存根和库帮助复制到向量页面中。很明显,使用一系列的 memcpy()函数,将异常向量表复制到向量页面的开始,异常存根复制到地址 0x200(库帮助将被复制到页面的顶部 0x1000 - kuser_sz),如代码清单 9 - 2 所示。

代码清单 9-2   在启动 Linux 时,复制异常向量

```
unsigned long vectors = CONFIG_VECTORS_BASE;
memcpy(( void *) vectors,____vectors_start,____vectors_end - ____vectors_start);
memcpy(( void *) vectors + 0x200,____stubs_start,____stubs_end - ____stubs_start);
memcpy(( void *) vectors + 0x1000 - kuser_sz,____kuser_helper_start,kuser_sz);
```

当复制完成后,操作系统内核异常句柄处于运行时的动态状态,准备处理异常。

2. 中断调度

两个不同的句柄____irq_usr 和____irq_svc 用于保存所有的 CPU 核寄存器,使用一个宏 get_irqnr_和_base 指示是否有未处理的中断。句柄一直循环执行这个代码,直到没有未处理的中断为止。如果有中断,代码就将分支跳转到 do_IRQ(在 arch/arm/kernel/irq.c 中)。

在该点,所有架构的代码是相同的,程序员调用 C 语言编写的句柄。

这里需要额外考虑一点:当完成中断时,程序员通常必须检查句柄是否做了一些事情,要求调用操作系统内核调度程序。如果调度程序决定执行一个不同的线程时,当初被打断的程序静静地等待,直到再次选择它去运行为止。

9.2 中断原理

以前的 Arm 架构在设计一个外部中断控制时,在实现上有很大的自由度,对于中断的数目和类型,以及与中断控制块接口的软件模型没有一致的意见。通用中断控制器(Generic Interrupt Controller v2,GIC)架构提供了更紧密控制的规范,对于来自不同制造商的中断控制器保持最大程度的一致性。

9.2.1 外部中断请求

前面已经介绍过 FIQ 和 IRQ,它们都是低电平有效输入。中断控制器能接受很多来自外部源的不同中断请求,并将它们连接到 FIQ 或 IRQ,这样使得 CPU 核可以采纳一个异常。

通常情况下,只有当清除 CPSR 寄存器内的 F 和 I 比特位并确认相应的输入时,CPU 核才能采纳一个中断异常。

CPS 指令提供一个简单的机制,用于使能或禁止由 CPSR A、I 和 F 比特位控制的异常。CPS IE 或 CPS ID 用于使能/禁止异常。使用一个或多个字母 A、I 和 F 指定所使能/禁止的异常。不能修改那些删除所对应字母的异常。

在 Cortex-A 系列的处理器中,可以配置 CPU 核,这样软件不能屏蔽 FIQ。这称为不可屏蔽 FIQ,它由一个硬件配置输入信号控制。当复位 CPU 核时,对它进行采样。当采纳一个 FIQ 异常时,它们仍然被自动屏蔽。

1. 分配中断

一个系统总是有一个中断控制器用于接受和仲裁来自多个源的中断。例如,它包含大量的寄存器,使能运行在 CPU 核上的软件可以屏蔽每个中断源,并且响应来自外部设备的中断,为每个中断分配优先级,确定当前请求关注或请求服务的中断源。

在 Arm 架构中，这个中断控制器称为 GIC。

2. 简化的中断处理

这代表了最简单的中断句柄。当采纳一个中断时，禁止其他相同类型的中断，直到后面显式地使能。我们只有在处理完第一个中断请求后才能处理其他中断，并且不能处理在这个时候的高优先级或更紧急的中断。在复杂的嵌入式系统中，这并不合适。但是在处理一个更实际的例子之前，这是非常有用的，即非可重入的中断句柄。处理一个中断的步骤如下。

（1）外部硬件产生一个 IRQ 异常，CPU 核自动执行一系列的步骤。在当前执行模式下，将 PC 的内容保存到 LR_IRQ 中，并且将 CPSR 复制到 SPSR_IRQ 中。然后更新 CPSR 内容，这样模式位能反映 IRQ 模式，设置 I 比特位用于屏蔽其他中断。最后将 PC 设置为向量表的 IRQ 入口。

（2）执行中断向量表内的 IRQ 入口指令，该指令跳转到中断句柄。

（3）中断句柄将被打断的程序现场保存起来，即把会被句柄破坏的寄存器内容压栈。当执行完句柄后，再将这些被保存的内容出栈。

（4）中断句柄确认所处理的中断源，并且调用正确的设备驱动。

（5）通过将 SPSR_IRQ 复制到 CPSR，恢复以前的现场，以及将 LR_IRQ 恢复到 PC，并且将 CPU 核切换到以前的执行状态。

相同的顺序也适用于 FIQ 中断。一个简单的中断句柄如代码清单 9-3 所示。

代码清单 9-3　一个简单中断句柄

```
IRQ_Handler
PUSH { r0 - r3,r12,lr}    @ 将 AAPCS 寄存器和 LR 保存到 IRQ 模式堆栈
BL                         @ 识别并清除中断源
BL                         @ C 中断句柄
POP { r0 - r3,r12,lr}     @ 恢复寄存器，并且
SUBS pc,lr,#4              @ 使用修改的 LR，从异常返回
```

3. 嵌套的中断处理

嵌套的中断处理是指软件在完成处理当前中断之前，准备接受另一个中断，如图 9.1 所示。这样允许以增加额外的复杂度为代价，改善对高优先级事件处理的延迟。需要注意：根据中断优先级配置和中断控制，由软件选择嵌套中断处理，而不是硬件。

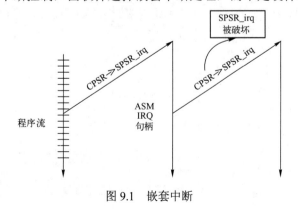

图 9.1　嵌套中断

一个可重入的中断句柄必须保存 IRQ 的状态，然后切换代码模式，最后保存用于 CPU 新模式的状态。这是因为新的中断可以发生在任何时候，这将引起 CPU 保存新中断的返回地址，并且覆盖原来的中断。当原来的中断尝试返回到主程序时，它将引起系统失败。在使能中断以前，嵌套的句柄必须改变到一个其他的操作系统内核模式。

> 注：一个电脑程序是可重入的，是指在该程序执行的过程中被打断，在以前的版本完成之前被再次调用。

在重新使能中断前，必须保护 SPSR 的值。如果不这样做，任何新的中断将覆盖 SPSR_irq 的值。解决方法是在重新使能中断之前，通过使用下面的方法将 SPSR 入栈：

SRSFD sp!, #0x12

此外，在中断句柄代码内使用 BL 指令将破坏 LR_IRQ。解决方法是在使用 BL 指令之前，切换到监控程序模式下。

当产生一个 IRQ 异常后，一个可重入的中断句柄必须执行下面的步骤。

（1）中断句柄保存被打断程序的上下文（现场），即把可能被中断句柄破坏的寄存器压入其他内核模式堆栈，包括返回地址和 SPSR_IRQ。

（2）确定所处理的中断源，在外部硬件内清除中断源。

（3）中断句柄改为 CPU 核 SVC 模式，保留设置 CPSR 的 I 比特位。

（4）中断句柄将返回地址保存到堆栈，重新使能中断。

（5）调用合适的中断句柄代码。

（6）当完成时，中断句柄禁止 IRQ，并且从堆栈中弹出返回地址。

（7）从其他操作系统内核模式堆栈中恢复被打断程序的上下文（现场），包含恢复 PC 和 CPSR。

嵌套中断的例子如代码清单 9-4 所示。

代码清单 9-4　嵌套中断的例子

```
IRQ_Handler
SUB lr,lr,#4
SRSFD sp!,#0x1f         @ 使用 SRS 将 LR_irq 和 SPSR_irq 保存到系统模式堆栈
CPS #0x1f               @ 使用 CPS 切换到系统模式
PUSH { r0 - r3,r12}     @ 在系统模式堆栈中保存剩余的 AAPCS 寄存器
AND r1,sp,#4            @ 使能堆栈 8 字节对齐。保存调整，以及 LR_sys 入栈
SUB sp,sp,r1
PUSH { r1,lr}
BL                      @ 识别和清除中断源
CPSIE i                 @ 用 CPS 使能 IRQ
BL C_irq_handler
CPSID i                 @ 使用 CPS 禁止 IRQ
POP { r1,lr}            @ 恢复 LR_sys
ADD sp,sp,r1            @ 没有调整堆栈
POP { r0 - r3,r12}      @ 恢复 AAPCS 寄存器
RFEFD sp!               @ 使用 RF 从系统模式堆栈返回
```

9.2.2 Zynq-7000 SoC 内的中断环境

中断控制器的系统级中断环境和功能如图 9.2 所示。Zynq-7000 SoC 内的处理系统 PS 使用两个 Cortex-A9 处理器和 GIC。中断结构和 CPU 紧密相关,接受来自 I/O 外设和可编程逻辑的中断。

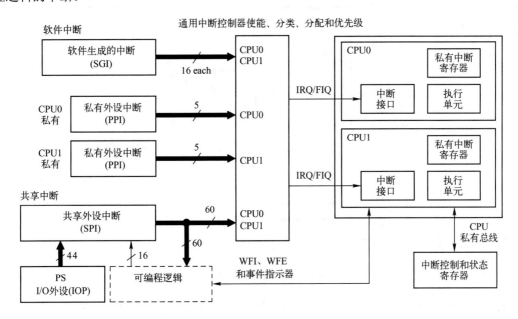

图 9.2 中断控制器的系统级中断环境和功能

1. 私有、共享和软件中断

每个 CPU 都有一组私有外设中断(Private Peripheral Interrupt,PPI),它通过使用分组的寄存器实现私有访问。

(1) PPI 包括全局定时器、私有看门狗定时器、私有定时器及来自 PL 的 FIQ/IRQ。软件产生的中断(Software Generated Interrupt,SGI)连接到其中一个或所有的 CPU。

(2) 通过写 ICDSGIR 寄存器产生软件中断。

(3) 通过 PS 和 PL 内的各种 I/O 和存储器控制器产生共享的外设中断(Shared Peripheral Interrupt,SPI)。

中断源的内部结构如图 9.3 所示,这些中断源连接到其中一个 CPU 或者所有的 CPU。来自 PS 外设的共享外设中断也连接到 PL。

2. 通用中断控制器

通用中断控制器(Generic Interrupt Controller,GIC)是核心资源,用于管理来自 PS 或 PL 的中断,并将这些中断发送到 CPU。按照编程的行为,当 CPU 接口接受下一个中断时,控制器使能、禁止、屏蔽和设置中断源优先级,并且将它们发送到所选择的某个或所有的 CPU。此外,控制器支持安全扩展,用于实现一个安全意识系统。

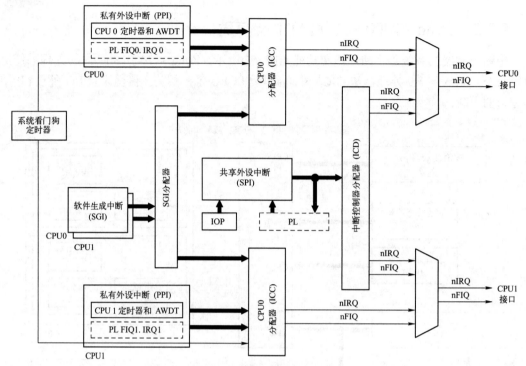

图 9.3 中断源的内部结构

控制器是非向量的,其结构基于 Arm 通用中断控制器结构 V1.0(GIC v1)。

为了避免互联内暂时的阻塞或其他瓶颈,通过 CPU 私有总线访问寄存器,以实现快速地读/写响应。

将包含最高优先级的某个中断分配到一个 CPU 时,中断分配器将所有的中断源集中在一起。在一个时刻,硬件确保针对几个 CPU 的一个中断只能被一个 CPU 采纳。通过一个唯一的中断 ID 号,识别所有的中断源。所有的中断源都有它们自己可配置的优先级和目标 CPU 的列表。

3. 复位和时钟

通过写 SLCR 内 A9_CPU_RST_CTRL 寄存器的 PERI_RST 比特位,复位子系统。这样,就可以复位中断控制器。同样地,复位信号也复位 CPU 私有定时器和私有看门狗定时器(AWDT)。

中断控制器工作在 CPU_3x2x 时钟域(一半的 CPU 频率)。

9.2.3 中断控制器的功能

本小节将介绍中断控制器的功能,内容包括软件中断、CPU 私有外设中断、共享外设中断(SPI)和寄存器概述。

1. 软件中断

16 个软件产生的中断如表 9.3 所示。通过向 ICDSGIR 寄存器写入 SGI 中断号和指定目标 CPU 来产生一个软件中断。通过 CPU 私有总线，实现写操作。CPU 能中断自己，或者其他 CPU，或者所有的 CPU。通过读 ICCIAR 寄存器或向 ICDICPR（Interrupt Clear - Pending）寄存器相应的比特位写 1，可以清除中断。

表 9.3 软件中断（Software Generated Interrupt，SGI）

名 字	SGI#	ID#	类 型
软件 0	0	0	上升沿
软件 1	1	1	上升沿
……	~	~	……
软件 15	15	15	上升沿

所有的 SGI 为边沿触发。用于 SGI 的敏感性是固定的，不能修改。ICDICFR0 寄存器是只读寄存器。

2. CPU 私有外设中断（PPI）

每个 CPU 连接 5 个私有的外设中断，如表 9.4 所示。

表 9.4 私有外设中断

IRQ ID#	名 字	PPI#	类 型	描 述
26:16	保留	~	~	保留
27	全局定时器	0	上升沿	全局定时器
28	nFIQ	1	活动低电平（在 PS - PL 接口，活动高）	来自 PL 的快速中断信号 CPU0：IRQF2P[18] CPU1：IRQF2P[19]
29	CPU 私有定时器	2	上升沿	来自私有 CPU 定时器的中断
30	AWDT{0, 1}	3	上升沿	用于每个 CPU 的私有看门狗定时器
31	nIRQ	4	活动低电平（在 PS - PL 接口，活动高）	来自 PL 的中断信号 CPU0：IRQF2P[16] CPU1：IRQF2P[17]

所有中断的敏感类型是固定的，不能改变。

注：将来自 PL 的快速中断信号 FIQ 和中断信号 IRQ 翻转，然后送到中断控制器。因此，尽管在 ICDICFR1 寄存器内反映它们是活动低敏感信号，但是在 PS - PL 接口，为活动高电平。

3. 共享外设中断（SPI）

来自不同模块、一组大约 60 个中断能连接到一个/两个 CPU 或 PL。中断控制器用于管理中断的优先级和接受用于 CPU 的这些中断。

默认情况下，所有共享外设中断类型的复位是一个活动高电平。然而，软件使用 ICDICFR2 和 ICDICFR5 寄存器将中断 32、33 和 92 编程为上升沿触发。共享外设中断如表 9.5 所示。

Xilinx Zynq-7000 嵌入式系统设计与实现

表 9.5 共享外设中断

源	中断名字	IRQ ID#	类　　型	PS-PL 信号名字	I/O
APU	CPU 1，0（L1，TLB，BTAC）	33，32	上升沿	~	~
	L2 缓存	34	高电平	~	~
	OCM	35	高电平	~	~
保留	~	36	~	~	~
PMU	PMU[1，0]	37，38	高电平	~	~
XADC	XADC	39	高电平	~	~
DevC	DevC	40	高电平	~	~
SWDT	SWDT	41	高电平	~	~
定时器	TTC0	44：42	高电平	~	~
DMAC	DMAC 退出	45	高电平	IRQP2 F[28]	输出
	DMAC[3：0]	49：46	高电平	IRQP2 F[23：20]	输出
存储器	SMC	50	高电平	IRQP2 F[19]	输出
	四-SPI	51	高电平	IRQP2 F[18]	输出
保留	~	~	总是为低	IRQP2 F[17]	输出
IOP	GPIO	52	高电平	IRQP2 F[16]	输出
	USB 0	53	高电平	IRQP2 F[15]	输出
	以太网 0	54	高电平	IRQP2 F[14]	输出
	以太网 0 唤醒	55	上升沿	IRQP2 F[13]	输出
	SDIO 0	56	高电平	IRQP2 F[12]	输出
	I^2C 0	57	高电平	IRQP2 F[11]	输出
	SPI 0	58	高电平	IRQP2 F[10]	输出
	UART 0	59	高电平	IRQP2 F[9]	输出
	CAN 0	60	高电平	IRQP2 F[8]	输出
PL	PL[2：0]	63：61	上升沿/高电平	IRQP2 F[2：0]	输入
	PL[7：3]	68：64	上升沿/高电平	IRQP2 F[7：3]	输入
定时器	TTC 1	71：69	高电平	~	~
DAMC	DMAC[7：4]	75：72	高电平	IRQP2 F[27：24]	输出
IOP	USB 1	76	高电平	IRQP2 F[7]	输出
	以太网 1	77	高电平	IRQP2 F[6]	输出
	以太网 1 唤醒	78	上升沿	IRQP2 F[5]	输出
	SDIO 1	79	高电平	IRQP2 F[4]	输出
	I^2C 1	80	高电平	IRQP2 F[3]	输出
	SPI 1	81	高电平	IRQP2 F[2]	输出
	UART 1	82	高电平	IRQP2 F[1]	输出
	CAN 1	83	高电平	IRQP2 F[0]	输出
PL	FPGA[15：8]	91：84	上升沿/高电平	IRQP2 F[15：8]	输入
SCU	奇偶校验	92	上升沿	~	~
保留	~	95：93	~	~	~

4．寄存器概述

中断控制器 CPU（Interrupt Controller CPU，ICC）和中断控制器分配器（Interrupt

Controller Distributor，ICD）寄存器是 pl390 GIC 寄存器集，这里有 60 个共享外设中断。这远比 pl390 能支持的中断要少得多。所以，在 ICD 内，比 pl390 内的中断使能、状态、优先级和处理器目标寄存器要少很多。ICC 和 ICD 寄存器如表 9.6 所示。

表 9.6 ICC 和 ICD 寄存器

名字	寄存器描述	写保护锁定
中断控制器 CPU（ICC）		
ICCICR	CPU 接口控制	是，除了 EnableNS
ICCPMR	中断优先级屏蔽	~
ICCBPR	用于中断优先级的二进制小数点	~
ICCIAR	中断响应	~
ICCEOIR	中断结束	~
ICCRPR	运行优先级	~
ICCHPIR	最高待处理的中断	~
ICCABPR	别名非安全的二进制小数点	~
中断控制器分配器（ICD）		
ICCDDCR	安全/非安全模式选择	是
ICDICTR，ICDIIDR	控制器实现	~
ICDISR[2:0]	中断安全	是
ICDISER[2:0] ICDICER[2:0]	中断设置使能和清除使能	是
ICDISPR[2:0] ICDICPR[2:0]	中断设置待处理和清除待处理	是
ICDABR[2:0]	中断活动	~
ICDIPR[23:0]	中断优先级，8 比特位域	是
ICDIPTR[23:0]	中断处理器目标，8 比特位域	是
ICDICFR[5:0]	中断敏感类型，2 比特位域（电平/边沿，正/负）	是
PPI 和 SPI 状态		
PPI_STATUS	PPI 状态	~
SPI_STATUS[2:0]	SPI 状态	~
软件中断（SGI）		
ICDSGIR	软件产生的中断	~
禁止写访问（SLCR 寄存器）		
APU_CTRL	CFGSDISABLE 比特位禁止一些写访问	~

中断控制器提供了工具，用于阻止对关键配置寄存器的写访问，通过给 APU_CTRL[CFGSDISABLE]比特位写 1 实现这个功能。APU_CTRL 寄存器是 Zynq 系统级控制寄存器组的一部分，这个控制寄存器用于实现对中断控制寄存器的安全写行为。

如果用户想要设置 APU_CTRL[CFGSDISABLE]比特位，推荐在用户软件启动的过程中进行操作。用户软件启动的过程发生在软件配置中断控制寄存器之后。只能在上电复位时清除 APU_CTRL[CFGSDISABLE]比特位。当设置完成 APU_CTRL[CFGSDISABLE]比特位后，它将保护寄存器的比特位改为只读。因此，不能改变这些安全中断的行为，甚至在安全域内出现"流氓"代码执行的时候也不能改变。

9.3 Vivado 环境下中断系统的实现

本节将介绍 Zynq - 7000 SoC 内 PS 一侧中断实现的方法。在 Z7 - EDP - 1 开发平台中，当读者按下与 xc7z020clg484 器件名字为"PS_MIO50_501"的引脚所连接的外部按键时，将产生 GPIO 中断。通过全局中断控制器 GIC，Arm Cortex - A9 响应该中断，并在中断服务程序中对连接到 xc7z020clg484 器件名字为"PS_MIO51_501"的 LED 灯进行控制。

本节内容包括：Cortex - A9 处理器中断及异常初始化流程、Cortex - A9 GPIO 控制器初始化流程、导出硬件设计到 SDK、创建新的应用工程和运行应用工程。

注：读者在 zynq_example 目录下新建一个名字为"gpio_int"的子目录。将\zynq_example\lab1 目录下的所有文件复制到\zynq_example\gpio_int 目录下。

9.3.1 Cortex - A9 处理器中断及异常初始化流程

为了便于读者理解 Cortex - A9 处理器中断和异常的初始化过程，图 9.4 给出了该过程的初始化流程。

9.3.2 Cortex - A9 GPIO 控制器初始化流程

为了便于读者理解通过 GPIO 控制器产生中断的过程，图 9.5 给出了该过程的初始化流程。在该设计中，Zynq - 7000 SoC 的 MIO50 引脚连接外部按键，因此方向为输入；而 Zynq -

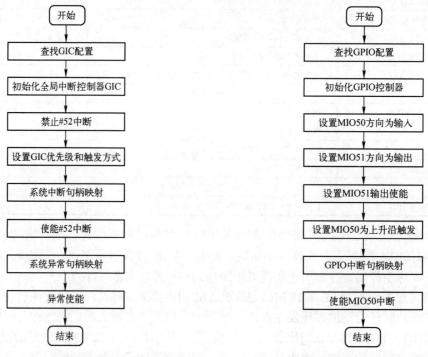

图 9.4 Cortex - A9 处理器中断和异常的初始化流程   图 9.5 通过 GPIO 控制器产生中断的初始化流程

7000 SoC 的 MIO51 引脚连接外部 LED 灯,因此方向为输出。此外,在本设计中,通过按下与 MIO50 引脚连接的按键产生触发中断,然后在中断句柄中将外部按键的状态反映到外部 LED 灯上。

此外,在本设计的 GPIO 中断句柄中,按下面顺序完成要求。

(1) 调用回调函数。
(2) 禁止 MIO50 引脚产生中断。
(3) 将 MIO50 的状态写到 MIO51。
(4) 重新使能 MIO50 引脚中断。

9.3.3 导出硬件设计到 SDK

(1) 启动 Vivado 2015.4 集成开发环境。
(2) 在 Vivado 主界面的"Quick Start"标题栏下,单击"Open Project"图标。
(3) 出现"Open Project"对话框,定位到下面的路径:

E:\zynq_example\gpio_int

在该路径下,选择并双击 lab1.xpr,打开前面的设计工程。

(4) 在 Vivado 主界面左侧的"Flow Navigator"窗口下,找到并展开 IP Integrator 项。在展开项中,找到并用鼠标左键单击 Open Block Design 项,打开设计块图。

(5) 在 Vivado 主界面的主菜单下,选择 File→Export→Export Hardware。

(6) 弹出"Export Hardware"对话框。由于设计中没有用到 Zynq-7000 SoC 的 PL 部分,因此,不要选中"Include bitstream"前面的复选框。

(7) 单击"OK"按钮。

(8) 弹出"Module Already Exported"对话框,提示发现已经存在的输出文件,是否覆盖该文件信息。

(9) 单击"OK"按钮。

(10) 在 Vivado 主界面的主菜单下,选择 File→Launch SDK。

(11) 出现"Launch SDK"对话框,使用默认的导出路径。

(12) 单击"OK"按钮,启动 SDK 工具。

9.3.4 创建新的应用工程

(1) 在 SDK 主界面左侧的"Project Explorer"窗口下,按"Shift"键和鼠标左键,同时选中 system_wrapper_hw_platform_0 文件夹、hello_world0 文件夹和 hello_world0_bsp 文件夹。单击鼠标右键,出现浮动菜单。在浮动菜单内,选择 Delete。

(2) 出现"Delete Resources"对话框,选中"Delete project contents on disk(cannot be undone)"前面的复选框。

(3) 单击"OK"按钮。

(4) 出现"Delete Resources"对话框。

(5) 单击"Continue"按钮。

（6）在 SDK 主界面的主菜单下，选择 File→New→Application Project。

（7）出现"New Project：Application Project"对话框，参数设置如下。

① Project name：gpio_int0。

② 其他使用默认设置。

（8）单击"Next"按钮。

（9）出现"New Project：Templates"对话框，在"Available Templates"列表中选择"Empty Application"。

（10）单击"Finish"按钮。

（11）在 SDK 左侧的"Project Explorer"窗口内，找到并展开 gpio_int0 文件夹。在展开项中，找到并选择 src 子文件夹。

（12）单击鼠标右键，出现浮动菜单。在浮动菜单内，选择 Import。

（13）出现"Import"对话框，找到并展开 General 选项。在展开项中，找到并选择 File System。

（14）单击"Next"按钮。

（15）出现"Import"对话框，单击"Browse"按钮。

（16）出现"Import from directory"对话框，选择导入文件夹的下面路径。

\zynq_example\source

（17）单击"确定"按钮。

（18）在"Import"对话框的右侧，给出了 source 文件夹下的可选文件，选中"gpio_int.c"前面的复选框。

（19）单击"Finish"按钮。

（20）可以看到在 src 子文件夹下添加了 gpio_int.c 文件。

（21）双击 gpio_int.c 打开该文件，如代码清单 9-5 所示。

代码清单 9-5　gpio_int.c 文件

```
#include <stdio.h>
#include "xparameters.h"
#include "xgpiops.h"
#include "xscugic.h"
#include "xil_exception.h"
#include <xil_printf.h>

#define GPIO_DEVICE_ID XPAR_XGPIOPS_0_DEVICE_ID
#define INTC_DEVICE_ID XPAR_SCUGIC_SINGLE_DEVICE_ID
#define GPIO_INTERRUPT_IDXPAR_XGPIOPS_0_INTR

#define INPUT_BANK XGPIOPS_BANK1
#define LED 51
#define BTN 50


staticXGpioPs mGpioPs;
```

```c
staticXScuGic mXScuGic;
staticint Set = 0;

voidGpioPsHandler ( void *CallBackRef,int bank ,u32 Status)
{
    if ( bank!= INPUT_BANK)
        return ;
    Set ^ = 1;
    xil_printf(" Status:% d \ r \ n" ,Set);
    XGpioPs *pXGpioPs = ( XGpioPs *) CallBackRef;

    XGpioPs_IntrDisablePin( pXGpioPs,BTN);
    XGpioPs_WritePin(&mGpioPs,LED,Set);
    if ( Set)
    {
        xil_printf(" Led on \ r \ n" );
    } else {
        xil_printf(" Led off \ r \ n" );
    }

    XGpioPs_IntrEnablePin( pXGpioPs,BTN);
}

voidInit_IO ()
{
    XGpioPs_Config *mGpioPsConfig;
    mGpioPsConfig = XGpioPs_LookupConfig( GPIO_DEVICE_ID);
    XGpioPs_CfgInitialize(&mGpioPs,mGpioPsConfig,mGpioPsConfig - > BaseAddr);
    XGpioPs_SetDirectionPin(&mGpioPs,LED,1);     // setup direction of LED is output
    XGpioPs_SetDirectionPin(&mGpioPs,BTN,0);     // setup direction of BTN is input
    XGpioPs_SetOutputEnablePin(&mGpioPs,LED,1);  // enable LED output driver
    XGpioPs_SetIntrTypePin(&mGpioPs,BTN,XGPIOPS_IRQ_TYPE_EDGE_RISING);
                                                 // setup BTN is trigger by rising edge
    XGpioPs_SetCallbackHandler(&mGpioPs,( void *)&mGpioPs,GpioPsHandler);
                                                 // setup interrupt function
    XGpioPs_IntrEnablePin(&mGpioPs,BTN);         // enable BTN interrupt
}

voidInit_GIC ()
{
    XScuGic_Config *mXScuGic_Config;
    mXScuGic_Config = XScuGic_LookupConfig( INTC_DEVICE_ID)
                                                 // lookup interrupt configuration
    XScuGic_CfgInitialize(&mXScuGic,mXScuGic_Config,mXScuGic_Config - > CpuBaseAddress);
                                                 // initialize GIC
    XScuGic_Disable(&mXScuGic,GPIO_INTERRUPT_ID);   // disable #52 interrupt
    XScuGic_SetPriorityTriggerType(&mXScuGic,GPIO_INTERRUPT_ID,0x02,0x01);
                                                 // setup priority and trigger mode of interrupt
// setup interrupt service routine entry point
```

```
        XScuGic_Connect( &mXScuGic, GPIO_INTERRUPT_ID,( Xil_ExceptionHandler) XGpioPs_
IntrHandler,( void *)&mGpioPs);
        XScuGic_Enable(&mXScuGic,GPIO_INTERRUPT_ID);  //enable #52 interrupt
        //exception processing function Xil_ExceptionInit();
        Xil_ExceptionRegisterHandler( XIL_EXCEPTION_ID_IRQ_INT,( Xil_ExceptionHandler)
XScuGic_InterruptHandler,( void *) &mXScuGic) ;
        Xil_ExceptionEnable();
}

intmain ()
{
    Init_IO();
    Init_GIC();
    while (1);
}
```

思考与练习9-1：请读者根据上面的代码分析该代码所实现的功能。

9.3.5 运行应用工程

本小节将介绍如何在Z7-EDP-1硬件开发平台上运行应用工程。为了在xc7z020clg484 SoC上正确运行程序，以及在SDK设计环境下观察运行的结果，需要对运行环境进行配置。

（1）正确连接Z7-EDP-1平台与PC/笔记本电脑之间的USB-JTAG和USB-UART电缆，并给平台接入+5V的直流电源，通过板上的SW10开关打开电源。

（2）找到并单击SDK主界面下方的"SDK Terminal"标签。单击该标签右侧的➕按钮。

（3）出现"Connect to serial port"对话框，选择正确的串口端口和参数。

（4）单击"OK"按钮，退出该对话框。

（5）在SDK主界面左侧的"Project Explorer"窗口下，选中gpio_int0，单击鼠标右键，出现浮动菜单。在浮动菜单内，选择Run As→Run Configurations…。

（6）出现运行配置界面。在该配置界面下，选择Xilinx C/C++ application（System Debugger），单击鼠标右键，选择New。

（7）单击"Run"按钮，运行程序。

思考与练习9-2：请读者观察当按下Z7-EDP-1开发平台上名字为"U34"的按键时，名字为"D1"的LED灯的变化情况。

第10章 Cortex-A9 定时器原理及实现

在 Cortex-A9 处理器中，提供了不同类型的定时器用来满足不同的应用要求，如 CPU 私有定时器和看门狗定时器、全局定时器、3 重定时器/计数器。本章将介绍 Zynq-7000 SoC 的 Cortex-A9 定时器的原理，并通过 Vivado 环境实现对定时器的操作和控制。

10.1 定时器系统架构

Zynq-7000 SoC 内的每个 Cortex-A9 处理器有它自己的私有 32 位定时器和 32 位看门狗定时器。此外，两个 Cortex-A9 处理器共享一个全局 64 位定时器。这些定时器总是工作在 1/2 的 CPU 频率（CPU_3x2x）。

在系统级上，有一个 24 位的看门狗定时器和两个 16 位 3 重定时器/计数器（Triple Timer/Counter，TTC）。系统级的看门狗定时器工作在 1/4 或 1/6 的 CPU 工作频率（CPU_1x），也可以由 MIO 引脚或 PL 的时钟进行驱动。两个 3 重定时器/计数器总是工作在 1/4 或 1/6 的 CPU 工作频率（CPU_1x），用于计算来自 MIO 引脚或者 PL 的信号脉冲宽度。

定时器的系统结构如图 10.1 所示。

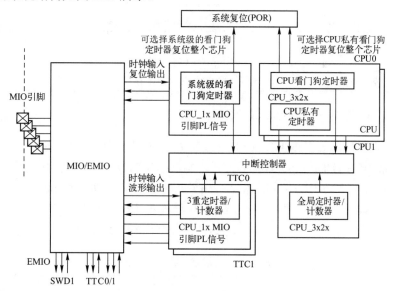

图 10.1 定时器的系统结构

10.1.1 CPU 私有定时器和看门狗定时器

定时器和看门狗模块有下面的特性。

（1）32 位计数器。当达到零时，产生一个中断。
（2）8 位预分频器。能够更好地控制中断周期。
（3）可配置为单次或自动加载模式。
（4）配置用于计数器的启动值。
（5）通过下式计算 SCU 时间间隔：

时间间隔 = ［（预分频器的值 + 1）（加载值 + 1）］/CPU 时钟周期

> 注：所有私有定时器和看门狗定时器总是工作在 1/2 的 CPU 频率（CPU_3x2x）。

CPU 私有定时器和看门狗定时器的寄存器如表 10.1 所示。

表 10.1 CPU 私有定时器和看门狗定时器的寄存器

功 能	名 字	概 述
CPU 私有定时器		
重加载和当前值	定时器加载 定时器计数器	递减器重新加载值 递减器当前值
控制和中断	定时器控制 定时器中断	使能、自动重加载、IRQ、预分频器、中断状态
CPU 私有看门狗定时器		
重加载和当前值	看门狗加载 看门狗计数器	递减器重新加载值 递减器当前值
控制和中断	看门狗控制 看门狗中断	使能、自动重加载、IRQ、预分频器、中断状态 注：该寄存器不能禁止看门狗定时器
复位状态	看门狗复位状态	复位状态是看门狗定时器到达 0 时的结果。只有上电复位才能清除。这样，软件就能知道是否由看门狗定时器引起复位
禁止	看门狗禁止	通过写两个指定的字序列，禁止看门狗定时器

10.1.2 全局定时器/计数器

全局定时器/计数器（Global Timer Counter，GTC）是一个 64 位的递增定时器，包含自动递增特性。全局定时器采用存储器映射方式，与私有定时器具有相同的地址空间。只有在安全状态下复位时才可以访问全局定时器。Zynq - 7000 SoC 内的两个 Cortex - A9 处理器均可访问全局定时器/计数器。此外，每个 Cortex - A9 处理器都有一个 64 位比较器。当全局定时器到达比较器中预设的值时，用于确认一个私有中断。全局定时器的寄存器如表 10.2 所示。

表 10.2 全局定时器的寄存器

功 能	名 字	概 述
全局定时器（GTC）		
当前值	全局定时器计数器	递增器当前的值
控制和中断	全局定时器控制 全局中断	使能定时器、使能比较器、IRQ、自动递增、中断状态

续表

功能	名字	概述
全局定时器（GTC）		
比较器	比较器值	比较器当前的值
	比较器递增	比较器的递增值
—	全局定时器禁止	通过写两个指定的字序列，禁止全局定时器

注：全局定时器总是工作在 1/2 的 CPU 时钟频率（CPU_3x2x）。

10.1.3 系统级看门狗定时器

除两个 CPU 私有定时器外，还有一个系统级看门狗定时器（System Watchdog Timer，SWDT），用于发出信号，表示有灾难性的系统失败需要处理，如 PS PLL 失败。与私有看门狗定时器 AWDT 不同，SWDT 可以从一个外部设备或 PL 运行一个时钟，并且为一个外部设备或 PL 提供一个复位输出。其主要特点如下。

（1）一个内部的 24 位计数器。

（2）可选择的时钟输入：①内部的 PS 总线时钟（CPU_1x）；②内部时钟（来自 PL）；③外部时钟（来自 MIO）。

（3）超时时，输出其中一个或组合：①系统中断（PS）；②系统复位（PS、PL、MIO）。

（4）可编程的超时周期。超时范围为 32760~68719476736 个时钟周期，即在 100MHz 下，330μs~687.2s。

（5）超时时，可编程输出信号周期：系统中断脉冲 4、8、16 或 32 个时钟周期（在 100MHz 下，40~320ns）。

SWDT 的结构如图 10.2 所示。

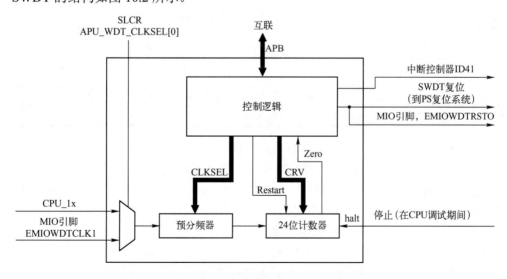

图 10.2 SWDT 的结构

(1) SLCR 可编程寄存器（MIO 控制 APU_WDT_CLKSEL），用于选择时钟输入。
(2) SWDT 可编程寄存器，用于设置 CLKSEL 和 CRV。
(3) 信号 Restart 控制 24 位计数器重新加载 CRV 值，以及重新启动计数。
(4) 在调试 CPU 时，信号 halt 使计数器停止计数过程（与 AWDT 有相同的行为）。

通过 APB 接口，控制逻辑块连接到系统互联。每个来自 APB 的写数据都有一个关键字域，它必须匹配寄存器的关键字，只有当两者匹配时才能对寄存器进行写操作。

当它内部的 24 位计数器达到零时，零模式寄存器用于控制 SWDT 的行为。如果设置 WDEN 和 IRQEN，当接收到 Zero 信号时，在 IRQLN 周期后，控制逻辑块确认中断输出信号。如果设置了 WDEN 和 RSTLN，在 RSTLN 时钟周期后，控制逻辑块也确认复位输出信号。

通过在 swdt.CONTROL[CLKSET]和 swdt.CONTROL[CRV]内设置重加载的值，计数器控制寄存器设置超时周期，用于控制预分频器和 24 位计数器。

重新启动寄存器用于重新启动计数过程，用匹配的关键字写这个寄存器，将使得预分频器和 24 位计数器将在 CRV 信号控制下重新加载值。

状态寄存器用于指示 24 位计数器是否达到零。不考虑零模式寄存器内的 WDEN 比特位，如果没达到零，并且出现了所选择的时钟源，则 24 位计数器总是向下计数到零。一旦计数到达零时，则设置状态寄存器的 WDZ 比特，并且一直保持该设置，直到重新启动 24 位计数器为止。

预分频器模块将对所选择时钟的输入频率进行分频。在每个上升时钟沿，采样 CLKSEL 信号。

内部的 24 位计数器计数到零，然后保持在零，一直到计数器重新启动为止。当计数器到达零时，Zero 输出信号为高。

SWDT 的寄存器描述如表 10.3 所示。

表 10.3　SWDT 的寄存器描述

功　能	名　字	描　述
零模式	swdt.MODE	使能 SWDT。使能在超时时，输出中断和复位，以及设置输出脉冲长度
重加载值	swdt.CONTROL	超时时，为预分频器和 24 位计数器设置重加载值
重新启动	swdt.RESTART	重新加载和重新启动预分频器和 24 位计数器
状态	swdt.STATUS	指示看门狗定时器达到零

下面给出了使能系统级看门狗定时器的控制序列。
(1) 选择时钟输入源（SLCR[WDT_CLK_SEL[SEL]]比特位）。
在处理这一步前，确认禁止 SWDT（SWDT[MODE[WDEN]]=0）。当使能 SWDT 后，改变时钟输入源，将导致不可预测的结果。
(2) 设置超时周期（计数器控制寄存器）。
SWDT[CONTROL[CKEY]]域必须为 0x248，用于写该寄存器。
(3) 使能计数器，使能输出脉冲，设置输出脉冲长度（零模式寄存器）。
SWDT[MODE[ZKEY]]域必须为 0xABC，用于写该寄存器，并且保证 IRQLN 和 RSTLN 满足指定的最小值。

（4）当用不同的设置运行 SWDT 时，首先禁止定时器（SWDT[MODE[WDEN]]比特位），然后重复步骤（1）～（3）。

10.1.4　3重定时器/计数器

3 重定时器计数器（Triple Timer Counter，TTC）包含 3 个独立的定时器/计数器。由于使用一个 APB 接口访问它，因此 3 个定时器/计数器必须有相同的安全状态。在 Zynq - 7000 SoC 的 PS 内有两个 TTC 模块，由于每个 TTC 包含 3 个独立的定时器/计数器，因此一共 6 个定时器/计数器。通过使用 nic301_addr_region_ctrl_registers.security_apb[ttc1_apb]寄存器比特位，可以将 TTC1 控制器配置为安全或非安全模式。

3 重定时器/计数器内的每个定时器/计数器的特性如下。

（1）3 个独立的 16 位预分频器和 16 位向上/向下计数的计数器。

（2）可选择的时钟：①内部的 PS 总线时钟（CPU_1x）；②内部时钟（来自 PL）；③外部时钟（来自 MIO）。

（3）3 个中断，每个中断用于一个计数器。

（4）在规定的间隔或在计数器匹配可编程的值时，产生溢出中断。

（5）通过 MIO 产生到 PL 的波形输出（如 PWM）。

TTC 的块图结构如图 10.3 所示。slcr.PIN_MUX 寄存器控制定计数器/计数器 0 的时钟和波形输出的复用。如果没有进行选择，则默认变成 EMIO 接口。

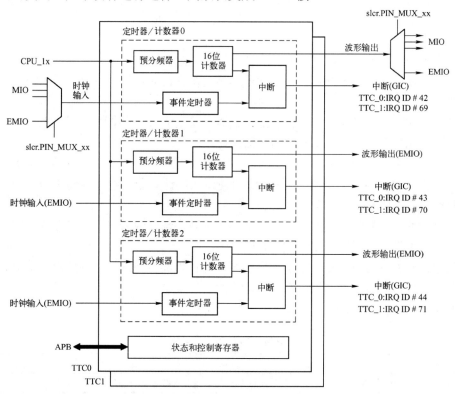

图 10.3　TTC 的块图结构

1.3 重定时器/计数器的功能

程序员可以对每个预分频模块独立进行编程。这样，预分频模块可以使用 PS 内部的总线时钟（CPU_1x），或者来自 MIO 或 PL 的外部时钟。对于一个外部时钟，SLCR 寄存器用于确定通过 MIO 或来自 PL 的正确引脚输出。在应用于计数器之前，将所选择时钟的频率降低到 2~65536 分频范围。

计数器模块可以向上或向下计数，并且可以配置为在一个给定的间隔内计数。它也将 3 个匹配的寄存器和计数器的值进行比较。如果有一个匹配，则产生中断。

中断模块将各种类型的中断进行组合：计数器间隔、计数器匹配、计数器溢出、事件定时器溢出。中断模块能单独使能每个类型的中断。

每个计数器的模块可以独立编程，使其工作在下面的两个模式：间隔模式或溢出模式。

1）间隔模式

在给定的 0 到间隔寄存器值之间，计数器连续地递增或递减。通过计数器控制寄存器的 DEC 比特位，确定计数的方向。当计数器穿过零时，产生一个间隔中断。当计数器的值等于其中一个匹配寄存器的值时，产生相应的匹配中断。

2）溢出模式

在 0~0xFFFF 间的范围内，计数器连续地递增或递减。通过计数器控制寄存器的 DEC 比特位，确定计数的方向。当计数器通过零时，产生一个溢出中断。当计数器的值等于其中一个匹配寄存器的值时，产生相应的匹配中断。

事件定时器寄存器通过一个用户不可见的、由 CPU_1x 时钟驱动的 16 位内部计数器进行操作。

（1）在外部脉冲的非计数周期内，将计数器复位为 0。

（2）在外部脉冲的计数周期内，计数器递增。事件控制定时器寄存器用于控制内部定时器的行为。

① E_En 比特位：当为 0 时，将内部计数器立即复位为 0，并且停止递增。

② E_Lo 比特位：指定外部脉冲的计数周期。

③ E_Ov 比特位：指定如何管理内部计数器的溢出（在外部脉冲的计数周期）。当为 0 时，溢出使得 E_En 为 0；当为 1 时，溢出使得内部计数器回卷和继续递增。当发生溢出时，总是产生一个中断。

在对外部脉冲计数周期结束时，使用非零值更新内部计数器的事件寄存器。因此，它表示外部脉冲的宽度，用于测量 CPU_1x 的周期数。

如果内部计数器复位为零，由于溢出的原因，在外部脉冲的计数周期内，不更新事件寄存器，使其能保持最后一个非溢出操作原来的值。

TTC 的寄存器如表 10.4 所示。

表 10.4 TTC 的寄存器描述

功 能	名 字	概 述
时钟控制	时钟控制寄存器	控制预分频器，选择时钟输入，边沿
	计数器控制寄存器	使能定时器，设置操作模式，设置上/下计数，使能匹配，使能波形输出

续表

功能	名字	概述
状态	计数器值寄存器	返回当前计数器的值
计数器控制	间隔寄存器	设置间隔值
	匹配寄存器 1	设置匹配值,总共 3 个
	匹配寄存器 2	
	匹配寄存器 3	
中断	中断寄存器	显示当前中断状态
	中断使能寄存器	使能中断
事件	事件控制定时器寄存器	使能事件定时器,停止定时器,设置相位
	事件寄存器	显示外部脉冲的宽度

2.3 重定时器/计数器的编程模型

1) 使能计数器的操作步骤

(1) 选择时钟输入源,设置预分频器的值(SLCR MIO_MUX_SEL 寄存器,TTC 时钟控制寄存器)。

> 注:在继续这一步前,确认禁止 TTC(TTC[Counter_Control_n[DIS]]=1)。

(2) 设置间隔值(间隔寄存器)。该步可选,只用于间隔模式。

(3) 设置匹配值(匹配寄存器)。该步可选,如果使能匹配模式,则设置匹配值。

(4) 使能中断(中断使能寄存器)。该步可选,如果使能中断,则设置使能中断。

(5) 使能/禁止波形输出,使能/禁止匹配,设置计数方向,设置模式,使能计数器(TTC 计数器控制寄存器),该步启动计数器。

2) 停止计数器的操作步骤

(1) 读取计数器控制寄存器的值。

(2) 将 DIS 比特位设置为 1,保持其他比特位的值。

(3) 将该值重新写回计数器控制寄存器。

3) 重新启动计数器的步骤

(1) 读取计数器控制寄存器的值。

(2) 将 RST 比特位设置为 1,保持其他比特位的值。

(3) 将该值重新写回到计数器控制寄存器。

4) 使能事件定时器的步骤

(1) 选择外部脉冲源(SLCR MIO_MUX_SEL 寄存器),并且通过 CPU_1x 时钟,对所选的外部脉冲宽度进行测量。

(2) 设置溢出管理。选择外部脉冲电平,使能事件定时器(事件控制定时器寄存器),该步开始测量所选择电平的外部脉冲宽度。

(3) 通过设置中断使能寄存器,使能中断,该步为可选步骤。

(4) 通过事件寄存器,读取测量的宽度。

> 注：当发生溢出时，返回不正确的值。

5）清除和响应中断的步骤

读中断寄存器。当读该寄存器时，清除中断寄存器的所有比特位。

10.1.5　I/O 信号

TTC 的 I/O 信号如表 10.5 所示。在 Zynq-7000 SoC 内，有两个 3 重定时器计数器，包括 TTC0 和 TTC1。每个 TTC 有 3 个接口信号集，包括时钟输入和波形输出，它们用于 TTC 内的每个计数器/定时器。

表 10.5　TTC I/O 信号

TTC	定时器信号	I/O	MIO 引脚	EMIO 信号	控制器默认输入值
TTC0	计数器/定时器 0 时钟输入	I	19, 31, 43	EMIOTTC0CLKI0	0
	计数器/定时器 0 波形输出	O	18, 30, 42	EMIOTTC0WAVEO0	~
	计数器/定时器 1 时钟输入	I	N/A	EMIOTTC0CLKI1	0
	计数器/定时器 1 波形输出	O	N/A	EMIOTTC0WAVEO1	~
	计数器/定时器 2 时钟输入	I	N/A	EMIOTTC0CLKI2	0
	计数器/定时器 2 波形输出	O	N/A	EMIOTTC0WAVEO2	~
TTC1	计数器/定时器 0 时钟输入	I	17, 29, 41	EMIOTTC1CLKI0	0
	计数器/定时器 0 波形输出	O	16, 28, 40	EMIOTTC1WAVEO0	~
	计数器/定时器 1 时钟输入	I	N/A	EMIOTTC1CLKI1	0
	计数器/定时器 1 波形输出	O	N/A	EMIOTTC1WAVEO1	~
	计数器/定时器 1 时钟输入	I	N/A	EMIOTTC1CLKI2	0
	计数器/定时器 1 波形输出	O	N/A	EMIOTTC1WAVEO2	~

对于每个 3 重定时器来说，来自计数器/定时器 0 的信号能通过 MIO_PIN 寄存器连接到 MIO。如果 MIO_PIN 寄存器没有选择时钟输入或者波形输出，则默认信号连接到 EMIO。

用于计数器/定时器 1 和 2 的信号，只能通过 EMIO 使用。

看门狗定时器的 I/O 信号如表 10.6 所示。

表 10.6　看门狗定时器的 I/O 信号

SWDT 信号	I/O	MIO 引脚	EMIO 信号	控制器默认输入值
时钟输入	I	14, 26, 38, 50, 52	EMIOWDTCLKI	0
复位输出	O	15, 27, 39, 51, 53	EMIOWDTRSTO	~

10.2　Vivado 环境下定时器的控制实现

本节将使用 Cortex-A9 CPU 提供的定时器资源编写软件应用程序。

10.2.1 打开前面的设计工程

本章的设计基于前面所设计的工程，因此需要复制并打开前面的设计工程。

（1）在 E：\zynq_example 目录下，新建一个名字为"timer_intr"的子目录，并且将 E：\zynq_example\lab1 目录下的所有文件复制到 E：\zynq_example\timer_intr 目录下。

（2）启动 Vivado 2015.4 集成开发环境。

（3）在"Quick Start"标题下，单击"Open Project"图标。

（4）出现"Open Project"对话框，将路径定位到下面的路径：

> E：\zynq_example\timer_intr

选择 lab1.xpr。

（5）单击"OK"按钮。

10.2.2 创建 SDK 软件工程

本小节将介绍如何导出硬件到 SDK，然后创建应用工程。

（1）在 Vivado 主界面左侧的"Flow Navigator"窗口下，单击 Open Block Design；或者在源文件窗口下，选择并单击 system.bd 文件。

（2）在 Vivado 主界面的主菜单下，选择 File→Launch SDK。

（3）出现"Launch SDK"对话框。

（4）单击"OK"按钮。

（5）在 SDK 主界面左侧的"Project Explorer"窗口下，分别选中 system_wrapper_hw_platform_0 文件夹、hello_world0 文件夹、hello_world0_bsp 文件夹。单击鼠标右键，出现浮动菜单。在浮动菜单内，选择 Delete。

（6）出现"Delete Resources"对话框，选中"Delete project contents on disk（cannot be undone）"前面的复选框。

（7）单击"OK"按钮。

（8）出现"Delete Resources"对话框。

（9）单击"Continue"按钮。

（10）在 SDK 主界面的主菜单下，选择 File→New→Application Project。

（11）出现"New Project：Application Project"对话框，参数设置如下。

① Project name：timer_test_0。

② Language：C。

③ 选择 Board Support Package 右侧"Create New"前面的复选框（默认的名字为 timer_test_0_bsp）。

（12）单击"Next"按钮。

（13）出现"New Project：Templates"对话框，在"Available Templates"列表中选择"Empty Application"。

（14）单击"Finish"按钮。

(15) 在 SDK 主界面左侧的 "Project Explorer" 窗口下，找到并展开 timer_test_0。在展开项中找到并选中 src，单击鼠标右键，出现浮动菜单。在浮动菜单内，选择 Import。

(16) 出现 "Import" 对话框，在该对话框中展开 General。在展开项中，找到并选中 File System。

(17) 单击 "Next" 按钮。

(18) 单击 "Browse" 按钮。

(19) 出现 "Import from directory" 对话框，定位到如下路径。

E：\vivado_example\zynq\source

(20) 单击 "确定" 按钮。

(21) 在 "Import：File system" 对话框中，选择 timer_test.c 文件。

(22) 单击 "Finish" 按钮。

(23) 在 SDK 主界面左侧的 "Project Explorer" 窗口下，找到并展开 timer_test_0。在展开项中，找到并展开 src。在展开项中，找到并双击 timer_test.c，打开该文件，如代码清单 10-1 所示。

代码清单 10-1　timer_test.c 文件

```c
#include <stdio.h>
#include "xparameters.h"
#include "xscugic.h"
#include "xscutimer.h"
#include "xil_exception.h"

XScuTimer *Timer;
XScuTimer_Config *TMRConfigPtr;
#define TimerIntrId 29
#define TIMER_LOAD_VALUE 0x0000000F

XScuGic *GicInstancePtr;

static void TimerIntrHandler(void *CallBackRef)
{
    XScuTimer *TimerInstancePtr = (XScuTimer *)CallBackRef;
    XScuTimer_ClearInterruptStatus(TimerInstancePtr);
    print(" ****Timer Event!!!!!!!!!!!!!!! ****\n");
    //load timer
    XScuTimer_LoadTimer(Timer, TIMER_LOAD_VALUE);
    //start timer XScuTimer_Start(Timer);
}

void Timer_init(){
    //timer initialisation
    TMRConfigPtr = XScuTimer_LookupConfig(XPAR_PS7_SCUTIMER_0_DEVICE_ID);
    XScuTimer_CfgInitialize(Timer, TMRConfigPtr, TMRConfigPtr->BaseAddr);
    //load the timer
```

```
        XScuTimer_LoadTimer( Timer,TIMER_LOAD_VALUE);
        XScuTimer_Start( Timer);
}
voidGic_init (){
        XScuGic_Config *mXScuGic_Config;
        mXScuGic_Config = XScuGic_LookupConfig( XPAR_SCUGIC_SINGLE_DEVICE_ID);// 中断
设置查找
        XScuGic_ CfgInitialize ( GicInstancePtr, mXScuGic_ Config, mXScuGic_ Config - >CpuBaseAddress);
//GIC 初始化

        // disable the interrupt for the Timer at GIC
        // XScuGic_Disable( GicInstancePtr,TimerIntrId);
        // set up the timer interrupt
        XScuGic_ Connect( GicInstancePtr, TimerIntrId,( Xil_ ExceptionHandler) TimerIntrHandler,
( void*) Timer);
        // enable the interrupt for the Timer at GIC XScuGic_Enable( GicInstancePtr,TimerIntrId);
        // enable interrupt on the timer XScuTimer_EnableInterrupt( Timer);
}
intmain ( void )
        {
            Timer_init();
            Gic_init();
            while (1);
        }
```

思考与练习 10 - 1：请读者分析代码清单 10 - 1 给出的代码，说明该代码所实现的功能。

10.2.3 运行软件应用工程

本小节将介绍如何在 Z7 - EDP - 1 硬件开发平台上运行应用工程。为了在 xc7z020clg484SoC 上正确运行程序，以及在 SDK 设计环境下观察运行的结果，需要对运行环境进行配置。

（1）正确连接 Z7 - EDP - 1 平台与 PC/笔记本电脑之间的 USB - JTAG 和 USB - UART 电缆，并给平台接入+ 5V 的直流电源，通过板上的 SW10 开关打开电源。

（2）找到并单击 SDK 主界面下方的"SDK Terminal"标签，单击该标签右侧的 按钮。

（3）出现"Connect to serial port"对话框。在该对话框中，选择正确的串口端口和参数。

（4）单击"OK"按钮，退出该对话框。

（5）在 SDK 主界面左侧的"Project Explorer"窗口下，选中 timer_test_0，单击鼠标右键，出现浮动菜单。在浮动菜单内，选择 Run As→Launch on Hardware（GDB）。

思考与练习 10 - 2：观察"SDK Terminal"标签页中的输出，验证结果是否满足设计要求。

第11章 Cortex-A9 DMA 控制器原理及实现

本章将介绍 Arm Cortex-A9 内 DMA 控制器的原理，并通过 Vivado 环境实现 DMA 控制器的数据传输。

只有掌握 DMA 控制器的原理和实现方法，才能实现 PS 内高性能数据的传输。此外，对于学习后续 PL 内实现 DMA 传输也有比较好的借鉴作用。

11.1 DMA 控制器架构

Zynq-7000 SoC 内的 DMA 控制器（Direct Memory Access Controller，DMAC）使用一个工作在 CPU_2x 时钟频率的 64 位 AXI 主接口，实现系统存储器和 PL 外设之间的 DMA 数据传输。DMA 的指令执行引擎用于控制数据传输。DMA 引擎运行少量的指令集，因此为指定的 DMA 传输提供了一种灵活的方法。

用于对 DMA 引擎编程的软件程序代码被写到系统存储器中，通过使用它的 AXI 主接口，控制器就可以访问该区域。DMA 引擎指令集包含用于 DMA 传输的指令和控制系统的管理指令。

DMAC 能配置为最多 8 个通道，每个通道能支持一个单独并发的 DMA 操作线程。当一个 DMA 线程执行一个加载或保存指令时，DMA 引擎将存储器请求添加到相关的读/写队列中。DMA 控制器使用这些队列来缓冲 AXI 读/写传输。在 DMA 传输过程中，DMA 控制器包含一个多通道先进先出队列（Multichannel First-in-First-Out，MFIFO），用于保存数据。运行在 DMA 引擎处理器上的程序代码，将 MFIFO 看作用于 DMA 读/写交易的一个可变深度的并行 FIFO。程序代码必须管理 MFIFO，因为所有 DMA 的 FIFO 的总深度不能超过 1024 字节的 MFIFO。

在不需要 CPU 干预的情况下，DMAC 可以移动大量的数据。源和目的存储器可以是 PS 或 PL 内的任何存储器资源。用于 DMAC 的存储器映射包括 DDR、OCM、线性寻址的四-SPI 读存储器、SMC 存储器和 PL 外设，或者连接到一个 M_GP_AXI 接口的存储器。

对 PS 存储器传输流量控制的方法是使用 AXI 互联。包含 PL 外设的访问可以使用 AXI 流控制或 DMAC 的 PL 外设请求接口。在 Zynq-7000 SoC 内，没有外设请求接口直接指向 PS 的 I/O 外设。对于 PL 外设的 AXI 交易，运行在 CPU 上的软件可以使用中断或轮询的方法。

控制器有两套控制和状态寄存器。其中一套可以在安全模式下访问，而另一套在非安全

第 11 章 Cortex-A9 DMA 控制器原理及实现

模式下访问。通过控制器的 32 位 APB 从接口,软件代码可以访问这些寄存器。整个控制器工作在安全或非安全模式下。在一个通道中,不存在安全和非安全的混合模式。由 SLCR 寄存器控制修改安全配置,并且要求对控制器进行复位,使这些修改发生作用。

DMAC 提供了下面这些特性。

(1) DMA 引擎处理器包含一个灵活的指令集,用于 DMA 传输:①灵活地分散—聚集存储器传输;②对于源和目的寻址的完全控制;③盂定义 AXI 交易属性;④管理字节流。

(2) 8 个缓存行,每个缓存行是 4 个深度。

(3) 8 个并发的 DMA 通道线程:①允许并行执行多个线程;②发出命令,最多 8 个读和 8 个写 AXI 交易。

(4) 8 个到 PS 中断控制器和 PL 的中断。

(5) 在 DMA 引擎程序代码内的 8 个事件。

(6) 一个传输过程中,128 字的 MFIFO(宽度为 64 位)用于缓冲控制器读/写的数据。

(7) 安全性:①专用的 APB 从接口,用于访问安全寄存器;②将整个控制器配置为安全或非安全模式。

(8) 存储器—存储器的 DMA 传输。

(9) 4 个 PL 外设请求接口,用于管理控制进出 PL 逻辑的流,每个接口支持最多 4 个活动的请求。

DMA 控制器的系统结构如图 11.1 所示。

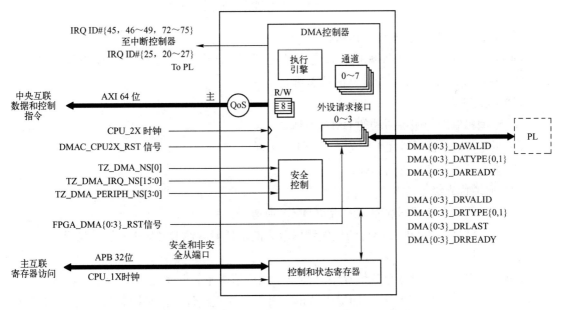

图 11.1　DMA 控制器的系统结构

DMA 控制器的内部结构如图 11.2 所示。

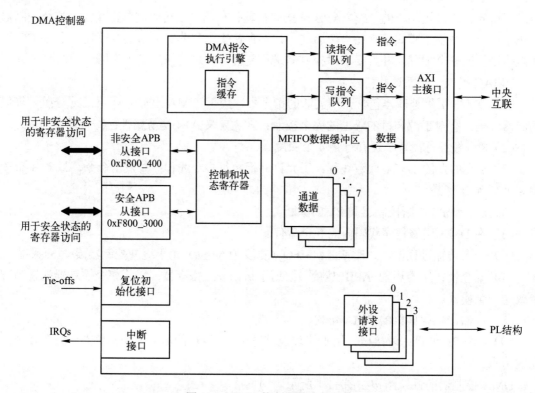

图 11.2　DMA 控制器的内部结构

1）DMA 指令执行引擎（操作状态）

DMAC 包含一个指令处理模块，它使能处理用于控制一个 DMA 传输的程序代码。DMAC 为每个线程都保留一个独立的状态机。

（1）通道仲裁。

① 轮询机制用于服务活动的 DMA 通道。

② 服务 DMA 管理器优于服务下一个 DMA 通道。

③ 不支持对仲裁过程的修改。

（2）通道优先级。

① 响应所有具有相同优先级的活动 DMA 通道。

② 不支持将一个 DMA 通道的优先级修改为高于任何其他 DMA 通道的优先级。

2）指令缓存

DMAC 将指令暂时保存在缓存中。当一个线程请求来自一个地址的指令时，缓存执行查找。如果缓存命中，则缓存立即提供数据；否则，停止线程，同时控制器使用 AXI 接口执行一个来自系统存储器的缓存行填充操作。如果指令大于 4 个字节或跨越缓存行的末尾，则执行多个缓存访问来取出指令。

> **注**：当正在填充缓存行时，DMAC 使能其他线程访问缓存。但是，如果发生其他缓存缺失，停止流水线，直到完成填充第一个缓存行为止。

3）读/写指令队列

当一个 DMA 通道线程执行一个加载或保存指令时，控制器将指令添加到相关的读/写队列中。在 AXI 中央互联发布交易前，控制器使用这些队列作为一个指令的保存缓冲区。

4）多通道数据 FIFO

在 DMA 传输期间，DMAC 使用 MFIFO 数据缓冲区保存读/写数据。

5）用于取指和 DMA 传输的 AXI 主接口

程序代码保存在系统存储器的某个区域内。通过 64 位的 AXI 主接口，控制器可以访问该区域。AXI 主接口也使能 DMA 将数据从一个源 AXI 从设备传输到一个目的 AXI 从设备。

6）用于访问寄存器的 APB 从接口

控制器响应软件所使用的两个地址范围。通过 32 位 APB 从接口，软件提供对控制寄存器和状态寄存器的读/写访问。

（1）不安全的 APB 从接口。

（2）安全的 APB 从接口。

7）中断接口

通过该接口，在事件与中断控制器之间进行高效的通信。

8）PL 外设 DMA 请求接口

PL 外设请求接口支持 PL 内有 DMA 能力外设的连接。每个 PL 外设请求接口和其他 PL 外设请求接口之间是异步的，并且与 DMA 本身也是异步的。

9）复位初始化接口

当退出复位时，该接口使能软件初始化 DMAC 的操作状态。

11.2 DMA 控制器功能

所有的 DMA 交易均使用 AXI 主接口在 OCM、DDR 存储器和 PL 内的从设备之间移动数据。PL 内的从外设通常连接到 DMAC 外设请求接口，用于控制数据流。DMAC 能访问 PS 内的外设，但是通常这毫无用处，因为这些路径上没有流控制信号。

DMAC 使用的数据路径如图 11.3 所示。图中没有给出外设请求接口（用于流控制）。每个 AXI 路径均可读/写。它们之间有很多组合，典型的两个 DMA 交易如下：

（1）存储器到存储器交易，即 OCM 到 DDR 存储器；

（2）存储器和 PL 外设之间的交易，即 DDR 存储器到 PL 外设。

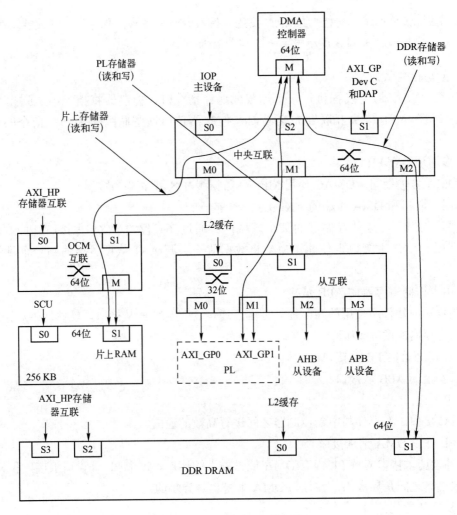

图 11.3 DMAC 使用的数据路径

11.2.1 考虑 AXI 交易的因素

1）AXI 数据传输宽度

（1）执行数据访问最大为 AXI 数据总线的 64 位宽度。

（2）当用户程序的 src_burst_size 或 dst_burst_size 域大于 64 位时，发出异常终止信号。

（3）最大的猝发长度为 16 个数据拍。

2）AXI 猝发跨越 4KB 边界

（1）AXI 规范并不允许 AXI 猝发跨越 4KB 边界。

（2）当用猝发起始地址、大小和长度的组合对控制器编程引起一个猝发跨越 4KB 地址边界时，取而代之的是，控制器将生成一对猝发，其组合长度等于所指定的长度。这个操作对于 DMAC 通道线程程序来说是透明的。例如，通过生成合适的一对读猝发，DMAC 响应一个 DMALD 指令。

3）AXI 猝发类型

对于数据访问来说，可以编程只产生固定的地址或递增的地址猝发类型。

4）AXI 写地址

（1）它能发布多个超前的写地址，最多为 8 个。

（2）DMAC 不发布一个写地址，直到它已经读取用于填充写交易的所有数据字节为止。

5）AXI 写数据交织

不产生交织写数据。输出用于一个写交易的所有写数据节拍，优先于用于下一个写交易的写数据节拍。

6）AXI 特点

不支持锁定或排他性访问。

11.2.2　DMA 管理器

本小节将介绍使用两个可用的 APB 接口将指令发布到 DMA 管理器的方法。

当 DMAC 工作在实时情况下时，用户只能发布下面有限的指令子集。

（1）DMAGO：使用用户指定的一个 DMA 通道启动 DMA 传输。

（2）DMASEV：使用用户指定的一个事件号发送事件或中断信号。

（3）DMAKILL：终止一个线程。

根据 SLCR 寄存器 TZ_DMA_NS 所设置的 DMA 管理器的安全状态，必须使用合适的 APB 接口。例如，当 DMA 管理器处于安全状态时，必须使用在安全 APB 接口的指令，否则 DMAC 将忽略这些指令。当 DMA 管理器在非安全状态时，建议使用非安全的 APB 接口，用于启动或重新启动一个 DMA 通道。然而，安全的 APB 接口可以用在非安全模式下。

当使用调试指令寄存器或 DBGCMD 寄存器发布指令前，必须读 DBGSTATUS 寄存器，以确保调试器处于空闲状态；否则，DMA 管理器将忽略这些指令。

当 DMA 管理器从 APB 从接口接收到一条指令时，需要在一段时钟周期后才能处理这条指令。例如，此时流水线正忙于处理其他指令。

在发布 DMAGO 指令前，系统存储器必须包含一个合适的程序用于执行 DMA 通道线程。通道线程的起始地址由 DMAGO 指定。

下面给出一个例子，说明使用调试指令寄存器启动一个 DMA 通道线程的步骤。

（1）为 DMA 通道创建一个程序。

（2）将程序保存到系统存储器的一个区域。使用 DMAC 上的一个 APB 接口编程 DMAGO 指令。

（3）轮询 dmac.DBGSTATUS 寄存器，以确保调试处于空闲状态，即 dbgstatus 比特位为 0。

（4）写到 dmac.DBGINST0 寄存器，进入：

① 为 DMAGO 指令字节 0 编码；

② 为 DMAGO 指令字节 1 编码；

③ 调试线程比特位为 0，用于选择 DMA 管理器。

（5）用 DMAGO 指令的[5∶2]比特位写 dmac.DBGINST1 寄存器。这 4 个比特位必须设置程序中第一条指令的起始地址，用于引导 DMAC 执行调试指令寄存器中所包含的指令。

（6）写 0 到 DBGCMD 寄存器。DMAC 启动 DMA 通道线程，并且设置 dbgstatus 比特位为 1。当 DMAC 完成运行指令时，清除 dbgstatus 比特位。

11.2.3 多通道数据 FIFO（MFIFO）

MFIFO 是一个由当前所有活动通道共享的、基于先进先服务的共享资源。对于一个程序，它看上去是深度可变的并行 FIFO 的集合。每个通道都有一个 FIFO。但是，所有 FIFO 总的深度不能超过 MFIFO 的大小。DMAC 的 MFIFO 深度最大为 128 个 64 位的字。

控制器能将源数据重新对齐到目的。例如，从地址 0x103 读一个字，写到地址 0x205 时，DMAC 将数据移动两个字节。由目的地址和传输特征确定 MFIFO 中数据的保存和封装。

当一个程序指定将要执行一个到目的的存储器递增传输时，DMAC 将数据打包到 MFIFO，以使用最少的 MFIFO 入口。例如，当 DMAC 有一个 64 位的 AXI 数据总线，程序使用 0x100 的源地址和 0x200 的目的地址时，DMAC 将两个 32 位的字打包到 MFIFO 的一个入口。

在某些情况下，要求保存源数据的入口个数，不是简单地通过计算总的源数据除以 MFIFO 宽度得到的。当下面情况发生时，计算入口的个数并不简单：

（1）源地址没有对齐 AXI 总线宽度；

（2）目的地址没有对齐 AXI 总线宽度；

（3）到一个固定目的地址的交易，即非递增的目的地址。

DMALD 和 DMAST 指令指明了将要执行的一个 AXI 总线交易。根据 CCRn 寄存器编程的值和交易的地址，决定一个 AXI 总线交易所要传输数据的个数。

11.2.4 存储器—存储器交易

控制器包含一个 AXI 主接口，用于访问 PS 系统内的存储器，如 OCM、DDR。

通过相同的 AXI 中央互联，控制器也能访问绝大多数的外设子系统。如果一个目标外设可以看作一个存储器映射的区域（或存储器的端口位置），并且不需要 FIFO 或需要流量控制时，DMAC 就可以对它进行读和写操作。例如，线性寻址模式的 QSPI、NOR Flash 和 NAND Flash。

11.2.5 PL 外设 AXI 交易

绝大多数的外设允许通过 FIFO 进行传输数据。因此，必须管理这些 FIFO，以避免上溢和下溢条件。因此，4 个指定的外设请求接口可用于将 DMAC 连接到 PL 内的 DMA 设备中，它们中的每一个都能分配到任意一个 DMA 通道。

对于每个 PL 外设接口，可以配置 DMAC 接受最多 4 个活动的请求。一个活动的请求是指 DMAC 没有启动所请求的 AXI 数据交易。DMAC 有一个请求 FIFO 用于每个外设接口，它用来捕获来自一个外设的请求。当填满一个请求 FIFO 时，DMAC 设置相应的 DMA{3:0}_DRREADY 为低，用来表示 DMAC 不能再接受任何来自其他外设的请求。

> **注**：在 PS 内没有外设请求接口直接指向 I/O 外设（IOP）。因此，需要处理器的干预，以避免 PS 内的目标外设 FIFO 出现上溢或下溢的条件。

下面给出两种不同的方法管理 DMAC 与 PL 外设之间的数据量。
（1）PL 外设长度管理：PL 外设控制一个 DMA 周期内所包含的数据量。
（2）DMAC 长度管理：DMAC 控制一个 DMA 周期内所包含的数据量。

11.2.6 PL 外设请求接口

外设请求接口由外设请求总线和一个 DAMC 响应总线构成，如图 11.4 所示。其中，前缀 DR 表示外设请求总线；前缀 DA 表示 DMAC 响应总线。

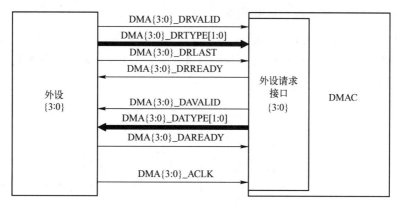

图 11.4 在外设请求接口上的请求和响应总线

所有的总线使用 AXI 协议中的 vaild 和 ready 握手信号。

外设使用 DMA{3:0}_DRTYPE[1:0]寄存器，用于请求单个 AXI 交易、请求 AXI 猝发交易和响应一个刷新请求。

DMAC 使用 DMA{3:0}_DATYPE[1:0]，用于当完成所请求的单个 AXI 交易后发信号、当完成所请求的 AXI 猝发交易后发信号、发布一个刷新请求。

PL 外设使用 DMA{3:0}_DRLAST，当开始 AXI 交易的最后一个数据周期时，给 DMAC 发信号。

1. 握手规则

DMAC 使用的 DMA 握手规则如表 11.1 所示。当一个 DMA 通道线程处于活动时，即表示不在停止状态。

表 11.1 握手规则

规则	描述
1	在任何 DMA{3:0}_ACLK 周期，DMA{3:0}_DRVALID 能从低到高变化。但是，当 DMA{3:0}_DRREADY 为高时，只能从高到低变化
2	只有下面情况，DMA{3:0}_DRTYPE 才能发生变化：①DMA{3:0}_DRREADY 为高；②DMA{3:0}_DRVALID 为低

(续表)

规则	描述
3	只有下面情况，DMA{3：0}_DRLAST 才能发生变化：①DMA{3：0}_DRREADY 为高；②DMA{3：0}_DRVALID 为低
4	在任何 DMA{3：0}_ACLK 周期，DMA{3：0}_DAVALID 能从低到高变化。但是，当 DMA{3：0}_DAREADY 为高时，只能从高到低变化。
5	只有下面情况，DMA{3：0}_DATYPE 才能发生变化：①DMA{3：0}_DAREADY 为高；②DMA{3：0}_DAVALID 为低

注：所有的信号与 DMA{3：0}_ACLK 时钟同步。

2. 将 PL 外设接口映射到 DMA 通道

DMAC 使能软件将一个外设请求接口分配给任何一个 DMA 通道。当一个 DMA 通道线程执行 DMAWFP 时，外设[4：0]位域所编程的值表明与该 DMA 通道相关的设备。

3. PL 外设请求接口时序图

当一个外设接口请求一个 AXI 猝发交易时，PL 外设请求接口使用握手规则的操作时序如图 11.5 所示。

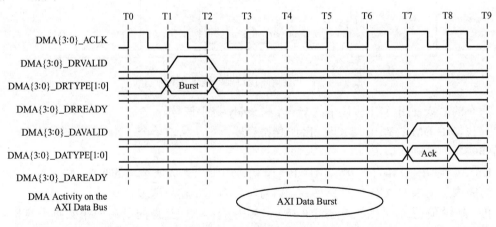

图 11.5 PL 外设请求接口使用握手规则的操作时序

其中，T1：DMAC 检测到一个 AXI 猝发交易请求；T2～T7：DMAC 请求 AXI 猝发交易；T7：DMAC 将 DMA{3：0}_DAVALID 置为高，以及设置 DMA[3：0]_DATYPE[1：0]表示交易完成。

11.2.7 PL 外设长度管理

外设请求接口使能外设控制一个 DMA 周期内所包含的数据量，而 DMAC 不需要知道传输所包含的数据周期数目。通过使用下面的信号 PL 外设控制 AXI 交易。

（1）DMA{3：0}_DRTYPE[1：0]：选择单个或猝发 AXI 传输。

（2）DMA{3：0}_DRLAST：在当前的传输序列中，开始最后一个请求时，通知 DMAC。

当 DMAC 执行一个 DMAWFP 指令时,它停止执行线程并等待外设发送一个请求。当外设发送请求时,DMAC 根据下面的信号设置请求标志的状态。

(1)DMA{3:0}_DRTYPE[1:0]:DMAC 设置 request_type 标志。①=b00,request_type{3:0}为单个;②=b01,request_type{3:0}为猝发。

(2)DMA{3:0}_DRLAST:DMAC 设置 request_last 标志。①=0,request_last{3:0}=0;②=1,request_last{3:0}=1。

如果 DMAC 执行 DMAWFP 单个或 DMAWFP 猝发指令,则 DMAC 设置:

① request_type{3:0}标志为 Single 或 Burst。

② request_last{3:0}标志为 0。

DMALPFE 是一个汇编器命令,用来强制将相关 DMALPEND 指令的 nf 比特位设置为 0。这用来创建一个程序循环,它不使用循环计数器终止循环。当 request_last 标志设置为 1 时,DMAC 退出循环。

根据 request_type 和 request_last 标志的状态,DMAC 有条件地执行下面的指令:

DMALD, DMAST, DMALPEND

(1)当这些指令使用可选的 B|S 后缀时,如果与 request_type 标志不匹配,则 DMAC 执行 DMANOP。

DMALDP<B|S>, DMASTP<B|S>

(2)如果 request_type 标志不匹配 B|S 后缀时,DMAC 执行一个 DMANOP 指令。

DMALPEND

(3)当 nf 比特位为 0 时,如果设置 request_last 标志,DMAC 执行一个 DMANOP 指令。

当 DMAC 接收到一个猝发请求(DMA{3:0}_DRTYPE[1:0]=b01)时,如果要求 DMAC 发布一个猝发交易,则使用 DMALDB、DMALDPB、DMASTB 和 DMASTPB 指令。CCRn 寄存器的值控制 DMAC 传输数据的数量。

当 DMAC 接收到一个单个请求(DMA{3:0}_DRTYPE[1:0]=b00)时,如果要求 DMAC 发布一个单个传输,则使用 DMALDS、DMALDPS、DMASTS 和 DMASTPS 指令。DMAC 忽略 CCRn 寄存器中 src_burst_len 和 dst_burst_len 域的值,并且将 arlen[3:0]和 awlen[3:0]总线设置为 0x0。

11.2.8 DMAC 长度管理

通过 DMAC 的长度管理,DMAC 控制传输数据的总数量。当要求按一个方向传输数据时,一个 PL 外设通知 DMAC。DMA 通道线程控制 DMAC 响应外设请求的方式。

对于 DMAC 的长度管理,有下面的约束。

(1)来自一个外设的所有单个请求的总数据量必须小于用于该 PL 外设的一个猝发请求的数据量。

(2)CCRn 寄存器控制一个猝发请求和一个单个请求所传输的数据量。

Arm 推荐：当正在处理通道 n 的传输时，不要更新 CCRn 寄存器。

（3）当 PL 外设发送一个猝发请求后，外设不得发送一个单个请求，直到 DMAC 响应所完成的猝发请求为止。

当要求停止程序线程时，就要使用 DMAWFP 单个指令，直到外设请求接口接收到任何请求类型为止。如果请求 FIFO 中头部入口的请求类型是单个，则 DMAC 从 FIFO 弹出入口，继续执行程序；如果是猝发，则 DMAC 在 FIFO 中留下入口，继续执行程序。

注：猝发请求入口保留在请求 FIFO 中，直到 DMAC 执行 DMAWFP 猝发指令或 DMAFLUSTP 指令为止。

当完成一个 AXI 读交易，要求 DMAC 给 PL 外设发送一个响应时，应该使用 DMALDP 指令。类似地，当完成一个 AXI 写交易，要求 DMAC 给 PL 外设发送一个响应时，应该使用 DMASTP 指令。通过 DMA{3：0}_DATYPE[1：0]总线，DMAC 响应连接到 PL 外设{3：0}的交易。

当 rvaild 和 rlast 为高时，DAMC 为读交易发送响应；当 bvalid 为高时，DMAC 为写交易发送响应。如果系统能缓冲 AXI 写交易，则 DAMC 可以给外设发送一个响应。但是，连到终端的写数据交易仍然在进行中。

DMAFLUSHP 指令用于复位外设请求接口的请求 FIFO。当 DMAC 执行 DMAFLUSHP 后，它忽略外设请求，直到外设响应刷新请求为止。这使得 DMAC 和外设之间同步。

11.2.9 事件和中断

DMAC 支持 16 个事件，前 8 个事件可以用于中断信号 IRQs[7：0]。8 个中断中的每一个中断可以同时输出到 PS 中断控制器和 PL 中。DMAC 事件和中断之间的映射如表 11.2 所示。

表 11.2 DMAC 事件和中断之间的映射

DMAC 事件/IRQ#	系统 IRQ#（到处理器）	系统 IRQ#（到 PL）	DMA 引擎事件#
0～3	46～49	20～23	0～3
4～7	72～75	24～27	4～7
8～15	N/A	N/A	8～15

当 DMAC 执行一个 DMASEV 指令时，它修改用户指定的事件/中断。

（1）如果 INTEN 寄存器将到达函数的事件/中断源作为一个事件，则 DMAC 为指定的事件/中断源产生一个事件。当 DMAC 为相同的事件—中断源执行一个 DMAWFE 指令时，清除事件。

（2）如果 INTEN 寄存器将事件/中断源设置为一个中断时，DMAC 将 irq<事件号>设置为高，其中的事件号为指定事件源的编号。用户必须通过写 INTCLR 寄存器来清除中断。

11.2.10 异常终止

通过 IRQ#45 给 CPU 发送异常终止，以及通过 IRQP2F[28]信号给 PL 外设发送异常终止。DMAC 的异常终止和条件（所有可能引起异常终止的原因）如表 11.3 所示。当一个异常终止条件后 DMAC 所采取的行为（异常终止的处理）如表 11.4 所示。当发生异常终止条件时，根据线程的类型决定 DMAC 所采取的行为。当接收到异常终止信号时，处理器或 PL 外设必须产生的行为（线程终止）如表 11.5 所示。

表 11.3 DMAC 的异常终止和条件

异常终止类型	条 件
精确的 DMAC 用产生异常终止指令的地址更新 PC 寄存器。 注：当 DMAC 发出精确的异常终止信号后，不执行触发异常终止的指令，取而代之的是，DMAC 执行一个 DMANOP。	**通道控制寄存器的安全冲突** 非安全状态下的一个 DMA 通道线程，尝试对通道控制寄存器编程并产生一个安全的 AXI 交易 **事件的安全冲突** 在非安全状态下的一个 DMA 通道线程执行 DMAWFE 或 DMASEV 指令，用于设置为安全的事件。SLCR 寄存器的 TZ_DMA_IRQ_NS 控制一个事件的安全状态 **外设请求接口的安全冲突** 在非安全状态下的一个 DMA 通道线程执行 DMAWFP、DMALDP、DMASTP 或 DMAFLUSHP 指令，用于设置为安全的外设请求接口。SLCR 寄存器的 TZ_DMA_PERIPH_NS 控制着一个外设请求接口的安全状态 **DMAGO 的安全冲突** 在非安全状态下，DMA 管理器执行 DMAGO，尝试启动一个安全的 DMA 通道线程 **AXI 主接口的错误** 当执行一个取指时，AXI 主接口上的 DMAC 接收到一个 ERROR 响应。例如，尝试访问保留的存储器空间 **执行引擎的错误** 一个线程执行一个未定义的指令或执行包含一个无效操作数的操作，它们用于配置 DMAC 的指令
不精确的 PC 寄存器可能包含没有引起退出发生指令的地址	**数据加载错误** 当执行一个数据加载时，AXI 主接口上的 DMAC 接收到一个 ERROR 响应 **数据存储错误** 当执行一个数据存储时，AXI 主接口上的 DMAC 接收到一个 ERROR 响应 **MFIFO 错误** 一个 DMA 通道线程执行 DMALD，但由于 MFIFO 太小而不能保存数据；或者执行 DMAST，但是 MFIFO 没有足够的数据用来完成 AXI 交易 **看门狗异常终止** 当正在运行一个或多个 DMA 通道程序时，MFIFO 太小以至于不能满足 DMA 程序的存储要求时，锁定 DMAC。 DMAC 包含用来阻止其一直保持在不能完成一个 DMA 传输状态的逻辑。当发生下面的所有条件时，DMAC 检测锁定： （1）加载队列为空； （2）保存队列为空； （3）由于 MFIFO 没有足够的空间或其他通道拥有加载锁，阻止所有的运行通道执行一个 DMALD 指令。 当 DMAC 检测到一个锁定时，它发一个中断信号，也能异常终止起作用的通道。DMAC 的行为取决于 WD 寄存器中 wd_irq_only 比特位的状态

表 11.4 异常终止的处理

线程类型	DMAC 行为
通道线程	设置 IRQ#45 和 IRQP2F[28]为高
	停止执行用于 DMA 通道的指令
	使用于 DMA 通道的所有缓存入口无效
	更新通道程序计数器的寄存器,用来包含异常终止指令的地址。该地址是精确类型异常终止的地址
	对于保存在读队列和写队列的任何指令,不产生 AXI 访问
	允许完成当前活动的 AXI 交易
DMA 管理器	设置 IRQ#45 中断和 IRQP2F[28]信号为高

表 11.5 线程终止

读 DMA 管理器寄存器的故障状态,用来确认 DMA 管理器处于故障状态,以及确定引起异常终止的原因
读 DMA 通道寄存器的故障状态。用来确认 DMA 通道处于故障状态,以及确定引起异常终止的原因
编程调试指令-0 寄存器,包含用于 DMAKILL 指令的编码
写到调试命令寄存器

11.2.11 安全性

当 DMAC 从复位退出时,复位状态初始化接口信号配置安全性,用于 DMA 管理器(SLCR 寄存器 TZ_DMA_NS)、事件/中断源(SLCR 寄存器 TZ_DMA_IRQ_NS)、PL 外设请求接口(SLCR 寄存器 TZ_DMA_PERIPH_NS)。

当 DMA 管理器为一个 DMA 执行 DMAGO 指令时,它通过 ns 比特位来设置通道的安全状态。通道的状态由通道状态寄存器内的动态非安全比特位 CNS 提供。

安全用法命名规则如表 11.6 所示。表 11.7 和表 11.8 分别给出用于 DMA 管理器和 DMA 通道线程的安全性。

表 11.6 安全用法命名规则

Arm 名字	Xilinx 名字	描 述
DNS	TZ_DMA_NS 内的 DMAC_NS	当 DMAC 从复位退出时,该信号控制 DMA 管理器的安全状态: (1)=0,DMA 管理器运行在安全状态; (2)=1,DMA 管理器运行在非安全状态
INS	TZ_DMA_IRQ_NS 内的 DMAC_IRQ_NS<x>	当 DMAC 从复位退出时,该信号控制事件/中断的安全性: (1)=0,DMA 中断/事件比特位在安全状态; (2)=1,DMA 中断/事件比特位在非安全状态
PNS	TZ_DMA_PERIPH_NS 内的 DMAC_PERIPH_NS<x>	当 DMAC 从复位退出时,该信号控制外设请求接口安全性: (1)=0,DMA 外设请求接口处于安全状态; (2)=1,DMA 外设请求接口处于非安全状态
ns	DMAGO 指令内的 ns	DMAGO 指令的比特位 1: (1)=0,在安全状态下启动 DMA 通道线程; (2)=1,在非安全状态下启动 DMA 通道线程

续表

Arm 名字	Xilinx 名字	描述
CNS	CSR<x>内的 CNS	通道状态寄存器的 CNS 比特位提供每个 DMA 通道的安全状态： (1) =0，DMA 通道线程工作在安全状态； (2) =1，DMA 通道线程工作在非安全状态

表 11.7 用于 DMA 管理器的安全性

	DNS	指令	ns	INS	描述
DMA 管理器	0	DMAGO	0	—	使用安全 APB 接口，发布指令。在安全状态下，启动 DMA 通道线程（CNS = 0）
			1	—	使用安全 APB 接口，发布指令。在非安全状态下，启动 DMA 通道线程（CNS = 1）
		DMASEV	—	×	使用安全 APB 接口，发布指令。它发出合适的事件信号，这与 INS 位无关
	1	DMAGO	0	—	使用非安全 APB 接口，发布指令。异常终止
			1	—	使用非安全 APB 接口，发布指令。DMA 通道线程处于非安全状态（CNS = 1）
		DMASEV	—	0	使用非安全 APB 接口，发布指令。异常终止
			—	1	使用非安全 APB 接口，发布指令。它发出合适的事件信号

表 11.8 用于 DAM 通道线程的安全性

	DNS	指令	ns	INS	描述
DMA 通道线程	0	DMAWFE	—	×	出现事件，继续执行，不考虑 INS 比特
		DMASEV	—	×	给合适的事件发信号，不考虑 INS 比特
		DMAWFP	—	—	出现外设请求，继续执行，不考虑 PNS 比特
		DMALP, DMASTP	×	—	发消息给 PL 外设。通知外设已经完成 DMA 传输的最后一个 AXI 交易，不考虑 PNS 比特
		DMAFLUSH	×	—	清除外设的状态，给外设发一个消息，重新发送它的安全级别状态，不考虑 PNS 比特
	1	DMAWFE	—	0	异常终止
			—	1	出现事件，继续执行
		DMASEV	—	0	异常终止
			—	1	给合适的事件发信号
		DMAWFP	0	—	异常终止
			1	—	出现外设请求，继续执行
		DMALP, DMASTP	0	—	异常终止
			1	—	给外设发消息，通知已经完成 DMA 传输的最后一个 AXI 交易
		DMAFLUSHP	0	—	异常终止
			1	—	它只清除外设的状态，发送消息给外设，重新发送它的安全级别状态

11.2.12 IP 配置选项

Xilinx 使用 IP 配置选项实现 DMAC，如表 11.9 所示。

表 11.9 DMAC IP 配置选项

IP 配置选项	值	IP 配置选项	值
数据宽度（比特）	64	读队列深度	16
通道个数	8	写队列深度	16
中断个数	16（8 中断，8 事件）	读发布能力	8
外设个数	4（到可编程逻辑）	写发布能力	8
缓存行个数	8	外设请求能力	所有能力
缓存行宽度（字）	4	安全 APB 基地址	0xF800_3000
缓冲深度（MFIFO 深度）	1	非安全 APB 基地址	0xF800_4000

11.3 DMA 控制器编程指南

本节将给出对 DMA 控制器编程的步骤，供读者参考。

11.3.1 启动控制器

启动控制器的步骤如下。
（1）配置时钟。
（2）配置安全状态。
（3）复位控制器。
（4）创建终端服务例程。
（5）执行 DMA 传输。

11.3.2 执行 DMA 传输

执行 DMA 传输的步骤如下。
（1）将用于 DMA 传输的微代码写到存储器中。
① 为 DMA 通道创建一个程序。
② 将程序保存在系统存储器的一个区域。
（2）启动 DMA 通道线程。

11.3.3 中断服务例程

DMA 控制器为 PS 内的中断控制器提供了两种类型的中断信号。
（1）8 个 DMACIRQ[75 : 72]和[49 : 46]。
（2）一个 DMAC 异常终止 IRQ[45]。
一个中断服务程序 ISR 可以用于每个类型的中断，下面给出两个 ISR 的例子。

第 11 章 Cortex - A9 DMA 控制器原理及实现

1．IRQ 中断服务程序的例子

需要在 IRQ 中执行下面的步骤，IRQ 支持所有 8 个 DMAC 的中断请求。

（1）检查引起事件的中断。读 dmac.INT_ENENT_RIS 寄存器。

（2）清除相应的事件。写 dmac.INTCLR 寄存器。

（3）通知应用程序完成了 DMA 传输。调用用户回调函数。

2．IRQ_ABORT 中断服务程序

在该中断服务程序中，需要执行下面的步骤。

（1）确认是否发生管理器故障。读 dmac.FSRD。如果设置 fs_mgr 域的值，读 dmac.FTRD 以确认故障的类型。

（2）确认是否发生通道故障。读 dmac.FSRC。如果为一个通道设置 fault_status 域的值，读所对应通道的 dmac.FTRx 以确认故障的类型。

（3）执行 DMAKILL 指令，用于 DMA 管理器或 DMA 通道线程。

11.3.4 寄存器描述

DMA 控制器寄存器的描述如表 11.10 所示。

表 11.10 DMA 控制器寄存器的描述

功　能	寄存器名字	描　述
DMAC 控制	dmac.XDMAPS_DS dmac.XDMAPS_DPC	提供安全状态和程序计数器
中断和事件	dmac.INT_EVENT_RIS dmac.INTCLR dmac.INTEN dmac.INTMIS	使能/禁止检测中断，屏蔽发送到中断控制器的中断，读中断状态
故障状态和类型	dmac.FSRD dmac.FSRC dmac.FTRD dmac.FTR{7：0}	提供管理器和通道的故障状态与类型
通道线程状态	dmac.CPC{7：0} dmac.CSR{7：0} dmac.SAR{7：0} dmac.DAR{7：0} dmac.CCR{7：0} dmac.LC0_{7：0} dmac.LC1_{7：0}	这些寄存器提供了 DMA 通道线程的状态
调试	dmac.DBGSTATUS dmac.DBGCMD dmac.DBGINST{1，0}	这些寄存器使能用户发送指令到通道线程
IP 配置	dmac.XDMAPS_CR{4：0} dmac.XDMAPS_CRDN	这些寄存器使能系统固件发现 DMAC 的硬连线配置

续表

功能	寄存器名字	描述
看门狗	dmac.WD	当检测到一个锁定条件时，控制DMAC如何响应
系统级	slcr.DMAC_RST_CTRL slcr.TZ_DMAC_NS slcr.TZ_DMA_IRQ_NS slcr.TZ_DMAC_PERIPH_NS slcr.DMAC_RAM slcr.APER_CLK_CTRL	控制复位、时钟和安全状态

11.4 DMA 引擎编程指南

本节将给出编程 DMA 引擎的方法和步骤。

11.4.1 写微代码编程用于 AXI 交易的 CCRx

通道微代码用于设置 dmac.CCRx 寄存器，用于确定 AXI 交易的属性。通过使用 DMAMOV CCR 指令实现该目的。

在初始化一个 DMA 传输之前，用户应该编写微代码，将其写到 dmac.CCR[7:0]。下面是微代码编程的属性。

（1）根据猝发类型（递增或固定），编程 src_inc 和 dst_inc 位域。它影响 AXI 信号的 ARBURST[0]和 AWBURST[1]。

（2）编程 src_burst_size 和 dst_burst_size 位域（AXI 每拍数据的字节数目）。它影响 AXI 信号的 ARSIZE[2:0]和 AWSIZE[2:0]。

（3）编程 src_burst_len 和 dst_burst_len 位域（每个 AXI 猝发交易的数据拍的个数）。它影响 AXI 信号的 ARLEN[3:0]和 AWLEN[3:0]。

（4）编程 src_cache_ctrl 和 dst_cache_ctrl 位域（缓存策略）。它影响 AXI 信号的 ARCACHE[2:0]和 AWCACHE[2:0]。

（5）编程 stc_prot_ctrl 和 dst_prot_ctrl 位域（管理器线程的安全状态）。如果管理器线程是安全的，应将 ARPORT[1]设置为 0；否则设置为 1。ARPROT[0]和 ARPORT[2]应设置为 0。例如：

① 如果 DMA 管理器是安全的，则设置 src_prot_ctrl = 0'b000。

② 如果 DMA 管理器是非安全的，则设置 src_prot_ctrl = 0'b010。

（6）编程 endian_swap_size = 0（无交换）。

11.4.2 存储器到存储器传输

本小节给出了 DMAC 执行微代码的例子，用于执行对齐、非对齐和固定传输。对齐传输如表 11.11 所示，非对齐传输如表 11.12 所示，固定传输如表 11.13 所示。此外，也描述了 MFIFO 的利用率。

第 11 章 Cortex-A9 DMA 控制器原理及实现

表 11.11 对齐传输

描 述	代 码	MFIFO 使用
简单对齐程序 在这个程序中，源地址和目的地址对齐 AXI 数据总线宽度	DMAMOV CCR, SB4 SS64 DB4 DS64 DMAMOV SAR, 0x1000 DMAMOV DAR, 0x4000 DMALP 16 DMALD DMAST DMALPEND DMAEND	每个 DMALD 要求 4 个入口，每个 DMAST 移除 4 个入口。这个例子静态地要求 0 个 MFIFO 入口，以及动态地要求 4 个 MFIFO 入口
包含多个加载对齐的非对称程序 程序为每个保存执行 4 个加载。源地址和目的地址对齐 AXI 数据总线宽度	DMAMOV CCR, SB1 SS64 DB4 DS64 DMAMOV SAR, 0x1000 DMAMOV DAR, 0x4000 DMALP 16 DMALD DMALD DMALD DMALD DMAST DMALPEND	每个 DMALD 要求 1 个入口，以及每个 DMAST 移除 1 个入口。这个例子静态地要求 0 个 MFIFO 入口，以及动态地要求 4 个 MFIFO 入口
包含多个保存对齐的非对称程序 程序为每个加载执行 4 个保存。源地址和目的地址对齐 AXI 数据总线宽度	DMAMOV CCR, SB4 SS64 DB1 DS64 DMAMOV SAR, 0x1000 DMAMOV DAR, 0x4000 DMALP 16 DMALD DMAST DMAST DMAST DMAST DMALPEND DMAEND	每个 DMALD 要求 4 个入口，每个 DMAST 移除 1 个入口。这个例子静态地要求 0 个 MFIFO 入口，以及动态地要求 4 个 MFIFO 入口

表 11.12 非对齐传输

描 述	代 码	MFIFO 使用
对齐的源地址到非对齐的目的地址 在这个程序中，源地址对齐 AXI 数据总线宽度。但是，目的地址没有对齐。目的地址没有对齐到目标的窄宽度。这样，第一个 DMAST 指令移出的数据比第一个 DMALD 指令所读取的数据少。因此，要求最终一个单字 DMAST，用于清除来自 MFIFO 的数据	DMAMOV CCR, SB4 SS64 DB4 DS64 DMAMOV SAR, 0x1000 DMAMOV DAR, 0x4004 DMALP 16 DMALD DMAST DMALPEND DMAMOV CCR, SB4 SS64 DB1 DS32 DMAST DMAEND	第一个 DMALD 指令加载 4 个双字。但是，由于非对齐目的地址，DMAC 将其移动 4 个字节，因此在第一个循环中它只移除 3 个入口，留下一个静态 MFIFO 入口。每个 DMAST 只要求 4 个数据入口。因此，在程序期间，使用保留的额外入口，直到由最后的 DMAST 清空为止。这个例子静态地要求 1 个 MFIFO 入口，以及动态地要求 4 个 MFIFO 入口

续表

描 述	代 码	MFIFO 使用
非对齐的源地址到对齐的目的地址 在这个程序中，源地址没有对齐 AXI 数据总线宽度。但是，对齐目的地址。源地址没有对齐到源猝发宽度，这样第一个 DMALD 指令读出的数据比 DMAST 所要求的要少。因此，要求一个额外的 DMALD 来满足第一个 DMAST	DMAMOV CCR, SB4 SS64 DB4 DS64 DMAMOV SAR, 0x1004 DMAMOV DAR, 0x4000 DMALD DMALP 15 DMALD DMAST DMALPEND DMAMOV CCR, SB1 SS32 DB4 DS64 DMALD DMAST DMAEND	第一个 DMALD 指令没有加载足够的数据用于 DMAC 执行一个 DMAST。因此，在启动循环之前，程序包含一个额外的 DMALD。在第一个 DMALD 后，随后的 DMALD 对齐源猝发宽度。 这优化了性能，但是要求更多的 MFIFO 入口个数。 这个例子静态地要求 4 个 MFIFO 入口，以及动态地要求 4 个 MFIFO 入口
非对齐的源地址到对齐的目的地址，超过最初的加载 这个程序是对前面所描述的非对齐的源地址和对齐的目的地址的一个替代。程序使用了一个不同的源猝发序列，可能不是高效的，但是要求较少的 MFIFO 入口	DMAMOV CCR, SB5 SS64 DB4 DS64 DMAMOV SAR, 0x1004 DMAMOV DAR, 0x4000 DMALD DMAST DMAMOV CCR, SB4 SS64 DB4 DS64 DMALP 14 DMALD DMAST DMALPEND DMAMOV CCR, SB3 SS64 DB4 DS64 DMALD DMAMOV CCR, SB1 SS32 DB4 DS64 DMALD DMAST DMAEND	第一个 DMALD 指令加载 5 拍数据，使能 DMAC 执行第一个 DMAST。当第一个 DMALD 后，随后的 DMALD 并没有对齐源猝发大小。例如，第二个 DMALD 从地址 0x1028 读。当循环后，最后两个 DMALD 读取要求的数据满足最后的 DMAST。这个例子静态地要求一个 MFIFO 入口，以及动态地要求 4 个 MFIFO 入口
对齐的猝发宽度，非对齐的 MFIFO 在这个程序中，目的地址比 MFIFO 的宽度要窄，对齐猝发大小。但是，没有对齐 MFIFO 宽度	DMAMOV CCR, SB4 SS64 DB4 DS32 DMAMOV SAR, 0x1000 DMAMOV DAR, 0x4004 DMALP 16 DMALD DMAST DMALPEND DMAEND	如果 DMAC 配置有一个 32 位的 AXI 数据总线宽度，则这个程序要求 4 个 MFIFO 入口。然而，在这个例子中，DMAC 有一个 64 位的 AXI 数据宽度，因为目的地址不是 64 位对齐，它要求 3 个而非所期望的 2 个 MFIFO 入口。这个例子静态地要求 0 个 MFIFO 入口，以及动态地要求 3 个 MFIFO 入口

表 11.13 固定传输

描 述	代 码	MFIFO 使用
固定目的对齐地址 在这个程序中,源地址和目的地址对齐 AXI 数据总线宽度,目的地址是固定的	DMAMOV CCR,SB2 SS64 DB4 DS32 DAF DMAMOV SAR, 0x1000 DMAMOV DAR, 0x4000 DMALP 16 DMALD DMAST DMALPEND DMAEND	程序中的每个 DMALD 将两个 64 位的数据传输加载到 MFIFO。由于目的地址是 32 位的固定地址,则 DMAC 将每个 64 位的数据项分割到 MFIFO 的 2 个入口。这个例子静态地要求 0 个 MFIFO 入口,以及动态地要求 4 个 MFIFO 入口

11.4.3　PL 外设 DMA 传输长度管理

下面给出两种不同的方法用于管理 DMAC 和外设之间的数据流个数。

1. 外设管理长度

下面的例子给出了一个 DMAC 程序。

(1)当外设发送一个猝发请求(DMA{3:0}_DRTYPE=b01)时,从存储器传输 64 个字到外设 0。

(2)当外设发送单个请求(DMA{3:0}_DRTYPE=b00)时,DMAC 程序从存储器传输 1 个字到外设 0。

为了传输 64 个字,程序引导 DAMC 执行 16 个 AXI 传输。每个 AXI 传输由 4 拍猝发组成(SB = 4,DB = 4),每一拍移动一个数据字(SS = 32,DS = 32)。

在这个例子中,程序给出了下面指令的用法。

(1)DMAWFP 指令。DMAC 等待来自外设的猝发或单个请求。

(2)DMASTPB 和 DMASTPS 指令。当完成传输时,DMAC 通知外设。

```
#设置猝发传输(4拍猝发,SB4 和 DB4),
#(字数据宽度,SS32 和 DS32)
DMAMOV CCR SB4 SS32 DB4 DS32
DMAMOV SAR …
DMAMOV DAR …
#初始化外设 0
DMAFLUSHP P0
#执行外设传输
#外部循环- DMAC 响应外设请求,直到外设设置 drlast_0 = 1
DMALPFE
#等待请求,DMAC 设置 request_type0 标志,取决于它接收到的请求类型
DMAWFP 0, periph
#为猝发请求设置循环:16 个交易最开始的 15 个
#注意:B 后缀 - 有条件地执行,只有 request_type0 标志为 burst
DMALP 15
```

```
DMALDB
DMASTB
#如果服务一个猝发,循环返回,否则当作一个 NOP
DMALPENDB
#执行最后一个交易(16 个中的第 16 个)。给外设发送猝发请求完成响应
DMALDB
DMASTPB P0
#如果外设发送单个请求信号,执行交易
#注意:S 后缀 - 有条件地执行,只有 request_type0 标志为 Single
DMALDS
DMASTPS P0
#如果 DMAC 接收到最后请求,即 drlast_0 = 1,退出循环
DMALPEND
DMAEND
```

2. DMAC 管理长度

下面这个例子给出了当外设发送 16 个连续的猝发请求和 3 个连续的单个请求时,一个 DMAC 程序传输 1027 个字的方法:

```
#设置 AXI 猝发传输
#(4 拍猝发,SB4 和 DB4),(字数据宽度,SS32 和 DS32)
DMAMOV CCR SB4 SS32 DB4 DS32
DMAMOV SAR ...
DMAMOV DAR ...
#初始化外设"0"
DMAFLUSHP P0
#执行外设传输
#猝发请求循环,传输 1024 个字
DMALP 16
#等待外设发送一个猝发请求信号
# DMAC 传输 64 个字,用于每个猝发请求
DMAWFP 0,burst
#为猝发请求设置循环:16 个交易最开始的 15 个
DMALP 15
DMALD
DMAST
DMALPEND
#执行最后的交易(16 个交易中的第 16 个)
#发送猝发请求完成的外设相应信号
DMALD
DMASTPB 0
#完成猝发循环
DMALPEND
#设置 AXI 单个传输(字数据宽度,SS32 和 DS32)
DMAMOV CCR SB1 SS32 DB1 DS32
```

第 11 章 Cortex-A9 DMA 控制器原理及实现

```
#单个请求循环传输 3 个字
DMALP 3
#等待外设发送一个单个请求信号，DMAC 传输一个字
DMAWFP 0，single
#为单个请求执行交易，并且发送完成响应信号到外设
DMALDS
DMASTPS P0
#完成单个循环
DMALPEND
#刷新外设，防止单个传输响应一个猝发请求
DMAFLUSHP 0
DMAEND
```

11.4.4 使用一个事件重新启动 DMA 通道

当编程 INTEN 寄存器产生一个事件时，DMASEV 和 DMAWFE 指令可以用来重新启动一个或多个 DMA 通道。

1. 在 DMASEV 之前，DMAC 执行 DMAWFE

重新启动单个 DMA 通道的步骤如下。

（1）第一个 DMA 通道执行 DMAWFE 指令，然后停止，等待发生事件。

（2）其他通道使用相同的事件号，执行 DMASEV 指令，这样产生一个事件，重新启动第一个 DMA 通道。DMAC 清除事件，在 DMA{3:0}_ACLK 周期后，它执行 DMASEV。

可以编程多个通道，等待相同的事件。例如，如果 4 个 DMA 通道为事件 12 都执行 DMAWFE，则当另一个 DMA 通道为事件 12 执行 DMASEV 时，在同一时间重新启动所有 4 个 DMA 通道。DMAC 清除事件，一个时钟周期后它执行 DMASEV。

2. 在 DMAWFE 之前，DMAC 执行 DMASEV

在另一个通道执行 DMAWFE 之前，如果 DMAC 执行了 DMASEV，则事件保持等待处理状态，直到 DMAC 执行 DMAWFE 为止。当 DMAC 执行 DMAWFE 时，它停止执行 DMA{3:0}_ACLK 周期，清除事件，然后继续执行通道线程。

例如，如果 DMAC 执行 DMASEV 6，并且没有其他线程执行 DMAWFE 6，则事件保持等待处理状态。如果 DMAC 为通道 4 执行了 DMAWFE 6 指令，然后为通道 3 执行了 DMAWFE 6 指令，则：

（1）DMAC 停止执行通道 4 线程一个 DMA{3:0}_ACLK 周期。

（2）DMAC 清除事件 6。

（3）DMAC 继续执行通道 4 的线程。

（4）执行 DMASEV 后，DMAC 停止通道周期的执行。

11.4.5 中断一个处理器

DMAC 通过 GIC 给 CPU 提供了 7 个高电平触发的中断信号（IRQ ID#75:72 或 49:46 的能力）。当编程 INTEN 寄存器用于产生一个中断时，在 DMAC 执行 DMASEV 后，它将

相应的中断信号设置为高。

通过写中断清除寄存器，一个外部处理器可以清除中断。执行 DMAWFE 不能清除中断。

当 DMAC 完成一个 DMALD 或 DMAST 指令时，如果 DMASEV 指令用于通知一个微处理器，Arm 推荐在 DMASEV 之前插入一个存储器屏障指令；否则，DMAC 可能在完成 AXI 传输以前发送一个中断信号。如下面的例子所示：

```
DMALD
DMAST
#发布一个写存储器屏障
#在 DMAC 能发布一个中断前，等待完成 AXI 写传输
DMAWMB
#DMAC 发布中断
DMASEV
```

11.4.6 指令集参考

DMA 引擎指令如表 11.14 所示。汇编器提供的 DMA 引擎额外的命令如表 11.15 所示。

表 11.14 DMA 引擎指令

指　　令	助　记　符	线程使用：M = DMA 管理器	C = DMA 通道
加半字	DMAADDH	—	C
加负半字	DMAADNH	—	C
结束	DMAEND	—	C
刷新和通知外设	DMAFLUSHP	—	C
去	DMAGO	M	—
杀死	DMAKILL	M	C
加载	DMALD	—	C
加载和通知外设	DMALDP	—	C
循环	DMAALP	—	C
循环结束	DMAALPEND	—	C
无限循环	DMAALPFE	—	C
移动	DMAMOV	—	C
无操作	DMANOP	M	C
读存储器屏障	DMARMB	—	C
发送事件	DMASEV	M	C
保存	DMAST	—	C
保存和通知外设	DMASTP	—	C
保存零	DMASEV	—	C
等待事件	DMAWFE	—	C
等待外设	DMAWFP	—	C
写存储器屏障	DMAWMB	—	C

表 11.15 汇编器提供的 DMA 引擎额外的命令

指 令	助 记 符	指 令	助 记 符
放置一个 32 位立即数	DCD	循环永远	DMALPFE
放置一个 8 位立即数	DCB	循环结束	DMALPEND
循环	DMALP	移动 CCR	DMAMOVCCR

11.5 编程限制

下面给出编程时需要考虑的 4 个因素。

（1）固定的非对齐猝发。

（2）端交换宽度限制。

（3）在一个 DMA 周期内，更新 DMA 通道控制寄存器。

（4）MFIFO 满引起 DMAC 看门狗异常终止一个 DMA 通道。

在 DMAC 执行 DMALD 和 DMAST 序列前，用户写入 CCRn 寄存器、SARn 寄存器和 DARn 寄存器的值用于在 DMAC 执行的过程中，即将数据从源地址传输到目的地址，控制对数据字节通道的操作。

可以在一个 DMA 周期内更新这些寄存器。但是，如果修改了某个寄存器的域，DMAC 可能放弃数据。下面给出了寄存器域可能对数据传输造成的不利影响。

1）更新影响目的地址

如果使用 DMAMOV 指令更新 DARn 或 CCRn 寄存器，一部分是在 DMA 周期，可能会使目标数据流不连续。如果下面的任何一个发生变化，则发生不连续。

（1）dst_inc 比特。

（2）当 dst_inc = 0（固定地址猝发），dst_burst_szie 域。

（3）DARn 寄存器，它修改目的字节通道对齐。例如，当总线宽度为 64 位，修改 DARn 寄存器的[2∶0]比特位。

当发生目的数据流的不连续时，DMAC：

（1）停止执行 DMAC 通道线程；

（2）完成通道的所有读和写操作（只是看上去好像 DMAC 执行 DMARMB 和 DMAWMB 指令）；

（3）放弃任何驻留在 MFIFO 内用于通道的数据；

（4）继续执行 DMA 通道线程。

2）更新影响源地址

如果使用 DMAMOV 指令更新 SARn 或 CCRn 寄存器，一部分是在 DMA 周期，可能会使源数据流不连续。如果下面的任何一个发生变化，则发生不连续。

（1）src_inc 比特。

（2）src_burst_szie 域。

（3）SARn 寄存器，它修改目的字节通道对齐。例如，当总线宽度为 32 位，修改 SARn

寄存器的[1:0]比特位。

当发生源数据流的不连续时，DMAC：

（1）停止执行 DMAC 通道线程；

（2）完成通道的所有读操作（只是看上去好像 DMAC 执行 DMARMB 指令）；

（3）继续执行 DMA 通道线程，没有丢弃来自 MIFIFO 的数据。

3）在 DMA 通道之间共享资源

DMA 通道程序共享 MFIFO 数据存储资源。一套并发运行的 DMA 通道程序不能启动超过 MFIFO 大小的资源要求。如果超过了这个限制，可能锁定 DMAC 并且产生一个看门狗异常终止。

DMAC 包含一个称为加载—锁机制，确保正确地使用 MFIFO 资源。加载—锁或由一个通道拥有，或者它是自由的。拥有加载—锁的通道能成功地执行 DMALD 指令。没有拥有加载—锁的通道，在执行 DMALD 指令时暂停，直到它拥有加载—锁。

当发生下面的情况时，一个通道声明拥有加载—锁：

（1）它执行一个 DMALD 或 DMALDP 指令；

（2）当前没有通道拥有加载—锁。

当发生下面的情况时，一个通道释放对加载—锁拥有的权限：

（1）执行 DMAST、DMASTP 或 DMASTZ；

（2）到达一个屏障，即它执行 DMARMB 或 DMAWMB；

（3）等待，即执行 DMAWFP 或 DMAWFE；

（4）正常终止，即执行 DMAEND；

（5）由于任何原因的异常终止，包括 DMAKILL。

在 MFIFO 入口内，一个 DMA 通道程序测量 MFIFO 资源的使用率。当程序处理的时候，增加或减少。通过使用静态要求和动态要求（该要求被加载—锁影响）描述一个 DMA 通道程序所要求的 MFIFO 资源。

Arm 定义了在通道做下面的事情前，静态要求一个通道当前正在使用 MIFIFO 入口的最大数目：

（1）执行一个 WFP 或 WFE 指令；

（2）声称拥有加载—锁。

Arm 定义了动态要求，即任何时候在执行一个通道程序时要求的最大 MFIFO 入口的数量。

计算总的 MFIFO 要求，将最大的动态要求增加到所有静态要求的和。

为了避免 DMAC 锁定，通道程序所要求总的 MFIFO 大小必须等于或小于最大的 MFIFO 深度。DMAC 最大的 MFIFO 深度是每个字 64 位。

11.6 系统功能之控制器复位配置

用于编程 DMAC 安全状态的信号如表 11.16 所示。根据复位后 SLCR 寄存器的状态，

第 11 章　Cortex - A9 DMA 控制器原理及实现

将 DMA 配置成安全或非安全模式。

表 11.16　用于编程 DMAC 安全状态的信号

名　字	类　型	源	描　述
boot_manager_ns	输入	SLCR 寄存器 TZ_DMA_NS	当 DMAC 从复位退出时，控制 DMA 管理器的安全状态： （1）=0，给 DMA 管理器分配安全状态； （2）=1，给 DMA 管理器分配非安全状态
boot_irq_ns[15 : 0]	输入	SLCR 寄存器 TZ_DMA_IRQ_NS	当 DMAC 从复位退出时，控制事件—中断源的安全状态： （1）当 boot_irq_ns[x]为低时，给事件<x>或 irq<x>分配安全状态； （2）boot_irq_ns[x]为高时，给事件<x>或 irq<x>分配非安全状态
boot_periph_ns[3 : 0]	输入	SLCR 寄存器 TZ_DMA_PERIPH_NS	当 DMAC 从复位退出时，控制外设请求接口的安全状态： （1）当 boot_periph_ns[x]为低时，给外设请求接口 x 分配安全状态； （2）当 boot_periph_ns[x]为高时，给外设请求接口 x 分配非安全状态
boot_addr[31 : 0]	输入	硬连接线 32'h0	当 DMAC 从复位退出时，配置包含 DMAC 执行的第一条指令地址的位置 注：当 boot_from_pc 为高时，DMAC 只使用这个地址
boot_from_pc	输入	硬连接线 1'b0	当 DMAC 从复位退出时，控制 DMAC 执行它初始化指令的位置： （1）=0 时，DMAC 等待来自一个 APB 接口的指令； （2）=1 时，DMA 管理器执行一个指令，该指令位于 boot_addr[31 : 0]所提供的地址的位置

11.7　I/O 接口

本节将介绍 DMA 控制器的 I/O 接口。

11.7.1　AXI 主接口

DMAC 包含一个 AXI 主接口，使得能够从一个源 AXI 从接口将数据传输到一个目的 AXI 从接口。

11.7.2　外设请求接口

外设请求接口支持连接具有 DMA 能力的外设。在不需要处理器干预的情况下，可以进行存储器到外设及外设到存储器的 DMA 传输。这些外设必须在 PL 内，并且连接到 M_AXI_GP 接口。所有的外设请求接口信号与各自的时钟同步。PL 外设请求接口信号如表 11.17 所示。

表 11.17　PL 外设请求接口信号

类型	I/O	名字	描述
时钟	I	DMA{3:0}_ACLK	用于 DMA 请求传输的时钟
DMA 请求	I	DMA{3:0}_DRVALID	当外设提供有效的控制信息时，指示： (1) = 0 时，没有可用的控制信息； (2) = 1 时，DMA{3:0}_DRTYPE[1:0]和 DMA{3:0}_DRLAST 包含用于 DMAC 的有效信息
	I	DMA{3:0}_DRLAST	指示外设正在发送用于当前 DMA 传输的最后的 AXI 数据交易： (1) = 0 时，最后一个数据请求并未进行； (2) = 1 时，最后一个数据请求正在进行中。 注：当 DMA{3:0}_DRTYPE[1:0]=00 或 01 时，DMAC 只使用这个信号
	I	DMA{3:0}_DRTYPE[1:0]	指示一个响应或请求的类型，外设发信号： (1) = 00 时，单个级请求； (2) = 01 时，猝发级请求； (3) = 10 时，响应一个刷新请求，这个请求为 DAMC 请求； (4) = 11 时，保留
	O	DMA{3:0}_DRREADY	指示 DMAC 是否能接收信息，这个信息由外设通过 DMA{3:0}_DRTYPE[1:0]提供： (1) = 0 时，DMAC 没有准备好； (2) = 1 时，DMAC 准备好
DMA 响应	O	DMA{3:0}_DAVALID	当 DMAC 提供有效的控制信息时，指示： (1) = 0 时，没有可用的控制信息； (2) = 1 时，DMA{3:0}_DATYPE[1:0]包含用于外设的有效信息
	I	DMA{3:0}_DAREADY	指示外设是否能接收信息，这个信息由 DMAC 通过 DMA{3:0}_DATYPE[1:0]提供： (1) = 0 时，外设没有准备好； (2) = 1 时，外设准备好
	I	DMA{3:0}_DATYPE[1:0]	指示一个响应或请求的类型，DMAC 发信号： (1) = 00 时，DMAC 已经完成了单个 AXI 交易； (2) = 01 时，DMAC 已经完成了 AXI 猝发交易； (3) = 10 时，DMAC 请求一个外设执行一个刷新请求； (4) = 11 时，保留

11.8　Vivado 环境下 DMA 传输的实现

本节将在 Vivado 环境下，实现在 xc7z020clg484 内的 PS 一侧，将数据从系统存储器的一个源地址空间搬移到系统存储器的另一个目的地址空间，并且对 8 个 DMA 通道都进行数据传输的测试和验证。在该设计中，还包括一个中断句柄，用于在每个 DMA 传输结束产生中断时，对其进行处理。

> 注：读者在 zynq_example 目录下新建一个名字为"dma_int"的子目录。将\zynq_example\lab1 目录下的所有文件复制到\zynq_example\dma_int 目录下。

11.8.1 DMA 控制器初始化流程

为了更好地帮助读者理解初始化和启动 DMA 的过程，下面给出该过程的流程图，如图 11.6 所示。

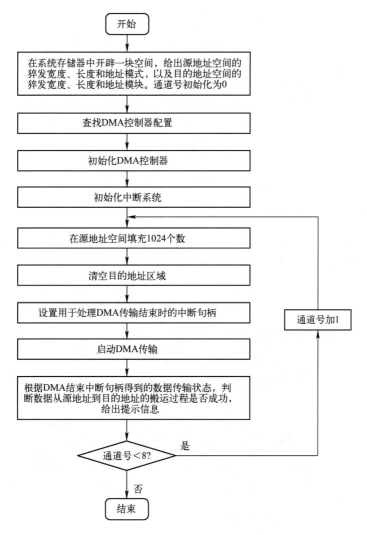

图 11.6 初始化和启动 DMA 的流程图

11.8.2 中断控制器初始化流程

为了更好地帮助读者理解初始化 Cortex - A9 中断控制器的过程，下面给出该过程的流程图，如图 11.7 所示。

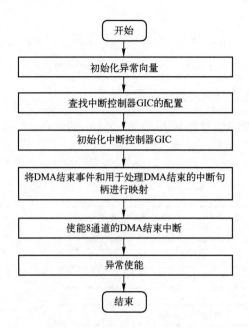

图 11.7　初始化 Cortex-A9 中断控制器的流程图

11.8.3　中断服务句柄处理流程

为了更好地帮助读者理解中断服务程序对 DMA 结束时所产生中断事件的处理过程，下面给出该过程的流程图，如图 11.8 所示。

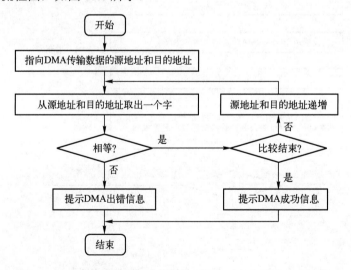

图 11.8　中断服务程序对 DMA 结束时所产生中断事件的处理过程

11.8.4　导出硬件设计到 SDK

（1）启动 Vivado 2015.4 集成开发环境。

（2）在 Vivado 主界面的 "Quick Start" 标题栏下，单击 "Open Project" 图标。

第 11 章 Cortex-A9 DMA 控制器原理及实现

(3) 出现"Open Project"对话框,定位到下面的路径:

> E:\zynq_example\dma_int

在该路径下,选择并双击 lab1.xpr,打开前面的设计工程。

(4) 在 Vivado 主界面左侧的"Flow Navigator"窗口下,找到并展开 IP Integrator 项。在展开项中,找到并用鼠标左键单击 Open Block Design 项,打开设计块图。

(5) 在 Vivado 主界面的主菜单下,选择 File→Export→Export Hardware。

(6) 弹出"Export Hardware"对话框。由于设计中没有用到 Zynq-7000 SoC 的 PL 部分,因此,不要选中"Include bitstream"前面的复选框。

(7) 单击"OK"按钮。

(8) 弹出"Module Already Exported"对话框,提示发现已经存在的输出文件,是否覆盖该文件信息。

(9) 单击"OK"按钮。

(10) 在 Vivado 主界面的主菜单下,选择 File→Launch SDK。

(11) 出现"Launch SDK"对话框,使用默认的导出路径。

(12) 单击"OK"按钮,启动 SDK 工具。

11.8.5 创建新的应用工程

本小节将介绍如何在 SDK 中创建新的应用工程。

(1) 在 SDK 主界面左侧的"Project Explorer"窗口下,按"Shift"键和鼠标左键,同时选中 system_wrapper_hw_platform_0 文件夹、hello_world0 文件夹和 hello_world0_bsp 文件夹。单击鼠标右键,出现浮动菜单。在浮动菜单内,选择 Delete。

(2) 出现"Delete Resources"对话框,选中"Delete project contents on disk(cannot be undone)"前面的复选框。

(3) 单击"OK"按钮。

(4) 出现"Delete Resources"对话框。

(5) 单击"Continue"按钮。

(6) 在 SDK 主界面的主菜单下,选择 File→New→Application Project。

(7) 出现"New Project、Application Project"对话框,参数设置如下。

① Project name:dma_int0。

② 其他使用默认设置。

(8) 单击"Next"按钮。

(9) 出现"New Project:Templates"对话框,在"Available Templates"列表中选择"Empty Application"。

(10) 单击"Finish"按钮。

(11) 在 SDK 左侧的"Project Explorer"窗口内,找到并展开 dma_int0 文件夹。在展开项中,找到并选择 src 子文件夹。

(12) 单击鼠标右键,出现浮动菜单。在浮动菜单内,选择 Import。

（13）出现"Import"对话框，找到并展开 General 选项。在展开项中，找到并选择 File System。

（14）单击"Next"按钮。

（15）返回"Import"对话框，单击"Browse"按钮。

（16）出现"Import from directory"对话框，选择导入文件夹的下面路径：

\zynq_example\source

（17）单击"确定"按钮。

（18）在"Import"对话框右侧的窗口中，给出了 source 文件夹下的可选文件。在该窗口中，选中"dma_int.c"前面的复选框。

（19）单击"Finish"按钮。

（20）可以看到在 src 子文件夹下添加了 dma_int.c 文件。

（21）双击 dma_int.c，打开该文件，如代码清单 11-1 所示。

代码清单 11-1 dma_int.c 文件

```c
#include <stdio.h>
#include <stdlib.h>
#include "sleep.h"
#include "xparameters.h"
#include "xil_types.h"
#include "xil_assert.h"
#include "xil_io.h"
#include "xil_exception.h"
#include "xil_cache.h"
#include "xil_printf.h"
#include "xscugic.h"
#include "xdmaps.h"

/********************* Constant Definitions **********************/
/*
 * The following constants map to the XPAR parameters created in the
 * xparameters.h file. They are defined here such that a user can easily
 * change all the needed parameters in one place.
 */
#define DMA_DEVICE_ID           XPAR_XDMAPS_1_DEVICE_ID
#define INTC_DEVICE_ID          XPAR_SCUGIC_SINGLE_DEVICE_ID

#define DMA_DONE_INTR_0         XPAR_XDMAPS_0_DONE_INTR_0
#define DMA_DONE_INTR_1         XPAR_XDMAPS_0_DONE_INTR_1
#define DMA_DONE_INTR_2         XPAR_XDMAPS_0_DONE_INTR_2

#define DMA_DONE_INTR_3         XPAR_XDMAPS_0_DONE_INTR_3
#define DMA_DONE_INTR_4         XPAR_XDMAPS_0_DONE_INTR_4
#define DMA_DONE_INTR_5         XPAR_XDMAPS_0_DONE_INTR_5
```

```c
#define DMA_DONE_INTR_6      XPAR_XDMAPS_0_DONE_INTR_6
#define DMA_DONE_INTR_7      XPAR_XDMAPS_0_DONE_INTR_7
#define DMA_FAULT_INTR       XPAR_XDMAPS_0_FAULT_INTR

#define TEST_ROUNDS    1         /* Number of loops that the Dma transfers run. */
#define DMA_LENGTH     1024      /* Length of the Dma Transfers */
#define TIMEOUT_LIMIT  0x2000    /* Loop count for timeout */

/********************** Function Prototypes **********************/
int XDmaPs_Example_W_Intr( XScuGic *GicPtr,u16 DeviceId);
int SetupInterruptSystem( XScuGic *GicPtr,XDmaPs *DmaPtr);
void DmaDoneHandler( unsigned int Channel,XDmaPs_Cmd *DmaCmd,
            void *CallbackRef);

/********************** Variable Definitions **********************/
#ifdef ____ICCARM____
#pragma data_alignment = 32
static int Src[ DMA_LENGTH];
static int Dst[ DMA_LENGTH];
#pragma data_alignment = 4
#else
static int Src[ DMA_LENGTH] ____attribute____(( aligned (32)));
static int Dst[ DMA_LENGTH] ____attribute____(( aligned (32)));
#endif

XDmaPs DmaInstance;
#ifndef TESTAPP_GEN
XScuGic GicInstance;
#endif

/****************************************************************/
/**
 * This is the main function for the DmaPs interrupt example.
 * @param    None.
 * @return   XST_SUCCESS to indicate success,otherwise XST_FAILURE.
 * @note     None.
 *
 ****************************************************************/

#ifndef TESTAPP_GEN
int main ( void )
{
    int Status;

    Status = XDmaPs_Example_W_Intr(&GicInstance,DMA_DEVICE_ID);
    if ( Status!= XST_SUCCESS) {
        xil_printf(" DMA_PS Test Failed \r \n" );
        return XST_FAILURE;
```

```c
        }
        xil_printf(" DMA_PS Test Passed! \r \n" );
        return XST_SUCCESS;

}
#endif

/ *********************************************************** /
/ **
 * Interrupt Example to test the DMA.
 * @ param      DeviceId is the Device ID of the DMA controller.
 * @ return     XST_SUCCESS to indicate success,otherwise XST_FAILURE.
 * @ noteNone.
 *
 *********************************************************** /
int XDmaPs_Example_W_Intr ( XScuGic *GicPtr,u16 DeviceId)
{
    int Index;
    unsignedint Channel = 0;
    int Status;
    int TestStatus;
    volatileint Checked[ XDMAPS_CHANNELS_PER_DEV];
    XDmaPs_Config *DmaCfg;
    XDmaPs *DmaInst = &DmaInstance;
    XDmaPs_Cmd DmaCmd;

    memset (&DmaCmd,0,sizeof ( XDmaPs_Cmd));

    DmaCmd. ChanCtrl. SrcBurstSize = 4;
    DmaCmd. ChanCtrl. SrcBurstLen = 4;
    DmaCmd. ChanCtrl. SrcInc = 1;

    DmaCmd. ChanCtrl. DstBurstSize = 4;
    DmaCmd. ChanCtrl. DstBurstLen = 4;
    DmaCmd. ChanCtrl. DstInc = 1;
    DmaCmd. BD. SrcAddr = ( u32) Src;
    DmaCmd. BD. DstAddr = ( u32) Dst;
    DmaCmd. BD. Length = DMA_LENGTH * sizeof ( int );

/ *
 * Initialize the DMA Driver
 * /
DmaCfg = XDmaPs_LookupConfig( DeviceId);
Status = XDmaPs_CfgInitialize( DmaInst,DmaCfg,DmaCfg - > BaseAddress);
/ *
 * Setup the interrupt system.
 * /
```

```
        Status = SetupInterruptSystem( GicPtr,DmaInst);
        TestStatus = XST_SUCCESS;

        for ( Channel = 0;Channel < XDMAPS_CHANNELS_PER_DEV;Channel + + ) {
             /* Initialize source */
                for ( Index = 0; Index < DMA_LENGTH; Index + + )
                    Src[ Index] = DMA_LENGTH - Index;
             /* Clear destination */
                for ( Index = 0; Index < DMA_LENGTH; Index + + )
                    Dst[ Index] = 0;
                Checked[ Channel] = 0;
             /* Set the Done interrupt handler */
                XDmaPs_SetDoneHandler( DmaInst,Channel,DmaDoneHandler,( void *) Checked);
                Status = XDmaPs_Start( DmaInst,Channel,&DmaCmd,0);
                if ( Checked[ Channel] < 0) {
                    /* DMA controller failed */
                    TestStatus = XST_FAILURE;
                }
        }
        return TestStatus;
}


/ ************************************************************ /
/ **
 *
 * This function connects the interrupt handler of the interrupt controller to
 * the processor. This function is seperate to allow it to be customized for
 * each application. Each processor or RTOS may require unique processing to
 * connect the interrupt handler.
 *
 * @ param      GicPtr is the GIC instance pointer.
 * @ param      DmaPtr is the DMA instance pointer.
 *
 * @ return     None.
 *
 * @ noteNone.
 *
************************************************************* /
intSetupInterruptSystem ( XScuGic *GicPtr,XDmaPs *DmaPtr)
{
        int Status;
#ifndef TESTAPP_GEN
        XScuGic_Config *GicConfig;
        Xil_ExceptionInit();
        // Initialize the interrupt controller driver so that it is ready to use
        GicConfig = XScuGic_LookupConfig( INTC_DEVICE_ID);
```

Status = XScuGic_CfgInitialize(GicPtr,GicConfig,GicConfig - > CpuBaseAddress);

// Connect the interrupt controller interrupt handler to the hardware interrupt handling logic in the processor.

Xil_ExceptionRegisterHandler(XIL_EXCEPTION_ID_IRQ_INT,(Xil_ExceptionHandler) XScuGic_InterruptHandler,GicPtr);
#endif

// Connect the device driver handlers that will be called when an interrupt for the device occurs,
// the device driver handler performs the specific interrupt processing for the device
// Connect the Fault ISR
Status = XScuGic_Connect(GicPtr,DMA_FAULT_INTR,(Xil_InterruptHandler) XDmaPs_FaultISR,(void *) DmaPtr);

// Connect the Done ISR for all 8 channels of DMA 0
Status = XScuGic_Connect(GicPtr,DMA_DONE_INTR_0,(Xil_InterruptHandler) XDmaPs_DoneISR_0,(void *) DmaPtr);
Status = XScuGic_Connect(GicPtr,DMA_DONE_INTR_1,(Xil_InterruptHandler) XDmaPs_DoneISR_1,(void *) DmaPtr);

Status | = XScuGic_Connect(GicPtr,DMA_DONE_INTR_2,(Xil_InterruptHandler) XDmaPs_DoneISR_2,(void *) DmaPtr);
Status = XScuGic_Connect(GicPtr,DMA_DONE_INTR_3,(Xil_InterruptHandler) XDmaPs_DoneISR_3,(void *) DmaPtr);
Status = XScuGic_Connect(GicPtr,DMA_DONE_INTR_4,(Xil_InterruptHandler) XDmaPs_DoneISR_4,(void *) DmaPtr);
Status = XScuGic_Connect(GicPtr,DMA_DONE_INTR_5,(Xil_InterruptHandler) XDmaPs_DoneISR_5,(void *) DmaPtr);
Status = XScuGic_Connect(GicPtr,DMA_DONE_INTR_6,(Xil_InterruptHandler) XDmaPs_DoneISR_6,(void *) DmaPtr);
Status = XScuGic_Connect(GicPtr,DMA_DONE_INTR_7,(Xil_InterruptHandler) XDmaPs_DoneISR_7,(void *) DmaPtr);
if (Status!= XST_SUCCESS)
    return XST_FAILURE;

// Enable the interrupts for the device
XScuGic_Enable(GicPtr,DMA_DONE_INTR_0);
XScuGic_Enable(GicPtr,DMA_DONE_INTR_1);
XScuGic_Enable(GicPtr,DMA_DONE_INTR_2);
XScuGic_Enable(GicPtr,DMA_DONE_INTR_3);
XScuGic_Enable(GicPtr,DMA_DONE_INTR_4);
XScuGic_Enable(GicPtr,DMA_DONE_INTR_5);
XScuGic_Enable(GicPtr,DMA_DONE_INTR_6);
XScuGic_Enable(GicPtr,DMA_DONE_INTR_7);
XScuGic_Enable(GicPtr,DMA_FAULT_INTR);

Xil_ExceptionEnable();
return XST_SUCCESS;

}

/**/
/**
*
* DmaDoneHandler.
*
* @param   Channel is the Channel number.
* @param   DmaCmd is the Dma Command.
* @param   CallbackRef is the callback reference data.
*
* @return   None.
*
* @note   None.
*
**/
void DmaDoneHandler (unsigned int Channel,XDmaPs_Cmd *DmaCmd,void *CallbackRef)
{
    /* done handler */
    volatileint *Checked = (volatile int *) CallbackRef;
    int Index;
    int Status = 1;
    int *Src;
    int *Dst;

    Src = (int *) DmaCmd - > BD. SrcAddr;
    Dst = (int *) DmaCmd - > BD. DstAddr;

    /* DMA successful */
    /* compare the src and dst buffer */
    for (Index = 0; Index < DMA_LENGTH; Index + +) {
        if (((Src[Index]!= Dst[Index]) ||
                (Dst[Index]!= DMA_LENGTH - Index)){
            Status = - XST_FAILURE;
        }
    }

    Checked[Channel] = Status;
}

11.8.6 运行软件应用工程

本小节将介绍如何在 Z7 - EDP - 1 硬件开发平台上运行应用工程。为了在 xc7z020clg484 SoC 上正确运行程序，以及在 SDK 设计环境下观察运行的结果，需要对运行环境进行配置。

（1）正确连接 Z7 - EDP - 1 平台与 PC/笔记本电脑之间的 USB - JTAG 和 USB - UART 电缆，并给平台接入+5V 的直流电源，通过板上的 SW10 开关打开电源。

（2）找到并单击 SDK 主界面下方的"SDK Terminal"标签。单击该标签右侧的 按钮。

（3）出现"Connect to serial port"对话框，选择正确的串口端口和参数。

（4）单击"OK"按钮，退出该对话框。

（5）在 SDK 主界面左侧的"Project Explorer"窗口下，选中 dma_int0，单击鼠标右键，出现浮动菜单。在浮动菜单内，选择 Run As→Launch on Hardware（GDB）。

思考与练习 11-1：观察"SDK Terminal"标签页内的输出，验证结果是否满足设计要求。

第12章 Cortex-A9 安全性扩展

术语安全性（Security）用在电脑系统的上下文（现场）中，它涵盖了大量的特性。在本章中，将安全性定义在一个小范围内。一个安全系统是指可以对一些要求保护资源（资产）提供保护能力的系统，如密码、信用卡资料。系统内的这些资源免受伪装的攻击，包括复制或破坏等。机密性是资产安全性关注的关键，如密码和密钥。对于安全软件来说，对修改和权限证明的防御是至关重要的，并且对于安全性使用了片上安全技术。这种安全系统的例子可能包含个人识别号（Personal Identification Number，PIN）入口，如用于移动支付、数字权限管理和电子客票。

一个开放系统的安全性实现起来非常困难，因为在平台上可以下载大量不同的软件。这就使得一些凶险或不信任的代码可能篡改系统。

Arm 处理器提供了特定的硬件扩展，使能构建一个安全系统。本章将先介绍 Arm 安全型扩展 TrustZone，然后再详细介绍 Xilinx Zynq-7000 中所提供的安全性策略。

12.1 TrustZone 硬件架构

TrustZone 硬件架构的目的是为设计者构建安全系统提供资源。对于底层的程序员来说，即使他们的目的不是使用安全性特征，但是也必须知道通过 TrustZone 对系统所施加的限制。

本质上，通过分割系统的所有软件和硬件资源实现系统的安全性。这样，对于安全子系统来说，系统就可以存在于安全世界中；在其他情况下，系统就存在普通世界中。系统的硬件保证可以从普通世界访问非安全的资源。一个安全设计在一个安全世界中放置所有的敏感资源，所运行的强鲁棒性软件能阻止对大量需要被保护资源（财产）的攻击。

在 Arm 架构参考手册中，术语非安全（Non-secure）用于和安全状态进行比较，并不暗示和该状态相关的安全性弱点。我们将其称作正常操作。使用世界（World）这个术语用于强调安全世界和设备其他状态之间的联系。

对系统的额外扩展，使得以时间片方式运行的一个 CPU 核可以工作在普通世界和安全世界中。类似地，存储器系统也被分割。表示访问是安全或非安全的一个额外比特位（NS 比特位），用于所有系统存储器的交易，包括缓存标记与对系统存储器和外设的访问。可以将其看作一个额外的地址位，它提供一个 32 位的物理地址空间用于安全世界，以及另一个 32 位的物理地址空间用于普通世界。

当一个以时间片工作的 CPU 核从两个世界中执行代码时，使用额外的 CPU 模式在两个世界之间进行切换，该模式称为监控器模式。通过提供的有限机制，CPU 核可以从普通世界进入监控器模式。进入监控器模式的入口可以认为是一条专用指令，即安全监控器调用

（Secure Monitor Call，SMC）指令；或者是硬件异常机制。可以配置 IRQ、FIQ 和外部异常终止，通过它们可以将 CPU 核切换到监控器模式。在每种情况下，由监控模式异常句柄处理一个异常，如图 12.1 所示。

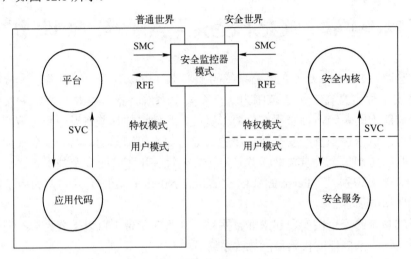

图 12.1　在普通世界和安全世界之间的切换

在很多系统中，保留 FIQ 用于安全世界（实际上，它变成一个不可屏蔽安全中断），如图 12.2 所示。在一个普通世界中发生 IRQ 时，以普通方法进行处理。当在普通世界运行时发生了 FIQ，则直接指向监控器模式，该模式用于处理到安全世界的过渡和直接传输到安全世界的 FIQ 句柄。如果在安全世界中发生了 FIQ，则通过安全向量表处理它，并且直接关联安全世界的句柄。例如，在安全世界中禁止 IRQ。

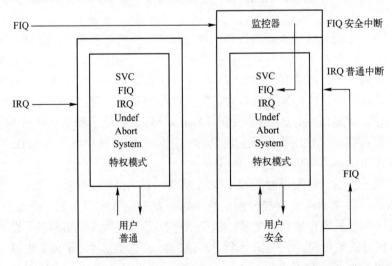

图 12.2　普通世界和安全世界

用于监控器模式的软件句柄由具体的实现方法决定，但是典型地包括保存当前世界的状态和恢复当前世界的状态，这就类似在普通世界的上下文切换的情况。

第 12 章　Cortex-A9 安全性扩展

在 CP15 安全配置寄存器 SCR 内的 NS 位标识当前 CPU 运行的安全状态。在监控器模式下，CPU 核总是运行在安全世界，而不用考虑以前 NS 比特位的值。NS 比特位也使能在监控器模式下运行的代码可以侦听安全分组寄存器，以确认 CPU 核所处的状态。

实际上，TrustZone 硬件也提供两个虚拟的 MMU，它们中的每一个用于一个虚拟核。这使得每个世界有自己本地的转换表，使得对于普通世界是隐藏的。转换表包括 NS 比特位，用于确定访问的是安全的还是非安全的物理地址空间。尽管仍然出现转换表入口位，但是普通的虚拟核硬件不能使用该位域，并且存储器访问总是 NS = 1。安全的虚拟核可以访问安全或普通存储器。缓存和 TLB 硬件允许普通和安全入口共存。

对于修改转换表入口的代码来说这是好事，因为不用考虑使用 TrustZone 安全性，总是将转换表的 NS 比特位设置为 0。这就意味着，当代码运行在安全或普通世界时，它是同样可用的。

将异常终止、IRQ 和 FIQ 连接到监控器，可以将可信的软件与相应的中断请求进行连接，使一个设计能够提供安全的中断源，以避免被普通世界的代码操纵。类似地，监控模式连接意味着，从普通世界代码的观点来说，在安全世界执行期间发生的中断，看上去就好像在进入安全世界之前，所发生的最后普通世界的指令。

例如，典型的实现是 FIQ 用于安全世界，IRQ 用于非安全世界。将异常配置为由当前世界采纳（安全或普通）或引起进入监控器中。由于监控器有自己的向量表，因此 CPU 核有 3 套异常向量表用于普通世界、安全世界和监控器模式。

硬件必须在 CP15 内提供两个单独核的假象。对 CP15 中敏感寄存器的配置只能由安全世界的软件完成，其他设置通常在硬件内或由监控器模式软件分组，这样每个世界可以看到自己的版本。

典型地，使用 TrustZone 的实现将使用轻量级操作系统内核（可信的执行环境）负责安全世界内的服务，如加密。通过 SMC 指令，运行在普通世界的完整操作系统能访问安全世界内的服务。通过这个方法，普通设计可以访问服务功能而不需要看到其他被保护的数据。

12.1.1　多核系统的安全性扩展

多核系统中的每个核都有自己的编程模型特性。在一个簇内，任何数量的核都可以在任何点任何时间处于安全世界中。每个核都可以独立地在普通世界和安全世界中进行切换。在多核系统中，SCU 知道安全性的设置。此外，额外的寄存器用于控制普通世界能否修改 SCU 的设置。类似地，在一个多核簇内，必须修改可以分配优先级中断的通用中断控制器 GIC，使得它也知道安全性设置。

理论上，在 SMP 系统上的安全世界 OS 和普通世界 OS 具有相同的复杂度。然而，当目标具有安全性时，则不希望这样。通常情况下，希望一个安全世界的 OS 将只能运行在 SMP 系统内的一个核，来自其他核的安全性请求被连接到这个核，这会产生一些瓶颈。在某种程度上，将由对该核（由于未知原因引起的忙）执行复杂权衡的普通世界 OS 进行权衡。

12.1.2　普通世界和安全世界的交互

当程序员编写一些包含安全服务的代码时，知道普通世界和安全世界如何进行交互就非常有用。正如我们所看到的那样，一个典型的系统将有一个轻量级的 OS，在安全世界内的可信执行环境（TEE）提供服务（如加密），它与普通世界的完整 OS 交互。普通世界可以通过 SMC 调用访问安全服务。以这种方法，普通世界能访问服务，而不需要看到密钥。

通常情况下，应用程序开发人员不会直接与 TrustZone（TEE 或可信服务）直接交互。取而代之的是，利用普通世界库（负责管理底层交互）提供的高级应用程序接口 API，如一个信用卡公司。如图 12.3 所示，应用程序调用 API，API 负责处理 OS 调用，然后将 OS 调用传递到 TrustZone 驱动程序，并且通过安全监控器将执行代码传递给 TEE。

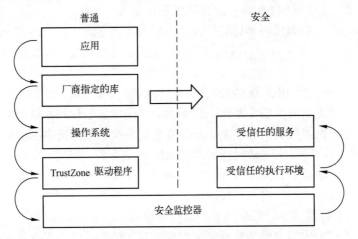

图 12.3　与 TrustZone 的交互过程

在安全世界和普通世界之间共享数据是很常见的。例如，在安全世界中，你可能有一个签名检查，通过 SMC 调用，普通世界请求安全世界验证一个下载更新签名。安全世界要求访问普通世界所使用的存储器来保存包。安全世界可以使用转换表描述符内的 NS 比特位确保通过非安全的访问读取数据。这是非常重要的，因为与包相关的数据可能已经在缓存内，它由普通世界的访问实现，这些访问的地址被标记为非安全的。正如前面所说的，安全属性可以看作一个额外的地址比特位。如果 CPU 核尝试使用安全访问来读取包，它将不会命中已经存在于缓存中的数据。

如果你是一个普通世界的程序员，通常可以忽略发生在安全世界内的一些事情，这是因为这些操作对你来说是隐藏的。一个不利的影响是，如果中断发生在安全世界，则会显著增加中断延迟。但是与一个典型 OS 的整体延迟相比，这非常小。

如果必须访问一个安全的应用程序，你会要求一个驱动函数告诉安全世界 OS 和安全应用程序。那些用于普通世界的代码要求特殊的协议用于调用安全应用程序。

此外，TrustZone 也控制了调试的可用性。对于普通和安全世界来说，分开配置用于完全的 JTAG 调试和跟踪控制的独立硬件，这样不会泄露任何安全系统信息。

12.2　Zynq - 7000 APU 内的 TrustZone

对于同时运行安全和不安全的应用程序，系统从上电复位状态转移到稳定状态需要一个过程,如图 12.4 所示。

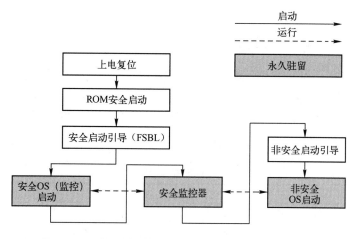

图 12.4 TrustZone 启动序列

注:(1)图中实线用来显示启动流程,虚线用来说明系统运行后的处理过程。
(2)阴影的模块是软件功能块。

图 12.4 中假设打开设备安全性,事实上没有必要要求使能 TrustZone 安全性。在系统启动引导后,保持运行。在 TrustZone 启动流程中,首先启动安全 OS。用于初始化一个安全监视程序,作为安全和不安全操作系统之间的一个安全关口。当启动安全监视程序后,它能产生一个不安全启动引导程序,然后启动一个不安全的 OS。在初始化不安全的 OS 前,安全 OS 定义一组事件,强迫从不安全的 OS 过渡到安全监控程序。可能的事件包括 SMC 指令、IRQ、FIQ 和数据退出。

12.2.1 CPU 安全过渡

安全监控程序调用(Secure Monitor Call,SMC)引起一个安全监控程序异常,它只能在特权模式下使用。在用户模式下,尝试执行这个指令将引起一个未定义的指令异常。

除通过一个 SMC 调用进入监控程序模式外,还有一些其他方法允许用户通过安全监控程序在安全和不安全的世界来回切换,它在这两个域之间作为一个"门卫"。下面是所有可能进入监控程序模式的方法:外部异常终止句柄、FIQ 句柄和 IRQ 句柄。

在安全监控程序模式下,处理器总是处于安全状态,而不依赖于 SCR.NS 比特位。

注意:在某些情况下,存在 Cortex - A9 TrustZone 冲突的可能性。在安全的世界中,可能触发错误的异常终止。例如,一个安全的管理程序运行代码,其 SCR.NS = 1,并且屏蔽异步终止比特 CPSR.A = 1。这个不安全的代码尝试读和写标记为安全的存储器,结果接收到 AXI DECERR。此时,由于 CPSR.A = 1 屏蔽了异常,所以不发生异常。一旦重新进入安全模式,管理程序切换到其他代码,执行 DSB/ISB,清除 CPSR.A = 0。在这种情况下,只要 CPSR.A = 0,Cortex - A9 处理器仍然记住正在停止的异步异常终止,然后立即产生异常。

此外,不安全的代码中可能有多个字保存到安全存储器中,这样引起修改 L1 缓存的数据。当这个数据最终被淘汰时,在安全模式下,产生异步外部终止。

12.2.2 CP15 寄存器访问控制

在 CP15 下,有一组分组寄存器,意味着相同的寄存器有两个物理拷贝,用于安全和不安全的模式。当系统不在安全监视程序模式下时,根据 SCR.NS 比特位的设置,自动选择物理寄存器。在安全监控程序模式下,总是选择物理寄存器的一个安全版本。典型的 CP15 寄存器如表 12.1 所示。

表 12.1 典型的 CP15 寄存器

CP15 寄存器	分组寄存器	允许的访问
c0	CCSELR,缓存大小选择寄存器	只在特权模式读/写
c1	SCTLR,系统控制寄存器	只在特权模式读/写
	ACTLR,辅助控制器	只在特权模式读/写
c2	TTBR0,转换表基地址 0	只在特权模式读/写
	TTBR0,转换表基地址 1	只在特权模式读/写
	TTBCR,转换表基地址控制寄存器	只在特权模式读/写
c3	DACR,域访问控制寄存器	只在特权模式读/写
c5	DFSR,数据故障状态寄存器	只在特权模式读/写
	IFSR,指令故障状态寄存器	只在特权模式读/写
	ADFSR,辅助数据故障状态寄存器	只在特权模式读/写
	AIFSR,辅助指令故障状态寄存器	只在特权模式读/写
c6	DFAR,数据故障地址寄存器	只在特权模式读/写
	IFAR,指令故障地址寄存器	只在特权模式读/写
c7	PAR,物理地址寄存器(虚拟地址到物理地址翻译)	只在特权模式读/写
c10	PRRR,基本区域重映射寄存器	只在特权模式读/写
	NMRR,普通存储器重映射寄存器	只在特权模式读/写
c12	VBAR,向量基地址寄存器	只在特权模式读/写

其他在安全和不安全状态下访问的 CP15 状态控制寄存器如表 12.2 所示。

表 12.2 CP15 状态控制寄存器

CP15 寄存器	分组寄存器	允许的访问
c1	NSACR,不安全访问控制寄存器	只在特权模式读/写 在不安全特权模式下,只读
	SCR,安全配置寄存器	只在特权模式读/写
	SDER,安全调试使能寄存器	只在特权模式读/写
c12	MVBAR,监视程序向量基地址寄存器	只在特权模式读/写

12.2.3 MMU 安全性

Cortex - A9 内的 MMU 带有扩展的 TrustZone 特性,用于提供访问许可检查和额外的地址转换。在每个安全和不安全的世界里,在主存中保存着一个两级页表,用于控制指令和数据侧 TLB 的内容。与虚拟地址相关的、由计算所得到的物理地址就存放在 TLB 内,与不安全表标志符(Non - Secure Table Identifier,NSTID)在一起,允许安全和不安全的入口并存。通过 CP15 控制寄存器 c1 的单个比特,使能每个世界的 TLB,它用于为软件提供单个地址转换和保护策略。

下面给出当在安全和不安全的世界之间进行切换时处理 TLB 和 BTAC 状态的方法。

(1)当从安全状态执行 BPIALL 时,在不安全状态下,可以使或不使 BTAC 入口无效。

(2)当从安全状态执行 TLBIALL 时,不能从安全状态将 BTAC 入口无效。

(3)从安全状态写 CONTEXTIDR,但是 SCR.NS = 1,则在不安全状态下使 BTC 入口无效。

由于任何上下文的切换写到 CONTEXTIDR,使得不安全的 BTAC 入口无效。而来自安全状态的 BPIALL 不影响不安全 BTAC 入口,因此将来这不是一个问题。

12.2.4 L1 缓存安全性

每个缓存行包含安全和非安全的数据。一个尝试违反安全性访问的结果是引起一个缓存缺失。当缺失时,下一步是到外部存储器查找。如果 NS 的属性不匹配访问的许可,则返回异常终止。

12.2.5 安全异常控制

当采纳一个异常时,处理器的执行将被迫转移到一个地址,这个地址对应于相应的异常类型,这些地址称为异常向量。默认时,异常向量是 8 个连续字对齐的存储器地址。对于 Zynq - 7000 器件,有 3 个异常基地址。

(1)非安全异常基地址,处理非安全状态下的所有异常。

(2)安全异常基地址,处理安全状态下的所有异常。

(3)监控器异常基地址,处理监控器状态下的所有异常。

12.2.6 CPU 调试 TrustZone 访问控制

4 个控制信号控制 CPU 的调试状态,即 DBGEN、NIDEN、SPIDEN 和 SPNIDEN。这 4 个控制信号是设备配置接口模块内的安全和被保护寄存器的一部分,如表 12.3 所示。

表 12.3 CPU 调试 TrustZone 访问控制

模 式	DBGEN	NIDEN	SPIDEN	SPNIDEN	描 述
非调试	0	0	0	0	无 CPU 调试
非安全非侵入式调试	1	1	0	0	允许非侵入式调试。例如,非安全模式下,跟踪和性能监视程序
非安全侵入式调试	1	1	0	0	允许侵入式调试。例如,在非安全模式下,停止处理器
安全非侵入式调试	1	1	0	1	在安全条件下,允许 CPU 跟踪和统计
安全侵入式调试	1	1	1	1	允许用于安全模式下的侵入式调试

12.2.7 SCU 寄存器访问控制

SCU 的非安全访问控制寄存器（SCU Non - Secure Access Control Register，SNACR），用于控制对 SCU 内每个主元件的全局不安全访问。中断控制器分配器控制寄存器（Interrupt Controller Distributor Control Register，ICDDCR）是一个分组的寄存器，用于控制安全和非安全的访问。

12.2.8 L2 缓存中的 TrustZone 支持

缓存控制器为 L2 缓存和内部缓冲区内所有保存的数据添加一个 NS 比特位。一个不安全的交易不能访问安全的数据。因此，控制器将安全和不安全的数据看作两个不同存储器空间的一部分。控制器将对 L2 缓存内安全数据的非安全访问看作一个缺失。对于读传输，缓存控制器给外部存储器发送一个行填充命令，将来自外部存储器的任何安全错误传到处理器，并且不在 L2 缓存内为其分配缓存行。

下面是关于 L2 内支持 TrustZone 的一些注意事项。

（1）只能通过带有标记为安全的访问写 L2 控制寄存器，用来使能或禁止 L2 缓存。

（2）只能通过带有标记为安全的访问写辅助控制寄存器。辅助控制寄存器内的[26]比特位用于使能 NS 锁定。该位用于确定一个非安全的访问是否能修改一个锁定寄存器。

（3）非安全的维护操作不能清除或使安全数据无效。

第13章 Cortex-A9 NEON 原理及实现

NEON 技术为 Arm 处理器提供了单指令多数据流（Single Instruction Multiple Data，SIMD）操作，它可以实现高级 SIMD 架构的扩展，并且可以加速 Cortex-A 系列处理器对多媒体应用的处理速度，进一步提高系统的整体性能。NEON 能显著地加速大数据集上的重复操作，如多媒体 codec。在 Cortex-A 系列处理器中，NEON 作为一个独立的硬件单元存在。在 Zynq-7000 SoC 的 Cortex-A9 处理器中就包含了独立的 NEON 硬件。

通过本章内容的学习，读者可以掌握 Arm Cortex-A9 内 NEON 的原理和使用方法，并能通过使用 NEON 提高对数据的处理，尤其是多媒体数据处理的效率。

13.1 SIMD

SIMD 是一个计算技术，它通过单个指令处理大量的数据值（通常是 2 的幂次方），这些用于操作数的数据被封装到特殊宽度的寄存器中。因此，一条指令就可以实现多条单独指令的功能。这种并行处理指令通常称为 SIMD。SIMD 是 4 大电脑架构中的其中一个，这种电脑架构的划分是 1966 年由 Michael J.Flynn 根据指令和可用数据流的数量定义的。

（1）单指令多数据（Single Instruction Multiple Data，SIMD）：使用一条指令处理多个数据值的技术，用于操作数的数据被封装在宽的寄存器内。因此，一条指令就可以完成多条指令的工作。在处理多媒体数据方面，SIMD 功能非常强大。

（2）单指令单数据（Single Instruction Single Data，SISD）：在一个时刻，一个核执行一个指令流，对保存在一个存储器中的数据进行操作。通常，这是一个中央控制器，它将指令流广播到所有的处理元素。早于 Armv6 架构的大部分 Arm 处理器都使用 SISD 处理。

（3）多指令单数据（Multiple Instruction Single Data，MISD）：一种并行计算结构，实现多个功能单元对一个数据执行不同的操作。为了检测和屏蔽错误，故障冗余电脑执行相同的指令，如航天飞机飞行控制系统。

（4）多指令多数据（Multiple Instruction Multiple Data，MIMD）：多个电脑指令可能是相同的，它们之间可能是同步的，在两个或多个数据上同步执行指令。多核超标量处理器就是 MIMD 处理器。

并行的代码可以显著改善性能。SIMD 扩展存在于很多 32 位架构中。例如，PowerPC 有 AltiVec；x86 有一些变种 MMX/SSE。

很多软件工作在一个大的数据集上。在宽度上，数据集中的每个数据项可以小于 32 位。在视频、图像和图形处理中，8 位像素是很常见的，以及在音频 codec 中，常见的是 16 位采样。在这些情况中，所执行的操作比较简单，重复很多次，几乎不要求控制代码。SIMD 可以为这种类型的数据处理提供显著的性能改善。对于数字信号处理或多媒体算法，这是特别有益的，包括基于块的数据处理，音频、视频和图像处理 codec，基于像素矩形块的 2D 图像、3D 图像、颜色空间转换、物理仿真。

在一个 32 位的 Cortex-A 系列的 CPU 核中，一次执行大量的 8 位或 16 位单个操作的效率是很低的，这是因为处理器的 ALU、寄存器和数据通路设计为 32 位操作。SIMD 使能一条指令将一个寄存器的值看作多个数据元素。例如，在一个 32 位寄存器内的 4 个 8 位数据。在这些数据元素上，执行多个相同的操作。

当没有使用 SIMD 时，为了实现 4 个独立的加法运算，程序员需要使用 4 个 ADD 指令，如图 13.1（a）所示，并且额外的指令用于防止其中一个结果溢出到相邻的字节。而在 SIMD 中，只要求一条指令，如图 13.1（b）所示。

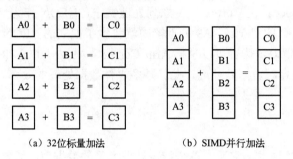

图 13.1　比较 32 位标量加法和 SIMD 并行加法

对于 SIMD 类型操作 UADD8 R0,R1,R2，如图 13.2 所示。该操作并行执行 4 对 8 位元素的加法，这些数据被封装到两个通用寄存器 R1 和 R2 中，并且将结果保存到寄存器 R0 中。

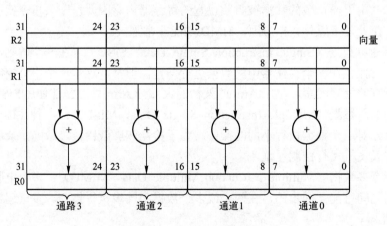

图 13.2　4 路 8 位加法操作

很明显，这个加法操作是真正互相独立的。通道 0 的任何溢出及进位，均不会影响通道 1。

Arm NEON 架构用于构建 SIMD 的概念。与 Armv6 内 32 位的 SIMD 相比，NEON 是 64 位和 128 位 SIMD 指令集的组合，它们提供了 128 位宽度的向量操作能力。在 Armv7 结构中所引入的 NEON，目前只能用于 Arm Cortex - A 和 Cortex - M 系列的处理器中。NEON 是一个高级的技术，用于高级多媒体和信号处理应用，以及嵌入式处理器，它可以加速多媒体和信号处理算法，如视频编码和解码、2D/3D 图形、游戏、音频和语音处理、图像处理等。

默认，在 Arm 的 Cortex - A7、Cortex - A12 和 Cortex - A15 处理器中包含了 NEON。在其他 Cortex - A 处理器是可选的。在 Xilinx 的 Zynq - 7000 SoC 内的每个 Cortex - A9 处理器都包含了单独的 NEON。NEON 可以在处理器上以 10MHz 频率执行 MP3 音频译码。它有丰富的指令集、独立的寄存器文件和独立的硬件执行单元。NEON 支持 8 位、16 位、32 位、64 位的整数和 32 位的单精度的浮点数，以及 SIMD 操作，用于处理音频和视频，以及图形和游戏处理。在同一时刻，NEON 最多支持 16 个操作。NEON 硬件与 VFP 共享相同的寄存器。NEON 作为 Arm 处理器的一部分，它有自己的执行流水线和寄存器组，这些寄存器组与 Arm 本身的寄存器组互相独立。在 NEON 中，数据被组合到 64/128 位的长寄存器中。这些寄存器可以以 8 位、16 位、32 位或 64 位的宽度保存数据项。

13.2　NEON 架构

NEON 设计了额外的加载/保存架构，提供更好的向量化编译器，支持 C/C++。功能丰富的 NEON 指令可以工作在 64/128 位宽的向量寄存器，使能高度的并行化。NEON 指令易读易懂，这样很容易为最高性能的应用要求编写代码。

NEON 技术的关键特性在于指令格式构成普通 Arm/Thumb 代码的一部分，因此比使用外部的硬件加速器更容易编写代码。NEON 指令可以读/写外部存储器、在 NEON 寄存器和 Arm 寄存器之间移动数据，以及执行 SIMD 操作。

NEON 架构使用一个 32 × 64 位的寄存器文件。它们与 VFPv3 使用的寄存器一样。因此，不需要知道浮点寄存器被 NEON 重用。所有被编译的代码和子程序遵守 EABI，它指明可以破坏的寄存器，以及必须被保护的寄存器。在程序代码的任何点上，编译器可以自由使用任何 NEON 或 VFPv3 寄存器，用于浮点值或 NEON 数据。

NEON 架构允许 64/128 位的并行。这个选择使得 NEON 单元的宽度是可管理的（一个向量 ALU 很容易变得很大），同时仍然提供来自向量化带来的高性能好处。NEON 架构并不指明指令时序，因此在不同的处理器上执行相同的指令可能要求不同的时钟周期。

13.2.1　与 VFP 的共性

Arm 架构支持 NEON 和 VFP 的不同选项，但是实际上只有下面的组合：没有 NEON 或者 VFP；只有 VFP；NEON 和 VFP。它们用于架构的供应商实现选项，所以对于一个基于 Arm 设计的特殊实现来说是固定的。

NEON 和 VFP 的不同之处关键在于 NEON 只能工作在向量，不支持双精度浮点，并且不支持某些复杂操作，如平方根和除法。NEON 有一个包含 32 个 64 位寄存器的寄存器组。如果需要实现所有 VFP 和 NEON 功能，需要在它们之间共享这些寄存器。这就意味着，VFPv3 必须以 VFPv3 - D32 格式出现，有 32 个双精度浮点寄存器。这使得在上下文之间进行切换更加容易。保存和恢复 VFP 上下文的代码也可用于保存和恢复 NEON 上下文。

13.2.2 数据类型

NEON 指令支持的数据类型如下。

（1）32 位的单精度浮点数。

（2）8 位、16 位、32 位和 64 位无符号与有符号整数。

（3）8 位和 16 位多项式。

NEON 指令中的数据类型标志符由一个表示数据类型的字母和一个表示宽度的数字构成。通过一个点，它们区别于指令助记符，如 VMLAL.S8。因此有下面的可能性。

（1）无符号整数 U8、U16、U32 和 U64。

（2）有符号整数 S8、S16、S32 和 S64。

（3）未指定类型的整数 I8、I16、I32 和 I64。

（4）多项式{0，1}P8。

> **注**：数据处理操作不支持 F16。

当实现某些加密或数据完整性算法时，多项式算法非常有用。

（1）在{0，1}上的两个多项式加法与按位异或运算是一样的。多项式相加的结果导致与传统加法的结果不同。

（2）在{0，1}上的两个多项式乘法首先确定部分积，然后将部分积进行异或运算，而不是传统的相加。多项式乘法的结果与传统的乘法结果并不相同，这是因为对部分积采用了多项式加法运算的规则。

NEON 遵守 IEEE754 - 1985，但只支持四舍五入到最近的模式。许多高级语言使用这个模式，如 C 和 JAVA。此外，NEON 指令总是将非正规数看作零。

13.2.3 NEON 寄存器

寄存器可以看作 16 个 128 位的寄存器（Q0~Q15），或者 32 个 64 位的寄存器（D0~D31）。每个 Q 寄存器映射到一对 D 寄存器，如图 13.3 所示。

寄存器的形式由所用指令的形式决定，因此不需要软件显式改变状态，如图 13.4 所示。

单个的元素也可以作为标量访问。两种寄存器角度的优势在于提供算术操作宽或窄的结果。例如，两个 D 寄存器相乘，给出一个 Q 寄存器结果。因此，使得寄存器的使用更加高效。

典型地，数据处理指令可用普通、长、宽、窄和饱和的"变种"。

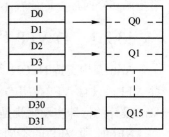

图 13.3 NEON 寄存器组

（1）普通指令：可以操作任何向量类型，产生相同宽度的向量结果，通常与操作数向量的类型相同。

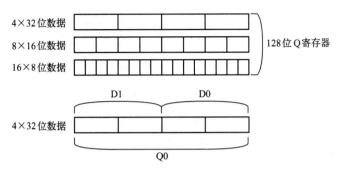

图 13.4 NEON 寄存器

（2）长指令：操作双字向量操作数，产生 4 个字的向量结果。结果的元素通常是操作数宽度的两倍，它们有相同的类型。在指令上添加 L 表示长指令，如图 13.5 所示。

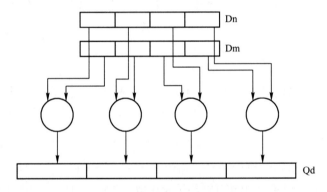

图 13.5 NEON 长指令

（3）宽指令：操作一个双字向量操作数和一个 4 字向量操作数，产生一个 4 字向量结果。结果元素的宽度和第一个操作数的宽度是第二个操作数宽度的两倍。在指令中添加 W 表示宽指令，如图 13.6 所示。

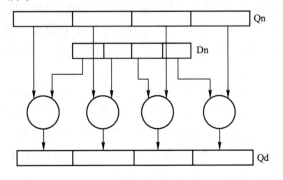

图 13.6 NEON 宽指令

（4）窄指令：操作在 4 字向量操作数，产生双字的向量结果。运算结果的宽度通常是操作数宽度的一半。在指令中添加 N 表示窄指令，如图 13.7 所示。

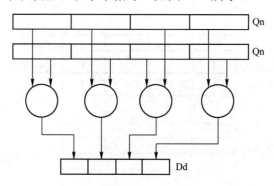

图 13.7　NEON 窄指令

一些 NEON 指令可以标量和向量一起使用。标量可以是 8 位、16 位、32 位或 64 位。使用标量的指令可以访问寄存器组内的任何元素。使用对双字向量索引的指令用于指明标量的值。乘法指令只支持 16 位或 32 位标量，只能访问寄存器内最开始的 32 个标量，也就是 D0～D7 用于 16 位标量、D0～D15 用于 32 位标量。

13.2.4　NEON 指令集

用于 NEON 的所有助记符以字母 V 开头，这与 VFP 一样。通常，指令可以操作不同的数据类型。长度由指令后缀决定。元素的个数由所指定的寄存器宽度决定。例如：

　　VADD.I8 D0, D1, D2

其中，VADD 表示一个 NEON ADD 操作；后缀 I8 表示一个 8 位整数；D0、D1 和 D2 指定使用的 64 位寄存器，D0 用于结果，D1 和 D2 用于操作数。该指令可以并行执行 8 个加法运算。

在 NEON 指令中，有一些指令使用不同宽度的寄存器实现输入和输出。例如：

　　VMULL.S16 Q2, D8, D9

这条指令执行 4 个 16 位的乘法，数据保存在 D8 和 D9 中，产生的 32 位结果保存到 Q2 中。

VCVT 指令可以在单精度浮点数和 32 位整数之间、定点和半精度浮点数之间进行转换。

NEON 包含保存和加载指令，能加载或保存单个或多个值到寄存器中。此外，也提供指令用于在多个寄存器和存储器之间传输数据块。在多个传输的过程中，也可能交织或解交织数据。

下面的修饰符可以用于某个高级 SIMD 指令（一些修饰符只能用于可用指令的子集）。

（1）Q：表示指令使用饱和算术，这样结果被饱和到指定数据类型的范围内。如果在任何通道内发生饱和，则设置 FPSCR 内的 QC 位。VQADD 就是这样一条指令。

（2）H：该指令通过向右移一个位置将结果分成两半。VHADD 就是这个指令的例子。可以用来计算两个输入的平均值。

（3）D：这个指令将结果加倍并饱和。通常在 Q15 格式内相乘。

（4）R：指令对结果进行四舍五入，等效于在截断前加上 0.5。VRHADD 就是这个例子。

指令的通用格式如下：

V{ < mod > } < op > { < shape > }{ < cond > }{. < dt > }{ < dest > }, src1, src2

其中，

（1）< mod >：指前面给出的修饰符 Q、H、D 或 R；
（2）< op >：指操作，如 ADD、SUB、MUL；
（3）< shape >：指宽度，L、W 或 N；
（4）< cond >：指条件，带有 IT 指令；
（5）.< dt >：指数据类型；
（6）< dest >：指目的；
（7）< src1 >：指操作数 1；
（8）< src2 >：指操作数 2。

NEON 指令集包含大量的向量加法和减法操作，包含成对加，加上相邻的向量元素。

NEON 有大量的乘法操作，包含乘和累加、乘减、加倍和饱和操作。NEON 没有除法操作，但是可以执行 VRECPE 指令，用于向量倒数估计；以及 VCREPS 指令，用于向量倒数步长，用于牛顿—拉夫逊迭代。

类似地，NEON 没有向量平方根指令，但是 VRSQRTE、VRSQRTS 和乘法指令可以用于计算平方根。此外，还提供了向左移、向右移和插入指令，以及选择最大和最小数指令。指令集也提供了计算比特位个数的能力。

13.3 NEON C 编译器和汇编器

可以使用 C 语言或汇编语言编写用于 NEON 硬件的代码，大量的工具和库可以用于支持这个任务。

13.3.1 向量化

一个向量化的编译器可以使用 C/C+ +代码，并将其并行化，使得可以高效利用 NEON 硬件。这就意味着程序员可以编写可移植的 C 代码，同时仍然可以达到 NEON 的性能级。C 语言并不指定并行行为，因此必须为编译器提供一些暗示，如当定义指针的时候需要使用_restrict 关键字，这保证指针不会寻址重叠的存储器区域，同时保证循环或迭代的次数是 4 或 8 的倍数。此外，可以在 GCC 选项中使用-ftree-vectorize，以及-mfpu=neon，自动向量化。使用 Arm 编译器，程序员必须指定优化级别-O2（或-O3）、-Otime 和-vectorize。

13.3.2 检测 NEON

由于在一个处理器实现中可以删除一个 NEON 硬件，因此可能需要测试它的存在。

1. 建立时 NEON 选择

这是选择 NEON 最简单的方法。当提供给编译器合适的处理器和 FPU 选项后，在

armcc(RVCT4.0 和之后)中,或者 GCC 中,定义预定义的宏_ARM_NEON_。与 armasm 等效的预定义宏是 TARGET_FEATURE_NEON。

这使得 C 源文件有 NEON 和非 NEON 优化两个版本。

2. 运行时 NEON 选择

在运行时检测 NEON 需要操作系统的帮助,这是由于 Arm 架构故意不把处理器能力暴露给用户模式的应用程序。

在 Linux 下,/proc/cpuinfo 以可读方式包含这个信息。

在 Tegra2(一个带有 FPU 的双核 Cortex - A9 处理器)中,cat/proc/cpuinfo 报告:

```
...
Features    : swap half thumb fastmult vfp edsp thumbee vfpv3 vfpv3d16
...
```

在包含 NEON 的 Arm 四核 Cortex - A9 处理器中给出了稍微不同的结果:

```
...
Features    : swap half thumb fastmult vfp edsp thumbee vfpv3 vfpv3d16
...
```

由于/proc/cpuinfo 输出是文本格式,经常更喜欢在辅助向量/proc/self/auxv 中查看,它以二进制格式包含操作系统内核 hwcap。该文件很容易查找 AT_HWCAP 记录,去查看 HWCAP_NEON 比特位(4096)。

一些 Liunx 版本,如 Ubuntu 09.10 或之后,透明使用 NEON。使用 glibc 修改 ld.so 脚本去读 hwcap,并且添加一个额外的搜索路径用于使能共享 NEON 共享库。在 Ubuntu 的情况下,一个新的搜索路径/lib/neon/vfp 包含对来自/lib 的 NEON 优化版本的库。

13.4 NEON 优化库

前面已经提到,Arm Cortex - A9 处理器已经成为嵌入式设计中的主流平台,其应用已经扩展到移动、平板、STB、DTV、移动通信、工业控制等领域。随着 Cortex - A9 平台的不断普及与应用,全球出现了大量的用户社区,它们提供了基于 NEON 优化的软件库生态系统。由于这些资源大都开放,因此软件算法的设计人员可以充分利用这些设计资源,如表 13.1 所示。

表 13.1 NEON 优化的开源库

工程名字	工程和描述
Project Ne10	Arm 专家优化的向量、矩阵和 DSP 函数
Arm 发布的 OpenMAX DL 样本软件库	OpenMAX DL(开发层)软件库的由 Arm 样本实现,它用于大量的编解码和数据计算算法 注:OpenMAX 是 Open Media Acceleration 的缩写
谷歌的 WebM	包含 NEON 汇编优化的多媒体编解码
FFmpeg	一个完整的跨平台解决方案,用于记录和转换音频与视频流
x264	一个免费的软件库和应用,用于将视频流编码为 H.264/MPEG - 4 AVC 压缩格式

续表

工程名字	工程和描述
安卓	使用 NEON，Skia 库 S32A_D565_Opaque 的速度提高了 5 倍
OpenCV	用于实时机器视觉的库
BlueZ	用于 Linux 的蓝牙栈
Pixman	用于操作像素的底层软件库。它支持图像合成、梯形光栅等
Theorarm	优化 Ogg Theora/Vorbis 解码库，用于 Arm 处理器。它基于 Theora 解码器（xiph.org 和 Tremolo 库支持）
Eigen	用于线性代数的 C++模板库，包括矩阵、向量和数值解法等
FFTW	用于计算一维或多维离散傅里叶变换 DFT 的 C 语言库。它支持实数和复数

除上面的开放库外，一些供应商也提供了基于 NEON 的资源，如表 13.2 所示。

表 13.2 NEON 第三方生态系统

供 应 商	工程和描述
Sasken Communication Technologies	H.264、VC1、MPEG-4
Skype	On2 VP6 视频、SILK 音频（v1.08+）
Ittiam Systems	MPEG-4、MPEG-2、H.263、H.264、WMV9、VC1、DD
Aricent	MPEG-4、H.263、H.264、WMV9、音频
Tata Elxsi	H.264、VC1
SPIRIT DSP	TeamSpirit R 声音和视频引擎
VisualOn	H.264、H.263、S.263、WMV、RealVideo、VC-1
Dolby	多通道音频处理，MS10/11
Adobe	Adobe Flash 产品
Techno Mathematical Co.，Ltd.（TMC）	MPEG-4
drawElements	二维图形用户接口库
ESPICO	音频：低比特率和数字影院
CoreCodec	CoreAVC、CoreMVC、CoreAAC、x264
DSP Concepts	NEON 优化的音频和信号处理库
Ace Thought Technologies	NEON 视频和音频

13.5 SDK 工具提供的优化选项

Vivado 集成开发环境中提供的 SDK 提供了大量的优化方法，帮助读者对算法进行优化。对于程序员来说，最容易的方法是使用编译器对 NEON 进行优化。

在 SDK 主界面的主菜单下，选择 Project→Properties，打开 "Properties for vga_shifter_ip_call" 对话框，如图 13.8 所示。在左侧窗口中，选择并展开 C/C++Build 选项。在展开项中，选择 Settings。在右侧窗口中，选择并展开 ARM gcc compiler 文件夹。在展开项中，找到并选择 Optimization 子文件夹。

在 Optimization Level 右侧的下拉框中提供了 5 个优化级。

图 13.8 "Properties for vga_shifter_ip_call"对话框

（1）None（-O0）：这是默认选项，没有执行任何优化过程。源代码中的每一行直接映射到可执行文件对应的指令。该选项提供了最清晰的源代码级调试，但是性能最低。

（2）Optimize（-O1）：最普通形式的优化，不需要考虑长度或速度。与-O0 相比，生成更快的可执行代码。

（3）Optimize more（-O2）：进行深度优化，如指令调度，但不包括代码长度和速度之间的权衡。

（4）Optimize most（-O3）：更积极的优化，如积极的函数内联。典型地，以镜像大小为代价，提高速度，而且这个选项使能-ftree - vectorize，引起编译器尝试从 C/C++代码中自动生成 NEON 代码。然而，在实际中，该级优化并不总能产生比-O2 级优化更快的运行代码。针对软件性能，具体问题具体分析。

（5）Optimize for size（-Os）：该优化级尝试生成最短长度的镜像代码，甚至以牺牲速度为代价。

除上面的优化级别外，程序员还应该设置编译器选项，用于告诉编译器生成 NEON 指令。

（1）- std = c99：c99 标准引入一些新的特性用于 NEON 优化。

（2）- mcpu = cortex - a9：指定目标处理器的名字。GCC 使用这个名字确定当生成汇编代码时发布哪种类型的指令。

（3）-mfpu=neon：指定目标器件可用的浮点硬件（或硬件仿真）。由于 Zynq-7000 内集成了一个 NEON 硬件单元，并且程序员想使用 NEON 加速软件运行的话，必须明确告诉编译器使用 NEON。

（4）-ftree-vectorize：在树上执行循环向量化。默认在-O3 中使能它。

（5）-mvectorize-with-neon-quad：默认情况下，GCC4.4 只对双字向量化。在大多数情况下，使用 4 字可以得到更好的代码性能和密度，这以开销较少数量的寄存器为代价。

（6）-mfloat-abi=name：指定所使用的浮点 ABI，允许的值如下。

① soft：使得 GCC 生成包含用于浮点操作库调用的输出。当在系统中没有硬件浮点处理单元时，该选项非常有用。

② softfp：允许使用硬件浮点单元生成指令，但是仍然使用软件浮点调用规则。这样会有更好的兼容性。

③ hard：允许生成浮点指令，以及使用 FPU 指定的调用规则。如果使用该选项，必须编译和链接具有相同设置的整个代码。

（7）-ffast-math：任何-O 选项都不会打开该选项，因为它可能导致不正确的程序输出，这取决于数学函数 IEEE/ISO 规则/规范的准确实现。然而，它可以生成更快的代码/程序，而不要求保证这些规范。

实际中，程序员可以将优化级设置为-O2 或-O3，并且在图 13.8 所示的"Other optimization flags"文本框中输入上面的选项。

但是，编译器不总是像我们期望的那样向量化 C 语言代码，因此程序员必须确认编译生成合适的指令。

（1）读反汇编代码。这是一种最直接的方式，但是要求程序员充分理解 NEON 指令。

（2）使用编译器选项-ftree-vectorizer-verbose=n，该选项控制向量化器打印的调试输出的个数。

思考与练习 13-1：分析代码清单 13-1 所示的代码。

代码清单 13-1　C 代码描述

```
void add_int( int * _restrict pa,int * _restrict pb,unsigned int n,int x)
{
    unsigned int i;
    for( i = 0; i < ( n &~ 3 ); i++ )
        pa[ i] = pb[ i]  + x;
}
```

分析上面的循环：

（1）指针访问对于向量化是否安全？
（2）所使用的数据类型是什么？
（3）循环迭代的次数？

将上面的循环展开到合适的迭代次数，执行类似指针化的其他转换，如代码清单 13-2 所示，并映射到 NEON 上，如图 13.9 所示。

代码清单 13-2 展开循环后的 C 代码描述

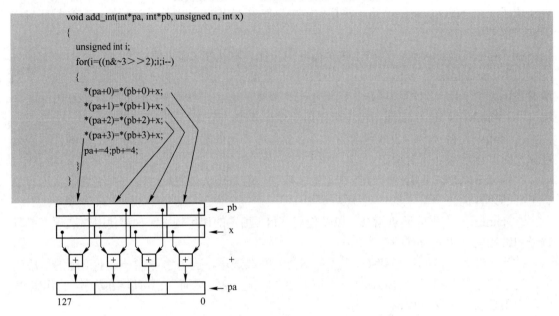

图 13.9 展开的 C 代码和 NEON 的映射

> **注**：c99 标准中引入关键字 **restrict**，用于告诉编译器一个指定访问的位置，不能被相同范围内的其他指针访问。换句话说，在当前范围内，由指针指向的存储器区域不能互相重叠。当没有使用 c99 时，GCC 编译器支持另一种形式，即 _restrict_ 和 _restrict。

13.6 使用 NEON 内联函数

NEON 的内联函数可以用于 armcc、GCC/g++ 和 llvm。由于它们使用了相同的语法，所以使用内联函数的源代码可以被这些编译器进行处理，并且提供了优异的代码移植性。

本质上，NEON 内联函数是对 NEON 汇编器指令的 C 函数封装，使得所写的 NEON 代码要比 NEON 汇编器代码容易维护，同时保持所生成的 NEON 指令具有良好的颗粒度。此外，根据包含不同宽度元素的 NEON 寄存器（D 寄存器和 Q 寄存器）定义了新的数据类型，这样允许创建 C 变量可以直接映射到 NEON 寄存器，并且这些变量可以直接传递到 NEON 内联函数中。然后，编译器生成 NEON 指令，而不是引起一个真正的子程序调用。

NEON 内联函数提供了对 NEON 指令的底层访问，但是编译器也会做一些与书写汇编语言相关的很困难的工作。例如：

（1）寄存器分配；

（2）用于最高性能的代码调度或指令重排序。

告诉 C 编译器所对应的目标处理器类型，这样就能对代码重排序，以保证 CPU 流水线以优化的方式工作。

内联函数的主要劣势是程序员不能强迫编译器准确地输出你所想要的代码。这样，在一些情况下,仍然可能需要使用 NEON 汇编器代码进行进一步的改善。

13.6.1　NEON 数据类型

Arm 的 C 语言扩展包含 NEON 类型的全部列表,如表 13.3 所示,格式如下:

```
<基本类型>x<元素的个数>_t
```

注:使用 NEON 类型和内联函数必须包含头文件 arm_neon.h。

表 13.3　NEON 类型的定义

64 位类型（D 寄存器）	128 位类型（Q 寄存器）	64 位类型（D 寄存器）	128 位类型（Q 寄存器）
int8x8_t	int8x16_t	uint32x2_t	uint32x4_t
int16x4_t	int16x8_t	uint64x1_t	uint64x3_t
int32x2_t	int32x4_t	float16x4_t	float16x8_t
int64x1_t	int64x2_t	float32x2_t	float32x4_t
uint8x8_t	uint8x16_t	poly8x8_t	poly8x16_t
uint16x4_t	uint16x8_t	poly16x4_t	poly16x8_t

此外,可以将上面的数据类型组合到一个称为 struct 的数据类型中,这些类型用于 NEON 指令加载/保存操作所使用的寄存器中,使得可以用一条指令加载/保存最多 4 个寄存器。例如:

```
struct int16x4x2_t
{
int16x4_t val[2];
} < var_name > ;
```

使用< var_name >.val[0]和< var_name >.val[1]访问结构体内的名字。

13.6.2　NEON 内联函数

本小节将介绍 NEON 内联函数的用法。

1. 声明一个变量

示例如下:

```
uint32x2_t vec64a,vec64b;        //创建两个 D 类型变量
```

2. 使用常数

(1) 将一个常数复制到一个向量的每个元素中:

```
uint8x8 start_value = vdup_n_u8(0);
```

(2) 将一个 64 位的常数加载到一个向量:

```
uint8x8 start_value = vreinterpret_u8_u64( vcreate_u64(0x123456789ABCDEFULL));
```

3. 将结果返回普通的 C 变量

为了访问来自 NEON 寄存器的结果,使用 VST 将它们保存到存储器,或者使用一个获得通道类型的操作将它返回到 Arm。例如:

```
result = vget_lane_u32( vec64a,0);        //提取 0 通道
```

4. 访问一个 Q 寄存器内的两个 D 寄存器

使用 vget_low 和 vget_high 实现这个目的。例如:

```
vec64a = vget_low_u32( vec128);           //将 128 位向量分割为两个 64 位的向量
vec64b = vget_high_u32( vec128);
```

5. 在两个不同 NEON 类型之间进行转换

NEON 内联函数为强类型,不能像 C 语言那样自由地进行类型转换。如果需要在两个不同类型的向量之间进行转换,则使用 vreinterpret,它并不真正地产生代码,但是能实现 NEON 类型的转换。例如:

```
uint8x8_t byteval;
uint32x2_t wordval;
byteval = vreinterpret_u8_u32( wordval);
```

注: 在 vreinterpret 后面紧跟着 u8。

下面给出一个例子说明使用 NEON 内联函数的方法,该例子实现来自两个向量的点乘积运算,如代码清单 13 - 3 所示。

代码清单 13 - 3   点乘运算的 NEON 内联函数

```
float dot_product_intrinsic( float * _restrict vec1,float * _restrict vec2,int n)
{
    float32x4_t vec1_q,vec2_q;
    float32x4_t sum_q = {0.0,0.0,0.0,0.0};
    float32x2_t tmp[2];
    float result;
    for( int i = 0; i<( n &~ 3 ); i+ = 4 )
    {
        vec1_q = vld1q_f32 ( &vec1 [ i ] );
        vec2_q = vld1q_f32 ( &vec2 [ i ] );
        sum_q = vmlaq_f32 ( sum_q,vec1_q,vec2_q );
    }
    tmp[ 0 ] = vget_high_f32 ( sum_q );
    tmp[ 1 ] = vget_low_f32 ( sum_q );
    tmp[ 0 ] = vpadd_f32 ( tmp[ 0 ],tmp[ 1 ] );
    tmp[ 0 ] = vpadd_f32 ( tmp[ 0 ],tmp[ 0 ] );
    result = vget_lane_f32 ( tmp[ 0 ],0 );
    return result;
}
```

> 注：使用 NEON 内联函数，必须要包含头文件 arm_neon.h。

6. 用 GCC 编译 NEON 内联函数

不像编译包含自动向量化的 C 代码那样需要复杂的选项，编译 NEON 内联函数相对简单，只需要很少的编译选项。

（1）-On。默认，设置优化级别。

（2）-mcpu = cortex - a9。对于 Zynq - 7000 SoC 来说，处理器类型为 Cortex - A9 。

（3）-mfpu = neon。对于 Zynq - 7000 来说，告诉编译器生成 NEON 指令。

13.7 优化 NEON 汇编器代码

有些时候，NEON 汇编代码是实现最优性能的唯一途径。当查看 NEON 内联函数时，在一些情况下很明显编译器不能产生最快的二进制代码。在这些情况下，仔细地手工编写汇编器代码会产生最好的 NEON 结果，特别是对性能要求非常苛刻的应用。

但是，它的劣势也很明显。首先，维护汇编代码非常困难。虽然所有的 Cortex - A 系列处理器都支持 NEON 指令，但是硬件实现是不同的，因此在流水线内的指令时序和移动是不同的，这就意味着NEON 的优化和处理器有关。在一个 Cortex - A 系列处理器上运行很快的代码并不一定能在 Cortex - A 系列的另一个处理器上运行得一样快。其次，编写汇编代码非常困难。为了成功编写代码，必须熟悉最基本的硬件特性，如流水线、调度问题、存储器访问行为和调度风险。

1. 存储器访问优化

典型地，NEON 用于处理海量数据。一个关键的优化就是确保算法以尽可能高的效率使用高速缓存。因此，考虑活动存储器位置的个数是非常重要的。典型的一个优化是，程序员设计一个算法，将逐一处理小的称为 tile 的存储器区域，将最大程度命中缓存和 TLB，减少对外部动态存储器的访问。

NEON 指令支持交织和解交织，如果正确使用，在一些情况下，可以显著改善性能。例如，VLD1/VST1 加载/保存多个寄存器到存储器，没有交织。其他 VLDn/VSTn 指令允许交织和解交织结构包含 2 个、3 个或 4 个相同大小的元素，如图 13.10 所示。

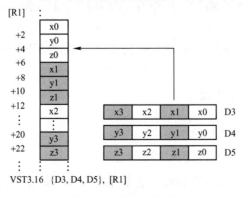

图 13.10 VST3 操作

（1）VLDn（向量加载多个"n"元素结构），从存储器中将"n"个元素加载到一个或多个 NEON 寄存器中，包含解交织（除非"n"=1）。每个寄存器中的每个元素都被加载。

（2）VSTn（向量保存多个"n"元素结构），将来自 NEON 寄存器的多个"n"元素结构写到存储器中，带有交织（除非"n"=1）。每个寄存器中的每个元素都被保存。

对于 VLD2 来说，加载两个或 4 个寄存器，解交织偶数和奇数元素。

2．对齐

即使 NEON 架构完全支持 NEON 的非对齐数据访问，指令操作码也包含一个对齐提示。当地址对齐和指定提示时，允许更快地实现。基地址由下面的指令指定：

[< Rn > : < align >]

实际中，数据对齐缓存行是非常有用的；否则，当数据跨越缓存行边界时，会引起填充额外缓存行的操作，降低了系统的整体性能。

3．指令调度

为了写出更快的 NEON 代码，程序员需要知道指定的 Arm 处理器如何调度代码。对于 Zynq - 7000 SoC 来说，就是 Cortex - A9 处理器。

当书写 NEON 代码时，使用结果调度是最主要的性能优化。典型地，在一个或两个周期内发布 NEON 指令，但结果并不总是在下一个周期就准备好（除了发布最简单的 NEON 指令，如 VADD 和 VMOV）。一些指令有很大的延迟，如 VMLA 乘和累加指令（对于一个整数，需要 5 个周期；对于浮点数，需要 7 个周期）。为了防止停止，考虑当前指令和使用这个结果的下一条指令的时间间隔。尽管有一些时间上的结果延迟，但这些指令已经充分流水化，一次可以实现几个操作。

另一个典型的调度问题是互锁。如果没有足够的硬件知识，可能将数据从存储器加载到寄存器，然后立即处理它们。如果存储器访问接收到一个缓存命中，这没问题。然而，如果缓存缺失，在处理数据之前，CPU 需要等待几十个周期将数据从外部存储器加载到高速缓存。因此，程序员通常需要放置指令，在 VLD 和使用这个结果的指令之间，该指令并不依赖于 VLD 指令。使用 Cortex - A9 预加载引擎，可以改善高速缓存的命中率。

此外，我们也知道外部缓存比片上存储器的速度要慢很多。因此，CPU 通过使用缓存和写缓冲区来避免这个问题。有时，如果有长猝发存储器写操作，则填满写缓冲区，停止下一条 VST 指令。

因此，当编写汇编指令时，最好用数据处理指令来分配存储器访问指令。

13.8　提高存储器访问效率

本节将介绍提高存储器访问效率的方法。

1．在一个猝发中，加载和保存多个数据

加载和保存多个指令允许从存储器中读取连续的字，或者将连续的字写到存储器中。这对于堆栈操作和存储器复制操作非常有用，特别是当没有使能缓存或存储器的一个区域标记为非缓存的。要理解这个问题,必须知道 AMBA 规范。在 AXI 总线上,每个存储器的访问都有开销。为了提高总线效率,使用 AXI 所支持的猝发。通过这种方式,只允许在一个字对齐的地址上操作一个字。与等效的多个加载和保存指令相比,通常情况下加载和保存多个指令能产生更好的效果。

通常,编译器只使用加载和保存多个指令实现堆栈操作。当程序专用于存储器访问时,如存储器复制,程序员需要人工尝试 LDM/STM 指令。类似地,NEON 也提供支持加载/保存多个元素的指令,格式如下:

```
VLDMmode{ cond} Rn{!},Register
VSTMmode{ comd} Rn{!},Register
```

其中,mode 为下面的一个。

(1) IA:在每个传输后地址递增。默认,可以删除。
(2) DB:在每个传输前地址递减。
(3) EA:空升序堆栈操作。对于加载,与 DB 相同;对于保存,与 IA 相同。
(4) FD:满降序堆栈操作。对于加载,与 IA 相同;对于保存,与 DB 相同。

2. 使用预加载引擎改善缓存命中率

Cortex - A9 处理器支持预测和无序执行,这样就能掩盖与存储器访问相关的延迟。从硬件的观点来说,所有预加载指令由 Cortex - A9 内带有专用资源的专用硬件处理。从软件的观点来看,缓存预加载意味着 3 条指令:PLD(数据缓存预加载)、PLI(指令缓存预加载)和 PLDW(预加载包含专门写的数据)。当缓存缺失时,PLD 指令引起缓存行填充操作,同时 CPU 继续执行其他指令。如果使用正确,PLD 指令可以掩盖存储器访问延迟。

3. 使用 Tile 防止缓存颠簸

在 Zynq - 7000 SoC 内,每个 Cortex - A9 都有自己的 32KB 指令和数据高速缓存,这些缓存为 4 路组关联。此外,512KB L2 缓存为 8 路组关联,由两个 CPU 共享。

13.9 自动向量化实现

本节将介绍自动向量化实现的方法。

13.9.1 导出硬件设计到 SDK

(1) 启动 Vivado 2015.4 集成开发环境。
(2) 在 Vivado 主界面的 "Quick Start" 标题栏下,单击 "Open Project" 图标。
(3) 出现 "Open Project" 对话框,定位到下面的路径:

```
E:\zynq_example\neon_vect
```

在该路径下,选择并双击 lab1.xpr,打开前面的设计工程。
(4) 在 Vivado 主界面左侧的 "Flow Navigator" 窗口下,找到并展开 IP Integrator 项。

在展开项中，找到并用鼠标左键单击 Open Block Design 项，打开设计块图。

(5) 在 Vivado 主界面的主菜单下，选择 File→Export→Export Hardware。

(6) 弹出"Export Hardware"对话框。由于设计中没有用到 Zynq - 7000 SoC 的 PL 部分，因此不要选中"Include bitstream"前面的复选框。

(7) 单击"OK"按钮。

(8) 弹出"Module Already Exported"对话框，提示发现已经存在的输出文件，是否覆盖该文件信息。

(9) 单击"OK"按钮。

(10) 在 Vivado 主界面的主菜单下，选择 File→Launch SDK。

(11) 出现"Launch SDK"对话框，使用默认的导出路径。

(12) 单击"OK"按钮，启动 SDK 工具。

13.9.2 创建新的应用工程

(1) 在 SDK 主界面左侧的"Project Explorer"窗口下，按"Shift"键和鼠标左键，同时选中 system_wrapper_hw_platform_0 文件夹、hello_world0 文件夹和 hello_world0_bsp 文件夹。单击鼠标右键，出现浮动菜单。在浮动菜单内，选择 Delete。

(2) 出现"Delete Resources"对话框，选中"Delete project contents on disk（cannot be undone）"前面的复选框。

(3) 单击"OK"按钮。

(4) 出现"Delete Resources"对话框。

(5) 单击"Continue"按钮。

(6) 在 SDK 主界面的主菜单下，选择 File→New→Application Project。

(7) 出现"New Project：Application Project"对话框，参数设置如下。

① Project name：neon_vect_0。

② 其他使用默认设置。

(8) 单击"Next"按钮。

(9) 出现"New Project：Templates"对话框，在"Available Templates"列表中选择"Empty Application"。

(10) 单击"Finish"按钮。

(11) 在 SDK 左侧的"Project Explorer"窗口内，找到并展开 neon_vect_0 文件夹。在展开项中，找到并选择 src 子文件夹。

(12) 单击鼠标右键，出现浮动菜单。在浮动菜单内，选择 Import。

(13) 出现"Import"对话框，找到并展开 General 选项。在展开项中，找到并选择 File System。

(14) 单击"Next"按钮。

(15) 出现"Import"对话框，单击"Browse"按钮。

(16) 出现"Import from directory"对话框，选择导入文件夹的下面路径：

\zynq_example\source\neon\lab1

（17）单击"确定"按钮。

（18）在"Import"对话框的右侧窗口中，给出了 source 文件夹下的可选文件。在该窗口中，分别选中"benchmarking.c"、"benchmarking.h"和"main_autovectorization.c"前面的复选框。

（19）单击"Finish"按钮。

（20）可以看到在 src 子文件夹下，添加了 benchmarking.c、benchmarking.h 和 main_autovectorization.c 文件。

13.9.3 运行软件应用工程

本小节将介绍如何在 Z7-EDP-1 硬件开发平台上运行应用工程。为了在 xc7z020clg484 SoC 上正确运行程序，以及在 SDK 设计环境下观察运行的结果，需要对运行环境进行配置。

（1）正确连接 Z7-EDP-1 平台与 PC/笔记本电脑之间的 USB-JTAG 和 USB-UART 电缆，并给平台接入+5V 的直流电源，通过板上的 SW10 开关打开电源。

（2）找到并单击 SDK 主界面下方的"SDK Terminal"标签。单击该标签右侧的 按钮。

（3）出现"Connect to serial port"对话框，选择正确的串口端口和参数。

（4）单击"OK"按钮，退出该对话框。

（5）在 SDK 主界面左侧的"Project Explorer"窗口下，选中 neon_vect_0，单击鼠标右键，出现浮动菜单。在浮动菜单内，选择 Run As → Launch on Hardware（GDB）。

思考与练习 13-2：查看给出的代码，在代码中有很多人工展开循环实现向量化的描述，请读者根据前面所介绍的知识，进行说明。

思考与练习 13-3：当编译器的优化级别设置为-O3 时，并且使能 NEON 自动向量化的情况下，请读者评估执行自动向量化所需要的时间。

思考与练习 13-4：当编译器的优化级别设置为-O3 时，读者可以看到自动插入的 PLD 指令。

13.10 NEON 汇编代码实现

本节将介绍 NEON 汇编代码实现的方法，内容包括导出硬件设计到 SDK、创建新的应用工程和运行软件应用工程。

13.10.1 导出硬件设计到 SDK

（1）启动 Vivado 2015.4 集成开发环境。

（2）在 Vivado 主界面的"Quick Start"标题栏下，单击"Open Project"图标。

（3）出现"Open Project"对话框，定位到下面的路径：

E：\zynq_example\neon_assembly

在该路径下，选择并双击 lab1.xpr，打开前面的设计工程。

（4）在 Vivado 主界面左侧的"Flow Navigator"窗口下，找到并展开 IP Integrator 项。在展开项中，找到并用鼠标左键单击 Open Block Design 项，打开设计块图。

（5）在 Vivado 主界面的主菜单下，选择 File→Export→Export Hardware。

（6）弹出"Export Hardware"对话框。由于设计中没有用到 Zynq - 7000 SoC 的 PL 部分，因此不要选中"Include bitstream"前面的复选框。

（7）单击"OK"按钮。

（8）弹出"Module Already Exported"对话框，提示发现已经存在的输出文件，是否覆盖该文件信息。

（9）单击"OK"按钮。

（10）在 Vivado 主界面的主菜单下，选择 File→Launch SDK。

（11）出现"Launch SDK"对话框，使用默认的导出路径。

（12）单击"OK"按钮，启动 SDK 工具。

13.10.2 创建新的应用工程

本小节将介绍如何在 SDK 中创建新的应用工程。

（1）在 SDK 主界面左侧的"Project Explorer"窗口下，按"Shift"键和鼠标左键，同时选中 system_wrapper_hw_platform_0 文件夹、hello_world0 文件夹和 hello_world0_bsp 文件夹。单击鼠标右键，出现浮动菜单。在浮动菜单内，选择 Delete。

（2）出现"Delete Resources"对话框，选中"Delete project contents on disk（cannot be undone）"前面的复选框。

（3）单击"OK"按钮。

（4）出现"Delete Resources"对话框。

（5）单击"Continue"按钮。

（6）在 SDK 主界面的主菜单下，选择 File→New→Application Project。

（7）出现"New Project：Application Project"对话框，参数设置如下

① Project name：neon_assembly_0。

② 其他使用默认设置。

（8）单击"Next"按钮。

（9）出现"New Project：Templates"对话框，在"Available Templates"列表中选择 "Empty Application"。

（10）单击"Finish"按钮。

（11）在 SDK 左侧的"Project Explorer"窗口内，找到并展开 neon_assembly_0 文件夹。在展开项中，找到并选择 src 子文件夹。

（12）单击鼠标右键，出现浮动菜单。在浮动菜单内，选择 Import。

（13）出现"Import"对话框。找到并展开 General 选项。在展开项中，找到并选择 File System。

（14）单击"Next"按钮。

（15）出现"Import"对话框，单击"Browse"按钮。
（16）出现"Import from directory"对话框，选择导入文件夹的下面路径：

\zynq_example\source\neon\lab1

（17）单击"确定"按钮。
（18）在"Import"对话框的右侧窗口中，给出了 source 文件夹下的可选文件。在该窗口中，分别选中"benchmarking.c"、"benchmarking.h"、"main_pld.c"和"neon_dot_product.s"前面的复选框。
（19）单击"Finish"按钮。
（20）可以看到在 src 子文件夹下，添加了 benchmarking.c、benchmarking.h、main_pld.c 和 neon_dot_product.s 文件。

13.10.3 运行软件应用工程

本小节将介绍如何在 Z7-EDP-1 硬件开发平台上运行应用工程。为了在 xc7z020clg484 SoC 上正确运行程序，以及在 SDK 设计环境下观察运行的结果，需要对运行环境进行配置。

（1）正确连接 Z7-EDP-1 平台与 PC/笔记本电脑之间的 USB-JTAG 和 USB-UART 电缆，并给平台接入+5V 的直流电源，通过板上的 SW10 开关打开电源。
（2）找到并单击 SDK 主界面下方的"SDK Terminal"标签。单击该标签右侧的➕按钮。
（3）出现"Connect to serial port"对话框，选择正确的串口端口和参数。
（4）单击"OK"按钮，退出该对话框。
（5）在 SDK 主界面左侧的"Project Explorer"窗口下，选中 neon_assembly_o，单击鼠标右键，出现浮动菜单。在浮动菜单内，选择 Run As→Launch on Hardware（GDB）。

思考与练习 13-5：请读者评估在 NEON 内使用汇编代码后执行代码的时间。

第14章 Cortex-A9 外设模块结构及功能

本章将主要介绍 Zynq 平台的主要外设模块。通过本章内容的学习，读者可以详细了解 Zynq 平台主要外设模块的工作原理，为在后续的嵌入式系统中使用这些外设模块打下基础。

14.1 DDR 存储器控制器

DDR 存储器控制器支持 DDR2、DDR3 和 LPDDR2 器件，该控制器主要由 3 个模块构成：一个 AXI 存储器接口 DDRI、一个包含交易调度器（DDRC）的核控制器和一个包含数字 PHY（DDRP）的控制器。

DDR 存储器控制器的 4 个 64 位同步 AXI 接口可以为多个 AXI 主设备服务。每个 AXI 接口有它自己专用的 FIFO 用于不同的交易。

DDRC 包含两个 32 入口的内容寻址存储器（Content Addressable Memory, CAM）。CAM 用于执行 DDR 数据服务调度，使得 DDR 存储器控制器达到最大效率。它也包含"飞越"通道，用于低延迟访问通道。所以，允许不经过 CAM 就可以访问 DDR 存储器控制器。

PHY 处理来自控制器的读/写请求，并将其转换为目标 DDR 存储器控制器时序约束范围内的指定信号。PHY 使用来自控制器的信号产生内部信号，这些信号通过数字 PHY 连接到引脚上，这些引脚通过 PCB 信号线直接连接到 DDR 器件。

系统通过 DDRI 和它的 64 位 AXI 存储器接口访问 DDR。这 4 个 AXI 接口的定义如下：

① 一个 AXI 接口专用于 L2 缓存，该缓存用于 CPU 和 ACP；
② 两个 AXI 接口专用于 AXI_HP 接口；
③ 剩下一个接口由 AXI 互联上的所有其他主设备共享。

DDRI 对来自 8 个端口（4 个读和 4 个写）的请求进行仲裁。仲裁器选择一个请求，将其传递到 DDR 存储器控制器和交易调度器。基于下面情况的组合进行仲裁：

（1）请求等待的时间；
（2）请求的紧急程度；
（3）当前请求是否与以前请求在同一页面（DDRC）中。

通过单个接口，DDRC 接收到来自 DDRI 的请求。所有的读和写流都经过这个接口。读请求包含一个标记域，它同来自 DDR 的数据一起返回。DDRP 用于驱动 DDR 交易。

DDR 存储器控制器的 PHY 包含下面的特性：

（1）支持 1.2V LPDDR2 存储器、1.8V DDR2 存储器和 1.5V DDR3 存储器；
（2）可选的 16 位或 32 位数据总线宽度；

(3) 在 16 位宽度配置模式下,有可选的 ECC;
(4) 软件命令自动刷新入口与命令到达时自动退出;
(5) 自主的 DDR 断电入口和基于可编程空闲周期的退出;
(6) 数据读猝发自动标定;
(7) AXI 存储器接口;
(8) 包含独立读/写端口和 32 位寻址功能的 4 个 64 位 AXI 接口;
(9) 支持用于每拍数据的写数据字节使能;
(10) 使用 HPR 队列的低延迟读机制;
(11) 连接到每个端口的特殊紧急信号;
(12) 在 64MB 边界的可编程的 TrustZone 区域;
(13) 用于每个端口的两个不同 ID(不支持锁定交易)的抢占访问。

DDR 存储器控制器的核控制器和交易调度器包含下面的特性:
(1) 交易调度用于优化数据带宽和延迟;
(2) 高级的重排序引擎,用于连续地读和写、随机地读和写,以及最大化存储器访问效率;
(3) 写 - 读地址冲突检查,刷新写缓冲区;
(4) 遵守 AXI 排序规则。

14.1.1　DDR 存储器控制器接口及功能

DDR 存储器控制器块图如图 14.1 所示。DDRC 系统视图如图 14.2 所示。图 14.2 中,L2 缓存连接到端口 0,用于服务 CPU,以及连接到 PL 的 ACP 接口,通常将这个端口配置成低延迟的。AXI 互联上的其他主设备连接到端口 1。从 4 个高性能端口 M0~M3 到 AXI_HP 与 DDR 互联的 M0 和 M1 端口,使用仲裁逻辑控制。

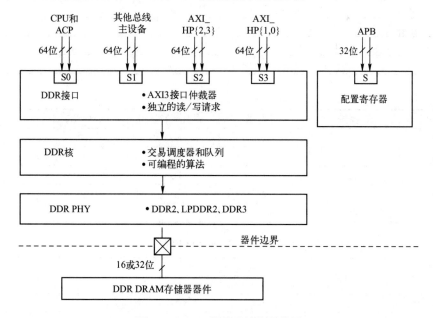

图 14.1　DDR 存储器控制器块图

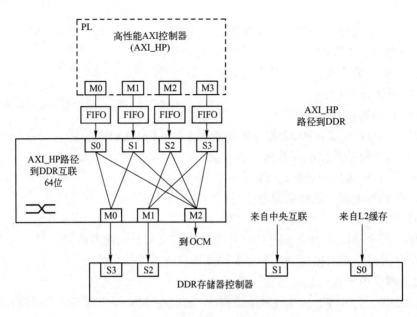

图 14.2 DDRC 系统视图

DDR 存储器控制器的连接限制如表 14.1 所示。表 14.2 给出了配置存储器的例子。表 14.3 给出了 DDR I/O 信号。

表 14.1 DDR 存储器控制器的连接限制

参 数	值	注 意
最大存储器容量	1GB	1GB 的地址映射分配到 DRAM
总的数据宽度（比特）	16、32	ECC 只能用一个 32 位的配置；16 位数据位，10 个校验位
元件数据宽度（比特）	8、16、32	不支持 4 位设备
最大组	1	
最大行地址	15	
最大组地址	3	

表 14.2 配置存储器的例子

技 术	元件配置	元件个数	元件容量	总的宽度	总的容量
DDR3	×16	2	4Gb	32	1GB
DDR2	×8	4	2Gb	32	1GB
LPDDR2	×32	1	2Gb	32	256MB
LPDDR2	×16	2	2Gb	32	512MB
LPDDR2	×16	1	2Gb	16	256MB

表 14.3 DDR I/O 信号

引脚名字	I/O	连接			描 述
		DDR2	LPDDR2	DDR3	
DDR_CK_{P, N}	O	×	×	×	差分时钟输出
DDR_CKE	O	×	×	×	时钟使能

续表

引脚名字	I/O	连接			描述
		DDR2	LPDDR2	DDR3	
DDR_CS_B	O	×	×	×	芯片选择
DDR_RAS_B	O	×		×	RAS 行地址选通
DDR_CAS_B	O	×		×	CAS 列地址选通
DDR_WE_B	O	×		×	写使能
DDR_BA[2:0]	O	×		×	组地址
DDR_A[14:0]	O	×	×	×	DDR2/DDR3：行/列地址 LPDDR2：CA[9:0] = DDR_A[9:0]
DDR_ODT	O	×		×	输出动态端接信号
DDR_DRST_B	O			×	复位
DDR_DQ[31:0]	I/O	×	×	×	32 位数据总线[31:0] 16 位数据总线[15:0] 带有 ECC 的 16 位数据
DDR_DM[3:0]	O	×	×	×	数据字节屏蔽
DDR_DQS_{P, N}[3:0]	I/O	×	×	×	差分数据选通
DDR_VR{P, N}	~	×	×	×	DCI 参考电压。用于标定输入端接和 DDR I/O 驱动能力
DDR_VREF{0, 1}	~	×		×	参考电压

14.1.2 AXI 存储器接口

AXI 存储器接口如图 14.3 所示。下面对该模块进行简单的说明。

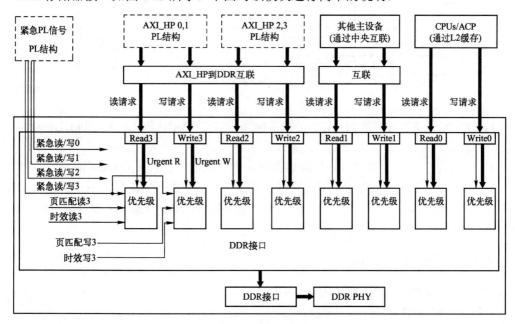

图 14.3 AXI 存储器接口

（1）在仲裁器内，每个 AXI 主接口都有一个相关的从接口。

（2）接口内的命令 FIFO，保存与命令有关的地址、长度和 ID 号。每个命令可以请求最多（读或写）16 个数据传输。来自 AXI 的命令可以分解成多个请求，并送到仲裁器内。

（3）写接口内的 RAM 保存写数据和字节使能，读接口内的 RAM 保存核返回的数据。

（4）从核返回的数据可以是无序的，RAM 用于数据的重新排序。

（5）进入的命令首先保存在命令 FIFO 中。

> 注：（1）时效机制用于测量每个请求未处理的时间，给较长等待时间的请求分配高优先级。给每个 DDRC 读和写分配 10 位的优先级。这个值作为时效计数器的初始值，该计数器递减计数。在任何时刻，给较低的时效计数器分配高一级的优先级。
>
> （2）每个 DDRC 的读和写接口都有一个紧急输入信号。这个信号作为时效计数器的复位。当确认紧急时，复位时效计数器，使得该接口具有最高优先级。
>
> （3）页匹配就是每个新请求的地址和前一个请求的地址进行比较，以确定页面是否匹配。

14.1.3　DDR 核和交易调度器

DDRC 块图结构如图 14.4 所示。下面对这个模块进行简要说明。

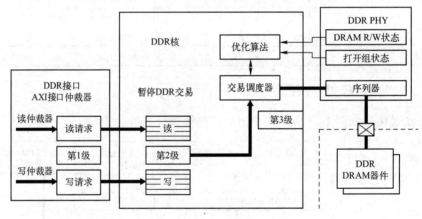

图 14.4　DDRC 块图结构

（1）DDRC 负责将 PS 和 PL AXI 主设备使用的字节寻址物理地址映射到 DDR 行地址、组地址和列地址。

（2）通过选择 AXI 比特位，地址映射器将线性请求地址关联到 DRAM 地址。

（3）每个 DRAM 行、组合列地址比特位有一个相关的寄存器向量，用于确定在 DDRC DRAM_addr_map_bank、DRAM_addr_map_row 和 DRAM_addr_map_col 寄存器内的 AXI 源地址。

14.1.4　DDRC 仲裁

DDRC 的仲裁机制由 3 个级构成，如图 14.5 所示。

1. 第 1 级是 AXI 读/写接口仲裁

第 1 级 AXI 接口仲裁的流程如图 14.6 所示。通过一个 SLRC 主机可编程寄存器

（DDR_URGENT_SEL）选择请求的紧急位：

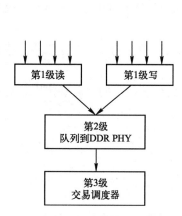

图 14.5　DDRC 的仲裁机制

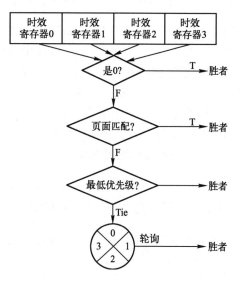

图 14.6　第 1 级 AXI 接口仲裁的流程

（1）在 AXI 接口内，4 位 QoS 信号的最高有效位用于一个端口（除了 CPU 和 APU 使用的存储器端口 0）；

（2）可编程 SCLR 寄存器值（DDR_URGENT）；

（3）PL 信号 DDRARB[3：0]比特位中的一位。

2. 第 2 级是读对写

第 2 级读对写的仲裁逻辑如图 14.7 所示。从图中可以很清楚地知道对读和写仲裁的过程。

3. 第 3 级是交易调度器

第 3 级交易状态的调度如图 14.8 所示。图中说明了在读和写之间交易之间变换的过程。

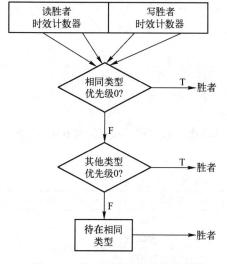

图 14.7　第 2 级读对写的仲裁逻辑

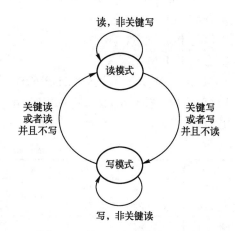

图 14.8　第 3 级交易状态的调度

14.1.5 DDR 存储器控制器 PHY

DDR 存储器控制器的 PHY（DDRP）处理来自 DDRC 的读和写请求，并将其变换成目标 DDR 存储器控制器时序约束内指定的信号。DDRP 包含 PHY 控制、主 DLL 和读/写校准逻辑。

（1）PHY 数据切片模块处理 DQ、DM、DQS、DQ_OE 和 DQS_OE 信号。PHY 控制模块将所有的控制信号与 ddr_3x 时钟同步。

（2）两个 DLL，一个是主 DLL，另一个是从 DLL。DLL 负责为 DDR 存储器创建所需要的精确时序窗口，用于读和写数据。

（3）写校准和读校准是新的功能，用于 DDR3 操作。这些功能帮助自动确定用于对齐数据的延迟时序。

14.1.6 DDR 初始化和标定

为了启动 PS DRAM 接口操作，必须按照下面的步骤操作。

（1）DDR 时钟初始化。

典型地，由于互联使用 ddr_2x，其时钟设置为 2/3 的工作频率。在实际中，DDR PLL 频率应该配置成一个偶数倍的工作频率。表 14.4 给出了频率配置例子（假设 50MHz 参考时钟）。

表 14.4 频率配置例子

工作频率	DDR PLL 频率	ddr_3xclk 频率	ddr_2xclk 频率	PLL 反馈分频器	ddr_3xclk 分频器	ddr_2xclk 分频器
525.00	1050.00	525.00	350.00	21	2	3
400.00	1600.00	400.00	266.67	32	4	6

其配置的步骤如下。

① 将 PLL 置位旁路模式。
② PLL 复位。
③ 设置 PLL 反馈分频值。
④ 设置 ddr_2xclk 和 ddr_3xclk 分频器的值。
⑤ 释放 PLL 复位。
⑥ 等待 PLL 锁定。
⑦ 去除 PLL 旁路模式。

（2）标定 DDR I/O 缓冲区（DDR IOB）阻抗。

通过使用数字控制阻抗（Digital Controlled Impedance，DCI），DDR IOB 支持标定的驱动能力和端接能力。表 14.5 给出了 DCI 的设置。

表 14.5 DCI 的设置

DDR 标准	端接阻抗	驱动阻抗	VRN 阻抗（到 VCCO_DDR）	VRP 阻抗（到 GND）
DDR3	40Ω	—	80Ω	80Ω
DDR3L	40Ω	—	80Ω	80Ω
DDR2	50Ω		100Ω	100Ω
LPDDR2	无	40Ω	40Ω	40Ω

(3) DDR 控制器（DDRC）寄存器编程。

(4) DRAM 复位和初始化。

(5) DRAM 输入阻抗（On Die Impedance，ODT）标定。

DDR2 和 DDR3 器件提供了片上端接，其特性如下。

① DDR3 设备：通过模式寄存器 MR1 控制 ODT 的值，可以禁止使用，或者设置为 120Ω、60Ω 或 40Ω。

② DDR2 设备：通过模式寄存器 EMR 控制 ODT 的值，可以禁止使用，或者设置为 75Ω、150Ω 或 50Ω。

③ 所有的 DDR3 和 DDR2 设备都有专门的 ODT 输入引脚，在工作的过程中用于使能 ODT。

(6) DRAM 输出阻抗（Ron）标定。

在 DDR2、DDR3 和 LPDD2 器件上提供了输出阻抗控制特性，如下所示。

① DDR2 设备：通过模式寄存器 EMR 控制，可以设置为较强的强度和减弱的驱动能力。

② DDR3 设备：通过模式寄存器 MR1 控制，可以设置为 40Ω 或 35Ω。

③ LPDDR2 设备：通过模式寄存器 MR3 控制，其值设置在 34~120Ω 之间（默认为 40Ω）。

(7) DRAM 训练。

① 写校准。

② 读 DQS 门限训练。

③ 读数据眼图训练。

该步骤并不是必需的，有些并不支持这个步骤。

14.1.7 纠错码

在配置半个总线宽度（16 位）数据宽度时，可选支持 ECC。

一个 DRAM DDR 设备要求 26 个比特位。其中，16 个比特位用于数据；10 个比特位用于 ECC。每个数据字节使用一个独立的 5 位 ECC 域。该模式提供单比特纠错和两个比特检错的能力。ECC 比特位与数据位和没用的比特位相交织。表 14.6 给出了 ECC 数据位的分配情况。

表 14.6 ECC 数据位的分配情况

DRAM DQ 引脚	引脚个数	功　　能
DQ[7:0]	8	第一个数据字节
DQ[15:8]	8	第二个数据字节
DQ[20:16]	5	与第一个字节相关的 ECC 位
DQ[23:21]	3	3/b000
DQ[28:24]	5	与第二个字节相关的 ECC 位
DQ[31:29]	3	3/b000

思考与练习 14 - 1：请说明 Zynq - 7000 内 DDR 存储器控制器的结构特点和实现的功能。

14.2 静态存储器控制器

静态存储器控制器（Static Memory Controller，SMC）能够用来作为 NAND Flash 控制器或一个并行端口存储器控制器。SMC 支持下面的存储器类型：

① NAND Flash；

② 异步 SRAM；

③ NOR Flash。

系统总线主设备能访问图 14.9 所示的 SMC 控制器。通过 APB 接口配置 SMC 的寄存器。SMC 处理所有的命令、地址、数据和存储器设备协议。通过对寄存器的读/写操作，控制 SMC 模块。SMC 基于 Arm 的 PL353 静态存储器控制器标准。

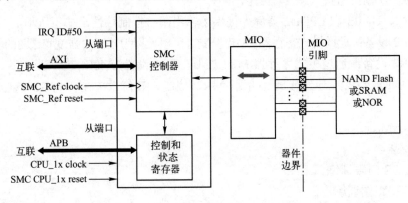

图 14.9　SMC 控制器

SMC 可以配置成两种工作模式。

1．NAND Flash 接口

其特性如下。

（1）支持开放 NAND Flash 接口（Open NAND Flash Interface，ONFI）规范 1.0。

（2）包含单芯片可选择的 8/16 位 I/O 宽度。

（3）16 个字的读数据 FIFO 和 16 个字的写数据 FIFO。

（4）8 个深度的命令 FIFO。

（5）可编程 I/O 时序。

（6）包含软件帮助的 1 比特 ECC 硬件。

（7）异步存储器操作模式。

2．并行（SRAM/NOR）接口

其特性如下。

（1）包含最多 25 个地址信号的 8 位数据宽度。

（2）两个片选信号（包含 24 位地址信号）。

（3）16 个字的读数据 FIFO 和 16 个字的写数据 FIFO。

（4）8个字的命令FIFO。
（5）根据每个芯片选择可编程的I/O时序。
（6）异步存储器操作模式。

14.2.1 静态存储器控制器接口及功能

SMC的块图结构如图14.10所示。

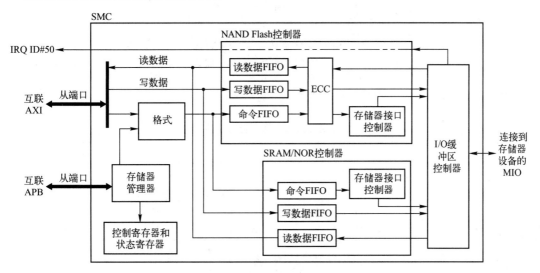

图14.10　SMC的块图结构

1．互联接口

对于NOR/SRAM控制器模式，AXI接口为存储器映射模式。这样，软件可以读/写存储器；对于NAND Flash控制器模式，软件通过AXI接口将命令写到NAND控制器。

APB总线提供了一个存储器映射的区域，用于软件对控制寄存器和状态寄存器分别进行读和写操作。

2．存储器管理器

用于跟踪和控制CPU_1x时钟域的状态机。通过APB接口连接该模块：
（1）负责更新寄存器的值，该值用于存储器时钟域；
（2）控制直接发送命令到存储器；
（3）控制进入和离开低功耗模式。

3．格式

格式模块用于在来自AXI从接口的存储器访问和存储器管理器之间进行仲裁。来自管理器的请求具有最高优先级。基于轮询策略，对来自AR和AW的请求进行仲裁。格式模块也将AXI传输映射到正确的存储器传输，并且通过命令FIFO将这些存储器传输传递到存储器接口。

> 注：（1）NOR 和 NAND Flash 可以配置成一个启动设备。
> （2）SMC 有两个时钟域，分别由 CPU_1x 和 SMC_Ref 时钟驱动，这两个时钟域是异步的。
> （3）SMC 有两个复位输入。SMC CPU_1x 复位用于 AXI 和 APB 接口，SMC_Ref 复位用于 FIFO 和 SMC 剩余的部分，包括控制寄存器和状态控制器。
> （4）IRQ ID #50 是 SMC 的唯一中断，用于 NAND 存储器接口忙标记，而 SRAM/NOR 存储器不产生中断。
> （5）SMC 基于 Arm 的 PL353，控制器 0 工作在 SRAM/NOR 模式下，控制器 1 工作在 NAND 模式下。在一个系统中，只能选择其中一个模式，不可以同时使用两个模式。

SMC 寄存器和存储器的基地址映射如表 14.7 所示。

表 14.7 SMC 寄存器和存储器的基地址映射

基地址	名字	描述	类型
0xE000_E000	SMC	配置寄存器基地址	寄存器
0xE100_0000	SMC_NAND	SMC NAND Flash 基地址	存储器
0xE200_0000	SMC_SRAM0	SMC SRAM 片选 0 基地址	存储器
0xE400_0000	SMC_SRAM1	SMC SRAM 片选 1 基地址	存储器

14.2.2 静态存储器控制器和存储器的信号连接

SMC 和 NOR 器件的连接如图 14.11 所示。SMC 和 SRAM 的连接如图 14.12 所示。SMC 和 NAND Flash 的连接如图 14.13 所示。

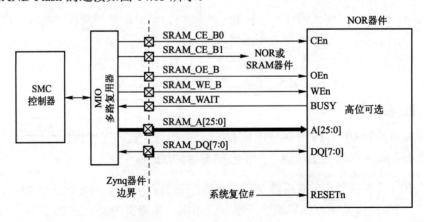

图 14.11 SMC 和 NOR 器件的连接

下面信号为 NAND Flash 信号。

（1）CE：NAND Flash 片选信号。
（2）ALE：NAND Flash 地址锁存信号。
（3）WE：NAND Flash 写使能信号。

第 14 章 Cortex-A9 外设模块结构及功能

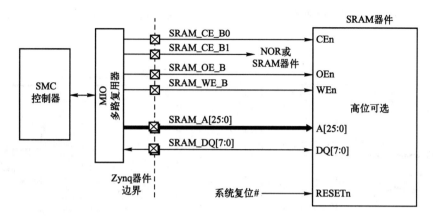

图 14.12 SMC 和 SRAM 的连接

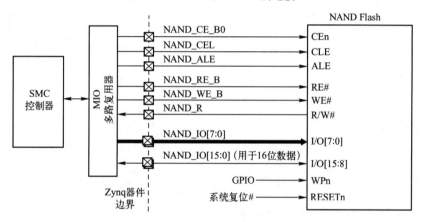

图 14.13 SMC 和 NAND Flash 的连接

（4）I/O[7：0]：NAND Flash 的数据/地址/命令信号。

（5）CLE：NAND Flash 片选信号。

（6）RE：NAND Flash 读使能信号。

（7）WE：NAND Flash 写使能信号。

思考与练习 14-2：请说明 Zynq-7000 内静态存储器控制器的结构特点和所实现的功能。

14.3 四-SPI Flash 控制器

如图 14.14 所示，四-SPI Flash 控制器是 PS 内输入/输出外设（IOP）的一部分，它用于访问多位串行 Flash 存储器器件，该存储器用于高吞吐量和低引脚个数的应用。它基于 Cadence 的 SPI 核（熟悉 Cadence 规范对理解四-SPI Flash 控制器是有帮助的）。

四-SPI Flash 控制器支持两种主要操作模式：I/O 模式和线性模式。

1. I/O 模式

通过两个专用的存储器空间，执行所有对 Flash 存储器的访问。一个空间用于发送命令；另一个空间用于读取返回的状态或数据。I/O 模式支持所有的存储器操作，如编程、擦除和读取。

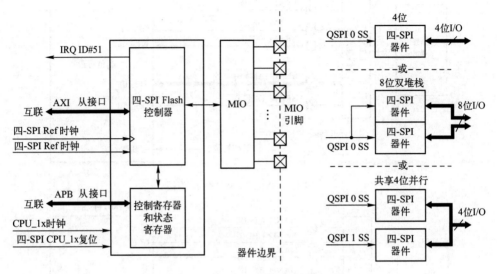

图 14.14　Q‑SPI 控制器系统级结构

2．线性模式

存储器子系统的行为类似一个普通的包含地址和数据总线的只读存储器。

> **注**：由于共享引脚，当使用 QSPI 时，不能使用 NOR 或 NAND。

四‑SPI Flash 控制器的关键特性如下。

（1）用于 I/O 模式的 100MHz 32 位 APB3.0 接口允许对设备进行全面的控制，其中包括编程、读和配置。

（2）用于读操作的 100MHz 32 位 AXI 线性地址映射接口。

（3）支持单个芯片选择线。

（4）支持写保护信号。

（5）4 位双向 I/O 信号。

（6）×1、×2 和×4 的读速度。

（7）×1 和×4 的写速度。

（8）在主模式下，最高的 SPI 时钟频率为 100MHz。

（9）入口 FIFO 为 256 字节深度，用于提高读四‑SPI 的效率。

（10）支持四‑SPI 设备的最大容量为 128MB 密度。

（11）支持包含两个 SPI 设备的双 SPI 模式。

此外，线性地址映射模式特征如下。

（1）支持通过 AXI 接口规则的只读存储器访问。

（2）最多两个 SPI Flash 存储器。

（3）一个存储器最大为 16MB 地址空间，两个存储器最大为 32MB 地址空间。

(4) AXI 读接受能力为 4。
(5) 支持 AXI 递增和回卷地址猝发读操作。
(6) 自动将对普通存储器的读操作转换为 SPI 协议，反之亦然。
(7) 串行、双和四 - SPI 模式。

> 注：（1）当使用一个四 - SPI 设备时，必须连接到 QSPI 0，其地址映射范围为 FC00_0000～FCFF_FFFF（16MB）。
> （2）对于共享的 4 位并行 I/O 总线，第一个的地址空间和前面一样，QSPI 1 设备的地址映射范围为 FD00_0000～FDFF_FFFF（16MB）（地址范围是固定的）。
> （3）对 8 位双堆栈模式（8 位），存储器的地址为 FC00_0000～FDFF_FFFF 32MB 的连续地址空间。

14.3.1 四 - SPI Flash 控制器功能

四 - SPI Flash 控制器的内部结构如图 14.15 所示，该控制器工作在 I/O 模式或线性模式下，下面对这两种工作模式进行说明。

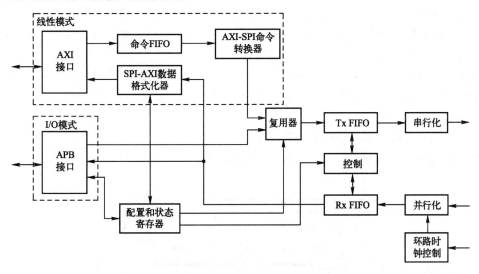

图 14.15 四 - SPI Flash 控制器的内部结构图

1. I/O 模式

在 I/O 模式下，主机根据 SPI 协议，负责准备和格式化指令与数据。来自主机的一个指令由一个字或 4 个字节构成。首先，通过互联和控制器的 32 位 APB 接口，将指令发送到 Tx FIFO。然后，发送逻辑串行化指令，并且将比特流发送到 Flash 存储器。

在一个时刻，控制器只能处理一条指令。在发送一条新的指令前，主机一直等待完成前面的指令，否则将导致不正确的操作结果。当控制器正在发送一条指令时，它同时采样读数据信号的原始数据。然后执行串行 - 并行转换，并且将转换后的数据保存在 Rx FIFO 中。主机需要根据 SPI 协议从 Rx FIFO 中过滤出原始的数据，以得到相关的数据内容。控制器并不修改来自主机的指令或所捕获的数据。

为了从一个存储器地址位置读取数据，主设备需要执行下面的步骤。

（1）向 Tx FIFO 发送读指令代码和存储器地址。
（2）向 Tx FIFO 发送假数据字，用于从 SPI 存储器取出将所读的数据。
（3）一直等待，直到 Rx FIFO 中有可用的原始数据为止，然后取回数据。
（4）从原始数据中去除额外的数据信息。
（5）将过滤的数据对齐（可选择使用大端或小端方式）。

在 I/O 模式下，只要 Tx FIFO 接收到指令，就能自动地将指令串行化并发送到 Flash 存储器中。通过手工控制，软件也可以控制发送过程。在人工控制模式下，软件控制串行化过程的开始，选择确认/不确认存储器的片选信号。

自动模式效率更高，人工模式可保证操作的可靠性。

2. 线性模式

四 - SPI Flash 控制器有一个 32 位从接口，用于支持读操作的线性地址映射。当一个主设备通过这个从接口发送一个 AXI 读命令时，内部的状态机产生 I/O 命令。通过 AXI 接口加载相应的存储器数据，并且将数据返回（注：不支持写命令）。

在线性模式下，Flash 存储器子系统类似一个包含 AXI 接口的只读存储器，它支持 4 个深度的流水线。控制器负责执行 AXI 到 SPI 协议的转换过程。通过降低软件开销，线性模式改善了用户的友好性和总的读取存储器的吞吐量。

该模式支持递增或回卷地址的猝发读操作，但不支持固定地址的猝发读操作，否则将导致发生读错误。因此，可识别的 arbust[1：0]的值为 2'b01 或 2'b10。所有的读访问为字对齐模式，数据宽度为 32 位。

AXI 从接口支持最多 4 个提交的读命令。

四 - SPI Flash 控制器的简化结构如图 14.16 所示。

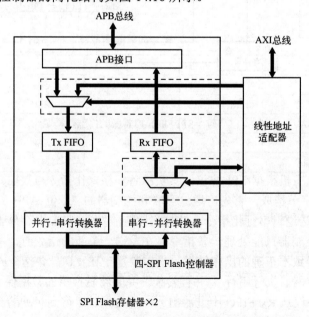

图 14.16　四 - SPI Flash 控制器的简化结构

在线性模式下,四 - SPI Flash 控制器的读指令代码由用户在 APB 寄存器中定义,它是下面 6 种 Flash 读模式中的一种。

(1) 普通(比特串行)(0x03)。
(2) 快速(比特串行)(0x0B)。
(3) 快速双输出(0x3B)。
(4) 快速四输出(0x6B)。
(5) 快速双输入/输出(0xBB)。
(6) 快速四输入/输出(0xEB)。

快速四输入/输出提供了最高的读操作吞吐量。图 14.17 给出了快速读四输入/输出指令的序列。

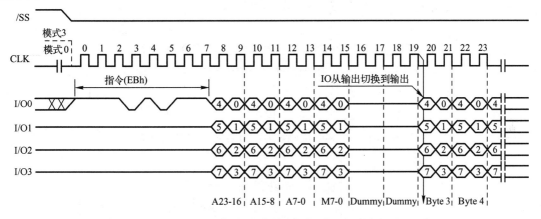

图 14.17　快速读四输入/输出指令的序列

在 I/O 模式下,软件负责对所有读数据的管理;在线性模式下,控制器负责对所有必要的读数据管理。

14.3.2　四 - SPI Flash 控制器反馈时钟

四 - SPI Flash 控制器的接口支持一个可选的反馈时钟引脚 qspi_sclk_fb_out,该引脚用于高速四 - SPI 时序模式,接收来自 I/O 内部输入的反馈信号。

当使用四 - SPI 反馈模式时,qspi_sclk_fb_out 时钟只能连接上拉或下拉电阻,用于设置 MIO 电压模式(vmode)。

当工作频率高于 FQSPICLK2 时,MIO[8](qspi_sclk_fb_out)只能浮空或连接到上拉或下拉电阻,必须使能四 - SPI 外部反馈。

14.3.3　四 - SPI Flash 控制器接口

这里将给出四 - SPI Flash 控制器和外部存储器的各种信号连接图。图 14.18 给出了与 4 位四 - SPI Flash 存储器的连接。图 14.19 给出了与 8 位双堆栈四 - SPI Flash 存储器的连接。图 14.20 给出了与 4 位双并行四 - SPI Flash 存储器的连接。图 14.21 给出了与 1 位四 - SPI Flash 存储器的连接。

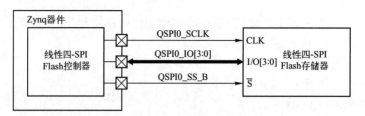

图 14.18 与 4 位四 - SPI Flash 存储器的连接

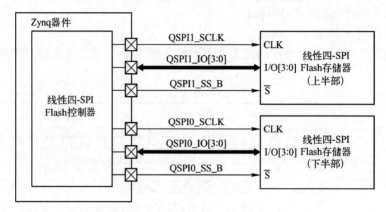

图 14.19 与 8 位双堆栈四 - SPI Flash 存储器的连接

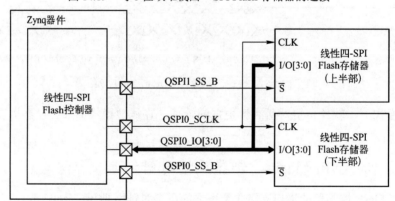

图 14.20 与 4 位双并行四 - SPI Flash 存储器的连接

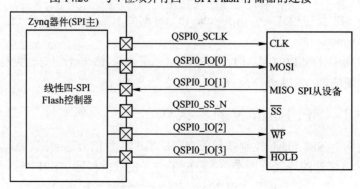

图 14.21 与 1 位四 - SPI Flash 存储器的连接

思考与练习 14-3：请说明 Zynq-700 内四-SPI Flash 控制器的结构特点和实现的原理。

14.4 SD/SDIO 外设控制器

SD/SDIO 外设控制器控制连接到 PS 的 SDIO 设备和 SD 存储卡，它支持 SD 和 SDIO 宽范围的低功耗应用，如 802.11 设备、GPS、WiMAX、UWB 等。SD/SDIO 的互联结构如图 14.22 所示。

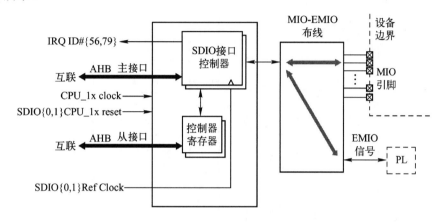

图 14.22 SD/SDIO 的互联结构

SD/SDIO 外设与 SD 主控制器规范 2.0 A2 部分充分兼容，支持 SDMA（单操作 DMA）、ADMA1（4KB 边界限制的 DMA）和 ADMA2（ADMA2 允许数据在任意位置和在 32 位系统存储器内任何数量的分散—聚集 DMA）操作。该控制器内核支持在 SD1 和 SD4 内最多 7 个功能，但是不支持 SPI 模式。它支持 SD 高速（SD High Speed，SDHS）和 SD 高容量（SD High Capacity，SDHC）卡标准。

通过 AHB 总线，SD/SDIO 外设与 Arm 处理器通信。SDIO 设备控制器支持一个内部的 FIFO，以满足吞吐量的要求。

PS 在 IOP 内支持两个 SD/SDIO 设备，其主要特性如下。

（1）只支持主模式。
（2）100MHz AHB 主—从 CPU_1x 时钟。
（3）支持 AHB 主 DMA 接口。
（4）支持 AHB 从接口。
（5）支持 2.0 版本的 SD 规范。
（6）支持全速和低速模式。
（7）支持一和四位接口。
（8）低速时钟 1~400kHz。
（9）支持高速接口。
（10）全速时钟为 1~50MHz 时，最大吞吐量为 25MB/s。
（11）支持存储器、I/O 和组合卡。

（12）支持功耗控制模式。
（13）支持中断。
（14）1KB 数据 FIFO 接口。

14.4.1 SD/SDIO 控制器功能

SD/SDIO 控制器的内部结构如图 14.23 所示。下面对 SD/SDIO 各个模块的功能进行说明。

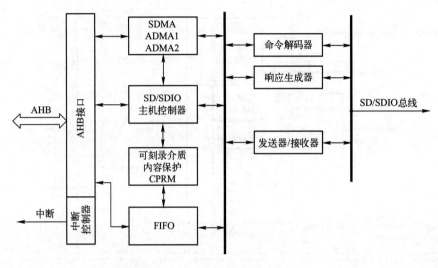

图 14.23　SD/SDIO 控制器的内部结构

1．AHB 接口和中断控制器

当使用编程 I/O 的方法时，通过 AHB 接口执行数据交易。然后，处理器使用缓冲数据端口用于数据传输。当在 DMA 的控制下进行这些交易时，AHB 接口初始化存储器的读或写交易。如果在中断状态寄存器中设置了任何一个中断位，控制器则向处理器发送中断。

2．SD/SDIO 主机控制器

SD/SDIO 主机控制器包含下面 5 个部分。

（1）主机 - AHB 控制器：AHB 总线和主机控制器之间的桥。

（2）所有的控制寄存器：通过 AHB 接口，由处理器对 SD/SDIO 控制器内的寄存器编程。根据中断状态寄存器和中断使能寄存器的设置，确认是否产生中断。

（3）总线监控器：用于检查 SD 总线上的冲突和超时条件。

（4）时钟生成器：通过时钟控制寄存器内的编程值，时钟生成器模块产生 SD 时钟。

（5）RC 生成器和校验器：CRC7 和 CRC16 生成器为传输到 SD/SDIO 卡的命令和数据计算 CRC。CRC7 和 CRC16 校验器检查响应，以及来自 SD/SDIO 卡所接收到数据中的任何 CRC 错误。为了检查卡上的数据缺陷，主机可以在有效数据中包含错误校验码。ECC 码用于在卡上保存数据。应用程序使用这个 ECC 码对用户数据进行解码。

3. FIFO

控制器使用 512 字节的双端口 FIFO,执行写和读操作。在写交易时(数据从主机传到卡上),处理器将数据交替地写到第一个和第二个 FIFO 中。当数据传输到卡上时,交替地使用第二个和第一个 FIFO,这样就提供了最高的数据吞吐量。

在读交易时(数据从卡上传输到处理器),来自卡上的数据交替地写到两个 FIFO 上。当来自一个 FIFO 的数据传输到处理器时,第二个 FIFO 使用来自卡上的数据填,反之亦然。这样也优化了数据吞吐量。

如果控制器不能接受来自卡上的任何数据,它会发出一个读等待信号,通过停止时钟来终止来自卡上的数据传输。

4. 命令控制逻辑

在写交易时,控制逻辑将数据线上的数据发送出去;在读交易时,接收数据。命令控制逻辑模块将命令线上的数据发送出去。然后,接收来自 SD2.0 或 SDIO2.0 的响应。

5. 用于 DMA 和非 DMA 的流写与读操作

WRITE_DAT_UNTIL_STOP(CMD20)从主机写一个数据流,从给定的地址开始,直到 STOP_TRANSMISSION 为止。

READ_DAT_UNTIL_STOP(CMD11)读来自卡的一个数据流,从给定的地址开始,直到 STOP_TRANSMISSION 为止。

当写/读一个数据块到/从第一个 FIFO 后,主机控制器切换到第二个 FIFO,但是驱动程序并没有编程指定流交易模块的大小。所以,对于所有的数据流写和数据流读交易,推荐主机驱动程序将 FIFO 最大的深度值写到块大小寄存器中。由于 SDIO FIFO 切片设置为 512 字节,主机驱动程序必须写 512 字节到块大小寄存器。当写/读 512 字节的数据时,产生 FIFO 切换。

6. 时钟和复位

SDIO 的时钟来自驱动程序所编程的时钟控制寄存器内所设置的 SDIO 参考时钟,并且只有当驱动程序设置使能 SD 时钟时才可以使用该时钟。对于 SD 来说,最高的时钟频率是 50MHz。

主机控制器支持全速和高速卡。对于高速卡,主机控制器在 SDIO 上升沿时给出数据;对于全速卡,主机控制器在 SDIO 下降沿给出数据。

主机控制器支持 SD2.0/SDIO2.0 主机控制器规范所支持的所有软件复位。

14.4.2 SD/SDIO 控制器传输协议

1. 不使用 DMA 的数据传输

不使用 DMA 的数据传输处理流程如图 14.24 所示。

> 注:在步骤(4)中,设置传输模式为数据传输方向,自动使能 CMD12 和使能 DMA。

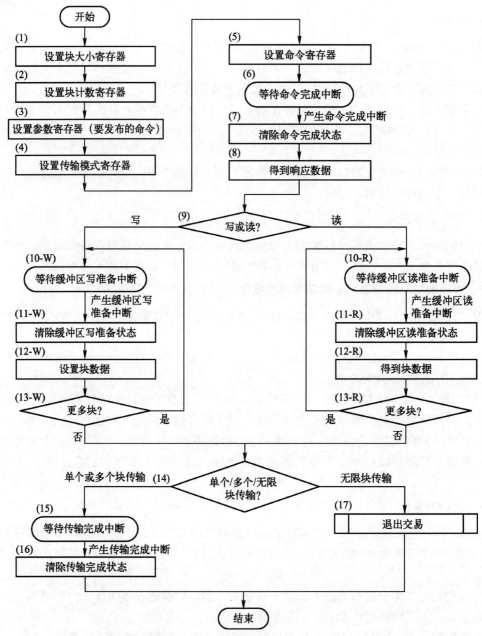

图 14.24 不使用 DMA 的数据传输处理流程

2. 使用 DMA 的数据传输

使用 DMA 的数据传输处理流程如图 14.25 所示。

3. 使用高级 DMA 的数据传输

使用高级 DMA（简称 ADMA）的数据传输处理流程如图 14.26 所示。

第 14 章 Cortex-A9 外设模块结构及功能

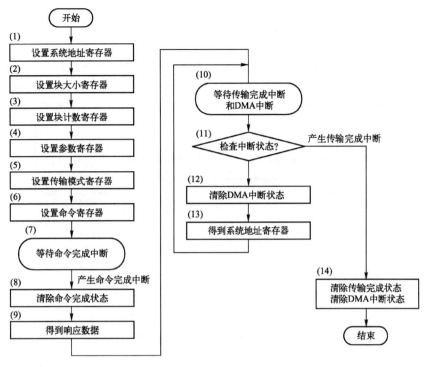

图 14.25 使用 DMA 的数据传输处理流程

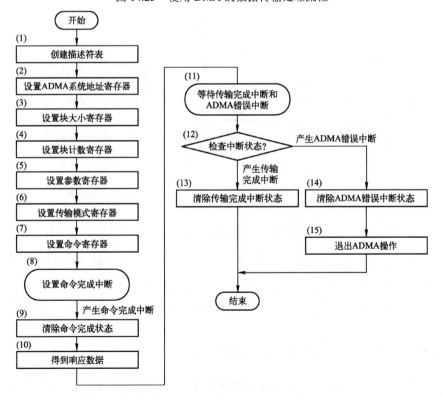

图 14.26 使用 ADMA 的数据传输流程

14.4.3 SD/SDIO 控制器端口信号连接

Zynq-7000 器件提供两个安全数字（SD）端口，支持 SD 和 SDIO 设备。SDIO 块图如图 14.27 所示。

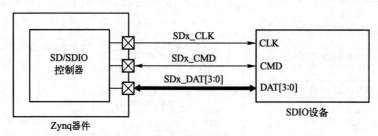

图 14.27 SDIO 块图

SD/SDIO 控制器支持下面的配置。
（1）安全数字（Secure Digital，SD）存储器。
（2）安全数字输入/输出（Secure Digital Input/Output，SDIO）存储器。

一些 SD 卡提供了两个额外的引脚：卡检测（Card Detect，CD）和写保护（Write Protect，WP），如图 14.28 所示，当检测到卡，或者写保护时，这两个引脚接地。它们需要使用 50kΩ 的电阻上拉到 MIO 电压。

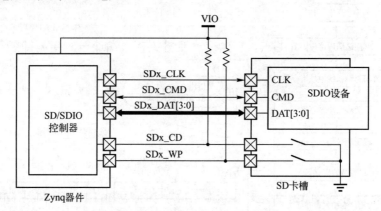

图 14.28 SD/SDIO 卡检测和卡保护

SDIO 的电源引脚 SDx_POW 用于控制给 SDIO 卡槽的供电。根据所选择 MIO 组的电压和连接到 SD/SDIO 总线的设备，可能需要使用电平转换器件。

思考与练习 14-4：请说明 Zynq-700 内的 SD/SDID 控制器的结构特点和实现的功能。

14.5 USB 主机、设备和 OTG 控制器

通用串行总线（Universal Serial Bus，USB）是一个电缆总线，支持在主设备和大量同时可访问的外设之间进行数据交换。通过一个主机调度和基于令牌的协议，所连接的设备共享

USB 带宽。当主设备和其他外设之间进行操作时，总线允许添加、配置、使用和删除外设。

USB2.0 规范取代了 USB 的早期规范。USB2.0 提供给用户一个更高的带宽，将吞吐量提高了 40 倍。

除 USB1.1 所提供的 1.5Mb/s 和 12Mb/s 的数据率外，USB2.0 还增加了一个 480Mb/s 的速率。

PS 包含两个 USB2.0 OTG（On - The - Go）外设。OTG 补充了 USB 规范，将 USB 扩展到点对点的应用。使用 USB OTG 技术，可以将消费电子、外设和便携设备互连在一起。它包含 USB OTG，因此能开发 USB 全兼容外设，也能充当 USB 主机的角色。

根据连接器信号，OTG 状态机确定了设备的角色，然后根据连接的方式，以合适的工作模式初始化设备（主机或外设）。连接后，根据所实现的任务，设备能使用 OTG 协议确认其所处的角色。图 14.29 给出了 USB 的系统级结构。

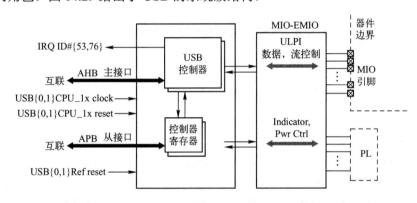

图 14.29　USB 的系统级结构

两个 USB OTG 外设包含以下的特性。

（1）使用相同的硬件，USB2.0 高速 OTG 实现双重角色的 USB 主机控制器或 USB 设备控制器操作。

（2）USB2.0 高速设备。

（3）USB2.0 高速主机控制器。

（4）Intel EHCI 主控制器。USB 主机控制器寄存器和数据结构兼容 Intel EHCI 规范。设备控制器寄存器和数据结构是程序员对扩展主机控制接口（Enhanced Host Controller Interface，EHCI）的扩展。

（5）直接支持 USB 收发器低引脚接口（USB Transceiver Low Pin Interface，ULPI）。ULPI 模块支持 8 位。

（6）支持最多 12 个端点。

USB - HS 控制器的特性如下。

（1）直接连接 USB1.1。使用 EHCI 标准数据结构，全速和低速外设设备没有一个配套的 USB1.1 主机控制器或主机控制器驱动软件。

（2）支持集成的交易转换器（多端口实现），直接连接 USB1.1 全速和低速设备，而没有一个配套的 USB1.1 主控制器或主控制器驱动软件。

（3）可配置的双口 RAM 缓冲区。将来自 USB 的时序要求与系统总线上的存储器延迟进行隔离。

14.5.1 USB 控制器接口及功能

1．USB 控制器 OTG 接口及功能

USB 控制器 OTG 接口的内部结构如图 14.30 所示。

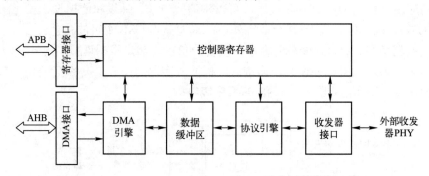

图 14.30　USB 控制器 OTG 接口的内部结构

1）控制器寄存器

通过 APB 接口，软件用来访问存储器映射的状态和控制寄存器。每个控制器包含自己的寄存器集。软件能读控制器的能力、配置控制器并控制它的操作模式。

在控制器寄存器内存在两组寄存器。这些寄存器与 Intel EHCI 规范所定义的 USB 主机控制器寄存器兼容。当作为一个目标设备或主机控制器时，额外的寄存器集提供了控制功能。

2）DMA 引擎

DMA 引擎模块将一个总线主设备引入系统互联。通过 USB，它负责在 USB 控制器和系统存储器内的缓冲区之间来回移动所有数据。DMA 控制器必须访问来自所有系统存储器的控制信息和包数据。

根据队列结构，将控制信息保留在链表中。DMA 控制器是一个状态机，它能分析在这个控制器规范内所定义的所有数据结构。

（1）在主机模式下，数据结构来自 EHCI。

（2）在设备模式下，所设计的数据结构类似 EHCI 规范中的结构。使用这些数据结构，使得允许对设备的响应进行排队，以用于设备中每个活动的"管道"。

3）数据缓冲区

数据缓冲区是协议引擎模块和 DMA 控制器之间一个可配置的 FIFO。这些 FIFO 用于对系统存储器总线的请求进行分离。这些请求来自 USB 本身，它要求非常急的时序。在主机和设备模式下，对 FIFO 缓冲区的操作是不同的。在 OTG 模式下，不使用数据缓冲区。

（1）在主机模式下，通过双端口存储器，为每个方向保留一个数据通道。

（2）在设备模式下，为系统中的每个活动端点保留多个 FIFO 通道。

4）协议引擎

该模块解析所有的 USB 令牌，并且产生响应包，它负责：

(1) 检查所有的错误；
(2) 域生成检查；
(3) 格式化所有必要的握手行为；
(4) 在总线上发送回显信息和数据响应包。

在主机模式下，对根据一个 USB 基本时间帧所必须生成的任何一个信号，协议引擎也生成 USB 协议所要求的所有令牌包。

协议引擎没有单独的交易转换器。在 DMA 和协议引擎模块内，实现与 USB2.0 高速 Hub 相关的交易转换器功能，更好地连接全速和低速设备。

5）收发器接口

该模块的基本功能是将 USB 外设的剩余部分和收发器进行隔离，将发送器所发出的所有信号移动到外设的基本时钟域内。这样，允许 USB 外设与系统处理器和它相关的资源同步运行。

6）USB 时钟

USB ULPI 时钟为连接到 Zynq-7000 器件的一个输入。

2. USB-HS 控制器接口及功能

设计 USB-HS 控制器是为了在一个片上系统设计内更高效地使用系统资源。32 位的系统总线接口包含一个链状 DMA 引擎，减少了在应用处理器上的中断负载，并且减少了专用于服务 USB 接口请求的总的系统总线带宽。通过以线速度将数据传输到系统存储器，将控制器所要求的缓冲存储器降低到最小。

在策略上，USB-HS 将处理器用于那些没有苛刻时序响应的任务，这样进一步降低了所使用特殊逻辑的数量。

USB-HS 模式块图如图 14.31 所示。图中有多个收发器，然而对每个 USB 接口，PS 只有一个实现。

设备 API 提供了一个例程框架，用于在 USB 设备应用中控制 USB-HS 外设。USB-HS 设备的 API 简化了用于开发一个 USB 应用时所需要的软件任务。API 提供了连接到用户应用代码的高层数据传输接口。API 管理所有的寄存器，以及与 USB-HS 控制器交互的中断和 DMA。API 也包含用于处理所有 USB 设备所要求框架命令的例程。

主机堆栈提供了分层的软件结构，用于控制 USB 总线系统的所有方面。主机控制器设备（Host Controller Device，HCD）接口，控制一个嵌入的 EHCI 主机功能。USB 驱动层提供用于枚举、管理和调度一个 USB 总线系统的所有 USB 驱动函数。堆栈的高层支持标准的 USB 设备类接口，用于一个嵌入式系统内的设备驱动。

Xilinx 不支持主机堆栈，这应该由所选择的操作系统或第三方供应商提供。

3. USB 设备和主机数据结构

1）设备数据结构

设备操作的功能用于在存储器镜像和 USB 之间来回传输数据请求。使用一个链表传输描述符集合，该链表指向队列的头部，设备控制器执行数据传输。图 14.32 给出了端点队列头部的结构。

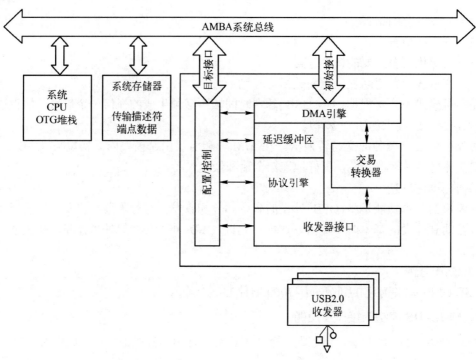

图 14.31　USB-HS 模式块图

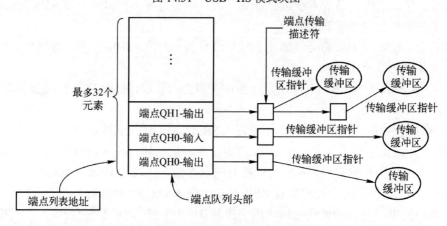

图 14.32　端点队列头部的结构

USB-HS 设备的 API 为应用程序开发者提供合并和提取设备操作模型内所包含所有信息的能力。在该 USB 控制器的实现中，用于设备操作的所有端点都是双向的。

2）主机数据结构

主机数据结构用于在软件和主机控制器之间传递控制、状态和数据。周期帧列表是一个指针数组，用于周期调度。在周期帧内使用一个滑动窗口。异步传输列表用于所有的控制和管理块传输。图 14.33 给出了周期调度结构。图 14.34 给出了异步调度结构。

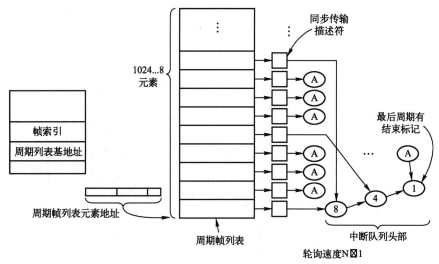

图 14.33 周期调度结构

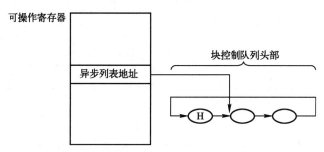

图 14.34 异步调度结构

14.5.2 USB 主机操作模式

本小节将介绍 USB 主机控制器与 EHCI 的不同之处。不同之处主要表现在以下两个方面。

(1) 嵌入的交易转换器:在主模式下允许直接连接,但全速设备和低速设备不需要一个配套的控制器。

(2) 嵌入的设计接口:该控制器没有一个 PCI 接口,因此不可使用在 EHCI 规范中指定的 PCI 配置寄存器。

图 14.35 给出了嵌入的交易转换器和基于 Hub 的交易转换器的对比。

图 14.35 左侧所示的是基于 Hub 的交易转换器,两个异步交易能以乒乓的方式处理来自每个端点的访问。周期的流量聚集到一个单个的数据流,用于每个方向。用于每个管道的状态和现场的一个表格保存在基于 Hub 的交易转换器中。

图 14.35 右侧显示了相同的功能集成到主机控制器中的方法。将这些功能集成到主机控制器中的优势体现在对 EHCI 主机控制器驱动程序的改动最小。同时,允许在没有配套控制器或外部 USB2.0 Hub 的情况下,直接连接全速和低速设备。此外,包含嵌入的交易转换器的主机控制器比基于 Hub 的交易转换器所要求的本地数据存储要少。这是因为直接由主存储器提供数据存储,而不是由基于硬件的 FIFO 提供。

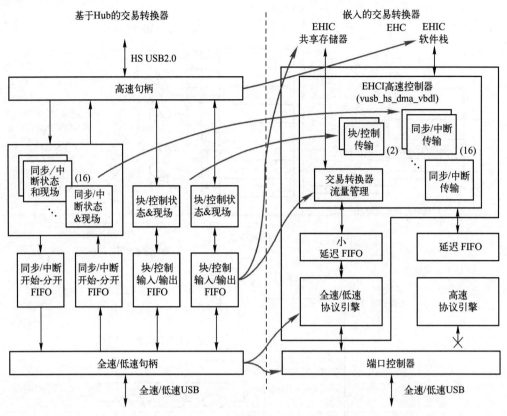

图 14.35 嵌入的交易转换器和基于 Hub 的交易转换器的对比

如果需要注意图中右侧每个同步/中断传输现场保存的大小时,将现场的数目从 16 减少到 4。

在能力寄存器中添加了下面的条目,用于支持嵌入的交易转换器。

(1)将 N_TT 添加到 HCSPARAMS。

(2)将 N_PTT 添加到 HCSPARAMS。

在操作寄存器中添加了下面的条目,用于支持嵌入的交易转换器。

(1)TTCTRL 是一个新的寄存器。

(2)在 PORTSCx 寄存器添加两位端口速度(PSPD)位。

> **注:**(1)由于控制器内嵌入交易转换器中,当端口复位操作后,总是设置使能端口比特位。因此,不需要与标准 EHCI 主机控制器驱动程序那样,要求进行修改来处理直接连接的全速和低速设备或 Hub。
>
> (2)通过 HS Hub,用于 FS/LS 交易的数据结构也可用于包含嵌入的交易转换器的根Hub。
>
> (3)FSTN 数据结构只能用于 FS/LS 设备是一个高速 Hub 下游设备的情况。不能用于FS/LS 设备直接连接到主机端口的情况。

14.5.3 USB 设备操作模式

设备操作功能用于在存储器镜像和 USB 之间传输请求。通过使用指向一个队列头部的链表描述符集，设备控制器可以执行数据传输的任务。为了初始化设备，软件执行下面的步骤。

（1）在 USBMODE 寄存器内设置控制器模式为设备模式。
（2）在系统存储器中分配和初始化队列头部。
（3）配置 ENDPOINTLISTADDR 指针。
（4）使能与 USB-HS 模式相关的处理器中断。
（5）设置 Run/Stop 比特位为 Run 模式。

设备的状态图如图 14.36 所示，该设备的状态图给出了 USB2.0 设备的状态。设备控制器驱动程序（Device Controller Driver，DCD）保证状态在默认 FS/HS 状态和地址/配置状态之间正确变化。当进入地址状态时，DCD 对地址寄存器编程。当进入到配置状态时，说明已经正确地完成了对 ENDPTCTRLx 寄存器的编程和对相关队列头部的初始化。

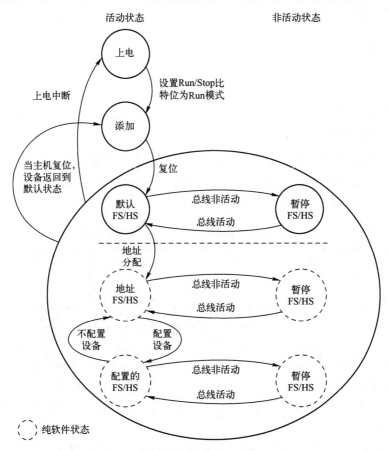

图 14.36 设备的状态图

USB 定义了一个端点，该端点也称为一个设备端点或一个地址端点。作为 USB 设备上唯一可寻址的部分，它能在主机和设备之间的一个通道上发送和接收数据。端点的地址由端点数量和端点的方向共同确定。

主机和指定设备的一个端点之间的通道表示一个数据管道。对于一个设备的端点 0，总是一个控制类型的数据通道，该端点用于设备的恢复和枚举。USB 支持其他端点类型，包括块、中断和同步。每个端点类型有指定的行为，这个行为与包的响应和错误处理相关。

可以配置 USB - HS 设备控制器硬件，它最多支持 12 个端点。DCD 可以使能、禁止和配置端点类型。

每个端点的方向本质上是独立的，在每个方向上使用不同的行为进行配置。例如，DCD 可以配置端点 1 - IN 为块端点，端点 1 - OUT 为同步端点。

在存储器内，要求为每个端点方向分配一个队列。对于 12 个端点，使用数字，要求 24 个队列的头部，用于每个端点方向。设备控制器的停止响应矩阵如表 14.8 所示。

表 14.8 设备控制器的停止响应矩阵

USB 包	端点停止位	影响端点停止位	USB 响应
非控制端点接收到 SETUP 包	N/A	无	停止
非控制端点接收到 IN/OUT/PING 包	1	无	停止
非控制端点接收到 IN/OUT/PING 包	0	无	ACK/NAK/NYE
控制端点接收到 SETUP 包	N/A	清除	ACK
控制端点接收到 IN/OUT/PING 包	1	无	停止
控制端点接收到 IN/OUT/PING 包	0	无	ACK/NAK/NYE

1．中断/块端点操作

用于中断和块端点的设备控制器的行为是相同的。所有到达块的有效 IN 和 OUT 交易将使用 NAK 握手，除非端点已经准备好。一旦准备好端点，则开始数据传输。表 14.9 给出了设备控制器的中断/块端点总线响应矩阵。

表 14.9 设备控制器的中断/块端点总线响应矩阵

	停 止	没 准 备	准 备	下 溢	上 溢	没 有 使 能
Setup	忽略	忽略	忽略	N/A	N/A	总线超时
In	停止	NAK	发送	强制位填充错误	N/A	总线超时
Out	停止	NAK	接收+NYET/ACK	N/A	NAK	总线超时
Ping	停止	NAK	ACK	N/A	N/A	总线超时
Invalid	忽略	忽略	忽略	忽略	忽略	总线超时

2．控制端点操作

所有到达控制端点的请求，开始一个设置周期。后面跟着一个可选的数据周期和一个所要求的状态周期。

设备控制器总处于接收周期。DCD 为数据周期创建一个设备传输描述符，并且准备传输。类似地，DCD 创建一个设备传输描述符（字节长度为零）并且准备端点，用于状态周期。表 14.10 给出了设备控制器的控制端点总线响应矩阵。

第 14 章　Cortex - A9 外设模块结构及功能

表 14.10　设备控制器的控制端点总线响应矩阵

令牌类型	端点状态						
	停止	没准备	准备	下溢	上溢	没有使能	设置闭锁
Setup	忽略	忽略	忽略	N/A	N/A	总线超时	
In	停止	NAK	发送	强制位填充错误	N/A	总线超时	N/A
Out	停止	NAK	接收+NYET/ACK	N/A	NAK	总线超时	N/A
Ping	停止	NAK	ACK	N/A	N/A	总线超时	N/A
Invalid	忽略	忽略	忽略	忽略	忽略	总线超时	忽略

3．同步端点操作

同步端点用于实时调度的数据传递，它的操作模式不同于主机管理的块和控制数据管道。设备控制器实时传递的特点如下。

（1）发送/接收的每个帧内有准确的 MULT 包。不支持可变长度的包。

（2）不使用 NAK 响应。发送零长度包用于响应到达一个未准备端点的 IN 请求。对于未准备的 RX 端点，在设备控制器内，对于一个 OUT 响应发送忽略包。

（3）基本的请求总是调度 DTD 内的描述，该描述用于传输下一帧。如果在那个帧后 ISO - DTD 仍然活动，则 ISO - DTD 保持准备状态，一直到执行或取消 DCD 为止。

设备控制器中同步端点总线响应矩阵如表 14.11 所示。

表 14.11　同步端点总线响应矩阵

	停　止	没准备	准　备	下　溢	上　溢	没有使能
Setup	停止	停止	停止	N/A	N/A	总线超时
In	NULL 包	NULL 包	发送	强制位填充错误	N/A	总线超时
Out	忽略	忽略	接收	N/A	丢弃包	总线超时
Ping	忽略	忽略	忽略	忽略	忽略	总线超时
Invalid	忽略	忽略	忽略	忽略	忽略	总线超时

14.5.4　USB OTG 操作模式

在 OTG 操作模式下，需要独立于控制器模式来执行任务。用于 OTG 模式的寄存器，其独立于控制器模式，对 USB CMD 寄存器的复位比特位的写操作不会影响这些寄存器。

> **注：** 对于 USB 主设备和 OTG 控制器的更详细描述请参考《Zynq - 7000 EPP Technical Reference Manual》和 USB2.0 规范。

14.6　吉比特以太网控制器

如图 14.37 所示，吉比特以太网控制器（Gigabit Ethernet Controller，GEM）实现一个 10/100/1000Mb/s 的以太网 MAC，与 IEEE802.3 - 2008 标准兼容，它能在 3 种速度下工作在半双工或全双工模式。PS 包含两个独立的吉比特以太网控制器，可以单独配置每个控制器。通过 MIO，每个控制器简化的吉比特独立接口（Reduced Gigabit Media Independent Interface，RGMII）访问引脚；通过 EMIO 接口，GMII 接口访问 PL 信号。

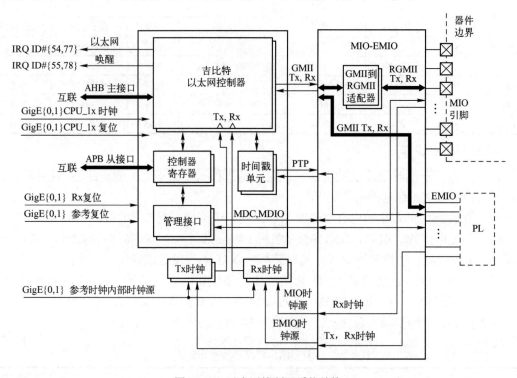

图 14.37 以太网控制器系统结构

使用 EMIO 接口上可用的 GMII，可以在 PL 内创建其他以太网通信接口。例如，PL 可以实现下面的接口。

（1）SGMII 和 1000Base - X，器件内 GTX。

（2）包含 HSTL Class 1 驱动器和接收器，用于 PHY 设备的 RGMII v2.0。

寄存器用于配置 MAC 的特征，选择不同的操作模式，并且使能和监控网络管理统计。通过 AHB 总线，可以将 DMA 控制器连接到存储器。将 DMA 控制器连接到 MAC 的 FIFO 接口，用于在一个嵌入式处理系统内为包数据的存储提供一个分散—聚集类型的能力。

控制器提供 MDIO 接口，用于管理 PHY。任何一个 MDIO 接口均可控制 PHY。每个吉比特以太网控制器的主要特性如下。

（1）兼容 IEEE 标准 802.3 - 2008，支持 10/100/1000Mb/s 传输速率。

（2）在所有 3 个速率下，支持全双工和半双工操作。

（3）RGNII 接口，外接 PHY。

（4）连接到 PL 的 GMII/MII 接口，允许使用软 IP 核与这些接口连接：TBI、SGMII、1000 Base - X 和 RGMII V2.0（注意：SGMII 和 1000 Base - X 接口要求一个吉比特收发器，MGT）。

（5）MDIO 接口用于管理物理层。

(6) 32 位 AHB DMA 主设备,32 位 APB 总线用于访问寄存器。

(7) 分散—聚集 DMA 能力。

(8) 在完成接收和发送后、出现错误或唤醒时可以产生中断。

(9) 在半双工模式下,在 1000Mb/s 速率,支持帧扩展和帧猝发。

(10) 在发送的帧上,自动填充和生成 CRC。

(11) 自动放弃所接收到的帧。

(12) 可编程展开 IPG。

(13) 带有识别输入暂停帧和硬件生成发送暂停帧的全双工流控制。

(14) 用于 4 个指定的 48 位地址、4 个类型 ID 值、杂乱模式、外部地址检查、单播地址和多播目的地址的哈希匹配地址的地址检查逻辑,以及唤醒 LAN。

(15) 802.1Q VLAN 使用输入 VLAN 和优先级标记的帧进行标记。

(16) 支持以太网环路模式。

(17) IPv4 与 IPv6 发送和接收 IP、TCP、UDP 校验,以及卸载。

(18) 识别 1588 rev.2 PTP 帧。

(19) 用于 RMON/MIB 的统计计数器寄存器。

14.6.1 吉比特以太网控制器接口及功能

以太网控制器的结构如图 14.38 所示。

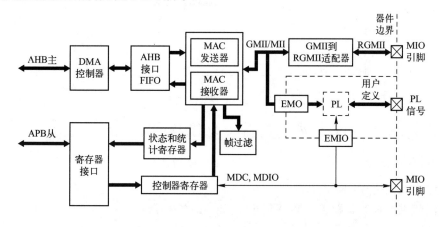

图 14.38 以太网控制器的结构

1. MAC 发送器

在半双工模式下,遵循 IEEE802.3 规范的 CSMA/CD 协议。在 10/100 模式下,连接到 PHY 的发送数据为 4 位宽度,即 txd[3:0];在吉比特操作模式下,连接到 PHY 的发送数据为 8 位宽度,即 txd[7:0]。

2. MAC 接收器

在 MAC 接收器内,所有的处理使用 16 位的数据通道。MAC 检查有效的头部、FCS、对齐和长度,然后将所接收到的帧发送到接收 FIFO(或者 DMA 控制器或外部 IP 核中的一个），并且保存帧的目的地址，以便地址检查模块使用。

3. 帧过滤

帧过滤器用于确定将帧写到 AHB 接口 FIFO 还是写到 DMA 控制器。

4. DMA 控制器

DMA 控制器连接到 FIFO，用于提供分散—聚集类型的能力，它用于在一个嵌入式处理系统中保存数据包。图 14.39 给出了 DMA 包缓冲区的结构。

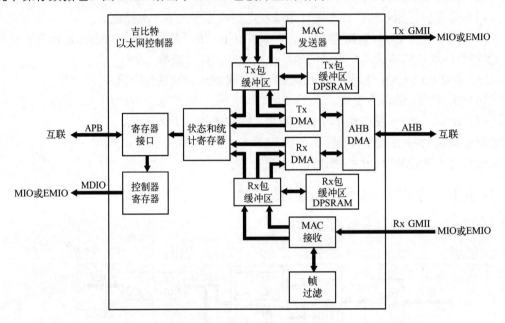

图 14.39 DMA 包缓冲区的结构

14.6.2 吉比特以太网控制器接口编程向导

1. 初始化控制器

下面给出初始化控制器的步骤。

(1) 清除网络控制寄存器。写 0 到 gem.net_ctrl 寄存器。
(2) 清除统计寄存器。写 1 到 gem.net_ctrl[clear_stat_regs]。
(3) 清除状态寄存器。写 1 到状态寄存器 gem.rx_status = 0x0F 和 gem.tx_status = 0Xff。
(4) 禁止所有中断。写 0x7FF_FEFF 到寄存器 gem.intr_dis。
(5) 清除缓冲队列。写 0x0 到 gem.rx_qbar 和 gem.tx_qbar 寄存器。

2. 配置控制器

下面给出了配置控制器的编程步骤。

(1) 编程网络配置寄存器（gem.net_cfg）。网络配置寄存器用于设置操作模式。
① 使能全双工。写 1 到 gem.net_cfg[full_duplex]寄存器。
② 使能吉比特模式。写 1 到 gem.net_cfg[gige_en]寄存器。

③ 使能默认速度100Mb/s。写1到gem.net_cfg[speed]寄存器。

④ 使能接收广播或多播帧。写0到gem.net_cfg[no_broadcast]寄存器使能广播帧；写1到gem.net_cfg[multi_hash_en]寄存器使能多播帧。

⑤ 使能混杂模式。写1到gem.net_cfg[copy_all]寄存器。

⑥ 使能接收时，TCP/IP校验卸载特性。写1到gem.net_cfg[rx_chksun_offld_en]寄存器。

⑦ 使能暂停帧。写1到gem.net_cfg[pause_en]寄存器。

⑧ 设置MDC时钟分频器。写正确的MDC时钟分频值到gem.net_cfg[mdc_clk_div]寄存器。

（2）设置MAC地址。写gem.spec1_addr1_bot（低32位）和gem.spec1_addr_top（高16位）寄存器。

（3）编程DMA配置寄存器（gem.dma_cfg）。

① 设置接收缓冲区的大小为1600字节。写值0x19到gem.dma_cfg[ahb_mem_rx_buf_size]寄存器。

② 设置接收包缓冲区存储器大小为满配置的可寻址8KB空间。写0x3到gem.dma_cfg[rx_pktbuf_memsz_sel]寄存器。

③ 设置发送包缓冲区存储器大小为满配置的可寻址4KB空间。写0x1到gem.dma_cfg[tx_pktbuf_memsz_sel]寄存器。

④ 使能发送器上的TCP/IP校验和生成卸载。写0x1到gem.dma_cfg[csum_gen_offload_en]寄存器。

⑤ 配置小端系统。写0x0到gem.dma_cfg[ahb_endian_swp_pkt_en]寄存器。

⑥ 配置AHB固定猝发长度。写0x10到gem.dma_cfg[ahb_fixed_burst_len]寄存器，使用INCR16 AHB猝发，用于高性能。

（4）编程网络控制寄存器（gem.net_ctrl）。

① 使能MDIO。写1到gem.net_ctrl[mgmt._port_en]寄存器。

② 使能发送器。写1到gem.net_ctrl[tx_en]寄存器。

③ 使能接收器。写1到gem.net_ctrl[rx_en]寄存器。

3．I/O配置

1）使用MIO的吉比特以太网控制器

通过MIO的引脚16~27，控制器提供了一个RGMII接口，用于控制器0；引脚28~39，用于控制器1。

可以配置控制器工作在HSTL或CMOS IO标准下。下面的步骤给出了对控制器0的配置。

（1）写slcr.MIO_PIN{16:21}寄存器，用于发送信号。这将编程MIO I/O缓冲区（GPIOB），用于4个发送数据信号、发送时钟和发送控制信号。

（2）写slcr.MIO_PIN{22:27}寄存器，用于接收信号。

（3）写slcr.MIO_PIN{52:53}寄存器，用于管理信号。

（4）写0x0000_0001到slcr.GPIOB寄存器，使能VREF内部参考器。

2）使用 EMIO 的吉比特以太网控制器

使用 PL 内合理的填充逻辑，EMIO 接口允许衍生出其他 MII 接口。

下面给出配置控制器用于 EMIO 的步骤。

（1）解锁 SLCR 模块。写值 0xDF0D 到 slcr.SLCR_UNLOCK 寄存器。

（2）使能电平移动器用于 PS 用户输入到 FPGA 的 tile 1。写 0b11 到 slcr.LVL_SHFTR_EN[USER_INP_ICT_EN_1]。

（3）使能电平移动器用于 PS 用户输入到 FPGA 的 tile 0。写 0b11 到 slcr.LVL_SHFTR_EN[USER_INP_ICT_EN_0]。

（4）写 0 到 slcr.FPGA_RST_CTRL 寄存器。

（5）执行软件复位。写 1 到 slcr.FPGA_RST_CTRL[FPGA{0-3}_OUT_RST]。

（6）写 0 到 slcr.FPGA_RST_CTRL 寄存器。

（7）锁定 SLCR 模块。写值到 slcr.SLCR_LOCK 寄存器。

3）配置时钟

下面给出用于 MIO 的时钟配置，其主要步骤如下。

（1）解锁 SLCR 模块。写 0xDF0D 到 slcr.SLCR_UNLOCK 寄存器。

（2）写 slcr.GEM0_CLK_CTRL 寄存器配置时钟。

（3）使能控制器 0 接收时钟控制。

（4）锁定 SLCR 模块。

4. 配置 PHY

使用 PHY 维护寄存器（gem.phy_maint）。通过可用的管理接口（MDIO），将 PHY 连接到控制器。

对 CPU_1x 时钟分频得到用于 GigE 的 MDIO 接口时钟。

1）读/写 PHY 操作

下面给出读/写 PHY 操作的步骤。

（1）查看是否正在操作 MDIO，直到 gem.net_status[phy_mgmt_idle] = 1 为止。

（2）写数据到 PHY 维护寄存器（gem.phy_maint），这将初始化 MDIO 上的移位操作。

（3）等待完成操作，直到 gem.net_statusp[phy_mgmt_idle] = 1 为止。

（4）为读操作读数据比特位。在 gem.phy_maint[data] 内有可用的 PHY 寄存器数据。

2）初始化 PHY

下面给出初始化 PHY 的步骤。

（1）检测 PHY 地址。读 PHY 寄存器 2 和 3 内的 PHY 标志符域，用于所有 PHY 地址的范围是 1~32。对于一个有效的 PHY 地址，寄存器的内容是有效的。

（2）通知相关的速度/双工模式。设置这些比特位，以适用于系统。

（3）配置 PHY 可用。这将包括设置 PHY 模式和 PHY 内的时序选择等选项。

（4）等待完成自动协调。读 PHY 状态寄存器。

（5）使用自动协调的速度和双工设置来更新控制器。读相关的 PHY 寄存器，以确定协调后的速度和双工模式。

5．配置缓冲区描述符

1）接收缓冲区列表

接收缓冲区列表的结构如图 14.40 所示。下面给出了分配接收缓冲区的步骤。

（1）在系统存储器空间内分配 N 个字节（该值是 DMA 配置寄存器内的 DMA 缓冲区长度）的缓冲区。

（2）每个缓冲区描述符是 8 个字节长度。因此，在系统存储器中，为接收缓冲区描述符分配一个 $8N$ 字节的空间。

（3）状态控制器拥有这个列表的所有入口。

（4）在缓冲区描述符内标识最后一个描述符。

（5）将接收缓冲区描述符列表的基地址写到 gem.rx_qbar 控制寄存器中。

（6）在缓冲区描述符内，用为缓冲区所分配的地址填充。

（7）将该缓冲区描述符列表的基地址写到 gem.rx_qbar 寄存器中。

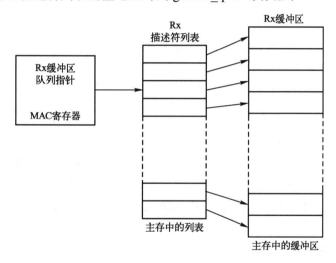

图 14.40　接收缓冲区列表的结构

2）发送缓冲区列表

下面给出创建发送缓冲区列表的步骤。

（1）每个缓冲区描述符的长度是 8 字节。

（2）状态控制器拥有列表的所有入口。

（3）标识列表中的最后一个描述符。

（4）将发送缓冲区描述符列表的基地址写到 gem.tx_qbar 控制寄存器中。

6．配置中断

在控制器内可以检测 26 个中断条件。此外，提供了一个来自以太网控制器的唤醒 LAN 中断。这里提供了两个中断，可以传递到 GIC pl390 中断控制器。下面给出了配置中断的步骤。

（1）注册一个句柄。为每个中断类型注册一个句柄。

（2）使能必要的中断条件。通过在 gem.intr_en 寄存器内设置相关的位来使能相关的中断条件。

7．使能控制器

下面给出使能控制器的步骤。

（1）使能发送器。写 1 到 gem.net_ctrl[tx_en]。

（2）使能接收器。写 1 到 gem.net_ctrl[rx_en]。

8．发送帧

下面给出发送帧的步骤。

（1）在系统存储器内分配缓冲区，用于存放将要发送的以太网帧。

（2）在分配的缓冲区内写以太网帧数据。该数据有目的 MAC 地址、源 MAC 地址和类型/长度域。

（3）为以太网帧缓冲区分配缓冲区描述符。

（4）清除所分配缓冲区描述字 1 的使用比特位（31 比特）。

（5）使能发送。写 1 到 gem.net_ctrl[start_tx]。

（6）一直等待，直到发送完成。

9．接收帧

下面给出接收帧的步骤。

（1）等待控制器接收一个帧。当接收到一个帧时，产生接收完成中断 gem.intr_status[rx_complete]。

（2）服务中断。读和清除 gem.intr_status[rx_complete]寄存器位，以及 gem.rx_status 寄存器。

（3）处理缓冲区内的数据。

14.6.3　吉比特以太网控制器接口信号连接

通过 EMIO 接口将 GMII 信号连接到 PL，就可以支持更多的外部接口标准连接。用户可以设计和将逻辑连接在 PL 引脚上，用来生成其他接口。

通过将 GMII 连接到 PL 内的 TBI 来兼容逻辑核，该逻辑核提供了 PCS 的功能。该功能要求通过 PL 引脚提供连接到外部 PHY 的 10 比特位接口。通过将 GMII 连接到 SGMII 或 1000Base-X 兼容的逻辑核，提供对 SGMII 或 1000Base-X 的支持。这个兼容的逻辑核提供了所要求的 PCS 功能和适配信号并且驱动 MGT，用于连接到外部 PHY 的串行接口。

1．通过 MIO 的 GMII 接口

通过 MIO 的 RGMII 接口连接如图 14.41 所示，通过 MIO 组 1 的 MIO 连接以太网所有的 I/O 引脚。

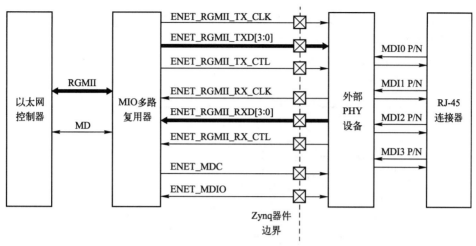

图 14.41 通过 MIO 的 RGMII 接口连接

2. 通过 EMIO 的 GMII/MII 接口

通过 PL 到 PL 的引脚连接 GMII 的接口，如图 14.42 所示。

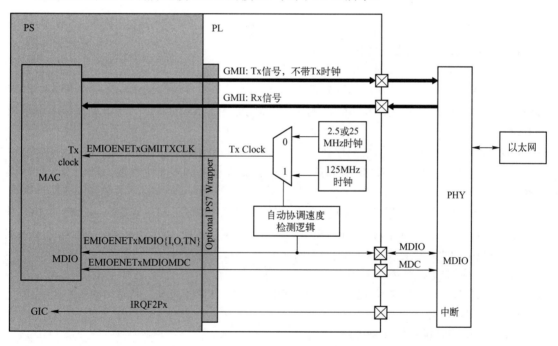

图 14.42 通过 PL 到 PL 的引脚连接 GMII 的接口

14.7 SPI 控制器

串行外设接口（Serial Peripheral Interface，SPI）总线控制器模块可以工作在主模式、从模式或多主模式。主设备总是初始化数据帧。如图 14.43 所示，多个从设备允许包含各自的从选择（Slave Select，SS）线。如果信号通过 MIO 布线连接，则 SPI 控制器支持最高 50MHz 的外部时钟频率。控制器支持 128 字节的读 FIFO 和 128 字节的写 FIFO，并且提供了控制器与处理器之间的一个缓冲区。

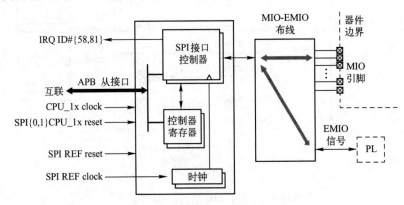

图 14.43　SPI 控制器系统级块图

SPI 控制器能够用于与各种不同的外设通信，如存储器、温度传感器、ADC、实时时钟、LCD 显示和任何 SD 卡。

PS 支持两个独立的 SPI 控制器设备，其关键特性如下。

（1）四线总线 - MOSI、MISO、SCK、SS。

（2）全双工操作提供了同时接收和发送的能力。

（3）主模式：①手工或自动地开始数据发送；②手工或自动地选择从（SS）模式；③支持最多 3 个从选择线；④允许使用外部的 3 - 8 译码器增加 SS 的数量；⑤可编程延迟用于数据发送。

（4）从模式：可编程开始检测模式。

（5）多主环境：如果不使能，则驱动为三态；如果检测到多个主设备，则识别一个错误条件。

（6）通过 MIO，支持最高 50MHz 频率的外部 SPI 时钟源。通过连接到 PL 的 EMIO 引脚，最高支持 25MHz 的外部 SPI 时钟频率。

（7）可选择的参考主时钟。

（8）可编程的主波特率分频器。

（9）支持 128 字节的读和 128 字节的写 FIFO；每个 FIFO 为 8 比特宽度。

（10）可编程 FIFO 门限。

（11）可编程时钟相位和极性。

（12）支持手工或自动的数据传输。

（13）软件可以轮询状态，或者作为一个中断，驱动设备时轮询函数。

（14）可编程生成中断。

14.7.1　SPI 控制器的接口及功能

SPI 控制器的块图如图 14.44 所示。SPI 控制器可以工作在主模式、多主模式和从模式下。

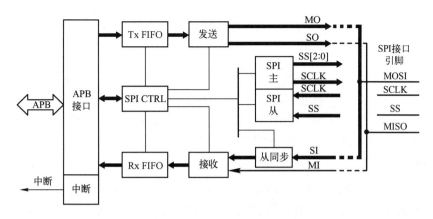

图 14.44　SPI 控制器的块图

> **注：**（1）SPI 的发送和接收 FIFO 工作在异步模式下。一方面使用 APB 参考时钟数据写入 Tx FIFO，使用外部参考时钟从 Tx FIFO 读出数据；另一方面使用外部参考时钟将数据写入 Rx FIFO，然后使用 APB 时钟读出数据。
> （2）使用满和空标志，控制 SPI 的 Tx FIFO 和 Rx FIFO 的流量。
> （3）通过 MIO 和 EMIO，使能 SPI 接口。但是，MIO 和 EMIO 接口是互斥的，即不能同时使用。

1. 主模式

在主模式下，SPI 接口能将数据发送到一个从设备，或者初始化一个传输用于接收来自从设备的数据。通过从设备选择信号 SS，在一个时刻，控制器只能选择一个设备。如果需要连接 3 个以上的从设备，则需要额外添加 3-8 译码器。

可以通过写寄存器来手工切换 SS 信号，或者由控制器自动管理 SS 信号。需要发送的数据写到 Tx FIFO 中，然后取出数据用于发送到主输出 MOSI 引脚。当 Tx FIFO 中存在数据时，将持续发送过程。

通过使能配置寄存器的 15 比特位，使能人工启动模式。这样，在开始写操作前，允许填满发送 FIFO。通过向配置寄存器的第 16 比特位写一个启动命令，启动写操作。

通过主输入（MISO）引脚，将把从设备所接收到的数据加载到接收数据寄存器中。当接收到完整的数据后，将其加载到 Rx FIFO。通过 APB 接口，从 Rx FIFO 读取数据。

如果将 SPI 控制器配置成主模式，但是没有使能它，则其输出三态，这样就允许其他主设备使用 SPI 总线。

通过配置寄存器的第 2 比特位，配置时钟相位比特位 cpha。

（1）cpha = 0 时，在每个字的传输期间（可通过延迟寄存器配置），主 SPI 自动地将 SS 信号输出驱动为至少 1 个时钟周期（spi_ref_clk）的高状态。

（2）cpha = 1 时，在字传输期间不切换 SS 信号。

（3）当 cpha = 0 时，当前字的最后 1 位和下一个字的第 1 位至少延迟 3 个 spi_ref_clk 或 3 个 ext_clk_cycle 周期（可通过延迟寄存器配置）。

（4）当 cpha = 1 时，当前字的最后 1 位和下一个字的第 1 位至少延迟 1 个 spi_ref_clk 或

1个 ext_clk_cycle 周期（可通过延迟寄存器配置）。

2. 多主模式

SPI 提供了多主模式，并能检测到和多主操作相关的错误。如果 SPI 控制器配置成主模式，但是没有使能它，则其输出三态。这样，就允许其他主设备使用 SPI 总线。如果设置 SPI 为主模式，并且驱动为活动状态，则假定存在多主总线冲突。通过复位 SPI 使能位，立即关闭 SPI 引脚的输出驱动。此外，中断状态寄存器用于指示模式故障。

3. 从模式

在从模式下，SPI 模块接收来自外部 SPI 主设备的消息，同时输出一个应答信息。为了对从设备和外部的主设备进行同步，从设备对 SPI 字边界的检测非常关键。当检测到下面的开始条件时，达到同步。

（1）如果 SS 端口为高（不是活动的），当 SS 由高变低的下一个 SCLK 的边沿到来时，作为字的开始。

（2）当 SS 设备为低，使能 SPI 从设备时，从控制器通过在非活动状态下计算参考时钟周期的数目来检测下一个字的边界。如果数目与保存在从空闲计数器寄存器的数值匹配时，实现同步。

14.7.2 SPI 控制器时钟设置规则

SPI 参考时钟模块提供 SPI 时钟，SPI 时钟的设置规则如下。

（1）SPI 参考时钟（spi_ref_clk）的频率必须高于 CPU_1x 时钟频率。

（2）处于从模式时，必须保证 sclk_in 时钟频率最高为 spi_ref_clk 的 4 分频。它可以是小于 4 分频的任何时钟频率。

（3）处于主模式时，必须保证 sclk_out 时钟频率最高为 spi_ref_clk 的 4 分频。它可以是小于 4 分频的任何时钟频率。

（4）用户必须保证有充分的时间，防止出现 Tx FIFO 和 Rx FIFO 溢出的情况。

14.8 CAN 控制器

CAN 控制器的结构如图 14.45 所示。CAN 控制器的主要特点如下。

（1）与 ISO 11898-1、CAN2.0A 和 CAN2.0B 标准一致。

（2）支持工业级（I）和扩展温度范围（Q）级器件。

（3）支持标准（11 位标志符）和扩展（29 位标志符）数据帧。

（4）支持数据率最高到 1Mb/s。

（5）包含 64 个消息深度的发送消息 FIFO。

（6）通过一个高优先级发送缓冲区的发送优先级。

（7）支持用于 Tx FIFO 和 Rx FIFO 的水印中断。

（8）在普通模式下，当发生错误或丢失仲裁时，自动重发数据。

（9）4 个接收滤波器，对接收进行过滤。

（10）包含自动唤醒的休眠模式。

第 14 章 Cortex-A9 外设模块结构及功能

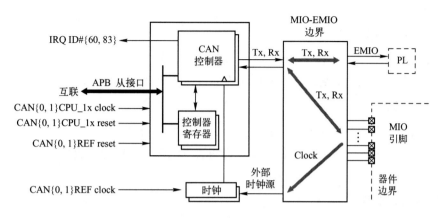

图 14.45 CAN 控制器的结构

（11）侦听模式。
（12）用于诊断应用的环路模式。
（13）可屏蔽的错误和状态中断。
（14）用于接收消息的 16 位时间戳。
（15）可读的错误计数器。

14.8.1 CAN 控制器接口及功能

CAN 控制器块图如图 14.46 所示。下面对 CAN 控制器的内部模块进行说明。

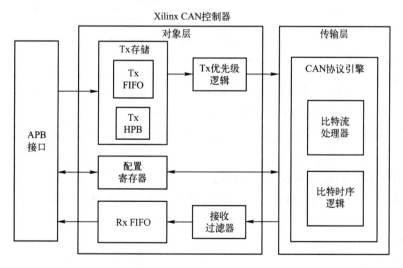

图 14.46 CAN 控制器块图

1. 配置寄存器

在 CAN 控制器内，允许通过 APB 接口对配置寄存器进行读和写访问。

2. 发送和接收消息

发送 FIFO 和接收 FIFO 缓冲区分别用于发送和接收消息。

3. Tx 高优先级缓冲区

发送高优先级缓冲区（Tx HPB）用于保存一个发送消息。写到该缓冲区的消息具有最高的优先级。当发送完当前消息后，立即发送缓冲区内正在排队的消息。

4. 接收过滤器

接收过滤器使用用户定义的接收标记和 ID 寄存器，对进入的消息进行分类，用于确定将消息保存在 Rx FIFO 中还是响应和丢弃这些消息，最后将通过接收过滤器的消息保存在 Rx FIFO 中。

5. CAN 协议引擎

CAN 协议引擎模块的结构如图 14.47 所示。CAN 协议引擎由比特时序逻辑（Bit Timing Logic，BTL）和比特流处理器（Bitstream Processor，BSP）构成。

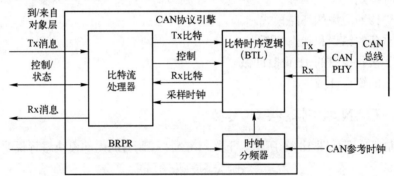

图 14.47 CAN 协议引擎模块的结构

6. 比特时序逻辑

比特时序逻辑（BTL）的基本功能如下。
（1）将 CAN 控制器同步到 CAN 总线上的 CAN 流量。
（2）当接收时，采样总线和提取来自总线的数据流信息。
（3）当发送时，将发送比特流插入到总线上。
（4）为 BSP 模块状态机生成一个采样时钟。

CAN 比特时序图如图 14.48 所示。从图中可以看出，CAN 比特时间分为 4 个部分。

（1）同步段。
（2）传播段。
（3）相位段 1。
（4）相位段 2。

7. 比特流处理器

当接收和发送 CAN 消息时，比特流处理器执行一些功能。BSP 接收到一个用于发送的消息，该消息来自 Tx FIFO 或 Tx HPB。在将比特流传递到 BTL 前，执行下面的操作。

(1) 串行化处理消息。

(2) 在发送时，插入填充位、CRC 位和其他协议定义的域。

在发送期间，BSP 同时监控 Rx 数据线，并执行总线仲裁任务。当获得仲裁时，它将要发送完整的帧；否则，当仲裁失败时，重新进行尝试。

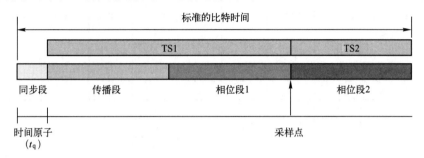

图 14.48　CAN 比特时序图

注：（1）$t_q = t_{osc} \times (BRP + 1)$，$t_{osc}$ 为振荡器/系统时钟的频率；（2）$tTSEG1 = t_q \times (tSEG1 + 1)$；（3）$tTSEG2 = t_q \times (tSEG2 + 1)$；（4）$tSJW = t_q \times (SJW + 1)$；（5）tSEG1、tSEG2 和 tSJW 分别为 TS1、TS2 和 STW 的长度。

8．时钟

CAN 总线的参考时钟 CAN_REF_CLK 可以由很多时钟源提供。最简单的方法是由 3 个可用的 PLL 提供。通过 CAN_CLK_CTRL 寄存器实现对时钟的控制。

此外，通过 CAN_MIOCLK_CTRL 寄存器的控制，CAN 总线的参考时钟也可以来自 54 个 MIO 引脚中的任意一个。

9．复位

提供了下面两种不同的复位机制，用于对 CAN 控制器核对象层和物理层的完全复位。但是，不清除接收滤波器屏蔽寄存器和接收滤波器 ID 寄存器。

(1) 硬件复位（CAN_REF_RST 信号）。

(2) 软件复位（给 SRR 寄存器的 SRST 位置 1）。

10．中断

CAN 控制器使用了硬件向量中断机制。它由单个的中断线（中断）来表示产生一个中断。触发中断的事件包括总线上的错误、接收消息和发送消息错误、FIFO 向上溢出错误和向下溢出错误等。在上电时，拉低中断线。

14.8.2　CAN 控制器操作模式

CAN 控制器的操作模式包括配置模式、普通模式、休眠模式、环路模式、侦听模式。通过写模式选择寄存器（Mode Select Register，MSR）来控制 CAN 控制器的操作模式。表 14.12 给出了 CAN 控制寄存器的模式选择。

表 14.12　CAN 控制寄存器的模式选择

HW 复位	软件复位寄存器 (SRR)		模式选择寄存器 (MSR) (R/W)			状态寄存器 (SR) (只读比特)					操作模式
	SRST (软件复位)	CEN (CAN 使能)	LBACK	SLEEP	SNOOP	COFIG	LBACK	SLEEP	NOMAL	SNOOP	
1	×	×	×	×	×	1	0	0	0	0	核复位
0	1	×	×	×	×	1	0	0	0	0	核复位
0	0	0	×	×	×	1	0	0	0	0	配置模式
0	0	1	1	×	×	0	1	0	0	0	环路模式
0	0	1	0	1	0	0	0	1	0	0	休眠模式
0	0	1	0	0	1	0	0	0	1	1	侦听模式
0	0	1	0	0	0	0	0	0	1	0	普通模式

14.8.3　CAN 控制器消息保存

CAN 消息的结构如图 14.49 所示，每个消息有 16 个字节。

	31 30 29 28 27 26 25 24 23 22 21	20	19	18 17 16 15 14 13 12 11 10 9 8 7 6 5 4 3 2 1	0
消息识别等 [IDR]	ID[28:18]	STR/RTR	IDE	ID[17:0]	RTR
数据长度码 [DLCR]	DLC[3:0]	保留		时间戳 (Rx only, Reserved for Tx)	
数据字1 [DW1R]	DB0[7:0]	DB1[7:0]		DB2[7:0]	DB3[7:0]	
数据字2 [DW2R]	DB4[7:0]	DB5[7:0]		DB6[7:0]	DB7[7:0]	

图 14.49　CAN 消息的结构

1. 时间戳

成功接收到的 CAN 消息的时间戳保存在第二个字节中。一个自由运行的 16 位计数器用于搜集时间戳。用于时间戳的规则如下。

（1）计数器将回卷，并且没有额外的比特表示回卷的条件。

（2）当成功地搜集到一个消息时，就搜集到了时间戳。计数器的采样发生在 EOF 的最后一位。

（3）当 CEN = 0 时，计数器清零。

（4）当休眠模式时，计数器并不活动。

2. 标志符

CAN 消息帧存在两种格式：标准帧和扩展帧。

1) 标准帧

标准帧有 11 位标志符，称为标准标识符。只有 ID[28:18]、SRR/RTR、IDE 是有效的。SRR/RTR 用于区分远程帧（=1）和数据帧（=0）（仅对标准帧有效）。对于标准帧，IDE = 0，并且不使用其他位。

2) 扩展帧

扩展帧除有 11 位标志符外，还有 18 位扩展标志符。所有的位域都是有效的。对于扩展帧来说，SRR/RTR 位和 IDE 位都为 '1'。

14.8.4 CAN 控制器接收过滤器

CAN 控制器提供了 4 个接收过滤器。每个接收过滤器有一个接收过滤器屏蔽寄存器和一个接收过滤器 ID 寄存器。接收过滤器执行下面的序列。

（1）用接收过滤器屏蔽寄存器内的比特位对进入的识别符进行屏蔽。

（2）用接收过滤器屏蔽寄存器内的比特位对接收过滤器 ID 寄存器进行屏蔽。

（3）比较上述的所有结果。

（4）如果这些值相等，则将消息保存在 Rx FIFO 中。

（5）由定义的每一个过滤器对接收消息进行过滤。如果进入的标识符通过了任何接收过滤器，则将消息保存在 Rx FIFO 中。

1. 接收过滤器寄存器

接收过滤器寄存器（Acceptance Filter Register，AFR）定义所使用的过滤器。每个接收过滤器 ID 寄存器（Acceptance Filter ID Register，ADIR）和接收过滤器屏蔽寄存器（Acceptance Filter Mask Register，AFMR）对与一个相应的 UAF 位关联。

（1）当 UAFx = 1 时，使用相关的 AFR 和 AFMR，对接收进行过滤。

（2）当 UAFx = 0 时，不使用相关的 AFR 和 AFMR，对接收进行过滤。

2. ADIR 和 AFMR

接收过滤器屏蔽寄存器（AFMR）包含用于对接收过滤的屏蔽位。进入的一个消息帧的消息标识符部分与 ADIR 内保存的标识符进行比较。屏蔽位定义了保存在 ADIR 内的哪一个标识符比特位用来和进入消息的标识符进行比较。

CAN 控制器内有 4 个 AFMR，这些寄存器保存在存储器中。如果没有初始化存储器，则读取 AFMR 时，将返回 X。复位后，不会清除 AFMR 的内容。只有当 SR 内相应的 UAF 比特位为 '0'，并且 ACFBSY = 0 时，才能对这些寄存器进行写操作（注：这些过程对 ADIR 也同样适用）。

下面的条件用于控制 AFMR。

（1）扩展帧：需要定义 AMID[28…18]、AMSRR、AMIDE、AMID[17…0]和 AMRTR 比特位。

（2）标准帧：只需要定义 AMID[28…18]、AMSRR、AMIDE 比特位。

14.8.5 CAN 控制器编程模型

1. 配置寄存器编程

当上电或复位后，使用下面的步骤对 CAN 控制器进行配置。

（1）选择操作模式。参考表，完成对操作模式的配置。

（2）配置传输层配置寄存器。根据网络时序参数和系统网络特性，对波特率分频寄存器和比特时序寄存器编程。

（3）配置接收过滤器寄存器：根据前面一节 CAN 控制器过滤器的配置内容来配置接收过滤器寄存器的内容。

（4）写中断使能寄存器。在中断状态寄存器中，选择用于产生一个中断的比特位。

（5）SRR 寄存器的 CEN 比特位置 1，使能 CAN 控制器。

2. 发送一个消息

一个要发送的消息可以写到 Tx FIFO 或 Tx HPB。写到 Tx HPB 的优先级要高于 Tx FIFO。当成功发送一条消息时，设置 ISR 内的 TXOK 比特位。

1）写 Tx FIFO 的步骤

（1）轮询 SR 内的 TXFLL 比特位和 TXFEMP 比特位。当 TXFLL = 0 或 TXFEMP = 1 时，可以将消息写到 Tx FIFO 内。

（2）将消息 ID 写到 Tx FIFO ID 存储器的位置（0x030）。

（3）将消息 DLC 写到 Tx FIFO DLC 存储器的位置（0x034）。

（4）将消息数据字 1 写到 Tx FIFO DW1 存储器的位置（0x038）。

（5）将消息数据字 2 写到 Tx FIFO DW2 存储器的位置（0x03C）。

可以连续地写 Tx FIFO，直到 Tx FIFO 满为止。

2）写 Tx HPB 的步骤

（1）轮询 SR 内的 TXBFLL 比特位。

（2）当 TXBFLL = 0 时，可以将消息写到 Tx HPB 内。

（3）将消息 ID 写到 Tx HPB ID 存储器的位置（0x040）。

（4）将消息 DLC 写到 Tx HPB DLC 存储器的位置（0x044）。

（5）将消息数据字 1 写到 Tx HPB DW1 存储器的位置（0x048）。

（6）将消息数据字 2 写到 Tx HPB DW2 存储器的位置（0x04C）。

每次写到 Tx HPB 时，设置状态寄存器内的 TXBFLL 比特位和中断状态寄存器内的 TXBFLL 比特位。

3. 接收一个消息

当接收到一个消息时，消息就写入了 Rx FIFO，并且在 ISR 内设置 RXNEMP 和 RXOK 比特位。读一个空的 Rx FIFO 时，在 ISR 内设置 RXUFLW 比特位。

1）从 Rx FIFO 读一个消息（选择 1）

（1）轮询 ISR 内的 RXOK 和 RXNEMP 比特位。在中断模式下，当 ISR 内的 RXOK 或 RXNEMP 触发一个中断时，可以进行读操作。

① 从 Rx FIFO 存储器位置读。不管消息中数据字节的个数，必须读所有的位置。
② 读 Rx FIFO ID 位置（+0x050）。
③ 读 Rx FIFO DLC 位置（+0x054）。
④ 读 Rx FIFO DW1 位置（+0x058）。
⑤ 读 Rx FIFO DW2 位置（+0x05C）。

（2）如果执行完一个读操作后，Rx FIFO 中仍然存在消息，则在 ISR 内设置 RXNEMP 和 RXOK 比特位。读者可以轮询该比特位或产生一个中断。

重复上面的操作，直到 Rx FIFO 空为止。

2）从 Rx FIFO 读一个消息（选择 2）

（1）编程 RXFWIR，为 Rx FIFO FULL 中断设置水印。

（2）轮询 ISR 内的 RXOK 和 RXNEMP 比特位。在中断模式下，当 ISR 内的 RXOK 或 RXNEMP 触发一个中断时，可以进行读操作。

① 从 Rx FIFO 存储器位置读。不管消息中数据字节的个数，必须读所有的位置。
② 读 Rx FIFO ID 位置（+0x050）。
③ 读 Rx FIFO DLC 位置（+0x054）。
④ 读 Rx FIFO DW1 位置（+0x058）。
⑤ 读 Rx FIFO DW2 位置（+0x05C）。

（3）当执行读操作后，如果 Rx FIFO 内的消息个数大于等于水印，则重新确认 ISR 内的 RXFLL 比特位。读者可以轮询该比特位或产生一个中断。

重复上面的操作，直到 Rx FIFO 为空。

14.9 UART 控制器

UART 控制器是一个全双工的异步接收器和发送器，软件可编程支持宽范围的波特率和数据格式。它也提供自动生成奇偶校验和检测严重错误的方案。此外，该控制器为 APU 提供了接收和发送 FIFO 的功能。

如图 14.50 所示，UART 控制器的结构分为独立的接收器和发送器数据通道。该数据通道包括 64 字节的 FIFO。波特率生成器模块用于控制这些数据通道的操作。

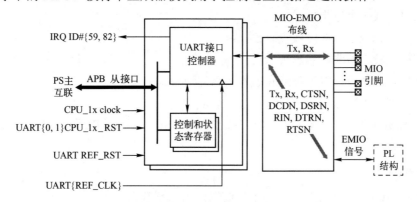

图 14.50　UART 系统级结构

UART 控制器的结构如图 14.51 所示。

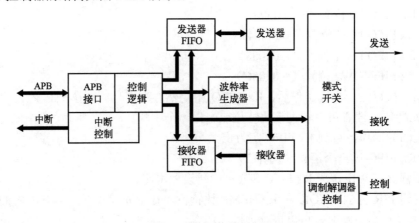

图 14.51 UART 控制器的结构

通过使用控制逻辑模块配置操作模式。通过中断控制模块指示 UART 当前的状态。当前模式也用于控制模式开关模块，该模块用于选择可用的不同环路模式。

通过 APB 接口和字节操作，将要发送的数据从 APU 写入发送器 FIFO 中。

当发送器 FIFO 包含足够的发送数据时，发送器模块从 FIFO 中取出数据，然后将其串行化，送到发送器串行输出。

接收器模块将接收到的串行数据转换成并行数据，然后写入接收器 FIFO 中。接收器 FIFO 模块的填充级，用于触发连接到 APU 的中断。通过 APB 接口，以及单字节或双字节读操作，APU 从接收 FIFO 中取出数据。

如果 UART 用于类似调制器的应用中时，调制解调器控制模块检测和生成合适的调制解调器握手信号，同时也根据握手协议控制接收器和发送器通路。

PS 的 IOP 内支持两个独立的 UART 器件，其关键特性如下。

（1）可编程波特率生成器。

（2）64 字节的接收和发送 FIFO。

（3）6、7 或 8 个数据比特位。

（4）1、1.5 或 2 个停止位。

（5）奇、偶、空格、标记或没有校验。

（6）支持校验、检测帧和超限错误。

（7）支持自动回应、本地环路和远程环路通道模式。

（8）支持产生中断。

（9）在 EMIO 接口上，可以使用 CTS、RTS、DSR、DTR、RI 和 DCD 调制解调器控制信号。

1. APB 接口

通过该接口，软件可以操作 UART 控制器的内部寄存器。

2. 控制逻辑

1）控制寄存器

用于使能和禁止接收器和发送器模块，以及给接收器和发送器模块发送软件复位命令。此外，重新启动接收器超时周期和控制发送器断开逻辑。

2）模式寄存器

通过波特率生成器选择时钟。模式寄存器也负责选择发送和所接收数据的位长度、奇偶校验位和停止位。此外，还选择 UART 的工作模式，包括自动回应、本地环路或远地环路等。

3. 波特率生成器

波特率生成器的结构如图 14.52 所示。图中的 CD 是波特率生成器的一个位域，用于生成采样率时钟 band_sample。

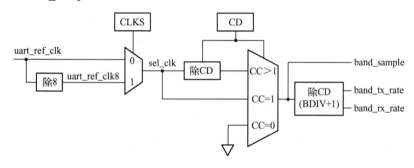

图 14.52　波特率生成器的结构

4. 发送器 FIFO

发送器 FIFO 用于保存来自 APB 接口的写数据，直到发送器模块将其取出并送到发送移位寄存器中。通过满和空标志，控制发送器 FIFO 的流量。此外，可以设置发送器 FIFO 的填充级。

5. 发送器

发送器取出发送 FIFO 中的数据，并将其加载到发送移位寄存器中，然后将并行数据串行化处理。UART 发送数据流的格式如图 14.53 所示。

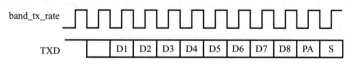

图 14.53　UART 发送数据流的格式

注：（1）模式寄存器内的 CHRL 用于选择发送的字符长度。
　　（2）模式寄存器内的 NBSTOP 用于选择停止位的个数。

6. 接收器 FIFO

接收器 FIFO 用于保存来自接收移位寄存器的数据。接收器 FIFO 的满和空标志用于控制接收流量。此外,可以设置接收器 FIFO 的填充级。

7. 接收器

UART 使用 uart_clk 和时钟使能(band_sample),连续地过采样 rxd 信号。当检测到电平为低时,表示接收数据的开始。等待一半的 BDIV 波特率时钟。默认的 BDIV 接收器数据流如图 14.54 所示。重新同步过的接收器数据流如图 14.55 所示。

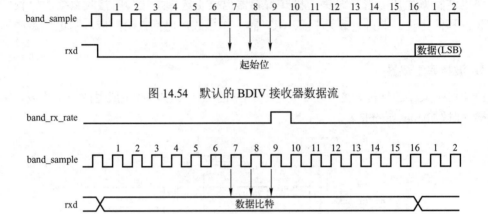

图 14.54　默认的 BDIV 接收器数据流

图 14.55　重新同步后的接收器数据流

此外,接收器会发送奇偶错误、帧错误(没有接收到有效的停止位)、溢出错误(FIFO 满)和超时错误信息。

8. 模式开关

模式开关用于外部发送和接收信号之间,以及 UART 剩余部分提供一个接口。通过模式寄存器,该模块用来实现模式选择。可以选择的模式包括普通模式、自动回应模式、本地环路或远程环路。

> **注**:(1)自动回应模式:接收器的数据通过发送器的引脚立即发送出去,不发送内部数据。但是,处理器可以读取接收的数据。
> (2)本地环路模式:UART 的发送引脚和接收引脚连接在一起。不能发送数据,也不能接收外部的数据。
> (3)远程环路模式:接收器的数据通过发送器的引脚立即发送出去,不发送内部数据,UART 不能访问所接收到的数据。

9. 调制解调器控制

调制解调器控制用于控制调制解调器和 UART 之间的通信,它包含调制解调器状态寄存器和调制解调器控制寄存器。

调制解调器状态寄存器(ua_msr),提供清除发送(ua_ncts)、数据载波检测(ua_ndcd)、数据设置准备(ua_ndsr)和振铃指示(ua_nri)调制器输入。

调制解调器控制寄存器(ua_msr),提供发送数据终端准备好(ua_ndtr)、请求发送

（ua_nrts）输出，以及使能自动的流量控制模式。

10．中断控制

通过通道中断状态寄存器（ua_cisr）和通道状态寄存器（ua_csr），中断控制模块检测来自其他 UART 模块的事件。

通过使用中断使能寄存器（ua_ier）和中断禁止寄存器（ua_idr），使能或禁止中断。使能或禁止中断的状态反映在中断屏蔽寄存器（ua_imr）内。

14.10 I²C 控制器

I²C 控制器是一个总线控制器。在多主设计中，I²C 控制器可以作为一个主设备或从设备。它支持宽范围的时钟频率，其范围从 DC 到 400kb/s。

如图 14.56 所示，在主模式下，处理器初始化一个传输，将从设备地址写入 I²C 控制器中。通过一个数据中断或一个传输完成中断，通知处理器接收可用的数据。如果设置 HOLD 比特位，发送数据后，将 SCL 信号线拉低，用于支持低速的处理器服务。软件可以编程主设备，将其设置为普通（7 位）地址和扩展（10 位）地址模式。

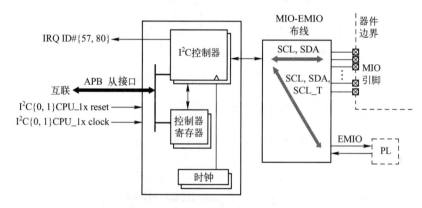

图 14.56 I²C 系统级块图

在从监控模式下，设置 I²C 接口为主模式，并且尝试与一个特殊从设备的传输，直到该从设备使用 ACK 响应为止。

在从模式下，通过第一个地址中[7∶3]比特位的一个特定码，支持自动地址扩展。不支持超过 7 位的扩展地址。此外，可以设置 HOLD 比特位，以阻止主设备连续传输。这样，可以防止从设备出现溢出的条件。

主模式和从模式的共同特点是产生超时（TO）中断标志。如果 SCL 线被主设备或所访问的从设备拉低的时间超过了超时寄存器内指定的周期，则产生 TO 中断，用于避免停止条件。

PS 支持两个独立的 I²C 设备，其主要特性如下。

（1）I²C 总线规范 V2。

（2）支持 16 字节的 FIFO。

（3）可编程普通和快速总线数据率。

（4）主模式。①写传输；②读传输；③支持扩展地址；④支持 HOLD 比特位，用于低速处理器服务；⑤支持 TO 中断标志，以避免停止条件。

（5）从监控模式。

（6）从模式。①从发送器；②从接收器；③支持扩展地址（最多 7 个地址位）；④完全可编程从响应地址；⑤支持 HOLD 比特位，用于避免停止条件。

（7）当作为中断驱动的设备时，软件能轮询状态或函数。

（8）可编程生成中断。

14.10.1　I²C 速度控制逻辑

I²C 时钟生成器的逻辑如图 14.57 所示。

（1）在从模式下，时钟使能信号用于提取正确的同步信息，以便对 SDA 线进行正确的采样。

（2）在主模式下，时钟使能信号用来建立一个时间基准，用于生成所期望的 SCL 频率。

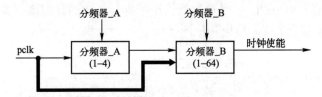

图 14.57　I²C 时钟生成器的逻辑

14.10.2　I²C 控制器的功能和工作模式

I²C 控制器的结构如图 14.58 所示。I²C 控制器可以工作在主模式、从监控模式、从模式和多主模式下。

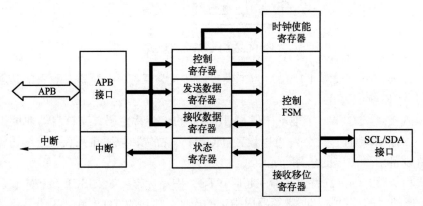

图 14.58　I²C 控制器的结构

1. I²C 控制器的主模式

在该模式下，只能通过 APB 主设备初始化一个 I²C 传输。

1）写传输

为了完成写传输，主机需要执行以下步骤。

（1）写控制寄存器，设置 SCL 的速度和地址模式。

（2）设置 MS、ENACK 和 CLR_FIFO 比特位，清除 RW 比特位。

（3）如果要求，设置 HOLD 比特位；否则，将数据的第一个字节写到 I²C 数据寄存器中。

（4）将从设备地址写到 I²C 寄存器中，这样将初始化 I²C 传输。

（5）通过写 I²C 数据寄存器，将剩余的数据连续发送到从设备中。当发送 FIFO 只有两个字节的时候，产生数据中断。

成功发送所有数据后，在中断状态寄存器中设置 COMP。当在 FIFO 中只有两个字节用于发送时，产生一个数据中断。

如果没有设置 HOLD 比特位，则当传输完数据后，I²C 接口产生一个 STOP 条件，并且终止传输。如果设置 HOLD 比特位，则当传输完数据后，I²C 接口将 SCL 线拉低。通过一个传输完成中断通知主设备这个事件，并且清除状态寄存器中的 TXDV 比特位。此时，主设备有 3 种方式进行处理。

（1）清除 HOLD 比特位。这将使得 I²C 接口产生一个 STOP 条件。

（2）通过写 I²C 寄存器提供更多的数据。这使得 I²C 接口继续将数据写到从设备。

（3）执行组合的格式传输。通过首次写控制寄存器实现这个传输。如果需要，则修改传输方向或地址模式。之后，主机必须写 I²C 地址寄存器。这样，I²C 接口产生 RESTART 条件。

2）读传输

为了完成读传输，需要执行以下步骤。

（1）写控制寄存器，设置 SCL 速度和地址模式。

（2）设置 MS、ENACK、CLR_FIFO 比特位和 RW 比特位。

（3）如果在接收到数据后主机想保持总线，必须设置 HOLD 比特位。

（4）在 I²C 地址寄存器中写从设备地址。这将初始化 I²C 传输。

（5）在传输个数寄存器中，写所要求的字节个数。

当接收到最后一个期望的字节后，I²C 接口自动返回 NACK，并且通过产生 STOP 条件终止传输。如果在一个主设备读传输期间设置 HOLD 比特位，I²C 接口将 SCL 线驱动为低。

2. I²C 控制器的从监控模式

在从监控模式下，I²C 接口设置为主设备。主设备必须在控制寄存器中设置 MS 和 SLVMON 比特位，清除 RW 比特位。它必须初始化从监控暂停寄存器（Slave Monitor Pause）。

当主设备写 I²C 地址寄存器时，主机尝试向一个特定的从设备传输数据。当从设备接收到地址时，从设备返回 NACK。主设备等待从监控暂停寄存器中所设置的时间间隔后，尝试再次寻址从设备。主设备继续这个周期，直到从设备使用 ACK 响应它的地址或主设备清除控制寄存器内的 SLVMON 比特位。如果所寻址的从设备使用 ACK 响应，I²C 接口通过产生一个 STOP 条件终止传输和产生一个 SLV_RDY 中断。

3. I²C 控制器的从模式

通过清除控制寄存器中的 MS 比特位，将 I²C 控制器设置为从模式。必须通过写 I²C 地址寄存器给 I²C 从设备分配一个唯一的识别地址。当处于从模式时，I²C 接口工作在从发送器或从接收器模式。

I²C 接口支持最多为 7 位的地址位。不支持超过 7 位的扩展地址。

1）从发送器

当从设备识别出由主设备发送的从设备地址，并且最后一个地址字节的 R/W 域为高时，从设备变成一个发送器。这就意味着要求从设备将数据放到 I²C 总线上，通过一个中断来通知主设备。同时，在 I²C 主设备开始采样 SDA 线前，SCL 线保持低。这样，允许主设备给 I²C 从设备提供数据。通过 DATA 中断标志，通知主设备这个事件。

2）从接收器

当从设备识别出由主设备发送的整个从设备地址，并且第一个地址字节的 R/W 域为高时，从设备变成接收器。这就意味着主设备将要在 I²C 总线上发送一个或多个数据字节。当在 FIFO 中只有两个空位置时，产生一个中断，并且设置 DATA 中断标志。当 I²C 从设备响应一个字节后，在状态寄存器中设置 RXDV 比特位，表示接收到新的数据。通过 I²C 数据寄存器，主设备读取接收到的数据。

当 I²C 主设备产生一个 STOP 条件时，产生一个中断，并且设置 COMP 中断标志。传输大小寄存器保存着需要传输的字节的个数。每当读取一次 I²C 数据寄存器，这个数字就递减。

如果设置 HOLD 比特位，则 I²C 接口将 SCL 线拉低，直到主机清除用于数据接收的资源。这可以阻止主机连续地传输，引起从设备的溢出条件。

4. I²C 控制器的多主模式

在 I²C 控制器的多主模式下，Zynq-7000 SoC 器件作为一个主设备和其他主设备一起共享总线。在该模式下，I²C 时钟由作为主设备的那个设备驱动。

思考与练习 14-5：请说明 Zynq-7000 内 I²C 控制器的结构特点和实现的功能。

14.11 XADC 转换器接口

如图 14.59 所示，在 PS 内，存在模拟到数字转换器（Analog-to-Digital Converter，ADC）接口，允许 CPU 和其他主设备访问 XADC（不需要 PL 配置）。XADC 提供了充分的 ADC 功能，其采样率最大为 1Msps，分辨率最高为 12 位。XADC 可以用于测量电压和温度。通过专用的串行接口，PS 与 XADC 模块通信。该串行接口将来自 PS 的命令串行化，并且将其发送到 PL。同时，接口模块也将来自 PL 的串行数据转换为 32 位的量化数据。并且，通过 APB 接口将其提供给 PS 主设备。在 XADC 模块中，命令 FIFO 和响应 FIFO 用于提供命令和数据缓冲。

通过 XADC AXI IP 核，PS 也能访问 XADC。该 IP 核允许添加 XADC 模块，并将其作为一个软核外设，然后将其连接到 PS 的一个 AXI 接口上。

第 14 章 Cortex-A9 外设模块结构及功能

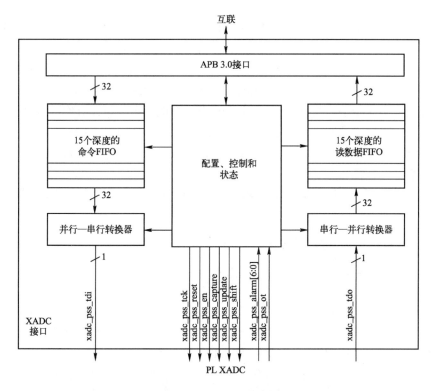

图 14.59 XADC 模块图

> **注意**：必须通过设置一个寄存器位使能接口，以允许 PS 访问 XADC。当 PS 控制 XADC 时，不再使用 PL JTAG 接口访问它。

XADC 接口的功能和特性如下。

(1) 读和写 XADC 寄存器。
(2) 15 个深度的写命令 FIFO 和 15 个深度的读 FIFO（所有的 32 位宽度）。
(3) 可编程 FIFO 级的中断。
(4) 报警中断。
(5) 超过温度中断。
(6) 当没有给 PL 编程时（要求 PL 供电），允许访问 XADC。

通过内部寄存器集，可以配置 XADC 接口操作。

14.11.1 XADC 转换器接口及功能

XADC 包含一个双 12 位的 1Msps ADC、片上电源和温度传感器。XADC 模块最多访问 17 个外部模拟输入通道。通过 XADC 接口，PS 可以访问 XADC 模块。通过使用包含专用控制信号的一个边界扫描协议和全双工的同步比特串行链路，XADC 接口与 XADC 通信。通过一个 APB 3.0 接口，与 PS 剩余的部分进行交互。

在将命令发送到 XADC 前，XADC 的主要功能是将命令串行化。当接收到来自 XADC 的串行数据时，执行串行到并行的转换。默认情况下，复位后，禁止 PS 和 XADC 之间的连接。当控制寄存器（偏移地址为 0x100）的 31 比特位设置为 1 时，用来在 PS 和 PL 之间建立链路。当 PS 控制 XADC 时，不再通过 PL JTAG 接口访问 XADC。

通过 PL，XADC 支持 PS XADC 接口（JTAG DRP）和直接访问。在系统内，可以同时使用所有专用的连接与 PL 进行连接。XADC 能够在 PS XADC 接口和 PL 连接之间进行仲裁。为了将系统慢速传输过程对 PS 吞吐量的影响降低到最低，XADC 接口提供了连接到 XADC 最多 15 个 32 位的命令缓冲区和从 XADC 的 15 个 32 位的读数据缓冲区。这样，允许主机在一个时刻发送 15 个命令。当 XADC 准备好后，返回相应的读数据。因此，需要填充命令，以便读取最后一个数据。

在 XADC 接口杂项状态寄存器（偏移地址为 0x104）中，可以跟踪命令和读 FIFO 的状态。

注意：读一个空的 FIFO，将引起一个 APB 从错误。

14.11.2 XADC 命令格式

XADC 的命令格式如图 14.60 所示。当活动时，PS XADC 接口代替 PL JTAG DRP 接口。XADCIF_CMD_FIFO 的低 16 位保存 DRP 寄存器数据。对于所有的读和写操作，XADCIF_CMD_FIFO[25:16]地址位保存着 DRP 目标寄存器的地址。XADCIF_CMD_FIFO[29:26]命令位指定一个读、写或无操作。表 14.13 给出了 XADC 接口的 DRP 命令格式。

31 30 29	26 25	16 15	0
X X	CMD[3:0]	DRP Address[9:0]	DRP Data[15:0]
MSB			LSB

图 14.60 XADC 的命令格式

表 14.13 XADC 接口的 DRP 命令

CMD[3:0]				操　　作
0	0	0	0	无操作
0	0	0	1	DRP 读
0	0	1	0	DRP 写
—	—	—	—	没有定义

14.11.3 供电传感器报警

自从最后上电或最后复位 XADC 控制逻辑后，XADC 为内部供电传感器跟踪最小和最大记录的值，所记录的最大和最小值保存在 DPR 状态寄存器中。上电或复位后，所有最小值寄存器设置为 FFFFh，所有最大值寄存器设置为 0000。每当一个片上传感器产生一个新的值后，该值就与最大值和最小值进行比较，然后修改最大值和最小值。

当一个内部传感器的测量值超过用户定义的门槛时，XADC 会产生一个报警信号。报警门限保存在 XADC 的控制寄存器中，可以在 XADC 配置寄存器内禁止报警功能。

通过专用的 XADC 接口，将 XADC 报警信号送到 PS。当激活一个报警时，它触发一个可屏蔽的中断。使用 XADCIF_INT_STS 寄存器确定活动的报警。给该寄存器的活动比特位写 1，将清除中断标志。可以在 XADCIF_MSTS 寄存器中找到报警的时间。表 14.14 给出了 XADC 的报警信号。

表 14.14 XADC 的报警信号

报　　警	描　　述
ALM[0]	XADC 温度传感器报警
ALM[1]	XADC VCCINT 传感器报警
ALM[2]	XADC VCCAUX 传感器报警
ALM[3]	XADC VCCBARM 传感器报警
ALM[4]	XADC VCCPINT 传感器报警（处理器 VCCINT）
ALM[5]	XADC VCCPAUX 传感器报警（处理器 VCCAUX）
ALM[6]	XADC VCCDDRO 传感器报警（处理器 DDR 控制器电压）

思考与练习 14-6：请说明 Zynq-700 内 XADC 模块的结构特点和实现的功能。

14.12 PCI-E 接口

Zynq-7030 和 Zynq-7045 SoC 器件包含 Xilinx 7 系列集成模块，用于 PCI Express 核。这个核是一个可靠的高带宽第三代 I/O 解决方案。

这些 Zynq 全可编程器件中，使用 PCI-E 解决方案，使其在 Gen1（2.5Gb/s）和 Gen2（5Gb/s）速度下，支持×1、×2、×4 和×8 通道根端口和端点配置。根端口配置能够用于构建一个根复杂解决方案。这些配置和 PCI-E 基本规范 V2.1 兼容。

如图 14.61 所示，PCI-E 模块支持 AXI-Stream 接口，用于 64 位和 128 位宽度的用户接口。

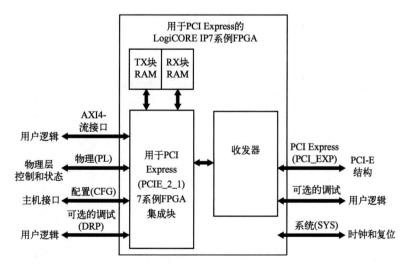

图 14.61 PCI-E 模块

PCI - E 核的关键特性如下。

（1）高性能、高灵活性、可扩展的、高可靠性的、通用 I/O 核：①遵守 PCI - E 基本规范 V2.1；②与传统的 PCI 软件模型兼容。

（2）结合 Xilinx Smart - IP 技术，保证关键时序。

（3）使用 GTXE2 收发器，用于 7 系列 FPGA：①2.5Gb/s 和 5.0Gb/s 线速度；②支持 1 通道、2 通道、4 通道和 8 通道操作；③灵活的缓冲区和时钟补偿。

（4）自动恢复时钟数据。

（5）支持配置端点和根端口。

（6）8B/10B 编码和解码。

（7）支持 PCI - E 规范要求的通道反转和通道极性反相。

（8）用户接口标准化：①支持 AXI4 - Stream 接口；②易用的基于包的协议；③全双工通信；④背对背交易，允许更大的连接带宽利用率；⑤支持发送方向上的数据流量控制和终止正在处理的交易。

（9）支持接收方向的数据流控制。

（10）遵守 PCI/PCI - E 供电管理功能。

（11）支持最大的交易负载为 1024 字节。

（12）支持多向量 MSI，用于最多 32 个向量和 MSI - X。

（13）向上配置能力使能应用驱动带宽的可扩展性。

（14）兼容 PCI - E 交易顺序规则。

思考与练习 14 - 7：请说明 Zynq - 700 内 PCI - E 接口的结构特点和实现的功能。

第15章 Zynq-7000 内的可编程逻辑资源

本章将主要介绍 Zynq-7000 SoC 内的可编程逻辑资源，内容包括可编程逻辑资源概述、可编程逻辑资源功能两个部分。在可编程逻辑资源功能部分，详细地介绍了 CLB、Slice 和 LUT，时钟管理、块 RAM、数字信号处理-DSP Slice、输入/输出、低功耗串行收发器、PCI-E 模块、XADC（模拟-数字转换器）。

通过本章内容的学习，读者可以初步了解 Zynq-7000 器件内可编程的资源，以及这些资源所提供的性能。

15.1 可编程逻辑资源概述

Zynq-7000 系列的全可编程平台在单个器件内集成了功能丰富的基于双核 ARM Cortex-A9 处理器的处理器系统 PS 和 Xilinx 可编程逻辑 PL。Zynq-7000 SoC 系列中的每个器件包含相同的 PS，然而每个器件内的 PL 和 I/O 资源有所不同。两个较小 SoC 器件（Z-7010 和 Z-7020）的 PL 基于 Artix-7 FPGA 逻辑，两个较大 SoC 器件（Z-7030 和 Z-7045）的 PL 基于 Kintex-7 FPGA 逻辑。

通过使用多个接口和超过 3000 个连接的其他信号，PS 和 PL 可以紧密或松散地耦合在一起。这使得设计者能高效地将 PL 内用户创建的硬件加速器和其他功能进行集成，处理器可以访问它们，同时它们也可以访问 PS 内的存储器资源。

Zynq-7000 系统总是最先启动 PS 内的处理器，这样允许使用以软件为中心的方法对 PL 进行配置。对 PL 的配置可以作为系统启动的一部分，或者在将来的某个时间点上对其进行配置。此外，PL 可以全部重新配置或在使用的时候部分动态地重新配置（Partial Reconfiguration，PR）。PR 允许只配置 PL 的一部分这使得可以选择对设计进行部分修改。例如，更新系数或在必要时通过替换算法来实现时分复用 PL 资源。后者类似于动态地加载和卸载软件模块。PL 的配置数据称为比特流。

PL 有一个和 PS 分开的供电域，这使得用户能通过将 PL 断电来降低功耗。在这个模式下，PL 无静态和动态功耗。这样，显著地降低了器件的功耗。当不使用这个模式时，必须重配置 PL。用户需要考虑在特殊应用场合下重新配置 PL 的时间，这个时间根据比特流的大小而有所不同。

PL 提供了用户可配置的丰富的结构能力。关键特性如下。

（1）可配置的逻辑块（CLB），包含下面的逻辑资源：①6 输入查找表；②LUT 内的存储器能力；③寄存器和移位寄存器功能；④级联的加法器。

（2）36KB 块 RAM。其特性包括：①双端口；②最大 72 位宽度；③可配置为双 18KB；④可编程的 FIFO 逻辑；⑤内建的纠错电路。

(3) 数字信号处理 - DSP48E1 切片，其特性包括：①25×18 二进制补码乘法器/加法器高分辨率（48 位）信号处理器；②节约功耗的 25 位预加法器，用于优化对称的滤波器应用；③高级属性包括可选的流水线、可选的 ALU 和用于级联的专用总线。

(4) 时钟管理：①用于低抖动时钟分配的高速缓冲区和布线；②频率合成和相位移动；③低抖动时钟生成功能和抖动过滤。

(5) 可配置的 I/O：①高性能 SelectIO 技术；②集成在封装内的高频去耦合电容，用于扩展信号完整性；③数控阻抗，能在三态下用于最低功耗高速 I/O 操作；④宽范围（HR）I/O 支持 1.2~3.3V；⑤高性能（HP）I/O 支持 1.2~1.8V。

(6) 低功耗串行收发器：①高性能收发器速率最高能到达 12.5Gb/s（GTX）；②用于芯片 - 芯片接口的低功耗模式优化；③高级的预发送、后加重，接收器线性 CTLE，以及判决反馈均衡（Decision Feedback Equalization，DFE），包括用于额外余量的自适应均衡。

(7) XADC（模拟 - 数字转换器）：①双 12 比特 1Msps 模拟—数字转换器（ADC）；②最多 17 个灵活的用户可配置的模拟输入；③片上或外部参考源选择；④片上温度（±4 益最大误差）和供电（±1%最大误差）传感器；⑤连续 JTAG 访问 ADC 测量值。

(8) 集成用于 PCI - E 设计的接口模块：①兼容 PCI - E 规范 2.1，包含端点和根端口能力；②支持 Gen2（5.0Gb/s）；③高级配置选项、高级错误报告（AER）、端到端 CRC（ECRC）高级错误报告和 ECRC 特性。

15.2 可编程逻辑资源功能

15.2.1 CLB、Slice 和 LUT

Zynq - 7000 内的 LUT 可以配置为一个包含 1 个输出的 6 输入的 LUT（64 位 ROM），或者包含独立输出和公共地址/逻辑输入的两个 5 输入的 LUT（32 位 ROM）。对于每个 LUT 的输出，可以选择使用触发器进行寄存。一个 Slice 由 4 个 6 输入的 LUT、8 个触发器、多路复用器和算术进位逻辑构成。两个 Slice 构成一个 CLB。每个 LUT 的一个触发器可以选择配置为锁存器。大约 25%~50%的 Slice 使用 LUT 作为分布式的 64 位 RAM、32 位移位寄存器（SRL32）或两个 SRL16。Vivado 综合工具利用了这些高性能逻辑、算术和存储器特性。

15.2.2 时钟管理

在 Zynq - 7000 SoC 的 PL 内，提供了功能丰富的时钟管理单元。

1. 混合模式时钟管理器和相位锁相环

混合模式时钟管理器（Mixed - mode clock manager，MMCM）和相位锁相环（Phase Lock Loop，PLL）共享很多特性，它们都能作为一个频率合成器，用于宽范围的频率和输入时钟的抖动过滤器。这些元件的核心是一个压控振荡器（Voltage Controlled Oscillator，VCO），来自相位检测器（PFD）的电压送到 VCO。根据计算的结果，提高或降低 VCO 输出频率。

MMCM 有 3 组可编程的分频器：D、M 和 O。预分频器 D（通过配置或之后通过动态配置端口，即 Dynamic Configuration Port，DRP 编程），降低输入频率。然后，将其送到传统 PLL 相位/频率比较器的一个输入。反馈分频器 M（通过配置或之后通过 DRP 编程），作为一个乘法器。这是由于在送到相位比较器的其他输入之前，将 VCO 的输出频率进行分频。必须合理地选择 D 和 M 的值，以确保 VCO 工作在其指定的频率范围内。

VCO 有 8 个等间距的输出相位（0°、45°、90°、135°、180°、225°、270°和 315°）。每个相位都可以用于选择驱动一个输出分频器（6 个用于 PLL，O0～O5；7 个用于 MMCM，O0～O6）。通过配置，可以对每一个进行编程实现 1～128 内的分频。

MMCM 和 PLL 有 3 个输入抖动过滤选项：低带宽模式有最好的抖动衰减；高带宽模式有最好的相位偏移；优化模式允许工具找到最好的设置。

2．MMCM 额外的可编程特性

在反馈路径（作为乘法器）或输出路径上，MMCM 有一个小数计数器。小数计数器允许以非整数的 1/8 速率递增。因此，提高了频率合成的能力。

根据 VCO 的频率，MMCM 也能提供较小增量的固定相位移动或动态相位移动。例如，在 1600MHz 频率下，相位移动的时序递增是 11.2ps。

3．时钟分配

每个 Zynq - 7000 SoC 器件提供了 6 个不同类型的时钟线（BUFG、BUFR、BUFIO、BUFH、BUFMR 和高性能时钟），用来满足不同的时钟要求，包括高扇出、短传播延迟和极低的抖动。

4．全局时钟线

在 Zynq - 7000 SoC 器件中，32 个全局时钟线提供了最高的扇出。它能到达每个触发器的时钟、时钟使能和置位/复位，以及数量众多的逻辑输入。在任何时钟域内，有 12 个全局时钟线，可以通过水平时钟缓冲区（BUFH）驱动。读者可以单独使能/禁止每个 BUFH，这样允许关闭时钟域内的时钟。因此，为时钟域的功耗提供了更好的颗粒度控制。通过全局时钟缓冲区，可以驱动全局时钟线，该缓冲区能执行无毛刺的时钟复用和时钟使能功能。通常由 CMT 驱动全局时钟，它能彻底地消除基本时钟分配延迟。

5．区域时钟

区域时钟能驱动它所在区域内的所有时钟。一个区域定义为任何一个区域，该区域有 50 个 I/O，以及具有 50 个 CLB 高度及器件宽度的一半。Zynq - 7000 SoC 器件有 8～24 个区域。在每个区域内有 4 个区域时钟跟踪。每个区域时钟缓冲区可以由 4 个时钟功能输入引脚中的一个驱动，可从 1～8 中选择任何一个整数对该时钟分频。

6．I/O 时钟

I/O 时钟特别快，用于一些 I/O 逻辑和串行化器/解串行化器电路。Zynq - 7000 SoC 提供了来自 MMCM 到 I/O 的直接连接。这些连接主要用于低抖动和高性能的接口。

15.2.3 块 RAM

每个 Zynq-7000 SoC 中有 60~465 个双端口 BRAM，每个容量为 36 Kb。每个 BRAM 有两个独立的端口。

1. 同步操作

由时钟控制每个存储器的读或写访问。在 BRAM 中，可以将所有的输入、数据、地址、时钟使能和写使能进行寄存。在 BRAM 中，总是由时钟驱动输入地址，并且一直保持数据，直到下一个操作为止。在 BRAM 中提供了一个可选的输出数据流水线寄存器，通过一个额外时钟周期的延迟，该寄存器允许较高速的时钟。

在写操作期间，数据的输出为前面所保存的数据，或者新写入的数据，或者保持不变。

2. 可编程数据宽度

每个端口可以配置为 32K×1、16K×2、8K×4、4K×9（或 8）、2K×18（或 16）、1K×36（或 32）或 512×72（或 64）。两个端口可以有不同的宽度，并且没有任何限制。

每个 BRAM 可以分割为两个完全独立的 18Kb BRAM。每个 BRAM 能配置成任何长宽比，范围从 16K×1 到 512×36。前面描述的用于 36Kb BRAM 的所有内容也可以应用到每个较小的 18Kb BRAM。

只有在简单双端口（Simple Dual-Port，SDP）模式下才允许数据宽度大于 18 比特（18Kb RAM）或者 36 比特（36Kb RAM）。在这种模式下，一个端口专门用于读操作，另一个端口用于写操作。在 SDP 模式下，一侧（读或写）的宽度是可以变化的，而另一侧被固定为 32/36 位或者 64/72 位。

双端口 36Kb RAM 的两侧端口，其宽度都是可变的。

可以将两个相邻的 36Kb BRAM 配置为一个 64K×1 的双端口 RAM，并且不需要任何额外的逻辑。

3. 错误检测和纠错

每个 64 位宽度的 BRAM 都能产生、保存和利用 8 个额外的海明码比特，并且在读操作过程中，执行单个比特位错误的纠错和两个比特位错误的检错（ECC）。当给外部 64~72 位宽度的存储器写数据或从 64~72 位外部存储器读数据时，也能使用 ECC 逻辑。

4. FIFO 控制器

内建的 FIFO 控制器用于单时钟（同步）或双时钟（异步或多率）操作，递增内部的地址和提供 4 个握手信号。这些握手信号线包括：满标志、空标志、几乎满标志和几乎空标志。可以自由地编程几乎满和几乎空标志。类似于 BRAM，也可以对 FIFO 的宽度和深度编程。但是，写端口和读端口的宽度总是相同的。

首字跌落（First Word Fall-Through，FWFT）模式，即第一个写入的数据出现在数据输出端（甚至在读操作前）。当读取第一个字后，这个模式和标准的模式就没有差别了。

15.2.4 数字信号处理

数字信号处理应用会使用大量的二进制乘法器和累加器，它可以在专用的 DSP 切片内很好地实现。所有 Zynq-7000 器件都有大量专用的、全定制的、低功耗的 DSP 切片，将小尺寸和高速结合在一起，同时保持了系统设计的灵活性。

在 Zynq-7000 SoC 内，每个 DSP 切片由一个专用的 25×16 比特的二进制补码乘法器和一个 48 比特的累加器组成。它们的最高工作频率为 741MHz，可以动态地旁路掉乘法器。两个 48 位的输入能送到一个单指令多数据流（Single Instruction Multiple Data, SIMD）算术单元（双 24 位加/减/累加或四 12 位加/减/累加），或者一个逻辑单元。基于两个操作数，它可以产生 10 个不同逻辑功能中的任何一个逻辑功能。

DSP 包含一个额外的预加法器。例如，它用在对称滤波器中。在高密度封装的设计内，这个预加法器改善了性能，并且将 DSP 切片的数量最多减少 50%。DSP 也包含一个 48 位宽度的模式检测器，能用于收敛或对称的舍入。当与逻辑电路结合在一起时，模式检测器也能实现 96 位宽度的逻辑功能。

DSP 切片也提供广泛的流水线功能，扩展了超过数字信号处理器很多应用的速度和效率。例如，宽的动态总线移位寄存器，存储器地址产生器，宽总线多路复用器和存储器映射的 I/O 寄存器文件。累加器也能用于一个同步的向上/向下计数器。

15.2.5 输入/输出

输入/输出的一些特别之处如下。

（1）高性能的 SelectIO 技术，支持 1866Mb/s 速率的 DDR3 存储器操作。
（2）封装内的高频去耦合电容扩展了信号完整性。
（3）数字控制阻抗，能三态用于最低功耗和高速 I/O 操作。

根据器件和封装的大小，I/O 引脚的个数有所不同。每个 I/O 是可配置的，并且兼容大量的 I/O 标准。除一些供电引脚和少量的专用配置引脚外，其他所有 PL 引脚都有相同的 I/O 能力，它只受限于某些分组规则。Zynq-7000 SoC 内的 SelectIO 资源分成宽范围 HR 或高性能 HP。HR I/O 提供了最宽泛的供电支持，范围为 1.2~3.3V。将 HP I/O 进行优化，用于最高性能的操作，其电压工作范围为 1.2~1.8V。

所有 I/O 以分组构成，每个组有 50 个 I/O。每个组有一个公共的 VCCO 输出供电，它也给某些输入缓冲区供电。一些单端输入缓冲区要求一个内部或外部应用的参考电压（VREF）。每组有两个 VREF 引脚（除了配置组 0），一组只有一个 VREF 电压值。

Zynq-7000 SoC 有不同的封装类型，以适应不同用户的需要。其中，小尺寸焊线封装具有最低成本；通常，高性能倒装封装和无盖倒装封装，用于在高性能和小尺寸封装之间进行权衡。在倒装封装中，使用高性能的倒装处理，硅片附加在基底上。被控的等效串联电阻 ESR 和分散的去耦合电容放置在封装基底上，用在同时切换输出的条件下，对信号完整性进行优化。

1. I/O 电特性

单端输出使用传统的上拉/下拉输出结构，驱动高电平可以达到 VCCO，驱动低电平可以达到地，输出也能进入高阻状态。系统设计者能指定抖动率和输出强度。输入总是活动的，但是当输出是活动时，通常忽略输入。每个引脚有可选的弱上拉或弱下拉电阻。

在 Zynq - 7000 SoC 中，可以将大多数信号引脚对配置成差分输入对或输出对。差分输入对可以选择使用 100Ω 的内部电阻进行端接。所有的 Zynq - 7000 SoC 器件支持 LVDS 外的差分标准：HT、RSDS、BLVDS、差分 SSTL 和差分 HSTL。

每个 I/O 支持存储器 I/O 标准。例如，单端和差分 HSTL，以及单端 SSTL 和差分 SSTL。SSTL I/O 标准支持用于 DDR3 接口应用，其数据率最高可以达到 1866 Mb/s。

此外，三态控制的阻抗能控制输出驱动阻抗（串行端接）或能提供到 VCCO 的输入信号的并行端接，或者分割（戴维宁）端接到 VCCO/2。这允许使用 T_DCI，使得不需要为信号提供片外端接。此外，还节省了板子的空间。当 I/O 处于输出模式或三态时，自动关闭端接。与片外端接相比，这种方法显著地降低了功耗。I/O 也有低功耗模式，可用于 IBUF 和 IDELAY，用于进一步降低功耗，特别是用于实现与存储器的接口。

2. I/O 逻辑

1）输入/输出延迟

所有的输入和输出都可以配置成组合逻辑或寄存器。所有的输入和输出都支持双数据率 DDR。任何输入和一些输出都可以独自配置成最多 78ps 或 52ps 的 32 个增量。

在 SelectIO 中，由 IDELAY 和 ODELAY 实现这些延迟。通过配置，设置延迟步长的数目，也可以在使用时动态递增或递减。ODELAY 只能用于 HP SelectIO，它不能用于 HR SelectIO。这就意味着它只能用于 Z - 7030 或 Z - 7045 器件。

2）ISERDES 和 OSERDES

很多应用结合了高速、串行位 I/O 和器件内的低速并行操作。这要求在 I/O 结构内有一个串行化（并行—串行转换）或解串行化器（串行—并行转换）。每个 I/O 引脚拥有一个 8 位的 IOSERDES（ISERDES 和 OSERDES），它能执行串行—并行或并行—串行转换（可编程 2、3、4、5、6、7 或 8 比特宽度）。通过级联，两个来自相邻引脚（默认为差分引脚）的 IOSERDES 可以支持 10 位和 14 位较宽宽度的转换。

ISERDES 有一个特殊的过采样模式，可以用于恢复异步数据。例如，它可以用于 SGMII 接口的 1.25Gb/s 速率的 LVDS 应用。

15.2.6　低功耗串行收发器

在同一个 PCB 的 IC 之间、背板间或长距离之间到光纤模块的超快速串行数据传输变得日益流行和重要，这使得客户线卡可以扩展到 200Gb/s。它要求特殊的专用片上电路和差分 I/O 能应付这些高数据速率带来的信号完整性问题。

Zynq - 7000 SoC 器件的收发器数量范围为 0～16 个。每个串行收发器是发送器和接收器的组合。不同的 Zynq - 7000 串行收发器可以使用环形振荡器和 LC 谐振的组合，允许灵活性和性能完美的结合。同时，使能贯穿所有器件的 IP 移植。使用基于 PL 逻辑的过采样实现较低的数据率。串行发送器和接收器有独立的电路，它使用了高级的 PLL 结构，通过 4～25 之间某些可编程的数字，实现对参考时钟输入的相乘。这样，就变成了比特串行数据时钟。每个收发器有大量用户可定义的特性和参数。在配置器件期间，用户可以定义这些参数。此外，用户可以在操作过程中修改它们。

1. 发送器

发送器是基本的并行到串行的转换器，其转换率为 16、20、32、40、64 或 80。这允许设计者在高性能设计中，为时序余量权衡数据通道的宽度。通过用单通道的差分输出信号，这些发送器的输出驱动 PC 板。TXOUTCLK 是一个合理的分频串行数据时钟，可以直接用于对来自内部逻辑的并行数据进行寄存。传入的并行数据送到一个可选的 FIFO 中，它有一个额外的硬件支持。它使用 8B/10B、64B/66B 或 64B/67B 编码方案，以提供足够数量的过渡。比特串行输出信号驱动带有差分信号的两个封装引脚。通过可编程的信号摆动和可编程的预加重及加重后，这个输出信号对用于补偿 PC 板的失真和其他互联特性。对于较短的通道，可以通过减少信号摆动来降低功耗。

2. 接收器

接收器是一个基本的串行到并行的转换器，它将接收到的串行比特差分信号变换成并行的字流，每个字为 16、20、32、40、64 或 80 个比特位。这允许设计者在内部数据通道宽度和逻辑时序余量进行权衡。对于接收器收到的差分数据流，通过可编程的线性和判决反馈均衡器（补偿 PC 板和其他互联特性），使用参考时钟输入初始化时钟识别。因此，这里没有必要设一个单独的时钟线。数据符号使用非归零 NRZ 编码和可选择的有保证的充分数据过渡（通过使用所选择的编码规则）。使用 RXUSRCLK 时钟，将并行数据发送到 PL。对于较短的通道，收发器提供了一个特殊低功耗模式（LPM），用于进一步降低功耗。

3. 带外信号

收发器提供带外信号 OOB，经常用于从发送器发送低速信号到接收器，而高速串行数据发送并没有活动。当连接是一个断电状态或没有初始化时，经常这样做，这有利于 PCI-E 和 SATA/SAS 应用。

15.2.7 PCI-E 模块

所有的 Zynq-7000 SoC 器件都带有收发器，包含一个集成的用于 PCI-E 技术的模块。PCI-E 模块可以配置成端点或根端口，其兼容 PCI-E 基本规范 2.1 版本。根端口能够用于建立根联合体的基础，以允许在两个 Zynq-7000 SoC 器件和其他器件之间通过 PCI-E 协议进行定制的通信，以及添加到 ASSP 的端点设备，如以太网控制器或到 Zynq-7000 器件的光纤通道 HBA。

PCI-E 模块可满足不同可配置的系统要求，它可以在 2.5Gb/s 和 5.0Gb/s 数据率下，提供 1、2、4 或 8 个通道。对于高性能应用，模块的高级缓冲技术提供了灵活的最大有效载荷。其最大有效载荷的大小为 1024 字节。与集成高速收发器连接的集成模块接口用于串行连接；与 BRAM 的模块接口连接用于数据缓冲。这些元素组合在一起，用于实现 PCI-E 协议的物理层、数据链路层和交易层。

Xilinx 提供了一个轻量级可配置的容易使用的 LogiCORE IP 封装，它可以将各种模块

（用于 PCI-E 的集成模块、收发器、BRAM 和时钟资源）捆绑到一起，用于端点或根端口的解决方案。系统设计者可以控制很多可配置的参数：通道宽度、最大有效载荷的大小、可编程逻辑接口的速度、参考时钟频率，以及地址寄存器解码和过滤。

Xilinx 提供了 AXI4 存储器封装，用于集成的模块。AXI4 用于 Xilinx 的 Vivado 设计流程和基于 Cortex-A9 处理器的设计。

15.2.8 XADC（模拟-数字转换器）

所有的全可编程 Zynq-7000 SoC 器件集成了一个新的灵活的模拟接口，称为 XADC。当与 Zynq-7000 器件内的可编程逻辑结合时，XADC 能解决板级的数据捕获和监视要求。这个将模拟和可编程逻辑结合在一起的技术，称为灵活混合信号。

XADC 包含两个 12 位 1Msps 的 ADC，分别包含跟踪和保持放大器、片上模拟多路复用开关（支持最多 17 个外部的模拟输入通道）、片上温度和供电传感器。读者可以配置两个 ADC 同时采集两个外部的输入模拟通道，跟踪和保持放大器支持宽范围的输入信号类型，包括单极性、双极性和差分信号。XADC 支持信号带宽在 1Msps 下模拟输入，至少为 500KHz。使用包含专用模拟输入的外部模拟复用器模式，可以支持更高的模拟带宽。

XADC 可选择使用片上参考电路（±1%）。因此，不需要任何外部参考源元件用于片上温度和供电监控。为了充分地实现 12 位 ADC 功能，推荐使用一个外部的 1.25V 参考 IC。

如果在设计中没有例化 XADC，XADC 默认将所有片上传感器的输出数字化。最近的测量结果保存在专用的寄存器中，用于 JTAG 接口的访问。用户定义的报警门限能自动指示超过温度的时间和不可接受的供电变化。用户指定的限制（如 100℃）能用于产生一个断点。

15.2.9 配置

Xilinx 7 系列的 FPGA 在 SRAM 类型的内部锁存器内保存它们定制的配置。配置比特的数量在 17~102Mb 之间（取决于器件的大小和用户设计实现的选项），如表 13.1 所示。配置保存是易失性的，在 FPGA 上电时必须重新加载比特流配置文件。处理器系统能在任何时候重新加载配置文件。

表 15.1 Zynq 内部 SRAM 锁存器的配置

Zynq-7000 SoC 器件	长度（Mb）	长度（MB）
Z-7010	17	2.125
Z-7020	32.5	4.2
Z-7030	48	6
Z-7045	101.6	12.7

所有的 Zynq-7000 SoC 器件，包含定制 IP 的 PL 比特流，能通过 256 比特 AES 加密和 HMAC/SHA-256 认证，防止对设计进行未授权的复制。使用内部保存的 256 比特密钥，在配置时，PL 执行解密过程。这个密钥能驻留在电池供电的 RAM 或非易失性

第 15 章 Zynq-7000 内的可编程逻辑资源

Efuse 比特中。

可以回读大部分配置数据而不影响系统的操作。典型地，配置是全有或全无的操作。但是，Zynq-7000 器件也支持部分重配置。这是一个非常强大和灵活的特性，允许用户改变 PL 内的一部分逻辑，而其他逻辑功能保持不变。用户能将这些逻辑分时间片复用，以将更多的逻辑适配到小的器件中，节省了成本和降低了功耗。当在某些设计中可以使用时，部分可重配置显著改善了 Zynq-7000 SoC 器件的多功能性。

第16章 Zynq-7000 内的互联结构

本章将详细介绍 Zynq-7000 的互联结构和互联接口所提供的信号。其主要内容包括系统互联架构、服务质量、AXI_HP 接口、AXI_ACP 接口、AXI_GP 接口、AXI 信号总结和 PL 接口选择。

通过本章接口内容的学习，可以清楚地了解并掌握 Zynq-7000 内部高性能的互联结构，为后续在 Zynq-7000 内部设计高性能的嵌入式系统应用打下坚实的基础。

16.1 系统互联架构

互联结构如图 16.1 所示。PS 内的互联由多个开关组成。通过使用 AXI 点对点通道连接系统资源，用于在主设备和从设备之间实现通信地址、数据和响应交易。基于 Arm AMBA3.0 规范，实现了一个完整的互联通信能力。其内容涵盖 QoS，以及对调试和测试进行监控。互联结构能对多个未完成的交易进行管理。在 Arm CPU 和 PL 主设备控制器之间，该互联结构提供低延迟、高吞吐量和缓存一致性的数据路径。

互联是用于数据通信最基本的机制。下面总结了互联特性。

（1）互联基于 AXI 高性能的数据通路开关：①侦听控制单元 SCU；②L2 缓存控制器。

（2）基于 Arm NIC-301 互联开关：①中央互联；②用于从外设的主互联；③用于主外设的从互联；④存储器互联；⑤OCM 互联；⑥AHB 和 APB 桥。

（3）PS-PL 接口：①AXI_ACP 用于 PL 的一个缓存一致性主端口；②AXI_HP 用于 PL 的 4 个高性能和高带宽主端口；③AXI_GP 4 个通用端口（两个主端口，两个从端口）。

16.1.1 互联模块及功能

本小节将讨论所有互联的块图，包括互联主设备、侦听控制单元、中央互联、主互联、从互联、存储器互联和 OCM 互联、L2 缓存控制器和互联从设备。

1. 互联主设备

从图 16.1 可以看出，互联主设备包括：

（1）CPU 和缓存一致性端口 ACP；

（2）高性能 PL 接口，AXI_HP{3:0}；

（3）通用 PL 接口，AXI_GP{3:0}；

（4）DMA 控制器；

（5）AHB 主设备（包含本地 DMA 单元的 I/O 外设）；

（6）设备配置（DevC）和调试访问端口（DAP）。

第 16 章　Zynq-7000 内的互联结构

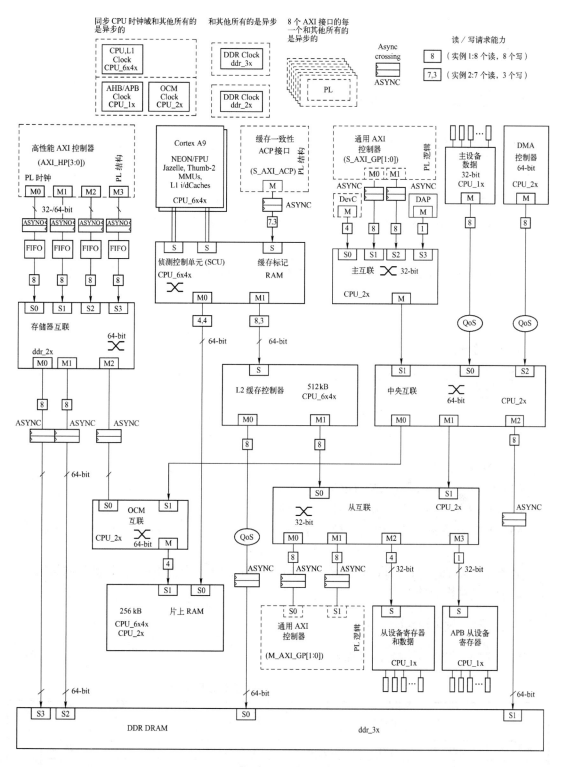

图 16.1　互联结构

2. 侦测控制单元（SCU）

SCU 的地址过滤的特性使得 SCU 的功能像一个开关。

3. 中央互联

中央互联是 Arm NIC301 互联开关的内核。

4. 主互联

主互联将来自中央互联的低速流量切换到 M_AXI_GP 端口、I/O 外设和其他模块的中速流量。

5. 从互联

从互联将来自 S_AXI_GP 接口、DevC 和 DAP 的低速流量切换到中央互联的中速流量。

6. 存储器互联

存储器互联将 AXI_HP 接口切换到 DDR DRAM 和 OCM（通过其他互联）的高速流量。

7. OCM 互联

OCM 互联切换来自中央互联和存储器互联的高速流量。

8. L2 缓存控制器

L2 缓存控制器的地址过滤特性使得 L2 缓存控制器的功能像一个开关。

9. 互联从设备

互联从设备包括：

（1）OCM；

（2）DDR DRAM；

（3）通用 PL 接口，M_AXI_GP[1:0]；

（4）AHB 从设备（带有本地 DMA 的 IOP）；

（5）APB 从设备（在 IOP 内，模块内的寄存器）；

（6）GPV（互联的可编程寄存器，图中没有标出来）。

思考与练习 16-1：请根据图 16.1 的 Zynq-7000 的互联结构图，分析其互联结构，并说明这个互联结构的特点。

16.1.2 数据路径

PS 互联使用的主要数据路径如表 16.1 所示。

表 16.1 PS 互联使用的主要数据路径

源	目的	类型	源时钟	目的时钟	同步/异步[1]	数据宽度	R/W 请求能力	高级 QoS
CPU	SCU	AXI	CPU_6x4x	CPU_6x4x	同步	64	7, 12	—
AXI_ACP	SCU	AXI	SAXIACPACLK	CPU_6x4x	异步	64	7, 3	—
AXI_HP	FIFO	AXI	SAXIHPnACLK	ddr_2x	异步	32/64	14-70, 8-32[2]	—

续表

源	目的	类型	源时钟	目的时钟	同步/异步[1]	数据宽度	R/W请求能力	高级QoS
S_AXI_GP	主互联	AXI	SAXIGPnACLK	CPU_2x	异步	32	8, 8	—
DevC	主互联	AXI	CPU_1x	CPU_2x	同步	32	8, 4	—
DAP	主互联	AHB	CPU_1x	CPU_2x	同步	32	1, 1	—
AHB 主	中央互联	AXI	CPU_1x	CPU_2x	同步	32	8, 8	×
DMA 控制器	中央互联	AXI	CPU_2x	CPU_2x	同步	64	8, 8	×
主互联	中央互联	AXI	CPU_2x	CPU_2x	同步	64	—	—
FIFO	存储互联	AXI	ddr_2x	ddr_2x	同步	64	8, 8	—
SCU	L2 缓存	AXI	CPU_6x4x	CPU_6x4x	同步	64	8, 3	—
存储器互联	OCM 互联	AXI	ddr_2x	ddr_2x	异步	64	—	—
中央互联	OCM 互联	AXI	CPU_2x	CPU_2x	同步	64	—	—
L2 缓存	从互联	AXI	CPU_6x4x	CPU_2x	同步	64	8, 8	—
中央互联	从互联	AXI	CPU_2x	CPU_2x	同步	64	—	—
SCU	OCM	AXI	CPU_6x4x	CPU_2x	同步	64	4, 4	—
OCM 互联	OCM	AXI	CPU_2x	CPU_2x	同步	64	4, 4	—
从互联	APB 从	APB	CPU_2x	CPU_1x	同步	32	1, 1	—
从互联	AHB 从	AXI	CPU_2x	CPU_1x	同步	32	4, 4	—
从互联	AXI_GP	AXI	CPU_2x	MAXIGPnACLK	异步	32	8, 8	—
L2 缓存	DDR 控制器	AXI	CPU_6x4x	ddr_3x	异步	64	8, 8	×
中央互联	DDR 控制器	AXI	CPU_6x4x	ddr_3x	异步	64	8, 8	—
存储器互联	DDR 控制器	AXI	ddr_2x	ddr_3x	异步	64	8, 8	—
从互联	GPV	(3)	CPU_2x	多个	—	—	—	—

表中：（1）每个异步路径包括用于跨越时钟域的异步桥。

（2）依赖猝发长度（看 AXI_HP 接口）。

（3）以从互联到 GPV 的路径是整个互联结构中的内部路径。访问 GPV 时，请确保所有时钟都已打开。

16.1.3　时钟域

互联时钟域的结构如图 16.2 所示，互联、主设备和从设备使用这些时钟。

（1）CPU_6x4x：CPU、SCU、L2 缓存控制器和片上 RAM。

（2）CPU_2x：中央互联、主互联、从互联和 OCM 互联。

（3）CPU_1x：AHB 主设备、AHB 从设备、APB 从设备、DevC 和 DAP。

（4）ddr_3x：DDR 存储器控制器。

（5）ddr_2x：存储器互联和 FIFO。

（6）SAXIACPACLK：AXI_ACP 从接口。

（7）SAXIHP0ACLK：AXI_HP0 从接口。

（8）SAXIHP1ACLK：AXI_HP1 从接口。

（9）SAXIHP2ACLK：AXI_HP2 从接口。

（10）SAXIHP3ACLK：AXI_HP3 从接口。

（11）SAXIGP0ACLK：AXI_GP0 从接口。

（12）SAXIGP1ACLK：AXI_GP1 从接口。

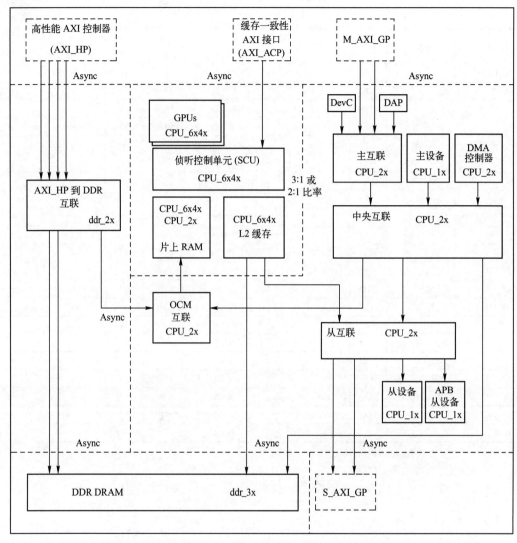

图 16.2 互联时钟域的结构

（13）MAXIGP0ACLK：AXI_GP0 主接口。
（14）MAXIGP1ACLK：AXI_GP1 主端口。

16.1.4 连接性

互联并不是一个完全的交叉开关结构。主设备所能访问的从设备如表 16.2 所示。

表 16.2 主设备所能访问的从设备

主\从	OCM	DDR 端口 0	DDR 端口 1	DDR 端口 2	DDR 端口 3	M_AXI_GP	AHB 从设备	APB 从设备	GPV
CPU	×	×				×	×	×	×
AXI_ACP	×	×				×	×	×	×

续表

主\从	OCM	DDR 端口 0	DDR 端口 1	DDR 端口 2	DDR 端口 3	M_AXI_GP	AHB 从设备	APB 从设备	GPV
AXI_HP{0, 1}	×				×				
AXI_HP{2, 3}	×			×					
S_AXI_GP{0, 1}	×		×			×	×	×	
DMA 控制器	×		×			×	×	×	
AHB 主设备	×		×			×	×	×	
DevC、DAP	×		×			×	×	×	

16.1.5 AXI ID

互联使用 13 位的 AXI ID 号（从最高有效位 MSB 到最低有效位 LSB）。

（1）3 位，识别互联（中央互联、主设备、从设备等）。
（2）8 位，由主设备提供，宽度由主设备的最大 AXI ID 号宽度决定。
（3）2 位，识别所标识互联的从接口。

一个从设备所能看到的所有可能的 AXI ID 值如表 16.3 所示。

表 16.3 从设备所能看到的所有可能的 AXI ID 值

主 设 备	主设备 ID 宽度	AXI ID（从设备所看到的）
AXI_HP0	6	13′b00000xxxxxx00
AXI_HP1	6	13′b00000xxxxxx01
AXI_HP2	6	13′b00000xxxxxx10
AXI_HP3	6	13′b00000xxxxxx11
DMAC 控制器	4	13′b0010000xxxx00
AHB 主设备	3	13′b0010000xxxx01
DevC	0	13′b0100000000000
DAP	0	13′b0100000000001
S_AXI_GP0	6	13′b01000xxxxxx10
S_AXI_GP1	6	13′b01000xxxxxx11
CPU、AXI_ACP（通过 L2 M1 端口）	8	13′b011xxxxxxxx00
CPU、AXI_ACP（通过 L2 M0 端口）	8	13′b100xxxxxxxx00

注：x 为 0 或 1，来源于正在请求的主设备

16.1.6 寄存器概述

GPV 寄存器的概述如表 16.4 所示。

表 16.4 GPV 寄存器的概述

功 能	名 字	概 述
TrustZone	security_fssw_s0 security_fssw_s1	为从互联的从端口，控制启动安全设置

续表

功　能	名　字	概　述
高级 QoS	qos_cntl, max_ot, max_comb_ot, aw_p, aw_b, aw_r ar_p, ar_b, ar_r	控制高级 QoS 特性、所提交的最大交易个数、AW 和 AR 通道的峰值速率、猝发、平均速率

16.2 服务质量

服务质量是系统互联设备直接可以进行可靠交易的重要保证，主要包括基本仲裁、高级 QoS 和 DDR 端口仲裁。

16.2.1 基本仲裁

每个互联使用两级仲裁机制来解决冲突。第一级仲裁根据来自主设备或可编程寄存器的 AXI QoS 信号所表示的优先级，最高的 QoS 值有最高的优先级；第二级仲裁根据最近授权（Least Recently Granted，LRG）策略。当包含相同 QoS 信号值的多个请求停止时，使用 LRG 策略。

16.2.2 高级 QoS

在基本仲裁之上，互联提供一个高级的 QoS 控制机制，这个可编程的机制影响用于来自这些主设备请求的互联仲裁。

（1）CPU 和 ACP 到 DDR 的请求（通过 L2 缓存控制器端口 M0）。

（2）DMA 控制器到 DDR 和 OCM 的请求（通过中央互联）。

（3）AMBA 主设备到 DDR 和 OCM 的请求（通过中央互联）。

在 PS 中，高级 QoS 模块存在于下面的路径中。

（1）从 L2 缓存到 DDR 的路径。

（2）从 DMA 控制器到中央互联的路径。

（3）从 AHB 主设备到中央互联的路径。

根据 Arm 的 QoS - 301 的 QoS，对 NIC - 301 网络互联进行扩展。它们提供了管理交易的便利：①所提交交易的最大数目；②峰值速率；③平均速率；④猝发。

对于所有从接口 QoS 仲裁的使用，必须谨慎考虑。如果不正确地使用它，会导致饿死固定的优先级。默认情况下，所有端口具有相同的优先级，因此这并不是一个问题。

用户希望在 PL 内创建"表现良好"的主设备，该设备能充分地调整发出命令的速度，或者使用 AXI_HP 发布能力设置。然而，来自 CPU（通过 L2 缓存）、DMA 控制器和 IOP 主设备的流量可以对来自 PL 的流量产生干扰。QoS 模块允许用户阻塞这些 PS 主设备，以确保 PL 内的用户设计或指定的 PS 主设备有所希望的或前后一致的吞吐量和延迟，这对视频应用来说是非常有用的，这是因为视频应用要求保证最大的延迟。通过管理非规则的主设备，如 CPU、DMA 控制器和 IOP 主设备，可以保证基于 PL 所实现视频应用的最大延迟。

16.2.3 DDR 端口仲裁

除连接到 DDR 存储器控制器的 QoS 信号外（使用的是最有意义的 QoS 信号），PS 互联使用 3 个 QoS 信号。三输入的多路复用开关用来选择其中一个 QoS 信号，另一个信号来自 SLCR、DDR_URGENT 寄存器，以及一个来自 PL 的 DDRARB 信号用来确定请求是否是紧急的。

16.3 AXI_HP 接口

AXI_HP 模块的结构如图 16.3 所示。4 个 AXI_HP 接口为包含高带宽数据通路的 PL 总线主设备提供了到 DDR 和 OCM 存储器的通道。每个接口包括两个 FIFO 缓冲区，分别用于读和写流量。PL 到存储器的互联，用于将高速 AXI_HP 接口连接到两个 DDR 存储器接口或 OCM。AXI_HP 接口也称为 AFI（AXI FIFO 接口），用于强调其缓冲能力。

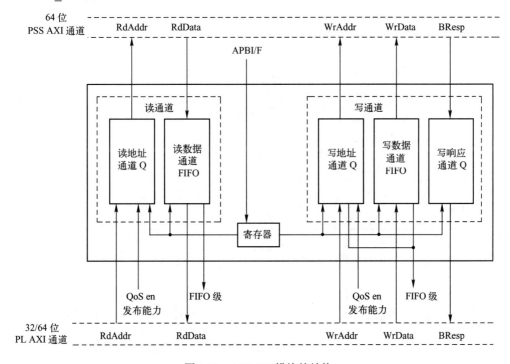

图 16.3　AXI_HP 模块的结构

16.3.1 AXI_HP 接口结构及特点

设计 AXI_HP 接口，用于在 PL 主设备和 PS 存储器（包括 DDR 和 OCM）之间提供一个高吞吐量数据通路。主要特性如下。

（1）32/64 位数据宽度的主设备（每个接口可独立编程）。

（2）通过 AxCACHE[1] 的控制，在 32 位接口模式下，高效动态地扩展到 64 位，用于对齐的传输。

(3) 在32位模式下,自动扩展到64位,用于非对齐的32位传输。
(4) 可编程的写命令发布门限。
(5) 在PL和PS之间,异步时钟频率域穿过所有的AXI接口。
(6) 通过使用1 KB(128×64位)的数据FIFO,为所有读和写理顺了长延迟传输。
(7) 来自PL端口可用的QoS信号。
(8) 命令和数据FIFO填充级计数可用于PL。
(9) 支持标准的AXI3.0接口。
(10) 到互联的可编程命令发布,读和写命令分开。
(11) 在范围为14~70个命令内(取决于猝发长度),较大的从接口读接受能力。
(12) 在范围为8~32个命令内(取决于猝发长度),较大的从接口写接受能力。

如图16.4所示,在AXI_HP中,存在两个AXI接口:一个直接连接到PL;另一个连接到AXI互联矩阵。这样,允许AXI_HP访问DDR和OCM存储器。与高性能AXI接口相关的部分寄存器如表16.5所示。

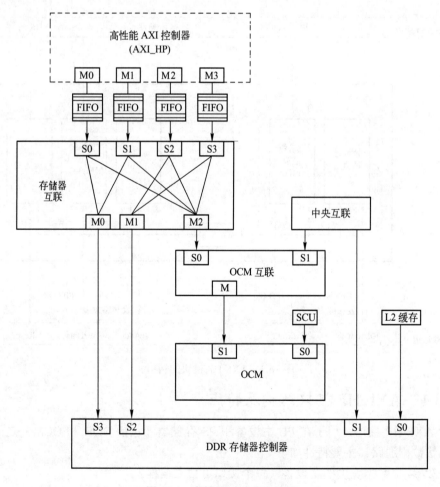

图16.4 高性能AXI_HP连接

表 16.5 与高性能 AXI 接口相关的部分寄存器

模 块	寄存器名字	概 述
AXI_HP	AFI_RDCHAN_CTRL AFI_WRCHAN_CTRL	选择 32/64 位接口宽度模式。设置不同带宽的管理控制
	AFI_RDCHAN_ISSUINGCAP AFI_WRCHAN_ISSUINGCAP	最多提交的读/写命令
	AFI_RDQOS AFI_WRQOS	读/写基于寄存器的 QoS 优先级的值
	AFI_RDDATAFIFO_LEVEL AFI_WRDATAFIFO_LEVEL	读/写数据 FIFO 寄存器的占用量
OCM	OCM_CONTROL	对于 SCU 写,更改在 OCM 上访问的 HP 仲裁优先级(中央互联)
DDRC	axi_priority_rd_port2 axi_priority_wr_port2	对于 AXI_HP(AFI)接口 2 或 3,在 DDR 控制器,设置用于仲裁的不同优先级
	axi_priority_rd_port3 axi_priority_wr_port3	对于 AXI_HP(AFI)接口 0 或 1,在 DDR 控制器,设置用于仲裁的不同的优先级
SLCR	LVL_SHFTR_EN	level_shifter 寄存器。在使用任 PL AXI 接口前,必须使能

对于同时要求在多个高性能的 AXI 接口有多个可编程逻辑的主设备的应用,并且 PS 系统出现中度或很重负载时,对每个可编程逻辑接口的带宽或线程的管理变得异常困难。例如,如果一个线程要求实时类型的流量,其中可能混杂着其他线程/接口上的非实时流量,标准 AXI3.0 总线不能提供明确的方法来管理优先级。

高性能 AXI 接口模块提供了一些功能,用于辅助优先级和队列的管理。大多数的管理功能,一方面作为 PL 信号提供给可编程逻辑设计,另一方面作为寄存器提供给 PS。对性能的优化取决于应用。这允许最大的灵活性,同时简化了高性能 AXI 接口的要求。

表 16.6 列出了额外的每个接口的 HP HL 信号。

表 16.6 额外的每接口 HP HL 信号

类 型	PS-PL 信号名字	I/O	描 述
FIFO 占用	SAXIHP{0-3} RCOUNT[7:0]	O	读数据通道 FIFO 填充级
	SAXIHP{0-3} WCOUNT[7:0]	O	写数据通道 FIFO 填充级
	SAXIHP{0-3} RACOUNT[2:0]	O	读地址通道 FIFO 填充级
	SAXIHP{0-3} WACOUNT[5:0]	O	写数据通道 FIFO 填充级
QoS	SAXIHP{0-3} AWQOS[3:0]	I	写地址通道 QoS 输入。由 SAXIHP{0-3}AWVALID 决定
	SAXIHP{0-3} ARQOS[3:0]	I	读地址通道 QoS 输入。由 SAXIHP{0-3}ARVALID 决定
互联发布限制	SAXIHP{0-3} RDISSUECAP1EN	I	当确认(1)时,指示最大的提交的读命令(发布能力,应该来自"rdIssueCap1"寄存器
	SAXIHP{0-3} WRISSUECAP1EN	I	当确认(2)时,指示最大的提交的写命令(发布能力,应该来自"wrIssueCap1"寄存器)

1. QoS 优先级

使用 AXI QoS 信号,给读和写命令分配一个仲裁优先级。

> 注:PS 互联允许主设备或可编程(寄存器)控制作为配置选项。对于 AFI,期望有能力动态地改变主设备的 QoS 输入。然而,为了提供灵活性,提供了寄存器域 AFI_RDCHAN_CTRL.FabricQosEn。这样,允许通过高性能的 AXI 接口,编程静态 QoS 值,而忽略 PL AXI QoS 输入。

2. FIFO 占用

用于读和写的数据及命令 FIFO 级,输出到 PL。这样,允许用户利用顶层互联所支持的 QoS 特性。根据这些 FIFO 相对的级,一个 PL 控制器能动态地改变连接到高性能 AXI 接口块的单个读和写请求优先级。例如,如果一个特殊的 PL 主设备读数据 FIFO,FIFO 变得太空,此时应该增加读请求的优先级。

现在,填充这个 FIFO 的优先级超过了其他 3 个 FIFO。典型地,当 FIFO 达到了一个可填充的级时,重新降低其优先级。由于必须在可编程逻辑内执行,因此用于控制相对优先级的准确策略是灵活的。注意,因为涉及跨越时钟域的问题,所以 FIFO 级应该用作一个相对级,而不是一个准确级。

另一个 FIFO 级可能的用处是使用它们超前看到数据填充级,以决定在没有使用 AXI RVAILD/WREADY 握手信号时是否可以读/写数据。潜在地,这样能简化 AXI 接口设计逻辑,使能高速的操作。

3. 互联发布限制

为了优化系统内的其他主设备,如 CPU 的延迟或带宽,可能希望限制一个高性能接口请求系统互联所提交交易的个数。发布能力是指在任何一段时间内,一个 HP 能请求最大可提交命令的个数。

作为来自逻辑的一个基本输入,控制高性能 AXI 接口的读和写命令发布能力是可用的。可以通过 DDRC.AFI_XXCHAN_CTRL FabricOutCmdEn,使能该选项。

逻辑信号 SAXIHP{0-3}RDISSUECAP1_EN 和 SAXIHP{0-3}WRISSUECAP1_EN,允许用户在两级之间,动态地更改 AFI 模块到 PS 的发布能力。

4. 写 FIFO 存储转发

写通道可以配置存储转发写命令,或者允许通过写命令但不存储它。下面两个寄存器控制写存储转发模式。

(1) AFI_WRCHAN_CTRL.[WrCmdReleaseMode]。
(2) AFI_WRCHAN_CTRL.[WrDataThreshold]。

模式寄存器在下面之间进行选择:

(1) 一个完整的 AXI 猝发存储转发;
(2) 一个部分 AXI 猝发存储转发;
(3) 通过(没有存储)。

如果要求写命令有最小的延迟,则选择写通过模式。然而,在一些情况下,多个主设备竞争系统从设备，通过使用最少的部分 AXI 猝发存储转发模式，能实现较好的系统性能。这是因为，一旦贯穿 PS 的每个点上提交了一个 AXI 写，在来自其他写命令的数据处理以前，必须处理整个猝发。

例如，使用通过模式。如果一个慢时钟的 HP 端口发布了一个长猝发，包含快时钟的第二个端口需要等待，即使快时钟的所有写数据是可用的，也要一直等到传输完整个较慢写数据猝发为止。因为这不同于读的情况，允许交替地读数据。

16.3.2 接口数据宽度

通过 AFI.AFI_xxCHAN_CTRL.[32BitEn]寄存器域，可以对每个物理高性能 PL AXI 接口编程，使其工作在 32 位或 64 位接口。由于可以单独地使能读和写通道，因此可以配置成不同的模式。

在 32 位模式下，要求在 32 位接口和 64 位接口之间进行一些形式的转换。对于写数据，32 位数据（和写选通）必须正确地对齐到 64 位域内合适的通道；对于读数据，64 位数据的通道必须正确对齐到 32 位数据总线。高性能 AXI 接口模块可以自动处理不同宽度接口之间的数据对齐。

对于 32 位模式，执行到 64 位总线的一个"扩展"或"向上升级"。

1. 扩展（Expansion）

在 64 位模式下，AxSIZE[]和 AxLEN[]域保持不变。在 64 位域内，数据拍的个数与 32 位域内数据拍的个数是相同的。这是最简单的选项，但是从带宽利用率方面来说，效率是最低的。

2. 向上升级（Upsizing）

这是一个优化，较好地利用了 64 位总线可用的带宽。将 AxSIZE[ ]域变成 64 位，并且通过潜在地调整 AxLEN[ ]域使用 64 位总线。对于一个充分利用带宽的传输，64 位域数据拍的数量是 32 位域的一半。例如，16×32 位的一个猝发，向上升级到 8×64 位的一个猝发。

> 注：（1）如果设置了 AxCACHE[1]比特位才会发生向上升级。如果没有设置，则发生命令扩展。这就意味着根据每个命令，用户能动态地控制是扩展还是向上升级。
> （2）在 64 位模式下，在可编程逻辑交易和内部 64 位 PS 交易之间没有转换。

高性能的 AXI 接口有下面的限制。

（1）在 32 位模式下，只有 2 的猝发倍数，递增地猝发读命令，对齐到 64 位边界是向上升级。扩展所有其他 32 位命令。这些包括所有的窄交易（回卷及固定猝发类型）。

（2）AFI 接收到任何来自可编程逻辑的一个扩展命令时，阻塞这个命令，直到刷新流水线内所有提交的高性能 AXI 接口读命令为止。在 AFI 的控制下，自动进行刷新操作。

以上的限制用于扩展的命令。实际上，当禁止命令流水线时，其性能是非常有限的。

> 注：仍然支持所有有效的 AXI 命令，只是不优化利用 64 位总线带宽。

在完成无序写命令的情况下,由于能以任何顺序发布 BRESP,并且直接返回到 PL 接口,所以并不会导致性能的损失。

16.3.3 交易类型

从 PL 发送到高性能 AXI 接口的不同命令类型和所发生的命令修改如表 16.7 所示。

表 16.7 从 PL 发送到高性能 AXI 接口的不同命令类型和所发生的命令修改

数目	模式	命令类型	转换	描述
1	64 位	64 位读所有猝发类型	无	尽可能最优化
2	64 位	窄读	无	因为没有执行向上升级,宽度越窄,交易效率越低
3	64 位	64 位写所有猝发类型	无	尽可能最优化
4	64 位	窄写	无	因为没有执行向上升级,宽度越窄,交易效率越低
5	32 位	32 位 INCR 读,对齐 64 位偶数猝发多个	向上升级到 64 位	尽可能最好地进行 32 位模式优化
6	32 位	所有其他 32 位读命令	扩展到 64 位	阻塞每个读命令,直到完成以前所有的读命令。效率极低
7	32 位	32 位 INCR 写,对齐 64 位偶数猝发多个	向上升级到 64 位	尽可能最好地进行 32 位模式优化
8	32 位	所有其他 32 位写命令	扩展到 64 位	相对来说,效率较低,没有执行向上升级。对于写来说,不发生阻塞

16.3.4 命令交替和重新排序

当 AXI 中使用了多线程命令时,暗示命令的无序处理和数据拍的交替。

DDR 控制器保证所有读命令完全连续。也就是说,它并不在外部 AXI 接口上交替地读取数据。但是,它利用了读和写命令重新排序的优势来执行内部的优化。因此,有时候希望发布到 DDR 控制器的读和写命令以不同于发布的顺序完成它们。

DDR 或 OCM 不支持交替读数据。然而,当一个 PL 接口给 DDR 和 OCM 存储器发布多个线程读命令时,通过互联将读数据交替地引入系统中。

从高性能 AXI 接口的观点来说:

(1)可以对所有的读命令和写命令重新排序;

(2)可能发生交替的数据读操作。

16.3.5 性能优化总结

从一个软件或用户的角度来讲,当使用高性能 AXI 接口模块时,需要考虑如下。

(1)对于通用的 AXI 传输,使用通用的 PS AXI 接口。并非使用高性 AXI 接口,这些接口被优化用于高吞吐量的应用,但是有各种限制。

（2）表 16.5 总结了发布到高性能 AXI 接口模块的那些来自 PL 的命令，以及处理这些命令的方法。

（3）当使用 32 位模式时，强烈推荐不使用表 16.5 第 6 行给出的命令类型，这是因为该命令类型对性能有明显的影响。

（4）可以对来自物理可编程逻辑信号或 APB 寄存器静态配置的 QoS PL 输入进行控制。信号允许基于每个命令改变 QoS 的值。对于所有命令，寄存器控制是静态的。

（5）为了向上升级，必须设置 AxCACHE[1]；否则，如果没有设置，总是扩展。

（6）对于 PL 设计来说，如果要求在读取完第一拍数据后连续地读数据流，则首先要用包含完整交易的数据填充读数据 FIFO，然后允许弹出第一拍数据，将 FIFO 级输出到 PL 就是用于该目的。当从 FIFO 退出第一个数据后，如果 PL 主设备不能通过 RVAILD 进行限制，则该行为是有用的。

（7）在 32 位 AXI 通道从接口模式下，如果在相应的第一个写数据节拍前没有使用至少一个周期确认写命令时，可以插入等待周期。

（8）PL 主设备应该能管理交替读数据操作。如果期望 PL 主设备不处理该问题，则 PL 主设备就不应该对所有提交的读请求使用相同的 ARID 值，以实现从相同的接口向 OCM 和 DDR 发布多线程读命令。

（9）写 FIFO 占用，与到写数据准备和到接收信号（WREADY）的关系不同。

① 在 64 位 AXI 模式下，FIFO 没有满（SAXIHP0WCOUNT << 128），总是暗示 WREADY = 1。

② 在 32 位 AXI 模式下，在写地址（AWVALID）和写数据（WVALID）之间存在依赖关系。在出现任何给定写数据猝发的第一拍之前，至少出现一个周期写地址，则 FIFO 不为满（SAXIHP0WCOUNT < 128），暗示 WREADY = 1。如果不是这样，则不确认 WREADY，直到产生写地址为止。至于这个背后的压力，原因是在 32 位模式下，当数据进入写数据 FIFO 时，执行扩展或向上升级。

写响应（BVALID）延迟取决很多因素，如 DDR 延迟、DDR 无序交易和其他冲突的流量（包括高优先级交易），以及将写命令和数据发送至从设备（OCM 和 DDR）的所有路径上，并且从设备发出的响应信号返回到高性能的 AXI 接口。当接收到写响应后，稍后将发布的交易授权提交给从设备。

思考与练习 16-2：请说明 AXI_HP 接口的结构特点和实现的功能。

16.4 AXI_ACP 接口

加速一致性接口提供了对可编程逻辑主设备的低延迟访问，并且包含可选的与 L1 和 L2 缓存的一致性要求。从系统的角度来说，ACP 接口有与 APU 内 CPU 的类似连接。由于这个紧密的连接，ACP 直接与它们竞争，用于访问 APU 外部的资源。ACP 互联的结构如图 16.5 所示。在发生 PL 逻辑通信之前，必须通过 LVL_SHIFTER_EN 使能 PL 级移位寄存器。

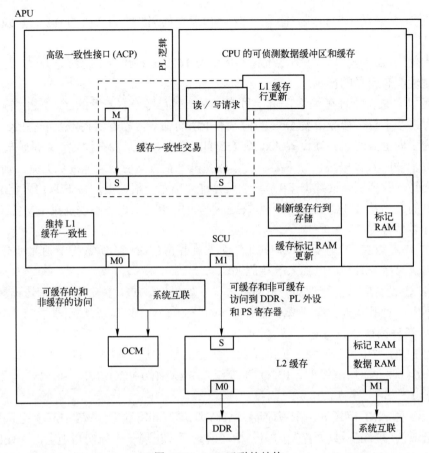

图 16.5 ACP 互联的结构

16.5 AXI_GP 接口

AXI_GP 接口的特性包括：
（1）标准 AXI 协议；
（2）数据总线宽度：32；
（3）主端口 ID 宽度：6；
（4）主端口发布能力：8 个读，8 个写；
（5）从端口 ID 宽度：12；
（6）从端口接受能力：8 个读，8 个写。

思考与练习 16-3：请说明 AXI_ACP 接口的结构特点和实现的功能。
思考与练习 16-4：请说明 AXI_GP 接口的结构特点和实现的功能。

16.6 AXI 信号总结

AXI 信号的总结如表 16.8 所示。

第16章　Zynq-7000内的互联结构

表16.8　AXI信号的总结

AXI通道	AXI PS 主设备	I/O	AXI PS 从设备	I/O
	M_AXI_GP{0, 1}	I/O	S_AXI_GP{0, 1} S_AXI_HP{0:3} S_AXI_ACP	I/O
时钟和复位				
	MAXIGP{0, 1}ACLK	I	SAXIGP{0, 1}ACLK SAXIHP{0:3}ACLK SAXIACPACLK	I
	MAXIGP{0, 1}ARESETN	O	SAXIGP{0, 1}ARESETN SAXIHP{0:3}ARESETN SAXIACPARESETN	O
读地址				
	MAXIGP{0, 1}ARADDR[31:0]	O	SAXIGP{0, 1}ARADDR[31:0] SAXIHP{0:3}ARADDR[31:0] SAXIACPARADDR[31:0]	I
	MAXIGP{0, 1}ARVALID	O	SAXIGP{0, 1}ARVALID SAXIHP{0:3}ARVALID SAXIACPARVALID	I
	MAXIGP{0, 1}ARREADY	I	SAXIGP{0, 1}ARREADY SAXIHP{0:3}ARREADY SAXIACPARREADY	O
	MAXIGP{0, 1}ARID[11:0]	O	SAXIGP{0, 1}ARID[5:0] SAXIHP{0:3}ARID[5:0] SAXIACPARID[2:0]	I
	MAXIGP{0, 1}ARLOCK[1:0]	O	SAXIGP{0, 1}ARLOCK[1:0] SAXIHP{0:3}ARLOCK[1:0] SAXIACPARLOCK[1:0]	I
	MAXIGP{0, 1}ARCACHE[3:0]	O	SAXIGP{0, 1}ARCACHE[3:0] SAXIHP{0:3}ARCACHE[3:0] SAXIACPARCACHE[3:0]	I
	MAXIGP{0, 1}ARPROT[2:0]	O	SAXIGP{0, 1}ARPROT[2:0] SAXIHP{0:3}ARPROT[2:0] SAXIACPARPROT[2:0]	I
	MAXIGP{0, 1}ARLEN[3:0]	O	SAXIGP{0, 1}ARLEN[3:0] SAXIHP{0:3}ARLEN[3:0] SAXIACPARLEN[3:0]	I
	MAXIGP{0, 1}ARSIZE[1:0]	O	SAXIGP{0, 1}ARSIZE[1:0] SAXIHP{0:3}ARSIZE[2:0] SAXIACPARSIZE[2:0]	I
	MAXIGP{0, 1}ARBURST[1:0]	O	SAXIGP{0, 1}ARBURST[1:0] SAXIHP{0:3}ARBURST[1:0] SAXIACPARBURST[1:0]	I

续表

读地址	AXI PS 主设备		AXI PS 从设备	
	MAXIGP{0, 1}ARQOS[3 : 0]	O	SAXIGP{0, 1}ARQOS[3 : 0] SAXIHP{0 : 3}ARQOS[3 : 0] SAXIACPARQOS[3 : 0]	I
	~		~ ~ SAXIACPARUSER[4 : 0]	I
读数据				
	MAXIGP{0, 1}RDATA[31 : 0]	I	SAXIGP{0, 1}RDATA[31 : 0] SAXIHP{0 : 3}RDATA[63 : 0] SAXIACPRDATA[63 : 0]	O
	MAXIGP{0, 1}RVALID	I	SAXIGP{0, 1}RVALID SAXIHP{0 : 3}RVALID SAXIACPRVALID	O
	MAXIGP{0, 1}RREADY	O	SAXIGP{0, 1}RREADY SAXIHP{0 : 3}RREADY SAXIACPRREADY	I
	MAXIGP{0, 1}RID[11 : 0]	I	SAXIGP{0, 1}RID[5 : 0] SAXIHP{0 : 3}RID[5 : 0] SAXIACPRID[2 : 0]	O
	MAXIGP{0, 1}RLAST	I	SAXIGP{0, 1}RLAST SAXIHP{0 : 3}RLAST SAXIACPRLAST	O
	MAXIGP{0, 1}RRESP[1 : 0]	I	SAXIGP{0, 1}RRESP[2 : 0] SAXIHP{0 : 3}RRESP[2 : 0] SAXIACPRRESP[2 : 0]	O
	~		~ SAXIHP{0 : 3}RCOUNT[7 : 0] ~	O
	~		~ SAXIHP{0 : 3}RACOUNT[2 : 0] ~	O
	~		~ SAXIHP{0 : 3}RDISSUECAP1EN ~	I
写地址				
	MAXIGP{0, 1}AWADDR[31 : 0]	O	SAXIGP{0, 1}AWADDR[31 : 0] SAXIHP{0 : 3}AWADDR[31 : 0] SAXIACPAWADDR[31 : 0]	I
	MAXIGP{0, 1}AWVALID	O	SAXIGP{0, 1}AWVALID SAXIHP{0 : 3}AWVALID SAXIACPAWVALID	I

第16章 Zynq-7000内的互联结构

续表

写地址	AXI PS 主设备		AXI PS 从设备	
	MAXIGP{0，1}AWREADY	I	SAXIGP{0，1}AWREADY SAXIHP{0：3}AWREADY SAXIACPAWREADY	O
	MAXIGP{0，1}AWID[11：0]	O	SAXIGP{0，1}AWID[5：0] SAXIHP{0：3}AWID[5：0] SAXIACPAWID[2：0]	I
	MAXIGP{0，1}AWLOCK[1：0]	O	SAXIGP{0，1}AWLOCK[1：0] SAXIHP{0：3}AWLOCK[1：0] SAXIACPAWLOCK[1：0]	I
	MAXIGP{0，1}AWCACHE[3：0]	O	SAXIGP{0，1}AWCACHE[3：0] SAXIHP{0：3}AWCACHE[3：0] SAXIACPAWCACHE[3：0]	I
	MAXIGP{0，1}AWPROT[2：0]	O	SAXIGP{0，1}AWPROT[2：0] SAXIHP{0：3}AWPROT[2：0] SAXIACPAWPROT[2：0]	I
	MAXIGP{0，1}AWLEN[3：0]	O	SAXIGP{0，1}AWLEN[3：0] SAXIHP{0：3}AWLEN[3：0] SAXIACPAWLEN[3：0]	I
	MAXIGP{0，1}AWSIZE[1：0]	O	SAXIGP{0，1}AWSIZE[1：0] SAXIHP{0：3}AWSIZE[2：0] SAXIACPAWSIZE[2：0]	I
	MAXIGP{0，1}AWBURST[1：0]	O	SAXIGP{0，1}AWBURST[1：0] SAXIHP{0：3}AWBURST[1：0] SAXIACPAWBURST[1：0]	I
	MAXIGP{0，1}AWQOS[3：0]	O	SAXIGP{0，1}AWQOS[3：0] SAXIHP{0：3}AWQOS[3：0] SAXIACPAWQOS[3：0]	I
	～	O	～ ～ SAXIACPAWUSER[4：0]	I
写数据				
	MAXIGP{0，1}WDATA[31：0]	O	SAXIGP{0，1}WDATA[31：0] SAXIHP{0：3}WDATA[63：0] SAXIACPWDATA[63：0]	I
	MAXIGP{0，1}WVALID	O	SAXIGP{0，1}WVALID SAXIHP{0：3}WVALID SAXIACPWVALID	I
	MAXIGP{0，1}WREADY	I	SAXIGP{0，1}WREADY SAXIHP{0：3}WREADY SAXIACPWREADY	O

续表

写数据	AXI PS 主设备		AXI PS 从设备	
	MAXIGP{0,1}WID[11:0]	O	SAXIGP{0,1}WID[5:0] SAXIHP{0:3}WID[5:0] SAXIACPWID[2:0]	I
	MAXIGP{0,1}WLAST	O	SAXIGP{0,1}WLAST SAXIHP{0:3}WLAST SAXIACPWLAST	I
	MAXIGP{0,1}WSTRB[3:0]	O	SAXIGP{0,1}WSTRB[3:0] SAXIHP{0:3}WSTRB[7:0] SAXIACPWSTRB[7:0]	I
	~		~ SAXIHP{0:3}WCOUNT[7:0] ~	O
	~		~ SAXIHP{0:3}WACOUNT[5:0] ~	O
	~		~ SAXIHP{0:3}WRISSUECAP1EN ~	I
写响应				
	MAXIGP{0,1}BVALID	I	SAXIGP{0,1}BVALID SAXIHP{0:3}BVALID SAXIACPBVALID	O
	MAXIGP{0,1}BREADY	O	SAXIGP{0,1}BREADY SAXIHP{0:3}BREADY SAXIACPBREADY	I
	MAXIGP{0,1}BID[11:0]	I	SAXIGP{0,1}BID[5:0] SAXIHP{0:3}BID[5:0] SAXIACPBID[2:0]	O
	MAXIGP{0,1}BRESP[1:0]	I	SAXIGP{0,1}BRESP[1:0] SAXIHP{0:3}BRESP[1:0] SAXIACPBRESP[1:0]	O

16.7 PL 接口选择

本节将讨论可编程逻辑 PL 和 PS 连接的各种选项，主要强调数据的搬移任务，如 DMA。表 16.9 列出了数据移动方法的比较，所"估计的吞吐量"栏反映了在单一方向上所建议的最大吞吐量。

表 16.9 数据移动方法的比较

方法	优点	缺点	建议使用	估计的吞吐量
CPU 编程 I/O	简单的硬件。 最小的 PL 资源。 简单的 PL 从设备。	最低的吞吐量	控制功能	<25MB/s
PS DMA	最少的 PL 资源。 中等的吞吐量。 多个通道。 简单的 PL 从设备。	稍微复杂的 DMA 编程	有限的 PL 资源 DMA	600MB/s
PL AXI_HP DMA	最高的吞吐量。 多个接口。 命令/数据 FIFO	只有 OCM/DDR 访问。 较复杂的 PL 主设计。	用于多数据的高性能 DMA	1200MB/s （每接口）
PL AXI_ACP DMA	最高的吞吐量。 最低的延迟。 可选的高速缓存一致性	大的猝发量可能引起缓存振荡。 共享 CPU 互联带宽。 较复杂的 PL 主设计。	用于小的、一致性的数据的高性能 DMA。 中粒度 CPU 减负	1200MB/s
PL AXI_GP DMA	中等的吞吐量	较复杂的 PL 主设计	PL 到 PS 控制功能。 PS I/O 外设访问	600MB/s

16.7.1 使用通用主设备端口的 Cortex - A9

从软件的观点来说，最小侵入的方法是使用 Cortex - A9 在 PS 和 PL 之间移动数据，如图 16.6 所示。由 CPU 直接移动数据，不需要使用一个单独的 DMA 处理事件。通过两个 M_AXI_GP 主设备端口提供了对 PL 的访问。每个主设备端口都有各自的存储器地址范围，可以发起 PL AXI 交易。由于最少只需要单个 AXI 从设备用于服务 CPU 的请求，所以简化了 PL 的设计。

采用通用主设备端口的缺点是：使用 CPU 移动数据，使得一个复杂的 CPU 使用很多个周期执行简单的数据移动，而不是实现复杂的控制和计算任务。此时，只有有限的可用吞吐量，其传输率小于 25MB/s。

16.7.2 通过通用主设备的 PS DMA 控制器（DMAC）

如图 16.7 所示，PS DMA 提供了灵活的 DMA 引擎，以较少的 PL 逻辑资源提供中等级别的吞吐量。DMAC 驻留在 PS 内，必须通过存储器内的 DMA 进行编程。典型地，由 CPU 准备。PS 支持最多 8 个通道。在一个 DMAC 中，潜在地能为多个 DMA 结构核服务。然而，相对于 CPU 移动数据或专门的 PL DMA 来说，灵活的可编程模型增加了软件的复杂度。

使用通用的 AXI 主设备接口，作为连接到 PL 的 DMAC 接口。该接口为 32 位宽度，以及包含中心化的 DMA 本质（用于每个移动的读和写交易），限制了 DMAC 的最高吞吐量。在缓冲状态时，一个外设请求接口也允许 PL 从设备向 DMAC 提供状态，用来阻止涉及一个停止 PL 外设的交易，该交易也引起不必要的互联和 DMAC 带宽的停止。

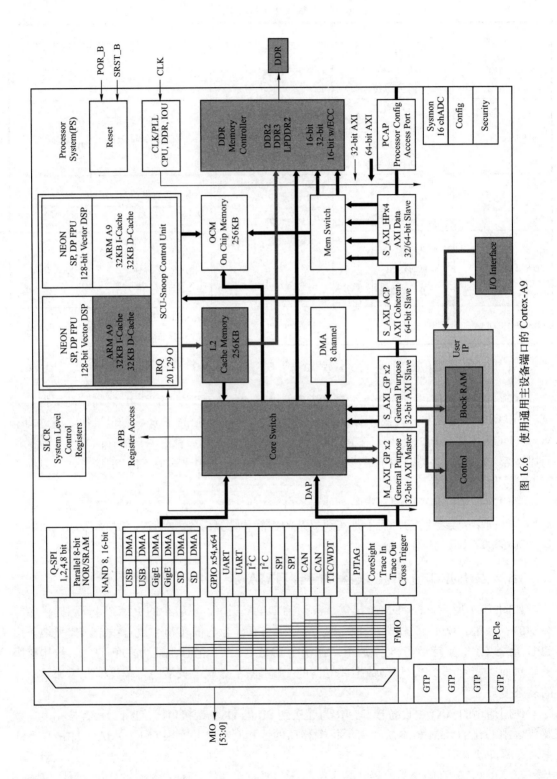

图 16.6 使用通用主设备端口的 Cortex-A9

第16章 Zynq-7000内的互联结构

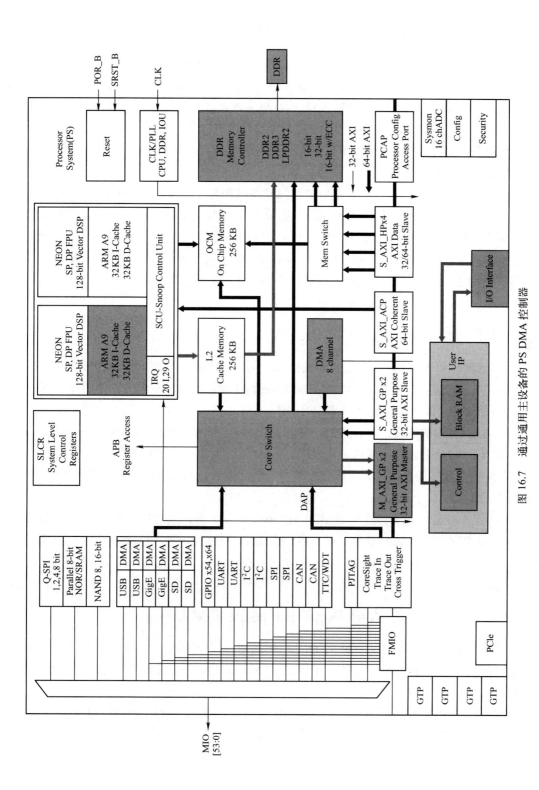

图16.7 通过通用主设备的 PS DMA 控制器

16.7.3 通过高性能接口的 PL DMA

高性能的 PL S_AXI_HP 接口提供了 PL 从设备到 OCM 和 DDR 存储器的高带宽接口。AXI_HP 不能访问其他从设备。通过 4 个 64 位宽度的接口，AXI_HP 提供了最高的总的接口带宽。通过减少需要连接到一个 PL AXI 的互联需求，多个接口也节约了 PL 资源。每个 AXI_HP 包含控制和数据 FIFO，用于为较大猝发数据提供交易缓冲。这样，使得将它用于一些工作负载时非常理想，如在 DDR 中缓存视频帧。与其他接口相比，这个额外的逻辑和仲裁导致了较高的最小延迟。

驻留在 PL 内的用户逻辑，通常由低速控制接口和高性能猝发接口构成，如图 16.8 所示。如果由 Cortex-A9 CPU 安排控制流，则通用 M_AXI_GP 端口用于配置用户 IP 应该访问的存储器地址和交易状态。PL 到 PS 的中断可以用来传递交易的状态。与 AXI_HP 连接的高性能设备，也可以通过 AXI_HP 的 FIFO 发布多个需要提交的交易。

多个 AXI 接口的 PL 设计复杂度和相关的 PL 利用率，是 PL 内实现用于 S_AXI_HP 和 S_AXI_ACP 接口的 DMA 引擎的基本弱点。

16.7.4 通过 AXI ACP 的 PL DMA

AXI ACP 接口 S_AXI_ACP 提供与高性能 S_AXI_HP 接口类似的用户 IP 拓扑结构。该接口也是 64 位宽度，ACP 也为单个 AXI 接口提供了最高的吞吐量能力。如图 16.9 所示，用户 IP 拓扑非常类似前面的 S_AXI_HP 的例子。

由于它是 PS 内的连接，所以 ACP 不同于 HP 接口。ACP 连接到侦测控制单元，该单元与 CPU 的 L1 和 L2 高速缓存连接。该连接允许 ACP 交易和缓存子系统进行交互，潜在地降低 CPU 所消费数据的延迟。这些可选的缓存一致性操作，消除缓存行无效和刷新缓存行操作。ACP 的连接类似于 CPU。

使用 ACP 的缺点在于，除与 S_AXI_HP 接口共享之外，也源自它到缓存和 CPU 的位置。通过 ACP 的存储器访问使用了与 APU 相同的互联路径，潜在地降低了 CPU 的性能。更进一步地，一致性 ACP 传输可能引起缓存的震颤。ACP 的低延迟，允许中粒度算法加速的应用机会。

16.7.5 通过通用 AXI 从（GP）的 PL DMA

当通用 AXI 从接口 S_AXI_GP 对 OCM 和 DDR 有合理的低延迟时，其 32 位的窄接口限制了它作为一个 DMA 接口的使用。两个 S_AXI_GP 接口更像是用于对 PS 存储器、寄存器和 PS 外设的低性能控制访问。

思考与练习 16-5：请根据前面所介绍的 PL 接口选择原则和各种接口的性能，比较一下这几种接口在实现数据传输中的优点、缺点、使用场合和能达到的性能。

第 16 章　Zynq - 7000 内的互联结构

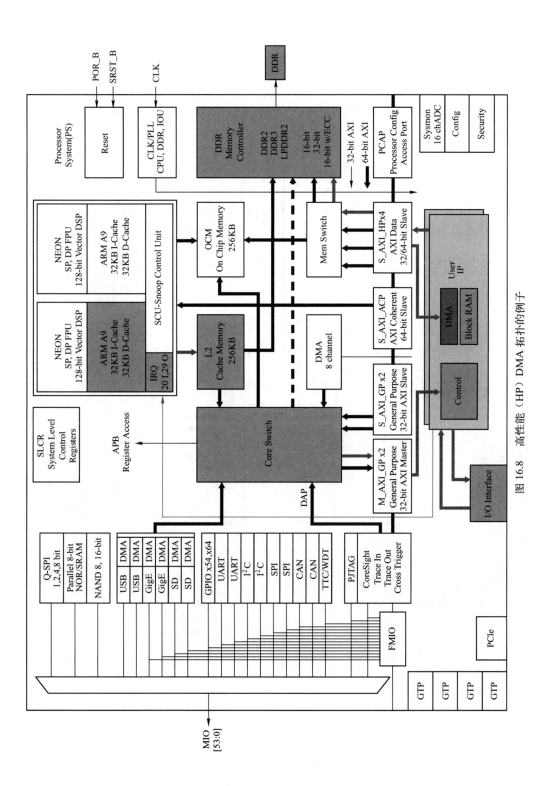

图 16.8　高性能（HP）DMA 拓扑的例子

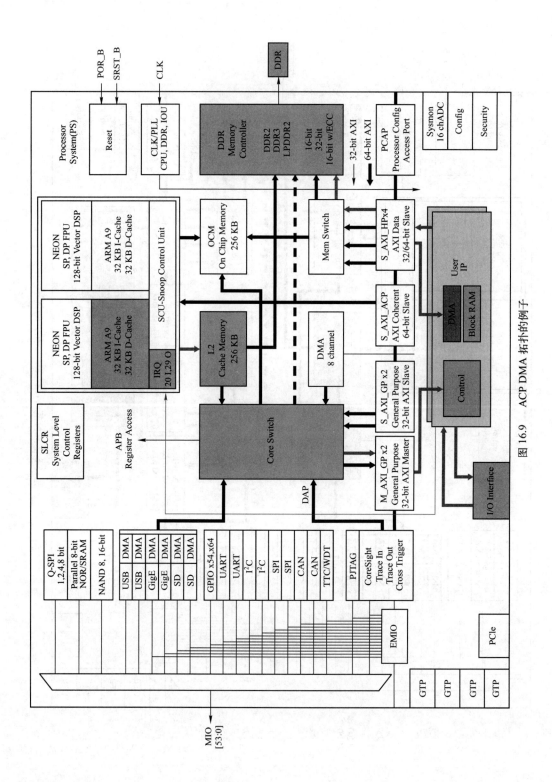

图 16.9 ACP DMA 拓扑的例子

第17章 Zynq-7000 SoC 内定制简单 AXI-Lite IP

通过 Vivado IP 封装器，本章将创建一个基于 AXI-Lite 的简单定制外设，并将其添加到一个已经存在的处理器系统中。

17.1 设计原理

本章将在 Zynq-7000 SoC 的 PL 内定制一个用于控制 PL 一侧 LED 灯的 IP 核。通过 Zynq-7000 SoC 内提供的 AXI_GP 接口，该定制 IP 就可以连接到 Zynq-7000 SoC 内的 PS 中，然后通过运行在 Cortex-A9 处理器上的软件代码来控制 PL 一侧的 LED 灯。

17.2 定制 AXI-Lite IP

本节将介绍定制 AXI-Lite IP 的过程，内容包括创建定制 IP 模板、修改定制 IP 设计模板、使用 IP 封装器封装外设。

17.2.1 创建定制 IP 模板

本小节将介绍如何通过 Vivado 提供的外设模板和定制 IP 源代码，创建一个满足设计要求的定制 IP。

（1）在 Windows 7 操作系统主界面的左下角，选择开始→所有程序→Xilinx Design Tools→Vivado 2015.4→Vivado 2015.4。

（2）在 Vivado 开始界面的 Tasks 标题栏下，找到并单击"Manage IP"图标，出现浮动菜单。在浮动菜单内，选择 New IP Location…。

> **注**：读者也可以在 Vivado 开始界面的主菜单下，选择 File→New IP Location…。

（3）出现"New IP Location：Create a New Customized IP Location"对话框。

（4）单击"Next"按钮。

（5）出现"New IP Location：Manage IP Settings"对话框，如图 17.1 所示，参数设置如下。

① Part：xc7z020clg484-1。

② Target language：Verilog。

③ Simulator language：Mixed。

④ IP location：E：/zynq_example/led_ip。

注：（1）虽然该工程中选择一个 Zynq - 7000 器件，但是之后可以添加其他器件以满足不同器件的兼容性要求。

（2）当选择器件时，单击□按钮，出现"Select Device"对话框。选择上面给出的 xc7z020clg484 - 1 器件。该器件也是 Z7 - EDP - 1 开发平台上所使用的器件。

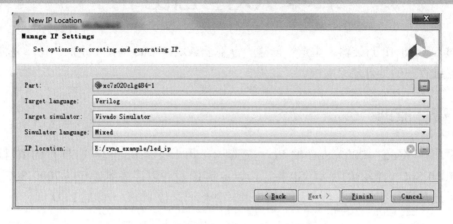

图 17.1 "New IP Location：Manage IP Settings"对话框

（6）单击"Finish"按钮。

（7）出现"Create Directory"对话框，提示创建一个目录。

（8）单击"OK"按钮，打开 Vivado 集成开发环境界面。

（9）在当前 Vivado 主界面的主菜单下，选择 Tools→Create and Package IP。

（10）出现"Create and Package New IP"对话框。

（11）单击"Next"按钮。

（12）出现"Create And Package New IP：Create Peripheral，Package IP or Package a Block Design"对话框，如图 17.2 所示，选中"Create a new AXI4 peripheral"前面的复选框。

注：该选项表示将要创建一个基于 AXI4 规范的接口，特别要注意和前面版本的不同之处。

（13）单击"Next"按钮。

（14）出现"Create And Package New IP：Peripheral Details"对话框，如图 17.3 所示。在该对话框中，填写定制 IP 的一些信息。

① Name：led_ip；② Version：1.0；

③ Display Name：led_ip_v1_0；

④ Description：My new AXI LED IP；

⑤ IP location：E：/zynq_example/led_ip/ip_repo。

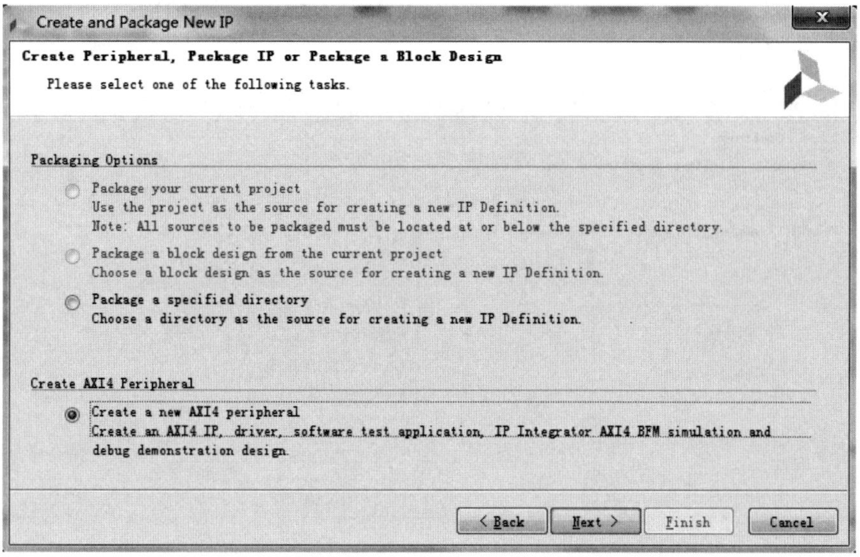

第 17 章 Zynq‑7000 SoC 内定制简单 AXI‑Lite IP

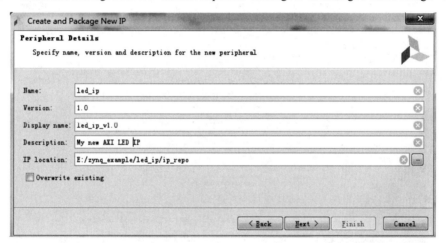

图 17.2 "Create and Package New IP：Create Peripheral，Package IP or Package a Block Design" 对话框

图 17.3 "Create and Package New IP：Peripheral Details" 对话框

（15）单击 "Next" 按钮。

（16）出现 "Create And Package New IP：Add Interfaces" 对话框，如图 17.4 所示，参数设置如下。

① Name：S_AXI。
② Interface Type：Lite。
③ Interface Mode：Slave。
④ Data Width（Bits）：32。
⑤ Number of Registers：4。

（17）单击 "Next" 按钮。

(18) 出现"Create And Package New IP: Create Peripheral"对话框,如图 17.5 所示,选中"Edit IP"前面的复选框。

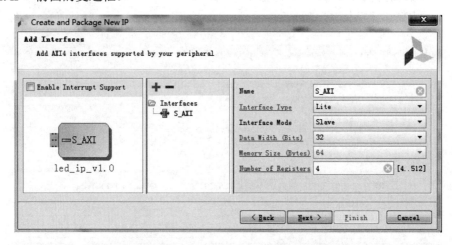

图 17.4 "Create and Package New IP: Add Interfaces"对话框

图 17.5 "Create and Package New IP: Create Peripheral"对话框

(19) 单击"Finish"按钮。

注:打开一个新的 Vivado 工程。

17.2.2 修改定制 IP 设计模板

本小节将介绍如何修改定制 IP 设计模板。在修改定制 IP 设计模板前,查看所生成的设

第 17 章　Zynq - 7000 SoC 内定制简单 AXI - Lite IP

计模板文件。在"Sources"标签页中，展开 Design Sources 文件夹，如图 17.6 所示。从图中可以看出，顶层文件为 led_ip_v1_0.v，该文件实现 AXI 接口逻辑，以及对前面指定个数寄存器的读/写操作。该模板是创建用户定制 IP 的基础。

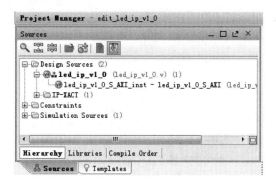

图 17.6　"Sources"标签页

在该模板的基础上，将在顶层设计模板中添加参数化的输出端口，并且在子模块中将 AXI 所写的数据连接到外部 LED 端口。修改定制模板的步骤如下。

（1）双击 led_ip_v1_0.v，打开该文件。

（2）在该文件的第 7 行添加一行代码，如图 17.7 所示。

注：该行代码声明一个参数 LED_WIDTH，并给该参数赋值为 8。

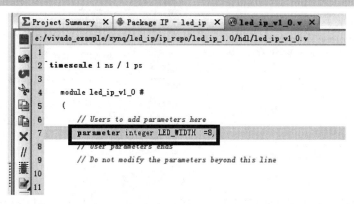

图 17.7　添加参数定义

（3）在该文件的第 18 行添加一行代码，如图 17.8 所示。

注：该行代码添加了一个名字为"LED"的 wire 网络类型端口，其宽度为[7：0]。

（4）在该文件的第 48 行添加一行代码，如图 17.9 所示。

（5）在该文件的第 52 行添加一行代码，如图 17.10 所示。

（6）在 Vivado 当前工程主界面的主菜单下，选择 File→Save File；或者按"Ctrl + S"组合键，保存该文件。

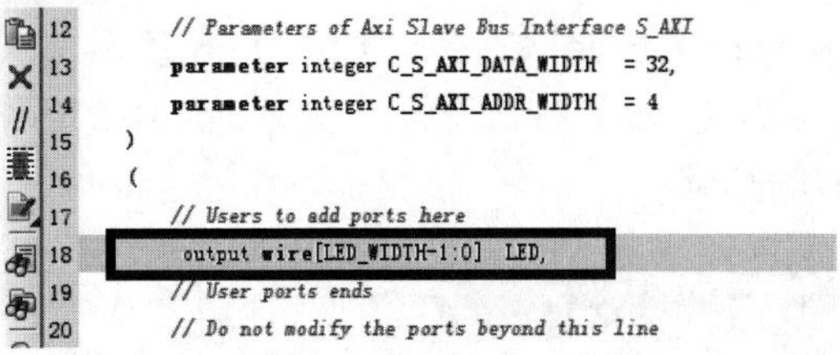

图 17.8 添加端口定义

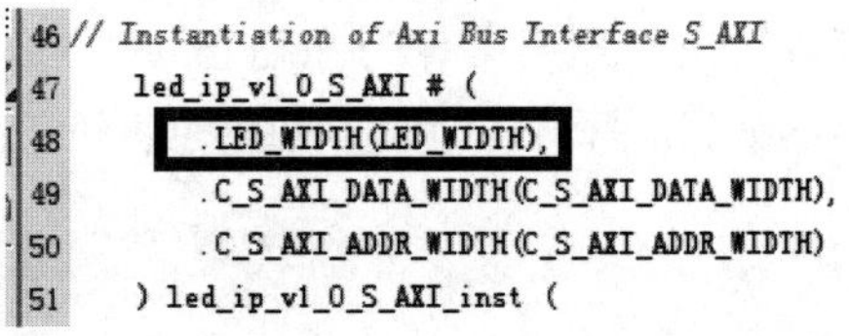

图 17.9 添加参数映射

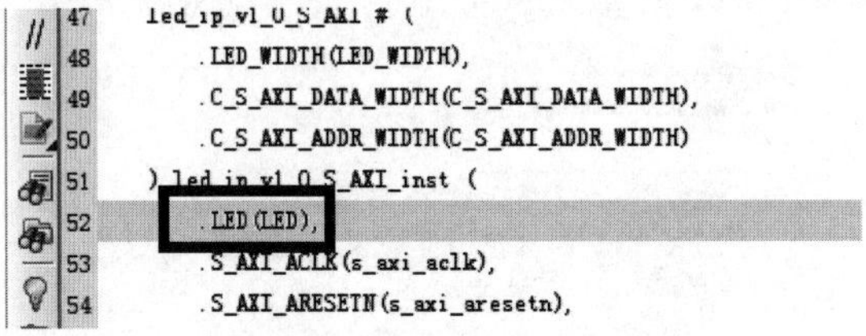

图 17.10 添加端口映射

（7）在如图 17.6 所示的界面中，双击 led_ip_v1_0_S_AXI.v，打开该文件。

（8）在该文件的第 7 行和 18 行分别添加两行代码，如图 17.11 所示。

（9）在该文件第 393 行添加如图 17.12 所示的代码。这段代码用于例化用户逻辑，该逻辑用于 LED IP。

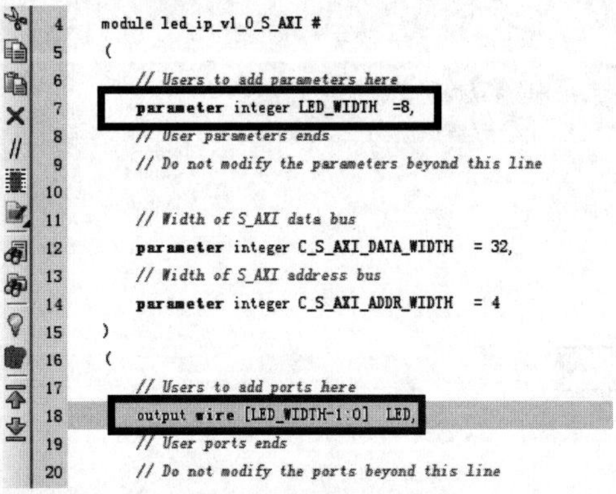

图 17.11 在子模块中添加参数和端口定义

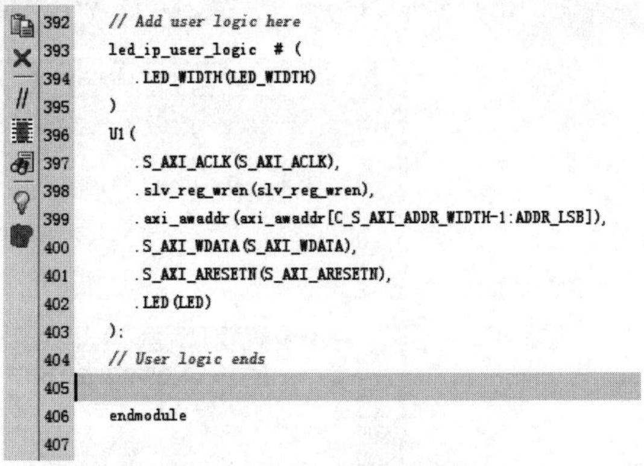

图 17.12 添加例化代码

注：读者也可以在本书所提供资料的 /zynq_example/source 目录下找到并打开 user_logic_instantiation.txt 文件。将该文件的代码复制到第 393 行开始的位置。

（10）在 Vivado 当前工程主界面的主菜单下，选择 File→Save File；或者按"Ctrl + S"组合键，保存该文件。

（11）如图 17.6 所示，在 Vivado 当前工程主界面的"Sources"标签页中，选择 Design Source 文件夹，并单击鼠标右键，出现浮动菜单。在浮动菜单内，选择 Add Sources。

（12）出现"Add Sources"对话框，选中"Add or Create Design Sources"前面的复选框。

（13）单击"Next"按钮。

第17章 Zynq-7000 SoC 内定制简单 AXI-Lite IP

（14）出现"Add Sources: Add or Create Design Sources"对话框。在该对话框中，按下面其中一种方法添加新的文件。

① 单击 Add Files…。

② 单击 按钮，出现浮动菜单。在浮动菜单内，选择 Add Files…，如图 17.13 所示。

图 17.13 添加文件入口

（15）出现"Add Source Files"对话框，定位到本书所提供资料的下面路径，并选中 led_ip_user_logic.v 文件。

/zynq_example/zynq/source

（16）单击"OK"按钮。

（17）单击"Finish"按钮。

（18）在 Vivado 当前工程主界面的主菜单下，选择 File→Save File；或者按"Ctrl + S"组合键，保存该文件。

（19）在"Sources"标签页中可以看到定制 IP 核完整的文件层次结构，如图 17.14 所示。

图 17.14 定制 IP 的文件层次

思考与练习 17-1：代码清单 17-1 给出了 led_ip_user_logic.v 文件的代码，请读者仔细分析该段代码实现的功能。

代码清单 17-1 led_ip_user_logic.v 文件

```verilog
`timescale 1ns/1ps
//////////////////////////////////////////////////
//Module Name:led_ip_user_logic
//////////////////////////////////////////////////

moduleled_ip_user_logic(
    input S_AXI_ACLK,
    input slv_reg_wren,
    input [2:0] axi_awaddr,
    input [31:0] S_AXI_WDATA,
    input S_AXI_ARESETN,
    output reg [7:0] LED
    );
```

```
always @(posedge S_AXI_ACLK)
begin
    if(S_AXI_ARESETN == 1'b0)
        LED <= 8'b0;
    else
        if(slv_reg_wren &&(axi_awaddr == 3'h0))
            LED <= S_AXI_WDATA[7:0];
        end
endmodule
```

（20）在当前 Vivado 设计界面左侧的"Project Manager"窗口中，找到并展开 Synthesis。在展开项中，找到并单击 Run Synthesis，开始对设计的 IP 核进行综合。

> **注：** 执行该步的目的在于在对 IP 进行封装前检查设计的正确性。必要的时候，需要执行功能仿真，对逻辑功能的正确性进行验证。

（21）在运行完综合后，出现提示对话框，提示成功实现综合的消息。
（22）单击"Cancel"按钮。

17.2.3 使用 IP 封装器封装外设

本小节将介绍如何使用 IP 封装器对外设进行进一步的封装处理。

（1）在 Vivado 主界面左侧的"Flow Navigator"窗口下，找到并展开 Project Manager。在展开项中，找到并单击 Package IP。

（2）在 Vivado 主界面的右侧出现"Package IP - led_ip"对话框，如图 17.15 所示。

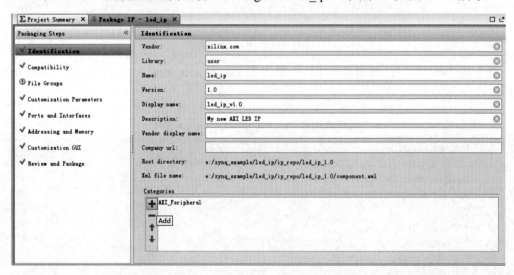

图 17.15 "Package IP - led_ip"对话框

（3）单击图 17.15 左侧"Packaging Steps"窗口内的 Identification。在右侧窗口中，给出了 IP 核的信息。在右侧窗口下面的"Categories"窗口中，单击 ➕ 按钮，准备为该 IP 核添加

第 17 章　Zynq - 7000 SoC 内定制简单 AXI - Lite IP

分类。

> **注**：已经默认添加到 AXI_Peripheral 子目录中，该操作告诉读者如何给自定义 IP 分类。

（4）弹出"IP Categories"对话框，如图 17.16 所示。在该对话框中，默认选中"AXI Peripheral"前面的复选框，表示将把该 IP 核放到 IP 的 AXI Peripheral 分类中。

（5）单击"OK"按钮。

（6）单击图 17.15 左侧"Packaging Steps"窗口内的 Compatibility。在右侧窗口中出现"Compatibility"界面。该界面中，Family 下面只有 zynq。下面给出添加其他可支持器件的方法。

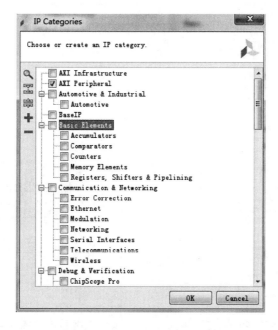

图 17.16　"IP Categories"对话框

① 选中 zynq 一行，单击鼠标右键，出现浮动菜单。在浮动菜单内，选择 Add →Add Family Explicitly…，如图 17.17 所示。

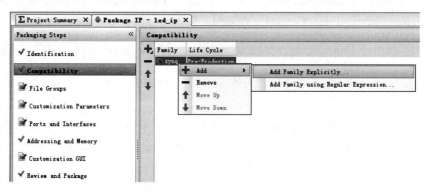

图 17.17　"Compatibility"界面

② 单击"Compatibility"界面左上角的 + 按钮，出现浮动菜单。在浮动菜单内，选择 Add Family Explicitly…。

（7）出现"Add Family"对话框，如图 17.18 所示。选择默认选项。默认情况下，选中"virtex7（Virtex - 7）"前面的复选框。

（8）单击"OK"按钮。

（9）将 Family 下面所添加的 virtex7、右侧 Life Cycle 下面的选项改成 Pre - Production，如图 17.19 所示。

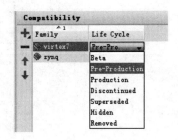

图 17.18 "Add Family"对话框   图 17.19 修改 Life Cycle 选项

（10）在图 17.15 所示界面左侧的"Packaging Steps"窗口中，选中并单击 Addressing and Memory。在该设计中，不修改该条目内的任何选项。

（11）在左侧的"Packaging Steps"窗口内选择 File Groups。在右侧窗口中，鼠标单击 Merge changes from File Groups Wizard，如图 17.20 所示。

注：该步骤用于对所修改的 IP 和新添加的 lep_ip_user_logic*.v 文件进行更新操作。

思考与练习 17 - 2：展开图 17.20 内的 Software Driver 文件夹，查看设计所生成的软件驱动程序。

（12）在左侧的"Packaging Steps"窗口中，选中 Customization Parameters。在右侧"Customization Parameters"窗口中，单击 Merge changes from Customization Parameters，Vivado 进行导入参数的操作，如图 17.21 所示。

第 17 章 Zynq-7000 SoC 内定制简单 AXI-Lite IP

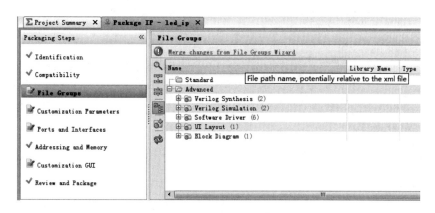

图 17.20 更新文件组

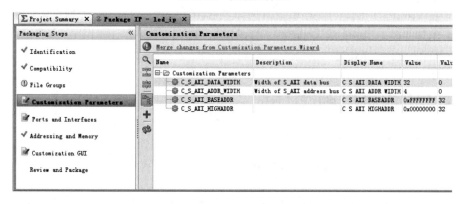

图 17.21 定制参数选项

（13）导入参数操作结束后，可以看到生成一个 Hidden Parameters 文件夹。展开该文件夹，可以看到出现了设计添加的 LED_WIDTH 参数，如图 17.22 所示。

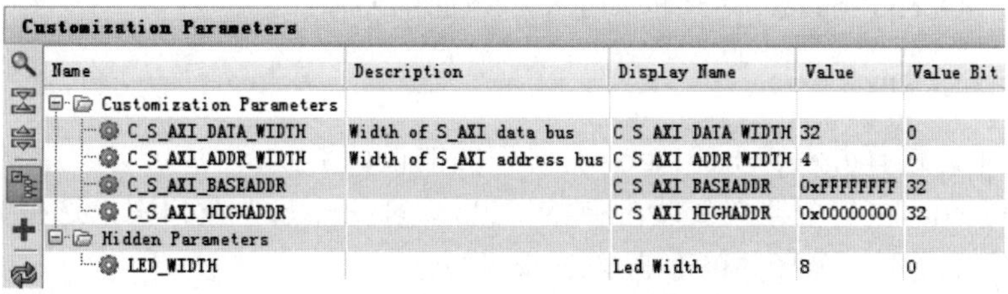

图 17.22 导入 LED_WIDTH 参数后的界面

（14）在左侧的"Packaging Steps"窗口中，选中 Ports and Interfaces，在右侧窗口中可以看到已经添加了 LED 端口，如图 17.23 所示。

（15）在左侧的"Packaging Steps"窗口中，选中 Review and Package。在右侧的"Review and Package"窗口内，单击"Re-Package IP"按钮。

（16）出现"Close Project"对话框，提示是否关闭工程。

（17）单击"Yes"按钮。

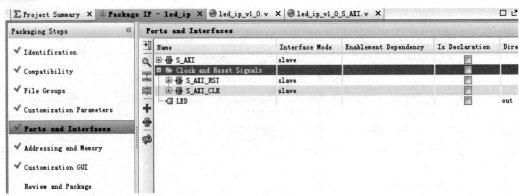

图 17.23 端口和接口选项

（18）在 Vivado 主界面的主菜单下，选择 File→Close Project，准备关闭当前工程。

（19）出现"Close Project"对话框，提示确认退出工程。

（20）单击"OK"按钮。

17.3 打开并添加 IP 到设计中

本节将介绍将 IP 核添加到设计中的流程。

17.3.1 打开工程和修改设置

在\zynq_example 目录下，新建一个名字为"led_ip_call"的目录，并且将 lab1 目录下的所有文件复制到 led_ip_call 目录下。

（1）启动 Vivado 集成开发环境。

（2）在 Vivado 主界面的"Quick Start"标题栏下，单击"Open Project"图标。

（3）出现"Open Project"对话框，定位到下面的路径：

> E:\zynq_example\led_ip_call

在该路径下，选择并双击 lab1.xpr，打开前面的设计工程。

（4）在 Vivado 主界面当前工程左侧的"Flow Navigator"窗口中，选择并展开 Project Manager。在展开项中，选择并单击 Project Settings。

（5）弹出"Project Settings"对话框，如图 17.24 所示，用鼠标左键单击左侧的 IP 图标。在右侧窗口内，单击"Repository Manager"标签。

（6）在"Repository Manager"标签页中，定位所要调用的 LED_IP 路径，可选择下面的一种方法。

① 在该标签页中，单击"Press the + button to Add Repository"中间的 ➕ 按钮。

② 在该标签页的左上角，单击 ➕ 按钮。

（7）弹出"IP Repositories"对话框，定位到前面定制 IP 所在的下面路径：

> E:/zynq_example/led_ip

第17章 Zynq-7000 SoC 内定制简单 AXI-Lite IP

> 注：可以看到该 IP 路径出现在"IP Repositories"窗口下。同时，在"IP in Selected Repository"窗口下也显示出 led_ip_v1_0 IP 核的名字。

（8）单击"Select"按钮。

（9）弹出"Add Repository"对话框。在该对话框中，提示成功添加了 led_ip。

（10）单击"OK"按钮。

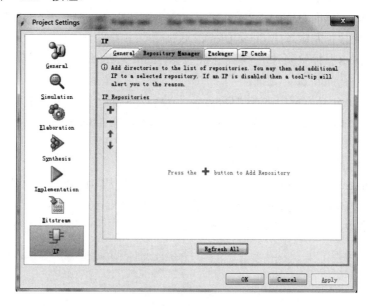

图 17.24 "Project Settings"对话框（1）

（11）可以看到在"Project Settings"对话框中添加了所调用 IP 的路径，如图 17.25 所示。

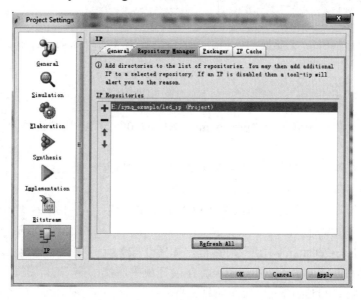

图 17.25 "Project Settings"对话框（2）

(12) 单击 "OK" 按钮，退出该对话框。

17.3.2 添加定制 IP 到设计

本小节将介绍如何添加 led_ip，并且如何将其连接到系统的 AXI4Lite 接口。同时，将进行内部和外部端口的连接，以及建立 LED 端口作为外部 FPGA 的引脚。

(1) 使用下面其中的一种方法，打开前面的 IP 块设计。

① 在 Vivado 主界面左侧的 "Flow Navigator" 窗口下，找到并展开 IP Integrator。在展开项中，找到并用鼠标左键单击 Open Block Design。

② 在 "Sources" 标签页中，找到并展开 system_wrapper。在展开项中，找到并双击 system_i - system（system.bd）文件。

(2) 打开 "Diagram" 窗口。在 "Diagram" 窗口左侧的一列工具栏中单击 按钮。

(3) 出现 "IP Catalog" 对话框，如图 17.26 所示，在 "Search" 文本框中输入 led，可以看到下面的窗口中显示 led_ip_v1.0。

(4) 双击 led_ip_v1_0，将其添加到设计中。

(5) 在 "Diagram" 窗口中，选中名字为 "led_ip_0" 的 IP 块符号，然后在 "Source" 标签页下方找到 "Block Properties" 窗口。在该窗口的 "Name" 文本框中输入 led_ip，则将该例化 IP 的名字改为 led_ip，如图 17.27 所示。

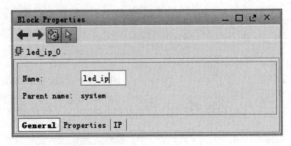

图 17.26 "IP Catalog" 对话框 　　　　　　　图 17.27 "Block Properties" 窗口

注：请仔细查看 led_ip 属性窗口内属性参数的设置，读者可以修改 LED_WIDTH 的值。

(6) 双击设计界面中名字为 "processing_system7_0" 的 IP 块图符号，打开 ZYNQ7 配置界面。

(7) 在配置界面的左侧，找到并单击 Zynq Block Design。在右侧窗口中可以看到 ZYNQ7 内部块图的构成，找到并用鼠标左键单击名字为 "32b GP AXI Master Ports" 的符号块，如图 17.28 所示。

(8) 弹出 "Re - customize IP" 对话框，如图 17.29 所示。找到并展开 GP Master AXI Interface。在展开项中，找到并选中 "M AXI GP0 interface" 后面的复选框。

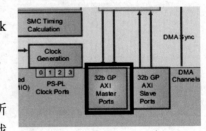

图 17.28　配置 M_AXI_GP 入口

第 17 章　Zynq - 7000 SoC 内定制简单 AXI - Lite IP

注：该操作表示使用 Zynq - 7000 SoC 的 M_AXI_GP 端口，通过该端口，LED_IP 将连接到 Zynq - 7000 SoC 内的 PS 系统中。

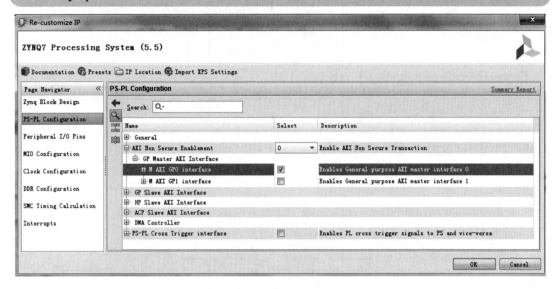

图 17.29　"Re - customize IP"对话框

（9）在图 17.29 右侧的窗口中，找到并展开 General。在展开项中，选中"FCLK_RESET0_N"后面的复选框。

（10）在图 17.29 左侧的窗口中，选择 Clock Configuration，在右侧窗口中，找到并展开 PL Fabric Clock 条目。在展开项中，找到并选中"FCLK_CLK0"前面的复选框。

注：FCLK_CLK0 的默认时钟频率为 100MHz。

（11）单击"OK"按钮，退出 ZYNQ7 配置界面。

注：可以看到名字为"processing_system7_0"的 IP 块图符号新添加了 M_AXI_GP0 接口，新添加了 M_AXI_GP0_ACLK、FCLK_CLK0 和 FCLK_RESET0_N 端口。

（12）单击"Diagram"窗口上方的"Run Connection Automation"。

（13）出现"Run Connection Automation"对话框。

（14）单击"OK"按钮。

（15）单击"Diagram"窗口左侧一列工具栏内的按钮，重新绘制图，如图 17.30 所示。

（16）在图 17.30 所示的界面内，将鼠标光标放到 led_ip 模块的 LED[7:0]端口，单击鼠标右键，出现浮动菜单。在浮动菜单内，选择 Make External。

（17）单击"Diagram"窗口左侧一列工具栏内的按钮，重新绘制图。

（18）添加完 LED[7:0]端口后的系统结构如图 17.31 所示。

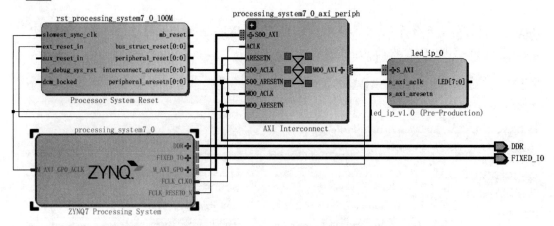

图 17.30 重新绘制后的系统结构图

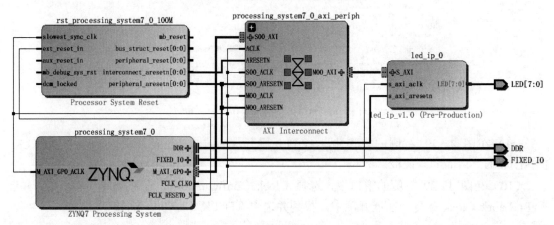

图 17.31 添加端口后的系统结构图

(19) 单击 "Address Editor" 标签。在该标签页下，可以看到系统已经为 LED_IP 分配了地址空间，如图 17.32 所示。

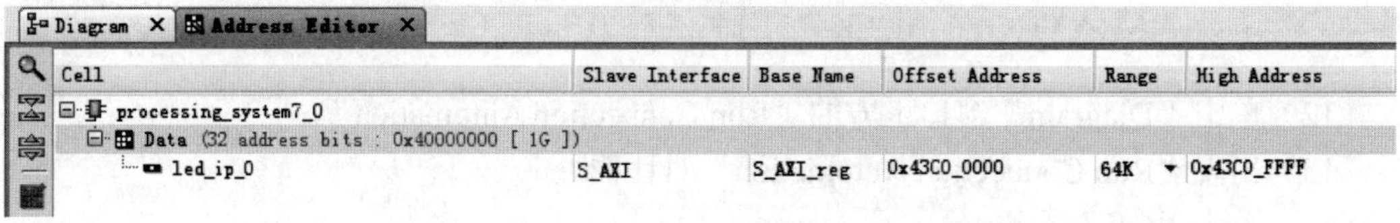

图 17.32 系统分配的地址空间

思考与练习 17 - 3：请说明 LED_IP 在 Zynq - 7000 SoC 存储器空间的地址映射。

(20) 在 Vivado 主界面的主菜单下，选择 Tools→Validate Design，运行设计规则检查。

(21) 在源文件窗口中，选中 system.bd，单击鼠标右键，出现浮动菜单。在浮动菜单内选择 Create HDL Wrapper，更新 HDL 文件。

(22) 出现 "Create HDL Wrapper" 对话框，选中 "Let Vivado manage wrapper and auto - update" 前面的复选框。

第 17 章　Zynq-7000 SoC 内定制简单 AXI-Lite IP

（23）单击 "OK" 按钮。

> **注**：更新 system_wrapper.v 文件，用于包含新 IP 和端口。双击该文件，以确认添加了 LED 端口。

17.3.3　添加 XDC 约束文件

本小节将介绍如何为 LED_IP 的 LED 端口添加设计约束文件 XDC。

（1）在 Vivado 当前工程主界面的 "Sources" 标签页中，选中 Constraints。单击鼠标右键，出现浮动菜单。在浮动菜单内，选择 Add Sources。

（2）出现 "Add Sources" 对话框，选中 "Add or Create Constraints" 前面的复选框。

（3）单击 "Next" 按钮。

（4）出现 "Add Sources：Add or Create Constraints" 对话框。

（5）单击 "Add Files" 按钮，出现 "Add Constraint Files" 对话框。在该对话框中，定位到本书所提供资料的下面路径：

\zynq_example\source

在该路径下，找到并双击 led_ip_call_z7_edp_1.xdc 文件。

（6）自动返回到 "Add Sources" 对话框，单击 "Finish" 按钮。

（7）在 "Sources" 标签页下，找到并展开 Constraints。在展开项中，找到并再次展开 constrs_1。在展开项中，找到并双击 led_ip_call_z7_edp_1.xdc，打开约束文件，如代码清单 17-2 所示。

程序清单 17-2　led_ip_call_z7_edp_1.xdc

```
##############################
# On-board LED               #
##############################
set_property PACKAGE_PIN Y14 [ get_ports LED[0]]
set_property IOSTANDARD LVCMOS33 [ get_ports LED[0]]
set_property PACKAGE_PIN AB14 [ get_ports LED[1]]
set_property IOSTANDARD LVCMOS33 [ get_ports LED[1]]
set_property PACKAGE_PIN V13 [ get_ports LED[2]]
set_property IOSTANDARD LVCMOS33 [ get_ports LED[2]]
set_property PACKAGE_PIN AA13 [ get_ports LED[3]]
set_property IOSTANDARD LVCMOS33 [ get_ports LED[3]]
set_property PACKAGE_PIN V12 [ get_ports LED[4]]
set_property IOSTANDARD LVCMOS33 [ get_ports LED[4]]
set_property PACKAGE_PIN AA12 [ get_ports LED[5]]
set_property IOSTANDARD LVCMOS33 [ get_ports LED[5]]
set_property PACKAGE_PIN U11 [ get_ports LED[6]]
set_property IOSTANDARD LVCMOS33 [ get_ports LED[6]]
set_property PACKAGE_PIN W11 [ get_ports LED[7]]
set_property IOSTANDARD LVCMOS33 [ get_ports LED[7]]
```

（8）在"Sources"标签页中，找到并选中 system.bd，单击鼠标右键，出现浮动菜单。在浮动菜单中，选择 Generate Output Products。

（9）出现"Generate Output Products"对话框，保持默认设置。

（10）单击"Generate"按钮。

（11）出现"Generate Output Products"对话框。在该对话框中，提示成功生成输出相关产品的信息。

（12）单击"OK"按钮。

（13）在 Vivado 主界面左侧的"Flow Navigator"窗口下，找到并展开 Program and Debug。在展开项中，单击 Generate Bitstream。

（14）出现"No Implementation Results Available"对话框。在该对话框中，提示没有可用的实现接口，工具自动开始对设计进行综合、实现和生成比特流的过程。

（15）单击"Yes"按钮。

（16）出现"Bitstream Generation Completed"对话框。在该对话框中，读者可以选择"View Reports"前面的对话框。

（17）单击"OK"按钮。

17.4　导出硬件到 SDK

本节将导出硬件到 SDK，然后创建应用工程。

（1）在 Vivado 主界面左侧的"Flow Navigator"窗口下，单击 Open Block Design；或者在源文件窗口下，选择并单击 system.bd 文件。

（2）在 Vivado 主界面左侧的"Flow Navigator"窗口下，找到并展开 Implementation。在展开项中，单击 Open Implemented Design，打开实现后的设计。

（3）在 Vivado 当前工程主界面的主菜单下，选择 File→Export→Export Hardware。

（4）出现"Export Hardware"对话框，选中"Include bitstream"前面的复选框。

> 注：因为该设计中包含 Zynq-7000 SoC 内的 PL 部分，因此必须生成比特流文件。

（5）单击"OK"按钮。

（6）出现"Module Already Exported"对话框，提示已经存在导出文件，是否覆盖该文件信息。

（7）单击"Yes"按钮，覆盖前面的导出文件。

（8）在 Vivado 当前工程主界面的主菜单下，选择 File→Launch SDK。

（9）出现"Launch SDK"对话框。

（10）单击"OK"按钮，启动 SDK 工具。

17.5　建立和验证软件应用工程

本节将为前面构建的嵌入式系统硬件编写软件应用程序。应用程序的功能是控制 Z7 -

第17章 Zynq - 7000 SoC 内定制简单 AXI - Lite IP

EDP - 1 开发平台上的 LED 灯。

17.5.1 建立应用工程

（1）在 SDK 主界面左侧的"Project Explorer"窗口下，分别选中 hello_world0_bsp 文件夹和 hello_world0 文件夹。单击鼠标右键，出现浮动菜单。在浮动菜单内，选择 Delete。

（2）出现"Delete Resources"对话框，选中"Delete project contents on disk（cannot be undone）"前面的复选框。

（3）单击"OK"按钮。

（4）出现"Delete Resources"对话框。

（5）单击"Continue"按钮。

> 注：在 SDK 主界面左侧的"Project Explorer"窗口中，找到并展开 system_wrapper_hw_platform_0，如图 17.33 所示。在展开项中，可以发现在导入硬件到 SDK 时，定制 IP 的软件驱动也自动导入到 SDK 工具中。在 drivers 下面就保存着名字为"led_ip_v1_0"的定制 IP 的软件驱动。因此，不需要用户额外指定驱动程序的位置，这点要特别注意。

（6）在 SDK 主界面的主菜单下，选择 File→New→Application Project。

（7）出现"New Project：Application Project"对话框，参数设置如下。

① Project name：led_ip_call_0。

② 其他使用默认设置。

（8）单击"Next"按钮。

（9）出现"New Project：Templates"对话框，在"Available Templates"列表中选择"Empty Application"。

（10）单击"Finish"按钮。

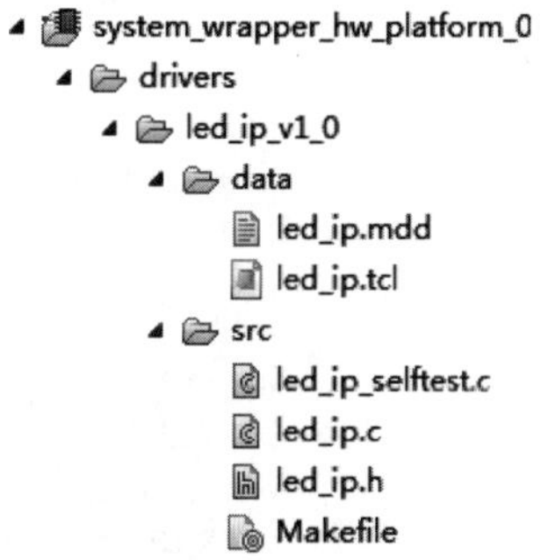

图 17.33 导入定制 IP 的软件驱动程序

> 注：在 Vivado 2015.4 集成开发环境下，对于定制 IP 所生成的地址范围可能有错，这点读者要特别注意。在 SDK 左侧的"Project Explorer"窗口中，找到并展开 led_ip_call_0_bsp。在展开项中，找到并展开 ps7_cortexa9_0。在展开项中，找到并展开 include。在展开项中，找到并双击 xparameters.h 文件。在该文件，找到 LED_IP 的地址定义，如图 17.34 所示。BASEADDR 定义为 0xFFFFFFFF，HIGHADDR 定义为 0x00000000。这是错误的。因此，需要修改 LED_IP 的地址定义，修改后如图 17.35 所示。

（11）在 SDK 主界面下，找到并展开 led_ip_call_0 文件夹。在展开项中，找到并选中 src 子文件夹，单击鼠标右键，出现浮动菜单。在浮动菜单内，选择 Import。

（12）出现"Import"对话框。在该对话框中，找到并展开 General 文件夹。在展开项中，找到并选中 File System。

（13）单击"Next"按钮。

```
/* Definitions for driver LED_IP */
#define XPAR_LED_IP_NUM_INSTANCES 1

/* Definitions for peripheral LED_IP_0 */
#define XPAR_LED_IP_0_DEVICE_ID 0
#define XPAR_LED_IP_0_S_AXI_BASEADDR 0xFFFFFFFF
#define XPAR_LED_IP_0_S_AXI_HIGHADDR 0x00000000
```

```
/* Definitions for driver LED_IP */
#define XPAR_LED_IP_NUM_INSTANCES 1

/* Definitions for peripheral LED_IP_0 */
#define XPAR_LED_IP_0_DEVICE_ID 0
#define XPAR_LED_IP_0_S_AXI_BASEADDR 0x43C00000
#define XPAR_LED_IP_0_S_AXI_HIGHADDR 0x43C0FFFF
```

图 17.34　定制 IP 的错误地址　　　　　图 17.35　修改后定制 IP 的地址

（14）单击"Browse"按钮，定位到本书所提供资料的下面路径：

zynq_example\source

（15）从右侧窗口中选择 led_test.c 文件，如图 17.36 所示。

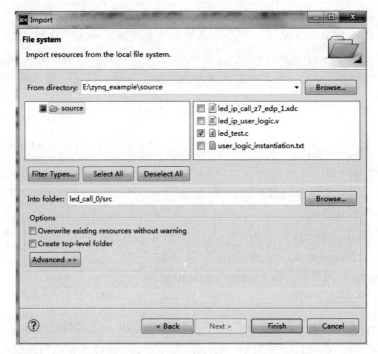

图 17.36　导入 led_test.c 文件

（16）单击"Finish"按钮。

（17）在 SDK 主界面左侧的"Project Explorer"窗口中，找到并展开 led_ip_call_0。在展开项中，找到并展开 src。在展开项中，找到并双击 led_test.c 文件，该文件的内容如代码清单 17-3 所示。

代码清单 17-3　led_test.c 文件

```
#include <xparameters.h>
#include <stdio.h>
#include <led_ip.h>
#include <xil_io.h>
```

第17章 Zynq-7000 SoC 内定制简单 AXI-Lite IP

```
int main(void)
{
    char i;
    unsigned long j;
    while(1)
    {
        for (i = 0;i < 255;i ++)
        {
            LED_IP_mWriteReg(XPAR_LED_IP_0_S_AXI_BASEADDR,0,i);
            for (j = 0;j <= 9999999;j ++) ;
        }
    }
}
```

思考与练习17-4：请读者在 SDK 主界面左侧的 "Project Explorer" 窗口中，找到并打开 led_ip.h 文件。在该文件中定义了下面的读/写寄存器的宏定义。

（1）写寄存器宏定义：

```
#define LED_IP_mWriteReg(BaseAddress,RegOffset,Data)\
    Xil_Out32((BaseAddress)+(RegOffset),(u32)(Data))
```

（2）读寄存器宏定义：

```
#define LED_IP_mReadReg(BaseAddress,RegOffset)\
    Xil_In32((BaseAddress)+(RegOffset))
```

通过分析上面读/写寄存器的宏定义，请读者理解对底层寄存器读/写的方法。

17.5.2 下载硬件比特流文件到 FPGA

本小节将介绍如何将比特流文件下载到 Z7-EDP-1 开发平台上。

（1）通过 USB 电缆将 Z7-EDP-1 开发平台上的 J13Mini USB 接口（该接口提供了 UART-USB 的转换）和用于当前设计的电脑的一个 USB 接口连接（需要事先安装 UART-USB 的软件驱动程序）。

（2）通过 USB 电缆将 Z7-EDP-1 板的 J12Mini USB 接口（该接口提供了 JTAG-USB 的转换）和用于当前设计的电脑的另一个 USB 接口连接（电脑自动扫描并安装驱动程序）。

（3）外接+5V 电源插到 Z7-EDP-1 板子的 J6 接口上，并通过 SW10 开关打开目标板的电源。

（4）在 SDK 主界面的主菜单下，选择 Xilinx Tools→Program FPGA，准备将程序和硬件比特流下载到 FPGA 中。

（5）出现 "Program FPGA" 对话框，给出了需要下载的比特流文件的路径。

（6）单击 "Program" 按钮。

（7）出现 "Progress Information" 对话框，表示当前正在将比特流文件下载到 Z7-EDP-1 开发平台上的 xc7z020clg484 SoC 器件中。

（8）等待将比特流文件成功下载到 xc7z020clg484 SoC 器件内。

17.5.3 运行应用工程

本小节将介绍如何在 Z7 - EDP - 1 硬件开发平台上运行应用工程。为了在 xc7z020clg484 SoC 上正确运行程序，以及在 SDK 设计环境下观察运行的结果，需要对运行环境进行配置。

（1）找到并单击 SDK 主界面下方的"SDK Terminal"标签，单击该标签右侧的按钮。

（2）出现"Connect to serial port"对话框，选择正确的串口端口和参数。

（3）单击"OK"按钮，退出该对话框。

（4）在 SDK 主界面左侧的"Project Explorer"窗口下，右键选中 led_ip_call_0，单击鼠标右键，出现浮动菜单。在浮动菜单内，选择 Run As→Launch on Hardware（GDB）。

思考与练习 17 - 5：请读者查看 Z7 - EDP - 1 开发平台上名字为 LED0~LED7 的 8 个 LED 灯的变化情况，是否满足设计要求。

第18章 Zynq-7000 SoC 内定制复杂 AXI-Lite IP

本章将主要介绍定制和添加复杂 AXI-Lite IP 核的设计流程，以及编写定制 IP 应用程序的方法。

通过本章内容的学习，读者可以掌握一个复杂的嵌入式系统的软件和硬件设计过程，并且系统学习嵌入式系统设计中软件和硬件的协同设计方法。

18.1 设计原理

本节将通过 Vivado IP 核封装器为一个已经存在的处理器系统定制 IP 核。通过在 Zynq-7000 SoC 器件内的 PL 部分定制 IP 核并连接到 PS 中，将 Zynq-7000 SoC 器件内的 PL 和 PS 紧密耦合在一起。需要定制的设计资源如下。

（1）定制一个用于控制 VGA 显示器的 VGA 控制器 IP 核。
（2）定制一个用于控制 LED 灯不同显示模式的移位寄存器 IP 核。
（3）通过一个 32 位的 AXI_GP 主接口，将这两个定制的 IP 核添加到设计中。

18.1.1 VGA IP 核的设计原理

本小节将介绍 VGA IP 核的设计原理，内容包括 VGA IP 核内的寄存器及 VGA IP 核的功能描述。

1. VGA IP 核内的寄存器

在 VGA IP 核内，存在 3 个控制寄存器，如表 18.1～表 18.3 所示。

表 18.1 VGA IP 核内 slv_reg0 寄存器的描述

寄存器名字	偏 移 地 址	功 　　能
slv_reg0	0	复位 VGA 控制器
位域功能描述			
31 位	1 位	0 位
保留		=0，VGA 控制器复位 =1，VGA 控制器工作

2. VGA IP 核的功能描述

VGA IP 核用户逻辑部分的输入/输出端口如下。
（1）VGA_HS：输出端口，控制 VGA 的行同步信号。

表 18.2　VGA IP 核内 slv_reg1 寄存器的描述

寄存器名字	偏移地址	功　能
slv_reg1	4	在手动模式下，控制 VGA 的显示
位域功能描述		
31 位	2 位 1 位	0 位
保留		= 00，显示 4 个竖彩条 = 01，显示 4 个横彩条 = 10 或 11，显示 4 个方格

表 18.3　VGA IP 核内 slv_reg2 寄存器的描述

寄存器名字	偏移地址	功　能
slv_reg2	8	控制 VGA 显示的切换模式
位域功能描述		
31 位	1 位	0 位
保留		= 0 手动切换 = 1 自动切换

（2）VGA_VS：输出端口，控制 VGA 的场同步信号。

（3）VGA_R[3:0]：输出端口，控制 VGA 的 4 比特红色分量信号。

（4）VGA_B[3:0]：输出端口，控制 VGA 的 4 比特蓝色分量信号。

（5）VGA_G[3:0]：输出端口，控制 VGA 的 4 比特绿色分量信号。

（6）PL_CLK：输入端口，来自 xc7z020clg484 SoC 内 PS 一侧频率为 50MHz 的输入时钟。

来自 Zynq - 7000 SoC 器件 PS 一侧的 50MHz 时钟信号被送到 VGA IP 核然后在 IP 核内对这个时钟进行分频，产生 25MHz 的时钟信号，供 VGA IP 核内的逻辑行为模块使用。VGA IP 核的判断逻辑如图 18.1 所示。

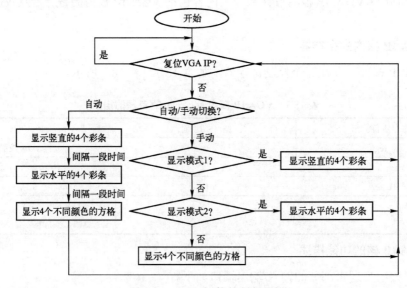

图 18.1　VGA IP 核的判断逻辑

18.1.2 移位寄存器 IP 核的设计原理

本小节将介绍移位寄存器 IP 核的设计原理,内容包括移位寄存器 IP 核内的寄存器和移位寄存器 IP 核的功能描述。

1. 移位寄存器 IP 核内的寄存器

移位寄存器 IP 核内使用了 2 个控制寄存器,如表 18.4 和表 18.5 所示。

表 18.4 移位寄存器 IP 核内 slv_reg0 寄存器的描述

寄存器名字	偏 移 地 址	功 能
slv_reg0	0	复位移位控制器
位域功能描述		
31 位	1 位	0 位
保留		=0 复位移位控制器 =1 移位控制器工作

表 18.5 移位寄存器 IP 核内 slv_reg1 寄存器的描述

寄存器名字	偏 移 地 址	功 能
slv_reg1	4	复位 VGA 控制器
位域功能描述		
31 位	2 位 1 位	0 位
保留		=00 循环左移 =01 循环右移 =10 逻辑左移(移 1) =11 逻辑高/低交替

2. 移位寄存器 IP 核的功能描述

移位寄存器 IP 核用户逻辑部分的输入/输出端口如下。

(1) LED[7:0]:输出端口,产生用于控制 LED 的控制信号。

(2) PL_CLK:来自 Zynq - 7000 SoC 内 PS 一侧频率为 50MHz 的时钟输入。

来自 Zynq - 7000 SoC 器件 PS 一侧的 50MHz 时钟信号被送到移位寄存器 IP 核,然后在 IP 核内对该时钟进行分频,产生慢速的时钟信号,提供 IP 核内的模块使用。移位寄存器 IP 核的判断逻辑描述如图 18.2 所示。

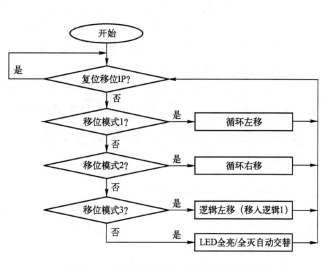

图 18.2 移位寄存器 IP 核的判断逻辑

18.2 定制 VGA IP 核

本节将介绍定制 VGA IP 的过程，内容包括创建定制 VGA IP 模板、修改定制 VGA IP 设计模板、使用 IP 封装器封装 VGA IP。

18.2.1 创建定制 VGA IP 模板

本小节将介绍如何通过 Vivado 提供的外设模板和定制 IP 源代码创建一个满足设计要求的定制 IP。

（1）在 Windows 7 操作系统主界面的左下角，选择开始→所有程序→Xilinx Design Tools→Vivado 2015.4。

（2）在 Vivado 开始界面的"Tasks"标题栏下，找到并单击"Manage IP"图标，出现浮动菜单。在浮动菜单内，选择 New IP Location…。

> 注：读者也可以在 Vivado 开始界面的主菜单下，选择 File→New IP Location…。

（3）出现"New IP Location：Create a New Customized IP Location"对话框。

（4）单击"Next"按钮。

（5）出现"New IP Location：Manage IP Settings"对话框，参数设置如下。

① Part：xc7z020clg484-1。
② Target language：Verilog。
③ Simulator language：Mixed。
④ IP location：E:/zynq_example/vga_ip。

（6）单击"Finish"按钮。

（7）出现"Create Directory"对话框，提示创建一个目录。

（8）单击"OK"按钮，打开 Vivado 集成开发环境界面。

（9）在当前 Vivado 主界面的主菜单下，选择 Tools→Create and Package IP。

（10）出现"Create and Package New IP"对话框。

（11）单击"Next"按钮。

（12）出现"Create And Package New IP：Create Peripheral，Package IP or Package a Block Design"对话框，选中"Create a new AXI4 peripheral"前面的复选框。

> 注：该选项表示将要创建一个满足 AXI4 规范的接口，特别要注意与前面版本的不同之处。

（13）单击"Next"按钮。

（14）出现"Create And Package New IP：Peripheral Details"对话框。在该对话框中，将填写定制 IP 的一些信息。按下面设置参数：

① Name：vga_ip；
② Version：1.0；
③ Display Name：vga_ip_v1_0；

第18章 Zynq-7000 SoC 内定制复杂 AXI-Lite IP

④ Description：My new AXI VGA IP；

⑤ IP location：E：/zynq_example/vga_ip/ip_repo。

（15）单击"Next"按钮。

（16）出现"Create And Package New IP：Add Interfaces"对话框。在该对话框，按如下设置参数：

① Name：S_AXI；

② Interface Type：Lite；

③ Interface Mode：Slave；

④ Data Width：32；

⑤ Number of Registers：10。

（17）单击"Next"按钮。

（18）出现"Create And Package New IP：Create Peripheral"对话框，选中"Edit IP"前面的复选框。

（19）单击"Finish"按钮。

18.2.2 修改定制 VGA IP 模板

本小节将介绍如何修改定制 VGA IP 设计模板。在修改定制 VGA IP 设计模板前，查看所生成的设计模板文件。在"Sources"标签页中，展开 Design Sources 文件夹。从图中可以看出，顶层文件为 vga_ip_v1_0.v，该文件实现 AXI 接口逻辑，以及对前面指定个数寄存器的读/写操作。该模板是创建用户定制 IP 的基础。

（1）双击 vga_ip_v1_0.v，打开该文件。

（2）在该文件的第 18 行～第 23 行添加代码，如图 18.3 所示。

> 注：这些端口是在 IP 核模板上新添加的 VGA 接口端口信号，包括同步信号和色彩信号。

（3）在该文件的第 56 行～第 61 行添加代码，如图 18.4 所示。

> 注：该段代码用于实现例化模块 vga_ip_v1_0_S_AXI 端口和 IP 顶层端口的映射。

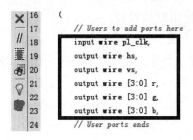　　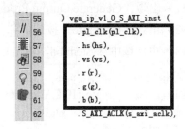

图 18.3 添加 VGA 接口信号端口　　　　图 18.4 添加 VGA 接口信号端口映射

（4）保存该文件。

（5）双击 vga_ip_v1_0_S_AXI.v，打开该文件。

（6）在该文件的第 18 行～第 23 行添加代码，代码与图 18.3 给出的代码相同。

注：该段代码用于实现在 vga_ip_v1_0_S_AXI.v 文件中添加 VGA 接口端口信号。

（7）在该文件的第 88 行～第 103 行添加代码，如图 18.5 所示。

注：该段代码用于添加该模块内部需要的参数声明及寄存器变量声明。

```
87       );
88       //sync compare constants
89       parameter cTickLineChk=10'b1000001101;       //525, pixel H(521) 525
90       parameter cTickPixelChk=10'b1100100000;      //800, pixel W(800)
91       parameter cTickVsyncPulseChk=10'b0000000010; //2, vsync pulse width(line clocks)
92       parameter cTickHsyncPulseChk=10'b0001100000; //96, hsync pulse width(pixel clocks)
93       reg div_clk;
94       reg div_clk1;
95       reg [25:0] counter1;
96       reg [1:0] counter2;
97       reg [1:0] mode_sel;
98       //sync signals
99       reg [9:0] cTickLine=10'b0000000000;
100      reg [9:0] cTickPixel=10'b0000000000;
101      reg syncHInt=1'b0;
102      reg syncVInt=1'b0;
103      reg [11:0] color=12'h000;
104      // AXI4LITE signals
```

图 18.5　添加参数声明和寄存器变量声明

（8）在该文件的第 478 行下面添加代码，如代码清单 18 - 1 所示。

注：在大约第 478 行有注释"// Add user logic here"，用于提示读者在该注释行下面添加用户设计代码。

代码清单 18 - 1　VGA 时序和逻辑控制代码

```
assign b = color[11:8];
assign g = color[7:4];
assign r = color[3:0];
assign divclk1 = counter1 [25];
assignhs = syncHInt;
assign vs = syncVInt;
    // divide clock
always @ (posedgepl_clk)
begin
div_clk <= ~div_clk;
end
always @ (posedgepl_clk)
begin
    counter1 <= counter1 + 1;
end
always @ (posedge div_clk1)
begin
if (counter2 == 2'b10)
```

```verilog
            counter2 <= 2'b00;
    else
            counter2 <= counter2 + 1;
end

always @ (*)
begin
if (slv_reg2[0] == 1'b0)
mode_sel = slv_reg1[1:0];
else
mode_sel <= counter2;
end

always @ (posedgediv_clk or negedge slv_reg0[0])
begin
if (slv_reg0[0] == 1'b0)
begin
cTickLine <= 10'b0000000000;
cTickPixel <= 10'b00000000000;
end
else
begin
            // run the line counter, startvsync if necessary
if (cTickLine == cTickLineChk - 1)
begin
syncVInt <= 1'b1;
cTickLine <= 1'b0;
end
            // run the pixel counter, start hsync if necessary
if (cTickPixel == cTickPixelChk - 1)
begin
syncHInt <= 1'b1;
cTickPixel <= 1'b0;
cTickLine <= cTickLine + 1;
end
else
cTickPixel <= cTickPixel + 1;
            // checks vsync pulse duration
if (syncVInt == 1'b1)
if (cTickLine == cTickVsyncPulseChk)
syncVInt <= 1'b0;
            // checks hsync pulse duration
if (syncHInt == 1'b1)
if (cTickPixel + 1 == cTickHsyncPulseChk)
syncHInt <= 1'b0;
end
end

always @ (*)
```

```verilog
begin
if (mode_sel == 2'b00)
begin
if (cTickPixel < 144)
color = 12'b000000000000;
else if (cTickPixel < 304)
color = 12'b000000001111;
else if (cTickPixel < 464)
color = 12'b000011110000;
else if (cTickPixel < 624)
color = 12'b111100000000;
else if (cTickPixel < 784)
color = 12'b100000000000;
else
color <= 12'b000000000000;
end
else if (mode_sel == 2'b01)
begin
if (cTickLine < 31)
color = 12'b000000000000;
else if (cTickLine < 151)
color = 12'b000000001111;
else if (cTickLine < 271)
color = 12'b000011110000;
else if (cTickLine < 391)
color = 12'b111100000000;
else if (cTickLine < 511)
color = 12'b100000000000;
else
color <= 12'b000000000000;
end
else
begin
if (cTickPixel < 144)
color = 12'b000000000000;
else if (cTickPixel < 464)
begin
if (cTickLine < 271)
color = 12'b000000001111;
else
color = 12'b000011110000;
end
else
begin
if (cTickLine < 271)
color = 12'b111100000000;
else
color = 12'b100000000000;
end
```

第 18 章 Zynq-7000 SoC 内定制复杂 AXI-Lite IP

```
        end
    end
```

（9）保存文件。

（10）在当前 Vivado 设计界面左侧的"Project Manager"窗口中，找到并展开 Synthesis。在展开项中，找到并单击 Run Synthesis，开始对设计的 IP 核进行综合。

> **注**：执行该步的目的在于在对 IP 进行封装前检查设计的正确性。必要的时候，需要执行功能仿真，对逻辑功能的正确性进行验证。

（11）在运行完综合后，出现提示框，提示成功实现综合的消息。

（12）单击"Cancel"按钮。

18.2.3 使用 IP 封装器封装 VGA IP

本小节将介绍如何使用 IP 封装器对 VGA IP 进行进一步的封装处理。

（1）在 Vivado 主界面左侧的"Flow Navigator"窗口下，找到并展开 Project Manager。在展开项中，找到并单击 Package IP。

（2）在 Vivado 主界面的右侧出现"Package IP - vga_ip"窗口。

（3）单击该窗口左侧"Packaging Steps"窗口内的 Identification。在右侧窗口中，给出了 IP 核的信息。

> **注**：读者可以在右侧窗口下面的"Catrgories"窗口中，单击 按钮，为该 IP 核添加新的分类。

（4）单击"Package IP - vga_ip"窗口左侧"Packaging Steps"窗口内的 IP Compatibility。在右侧窗口中出现"Compatibility"界面。该界面中，Family 下面只有 zynq。下面给出添加其他可支持器件的方法。

① 选中 zynq 一行，单击鼠标右键，出现浮动菜单。在浮动菜单内，选择 Add→Add Family Explicitly…。

② 单击"Compatibility"界面左上角的 按钮，出现浮动菜单。在浮动菜单内，选择 Add Family Explicitly…。

（5）出现"Add Family"对话框。选择默认选项。默认情况下，选中 virtex7（Virtex-7）前面的复选框。

（6）单击"OK"按钮。

（7）将 Family 下面所添加的 virtex7、右侧 Life Cycle 下面的选项改成 Pre-Production。

（8）在"Package IP - vga_ip"窗口左侧的"Packaging Steps"窗口中，选中并单击 Addressing and Memory。在该设计中，不修改该条目内的任何选项。

（9）在"Package IP - vga_ip"窗口左侧的"Packaging Steps"窗口内选择 File Groups。在右侧窗口中，单击 Merge changes from File Groups Wizard。

> **注**：该步骤用于对修改后的 IP 核文件进行更新操作。

(10) 在"Package IP - vga_ip"窗口左侧的"Packaging Steps"窗口中,选中 Customization Parameters。在右侧的"Customization Parameters"窗口中,单击 Merge changes from Customization Parameters,Vivado 进行导入参数的操作。

(11) 在"Package IP - vga_ip"窗口左侧的"Packaging Steps"窗口中,选中 Ports and Interfaces,在右侧窗口中可以看到已经添加了名字为 pl_clk、hs、r、g 和 b 的 VGA 端口,如图 18.6 所示。

图 18.6 端口和接口选项

(12) 在"Package IP - vga_ip"窗口左侧的"Packaging Steps"窗口中,选中 Review and Package。在右侧的"Review and Package"窗口内,单击"Re - Package IP"按钮。

(13) 出现"Close Project"对话框,提示是否关闭工程。

(14) 单击"Yes"按钮。

(15) 在 Vivado 主界面的主菜单下,选择 File→Close Project,准备关闭当前工程。

(16) 出现"Close Project"对话框,提示确认退出工程。

(17) 单击"OK"按钮。

(18) 退出 Vivado 设计界面。

思考与练习 18 - 1:展开 Software Driver 文件夹,查看设计所生成的软件驱动程序。

18.3 定制移位寄存器 IP 核

本节将介绍定制移位寄存器 IP 的过程,内容包括创建定制 SHIFTER IP 模板、修改定制 SHIFTER IP 设计模板、使用 IP 封装器封装 SHIFTER IP。

18.3.1 创建定制 SHIFTER IP 模板

本小节将介绍如何通过 Vivado 提供的外设模板和定制 IP 源代码创建一个满足设计要求的定制 IP。

(1) 在 Windows 7 操作系统主界面的左下角,选择开始→所有程序→Xilinx Design Tools→Vivado 2015.4。

(2) 在 Vivado 开始界面的"Tasks"标题栏下,找到并单击"Manage IP"图标,出现浮动菜单。在浮动菜单内,选择 New IP Location...。

注:读者也可以在 Vivado 开始界面的主菜单下,选择 File→New IP Location...。

第18章　Zynq-7000 SoC 内定制复杂 AXI-Lite IP

（3）出现"New IP Location：Create a New Customized IP Location"对话框。

（4）单击"Next"按钮。

（5）出现"New IP Location：Manage IP Settings"对话框，按下面设置参数：

① Part：xc7z020clg484-1；

② Target language：Verilog；

③ Simulator language：Mixed；

④ IP location：E：/zynq_example/shifter_ip。

（6）单击"Finish"按钮。

（7）出现"Create Directory"对话框，提示创建一个目录。

（8）单击"OK"按钮，打开 Vivado 集成开发环境界面。

（9）在当前 Vivado 主界面的主菜单下，选择 Tools→Create and Package IP。

（10）出现"Create and Package New IP"对话框。

（11）单击"Next"按钮。

（12）出现"Create And Package New IP：Create Peripheral，Package IP or Package a Block Design"对话框，选中"Create a new AXI4 peripheral"前面的复选框。

注：该选项表示将要创建一个满足 AXI4 规范的接口，特别要注意和前面版本的不同之处。

（13）单击"Next"按钮。

（14）出现"Create And Package New IP：Peripheral Details"对话框。在该对话框中，将填写定制 IP 的一些信息。按下面设置参数：

① Name：shifter_ip；

② Version：1.0；

③ Display Name：shifter_ip_v1_0；

④ Description：My new AXI SHIFTER IP；

⑤ IP location：E：/zynq_example/shifter_ip/ip_repo。

（15）单击"Next"按钮。

（16）出现"Create And Package New IP：Add Interfaces"对话框。在该对话框内，按如下设置参数：

① Name：S_AXI；

② Interface Type：Lite；

③ Interface Mode：Slave；

④ Data Width：32；

⑤ Number of Registers：4。

（17）单击"Next"按钮。

（18）出现"Create And Package New IP：Create Peripheral"对话框，选中"Edit IP"前面的复选框。

（19）单击"Finish"按钮。

18.3.2 修改定制 SHIFTER IP 模板

在修改定制 SHIFTER IP 设计模板前，查看所生成的设计模板文件。在"Sources"标签页中，展开 Design Sources 文件夹。从图中可以看出，顶层文件为 shifter_ip_v1_0.v，该文件实现 AXI 接口逻辑，以及对前面指定个数寄存器的读/写操作。该模板是创建用户定制 IP 的基础。

（1）双击 shifter_ip_v1_0.v，打开该文件。

（2）在该文件的第 18 行～第 23 行添加代码，如图 18.7 所示。

> 注：这些端口是在 IP 核模板上新添加的移位寄存器接口信号，包括 pl_clk 和 led。

（3）在该文件的第 52 行～第 53 行添加代码，如图 18.8 所示。

> 注：该段代码用于实现例化模块 shifter_ip_v1_0_S_AXI 端口和 IP 顶层端口的映射。

```
17      // Users to add ports here
18      input wire pl_clk,
19      output wire [7:0] led,
20      // User ports ends
21      // Do not modify the ports beyond this line
```

```
51      ) shifter_ip_v1_0_S_AXI_inst (
52          .pl_clk(pl_clk),
53          .led(led),
54          .S_AXI_ACLK(s_axi_aclk),
```

图 18.7 添加移位寄存器接口端口声明　　图 18.8 添加移位寄存器接口端口映射

（4）保存该文件。

（5）双击 shifter_ip_v1_0_S_AXI.v，打开该文件。

（6）在该文件的第 18 行～第 23 行添加代码，代码与图 18.7 给出的代码相同。

（7）在该文件的第 395 行下面添加代码，如代码清单 18-2 所示。

> 注：在大约第 395 行有注释"// Add user logic here"，用于提示读者在该注释行下面添加用户设计代码。

代码清单 18-2　SHIFTER 时序和逻辑控制代码

```
assign div_clk = counter[26];
assign led = gpio;
always @ (posedge pl_clk)
begin
    counter <= counter + 1;
end

always @ (posedge div_clk or negedge slv_reg0 [0])
begin
    if (slv_reg0 [0] = = 1'b0)
        gpio <= 8' b00000001;
    else
```

第18章 Zynq-7000 SoC 内定制复杂 AXI-Lite IP

```
begin
if (gpio = = 8'b11111111)
gpio <= 8'b00000001;
else
case (slv_reg1 [1：0])
            2'b00：gpio <= { gpio[6 ： 0], gpio[7] };
            2'b01：gpio <= { gpio[0], gpio[7 ： 1] };
            2'b10：gpio <= { gpio[6 ： 0], 1'b1 };
default：gpio <= 8'b00000000;
endcase
end
end
```

（8）保存文件。

（9）在当前 Vivado 设计界面左侧的"Project Manager"窗口中，找到并展开 Synthesis。在展开项中，找到并单击 Run Synthesis，开始对设计的 IP 核进行综合。

> **注**：执行该步的目的在于在对 IP 进行封装前检查设计的正确性。必要的时候，需要执行功能仿真，对逻辑功能的正确性进行验证。

（10）在运行完综合后，出现提示框，提示成功实现综合的消息。

（11）单击"Cancel"按钮。

18.3.3 使用 IP 封装器封装 SHIFTER IP

本小节将介绍如何使用 IP 封装器对 SHIFTER IP 进行进一步的封装处理。

（1）在 Vivado 主界面左侧的"Flow Navigator"窗口下，找到并展开 Project Manager。在展开项中，找到并单击 Package IP。

（2）在 Vivado 主界面的右侧出现"Package IP - shifter_ip"窗口。

（3）单击该窗口左侧"Packaging Steps"窗口内的 Identification。在右侧窗口中，给出了 IP 核的信息。

> **注**：读者可以在右侧窗口下面的"Catrgories"窗口中单击 + 按钮，为该 IP 核添加新的分类。

（4）单击"Package IP - shifter_ip"窗口左侧"Packaging Steps"窗口内的 IP Compatibility。在右侧窗口中出现"Compatibility"界面。该界面中，Family 下面只有 zynq。下面给出添加其他可支持器件的方法。

① 选中 zynq 一行，单击鼠标右键，出现浮动菜单。在浮动菜单内，选择 Add→Add Family Explicitly…。

② 单击"Compatibility"界面左上角的 + 按钮，出现浮动菜单。在浮动菜单内，选择 Add Family Explicitly…。

（5）出现"Add Family"对话框，选择默认选项。默认情况下，选中"virtex7（Virtex-

7)前面的复选框。

(6)单击"OK"按钮。

(7)将 Family 下面所添加的 virtex7、右侧 Life Cycle 下面的选项改成 Pre - Production。

(8)在"Package IP - shifter_ip"窗口左侧的"Packaging Steps"窗口中,选中并单击 Addressing and Memory。在该设计中,不修改该条目内的任何选项。

(9)在"Package IP - shifter_ip"窗口左侧的"Packaging Steps"窗口内选择 File Groups。在右侧窗口中,单击 Merge changes from File Groups Wizard。

注:该步骤用于对修改后的 IP 核文件进行更新操作。

(10)在"Package IP - shifter_ip"窗口左侧的"Packaging Steps"窗口中,选中 Customization Parameters。在右侧的"Customization Parameters"窗口中,单击 Merge changes from Customization Parameters,Vivado 进行导入参数的操作。

(11)在"Package IP - shifter_ip"窗口左侧的"Packaging Steps"窗口中,选中 Ports and Interfaces,在右侧窗口中可以看到已经添加了名字为 pl_clk 和 led 的移位寄存器端口,如图 18.9 所示。

Name	Interface Mode	Enablement Dependency
S_AXI	slave	
Clock and Reset Signals		
pl_clk		
led		

图 18.9 端口和接口选项

(12)在"Package IP - shifter_ip"窗口左侧的"Packaging Steps"窗口中,选中 Review and Package。在右侧的"Review and Package"窗口内,单击"Re - Package IP"按钮。

(13)出现"Close Project"对话框,提示是否关闭工程。

(14)单击"Yes"按钮。

(15)在 Vivado 主界面的主菜单下,选择 File→Close Project,准备关闭当前工程。

(16)出现"Close Project"对话框,提示确认退出工程。

(17)单击"OK"按钮。

(18)退出 Vivado 设计界面。

思考与练习 18 - 2:展开 Software Driver 文件夹,查看设计所生成的软件驱动程序。

18.4 打开并添加 IP 到设计中

本节将介绍将 IP 核添加到设计中的流程,内容包括打开工程和修改设置、添加定制 IP 到设计、添加 XDC 约束文件。

18.4.1 打开工程和修改设置

在\zynq_example 目录下,新建一个名字为"vga_shifter_ip_call"的目录,并且将 lab1

第 18 章　Zynq-7000 SoC 内定制复杂 AXI-Lite IP

目录下的所有文件复制到 led_ip_call 目录下。

（1）启动 Vivado 2015.4 集成开发环境。

（2）在 Vivado 主界面的"Quick Start"标题栏下，单击"Open Project"图标。

（3）出现"Open Project"对话框，定位到下面的路径：

> E：\zynq_example\vga_shifter_ip_call

在该路径下，选择并双击 lab1.xpr，打开前面的设计工程。

（4）在 Vivado 主界面当前工程左侧的"Flow Navigator"窗口中，选择并展开 Project Manager。在展开项中，选择并单击 Project Settings。

（5）弹出"Project Settings"对话框。鼠标左键单击左侧的"IP"图标。在右侧窗口内，单击"Repository Manager"标签。

（6）在"Repository Manager"标签页中，定位所要调用的 VGA IP 路径，可选择下面的一种方法。

① 在该标签页中，单击"Press the + button to Add Repository"中间的 + 按钮。

② 在该标签页的左上角单击 + 按钮。

（7）弹出"IP Repositories"对话框，定位到前面定制 VGA IP 所在的下面路径。

> E：/zynq_example/vga_ip

注：可以看到该 IP 路径出现在"IP Repositories"对话框下。

（8）单击"Select"按钮。

（9）弹出"Add Repository"对话框，提示成功添加了 vga_ip。

（10）单击"OK"按钮。

（11）可以看到在"Project Settings"列表中添加了所调用 IP 的路径。

（12）在"Repository Manager"标签页中，再次定位所要调用的 SHIFTER IP 路径，可选择下面的一种方法。

① 在该标签页中，单击"Press the + button to Add Repository"中间的 + 按钮。

② 在该标签页的左上角单击 + 按钮。

（13）弹出"IP Repositories"对话框，定位到前面定制 SHIFTER IP 所在的下面路径。

> E：/zynq_example/shifter_ip

注：可以看到该 IP 路径出现在"IP Repositories"对话框下。

（14）单击"Select"按钮。

（15）弹出"Add Repository"对话框，提示成功添加了 shifter_ip。

（16）单击"OK"按钮。

（17）可以看到在"Project Settings"列表中添加了所调用 IP 的路径，如图 18.10 所示。

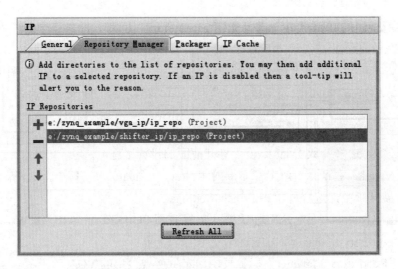

图 18.10　在当前设计中添加 vga_ip 和 shifter_ip

（18）单击"OK"按钮，退出工程配置界面。

18.4.2　添加定制 IP 到设计

本小节将介绍如何添加 vga_ip 和 shifter_ip，并且如何将其连接到系统的 AXI4 Lite 接口，同时将进行内部和外部端口的连接，以及建立 LED 端口和 VGA 端口作为 FPGA 的外部引脚。

（1）使用下面其中的一种方法，打开前面的 IP 块设计。

① 在 Vivado 主界面左侧的"Flow Navigator"窗口下，找到并展开 IP Integrator。在展开项中，找到并用鼠标左键单击 Open Block Design。

② 在"Sources"标签页中，找到并展开 system_wrapper。在展开项中，找到并双击 system_i - system（system.bd）文件。

（2）打开"Diagram"窗口。在"Diagram"窗口左侧的一列工具栏中单击按钮。

（3）出现"IP Catalog"对话框。在该对话框内的"Search"文本框中输入 vga，可以看到下面的窗口中显示 vga_ip_v1.0。

（4）双击 vga_ip_v1_0，将其添加到设计中。

（5）在"Diagram"窗口中，选中名字为"vga_ip_0"的 IP 块符号，然后在"Source"标签页下方找到"Block Properties"窗口。在该窗口中的"Name"文本框中输入 vga_ip，将该例化 IP 的名字改为 vga_ip。

（6）在"Diagram"窗口左侧的一列工具栏中再次单击按钮。

（7）出现"IP Catalog"对话框。在该对话框内的"Search"文本框中输入 shifter，可以看到下面的窗口中显示 shifter_ip_v1.0。

（8）双击 shifter_ip_v1_0，将其添加到设计中。

（9）在"Diagram"窗口中，选中名字为"shifter_ip_0"的 IP 块符号，然后在"Source"标签页下方找到"Block Properties"窗口。在该窗口中的"Name"文本框中输入 shifter_ip，则将该例化 IP 的名字改为 shifter_ip。

(10) 双击设计界面中名字为 "processing_system7_0" 的 IP 块图符号,打开 ZYNQ7 配置界面。

(11) 在配置界面的左侧找到并单击 Zynq Block Design。在右侧窗口中可以看到 ZYNQ7 内部块图的构成,找到并用鼠标左键单击名字为 "32b GP AXI Master Ports" 的符号块。

(12) 弹出 "Re-customize IP" 对话框,找到并展开 GP Master AXI Interface。在展开项中,找到并选中 "M AXI GP0 interface" 后面的复选框。

> **注**:该操作表示使用 Zynq-7000 SoC 的 M_AXI_GP 端口,通过该端口将 VGA IP 和 SHIFTER IP 连接到 Zynq-7000 SoC 内的 PS 系统中。

(13) 在右侧窗口中,找到并展开 General。在展开项中,选中 "FCLK_RESET0_N" 后面的复选框。

(14) 在 "Re-customize IP" 对话框的左侧窗口中,选择 Clock Configuration,在右侧窗口中,找到并展开 PL Fabric Clock。在展开项中,找到并分别选中 "FCLK_CLK0" 和 "FCLK_CLK2" 前面的复选框。

> **注**:FCLK_CLK0 的默认时钟频率为 100MHz,FCLK_CLK2 的默认时钟频率为 50MHz。

(15) 单击 "OK" 按钮,退出 ZYNQ7 配置界面。

> **注**:可以看到在名字为 "processing_system7_0" 的 IP 块图符号中新添加了 M_AXI_GP0 接口,以及 M_AXI_GP0_ACLK、FCLK_CLK0、FCLK_CLK2 和 FCLK_RESET0_N 端口。

(16) 单击 "Diagram" 窗口上方的 Run Connection Automation。

(17) 出现 "Run Connection Automation" 对话框。在该对话框左侧的窗口中,选中 "All Automation(2 out of 2 selected)" 前面的复选框。

> **注**:该选项表示让 Vivado 工具自动完成系统的连接。

(18) 单击 "OK" 按钮。

(19) 单击 "Diagram" 窗口左侧一列工具栏内的 按钮,重新绘制图,如图 18.11 所示。

(20) 将鼠标光标放在 vga_ip 块符号内名字为 "pl_clk" 的端口上,鼠标光标变成铅笔形状,按住鼠标左键出现连线,一直将出现的连线拖到 ZYNQ 块符号内名字为 "FCLK_CLK2" 的端口上。当这两个端口之间存在连线时,释放鼠标左键。这样,完成了两个端口之间的连接,如图 18.12 所示。

(21) 将鼠标光标放在 shifter_ip 块符号内名字为 "pl_clk" 的端口上,鼠标光标变成铅笔形状,按住鼠标左键出现连线,一直将出现的连线拖到 ZYNQ 块符号内名字为 FCLK_CLK2 的端口上。当这两个端口之间存在连线时,释放鼠标左键。这样,完成了两个端口之间的连接,如图 18.13 所示。

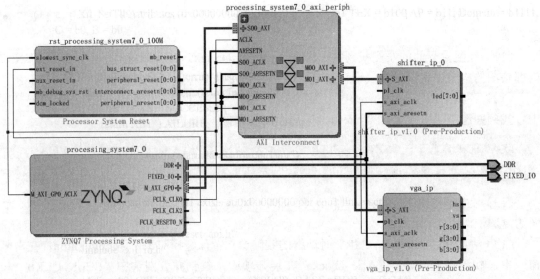

图 18.11 重新绘制后的系统结构图

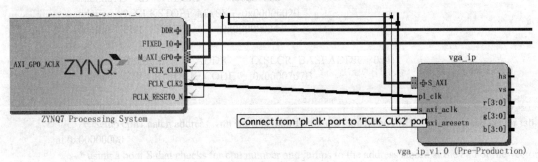

图 18.12 连接 vga_ip 的 pl_clk 时钟端口

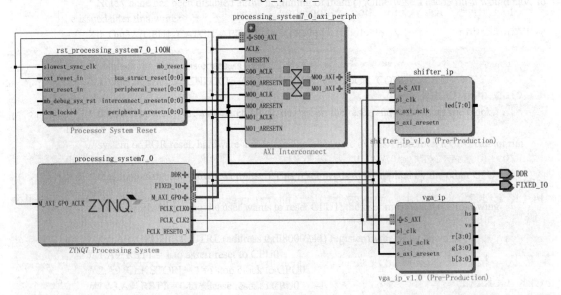

图 18.13 连接 shifter_ip 核、vga_ip 核及 ZYNQ7 IP 核 pl_clk 时钟端口后的系统结构

第 18 章 Zynq - 7000 SoC 内定制复杂 AXI - Lite IP

（22）在图 18.13 所示的界面内，将鼠标光标放到 shifter_ip 模块的 led[7：0]端口，单击鼠标右键，出现浮动菜单。在浮动菜单内，选择 Make External，为 shift_ip 核添加外部端口。

（23）在图 18.13 所示的界面内，将鼠标光标分别放到 vga_ip 模块上名字为 hs、vs、r[3：0]、g[3：0]和 b[3：0]的端口上，分别单击鼠标右键，出现浮动菜单。在浮动菜单内，选择 Make External，为 vga_ip 核添加外部端口。

（24）单击 "Diagram" 窗口左侧一列工具栏内的 按钮，重新绘制图，如图 18.14 所示。

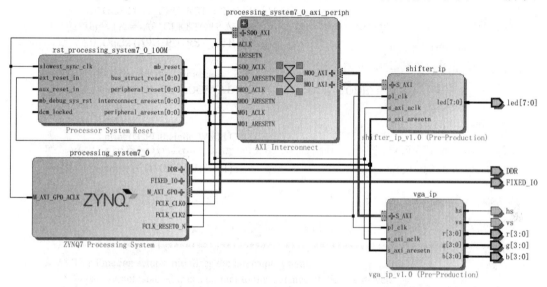

图 18.14　为 shift_ip 和 vga_ip 添加完外部端口后的系统结构

（25）选择 "Address Editor" 标签，在该标签页下，可以看到系统已经为 vga_ip 和 shifter_ip 分配了地址空间，如图 18.15 所示。

Cell	Slave Interface	Base Name	Offset Address	Range	High Address
⊟ processing_system7_0					
⊟ Data (32 address bits : 0x40000000 [1G])					
⊷ vga_ip	S_AXI	S_AXI_reg	0x43C0_0000	64K	0x43C0_FFFF
⊷ shifter_ip	S_AXI	S_AXI_reg	0x43C1_0000	64K	0x43C1_FFFF

图 18.15　为 shift_ip 和 vga_ip 分配的地址空间

（26）在 Vivado 主界面的主菜单下，选择 Tools→Validate Design，运行设计规则检查。

（27）在源文件窗口中，选中 system.bd 文件，单击鼠标右键，出现浮动菜单。在浮动菜单内选择 Generate Output Products。

（28）出现 "Generate Output Products" 对话框，提示成功信息。

（29）单击 "OK" 按钮。

（30）在源文件窗口中，再次选中 system.bd 文件，单击鼠标右键，出现浮动菜单。在浮动菜单内，选择 Create HDL Wrapper，该选项用于更新 HDL 文件。

（31）出现 "Create HDL Wrapper" 对话框，选中 "Let Vivado manage wrapper and auto - update" 前面的复选框。

（32）单击"OK"按钮。

思考与练习 18-3：请说明 vga_ip 和 shifter_ip 在 Zynq-7000 SoC 存储器空间的地址映射。

> 注：更新 system_wrapper.vhd 文件，用于包含新 IP 和端口。双击并打开该文件，以确认添加了 LED 端口。

18.4.3 添加 XDC 约束文件

本小节将介绍如何为 vga_ip 和 shift_ip 核的外部端口添加设计约束文件 XDC。

（1）在 Vivado 当前工程主界面的"Sources"标签页中，选中 Constraints。单击鼠标右键，出现浮动菜单。在浮动菜单内，选择 Add Sources。

（2）出现"Add Sources"对话框，选中"Add or Create Constraints"前面的复选框。

（3）单击"Next"按钮。

（4）出现"Add Sources：Add or Create Constraints"对话框。

（5）单击"Add Files"按钮，出现"Add Constraint Files"对话框。在该对话框中，定位到本书所提供资料的下面路径：

\zynq_example\source

在该路径下，找到并双击 vga_shifter_ip_call_z7_edp_1.xdc 文件。

（6）自动返回到"Add Sources"对话框，单击"Finish"按钮。

（7）在"Sources"标签页下，找到并展开 Constraints。在展开项中，找到并再次展开 constrs_1。在展开项中，找到并双击 vga_shifter_ip_call_z7_edp_1.xdc，打开约束文件，如代码清单 18-3 所示。

代码清单 18-3　vga_shifter_ip_call_z7_edp_1.xdc

```
############################
# On - board LED            #
############################
set_property PACKAGE_PIN Y14 [get_ports led[0]]
set_property IOSTANDARD LVCMOS33 [get_ports led[0]]
set_property PACKAGE_PIN AB14 [get_ports led[1]]
set_property IOSTANDARD LVCMOS33 [get_ports led[1]]
set_property PACKAGE_PIN V13 [get_ports led[2]]
set_property IOSTANDARD LVCMOS33 [get_ports led[2]]
set_property PACKAGE_PIN AA13 [get_ports led[3]]
set_property IOSTANDARD LVCMOS33 [get_ports led[3]]
set_property PACKAGE_PIN V12 [get_ports led[4]]
set_property IOSTANDARD LVCMOS33 [get_ports led[4]]
set_property PACKAGE_PIN AA12 [get_ports led[5]]
set_property IOSTANDARD LVCMOS33 [get_ports led[5]]
set_property PACKAGE_PIN U11 [get_ports led[6]]
set_property IOSTANDARD LVCMOS33 [get_ports led[6]]
set_property PACKAGE_PIN W11 [get_ports led[7]]
set_property IOSTANDARD LVCMOS33 [get_ports led[7]]
```

```
set_property PACKAGE_PIN E19 [get_ports hs]
set_property IOSTANDARD LVCMOS33 [get_ports hs]

set_property PACKAGE_PIN E20 [get_ports vs]
set_property IOSTANDARD LVCMOS33 [get_ports vs]

set_property PACKAGE_PIN B15 [get_ports r[0]]
set_property IOSTANDARD LVCMOS33 [get_ports r[0]]
set_property PACKAGE_PIN B16 [get_ports r[1]]
set_property IOSTANDARD LVCMOS33 [get_ports r[1]]
set_property PACKAGE_PIN B17 [get_ports r[2]]
set_property IOSTANDARD LVCMOS33 [get_ports r[2]]
set_property PACKAGE_PIN B21 [get_ports r[3]]
set_property IOSTANDARD LVCMOS33 [get_ports r[3]]

set_property PACKAGE_PIN B22 [get_ports b[0]]
set_property IOSTANDARD LVCMOS33 [get_ports b[0]]
set_property PACKAGE_PIN C15 [get_ports b[1]]
set_property IOSTANDARD LVCMOS33 [get_ports b[1]]
set_property PACKAGE_PIN C17 [get_ports b[2]]
set_property IOSTANDARD LVCMOS33 [get_ports b[2]]
set_property PACKAGE_PIN C18 [get_ports b[3]]
set_property IOSTANDARD LVCMOS33 [get_ports b[3]]

set_property PACKAGE_PIN C22 [get_ports g[0]]
set_property IOSTANDARD LVCMOS33 [get_ports g[0]]
set_property PACKAGE_PIN D21 [get_ports g[1]]
set_property IOSTANDARD LVCMOS33 [get_ports g[1]]
set_property PACKAGE_PIN D22 [get_ports g[2]]
set_property IOSTANDARD LVCMOS33 [get_ports g[2]]
set_property PACKAGE_PIN E21 [get_ports g[3]]
set_property IOSTANDARD LVCMOS33 [get_ports g[3]]
```

(8) 在 Vivado 主界面左侧的 "Flow Navigator" 窗口下, 找到并展开 Program and Debug。在展开项中, 单击 Generate Bitstream。

(9) 出现 "No Implementation Results Available" 对话框, 提示没有可用的实现结果, 工具自动开始对设计进行综合、实现和生成比特流的过程。

(10) 单击 "Yes" 按钮。

(11) 出现 "Bitstream Generation Completed" 对话框, 读者可以选择 "View Reports" 前面的对话框。

(12) 单击 "OK" 按钮。

18.5 导出硬件到 SDK

本小节将介绍如何导出硬件到 SDK, 然后创建应用工程。

（1）在 Vivado 主界面左侧的"Flow Navigator"窗口下，单击 Open Block Design 图标；或者在源文件窗口下，选择并单击 system.bd 文件。

（2）在 Vivado 主界面左侧的"Flow Navigator"窗口下，找到并展开 Implementation。在展开项中，单击 Open Implemented Design，打开实现后的设计。

（3）在 Vivado 当前工程主界面的主菜单下，选择 File→Export→Export Hardware。

（4）出现"Export Hardware"对话框，选中"Include bitstream"前面的复选框。

> **注：** 因为该设计中，涉及了 Zynq - 7000 SoC 内的 PL 部分，因此必须生成比特流文件。

（5）单击"OK"按钮。

（6）出现"Module Already Exported"对话框。提示已经存在导出文件，是否覆盖该文件信息。

（7）单击"Yes"按钮，覆盖前面的导出文件。

（8）在 Vivado 当前工程主界面的主菜单下，选择 File→Launch SDK。

（9）出现"Launch SDK"对话框。

（10）单击"OK"按钮，启动 SDK 工具。

18.6 建立和验证软件应用工程

本节将为前面构建的嵌入式系统硬件编写软件应用程序。应用程序的功能是实现在串口、VGA 和 LED 灯之间通过串口命令进行交互。

18.6.1 建立应用工程

本小节将介绍如何在 SDK 中创建新的应用工程。

（1）在 SDK 主界面左侧的"Project Explorer"窗口下，按"Shift"键和鼠标左键，同时选中 system_wrapper_hw_platform_0 文件夹、hello_world0 文件夹和 hello_world0_bsp 文件夹。单击鼠标右键，出现浮动菜单。在浮动菜单内，选择 Delete。

（2）出现"Delete Resources"对话框，选中"Delete project contents on disk（cannot be undone）"前面的复选框。

（3）单击"OK"按钮。

（4）出现"Delete Resources"对话框。

（5）单击"Continue"按钮。

> **注：** 在 SDK 主界面左侧的"Project Explorer"窗口中，找到并展开 system_wrapper_hw_platform_1，如图 18.16 所示。在展开项中，读者发现在导入硬件到 SDK 的时候，定制 IP 的软件驱动也自动导入到 SDK 工具中。在 drivers 下面就保存着名字为"shifter_ip_v1_0"和"vga_ip_v1_0"的定制 IP 的软件驱动。因此，不需要用户额外指定驱动程序的位置，这点要特别注意。

(6) 在 SDK 主界面的主菜单下,选择 File→New→Application Project。
(7) 出现"New Project:Application Project"对话框,按下面参数设置:
① Project name:vga_shifter_ip_call;
② 其他使用默认设置。
(8) 单击"Next"按钮。

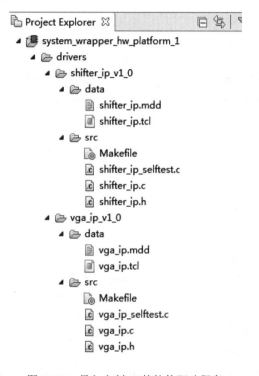

图 18.16 导入定制 IP 的软件驱动程序

(9) 出现"New Project:Templates"对话框,在"Available Templates"列表中选择"Empty Application"。
(10) 单击"Finish"按钮。

> **注**:在 Vivado 2015.4 集成开发环境下,对于定制 IP 所生成的地址范围可能有错,这点读者要特别注意。在 SDK 界面左侧的"Project Explorer"窗口中,找到并展开 led_ip_call_0_bsp。在展开项中,找到并展开 ps7_cortexa9_0。在展开项中,找到并展开 include。在展开项中,找到并双击 xparameters.h 文件。
> (1) 在该文件,找到 SHIFTER_IP 的地址定义,如图 18.17 所示。BASEADDR 定义为 0xFFFFFFFF、HIGHADDR 定义为 0x00000000,这是错误的。因此,需要修改 SHIFTER_IP 的地址定义。修改后如图 18.18 所示。
> (2) 在该文件,找到 VGA_IP 的地址定义,如图 18.19 所示。BASEADDR 定义为 0xFFFFFFFF、HIGHADDR 定义为 0x00000000,这是错误的。因此,需要修改 VGA_IP 的地址定义。修改后如图 18.20 所示。

```
/* Definitions for driver SHIFTER_IP */
#define XPAR_SHIFTER_IP_NUM_INSTANCES 1

/* Definitions for peripheral SHIFTER_IP */
#define XPAR_SHIFTER_IP_DEVICE_ID 0
#define XPAR_SHIFTER_IP_S_AXI_BASEADDR 0xFFFFFFFF
#define XPAR_SHIFTER_IP_S_AXI_HIGHADDR 0x00000000
```

图 18.17　定制 SHIFTER_IP 的错误地址

```
/* Definitions for driver SHIFTER_IP */
#define XPAR_SHIFTER_IP_NUM_INSTANCES 1

/* Definitions for peripheral SHIFTER_IP */
#define XPAR_SHIFTER_IP_DEVICE_ID 0
#define XPAR_SHIFTER_IP_S_AXI_BASEADDR 0x43C10000
#define XPAR_SHIFTER_IP_S_AXI_HIGHADDR 0x43C1FFFF
```

图 18.18　修改后定制 SHIFTER_IP 的地址

```
/* Definitions for driver VGA_IP */
#define XPAR_VGA_IP_NUM_INSTANCES 1

/* Definitions for peripheral VGA_IP */
#define XPAR_VGA_IP_DEVICE_ID 0
#define XPAR_VGA_IP_S_AXI_BASEADDR 0xFFFFFFFF
#define XPAR_VGA_IP_S_AXI_HIGHADDR 0x00000000
```

图 18.19　定制 VGA_IP 的错误地址

```
/* Definitions for driver VGA_IP */
#define XPAR_VGA_IP_NUM_INSTANCES 1

/* Definitions for peripheral VGA_IP */
#define XPAR_VGA_IP_DEVICE_ID 0
#define XPAR_VGA_IP_S_AXI_BASEADDR 0x43C00000
#define XPAR_VGA_IP_S_AXI_HIGHADDR 0x43C0FFFF
```

图 18.20　修改后定制 VGA_IP 的地址

（11）在 SDK 左侧的"Project Explorer"窗口内，找到并展开 vga_shifter_ip_call 文件夹。在展开项中，找到并选择 src 子文件夹。

（12）单击鼠标右键，出现浮动菜单。在浮动菜单内，选择 Import。

（13）出现"Import"对话框，找到并展开 General 选项。在展开项中，找到并选择 File System。

（14）单击"Next"按钮。

（15）出现"Import"对话框，单击"Browse"按钮。

（16）出现"Import from directory"对话框，选择导入文件夹的下面路径。

\zynq_example\source

（17）单击"确定"按钮。

（18）在"Import"对话框的右侧，给出了 source 文件夹下的可选文件。在该对话框中，选中"vga_shifter_ip_call_z7_edp_1.c"前面的复选框。

（19）单击"Finish"按钮。

（20）可以看到在 src 子文件夹下，添加了 vga_shifter_ip_call_z7_edp_1.c 文件。

（21）双击打开该文件，如代码清单 18 - 4 所示。

代码清单 18 - 4　vga_shifter_ip_call_z7_edp_1.c 文件

```
#include < stdio.h >
#include " vga_ip.h"
#include " shifter_ip.h"
#include " xparameters.h"
#include " xil_types.h"
#include " xil_io.h"
extern char inbyte (void);
int main ()
{
    char choice = 0, choice1 = 0, choice2 = 0;
    int exit_flag = 0;
    VGA_IP_mWriteReg (0x43C00000, 0, 0);
```

```c
        SHIFTER_IP_mWriteReg (0x43C10000, 0, 0);
    while (exit_flag! = 1)
    {
print (" ############## main menu ################### \r\n");
print ("     Press '1' will select control VGA display            \r\n");
print ("     Press '2' will select control shifter                \r\n");
print ("     Press '3' will exit program                          \r\n");
print (" ############## end menu #################### \r\n");
while (choice < '1')
    { choice = inbyte ();
            }
switch (choice)
    {
    case '1':
print (" Enter VGA Control Mode\r\n");
VGA_IP_mWriteReg (0x43C00000, 0, 1);
SHIFTER_IP_mWriteReg (0x43C10000, 0, 0);
print (" @@@@@@@@@@@@@@@@@@@@@@@@@@@@@@@@@@@@\r\n");
print ("               VGA Control Menu                           \r\n");
print ("     Press '1' will select   horizontal display           \r\n");
print ("     Press '2' will select   vertical display             \r\n");
print ("     Press '3' will select   hor&ver display              \r\n");
print ("     press '4' will select   auto toggle display          \r\n");
print (" @@@@@@@@@@@@@@@@@@@@@@@@@@@@@@@@@@@@\r\n");
print ("\r\n");
while (choice1 < '1'){
        choice1 = inbyte ();
            }
    printf (" Selection = % c\r\n", choice1);
    if (choice1 = = '1')
        {
        VGA_IP_mWriteReg (0x43C00000, 8, 0);        // reg2
        VGA_IP_mWriteReg (0x43C00000, 4, 0);        // reg1
        }
    else if (choice1 = = '2')
        {
        VGA_IP_mWriteReg (0x43C00000, 8, 0);        // reg2
        VGA_IP_mWriteReg (0x43C00000, 4, 1);        // reg1
        }
    else if (choice1 = = '3')
        {
        VGA_IP_mWriteReg (0x43C00000, 8, 0);        // reg2
        VGA_IP_mWriteReg (0x43C00000, 4, 2);        // reg1
        }
    else if (choice1 = = '4')
        {
        VGA_IP_mWriteReg (0x43C00000, 8, 1);        // reg2
        }
        choice1 = 0;
```

```c
        break;
    case '2':
        print (" Enter Shifter Control Mode\n");
        VGA_IP_mWriteReg (0x43C00000, 0, 0);              // reg0
        SHIFTER_IP_mWriteReg (0x43C10000, 0, 1);          // reg0
        print (" @@@@@@@@@@@@@@@@@@@@@@@@@@@@@@@@@@@@ \r\n");
        print ("  _____ shifter Control Menu _____            \r\n");
        print ("    Press '1' will select    left shift                     \r\n");
        print ("    Press '2' will select    right shift                    \r\n");
        print ("    Press '3' will select    turn on   led                  \r\n");
        print ("    press '4' will select    toggle all led on or off       \r\n");
        print (" @@@@@@@@@@@@@@@@@@@@@@@@@@@@@@@@@@@@ \r\n");
        print ("\r\n");
        while (choice2 <'1')
            {
                choice2 = inbyte ();
            }
        printf (" Selection = % c\r\n", choice2);
        if(choice2 = ='1')
            {
                SHIFTER_IP_mWriteReg (0x43C10000, 4, 0);  // reg1
            }
        else if (choice2 = ='2')
            {
                SHIFTER_IP_mWriteReg (0x43C10000, 4, 1);  // reg1
            }
        else if (choice2 = ='3')
            {
                SHIFTER_IP_mWriteReg (0x43C10000, 4, 2);  // reg1
            }
        else if (choice2 = ='4')
            {
                SHIFTER_IP_mWriteReg (0x43C10000, 4, 3);  // reg1
            }
        choice2 = 0;
        break;
    case '3':
        VGA_IP_mWriteReg (0x43C00000, 0, 0);              // reg0
        SHIFTER_IP_mWriteReg (0x43C10000, 0, 0);          // reg0
        print (" Exit program\n");
        exit_flag = 1;
        break;
    }
    choice = 0;
    }
return 0;
    }
```

18.6.2 下载硬件比特流文件到FPGA

本小节将介绍如何将比特流文件下载到Z7-EDP-1开发平台上。

第18章 Zynq - 7000 SoC 内定制复杂 AXI - Lite IP

（1）通过 USB 电缆将 Z7 - EDP - 1 开发平台上的 J13Mini USB 接口（该接口提供了 UART - USB 的转换）与用于当前设计的电脑的一个 USB 接口连接（需要事先安装 UART - USB 的软件驱动程序）。

（2）通过 USB 电缆将 Z7 - EDP - 1 开发平台的 J12 Mini USB 接口（该接口提供了 JTAG - USB 的转换）和用于当前设计的电脑的另一个 USB 接口连接（电脑自动扫描并安装驱动程序）。

（3）外接+5V 电源插到 Z7 - EDP - 1 开发平台的 J6 接口上，并通过 SW10 开关打开目标板的电源。

（4）在 SDK 主界面的主菜单下，选择 Xilinx Tools→Program FPGA，准备将程序和硬件比特流下载到 FPGA 中。

（5）出现"Program FPGA"对话框，在该对话框下给出了需要下载的比特流文件的路径。

（6）单击"Program"按钮。

（7）出现"Progress Information"（进程信息）对话框，表示当前正在将比特流文件下载到 Z7 - EDP - 1 开发平台上的 xc7z020clg484 SoC 器件中。

（8）等待将比特流文件成功下载到 xc7z020clg484 SoC 器件内。

18.6.3 运行应用工程

本小节将介绍如何在 Z7 - EDP - 1 硬件开发平台上运行应用工程。为了在 xc7z020clg484 SoC 上正确运行程序，以及在 SDK 设计环境下观察运行的结果，需要对运行环境进行配置。

（1）找到并单击 SDK 主界面下方的"SDK Terminal"标签，单击该标签右侧的 按钮。

（2）出现"Connect to serial port"对话框。在该对话框中，选择正确的串口端口和参数。

（3）单击"OK"按钮，退出该对话框。

（4）在 SDK 主界面左侧的"Project Explorer"窗口下，选中 vga_shifter_ip_call 文件夹，单击鼠标右键，出现浮动菜单。在浮动菜单内，选择 Run As→Launch on Hardware（GDB）。

（5）在 SDK 主界面下方的"SDK Terminal"标签页下显示测试信息，如图 18.21 所示。输入相应的提示信息，观察外接 VGA 显示器和 Z7 - EDP - 1 板上 LED 灯的变化。

```
############## main menu ###################
  Press '1' will select control VGA display
  Press '2' will select control shifter
  Press '3' will exit program
################ end menu ###################
2
Enter Shifter Control Mode
@@@@@@@@@@@@@@@@@@@@@@@@@@@@@@@@@@@@@@@@@@@@
         shifter Control Menu
  Press '1' will select   left shift
  Press '2' will select   right shift
  Press '3' will select   turn on  led
  press '4' will select   toggle all led on or off
@@@@@@@@@@@@@@@@@@@@@@@@@@@@@@@@@@@@@@@@@@@@
```

图 18.21 "SDK Terminal"标签页

第19章 Zynq-7000 AXI HP 数据传输原理及实现

本章将介绍在 Vivado 中使用 AXI DMA 实现高性能数据传输的方法。内容包括设计原理、构建硬件系统,以及建立和验证软件工程。

通过本章内容的学习,读者将掌握 AXI HP 高性能接口的使用方法,以及 AXI DMA IP 核的原理,这些内容对读者构建高性能数据传输系统非常重要。

19.1 设计原理

通过 DMA 模式和 DMA 引擎,在系统内允许实现高性能的数据传输。通过最简单的 DMA 方式,读者可以将数据从存储器的一个空间搬移到存储器的另一个空间。然而,一个 DMA 引擎可以用于将"生产者"(如 ADC)的任何数据传输到存储器,或者将存储器中的数据传输到任何"消费者"(如 DAC)。

在该设计中,使用 DMA 将存储器中的数据传输到一个 IP 块,然后再返回到存储器中。在实际情况中,IP 块可以是任何类型的生产者或消费者,如 ADC/DAC FMC。在本设计中,使用最简单的 FIFO 来创建一个环路。在学习本章内容后,读者可以断开环路,然后插入任何定制的 IP 块。

该设计的结构如图 19.1 所示。在 Zynq-7000 SoC 的 PS 中,包含处理器和 DDR 存储器控制器。在 Zynq-7000 SoC 的 PL 中,实现 AXI DMA 和 AXI 数据 FIFO。通过 AXI-Lite 总线,处理器与 AXI DMA 通信,用于建立、初始化和监控数据传输。

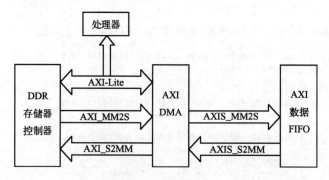

图 19.1 系统结构

在该设计中,AXI_MM2S 和 AXI_S2MM 是存储器映射的 AXI4 总线,提供了对 DDR 存储器的 DMA 访问。AXIS_MM2S 和 AXIS_S2MM 是 AXI4 Stream 总线,它可以连续地传

输数据，而不需要提供地址信息。

> **注**：（1）MM2S 表示 Memory - Mapped to Streaming，而 S2MM 表示 Stream to Memory - Mapped。
> （2）当使用分散 - 聚集（Scatter - Gather）模式时，在 DMA 和存储器控制器之间有一个额外的 AXI 总线。为了简化，在图中没有表示出来。

19.2 构建硬件系统

本节将在 Vivado 2015.4 集成开发环境中构建硬件系统。内容包括打开工程和修改设置、添加并连接 AXI DMA IP 核、添加并连接 FIFO IP 核、连接 DMA 中断到 PS。

19.2.1 打开工程和修改设置

本小节将介绍如何打开前面的工程，并修改相应的设置。

（1）在\zynq_example 目录下，新建一个名字为"axi_dma"的目录，并且将 lab1 目录下的所有文件复制到 axi_dma 目录下。

（2）启动 Vivado 集成开发环境。

（3）在 Vivado 主界面的"Quick Start"标题栏下，单击"Open Project"图标。

（4）出现"Open Project"对话框，定位到下面的路径。

    E：\zynq_example\axi_dma

在该路径下，选择并双击 lab1.xpr，打开前面的设计工程。

（5）在 Vivado 主界面左侧的"Flow Navigator"窗口中，找到并展开 IP Integrator。在展开项中，找到并单击 Open Block Design，打开设计块图。

（6）双击设计界面中名字为"processing_system7_0"的 IP 块图符号，打开 ZYNQ7 配置界面。

（7）在所打开的配置界面的左侧，找到并单击 Zynq Block Design。在其右侧窗口中可以看到 ZYNQ7 内部块图的构成。在块图界面中，找到并用鼠标左键单击名字为"32b GP AXI Master Ports"的符号块。

（8）弹出"Re - customize IP"对话框。找到并展开 GP Master AXI Interface。在展开项中，找到并选中"M AXI GP0 interface"后面的复选框。

（9）在该界面右侧的窗口中，找到并展开 General。在展开项中，选中"FCLK_RESET0_N"后面的复选框。

（10）在该界面左侧的窗口中，选择 Clock Configuration，在右侧窗口中，找到并展开 PL Fabric Clock。在展开项中，找到并选中"FCLK_CLK0"前面的复选框。

> **注**：FCLK_CLK0 的默认时钟频率为 100MHz。

（11）单击"OK"按钮，退出 ZYNQ7 配置界面。

注：可以看到名字为"processing_system7_0"的 IP 块图符号新添加了 M_AXI_GP0 接口，新添加了 M_AXI_GP0_ACLK、FCLK_CLK0 和 FCLK_RESET0_N 端口。

19.2.2 添加并连接 AXI DMA IP 核

本小节将介绍添加和连接 AXI DMA IP 核的方法。

（1）在块图设计界面左侧的一列工具栏中找到并单击 按钮。

（2）出现查找 IP 对话框。在"Search"文本框中输入 axi dma，如图 19.2 所示，在下方列出了与输入关键字相关的 IP 核。在给出可用的 IP 核中，找到并选中 AXI Direct Memory Access，并用鼠标单击该条项，将其自动添加到当前的块图设计界面中。

图 19.2 搜索 AXI DMA IP 核

（3）单击"Diagram"窗口上方的 Run Connection Automation，让系统自动连接设计中的 IP。

（4）出现"Run Connection Automation"对话框。

（5）单击"OK"按钮。

（6）单击 按钮，重新绘制系统布局，如图 19.3 所示。

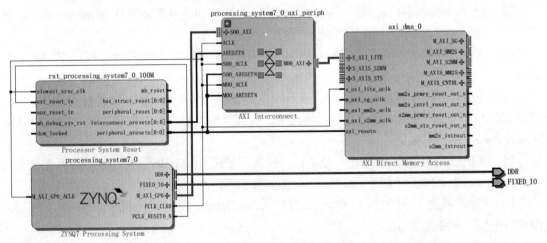

图 19.3 自动连接 IP 核后的界面（1）

（7）下面准备将 DMA 的 AXI 总线 M_AXI_SG、M_AXI_MM2S 和 M_AXI_S2MM 连接到 Zynq-7000 SoC 内 PS 一侧的高性能 AXI 从接口。为了进行连接，需要再次修改 ZYNQ 的配置。双击设计界面中名字为"processing_system7_0"的 IP 块图符号，打开 ZYNQ7 配

第 19 章 Zynq - 7000 AXI HP 数据传输原理及实现

置界面。

（8）在 ZYNQ 配置界面的左侧窗口中，选择 PS - PL Configuration。在右侧窗口中，找到并展开 HP Slave AXI Interface。在展开项中，找到并选择"S AXI HP0 interface"后面的复选框，如图 19.4 所示。

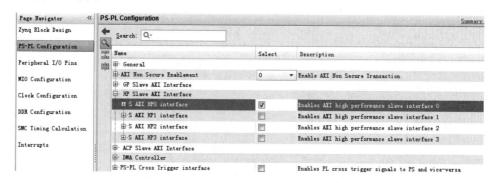

图 19.4 再次修改 ZYNQ 配置界面

（9）单击"OK"按钮，退出 ZYNQ 配置界面。

> **注**：读者可以看到在 ZYNQ 块图符号中新添加了 S_AXI_HP0_FIFO_CTRL 和 S_AXI_HP0 端口。

（10）单击"Diagram"窗口上方的 Run Connection Automation，让系统进行自动连接。

（11）出现"Run Connection Automation"对话框，如图 19.5 所示。在该对话框左侧的窗口中，默认选中"S_AXI_HP0"前面的复选框。在右侧窗口中，通过下拉框，将 Master 设置为/axi_dma_0/M_AXI_MM2S。

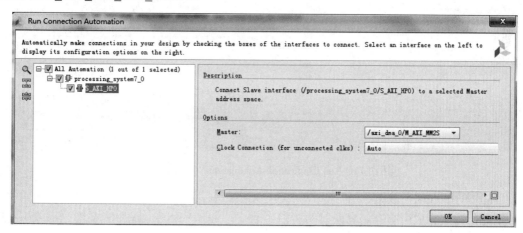

图 19.5 "Run Connection Automation"对话框（1）

（12）单击"OK"按钮。

（13）再次单击"Diagram"窗口上方的 Run Connection Automation，让系统进行自动连接。

（14）出现"Run Connection Automation"对话框，如图 19.6 所示。在对话框左侧的窗口中，选中"M_AXI_SG"前面的复选框。在右侧窗口中，使用默认设置。

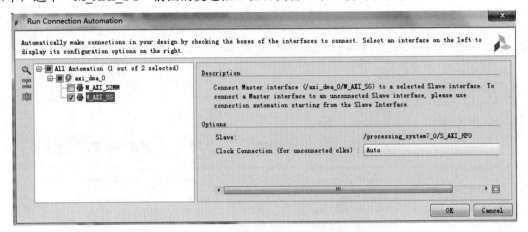

图 19.6 "Run Connection Automation"对话框（2）

（15）单击"OK"按钮。

（16）再次单击"Diagram"窗口上方的 Run Connection Automation，让系统进行自动连接。

（17）出现"Run Connection Automation"对话框，如图 19.7 所示。在左侧窗口默认选中"M_AXI_S2MM"前面的复选框。在右侧窗口中，使用默认设置。

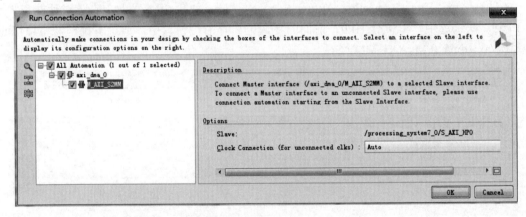

图 19.7 "Run Connection Automation"对话框（3）

（18）单击"OK"按钮。

至此，连接完成所有存储器映射的 AXI 总线。

19.2.3　添加并连接 FIFO IP 核

本小节将介绍添加和连接 FIFO IP 核的方法。

（1）在块图设计界面左侧的一列工具栏中找到并单击 按钮。

（2）出现查找 IP 对话框。在"Search"文本框中输入 FIFO，如图 19.8 所示。在下方列出了与输入关键字相关的 IP 核。在给出可用的 IP 核中，找到并选中 AXI4 - Stream Data FIFO，并用鼠标单击该条目，将其自动添加到当前的块图设计界面中。

图 19.8　搜索 FIFO IP 核

（3）选择名字为"axis_data_fifo_0"的 IP 块图符号上的 S_AXIS 端口，然后按住鼠标左键，一直拖曳到名字为"axi_dma_0"的 IP 块图符号上的 M_AXIS_MM2S 端口，如图 19.9 所示。

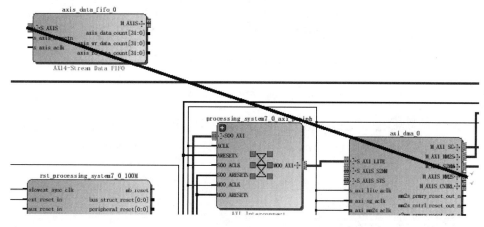

图 19.9　连接 FIFO 和 DMA（1）

（4）选择名字为"axis_data_fifo_0"的 IP 块图符号上的 M_AXIS 端口，然后按住鼠标左键，一直拖曳到名字为"axi_dma_0"的 IP 块图符号上的 S_AXIS_S2 MM 端口，如图 19.10 所示。

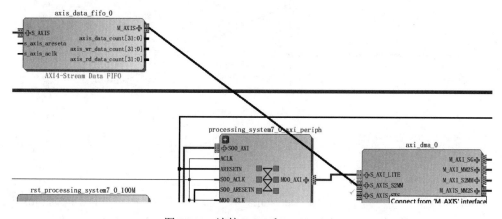

图 19.10　连接 FIFO 和 DMA（2）

(5)选择名字为"axis_data_fifo_0"的 IP 块图符号上的 s_axis_aresetn 端口,然后按住鼠标左键,一直拖曳到名字为"axi_dma_0"的 IP 块图符号上的 axi_resetn 端口,如图 19.11 所示。

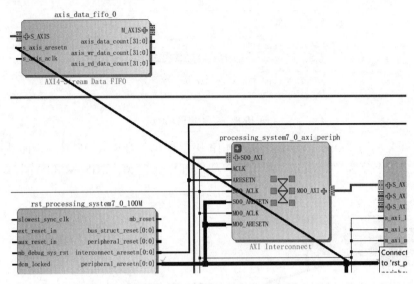

图 19.11　连接 FIFO 和 DMA(3)

(6)选择名字为"axis_data_fifo_0"的 IP 块图符号上的 s_axis_aclk 端口,然后按住鼠标左键,一直拖曳到名字为"axi_dma_0"的 IP 块图符号上的 s_axi_lite_aclk 端口,如图 19.12 所示。

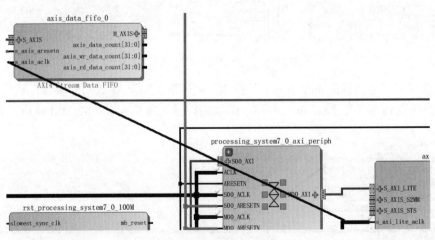

图 19.12　连接 FIFO 和 DMA(4)

注:在该设计中,不需要使用 AXI Stream 的状态和控制端口,因此在该设计中去除该端口。

(7)鼠标双击设计界面中名字为"axi_dma_0"的块图符号,打开"Re - customize IP"对话框,如图 19.13 所示,不选中"Enable Control/Status Stream"前面的复选框。

(8) 单击 "OK" 按钮，退出 AXI DMA IP 配置界面。

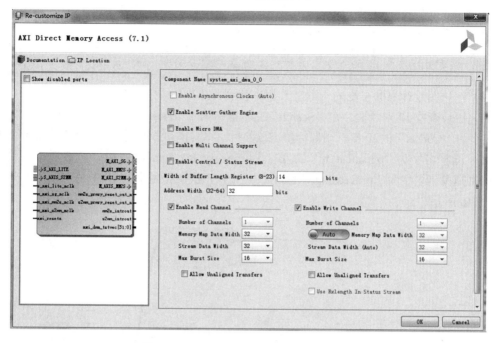

图 19.13 "Re - customize IP" 对话框（1）

19.2.4 连接 DMA 中断到 PS

在本设计中，应用程序将使用轮询模式测试 DMA，但是可以使用中断模式。当使用中断模式时，需要将 DMA IP 核的 mm2s_introut 和 s2mm_introut 连接到 Zynq - 7000 SoC 的 PS 一侧。

（1）双击块图设计界面内的 ZYNQ 块图符号。

（2）出现 "Re - customize IP" 对话框，如图 19.14 所示。在该对话框左侧的窗口中，选择 Interrups 项。在右侧窗口中，选中 "Fabric Interrupts" 前面的复选框，然后展开 Fabric

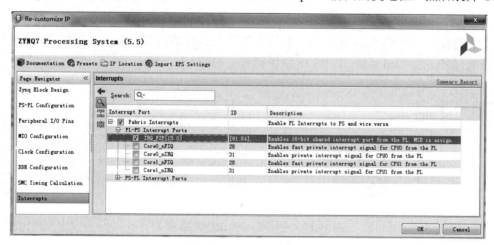

图 19.14 "Re - customize IP" 对话框（2）

Interrupts。在展开项中,找到并展开 PL - PS Interrupt Ports。在展开项中,找到并选中"IRQ_F2P [15∶0]"前面的复选框。

(3)单击"OK"按钮,退出 ZYNQ 配置界面。

注:读者可以看到在 ZYNQ 块图符号上新添加了名字为"IRQ_F2P[0∶0]"的端口。

(4)在块图设计界面左侧的一列工具栏中找到并单击 按钮。

(5)出现查找 IP 对话框。在"Search"文本框中输入 concat,如图 19.15 所示。在下方列出了名字为"Concat"的 IP 核,用鼠标单击该条目,将其自动添加到当前的块图设计界面中。

(6)选择名字为"xlconcat_0"的 IP 块图符号上的 dout[1∶0]端口,然后按住鼠标左键,一直拖曳到名字为"processing_system7_0"的 IP 块图符号上的 IRQ_F2 P [0∶0]端口,如图 19.16 所示。

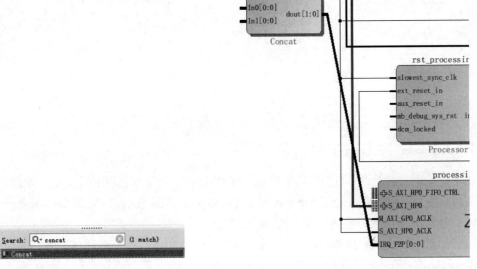

图 19.15 搜索 FIFO IP 核   图 19.16 连接 dout 和 IRQ 界面(1)

(7)选择名字为"xlconcat_0"的 IP 块图符号上的 In0[0∶0]端口,然后按住鼠标左键,一直拖曳到名字为"axi_dma_0"的 IP 块图符号上的 mm2s_introut 端口,如图 19.17 所示。

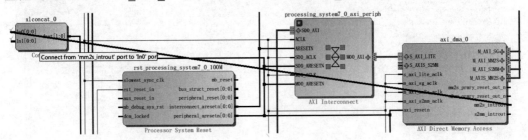

图 19.17 连接 dout 和 IRQ 界面(2)

(8)类似地,选择名字为"xlconcat_0"的 IP 块图符号上的 In1[0∶0]端口,然后按住鼠标左键，一直拖曳到名字为 axi_dma_0 IP 块图符号上的 s2mm_introut 端口，如图 19.18 所示。

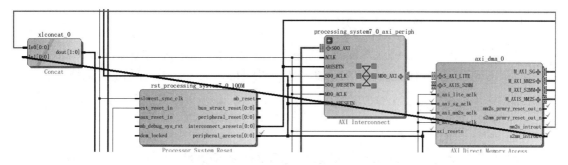

图 19.18　连接 dout 和 IRQ 界面（3）

（9）单击 按钮，重新绘制系统布局，如图 19.19 所示。

思考与练习 19-1：请读者根据图 19.19 说明该系统所实现的功能。

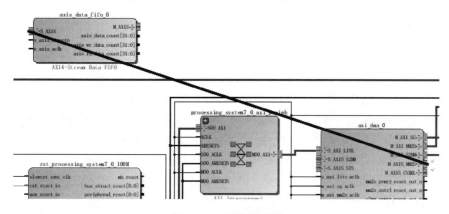

图 19.19　系统结构图

19.2.5　验证和建立设计

本小节将介绍如何对该设计进行验证和建立。

（1）在 Vivado 当前主界面的主菜单下，选择 Tools→Validate Design，或者按"F6"按键，对设计进行验证。

（2）出现"Critical Message"对话框，在该对话框中提示一些端口没有连接。

（3）单击"OK"按钮。

（4）按"Ctrl+S"组合键，保存设计。

（5）在当前 Vivado 主界面左侧的"Flow Navigator"窗口中，找到并展开 Program and Debug 项。在展开项中，单击 Generate Bitstream。Vivado 工具开始自动执行综合、实现和生成比特流的过程。

19.3　建立和验证软件工程

本节将建立和验证软件工程，内容包括导出硬件到 SDK、创建软件应用工程、下载硬件比特流文件到 FPGA 和运行应用工程。

19.3.1 导出硬件到 SDK

（1）在 Vivado 当前工程主界面的主菜单下，选择 File→Export→Export Hardware。

（2）出现"Export Hardware"对话框，选中"Include bitstream"前面的复选框。

> **注**：因为该设计中包含了 Zynq - 7000SoC 内的 PL 部分，因此必须生成比特流文件。

（3）单击"OK"按钮。

（4）出现"Module Already Exported"对话框，提示已经存在导出文件，是否覆盖该文件信息。

（5）单击"Yes"按钮，覆盖前面的导出文件。

（6）在 Vivado 当前工程主界面的主菜单下，选择 File→Launch SDK。

（7）出现"Launch SDK"对话框。

（8）单击"OK"按钮，启动 SDK 工具。

19.3.2 创建软件应用工程

（1）在 SDK 主界面左侧的"Project Explorer"窗口下，按下"Crtl"键和鼠标左键，分别选中 system_wrapper_hw_platform_0 文件夹、hello_world0 文件夹和 hello_world0_bsp 文件夹。单击鼠标右键，出现浮动菜单。在浮动菜单内，选择 Delete。

（2）出现"Delete Resources"对话框，选中"Delete project contents on disk（cannot be undone）"前面的复选框。

（3）单击"OK"按钮。

（4）出现"Delete Resources"对话框。

（5）单击"Continue"按钮。

（6）在 SDK 主界面的主菜单下，选择 File→New→Application Project。

（7）出现"New Project - Application Project"对话框，按下面设置参数。

① Project name：axi_dma_test；

② 其他使用默认设置。

（8）单击"Next"按钮。

（9）出现"New Project：Templates"对话框，在"Available Templates"列表中选择"Empty Application"。

（10）单击"Finish"按钮。

（11）在 SDK 主界面左侧的"Project Explorer"窗口中，找到并展开 axi_dma_test 文件夹。在展开项中，找到并选中 src 子文件夹，并单击鼠标右键，出现浮动菜单。在浮动菜单内，选择 Import。

（12）出现"Import"对话框。找到并展开 General 文件夹。在展开项中，找到并选中 File System。

（13）单击"Next"按钮。

第19章 Zynq-7000 AXI HP 数据传输原理及实现

（14）单击"Browse"按钮，定位到本书所提供资料的下面路径。

zynq_example\source

（15）从右侧窗口中选择 axi_dma.c 文件，如代码清单 19-1 所示。
（16）单击"Finish"按钮。

代码清单 19-1　axi_dma.c 文件

```c
#include "xaxidma.h"
#include "xparameters.h"
#include "xdebug.h"

#if (!defined (DEBUG) )
extern void xil_printf (const char *format, …) ;
#endif

// *******************Constant Definitions ********************************
#define DMA_DEV_ID        XPAR_AXIDMA_0_DEVICE_ID

#define MEM_BASE_ADDR         0x10000000


#define TX_BD_SPACE_BASE (MEM_BASE_ADDR)
#define TX_BD_SPACE_HIGH (MEM_BASE_ADDR + 0x00000FFF)
#define RX_BD_SPACE_BASE (MEM_BASE_ADDR + 0x00001000)
#define RX_BD_SPACE_HIGH (MEM_BASE_ADDR + 0x00001FFF)
#define TX_BUFFER_BASE      (MEM_BASE_ADDR + 0x00100000)
#define RX_BUFFER_BASE      (MEM_BASE_ADDR + 0x00300000)
#define RX_BUFFER_HIGH      (MEM_BASE_ADDR + 0x004FFFFF)

#define MAX_PKT_LEN    0x20

#define TEST_START_VALUE 0xC

/********************Function Prototypes ***************************/
static int RxSetup (XAxiDma * AxiDmaInstPtr) ;
static int TxSetup (XAxiDma * AxiDmaInstPtr) ;
static int SendPacket (XAxiDma * AxiDmaInstPtr) ;
static int CheckData (void) ;
static int CheckDmaResult (XAxiDma * AxiDmaInstPtr) ;

/********************Variable Definitions ***************************/
/ *Device instance definitions* /
XAxiDma AxiDma;
/ *Buffer for transmit packet.Must be 32-bit aligned to be used by DMA.* /
u32 *Packet = (u32 *) TX_BUFFER_BASE;


// *************************************************************************
int main (void)
```

```
    {
        int Status;
        XAxiDma_Config *Config;

        xil_printf ("\r\n---Entering main () ---\r\n") ;
        Config = XAxiDma_LookupConfig (DMA_DEV_ID) ;
        if (! Config) {
            xil_printf (" No config found for % d\r\n", DMA_DEV_ID) ;

            return XST_FAILURE;
        }

        / * Initialize DMA engine * /
        Status = XAxiDma_CfgInitialize (&AxiDma, Config) ;
        if (Status ! = XST_SUCCESS) {
            xil_printf (" Initialization failed % d\r\n", Status) ;
            return XST_FAILURE;
        }

        if (! XAxiDma_HasSg (&AxiDma) ) {
            xil_printf (" Device configured as Simple mode\r\n") ;

            return XST_FAILURE;
        }

        Status = TxSetup (&AxiDma) ;
        if (Status ! = XST_SUCCESS)
            { return XST_FAILURE;
        }

        Status = RxSetup (&AxiDma) ;
        if (Status ! = XST_SUCCESS)
            { return XST_FAILURE;
    }

        / * Send a packet * /
        Status = SendPacket (&AxiDma) ;
        if (Status ! = XST_SUCCESS)
            { return XST_FAILURE;
        }

        / * Check DMA transfer result * /
        Status = CheckDmaResult (&AxiDma) ;

        xil_printf (" AXI DMA SG Polling Test % s\r\n",   (Status = = XST_SUCCESS) ? " passed" :" failed") ;
        xil_printf ("---Exiting main () ---\r\n") ;

        if (Status ! = XST_SUCCESS)
```

```
        { return XST_FAILURE;
    }

    return XST_SUCCESS;
}

/****************************************************************************/
/ * This function sets up RX channel of the DMA engine to be ready for packet reception
****************************************************************************/
static int RxSetup (XAxiDma * AxiDmaInstPtr)
{
    XAxiDma_BdRing *RxRingPtr;
    int Delay = 0;
    int Coalesce = 1;
    int Status;
    XAxiDma_Bd BdTemplate;
    XAxiDma_Bd *BdPtr;
    XAxiDma_Bd *BdCurPtr;
    u32 BdCount;
    u32 FreeBdCount;
    u32 RxBufferPtr;
    int Index;
    RxRingPtr = XAxiDma_GetRxRing (&AxiDma) ;
    / * Disable all RX interrupts before RxBD space setup * /
    XAxiDma_BdRingIntDisable (RxRingPtr, XAXIDMA_IRQ_ALL_MASK) ;
    / * Set delay and coalescing * /
    XAxiDma_BdRingSetCoalesce (RxRingPtr, Coalesce, Delay) ;
    / *Setup Rx BD space* /
    BdCount = XAxiDma_BdRingCntCalc (XAXIDMA_BD_MINIMUM_ALIGNMENT,
            RX_BD_SPACE_HIGH - RX_BD_SPACE_BASE + 1) ;

    Status = XAxiDma_BdRingCreate (RxRingPtr, RX_BD_SPACE_BASE,
            RX_BD_SPACE_BASE,
            XAXIDMA_BD_MINIMUM_ALIGNMENT, BdCount) ;

    if (Status ! = XST_SUCCESS) {
        xil_printf (" RX create BD ring failed % d\r\n", Status) ;

        return XST_FAILURE;
    }

    / *Setup an all - zero BD as the template for the Rx channel.* /
    XAxiDma_BdClear (&BdTemplate) ;

    Status = XAxiDma_BdRingClone (RxRingPtr, &BdTemplate) ;
    if (Status ! = XST_SUCCESS) {
        xil_printf (" RX clone BD failed % d\r\n", Status) ;
        return XST_FAILURE;
    }
```

```
/* Attach buffers to RxBD ring so we are ready to receive packets */

FreeBdCount = XAxiDma_BdRingGetFreeCnt (RxRingPtr);

Status = XAxiDma_BdRingAlloc (RxRingPtr, FreeBdCount, &BdPtr);
if (Status ! = XST_SUCCESS) {
    xil_printf (" RX alloc BD failed % d\r\n", Status);

    return XST_FAILURE;
}

BdCurPtr = BdPtr;
RxBufferPtr = RX_BUFFER_BASE;
for (Index = 0; Index < FreeBdCount; Index + +) {
    Status = XAxiDma_BdSetBufAddr (BdCurPtr, RxBufferPtr);

    if (Status ! = XST_SUCCESS) {
        xil_printf (" Set buffer addr % x on BD % x failed % d\r\n",
            (unsigned int) RxBufferPtr,
            (unsigned int) BdCurPtr, Status);

        return XST_FAILURE;
    }

    Status = XAxiDma_BdSetLength (BdCurPtr, MAX_PKT_LEN,
        RxRingPtr-> MaxTransferLen);
    if (Status ! = XST_SUCCESS) {
        xil_printf (" Rx set length % d on BD % x failed % d\r\n",
            MAX_PKT_LEN,    (unsigned int) BdCurPtr, Status);
        return XST_FAILURE;
    }

    /* Receive BDs do not need to set anything for the control
     * The hardware will set the SOF/EOF bits per stream status
     */
    XAxiDma_BdSetCtrl (BdCurPtr, 0);
    XAxiDma_BdSetId (BdCurPtr, RxBufferPtr);

    RxBufferPtr + = MAX_PKT_LEN;
    BdCurPtr = XAxiDma_BdRingNext (RxRingPtr, BdCurPtr);
}

/* Clear the receive buffer, so we can verify data*/
memset ( (void *) RX_BUFFER_BASE, 0, MAX_PKT_LEN);

Status = XAxiDma_BdRingToHw (RxRingPtr, FreeBdCount, BdPtr);
if (Status ! = XST_SUCCESS) {
    xil_printf (" RX submit hw failed % d\r\n", Status);
```

```
            return XST_FAILURE;
    }

    /* Start RX DMA channel */
    Status = XAxiDma_BdRingStart (RxRingPtr);
    if (Status != XST_SUCCESS) {
        xil_printf (" RX start hw failed % d\r\n", Status);
        return XST_FAILURE;
    }

    return XST_SUCCESS;
}

/***************************************************************************/
/* This function sets up the TX channel of a DMA engine to be ready for packet transmission
***************************************************************************/
static int TxSetup (XAxiDma * AxiDmaInstPtr)
{
    XAxiDma_BdRing *TxRingPtr;
    XAxiDma_Bd BdTemplate;
    int Delay = 0;
    int Coalesce = 1;
    int Status;
    u32 BdCount;

    TxRingPtr = XAxiDma_GetTxRing (&AxiDma);
    /* Disable all TX interrupts before TxBD space setup */
    XAxiDma_BdRingIntDisable (TxRingPtr, XAXIDMA_IRQ_ALL_MASK);
    /* Set TX delay and coalesce */
    XAxiDma_BdRingSetCoalesce (TxRingPtr, Coalesce, Delay);
    /* Setup TxBD space */
    BdCount = XAxiDma_BdRingCntCalc (XAXIDMA_BD_MINIMUM_ALIGNMENT, T
                X_BD_SPACE_HIGH - TX_BD_SPACE_BASE + 1);

    Status = XAxiDma_BdRingCreate (TxRingPtr, TX_BD_SPACE_BASE,
                TX_BD_SPACE_BASE,
                XAXIDMA_BD_MINIMUM_ALIGNMENT, BdCount);
    if (Status != XST_SUCCESS) {
        xil_printf (" failed create BD ring in txsetup\r\n");
        return XST_FAILURE;
    }

    /* We create an all - zero BD as the template.*/
    XAxiDma_BdClear (&BdTemplate);

    Status = XAxiDma_BdRingClone (TxRingPtr, &BdTemplate);
    if (Status != XST_SUCCESS) {
        xil_printf (" failed bdring clone in txsetup % d\r\n", Status);
        return XST_FAILURE;
```

```
    }

    /* Start the TX channel */
    Status = XAxiDma_BdRingStart (TxRingPtr);
    if (Status != XST_SUCCESS) {
        xil_printf (" failed start bdring txsetup % d\r\n", Status);
        return XST_FAILURE;
    }

    return XST_SUCCESS;
}

/*****************************************************************************/
/*This function transmits one packet non - blockingly through the DMA engine.
*****************************************************************************/
static int SendPacket (XAxiDma * AxiDmaInstPtr)
{
    XAxiDma_BdRing *TxRingPtr;
    u8 *TxPacket;
    u8 Value;
    XAxiDma_Bd *BdPtr;
    int Status;
    int Index;

    TxRingPtr = XAxiDma_GetTxRing (AxiDmaInstPtr);
    /* Create pattern in the packet to transmit */
    TxPacket = (u8 *) Packet;
    Value = TEST_START_VALUE;
    for (Index = 0; Index < MAX_PKT_LEN; Index ++)
        { TxPacket [ Index] = Value;
        Value = (Value + 1) & 0xFF;
    }

    /* Flush the SrcBuffer before the DMA transfer, in case the Data Cache is enabled */
    Xil_DCacheFlushRange ( (u32) TxPacket, MAX_PKT_LEN);

    /* Allocate a BD */
    Status = XAxiDma_BdRingAlloc (TxRingPtr, 1, &BdPtr);
    if (Status != XST_SUCCESS) {
        return XST_FAILURE;
    }

    /* Set up the BD using the information of the packet to transmit */
    Status = XAxiDma_BdSetBufAddr (BdPtr,    (u32) Packet);
        if (Status != XST_SUCCESS) {
        xil_printf (" Tx set buffer addr % x on BD % x failed % d\r\n",
            (unsigned int) Packet,    (unsigned int) BdPtr, Status);
        return XST_FAILURE;
    }
```

```
            Status = XAxiDma_BdSetLength (BdPtr, MAX_PKT_LEN, TxRingPtr-> MaxTransferLen) ;
            if (Status ! = XST_SUCCESS) {
                xil_printf (" Tx set length % d on BD % x failed % d\r\n",
                    MAX_PKT_LEN,    (unsigned int) BdPtr, Status) ;
                return XST_FAILURE;
            }

#if (XPAR_AXIDMA_0_SG_INCLUDE_STSCNTRL_STRM = = 1)
            Status = XAxiDma_BdSetAppWord (BdPtr,
                XAXIDMA_LAST_APPWORD, MAX_PKT_LEN) ;
            / * If Set app length failed, it is not fatal* /
            if (Status ! = XST_SUCCESS) {
                xil_printf (" Set app word failed with % d\r\n", Status) ;
            }
#endif

            / * For single packet, both SOF and EOF are to be set* /
            XAxiDma_BdSetCtrl (BdPtr, XAXIDMA_BD_CTRL_TXEOF_MASK
                                XAXIDMA_BD_CTRL_TXSOF_MASK) ;

            XAxiDma_BdSetId (BdPtr,    (u32) Packet) ;

            / * Give the BD to DMA to kick off the transmission.* /
            Status = XAxiDma_BdRingToHw (TxRingPtr, 1, BdPtr) ;
            if (Status ! = XST_SUCCESS) {
                xil_printf (" to hw failed % d\r\n", Status) ;
                return XST_FAILURE;
            }
            return XST_SUCCESS;
}

/ **************************************************************************/
/ * This function checks data buffer after the DMA transfer is finished.
 ***************************************************************************/
static int CheckData (void)
{
    u8 *RxPacket;
    int Index = 0;
    u8 Value;
    RxPacket = (u8 *) RX_BUFFER_BASE;
    Value = TEST_START_VALUE;
    / * Invalidate the DestBuffer before receiving the data, in case the Data Cache is enabled* /
    Xil_DCacheInvalidateRange ( (u32) RxPacket, MAX_PKT_LEN) ;
    for (Index = 0; Index < MAX_PKT_LEN; Index + +)
        { if (RxPacket [ Index] ! = Value) {
            xil_printf (" Data error % d:% x/% x\r\n",
                Index,    (unsigned int) RxPacket [ Index] ,
                (unsigned int) Value) ;
            return XST_FAILURE;
```

```c
            }
            Value = (Value + 1) & 0xFF;
        }

        return XST_SUCCESS;
    }

    /**************************************************************************/
    /*This function waits until the DMA transaction is finished, checks data, and cleans up.
    ***************************************************************************/
    static int CheckDmaResult (XAxiDma * AxiDmaInstPtr)
    {
        XAxiDma_BdRing *TxRingPtr;
        XAxiDma_BdRing *RxRingPtr;
        XAxiDma_Bd *BdPtr;
        int ProcessedBdCount;
        int FreeBdCount;
        int Status;

        TxRingPtr = XAxiDma_GetTxRing (AxiDmaInstPtr) ;
        RxRingPtr = XAxiDma_GetRxRing (AxiDmaInstPtr) ;

        /* Wait until the one BD TX transaction is done */
        while ( (ProcessedBdCount = XAxiDma_BdRingFromHw (TxRingPtr, XAXIDMA_ALL_BDS, &BdPtr) )
            == 0)
        {}

        /* Free all processed TX BDs for future transmission */
        Status = XAxiDma_BdRingFree (TxRingPtr, ProcessedBdCount, BdPtr) ;
        if (Status ! = XST_SUCCESS) {
            xil_printf (" Failed to free % d tx BDs % d\r\n",
                ProcessedBdCount, Status) ;
            return XST_FAILURE;
        }
        /* Wait until the data has been received by the Rx channel */
        while ((ProcessedBdCount = XAxiDma_BdRingFromHw (RxRingPtr, XAXIDMA_ALL_BDS, &BdPtr) )
            == 0) {}
        /* Check received data */
        if (CheckData () ! = XST_SUCCESS)
            { return XST_FAILURE;
        }

        /* Free all processed RX BDs for future transmission */
        Status = XAxiDma_BdRingFree (RxRingPtr, ProcessedBdCount, BdPtr) ;
        if (Status ! = XST_SUCCESS) {
            xil_printf (" Failed to free % d rx BDs % d\r\n",
                ProcessedBdCount, Status) ;
            return XST_FAILURE;
        }
```

```
/* Return processed BDs to RX channel so we are ready to receive new packets:
 *   -Allocate all free RX BDs
 *   -Pass the BDs to RX channel
 */
FreeBdCount = XAxiDma_BdRingGetFreeCnt (RxRingPtr) ;
Status = XAxiDma_BdRingAlloc (RxRingPtr, FreeBdCount, &BdPtr) ;
if (Status ! = XST_SUCCESS) {
    xil_printf (" bd alloc failed\r\n") ;
    return XST_FAILURE;
}

Status = XAxiDma_BdRingToHw (RxRingPtr, FreeBdCount, BdPtr) ;
if (Status ! = XST_SUCCESS) {
    xil_printf (" Submit % d rx BDs failed % d\r\n", FreeBdCount, Status) ;
    return XST_FAILURE;
}

return XST_SUCCESS;
}
```

思考与练习 19 - 2：请读者分析上面代码所实现的功能。

19.3.3 下载硬件比特流文件到 FPGA

本小节将介绍如何将比特流文件下载到 Z7 - EDP - 1 开发平台上。

（1）通过 USB 电缆将 Z7 - EDP - 1 开发平台上名字为 "J13" 的 Mini USB 接口（该接口提供了 UART - USB 的转换）与用于当前设计的电脑的一个 USB 接口连接（需要事先安装 UART - USB 的软件驱动程序）。

（2）通过 USB 电缆将 Z7 - EDP - 1 板名字为 "J12" 的 Mini USB 接口（该接口提供了 JTAG - USB 的转换）与用于当前设计的电脑的另一个 USB 接口连接（电脑自动扫描并安装驱动程序）。

（3）外接+5V 电源插到 Z7 - EDP - 1 板子的 J6 接口上，并通过 SW10 开关打开目标板的电源。

（4）在 SDK 主界面的主菜单下，选择 Xilinx Tools→Program FPGA，准备将程序和硬件比特流下载到 FPGA 中。

（5）出现 "Program FPGA" 对话框，在该对话框下给出了需要下载的比特流文件的路径。

（6）单击 "Program" 按钮。

（7）出现 "Progress Information"（进程信息）对话框，表示当前正在将比特流文件下载到 Z7 - EDP - 1 开发平台上的 xc7z020clg484 SoC 器件中。

（8）等待将比特流文件成功下载到 xc7z020clg484 SoC 器件内。

19.3.4 运行应用工程

本小节将介绍如何在 Z7 - EDP - 1 硬件开发平台上运行应用工程。为了在 xc7z020clg484

SoC上正确运行程序,以及在SDK设计环境下观察运行的结果,需要对运行环境进行配置。

(1) 找到并单击SDK主界面下方的"SDK Terminal"标签,单击该标签右侧的 按钮。

(2) 出现"Connect to serial port"对话框,选择正确的串口端口和参数。

(3) 单击"OK"按钮,退出该对话框。

(4) 在SDK主界面左侧的"Project Explorer"窗口下,选中axi_dma_test,单击鼠标右键,出现浮动菜单。在浮动菜单内,选择Run As→Launch on Hardware(GDB)。

(5) 在SDK主界面下方的"SDK Terminal"标签页下显示测试信息。

思考与练习19-3:读者通过在SDK主界面的主菜单下,选择Run→Debug,打开SDK调试器界面,然后通过在SDK主界面的主菜单下,选择Window→Show View→Memory,添加"Memory"界面,通过该界面观察通过DMA所搬移的数据是否一致。

第20章 Zynq-7000 ACP 数据传输原理及实现

本章将使用 Zynq-7000 所集成的 ACP 从端口，通过 DMA 数据传输方式，实现数据的高性能传输。

通过本章的设计实例，理解 ACP 从端口的工作原理，并能使用 ACP 实现 PS OCM 存储器和 PS 外的存储器之间的高性能数据传输。

20.1 设计原理

该设计分配了一个 8KB 的块存储器 BRAM，该 BRAM 通过 M_AXI_GP0 连接到 CPU 上。通过 CDMA 也可以访问相同的 BRAM。Zynq-7000 SoC 内的 Cortex-A9 处理器初始化片内 PL 一侧的 BRAM。通过 ACP 端口及简单模式下的 CDMA 控制器，将数据从 PL 一侧的 BRAM 传输到 PS 一侧的 OCM。

在数据传输的过程中，保持缓存一致性。当数据传输过程结束时，Cortex-A9 处理器就可以看到更新过的 OCM 的内容，此时无须进行缓存无效或刷新缓存的操作。

20.2 打开前面的设计工程

本节将介绍如何在第 7 章所创建的工程基础上实现该设计。

（1）在 E：\zynq_example 的目录下，创建一个名字为"acp"的子目录。
（2）将 E：\zynq_example\lab1 目录下的所有文件复制到 E：\zynq_example\acp 目录下。
（3）打开 Vivado 2015.4 集成开发环境。
（4）定位到 E：\zynq_example\acp 子目录，打开名字为"lab1.xpr"的工程。

> 注：读者可以根据自己的实际情况，选择路径和命名文件夹。

20.3 配置 PS 端口

本节将介绍如何配置 PS 端口，包括配置 PS 32 位 GP AXI 主端口及配置 PS ACP 从端口。
（1）在 Vivado 主界面左侧的"Flow Navigator"窗口中，找到并展开 IP Integrator。在展开项中，找到并单击 Open Block Design。
（2）在 Vivado 右侧窗口中，出现"Diagram"窗口。在该窗口中，出现 ZYNQ7

Processing System 块图符号。

（3）双击该块图符号，打开"Re‐customize IP"对话框。

（4）在该对话框左侧的"Page Navigator"窗口中，找到并单击 PS‐PL Configuration。在右侧"PS‐PL Configuration"窗口中进行设置，如图20.1所示。

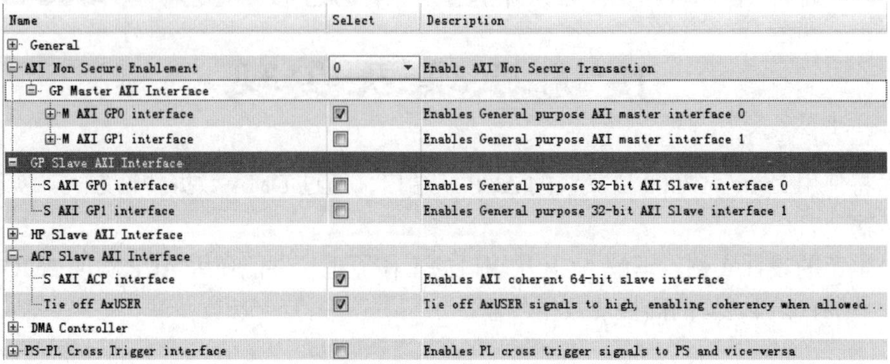

图 20.1　端口配置

① 找到并展开 AXI Non Secure Enablement。在展开项中，找到并展开 GP Master AXI Interface。在展开项中，选中"M AXI GP0 interface"后面的复选框。

② 找到并展开 ACP Slave AXI Interface。在展开项中，分别选中"S AXI ACP interface"后面的复选框及"Tie off AxUSER"后面的复选框。

③ 找到并展开 General。在展开项中，找到并展开 Enable Clock Resets。在展开项中，找到并选中"FCLK_RESET0_N"后面的复选框。

④ 找到并展开 General。在展开项中，找到并展开 Address Editor。在展开项中，找到并选中"Allow access to High OCM"后面的复选框，如图20.2所示。

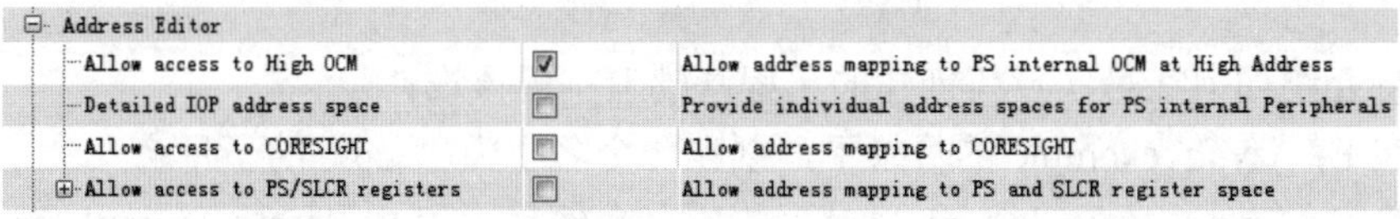

图 20.2　额外配置

注：这个选项特别重要，请读者务必注意。

（5）在"Re‐customize IP"对话框左侧的"Page Navigator"窗口中，找到并单击 Clock Configuration。在右侧窗口中，找到并展开 PL Fabric Clocks。在展开项中，找到并选择"FCLK_CLK0"前面的复选框。

（6）单击"OK"按钮，退出"Re‐customize IP"对话框。

20.4　添加并连接 IP 到设计

本节将介绍如何添加 BRAM 控制器 IP、BRAM IP 和 CDMA IP 到设计中，并将这些添加的 IP 连接到设计中。

20.4.1 添加 IP 到设计

本小节将介绍如何添加 IP 到设计中，并修改所添加 IP 的属性设置。

（1）单击 按钮，弹出查找 IP 对话框。在"Search"文本框中输入 axi bram，在下面的窗口中出现 AXI BRAM Controller。双击该条目，将名字为"axi_bram_ctrl_0"的 IP 核添加到"Diagram"窗口中。

（2）双击名字为"axi_bram_ctrl_0"的块图符号。

（3）出现"Re - customize IP"对话框。在"BRAM Options"标题栏下，通过下拉框将 Number of BRAM interfaces 设置为 1。

（4）单击"OK"按钮，退出"Re - customize IP"对话框。

（5）在该块图所对应的"Block Properties"对话框中，在"Name"文本框中输入 axi_bram_ctrl_acp_cpu，将该 IP 的例化名字改为 axi_bram_ctrl_acp_cpu。

（6）按照前面的方法，再添加一个 AXI BRAM Controller，并修改其属性和前一个 IP 的属性一致。

（7）将该 IP 的例化名字修改为 axi_bram_ctrl_acp_dma。

（8）单击 按钮，弹出查找 IP 对话框。在"Search"文本框中输入 bram，在下面的窗口中选择并双击 Block Memory Generator，将名字为"blk_mem_gen_0"的 IP 核添加到"Diagram"窗口中。

（9）双击名字为"blk_mem_gen_0"的块图符号。

（10）出现"Re - customize IP"对话框，通过下拉框将 Memory Type 设置为 True Dual Port RAM。

（11）单击"OK"按钮，退出"Re - customize IP"对话框。

（12）将该 IP 的名字修改为 axi_bram_ctrl_acp。

（13）单击 按钮，弹出查找 IP 对话框。在"Search"文本框中输入 central，在下面的窗口中选择并双击 AXI Central Direct Memory Access，将名字为"axi_cdma_0"的 IP 核添加到"Diagram"窗口中。

（14）双击名字为 axi_cdma_0 的块图符号。

（15）打开"Re - customize IP"对话框，取消勾选"Enable Scatter Gather"前面的复选框，表示不使用 CDMA 的分散—聚集方式。

20.4.2 系统连接

本小节将介绍如何将所添加的 IP 连接到系统中构成完整的设计。

（1）在"Diagram"窗口的上方找到并单击 Run Connection Automation。

（2）出现"Run Connection Automation"对话框，如图 20.3 所示。在该对话框中按如下设置参数。

① 选中 axi_bram_ctrl_acp_cpu 下面"BRAM_PORTA"前面的复选框。

② 选中 axi_bram_ctrl_acp_cpu 下面"S_AXI"前面的复选框。

③ 选中 axi_bram_ctrl_acp_dma 下面 "BRAM_PORTA" 前面的复选框。

④ 选中 axi_bram_ctrl_acp_dma 下面 "S_AXI" 前面的复选框，同时在右侧窗口中，通过下拉框将 Master 设置为/axi_cdma_0/M_AXI。

⑤ 选中 ax_cdma_0 下面 "S_AXI_LITE" 前面的复选框。

⑥ 选中 processing_system7_0 下面 "S_AXI_ACP" 前面的复选框。

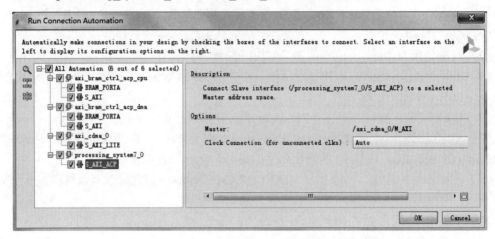

图 20.3 "Run Connection Automation" 对话框

（3）单击 "OK" 按钮，退出 "Run Connection Automation" 对话框。

（4）Vivado 集成开发工具开始自动连接系统。

（5）当 Vivado 自动完成系统连接后，在 "Diagram" 窗口左侧的一列工具栏中找到并单击 按钮，重新绘制设计布局，如图 20.4 所示。

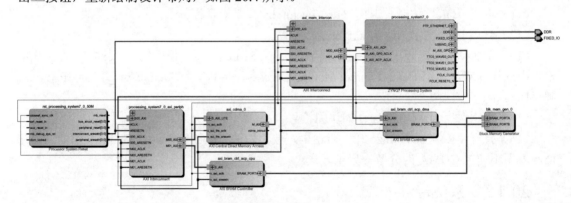

图 20.4 连接完成后的系统界面

思考与练习 20-1：根据图 20.4，说明系统的实现原理。

20.4.3 分配地址空间

本小节将介绍如何查看并手工分配地址空间。

（1）在块图设计界面中，单击 "Address Editor" 标签。

（2）在该标签页下，找到并展开 axi_cdma_0。在展开项中，找到并展开 Excluded Address Segments。在展开项中，可以看到包含 ACP_IOP 和 ACP_M_AXI_GP0。单击鼠标左键并按下"Ctrl"按键，同时选中这两个地址空间，然后单击鼠标右键，出现浮动菜单。在浮动菜单内，选择 Unmap Segment。

（3）在 axi_cdma_0 展开项中，找到并通过下拉框为 axi_bram_ctrl_acp_dma 分配 Offset Address，其值为 0x8000_0000（默认 Range 为 8K）。

（4）找到并展开 Data。在展开项中，找到并通过下拉框为 axi_bram_ctrl_acp_cpu 分配 Offset Address，其值为 0x7000_0000。（默认 Range 为 8K）。

（5）系统地址空间分配，如图 20.5 所示。

图 20.5　所分配的地址空间

（6）再次切换到"Diagram"窗口。在该窗口内，按"F6"键，Vivado 集成开发环境将的对设计的有效性进行检查。

（7）在 Vivado 主界面的"Sources"标签页中，找到并选中 system.bd 文件，单击鼠标右键，出现浮动菜单。在浮动菜单内，选择 Generate Output Products…。

（8）出现"Generate Output Products"对话框，使用默认设置。

（9）单击"Generate"按钮。

（10）再次选中 system.bd 文件，单击鼠标右键，出现浮动菜单。在浮动菜单内，选择 Create HDL Wrapper…。

（11）出现"Create HDL Wrapper"对话框。在该对话框中，使用默认设置，即选中"Let Vivado manage wrapper and auto - update"前面的复选框。

（12）单击"OK"按钮。

（13）在 Vivado 主界面左侧的"Flow Navigator"窗口中，找到并展开 Program and Debug。在展开项中，单击 Generate Bitstream。Vivado 集成开发环境将自动执行综合、实现和生成比特流的过程。

（14）在 Vivado 主界面的主菜单下，选择 File→Export→Export Hardware…。

（15）出现"Export Hardware"对话框，选中"Include bitstream"前面的复选框。

（16）单击"OK"按钮。

（17）出现"Module Already Exported"对话框，提示已经存在导出的文件，是否覆盖原来的文件信息。

（18）单击"Yes"按钮。

20.5 使用SDK设计和实现应用工程

本节将介绍如何在SDK工具中创建新的设计工程,并对设计进行验证。

20.5.1 创建新的软件应用工程

(1)在Vivado集成开发环境主界面的主菜单下,选择File→Launch SDK。

(2)出现"Launch SDK"对话框。

(3)单击"OK"按钮。

(4)在SDK主界面左侧的"Project Explorer"窗口下,分别选中systm_wrapper_hw_platform_0文件夹、hello_world0_bsp文件夹和hello_world0文件夹。单击鼠标右键,出现浮动菜单。在浮动菜单内,选择Delete。

(5)出现"Delete Resources"对话框,选中"Delete project contents on disk(cannot be undone)"前面的复选框。

(6)单击"OK"按钮。

(7)在SDK主界面的主菜单下,选择File→New→Application Project。

(8)出现"New Project:Application Project"对话框。在该对话框中,按如下设置参数。

① Project name:acp_test_0;

② Language:C;

③ OS Platform:Standalone;

④ 选中"Board Support Package"标题栏右侧"Create New"前面的复选框,默认新创建bsp的名字为acp_test_0_bsp。

(9)单击"Next"按钮。

(10)出现"New Project:Templates"对话框。在该对话框左侧的"Available Templates"列表中选择"Empty Application"。

(11)单击"Finish"按钮。

(12)在SDK主界面左侧的"Project Explorer"窗口下,添加了acp_test_0_bsp和acp_test_0文件夹。在acp_test_0_bsp文件夹下,保存着系统硬件模块需要使用的BSP相关文件。在acp_test_0文件下,无应用程序及相关的文件。

20.5.2 导入应用程序

本小节将介绍如何将本书所提供的软件应用程序代码添加到该设计中,用于验证所构建ACP数据传输系统的正确性。

(1)在SDK主界面左侧的"Project Explorer"窗口中,找到并展开acp_test_0文件夹。在展开项中,找到并选中src,单击鼠标右键,出现浮动菜单。在浮动菜单内,选中Import…。

(2)出现"Import:Select"对话框。在"Select an import source"下面的窗口中选中并展开General文件夹。在展开项中,找到并选择File System。

（3）单击"Next"按钮。
（4）出现"Import：File system"对话框。单击 From directory 右侧的"Browse"按钮。
（5）出现"Import from directory"对话框，定位到下面的路径。

> E：\zynq_example\source

（6）单击"确定"按钮。
（7）在"Import：File system"对话框右侧的窗口中，选中"axi_cdma.c"前面的复选框。
（8）单击"Finish"按钮。
（9）SDK 工具自动对新添加的软件代码进行编译。axi_cdma.c 文件的代码如代码清单 20 - 1 所示。

代码清单 20 - 1　axi_cdma.c 文件

```c
#include <xil_printf.h>
#include <xil_cache.h>
#include <stdlib.h>
#include <stdio.h>
#include <xuartps.h>
#include "xil_mmu.h"

#define CDMA_BASE_ADDR 0x60000000
#define MY_SIZE_BYTE64

/* Write to memory location or register */
#define X_mWriteReg (BASE_ADDRESS,RegOffset,data) \
            *(unsigned int *)  (BASE_ADDRESS + RegOffset) = ((unsigned int) data);
/* Read from memory location or register */
#define X_mReadReg (BASE_ADDRESS,RegOffset) \
            *(unsigned int *)  (BASE_ADDRESS + RegOffset);

int main ()
{
    char * srcDMA = (char *) 0x80000000; // from BRAM
    char * srcCPU = (char *) 0x70000000; // from BRAM
    char * dstDMA = (char *) 0xFFFF8000; // to OCM
    char * dstCPU = (char *) 0xFFFF8000; // to OCM

    volatile unsigned int i;
    volatile int value;
    unsigned int addresList[] = {0x0,0x18,0x20,0x28,0x4};

    /* S = b1 TEX = b100 AP = b11,Domain = b0,C = b1,B = b1 */
    Xil_SetTlbAttributes (0xFFF00000,0x14c0e);

xil_printf ("\n\rHello World");
xil_printf ("\n\rsrcCPU addr = 0x% x", (unsigned int) srcCPU);
xil_printf ("\n\rsrcDMA addr = 0x% x", (unsigned int) srcDMA);
```

```c
xil_printf ("\n\rdst addr = 0x% x", (unsigned int) dstCPU);

    value = X_mReadReg (0xF8000910,0x0);
xil_printf ("\n\r0x% x = 0x% x",0xF8000910,value);
    value = X_mReadReg (0xF8F00000,0x0);
xil_printf ("\n\r0x% x = 0x% x",0xF8000000,value);
    value = X_mReadReg (0xF8F00040,0x0);
xil_printf ("\n\r0x% x = 0x% x",0xF8000040,value);
    value = X_mReadReg (0xF8F00044,0x0);
xil_printf ("\n\r0x% x = 0x% x",0xF8000044,value);

for (i = 0; i < MY_SIZE_BYTE; i + +) {
    // comment this out if using QSPI as source
    srcCPU[i] = i + 1;
    dstCPU[i] = 0xCD;
}

    xil_printf ("\n\r ... src memory");
for (i = 0; i < MY_SIZE_BYTE; i + +) {
    xil_printf ("\n\r0x% 08x = 0x% 02x", (unsigned int)   (srcCPU + i) ,srcCPU[i]);
}

xil_printf ("\n\r ...dst memory");
    for (i = 0; i < MY_SIZE_BYTE; i + +) {
        xil_printf ("\n\r0x% 08x = 0x% 02x", (unsigned int)   (dstCPU + i) ,dstCPU[i]);
    }

    xil_printf ("\n\r ... default status");
    value  = X_mReadReg (CDMA_BASE_ADDR,0x4);
    xil_printf ("\n\r0x% 08x = 0x% 08x",CDMA_BASE_ADDR + 0x4,value);

    xil_printf ("\n\r ... programming");

    X_mWriteReg (CDMA_BASE_ADDR,0x0,0x00005000);
value = X_mReadReg (CDMA_BASE_ADDR,0x0);
xil_printf ("\n\r0x% 08x = 0x% 08x",CDMA_BASE_ADDR + 0x0,value);

    X_mWriteReg (CDMA_BASE_ADDR,0x18, (unsigned int) srcDMA);
value = X_mReadReg (CDMA_BASE_ADDR,0x18);
xil_printf ("\n\r0x% 08x = 0x% 08x",CDMA_BASE_ADDR + 0x18,value);

    X_mWriteReg (CDMA_BASE_ADDR,0x20, (unsigned int) dstDMA);
value = X_mReadReg (CDMA_BASE_ADDR,0x20);
xil_printf ("\n\r0x% 08x = 0x% 08x",CDMA_BASE_ADDR + 0x20,value);

    X_mWriteReg (CDMA_BASE_ADDR,0x28,0x00000040);
value = X_mReadReg (CDMA_BASE_ADDR,0x28);
xil_printf ("\n\r0x% 08x = 0x% 08x",CDMA_BASE_ADDR + 0x28,value);
```

```
    xil_printf ("\n\r... polling");
    for (i = 0; i < 5; i + +)
        {
        value = X_mReadReg (CDMA_BASE_ADDR,0x4);
        xil_printf ("\n\r0x% 08x = 0x% 08x",CDMA_BASE_ADDR + 0x4,value);
    }

    xil_printf ("\n\r...   registers");
        for (i = 0; i < 4; i + +)
        {
        value = X_mReadReg (CDMA_BASE_ADDR,addresList[i]);
        xil_printf ("\n\r0x% 08x = 0x% 08x",CDMA_BASE_ADDR + addresList[i],value);
        }

    xil_printf ("\n\r...   src memory");
        for (i = 0; i < MY_SIZE_BYTE; i + +)
        {
            xil_printf ("\n\r0x% 08x = 0x% 02x", (unsigned int)    (srcCPU + i) ,srcCPU[i]);
        }

    xil_printf ("\n\r...   dst memory");
        for (i = 0; i < MY_SIZE_BYTE; i + +)
        {
            xil_printf ("\n\r0x% 08x = 0x% 02x", (unsigned int)    (dstCPU + i) ,dstCPU[i]);
        }

    return 0;
}
```

思考题 20 - 2：打开 axi_cdma.c 文件，分析该程序。

20.5.3　下载硬件比特流文件到 FPGA

本小节将介绍如何将比特流文件下载到 Z7 - EDP - 1 开发平台上。

（1）通过 USB 电缆将 Z7 - EDP - 1 开发平台上的 J13Mini USB 接口（该接口提供了 UART - USB 的转换）和用于当前设计的电脑的一个 USB 接口连接（需要事先安装 UART - USB 的软件驱动程序）。

（2）通过 USB 电缆将 Z7 - EDP - 1 开发平台的 J12Mini USB 接口（该接口提供了 JTAG - USB 的转换）和用于当前设计的电脑的另一个 USB 接口连接（电脑自动扫描并安装驱动程序）。

（3）外接+ 5V 电源插到 Z7 - EDP - 1 开发平台的 J6 接口上，并通过 SW10 开关打开目标板的电源。

（4）在 SDK 主界面的主菜单下，选择 Xilinx Tools→Program FPGA，准备将程序和硬件比特流下载到 FPGA 中。

（5）出现"Program FPGA"对话框，给出了需要下载的比特流文件路径。

（6）单击"Program"按钮。

（7）出现"Progress Information"对话框，表示当前正在将比特流文件下载到 Z7 - EDP - 1

开发平台上的 xc7z020clg484 SoC 器件中。

（8）等待将比特流文件成功下载到 xc7z020clg484 SoC 器件内。

20.5.4 运行应用工程

本小节将介绍如何在 Z7 - EDP - 1 硬件开发平台上运行应用工程。为了在 xc7z020clg484 SoC 上正确运行程序，以及在 SDK 设计环境下观察运行的结果，需要对运行环境进行配置。

（1）找到并单击 SDK 主界面下方的"SDK Terminal"标签，单击该标签右侧的 按钮。

（2）出现"Connect to serial port"对话框，选择正确的串口端口和参数。

（3）单击"OK"按钮，退出该对话框。

（4）在 SDK 主界面左侧的"Project Explorer"窗口下，选中 acp_test_0，单击鼠标右键，出现浮动菜单。在浮动菜单内，选择 Run As→Launch on Hardware（GDB）。

（5）在 SDK 主界面下方的"SDK Terminal"标签页中显示测试信息，如图 20.6 所示。

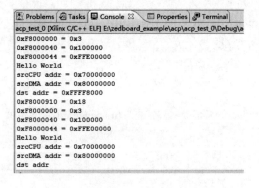

图 20.6 "SDK Terminal"标签页

第21章 Zynq-7000 软件和硬件协同调试原理及实现

在一个嵌入式系统中,需要软件和硬件之间的交互。Xilinx SDK 包含 GNU、Xilinx Microprocessor Debugger(XMD)和软件调试工具。硬件逻辑分析仪允许用户在不需要将内部逻辑通过 Zynq-7000 SoC 引脚引出的情况下,就可以通过访问内部的信号实现硬件调试。在器件的可编程逻辑部分,允许包含这些调试核,并且通过不同的方式对这些核进行配置。这样,就可以对 PL 内的硬件逻辑进行监控。在设计不同阶段,Vivado 提供了标记调试网络的能力。

本章将详细介绍在 Zynq-7000 SoC 内软件和硬件协同调试的原理及实现方法,内容包括设计目标、ILA 核原理、VIO 核原理、构建协同调试硬件系统、生成软件工程和 S/H 协同调试。

通过这些内容的学习,读者将更熟练地掌握基于 Zynq-7000 SoC 嵌入式系统的调试方法,以提高设计效率,缩短系统调试周期。

21.1 设计目标

本节将添加一个定制核,用于执行一个简单的 8 位加法功能,如图 21.1 所示。通过使用 Vivado 的 IP 封装器,实现该定制核,并将其作为整个设计的一部分。这个核有一些额外的端口,用于引入激励源并监视响应。通过这个方法,可以在不使用 PS 或软件应用程序的情况下,测试该定制 IP 核。

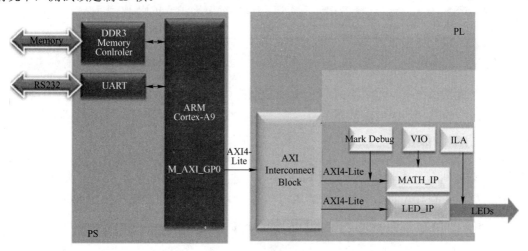

图 21.1 加入调试模块的系统结构

ILA 核是一个可用于监测设计中内部任意信号的定制逻辑分析仪核。由于 ILA 核与被监测的设计同步,所以设计内所有设计的时钟约束也可应用于 ILA 核的内部元件。ILA 核包括 3 个主要组成部分。

(1) 触发器输入和输出逻辑:①触发输入逻辑用于检测触发事件;②触发输出逻辑用于触发外部测试设备;③其他相关的逻辑。

(2) 数据捕获逻辑:ILA 核使用片上 BRAM 资源来捕获并存储跟踪数据信息。

(3) 控制和状态逻辑:用于管理 ILA 核的操作。

21.2 ILA 核原理

本节将介绍 ILA 核的原理,内容包括 ILA 触发器输入逻辑、多触发器端口的使用、使用触发器和存储器约束条件、ILA 触发器输出逻辑、ILA 数据捕获逻辑及 ILA 控制与状态逻辑。

21.2.1 ILA 触发器输入逻辑

ILA 触发器的特征如表 21.1 所示。ILA 核的触发能力包括许多特征,这些特征用于检测详细触发事件。

表 21.1 ILA 触发器的特征

特 征	描 述
宽触发器端口	每个触发器端口能够达到 1~256 位宽
多触发器端口	每个 ILA 核最多可以有 16 个触发器端口。在复杂系统中,不同的信号类型或总线需要使用各自的匹配单元来监测。因此,在系统中需要支持多触发器端口
每个触发端口有多个匹配单元	每个触发端口可以连接最多 16 个匹配单元。该特征使得可以对触发器端口的多个信号进行比较
布尔等式触发条件	触发条件由布尔 AND 或 OR 等式组合在一起,该等式最多包含 16 个匹配单元函数
多级触发时序器	触发条件由多级触发序列器组成,该触发序列器最多包含 16 个匹配单元函数
布尔等式存储限制条件	存储限制条件由布尔 AND 或 OR 等式组合在一起,该等式最多包含 16 个匹配单元函数

21.2.2 多触发器端口的使用

在一个复杂系统中,监测不同信号和总线的能力需要使用多触发端口。如果正在测量的内部系统总线由控制、地址和数据信号构成,那么可以指定一个单独的触发端口来监测每个信号组。

如果将各种信号和总线连接到单一的触发端口,那么当在指定范围内寻找地址总线时,将无法单独监测多个组合信号上的比特位跳变。通过在不同匹配单元类型中进行灵活的选择,从而可以定制 ILA 核来满足触发需求;同时,保持使用最少的逻辑设计资源。

21.2.3 使用触发器和存储限制条件

触发条件是一个布尔值或事件的连续组合,由连接在核触发器端匹配单元的比较器进行

第21章 Zynq-7000 软件和硬件协同调试原理及实现

监测。在数据捕获窗口，触发条件用来标识一个明显的起始点，该点可设置在数据捕获窗口的开始、结束或窗口中的任意位置。

同样，存储限制条件也是事件的布尔逻辑组合，这些事件由连接到核触发端口的匹配单元比较器检测。然而，存储限制条件不同于触发条件，它评估触发端口匹配单元事件，以决定是否要捕获和存储每个数据样本。触发和存储限制条件可一起使用，以确定开始捕获过程的时间和捕获数据的类型。

假设有如下任务，如图21.2所示。

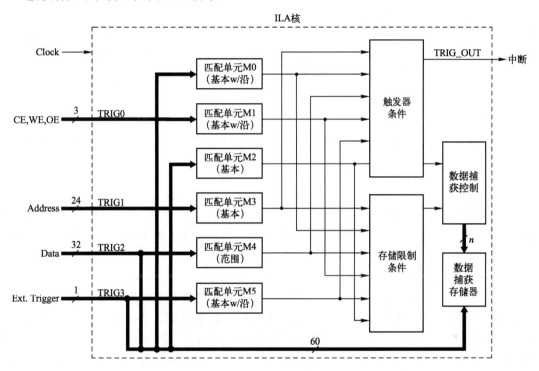

图21.2 ILA核例子

（1）第一个存储器写周期触发（CE = 上升边沿，WE = 1，OE = 0），目标地址为0xFF0000。

（2）存储器读周期（CE = 上升沿，WE = 0，OE = 1），从地址为0x23AACC开始的位置捕获，它的数据值在 0x00000000～0x1000FFFF 间。

为了成功地实现这些条件，需要保证 TRIG0 和 TRIG1 触发器端口中的每个端口都连接两个匹配单元：一个用于触发条件；另一个用于存储限制条件。

建立触发器、存储限制等式和匹配单元以满足上述所要求条件，内容如下。

（1）触发条件 = M0&&M2，其中：

① M0[2∶0] = CE，WE，OE = "R10"（C 代表"上升沿"）。

② M2[23∶0] = 地址 = "FF0000"。

（2）存储限制条件 = M1&&M3&&M4，其中：

① M1[2∶0] = CE，WE，OE = "R10"（C 代表"上升沿"）。

② M3[23：0] = "23AACC"（地址）。
③ M4[31：0] = 数据，其范围在 0x00000000～0x1000 FFFF 间。

21.2.4　ILA 触发器输出逻辑

ILA 核实现了触发器输出端口 TRIG_OUT。TRIG_OUT 端口输出触发条件，由分析仪在运行时建立。此外，可以在运行时控制触发输出的类型（电平或脉冲）和敏感信号（高电平有效或低电平有效）。与输入触发端口相关的 TRIG_OUT 端口的延迟为 10 个时钟周期。

TRIG_OUT 端口非常灵活且有许多用途。连接 TRIG_OUT 端口到器件引脚以触发外部测试设备，如示波器和逻辑分析仪。连接 TRIG_OUT 端口到嵌入式 Cortex - A9、PowerPC 或 MicroBlaze 处理器的中断线，从而产生软件事件。通过连接一个核的 TRIG_OUT 端口到另一个核的触发输入端口，可以扩展用于片上调试解决方案的触发和数据采集能力。

21.2.5　ILA 数据捕获逻辑

在设计中，每个 ILA 核能够独立使用片上 BRAM 资源来捕获数据。对于每个 ILA 核来说，可以使用两种捕获模式来捕获数据：窗口和 N 样本。

1．窗口捕获模式

在窗口捕获模式中，样本缓冲区可分为一个或多个同样规模的样本窗口。在窗口捕获模式中，使用单一的事件触发条件，即各自触发器匹配单元事件的布尔组合，收集足够的数据，用于填充样本窗口。

当采样窗口的深度为 2 的幂次方时，可以达到 131072 次采样。触发位置可以设置在采样窗口的起始（先触发，再收集）、采样窗口的结尾（收集直到触发事件）或采样窗口的任何地方。在其他情况下，由于窗口的深度不是一个 2 的幂次方，触发位置只能设定在采样窗口的起始点。采样窗口一旦填满，就会自动重新加载 ILA 核的触发条件并继续监测触发条件的事件。重复该过程，直到填满所有样本缓冲区的抽样窗口或用户停止使用 ILA 核为止。

2．N 样本捕获模式

N 样本捕获模式类似于窗口捕捉模式，除了以下两个差别。
（1）每个窗口的采样个数可以是任意整数 N，范围是从 1 到样本缓冲大小减 1 的值。
（2）触发器的位置必须始终在窗口的位置 0 上。

N 样本捕获模式有利于每个触发器捕获精确数量的样本，同时不浪费有用的捕获存储资源。

3．触发标记

在采样窗口中，标记与触发事件相一致的数据采样。该触发标志通知分析仪窗口中的触发位置。在采样缓冲区中，每个触发标记消耗额外的一个比特位。

4．数据端口

ILA 核提供了捕获数据端口的能力，这些端口与用于执行触发器函数的触发端口分开。

由于不需要捕获和查看用于触发核的相同信息，因此该特性可以将捕获的数据量限制到一个相对少的数量。

然而，在许多情况下，捕获和观察用来触发核的相同数据是非常有用的。在这种情况下，设计者可以选择来自一个或多个触发端口的数据。该特性可以节省资源，同时提供了选择感兴趣的触发信息实现捕获数据的灵活性。

21.2.6 ILA 控制与状态逻辑

ILA 核包含少量的控制和状态逻辑，用来保证核的正常操作。识别 ILA 核并与之通信的所有的逻辑由控制和状态逻辑实现。

21.3 VIO 核原理

虚拟输入/输出（Virtual Input/Output，VIO）核是一个可定制的核，可以实时监测和驱动 FPGA 的内部信号，如图 21.3 所示。与 ILA 和 IBA 核不同的是，VIO 不需要使用片上或片外 RAM 资源。

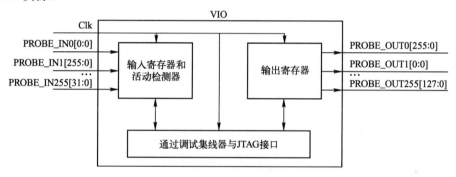

图 21.3 VIO 块图

在 VIO 核中，存在下面 4 种类型的信号。

（1）异步输入：用 JTAG 电缆驱动的 JTAG 时钟信号采样。定期读取输入值并显示在分析仪上。

（2）同步输入：使用设计时钟采样。定期读取输入值并显示在分析仪上。

（3）异步输出：在分析仪中，由用户定义将核输出发送到周围的设计中。每个独立的异步输出口可以定义成逻辑 1 或逻辑 0。

（4）同步输出：在分析仪中，由用户定义，与设计时钟同步，将核的输出发送到周围的设计中。单独的同步输出可以定义成逻辑 1 或逻辑 0。可以将 16 个时钟周期的脉冲序列（1 和/或 0 的）定义为同步输出。

1．活动检测器

每个 VIO 核输入有额外的单元用于捕获输入信号的跳变。由于设计时钟可能比分析仪的采样周期更快，因此在连续采样间被监测信号可能跳变很多次。活动探测器捕获这些跳变行为，并显示结果。

如果是同步输入，使用能够监测异步和同步事件的活动单元。这些特性可用于检测毛刺同步输入信号上的同步转换。

2．脉冲序列

每个 VIO 同步输出可以输出静态 1、静态 0，或者连续值的脉冲序列。脉冲序列是一个在 16 个时钟周期内 1 和 0 交替变化的序列。在设计连续时钟周期中，从核中输出该序列。在分析仪中，定义脉冲序列并在装入核之后仅执行一次。

此外，根据与 Zynq - 7000 SoC 内 PL 一侧接口的要求，定制输入和输出端口的个数和宽度。由于 VIO 与正在监视和/或驱动同步，所有应用到设计中的时钟约束也可应用到 VIO 核内的元件。VIO 核的实时交互需要使用 Vivado 逻辑分析仪的特性。

21.4 构建协同调试硬件系统

本节将介绍如何构建协同调试硬件系统，内容包括打开前面的设计工程、添加定制 IP、添加 ILA 和 VIO 核，以及标记和分配调试网络。

21.4.1 打开前面的设计工程

（1）在 E:\zynq_example 目录下，新建一个名字为"HW_debug"的子目录。

（2）将 E:\zynq_example\led_ip_call 目录下的所有文件复制到 E:\zynq_example\HW_debug 子目录下。

（3）启动 Vivado 2015.4 集成开发环境。

（4）在"Quick Start"标题栏下，单击"Open Project"图标。

（5）出现"Open Project"对话框，定位到下面的路径。

> E:\zynq_example\HW_debug。

在该目录下，双击 lab1.prj。

（6）在 Vivado 主界面左侧的"Flow Navigator"窗口下，找到并单击 Project Settings。

（7）出现"Projet Settings"对话框。在其左侧窗口中单击 IP 图标。在右侧窗口中，单击"Repository Manager"标签。在该标签页中，单击➕按钮。

（8）出现"IP Repositories"对话框，定位到以下路径。

> E:/ zynq_example/math_ip

（9）单击"Select"按钮。

（10）可以看到在"IP Repository"对话框下出现所要调用 IP 的路径。

（11）单击"OK"按钮。

21.4.2 添加定制 IP

本小节将介绍如何打开块设计，并添加定制 IP 到系统中。

（1）使用下面中的一种方法打开块设计。

① 在 Vivado 主界面左侧的"Flow Navigator"窗口下，找到并展开 IP Integrator。在展开项中，选择并单击 Open Block Design；

② 在源文件窗口内，选择并双击 system.bd 文件。

（2）在"Diagram"窗口左侧的一列工具栏内，单击 按钮。

（3）出现"IP Catalog"对话框，在"Search"文本框中输入 math，找到并双击 math_ip_v1_0，将该模块添加到设计中。

> **注**：该定制 IP 由层次化设计构成，底层的模块执行加法操作。高层模块包含两个从寄存器。定制 IP 中加法模块的内部结构，如图 21.4 所示。

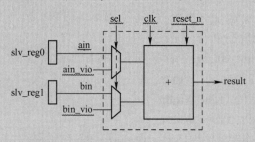

图 21.4 定制 IP 中加法模块的内部结构

（4）在"Diagram"窗口的顶部，找到并单击 Run Connection Automation。

（5）出现"Run Connection Automation"对话框，使用默认设计。

（6）单击"OK"按钮，Vivado 将该模块自动连接到当前设计中。

21.4.3 添加 ILA 和 VIO 核

本小节将介绍如何添加 ILA 和 VIO 核。

（1）在"Diagram"窗口左侧的一列工具栏内单击 按钮。

（2）出现"IP Catalog"对话框，在"Search"文本框中输入 ILA，找到并双击 ILA（Integrated Logic Analyzer），将它的一个例化 ila_0 添加到设计中。

（3）在"Diagram"窗口内找到并双击 ila_0 模块。

（4）出现"Re-customize IP"对话框。在该对话框中，按如下设置参数。

① 单击"General Options"标签，选中"Monitor Type"标题栏下"Native"前面的复选框。

② 单击"Probe_Ports（0..0）"标签。在该标签页中，将 Probe Width[1..4096]的值改成 8，如图 21.5 所示。

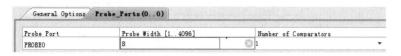

图 21.5 "Probe_Ports（0..0）"标签页

（5）单击"OK"按钮，退出"Re-customize IP"对话框。

（6）使用绘图工具，将 ila_0 实例的 Probe0 端口连接到 led_ip 实例的 LED 端口。

(7) 使用绘图工具,将 ila_0 实例的 clk 端口连接到其他实例的 s_axi_aclk 端口。

(8) 在"Diagram"窗口左侧的一列工具栏内单击 按钮。

(9) 出现"IP Catalog"对话框,在"Search"文本框中输入 VIO,找到并双击 VIO (Virtual Input/Output),Vivado 自动将它的一个例化 vio_0 添加到设计中。

(10) 在"Diagram"窗口中找到并双击 vio_0 实例。

(11) 出现"Re-customize IP"对话框。

① 在"General Options"标签页下,按如下设置参数。

- Input Probe Count:1;
- Output Probe Count:3。

② 在"Probe_in Ports(0..0)"标签页下,按如下设置参数。

- PROBE_IN0 所对应的 Probe Width:9。

③ 在"Probe_out Ports(0..0)"标签页下,按如下设置参数。

- probe_out0 所对应的 Probe Width:1;
- probe_out1 所对应的 Probe Width:8;
- probe_out2 所对应的 Probe Width:8。

(12) 单击"OK"按钮,退出"Re-customize IP"对话框。

(13) 使用绘图工具,连接下面的端口。

- probe_in→result;
- probe_out0→sel;
- probe_out1→ain_vio;
- probe_out2→bin_vio。

(14) 使用绘图工具,将 vio_0 实例的 CLK 端口连接到其他实例的 s_axi_aclk 端口。

(15) 在"Diagram"窗口的一列工具栏内单击 按钮,重新绘制系统结构,如图 21.6 所示。

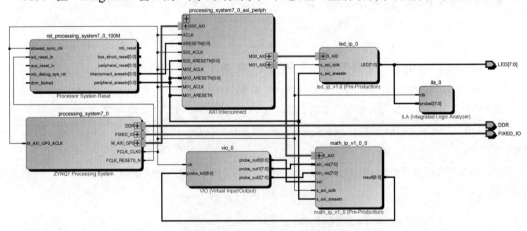

图 21.6 重新绘制后的系统结构

21.4.4 标记和分配调试网络

本小节将介绍如何将 AXI 互联和 math_0 实例中的 S_AXI 连接标记为调试,并验证设计的有效性。

（1）选择 AXI 互联和 math_ip_0 之间的 S_AXI 互联。单击鼠标右键，出现浮动菜单。在浮动菜单内，选择 Mark Debug，菜单用于监视 AXI4 Lite 交易。

（2）在 Vivado 当前工程主界面的主菜单下，选择 Tools→Validate Design，运行设计规则检查。

（3）当对设计验证结束后，出现"Validate Design"对话框，提示验证成功的信息。

（4）单击"OK"按钮。

（5）在 Vivado 主界面的"Source"标签页中，选中 system.bd，并单击鼠标右键，出现浮动菜单。在浮动菜单内，选择 Generates Output Products…。

（6）出现"Generate Output Products"对话框，使用默认设置。

（7）单击"Generate"按钮。

（8）再次选中 system.bd，并单击鼠标右键，出现浮动菜单。在浮动菜单内，选择 Create HDL Wrapper…。

（9）出现"Create HDL Wrapper"对话框，选中"Let Vivado manage wrapper and auto-update"前面的复选框。

（10）单击"OK"按钮。

（11）在 Vivado 主界面左侧的"Flow Navigator"窗口下，找到并展开 Synthesis。在展开项里，找到并单击 Run Synthesis。

（12）出现"Run Synthesis"对话框，提示重新运行综合。

（13）单击"OK"按钮。

（14）出现"Save Project"对话框。

（15）单击"Save"按钮。

（16）等待综合完成后，出现"Synthesis Completed"对话框，选中"Open Synthesized Design"复选框。

（17）单击"OK"按钮。

（18）在"Netlist"标签页中，找到网络 Processing→system 7_0_axi_periph，选中名字为"M01_AXI_*"的网络，单击鼠标右键，出现浮动菜单。在浮动菜单内，选择 Mark Debug。

（19）在辅助面板中打开综合后的设计。自动打开"Debug"标签页，如图 21.7 所示。

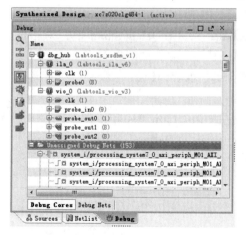

图 21.7 "Debug"标签页

> **注**：(1) 如果没有出现"Debug"标签页，则在 Vivado 主界面的主菜单下，选择 Window→Debug。
> (2) 从图中可以看出，可以被调试的网络分成已分配的和未分配的组。已分配的组包含与 VIO 和 ILA 核相关联的网络；未分配的组包含与 S_AXI 相关的网络。

（20）选中 Unassigned Debug Nets，单击鼠标右键，出现浮动菜单。在浮动菜单内，选择 Set up Debug…。

（21）出现"Set Up Debug"对话框。

（22）单击"Next"按钮。

（23）出现"Set Up Debug：Nets to Debug"对话框，如图 21.8 所示。

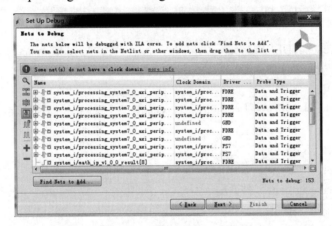

图 21.8 "Set Up Debug：Nets to Debug"对话框

（24）在图 21.8 中，分别选中 BRESP 和 RRESP（由 GND 驱动），单击鼠标右键，出现浮动菜单。在浮动菜单内，选择 Remove Nets。

（25）单击"Next"按钮。

（26）出现"Set Up Debug：ILA Core Option"对话框。

（27）单击"Next"按钮。

（28）出现"Set Up Debug：Set Up Debug Summary"对话框。

（29）单击"Finish"按钮。

（30）按"Ctrl + s"组合键，保存设计。

（31）对设计重新综合。

（32）在 Vivado 主界面左侧的"Flow Navigator"窗口下，找到并展开 Implementation。在展开项中，单击 Open Implemented Design，打开实现后的设计。

（33）生成比特流文件。

21.5 生成软件工程

本节将介绍如何将实现后的设计导入到 SDK 中，并生成新的测试工程。

（1）在 Vivado 当前工程主界面的主菜单下，选择 File→Export→Export Hardware。

> 注：必须事先打开 system.bd 文件。如果没有打开，则在 Vivado 主界面左侧的"Flow Navigator"窗口下，单击 Open Block Design；或者在源文件窗口下，选择并单击 system.bd 文件。

（2）出现"Export Hardware"对话框。该对话框中，必须选中"Include bitstream"前面的复选框。

（3）单击"OK"按钮。

（4）出现"Module Already Exported"对话框，提示已经存在导出文件，是否覆盖该文件信息。

（5）单击"Yes"按钮，覆盖前面的导出文件。

（6）在"Vivado"当前工程主界面的主菜单下，选择 File→Launch SDK。

（7）出现"Launch SDK"对话框。

（8）单击"OK"按钮。

（9）在 SDK 主界面左侧的"Project Explorer"窗口下，分别选中 systm_wrapper_hw_platform_0 文件夹、led_ip_call_0_bsp 文件夹和 led_ip_call_0 文件夹。单击鼠标右键，出现浮动菜单。在浮动菜单内，选择 Delete。

（10）出现"Delete Resources"对话框，选中"Delete project contents on disk（cannot be undone）"前面的复选框。

（11）单击"OK"按钮。

（12）在 SDK 主界面的主菜单下，选择 File→New→Application Project。

（13）出现"New Project：Application Project"对话框，按如下参数设置。

① Project name：hw_debug_0；

② 选中"Create New"前面的复选框。

（14）单击"Next"按钮。

（15）出现"New Project：Templates"对话框，在"Available Templates"列表中选择"Empty Application"。

（16）单击"Finish"按钮。

（17）在 SDK 主界面左侧的"Project Explorer"窗口下，找到并展开 hw_debug_0。在展开项中找到 src。选中 src，单击鼠标右键，出现浮动菜单。在浮动菜单内，选择 Import。

（18）出现"Import"对话框，在该对话框中，展开 General。在展开项中找到并选中 File System。

（19）单击"Next"按钮。

（20）单击"Browse…"按钮，定位到下面的路径。

E：\zynq_example\source

（21）在右侧窗口中，选中"hw_debug.c"前面的复选框。

（22）单击"Finish"按钮。

注：如下所示，写操作数到定制 math_ip 核，读结果，然后打印结果。下面将使用写交易作为 ChipScope Analyzer 触发器条件。

```
Xil_Out32(XPAR_MATH_IP_V1_0_0_S_AXI_BASEADDR, 0x12);
Xil_Out32(XPAR_MATH_IP_V1_0_0_S_AXI_BASEADDR+4, 0x34);
i=Xil_In32(XPAR_MATH_IP_V1_0_0_S_AXI_BASEADDR);
```

hw_debug.c 文件如代码清单 21-1 所示。

代码清单 21-1　hw_debug.c 文件

```c
#include "xparameters.h"
#include "xil_io.h"
#include "xutil.h"
#include "led_ip.h"

//================================================================

int main (void)
{
    int i,j = 0;
    xil_printf (" - - Start of the Program - - \r\n");
    Xil_Out32 (XPAR_MATH_IP_V1_0_0_S_AXI_BASEADDR,0x12);
    Xil_Out32 (XPAR_MATH_IP_V1_0_0_S_AXI_BASEADDR + 4,0x34);
    i = Xil_In32 (XPAR_MATH_IP_V1_0_0_S_AXI_BASEADDR);
    xil_printf (" result = % x\r\n",i);

    while (1)
    {
        LED_IP_mWriteReg (XPAR_LED_IP_0_S_AXI_BASEADDR,0,j);
        for (i = 0;i < 9999999;i ++);
        if (j = = 255) j = 0;
        else j ++;
    }
}
```

21.6　S/H 协同调试

本节将介绍如何对设计进行验证和调试。

（1）连接 PC/笔记本 USB 接口和 Z7-EDP-1 开发平台之间的 USB-JTAG 和 USB-UART 电缆，并且给 Z7-EDP-1 开发平台上电。

（2）选择"SDK Terminal"标签。

注：如果没有出现该标签，则在 SDK 主界面的主菜单下，选择 Window→Show view→others。在"Show View"界面中，找到并展开 Xilinx。在展开项中，找到 SDK Terminal。

第21章 Zynq-7000 软件和硬件协同调试原理及实现

（3）单击右侧的 ➕ 按钮，正确配置 UART 的参数。

（4）在 SDK 主界面的主菜单下，选择 Xilinx Tools→Program FPGA。

（5）出现"Program FPGA"对话框。单击"Program"按钮，将比特流文件下载到 xc7z020clg484 中。完成编程后，Z7-EDP-1 开发平台上的 DONE LED 灯变亮。

（6）在 SDK 主界面左侧的"Project Explorer"窗口下，选择 hw_debug_0 文件夹。单击鼠标右键，出现浮动菜单。在浮动菜单内，选择 Debug As→Launch on Hardware（GDB），执行应用程序。

（7）出现一个对话框，询问是否切换到调试器界面。

（8）单击"YES"按钮，切换到调试器界面。开始执行程序，并且停到程序的入口点。

（9）在 Vivado 主界面左侧的"Flow Navigator"窗口下，找到并展开 Program and Debug。在展开项中，找到并单击 Hardware Manager。

（10）在 Vivado 主界面的左侧窗口中，找到并展开 Open Hardware Manager，找到并单击 Open Target，出现浮动菜单。在浮动菜单内，选择 Open New Target。

（11）出现"Open New Hardware Target：Open Hardware Target"对话框。

（12）单击"Next"按钮。

（13）出现"Open New Hardware：Hardware Server Settings"对话框。

（14）单击"Next"按钮。

> 注：扫描 JTAG，检测到器件。

（15）出现"Open New Hardware Target：Select Hardware Target"对话框。

（16）单击"Next"按钮。

（17）出现"Open New Hardware Target：Open Hardware Target Summary"对话框。

（18）单击"Finish"按钮。

（19）在 Vivado 主界面下方的 Console 视图内的"Debug Probes"标签页中，打开硬件任务，如图 21.9 所示。此时，也打开"Hardware"窗口，显示已经编程 FPGA（在 SDK 中执行），其中两个 ila 处于空闲状态，如图 21.10 所示。

图 21.9 "Debug Probes"标签页

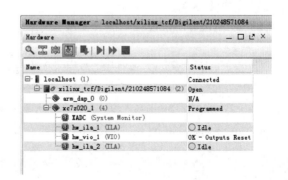
图 21.10 "Hardware"窗口

注：创建了两个波形窗口，每个窗口表示一个 ila。其中，一个 ila（hw_ila_1）是 ILA 核的实例；另一个 ila（hw_ila_2）使用 MARK DEBUG 方法。

（20）在"Debug Probes"标签页下，选择 AWADDR 总线，并将其拖曳到"ILA - hw_ila_2"窗口，释放以便添加它，设置条件，如图 21.11 所示。将 AWADDR 值从 xx 改变到 04（math_1 实例的 slave_reg2 地址）。

（21）类似地，在"Debug Probes"标签页下，选择 WSTRB 信号，将其拖曳到"ILA - hw_ila_2"窗口，释放以便添加它，设置条件。将该信号的值从十六进制改成二进制，其值从 xxxx 改成 xxx1。

（22）类似地，在"Debug Probes"标签页下，选择 WVAILD 信号，将其拖曳到"ILA - hw_ila_2"窗口，释放以便添加它，设置条件。将该信号的值从十六进制改成二进制，将其值改成 1。

（23）将 hw_ila_2 触发器的位置设置为 512。

（24）将 hw_ila_1 触发器的位置设置为 512。

（25）在"Hardware"窗口中，选择 hw_ila_2。

（26）单击 Run Trigger 按键。如图 21.12 所示，观察 hw_ila_2 核，此时显示正在捕获状态。

图 21.11 "ILA - hw_ila_2"窗口

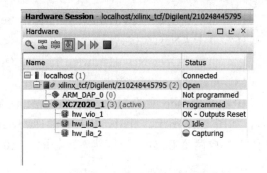

图 21.12 "Hardware"窗口

（27）切换到 SDK。

（28）在 SDK 的 lab6.c 文件中，设置断点，如图 21.13 所示。

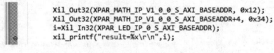

图 21.13 设置断点

（29）单击 Resume 按钮，继续执行程序，然后停在断点的位置。

注：在 Vivado 环境下，hw_ila_2 的状态从捕获变成空闲状态，波形显示了触发后的输出。

（30）将光标移动到靠近触发器点的位置，然后单击 按钮，如图 21.14 所示。多次单击"Zoom In"按钮，以便看清楚触发点附近的活动行为。观察下面的采样，如图 21.15 所示。

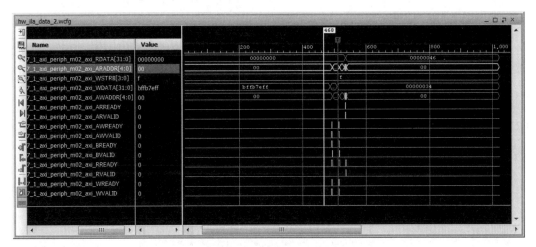

图 21.14　放大的波形窗口

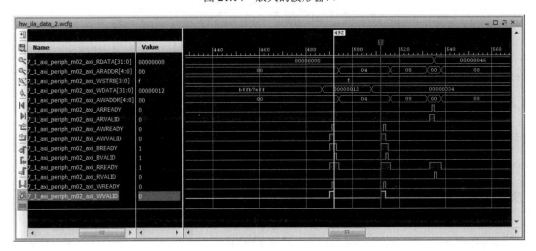

图 21.15　放大的 hw_ila_2 波形窗口

① 在第 492 个采样，RDATA 的值是 0x00，正在写 WDATA 的值是 0x12，其偏移为 0（AWADDR = 0x0），WVALID = 1，WREADY = 1，表示数据正在写入 IP。

② 在第 512 个采样，WVALID = 1，WSTRB = 0xf，偏移是 0x4（AWADDR），正在写入的数值为 0x034。

③ 在第 536 个采样，RREADY 和 RVALID 为 1，表示正在从 IP 读出数据，其偏移为 0（ARADDR）。

（31）在 SDK 终端的控制台界面中，观察输出，如图 21.16 所示。

在 Vivado 环境的"Console"窗口中，选择 VIO 核，将信号添加到"VIO - hw_vio_1"窗口，设置 vio_0_probe_out0。这样，就能通过 VIO 手工控制 math_ip 的输入。尝试为两个操作数输入不同的值。在"Console"窗口中，观察 math_ip_0_result 端口上输出的结果。实现该目的的步骤如下。

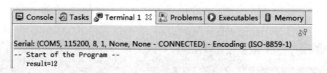

图 21.16　SDK 终端的输出

（1）在 Vivaodo 主界面的"Debug Probes"标签页中，选择 hw_vio_1 下的调试信号，如图 21.17 所示，并将其拖曳到如图 21.18 所示的"VIO - hw_vio_1"窗口中。

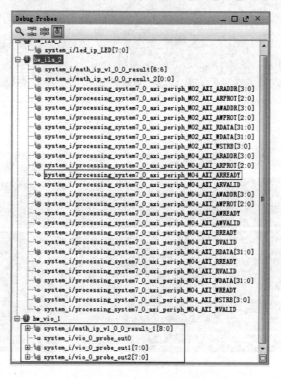

图 21.17　在"Debug Probes"标签页中选择 hw_vio_1 信号

（2）如图 21.18 所示，选择 vio_0_probe_out0，将其 Value 变为 1。这样，就可以通过 VIO 的核控制 math_ip 的输入。

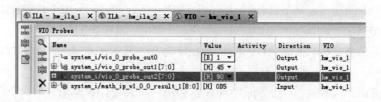

图 21.18　"VIO - hw_vio_1"窗口

（3）如图 21.18 所示，将 vio_0_probe_out1[7:0]的 Value 改为 45（十六进制）。类似

第21章 Zynq-7000软件和硬件协同调试原理及实现

地,将 vio_0_probe_out2 的 Value 改为 90(十六进制)。

> 注:一个短暂时刻后,在活动列中出现一个蓝色的向上的箭头,结果变成 0D5(十六进制)。

(4)尝试其他操作数,并观察结果。

(5)选择 vio_0_probe_out0,将其 Value 变为 0。这样,将断开 VIO 核和 math_ip 的交互。

> 注:(1)在该设计中,不要求进行这样的操作。
> (2)下面将 ILA 核(hw_ila_1)触发器的条件设置为 0101_0101(x55)。需要确认,此时 ZedBoard 板上的开关没有设置到 x55。将触发器等式设置为= =,注意观察触发器。在 SDK 中继续执行程序。修改开关的设置,当预置条件满足前面的设置条件时,触发硬件核。

(6)如图 21.19 所示,在"Console"窗口的"Debug Probes"标签页内,选择 hw_ila_1 下面的 system_i/led_ip_LED[7∶0]信号,并将其拖入图 21.20 所示的"ILA - hw_ila_1"窗口中。

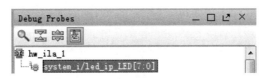

图 21.19 在"Debug Probes"标签页中选择 hw_ila_1 信号

(7)当 LED 的输出值为 55 时,设置 hw_ila_1 的触发条件为触发捕获,如图 21.20 所示。

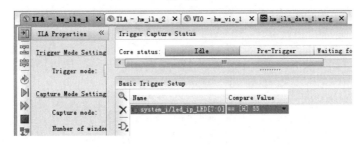

图 21.20 设置触发条件

(8)确认 hw_ila_1 触发器的位置设置为 512。同时,确认没有将开关设置到 01010101。

(9)在"Hardware"窗口下,选择 hw_ila_1,单击鼠标右键,出现浮动菜单。在浮动菜单内选择 Run Trigger。

(10)在 SDK 窗口下,单击"Resume"按钮。

(11)改变开关,观察相应的 LED 的 ON 或者 OFF 状态。

(12)当满足条件(0x55)时,如图 21.21 所示,出现波形图。

(13)观察完现象后,单击 ■ 按钮,停止程序的执行。

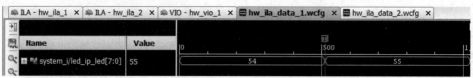

图 21.21　满足条件的触发波形

（14）在 SDK 主界面的主菜单下，选择 File→Exit，退出 SDK。

（15）在 Vivado 主界面的主菜单下，选择 File→Close Hardware Manager，关闭硬件会话。

（16）单击"OK"按钮。

（17）在 Vivado 主界面的主菜单下，选择 File→Exit，关闭 Vivado 程序。

（18）单击"OK"按钮。

第22章 Zynq - 7000 SoC 启动和配置原理及实现

本章将介绍 Zynq - 7000 SoC 启动和配置的原理及实现方法。通过 Zynq - 7000 SoC 内的嵌入式 Cortex - A9 双核处理器，可以实现对该器件的配置。对于 Zynq - 7000 SoC 来说，当不使用 JTAG 模式时，必须通过处理器系统内的 PS 实现对片内 PS 的初始化配置，以及对片内可编程逻辑 PL 的配置。

本章详细介绍了同时运行 Cortex - A9 双核处理器的配置方法。

22.1 Zynq - 7000 SoC 启动过程

设备配置包含用于初始化和配置 PS 和 PL 的所有方法及过程。在软件控制下，PS 内的 DevC 提供用于初始化和配置 PS 及 PL 的手段和方法。在 Zynq - 7000 SoC 内提供了两个主要模块，用于控制配置过程。

（1）BootROM：静态存储器块。当上电复位和暖复位后，由双核 Cortex - A9 CPU 执行它。

（2）设备配置单元（Device Configuration Unit，DevC）：用于控制 JTAG 调试访问和提供连接到 AES、HMAC 和 PCAP 模块的接口，用于实现对 SoC 内 PL 的配置及数据的解密。

在 PS 的控制下，可以实现安全或非安全地配置所有 PS 和 PL。通过 Zynq - 7000 SoC 提供的 JTAG 接口，用户可以在外部主机的控制下对 Zynq - 7000 进行配置。与 Xilinx 其他 7 系列器件不同的是，Zynq - 7000 并不支持最开始的 PL 配置过程。

Zynq - 7000 的配置过程至少包含两个阶段，但是通常要求 3 个阶段。

（1）阶段 0：该阶段也称为 BootROM，该阶段控制初始设备的启动。BootROM 是上电复位或暖复位后处理器所执行的用户不可修改的代码，该段代码已经固化到 Zynq - 7000 SoC 内的 BootROM 中。

（2）阶段 1：在该阶段，通常执行第一级启动引导程序（First Stage Boot Loader，FSBL）。但是，它也可以是任何用户控制的代码。

（3）阶段 2：在该阶段，通常执行用户自己编写的软件程序。但是，也可以是第二级的启动引导程序（Second Stage Boot Loader，SSBL）。该阶段完全是在用户的控制下实现的。

22.2 Zynq - 7000 SoC 启动要求

为了使 Zynq - 7000 SoC 成功地执行 BootROM，要求用户设计的供电、时钟和复位等满足 Xilinx 给出的指标。

22.2.1 供电要求

在 Zynq-7000 SoC 中，对 PL 和 PS 的供电要求如表 22.1 所示，这些要求只用于 BootROM 的执行。对于该器件来说，要求上电后才能对 PL 进行配置。

表 22.1 对 PS 和 PL 的供电要求

启动选项	安全	处理系统电源	可编程逻辑电源
通过 NAND、NOR、SD 或 Quad-SPI 配置	是	要求	要求
通过 NAND、NOR、SD 或 Quad-SPI 配置	否	要求	不要求
PL JTAG 和 EMIO JTAG	否	要求	要求

22.2.2 时钟要求

对于 Zynq-7000 SoC 来说，在释放 PS_POR_B 前，必须出现 PS_CLK 时钟信号，也就是要求该时钟信号正常工作。

> 注：PS_CLK 时钟信号的频率应该在 Zynq-7000 SoC 器件应用数据手册所指定的工作范围之内。

22.2.3 复位要求

对于 Zynq-7000 SoC 来说，提供两个复位源，它们会影响 BootROM 的执行。

（1）PS_POR_B：该复位使得 Zynq-7000SoC 内的 PS 处于复位状态，直到所有 PS 的供电达到了所要求的电平为止。在 PS 的上电过程中，必须保持该复位信号为低电平。在实际设计中，该信号可由电源供电芯片的 Power-Good 引脚提供。

（2）PS_SRST_B：该复位信号用于对系统强制复位。

一旦执行了外部复位，将导致实现下面的过程。

（1）如果执行上电复位，则会自动更新 BOOT_MODE 寄存器。

（2）如果使能 PLL，则 Zynq-7000 SoC 会等待 PLL 锁定过程的完成。

（3）使得 CPU 和 DAP 的调试复位无效。

（4）器件进入与暖复位相同的过程。

内部的暖复位信号也会导致 Zynq-7000 SoC 重新执行 BootROM。当触发这些复位源时，在 Zynq-7000 SoC 内执行下面的步骤。

（1）BIST 逻辑清除存储器和缓冲区。

（2）停止所有的功能时钟。

（3）使 CPU 和外设时钟无效。

（4）Cortex-A9 处理器开始执行 BootROM。

22.2.4 模式引脚

在 Zynq-7000 SoC 上，提供了 5 个模式引脚 mode[4:0]，它们用于：

第 22 章 Zynq-7000 SoC 启动和配置原理及实现

（1）确定启动 Zynq-7000 SoC 的源设备；
（2）用于 JTAG 模式；
（3）PLL 旁路选择。

此外，在 Zynq-7000 SoC 上还提供了两个电压模式引脚 vmode[1:0]，它们用于确定 Zynq-7000 SoC 的 MIO 组电压模式。

通过在 mode[4:0] 和 vmode[1:0] 引脚的外部连接 20kΩ 的上拉/下拉电阻，确定 Zynq-7000 的初始工作状态。

> **注**：到 VCCO_MIO0 的上拉电阻使得相应的引脚在上电后处于逻辑高（逻辑 1）状态；而到地的下拉电阻使得相应的引脚在上电后处于逻辑低（逻辑 0）状态。

当运行 BootROM 时，vmode 引脚的逻辑状态用于直接设置 MIO_PIN 寄存器，为 MIO 组内所有的 MIO 引脚设置合适的 LVCMOS18/LVCMOS33 输入/输出标准。当完成 BootROM 后，如果需要，则 FSBL 可以将 I/O 标准从 LVCMOS 修改为 HSTL 或 LVTTL。

> **注**：vmode[0] 引脚用于设置第 0 组 MIO 的标准，vmode[1] 引脚用于设置第 1 组 MIO 的标准。

当 PS_POR_B 复位信号从低到高变化时，Zynq-7000 SoC 对 mode 和 vmode 引脚连续采样 3 个 PS_CLK 时钟周期。当上电复位采样时，将采样的模式值保存到 SLCR 内的 BOOT_MODE 寄存器中。同时，将 vmode 的值保存在 GPIOB_DRVR_BIAS_CTRL 寄存器中。

在 Zynq-7000 SoC 内，用于设置模式的引脚为 MIO[6:2]，而用于设置 vmode 的引脚为 MIO[8:7]。这些引脚所实现的功能设置如下。

（1）MIO[2]：设置 JTAG 模式。
（2）MIO[5:3]：选择启动模式。
（3）MIO[6]：使能/禁止 PLL。
（4）MIO[8:7]：配置 I/O 组的电压。

BOOT_MODE 与 MIO 引脚的关系如表 22.2 所示。BOOT_MODE 寄存器中的比特位对应于 Zynq-7000 SoC 内相关的寄存器。

表 22.2 BOOT_MODE 与 MIO 引脚的关系

	vmode[1]	vmode[0]	BOOT_MODE[4]	BOOT_MODE[2]	BOOT_MODE[1]	BOOT_MODE[0]	BOOT_MODE[3]
	MIO[8]	MIO[7]	MIO[6]	MIO[5]	MIO[4]	MIO[3]	MIO[2]
级联 JTAG	—			—			0
独立 JTAG							1
启动设备							
JTAG	—			0	0	0	0
NOR				0	0	1	
NAND				0	1	0	—
保留				0	1	1	

续表

	vmode[1]	vmode[0]	BOOT_MODE[4]	BOOT_MODE[2]	BOOT_MODE[1]	BOOT_MODE[0]	BOOT_MODE[3]
	MIO[8]	MIO[7]	MIO[6]	MIO[5]	MIO[4]	MIO[3]	MIO[2]
Quad_SPI				1	0	0	
保留		—		1	0	1	
SD				1	1	0	
保留				1	1	1	
PLL 模式							
使用 PLL		—	0			—	
旁路 PLL			1				
MIO 第 0 组电压							
2.5V, 3.3V		—	0		—		
1.8V			1				
MIO 第 1 组电压							
2.5V, 3.3V	0			—			
1.8V	1						

22.3 Zynq - 7000 SoC 内的 BootROM

本节将介绍 BootROM，包括 BootROM 特性、BootROM 头部和启动设备。

22.3.1 BootROM 特性

BootROM 提供了下面的配置特性。

（1）提供 3 种不同的方法用于配置 PS：①两个主模式和一个从模式，即安全、加密的镜像、主模式；②非安全的主模式；③通过 JTAG 的非安全从模式。

（2）支持 4 种不同的外部启动源：Quad - SPI Flash、NAND Flash、NOR Flash、SD。

（3）支持使用 AES - 256 和 HMAC（SHA - 256）的 PS 安全配置。

（4）支持 SoC 调试的安全性。

（5）在 NOR 和 QSPI 芯片内执行配置过程。

上电复位后，启动 PS 配置过程。当禁止 JTAG 模式时，Zynq - 7000 SoC 内的 Cortex - A9 处理器从片内的 BootROM 开始执行代码。BootROM 包含用于驱动 NAND、NOR、Quad - SPI、SD 和 PCAP 的基本程序代码。

在 BootROM 中并不执行对外设的初始化操作，在阶段 1 或该阶段之后，Zynq - 7000 SoC 才对其他外设进行初始化操作。考虑到安全因素，当脱离复位状态后，Cortex - A9 处理器总是 PS 内所有其他主设备模块内的第一个设备。当正在执行 BootROM 时，禁止执行 JTAG，以保证安全性操作。

BootROM 代码也负责加载第一级启动镜像文件。Zynq - 7000 SoC 内的硬件支持加载多级用户启动映像。在第一级启动之后，用户负责进一步实现用户启动映像的加载。当 BootROM 将控制权移交给 FSBL 后，用户软件承担完全控制整个系统的责任。只有再次执行复位操作时，才会重新执行 BootROM 内的代码。

BootROM 支持加密和不加密的镜像。此外，当使用芯片内执行（Execute - in - place，XIP）特性时，当从线性 Flash、NOR 或 QSPI 直接复制镜像或执行后，BootROM 支持从 OCM 开始执行阶段 1 的镜像。

在安全启动 CPU 时，从安全的 BootROM 运行代码，并且对进入的用户 PS 映像进行解码和认证，将其保存到 OCMRAM 中，然后分支（跳转）进入它。在非安全启动 CPU 时，从 BootROM 运行代码，如果使用了 XIP 特性，在分支跳转到 OCM ROM 或 Flash 内的用户镜像时，禁止所有的安全启动特性（包括 PL 内的 AES 引擎）。除非使用带有 XIP 的启动，一般将 PS 的启动镜像限制到 192KB 范围内。

随后用于 PS/PL 启动阶段的过程，都是用户的责任，并且都在用户的控制下。在 Zynq - 7000 SoC 中，不允许用户访问 BootROM 中的代码。完成阶段 1 安全启动的过程后，用户可以继续执行后续的安全/非安全启动阶段。如果一开始执行的就是非安全的第一个阶段，随后只能执行非安全阶段的启动。

通过 PL 内硬接线的 AES - 256 和 SHA - 256 模块，PS 实现解密和认证。由于这个原因，在安全启动的任何阶段，即使只对 PS 进行配置，也必须给 PL 上电。这样，用户就可以通过片上的 eFUSE 单元或片上 BRAM 选择器件的密钥。

在 Zynq - 7000 SoC 内支持 5 种可用的启动设备，包括 NAND、NOR、SD、Quad - SPI 和 JTAG。其中前 4 种启动源用于主模式启动。

（1）在主模式启动过程中，Cortex - A9 处理器负责将启动镜像文件从外部非易失性存储器加载到片内的 PS 中。

（2）JTAG 只能用于从模式启动过程，JTAG 只支持非安全的启动。一个外部的电脑作为一个主设备，通过 JTAG 连接，将启动镜像加载到 OCM。当加载启动镜像时，PS CPU 保持空闲模式。

BootROM 的高层次配置流程如图 22.1 所示。

22.3.2 BootROM 头部

从图 22.1 中可以看出，除 JTAG 外，对于所有的配置接口来说，BootROM 要求一个头部。BootROM 的头部格式如表 22.3 所示。

（1）对于非安全模式，可以从外部 Flash 中直接恢复 PS 镜像，然后直接加载到 Zynq - 7000 SoC 内的 OCM RAM 中；或者 Zynq - 7000 SoC 内的 Cortex - A9 处理器直接跳转到 NOR/Quad - SPI Flash 存储器的开始位置。

（2）对于安全模式，Zynq - 7000 SoC 将从外部 Flash 中恢复及解密 PS 的镜像，同时使用 PL 内的 AES 和 HMAC 硬件进行认证。

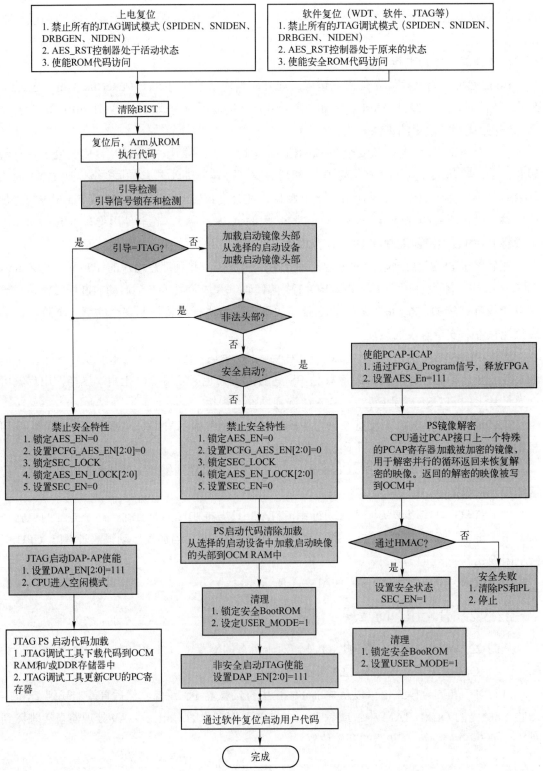

图 22.1 BootROM 的高层次配置流程

第 22 章　Zynq - 7000 SoC 启动和配置原理及实现

表 22.3　**BootROM 的头部格式（每个字为 32 位宽度）**

域	头部字偏移	域	头部字偏移
为中断保留	0x00～0x01 C	执行开始	0x03 C
宽度检测	0x020	总共的镜像长度	0x040
镜像识别	0x024	保留	0x044
加密状态	0x028	头部校验和	0x048
用户定义	0x02 C	保留	0x04 C - 0x09 C
源偏移	0x030	寄存器初始化	0x0 A0 - 0x89 C
镜像长度	0x034	FSBL 镜像	0x8 A0
保留	0x038		

注：在 0 和 0x8 A0 之间的头部总是处于非加密格式，与加密字的状态无关。

1）为中断保留：字节偏移 0x0

28 个保留字用于中断。当在 NOR 和 QSPI 器件芯片内执行代码时，这非常有用。它允许通过两种方法管理向量表：（1）通过 MMU，将 Flash 的线性地址空间重定位到 0x0；（2）使用协处理器 VBAR 管理向量表位置。

2）宽度检测：字节偏移 0x20

该字为一个强制性的值 0xAA995566。当 Zynq - 7000 SoC 上电时，该值允许 BootROM 确定单个的 Quad - SPI 及第二个可选并列 Quad - SPI 设备的数据宽度。根据所读取的数据，BootROM 会重新配置 Flash 接口。这样，Flash ROM 就可以作为一个线性地址空间，由 Cortex - A9 处理器读取。如果 Zynq - 7000 SoC 不能找到并读取该值，则直接锁定 BootROM。

3）镜像识别：字节偏移 0x24

该字是一个强制性的值 0x584 C4 E58，（XLNX），该值允许 BootROM 和宽度检测字一起确定是否出现一个有效的 Flash ROM 启动头部。如果值不匹配，则锁定 BootROM。

4）加密状态：字节偏移 0x28

如果对镜像进行加密，这个域的有效值是 0xA5 C3 C5 A3（E - Fuse 源）、0x3 A5 C3 C5 A（电池备份 RAM 密钥源）。

当该值为 0 时，表示一个非加密的 Flash ROM 启动镜像。如果是其他值，则将锁定 BootROM。

5）用户定义：字节偏移 0x2 C

该字由用户定义，可以是任意值。BootROM 不去理解或使用这个域。

6）源偏置：字节偏移 0x30

该字包含了从 Flash 镜像（这里保留 FSBL 加载镜像）开始的字节个数。这个值相对于 Flash 的开始。该值必须在或高于地址偏移 0x8C0 位置。这是因为偏移必须对齐一个 64 字节的边界（它的低六位必须为 0）。

7）镜像长度：字节偏移 0x34

该字节包含加载镜像传输到 OCM 存储器的字节个数。在 OCM 存储器的顶部，停止传输，而不考虑任何剩余的个数。最大的镜像长度为 0x30000。

NOR 或 QSPI Flash 的一个零值，使得 BootROM 并不会把镜像复制到 OCM 中，而是从相关的 Flash 器件执行 FBSL。

8）保留：字节偏移 0x38

保留这个字区域，用于将来的扩展。必须将该区域初始化为 0x0。

9）开始执行：字节偏移 0x3C

根据是否使用片内执行，这个字有不同的值。

（1）如果没有使用片内执行。

① 该字必须包含相对于 OCM 的起始地址。

② 对于非安全模式，地址必须大于或等于 0x0、小于或等于 0x30000。

③ 对于安全模式，地址必须等于 0x0。

④ 试图从 OCM 存储空间的外部执行，将引起一个安全锁定。

（2）如果使用片内执行。

① 该字包含在 Flash 设备（NOR 或 QSPI）的起始地址。

② 地址必须在 NOR 或 QSPI 线性地址空间范围内。

10）总的镜像长度：字节偏移 0x40

该字包含通过 BootROM 从 Flash 所加载字节的总个数。对于非安全启动，这个域应当等于镜像长度；对于安全镜像，这个域应该大于镜像长度。

11）保留：字节偏移 0x44

保留这个字区域，用于将来使用。必须初始化为 0x0。

12）头部校验和：字节偏移 0x48

13）保留：字节偏移 0x4C

保留这个字区域，用于将来使用。必须初始化为 0x0。

14）寄存器初始化：字节偏移 0xA0

这个字区域包含一个简单的系统，用于实现对 PS 寄存器的初始化操作，它用于 MIO 和 Flash 时钟。这样，就允许 Zynq - 7000 SoC 在第一阶段时就可以将镜像复制到 OCM 或在执行包含 XIP 的 Flash 之前充分地配置 MIO，并且允许将 Flash 设备的时钟设置为最高的带宽速度。

初始化一个寄存器需要两个字，一个是寄存器地址，另一个是寄存器值。在 Zynq - 7000 SoC 中，可以使用不同的顺序对寄存器进行初始化操作。根据不同的要求，同样可以多次使用不同的值对寄存器进行初始化操作。在复制阶段 1 的镜像之前，要求对寄存器进行初始化操作。这样，允许对用于最大配置性能的默认系统设置进行修改。根据镜像的安全性要求，即安全/非安全，其允许的地址范围如下。

（1）在安全模式下，地址范围是 0xF8000100～0xF80001 B4。

（2）在非安全模式下，地址范围是 0xE0000000～0xFFF00000。

当遇到 0xFFFFFFFF 寄存器地址或在对最后一个寄存器初始化（0x898～0x89 F）之后，BootROM 停止对寄存器的初始化操作。如果寄存器的地址不等于 0xFFFFFFFF 或不在所允许的地址范围内，将引起 ROM 执行一个安全锁定操作。

15）FSBL 镜像：字节偏移 0x8 A0

FSBL 镜像必须起始在或高于这个位置。

> 注：启动时间分成 5 个阶段，包括供电上升时间、PLL 锁定时间、PL 清除时间、寄存器初始化时间和复制/执行阶段 1 镜像时间。

22.3.3 启动设备

Zynq - 7000 系列的 BootROM 支持来自 4 种不同类型从设备接口的配置，即四 - SPI Flash、NAND Flash、NOR Flash 和 SD 卡。

此外，Zynq - 7000 SoC 支持通过 JTAG 进行编程。

1．四 - SPI Flash

四 - SPI Flash 启动特性包括：① 支持×1、×2 和×4 单个设备配置；② 双×4 设备配置；③ 片内执行。

BootROM 使用宽度检测字确定配置来自一个四 - SPI 设备还是两个并行四 - SPI 设备。通过使能单个设备引脚，BootROM 开始四 - SPI 配置过程，并且尝试读取宽度检测字。如果它读到所希望的值，则使用×4、×2、×1 的设置继续配置器件。如果 BootROM 发现宽度检测字的值为 0xFFFFFFFF，则停止处理，返回到非安全的 JTAG 启动模式。如果没有读到所期望的值 0xAA995566，并且没有读到所擦除的值 0xFFFFFFFF，则继续尝试双×4 四 - SPI 配置过程。

如果配置文件来自外部的一个四 - SPI Flash，则使能表 22.4 内给出的引脚。

表 22.4 四 - SPI MIO 引脚

信　号	I/O	MIO 引脚
QSPI_IO[3 : 0]	IO	MIO[5 : 2]
QSPI_SCLK	O	MIO[6]
QSPI_SCLK_FB_OUT（如果运行> 40 MHz）	IO	MIO[8]
QSPI_SS_B	O	MIO[1]

如果配置文件来自外部的两个×4 四 - SPI Flash，则除使用表 22.4 给出的引脚外，还需要额外使能表 22.5 给出的引脚。

表 22.5 所使用额外的四 - SPI MIO 引脚

信　号	I/O	MIO 引脚
QSPI1_IO[3 : 0]	IO	MIO[13 : 10]
QSPI1_SCLK	O	MIO[9]
QSPI1_SS_B	O	MIO[0]

BootROM 使用四 - SPI 控制器的线性地址特性。所以，只能访问最开始的 16MB 空间，用于阶段 1 的镜像。当 BootROM 通过执行阶段 1 的镜像后，也可使用高于 16MB 的存

储空间。通过下面的设置，BootROM 设置 QSPI.LQSPI_CFG。

（1）CLK_POL：0。

（2）CLK_PH：0。

（3）BAND_RATE_DIV：1（除4）。

（4）INST_CODE，① ×1 模式：0x03；② ×2 模式：0x3B；③ ×4 模式：0x6B。

（5）DUMMY_BYTE，① ×1 模式：0；② ×2 和×4 模式：1。

（6）如果使用双×4 配置，则设置 SEP_BUS 和 TWO_MEM。

2．NAND Flash

NAND 启动特性包括（1）支持 8 位和 16 位的 NAND Flash 设备；（2）支持的存储容量最大为 8GB；（3）支持 ONFI 1.0 兼容设备。

当使用外部 8 位 NAND Flash 配置 Zynq - 7000 SoC 时，使能表 22.6 内的引脚。

表 22.6　8 位 NAND Flash 需要的 MIO 引脚

信　号	I/O	MIO 引脚
SMC_NAND_CS_B[0]	IO	MIO[0]
保留	—	MIO[1]
SMC_NAND_ALE	IO	MIO[2]
SMC_NAND_WE_B	O	MIO[3]
SMC_NAND_DATA[2]	IO	MIO[4]
SMC_NAND_DATA[0]	IO	MIO[5]
SMC_NAND_DATA[1]	IO	MIO[6]
SMC_NAND_CLE	O	MIO[7]
SMC_NAND_DATA[4 : 7]	IO	MIO[8 : 12]
SMC_NAND_DATA[3]	IO	MIO[13]
SMC_NAND_BUSY	I	MIO[14]

BootROM 用下面的时序值：① t_rr = 0x02；② t_ar = 0x02；③ t_clr = 0x01；④ t_wp = 0x03；⑤ t_rea = 0x02；⑥ t_wc = 0x05；⑦ t_rc = 0x05。

当使用外部 16 位 NAND Flash 配置 Zynq - 7000 SoC 时，需要额外使能表 22.7 给出的引脚。

表 22.7　额外的引脚用于外部 16 位 NAND Flash 配置

信　号	I/O	MIO 引脚
SMC_NAND_DATA[15 : 8]	IO	MIO[23 : 16]

3．NOR Flash

NOR 启动特性包括：（1）片内执行；（2）支持异步 NOR Flash；（3）支持×8 Flash 设备；（4）容量最大为 256MB。

BootROM 不执行对任何 NOR Flash 配置的检测。当选择外部 NOR Flash 配置 Zynq - 7000 SoC 时，使能表 22.8 内给出的引脚。

第22章 Zynq-7000 SoC 启动和配置原理及实现

表22.8 NOR MIO 引脚

信 号	I/O	MIO 引脚
SMC_SRAM_CS_B[1:0]	O	MIO[1:0]
保留	O	MIO[2]
SMC_SRAM_DATA[3:0]	I	MIO[6:3]
SMC_SRAM_OE_B	O	MIO[7]
SMC_SRAM_WE_B	O	MIO[8]
SMC_SRAM_DATA[7:6]	I	MIO[10:9]
SMC_SRAM_DATA[4]	I	MIO[11]
SMC_SRAM_WAIT	I	MIO[12]
SMC_SRAM_DATA[5]	I	MIO[13]
保留	I	MIO[14]
SMC_SRAM_ADDR[24:9]	O	MIO[39:15]

BootROM 使用下面的时序值：① t_rc = 7；② t_wc = 7；③ t_ceoe = 2；④ t_wp = 5；⑤ t_pc = 2；⑥ t_lr = 1；⑦ we_time = 0。

4．JTAG

当选择 JTAG 启动 Zynq-7000 SoC 时，在 CPU 禁止访问所有与安全相关的项及使能 JTAG 接口后，SoC 立即停止运行 CPU。通过 JTAG 接口，在唤醒 CPU 和继续启动过程前，用户负责将启动镜像下载到 Zynq-7000 SoC 的 OCM RAM 或者外部的 DDR 存储器中。

5．SD 卡

SD 启动特性包括：（1）支持从标准的 SD 或 SDHC 卡启动；（2）支持 FAT32 用于保存最初的镜像；（3）容量最大为 32GB。

启动 SD 时，BootROM 执行如下步骤。

（1）初始化表 22.9 给出的 MIO 引脚。

表22.9 SD MIO 引脚

信 号	I/O	MIO 引脚
SDIO0CLK	O	MIO[40]
SDIO0CMD	O	MIO[41]
SDIO0DATA[0:3]	IO	MIO[42:45]

（2）当 PS_CLK 的时钟频率为 33.333MHz 时，将 SD 的时钟频率设置为 226kHz。

（3）从 SD 文件系统的根目录读取 BOOT.BIN，然后将其复制到 Zynq-7000 SoC 内的 OCM RAM 中，并且解析所要求的 BootROM 头部信息。

（4）从 OCM 的起始部分开始执行软件代码。

由于 BootROM 需要读取 BOOT.BIN 文件，因此需要对 SD 卡进行分区。这样，SD 卡的第一个分区是 FAT 文件系统，允许其他为额外的非 FAT 分区。但是，BootROM 不使用这些分区实现启动过程。

22.3.4 BootROM 多启动和启动分区查找

在基本 BootROM 分区失败的情况下，BootROM 支持分区查找。作为用于分区查找相同机制的一部分，BootROM 支持多启动。这样，当复位 Zynq-7000 SoC 时，可以加载不同的镜像。多启动和启动分区查找的流程如图 22.2 所示。

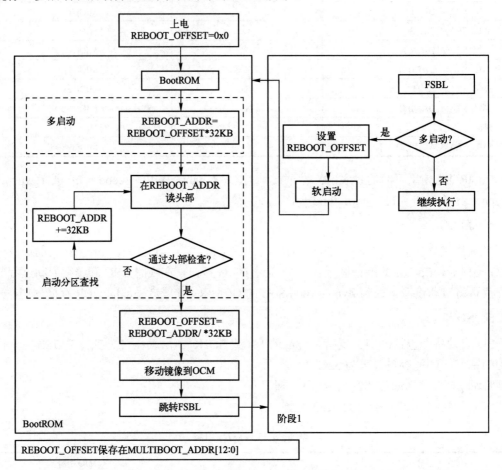

图 22.2 多启动和启动分区查找的流程

该图给出了阶段 1 的镜像多启动流。阶段 1 使用的机制也能用在后面的设备阶段。为了使用多启动 BootROM，必须将镜像放在 Flash 中。可以以任何顺序放置这些镜像。但是，当上电复位后，BootROM 使用 Flash 中的第一个镜像作为初始的镜像。

使用多启动的步骤如下。

（1）计算 REBOOT_OFFSET 地址。

① 这个偏移相对于 Flash 的开始；

② 能计算 REBOOT_OFFSET 作为 Flash 内的镜像字节地址/0x8000。

（2）将 REBOOT_OFFSET 写到 MULTIBOOT_ADDR[12:0]。

（3）执行一个暖启动。

当加载镜像出现故障时，为了查找用于工作的分区，应该放置黄金镜像，它用于寻找启动分区的 Flash 布局，如图 22.3 和图 22.4 所示。正常情况下，从标准的镜像启动 Zynq - 7000 SoC。但是，在遇到 BootROM 查找失败的情况下，找到黄金镜像并从它启动。

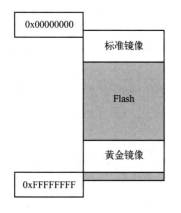

图 22.3　标准 Flash 布局图

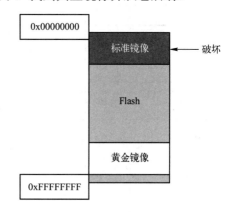

图 22.4　破坏的 Flash

BootROM 分区搜索机制可以防范这些失败。

（1）开始更新标准的镜像。但是，当要求更新擦除一部分时，系统被破坏。

（2）开始执行写操作过程。但是，只是完成了部分写操作过程。

BootROM 分区的搜索机制不能防范这些失败。

（1）标准镜像驻留在存储器部分，但是由于一些未知手段被破坏。

（2）构造了一个完整的镜像，但是没有实现所需要的功能。

计划失败或发生意外时，提供一个机制用于备选的配置。BootROM 提供了下面的功能。

（1）BootROM 在头部查找关键字。典型地，在头部偏移 0x24 位置的"XLNX"，它用于识别一个 BootROM 镜像。

（2）BootROM 计算校验和，以确认没有破坏头部信息（比较值位于头部的 0x48 位置）。如果在任何检查中失败，则 BootROM 开始在 32KB 的边界上查找另一个镜像。该镜像可以通过关键字测试和 CRC 检查。在 Zynq - 7000 SoC 中，BootROM 只能管理一个备选的配置。此外，BootROM 只能在配置设备中寻找有限的地址空间。

（1）SD 卡没有黄金镜像或寻找能力。

（2）NAND 查找 Flash 存储器最开始的 128MB 空间。

（3）NOR 和 QSPI 查找 Flash 存储器最开始的 16MB 空间。

22.3.5　调试状态

启动失败时，BootROM 提供两种方法用于提供状态信息。基本的一种方法是通过 REBOOT_STATUS 寄存器。在非安全状态下的启动失败时，将导致 BootROM 不能访问 AES 引擎，清除 PL 及使能 JTAG。

当使能 JTAG 时，Zynq - 7000 SoC 可以读取 REBOOT_STATUS 寄存器的内容。通过读取该寄存器，可以找到引起启动失败的源。BootROM 的错误状态输出码如表 22.10 所示。

表 22.10 BootROM 的错误状态输出码

名字	值	描述
BOOT_ROM_CRC_FAIL	0x1000	如果所创建的 CRC 解锁值没有解锁 DevC 模块，发生 BOOT_ROM_CRC_FAIL。这是一个灾难性的错误，由于没有使能 JTAG，没有恢复的可能性。这将引起锁定
ILLEGAL_BOOT_MODE	0x8101	如果没有认可所选择的模式，发生 ILLEGAL_BOOT_MODE。在 BootROM 处理的过程中，如果从 BMR 读取的值最终改变了，则可能发生这个情况。这将引起锁定
PERIPHERAL_INIT_FAIL	0x8102	如果没有正确地启动 PCAP 接口，并且 BootROM 超时，则发生 PERIPHERAL_INIT_FAIL。这将引起锁定
ILLEGAL_RETURN	0x8103	如果切换功能没有正确地启动所加载的应用，并且处理器从没有认可的函数返回时，发生 ILLEGAL_RETURN。这将引起锁定
DECRYPTION_FAILED	0x8110	如果在解密安全启动镜像时发生问题，则发生 DECRYPTION_FAILED 和 AUTHENTICATION_FAILED
AUTHENTICATION_FAILED	0x8111	如果在鉴别安全启动镜像时发生问题，则发生 DECRYPTION_FAILED 和 AUTHENTICATION_FAILED
IMAGE_HEADER_FORMAT_ERROR	0x8201	如果其他错误检查不能覆盖镜像出现的问题，则发生 IMAGE_HEADER_FORMAT_ERROR。这也是空白 Flash 设备的状态。这将引起锁定
REGISTER_INIT_FAILED	0x8202	如果在加载和启动前，由 BootROM 将数据写到寄存器时出现问题，则产生 REGISTER_INIT_FAILED。这个错误由超出范围的目标地址触发。这将引起锁定
BAD_IMAGE_START_ADDRESS	0x8203	当镜像的起始地址不是 0 或不在用于 XIP 的正确地址范围内（如始地址表示线性四-SPI 地址范围），但是镜像将要加载到 NOR 时，发生 BAD_IMAGE_START_ADDRESS。这将引起锁定
EXECUTE_IN_PLACE_ERROR	0x8204	当镜像被加密或启动源表示 NAND，而镜像的头部表示它是一个 XIP 镜像时，则发生 EXECUTE_IN_PLACE_ERROR。这将引起锁定
BAD_IMAGE_CHECKSUM	0x8205	如果头部的校验和不正确，则发生 BAD_IMAGE_CHECKSUM。这将触发黄金镜像搜寻 NOR、NAND 和 QSPI 启动模式。这将引起锁定
EXCEPTION_TAKEN_FAIL	0x8300	EXCEPTION_TAKEN_FAIL 是灾难性的。这表示由于一些原因，触发了 BootROM 异常。任何中断或异常被认为一个错误。这引起锁定

22.3.6 BootROM 后状态

BootROM 之后的 PS 状态与下面因素有关：（1）是否使能安全模式；（2）所设置的模式引脚；（3）是否发生错误。

当退出 BootROM 时，模式引脚将影响使能的 MIO 引脚及所设置的 I/O 标准。此外，模式设置还提供了启动外设的设置。例如，选择四-SPI 为 Zynq-7000 SoC 的启动源，为了从外部 SPI Flash 读取配置信息，则需要使能所需要的 MIO 引脚，并且需要对四-SPI 控制器进行必要的设置。

在 BootROM 之后，PS 的状态通常如下所示。
（1）禁止 MMU、指令缓存、数据缓存及 L2 缓存。
（2）所有的 Cortex-A9 处理器均处于监控程序模式下。
（3）屏蔽 ROM 代码，并且不可访问它。

（4）从起始地址 0x0 的位置访问 192KB 的 OCM，而从 0xFFFF0000 的地址访问 64KB 空间。

（5）如果没有失败，则 CPU0 分支跳转到阶段 1 的镜像。

（6）当执行 0xFFFFFE00～0xFFFFFFF0 地址范围的代码时，CPU1 处于 WFE 状态。

在 JTAG 启动模式下，BootROM 所修改的寄存器如表 22.11 所示。使用其他配置接口的启动模式，修改相关接口的 MIO 寄存器及外设寄存器。

表 22.11 BootROM 所修改的寄存器

地　址	BootROM 后的值	寄存器名字
0xf8007000	0x4e00e07f	devcfg.CTRL
0xf8007004	0x0000001a	devcfg.LOCK
0xf8007008	0x00000508	devcfg.CFG
0xf800700c	0xf8020006	devcfg.INT_STS
0xf8007014	0x40000f30	devcfg.STATUS
0xf8007028	0xffffffff	devcfg.ROM_SHADOW
0xf8007034	0x757bdf0d	devcfg.UNLOCK
0xf8007080	0x10800000	.devcfg.MCTRL
0xf8f02104	0x02060000	l2cache.reg1_aux_control
0xf8f02f40	0x00000004	l2cache.reg15_debug_ctrl
0xf8f00040	0x00100000	mpcore.Filtering_Start_Address_Register
0xf8f00044	0xffe00000	mpcore.Filtering_End_Address_Register
0xf8f00108	0x00000002	mpcore.ICCBPR
0xf8f00200	0x9dfec6f5	mpcore.Global_Timer_Counter_Register0
0xf8f00204	0x00000002	mpcore.Global_Timer_Counter_Register1
0xf8f00208	0x00000001	mpcore.Global_Timer_Control_Register
0xf80001c4	0x00000000	slcr.CLK_621_TRUE
0xf8000258	0x00400002	slcr.REBOOT_STATUS
0xf8000530	0x03731093	slcr.PSS_IDCODE
0xf8000910	0x00000018	slcr.OCM_CFG
0xf8000a1c	0x00010101	slcr.L2C_RAM
0xf8000a90	0x01010101	slcr.OCM_RAM
0xf8000b04	0x0c301166	slcr.GPIOB_CFG_CMOS18
0xf8000b08	0x0c301100	slcr.GPIOB_CFG_CMOS25
0xf8000b0c	0x0c301166	slcr.GPIOB_CFG_CMOS33
0xf8000b10	0x0c301166	slcr.GPIOB_CFG_LVTTL
0xf8000b14	0x0c750077	slcr.GPIOB_CFG_HSTL
0xf8000b70	0x00000020	slcr.DDRIOB_DCI_CTRL
0xe0001000	0x00000114	uart1.Control_reg0
0xe0001004	0x00000020	uart1.mode_reg0
0xe0001014	0x00000208	uart1.Chnl_int_sts_reg0

续表

地 址	BootROM 后的值	寄存器名字
0xe0001018	0x00000056	uart1.Baud_rate_gen_reg0
0xe0001028	0x000000fb	uart1.Modem_sts_reg0
0xe000102c	0x0000000a	uart1.Channel_sts_reg0
0xe0001034	0x00000004	uart1.Baud_rate_divider_reg0

1. BootROM 后的安全性

如果使能安全模式,则 AES 引擎将访问 BootROM。反过来,如果 Zynq-7000 SoC 使用非安全启动模式,则禁止 AES 引擎。默认情况下,当 PS 完成安全的第一级启动时,一直使能加密逻辑。当使能 AES 时,用户负责维护 PCAP-ICAP 接口。

在退出安全性前,BootROM 锁定 DevC 模块内的大量比特位,如表 22.12 所示。

表 22.12 Dev_CFG 锁定寄存器

比特位置	比特位名字	锁定状态
4	AES_FUSE_LCOK	1
3	AES_EN_LOCK	1 [1]
2	SEU_LOCK	0
1	SEU_LOCK	1
0	DBG_LOCK	0

注:(1) 只在 NON_SECURE 启动模式下锁定 AES_EN_LOCK 比特位。

2. BootROM 后调试

当从非安全方式启动失败时,BootROM 使能通过 JTAG 访问 Zynq-7000 SoC。这样,就能读取 RE-BOOT_STATUS 寄存器的内容。当使能 JTAG 接口时,可以使用类似于 XMD 的一个调试工具充分地访问片内 Cortex-A9 双核处理器。

如果在安全模式启动时发生失败,则 BootROM 禁止 AES 引擎,清除 OCM 和 PL,并且停止 CPU。当禁止 JTAG 接口时,将导致不能读取 REBOOT_STATUS 寄存器的内容。

3. CPU1 内的启动代码

CPU0 负责启动 CPU1 上的其他代码。当上电复位时,BootROM 使得 CPU1 处于复位状态,并且禁止所有的东西,但会修改一些通用寄存器,并且将其设置为 WFE 状态。

在 Zynq-7000 SoC 内,要求 CPU0 包含少量的协议来启动 CPU1 上的应用程序。当 CPU1 接收到一个系统事件时,立即读取地址 0xFFFFFFF0 的内容,然后跳转到该地址。如果在更新目标地址位置 0xFFFFFFF0 前发布 SEV 命令,则 CPU1 继续处于 WFE 状态。这是由于 0xFFFFFFF0 是一个作为安全网络的 WFE 指令地址。如果写到地址 0xFFFFFFF0 的数据是无效的,或者指向一个未初始化的存储器写数据时,将导致不可预测的结果。

只有 Arm-32 ISA 代码支持 CPU1 上的初始跳转,不支持 Thumb 和 Thumb-II 在目标地址上的跳转。这就表示目标地址必须是 32 位对齐的,并且是一个有效的 Arm-32 指令。如果不满足这些条件,会导致不可预测的结果。

CPU0 启动 CPU1 上的应用程序的步骤如下。

（1）将用于 CPU1 应用程序的地址写到 0xFFFFFFF0 的位置。

（2）执行 SEV 指令，用于唤醒 CPU1，并且跳转到应用程序。

0xFFFFFE00～0xFFFFFFF0 的地址范围为保留区域，不可以使用这个地址范围，一直到阶段 1 或上述的应用充分发挥功能为止。在成功启动第二个 CPU 前，如果访问这些区域，则将会引起不可预测的结果。

22.4　Zynq - 7000 SoC 器件配置接口

设备配置接口（Device Configuration Interface，DevC）的结构如图 22.5 所示。DevC 由 3 个独立操作的主模块构成：

（1）用于连接 PL 配置逻辑的 AXI - PACP 桥；

（2）设备安全性管理单元；

（3）一个 XADC 接口。

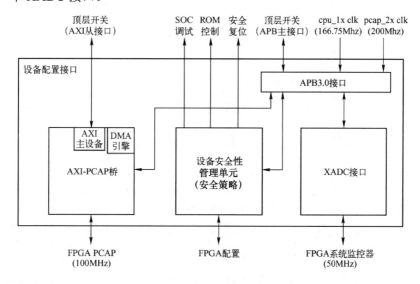

图 22.5　DevC 的结构

设备配置接口也包含一个 APB 接口。主机使用 APB 接口配置这 3 个模块，并且访问整个状态，以及实现与 PL XADC 的通信。

器件配置接口管理基本的设备安全性，以及提供一个简单的接口、PS 设置和 PL 配置。

（1）在安全/非安全的主启动模式下，通过处理器配置访问接口（Processor Configuration Access Port，PCAP）配置 PL。

（2）支持回读 PL 配置。

（3）支持并发的比特流下载/上传。

（4）非安全 PL 配置的 PCAP，其下载吞吐量最高达到 400MB/s；安全 PL 配置的 PCAP，其下载吞吐量最高达到 100MB/s。

(5) 执行 Zynq-7000 器件系统级安全性，包括调试安全性。
(6) 支持 XADC 串行接口。
(7) 支持 XADC 报警和超过温度的中断。
(8) 支持 200MHz AXI 字对齐的猝发读和写传输操作。
(9) 安全启动 ROM 代码保护。

22.4.1 描述功能

1. AXI-PCAP 桥

AXI-PCAP 桥将 32 位 AXI 格式的数据转换成 32 位的 PCAP 协议，反之亦然。这个桥支持配置数据，以并发和非并发的方式下载和上传，如图 22.6 所示。

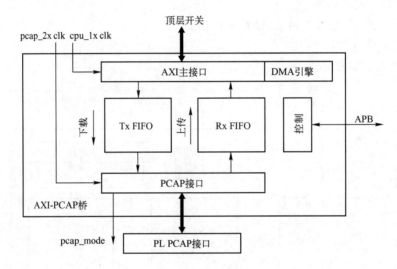

图 22.6 AXI-PCAL 桥

AXI 和 PCAP 接口之间存在一个发送和接收 FIFO 缓冲区。图中的 DMA 引擎用于在 FIFO 和存储器设备（OCM、DDR 存储器，或者外设存储器的一个）之间移动数据。

> 注：AXI 发送不安全的数据到 PCAP 接口只需要一个时钟周期；而发送加密数据到 PCAP 接口则需要 4 个时钟周期。

当通过 PCAP 接口移动数据时，必须给 Zynq-7000 SoC 的 PL 一侧供电。通过 DevC 控制寄存器的 PCAP_MODE 和 PCAP_PR 比特位，使能 PCAP 接口。如果发送加密数据，还应该设置 QUARTER_PCAP_RATE EN 比特位。

通过 DevC 模块内建的 DMA 引擎在 PCAP 接口之间传输数据。为了启动一个数据传输过程，必须按照下面的顺序写 4 个 DMA 寄存器：①DMA 源地址寄存器；②DMA 目的地址寄存器；③DMA 源长度寄存器；④DMA 目的长度寄存器。

为了通过 PCAP 接口将数据传输到 PL，目的地址应该设置为 0xFFFFFFFF。类似地，通过 PCAP 接口从 PL 读数据，源地址应该设置为 0xFFFFFFFF。必须通过 PCAP 接口发送加密的 PS 镜像，这是由于 AES 和 HMAC 引擎都驻留在 PL 一侧。在该情况下，DMA 源地址应该设置为一个外部的存储器接口，而目标地址应该设置为 OCM。

DevC 的 DMA 引擎能用于加载不安全的 PS 镜像。在加载以前，在杂项控制寄存器内设置 PCAP_LPBK 比特位。这个比特位使能内部的环路，旁路掉 PCAP 接口。在使用 PCAP 前，需要再次禁止该比特位。DMA 源地址应该设置为一个外部存储器，而目的地址应该设置为一个 OCM 或一个有效的外部存储器接口，如 DDR。

PCAP 接口也用来回读 PL 配置。为了执行回读操作，PS 必须运行软件代码，使能产生正确的 PL 回读命令。使用两个 DMA 访问周期，回读一个 PL 配置。

（1）第一个 DMA 访问周期同步 PL 配置控制器发送回读命令，并且将回读的数据发送到一个有效的目的地址。

（2）第二个 DMA 访问周期要求给 PL 配置控制器发送回读数据，然后继续正常的 PL 操作。

用于回读 PL 配置的第一个 DMA 访问如下。

（1）DMA 源地址：PL 回读命令序列的地址。

（2）DMA 目的地址：期望用于保存回读数据的地址。

（3）DMA 源长度：PL 回读命令序列中的命令个数。

（4）DMA 目的长度：来自 PL 回读字的个数。

注： OCM 空间不是足够大，以至于不能用于保存一个完整的 PL 回读。

2．设备安全性管理单元

DevC 包含一个安全策略模块，提供如下功能。

（1）监控系统安全性。当检测到冲突的状态时，能确认一个安全复位。这个状态能表示不一致的系统配置或篡改。

（2）通过 APB 接口控制和监视 PL 配置逻辑。

（3）控制 Arm CoreSight 的调试器访问端口 DAP 和调试级。

（4）提供片上 ROM 控制。

3．XADC 接口

XADC 接口提供如下功能和特性。

（1）读和写 XADC 寄存器。

（2）15 个深度的写命令 FIFO 和 15 个深度的读 FIFO（32 位宽度）。

（3）可编程的 FIFO 级中断。

（4）报警中断。

（5）过温度中断。

22.4.2 器件配置流程

本节将介绍器件的配置流程，包括 PS 主设备非安全启动、PS 主设备安全启动、PSJTAG 非安全启动。

1. PS 主设备非安全启动

在这个启动模式下，PS 作为主设备。BootROM 从选择的外部存储器加载一个纯文本 PS 镜像，如图 22.7 所示。在这种情况下，并不要求 PL 上电，可以使用 PS 镜像立即加载或以后加载 PL 比特流。

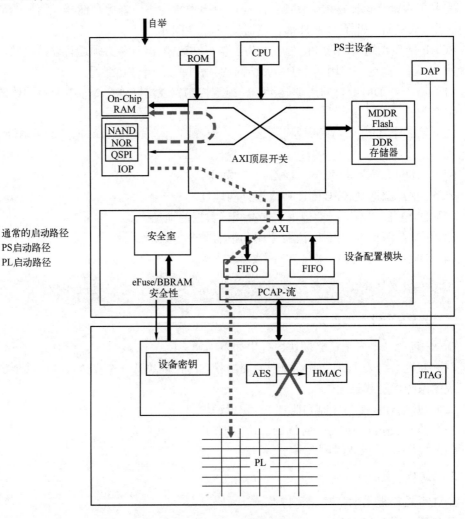

图 22.7 PS 主非安全启动流程

配置的主要步骤如下。

（1）设备上电复位。

（2）BootROM 执行：① 读自举程序，以确定外部存储器的接口类型；② 读启动头部信息，以确定加密的状态和镜像目标。

（3）BootROM 使用 DevC 的 DMA，将 FSBL 加载到 OCM 或其他有效的目的地址。

（4）关闭 BootROM，释放 CPU 用于控制 FSBL。

（5）（可选的）通过 PCAP，FSBL 加载 PL 比特流。

2．PS 主设备安全启动

在该启动模式下，PS 作为主设备。BootROM 从所选择的外部存储器加载一个加密的 PS 镜像，如图 22.8 所示。由于 AES 和 HMAC 引擎驻留在 PL 中，因此要求 PL 上电来初始化启动序列。在尝试解密 FSBL 前，BootROM 验证 PL 已经上电。当启动 PS 后，可以使用一个加密的比特流配置，或者断电以后再配置 PL。

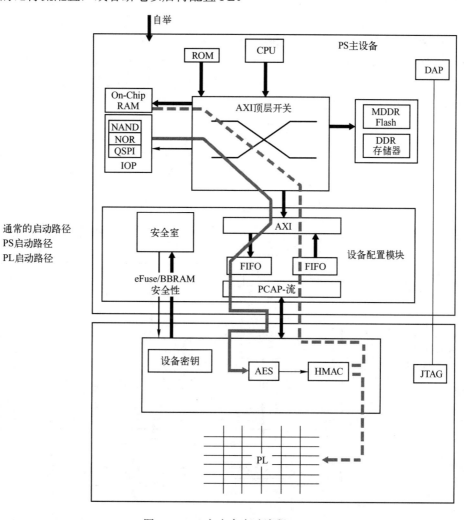

图 22.8　PS 主安全启动流程

下面给出了配置的详细步骤。

（1）设备上电复位。

（2）BootROM 执行：①读自举程序，以确定外部存储器的接口类型；②读启动头部，以确定加密的状态（安全）；③确认 PL 上电，开始解密 FSBL。

（3）BootROM 使用 DevC DMA 引擎。通过 PCAP，将加密的 FSBL 发送到 PL 内的 AES 和 HMAC。

（4）PL 使用 PCAP 将解密的 FSBL 返回到 PS，然后在此将其加载到片内 OCM。

(5) 关闭 BootROM，释放 CPU 用于控制 FSBL。

(6)（可选的）FSBL 使用一个加密流配置 PL。

3. PSJTAG 非安全启动

在该启动模式下，PS 是 JTAG 接口的从设备。必须将 JTAG 设置为级联模式，不可能从分裂模式下启动 Zynq-7000 SoC，如图 22.9 所示。因为需要使用 PL 一侧的 JTAG 引脚，所以要求给 PL 一侧供电，并且禁止 AES 引擎，不允许使用安全镜像。通过 JTAG 接口，允许独立启动 PS，并且可以在同一时间配置 PS 和 PL。如果独立启动 PS，则使用 PL TAP 控制器指令和数据寄存器，负责在 TDI 和 TDO 之间移动数据。在级联配置中，最后一个移入 PS DAP 寄存器。当启动 Zynq-7000 SoC 内的 PS 一侧后，就可以配置 PL 内的逻辑，也可以选择给 PL 断电，以后再对 PL 进行配置。其配置流程如下。

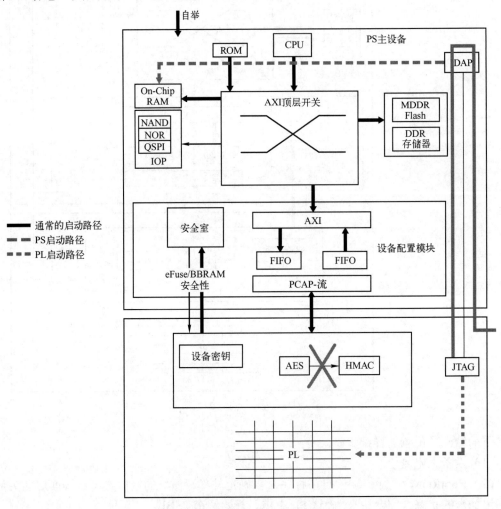

图 22.9 PS JTAG 非安全启动流程

(1) 设备上电复位，其中包括给 PL 上电。

(2) BootROM 执行：①读自举程序，确认启动模式，JTAG 必须使用级联模式；②执行

CRC 自检查。

（3）禁止所有的安全特性，使能 DAP 控制器和 JTAG 链。

（4）关闭 BootROM，释放 CPU 用于控制 JTAG。

（5）使用 JTAG 加载 PS 镜像。

（6）（可选的）使用 JTAG 或 PS 镜像配置 PL。

22.4.3 配置 PL

除 JTAG 外，总是使用 PCAP 配置 Zynq - 7000 SoC 内的 PL。不管是否选择在 PS 启动还是在以后使用一个镜像加载到 PS 中，用户可以在任何时候自由地配置 PL。

1. 确定 PL 上电状态

在配置 PL 前，必须给 PL 上电。当给 PL 上电后，开始它独立地上电复位序列，然后通过"大扫除"序列，清除 PL 内所有配置的 SRAM 单元。通过 Zynq - 7000 SoC 内的 PS，用户可以查看 PL 的上电复位状态。

通过 DevC 模块内中断状态寄存器的第 4 比特位，跟踪 PL 的上电状态。每当 PL 掉电时，设置该中断状态标志。使用 1 写该比特位来清除以前的状态，然后读取它。如果没有设置该位，则表示 PL 已经上电。使用 DEVCI 控制寄存器的第 29 比特位，用于加速这个过程。

通过读取 DEVCI 状态寄存器的 5 比特位，用户可以获取 PL 上电状态的额外信息。如果该位为低，则表示 PL 处于复位状态。

在任何时候，控制寄存器内的 PCFG_PROG_B 比特位，可以给 PL 发布一个全局复位信号。PCFG_INIT 保持为低，直到 PCFG_PROG_B 比特位设置为高为止。

2. 通过 PCAP 配置 PL

只有 PL 完成"大扫除"的工作后才能发送配置比特流。这个状态由 DevC 状态寄存器的 PCFG_INIT 比特位说明。通过设置 PCAP_MODE，禁止内部的环路功能。通过 DevC DMA 引擎，给 PL 发送比特流数据。中断状态寄存器中的 PCFG_DONE 标志位，表示是否成功配置 PL，该标志也产生一个系统中断。配置流程如下。

（1）等待 PL 将 PCFG_INIT 设置为高（STATUS - bit[4]）。

（2）设置内部环路为 0（MCTRL - bit[4]）。

（3）设置 PCAP_MODE 为 1（CTRL - bit[27 : 26]）。

（4）初始化一个 DevC DMA 传输。①源地址：PL 配置比特流的位置；②目的地址：0xFFFFFFFF；③源长度：在 PL 比特流中，总共 32 位字个数；④目的长度：在 PL 比特流中，总共 32 位字个数。

（5）等待 PL 将 PCFG_DONE 比特位设置为高。

3. PL 重配置

配置 PL 后，通过 PCAP 或 ICAP 可以对其进行重配置。为了使用 ICAP，控制寄存器的第 27 比特位（PCAP_PR）必须设置为低。PL 的最初配置也必须将 ICAP 连接到外部接口或连接到与 PL 连接的一些内部逻辑上。

使用 PCAP 重配置 PL，必须将控制寄存器内的 PCAP_MODE 比特位和 PCAP_PR 比特位设置为 1。同时，禁止内部的环路功能。使用 DevC DMA 引擎，将重配置比特流发送到 PL 中。对于初始配置，源和目的是一样的。

当开始 PCAP 或 ICAP 重配置后，必须清除中断状态寄存器中的 PCFG_DONE 标志。这样，PS 才能检测到 PL 的成功配置。

4．通过 JTAG 配置 PL

使用 JTAG 的分裂或级联模式配置 PL。使用 JTAG 模式时，用户必须将控制寄存器的 JTAG 链禁止比特位设置为 0。

（1）在 JTAG 分裂模式下，PL 的行为类似于一个 Xilinx 7 系列的 FPGA。

（2）在 JTAG 级联模式下，必须通过设置控制寄存器的 DAP 使能比特位，使能 PS 的 DAP 控制器。

5．PL 安全配置

为了实现对 PL 的安全配置过程，用户必须安全地启动 PS。对于 Zynq - 7000 SoC 来说，只能通过 BootROM 使能 AES 和 HMAC 引擎。加载一个用于配置 PL 的安全比特流过程与任何其他比特流是一样的。但是，需要在控制寄存器中设置 1/4 PCAP 速率使能位。这是因为 AES 引擎在一个时钟周期内只能解密一个字节。因此，PCAP 需要 4 个时钟周期才能给 PL 发送一个 32 位宽度的字。

22.4.4　寄存器概述

设备配置和启动寄存器的描述如表 22.13 所示。

表 22.13　设备配置和启动寄存器的描述

功　能	描　述	硬件寄存器	偏　移	类　型
设备配置	控制	CTRL	0x000	R/W
	黏性的锁需要上电复位	LOCK	0x004	R/Strick W
	配置	CFG	0x008	R/W
设备配置 DMA	中断状态	INT_STS	0x00C	R + Clr 或 Wr
	中断屏蔽	INT_MASK	0x010	R/W
	状态	STATUS	0x014	R + Clr 或 Wr
	DMA 源地址	DMA_SRC_ADDR	0x018	R/W
	DMA 目的地址	DMA_DEST_ADDR	0x01C	R/W
	DMA 源长度	DMA_SRC_LEN	0x020	R/W
	DMA 目的长度	DMA_DEST_LEN	0x024	R/W
启动	多启动偏移	MULTIBOOT_ADDR	0x02C	R/W
	软件 ID 寄存器	SW_ID	0x030	R/W
	杂项控制	MCTRL	0x080	R/W

22.5 生成 SD 卡镜像文件并启动

为了在上电时启动应用程序和使用硬件比特流文件配置 PL，需要创建第一级的启动镜像文件，并且将生成的镜像文件复制或烧写到启动介质中，如 SD 卡或 QSPI Flash 中。

一个 SD 卡所保存的启动镜像文件 BOOT.bin 中包含如下内容。

（1）FSBL 应用程序可执行文件。
（2）硬件比特流文件。
（3）应用程序可执行文件。

当使用 SD 卡内保存的镜像文件启动系统时，Zynq - 7000 SoC 内的 BootROM 将查找在启动介质上的这个 BOOT.bin 文件。

> **注**：这个启动镜像文件的名字必须为大写的 BOOT.bin。

22.5.1 SD 卡与 xc7z020 接口设计

Zynq - 7000 SoC 内 PS 一侧的 SD/SDIO 外设控制器负责与 Z7 - EDP - 1 开发平台上的 SD 卡通信。作为一个非易失性存储介质，SD 卡能用于启动 Zynq - 7000 SoC 的 APU。通过 Zynq - 7000 SoC Bank 1/501 的 MIO[40]～MIO[47]引脚，外部的 SD 卡就能与 Zynq - 7000 SoC 通信，包括检测 SD 卡及对 SD 卡实现写保护。

在 Z7 - EDP - 1 开发平台上，使用了目前流行的 Mini SD 卡，该 Mini SD 卡与 xc7z020clg484 SoC 的接口如图 22.10 所示。

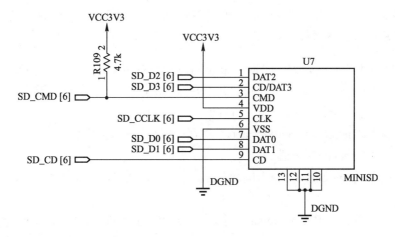

图 22.10　SD 卡和 xc7z020clg484 SoC 的接口

> **注**：在该设计中 xc7z020clg484 SoC 的 Bank1 使用 3.3V 供电，因此 SD 卡可以直接与 xc7z020clg484 SoC 进行连接，而不需要使用额外的电平转换芯片用于不同逻辑电平间的互相转换。

22.5.2 打开前面的设计工程

本小节将介绍如何在第 7 章所创建工程的基础上生成 SD 卡启动镜像文件。下面给出复制并打开设计工程的步骤。

（1）在 E:\zynq_example 的目录下，创建一个名字为"sd_boot"的子目录。

（2）将 E:\zynq_example\lab1 目录下的所有文件复制到 E：\zynq_example\sd_boot 目录下。

（3）打开 Vivado 2015.4 集成开发环境。

（4）定位到 E:\zynq_example\sd_boot 子目录，打开名字为"lab1.xpr"的工程。

（5）在 Vivado 主界面左侧的"Flow Navigator"窗口中，找到并展开 IP Integrator。在展开项中，找到并单击 Open Block Design。

（6）在右侧的"Diagram"窗口中，找到并单击名字为"processing_system7_0"的块符号。

（7）打开"Re - customize IP"对话框。在该对话框中，单击 I/O Peripherals。

（8）出现"MIO Configuration"对话框。在该对话框中，参数设置如下。

① 找到并展开 Memory Interface。在展开项中，找到并选中"Quad SPI Flash"前面的复选框。

注：该选项表示使能使用 Zynq - 7000 SoC 外部的 QSPI Flash。当使用外部 QSPI Flash 启动 Zynq - 7000 SoC 时，必须使能该选项。

② 选中"SD 0"前面的复选框。

注：该选项表示使能使用 Zynq - 7000 SoC 外部的 SD 卡。当使用外部 SD 卡启动 Zynq - 7000 SoC 时，必须使能该选项。

（9）单击"OK"按钮，退出"Re - customize IP"对话框。

（10）在"Sources"标签页中，找到并选择 system.bd，单击鼠标右键，出现浮动菜单。在浮动菜单内，选择 Generate Output Products。

（11）出现"Generate Output Products"对话框，使用默认设置。

（12）单击"Generate"按钮。

（13）再次选中 system.bd，单击鼠标右键，出现浮动菜单。在浮动菜单内，选择 Generate HDL Wrapper...。

（14）出现"Create HDL Wrapper"对话框，选择"Let Vivado manage wrapper and auto - updata"。

（15）单击"OK"按钮。

（16）在 Vivado 主界面左侧的"Flow Navigator"窗口中，找到并单击 Generate Bitstream。

注：Vivado 自动执行综合和实现的过程，并生成比特流文件。

（17）在 Vivado 主界面的主菜单中，选择 Export→Export Hardware...。
（18）出现"Export Hardware"对话框，取消勾选"Include bitstream"前面的复选框。
（19）单击"OK"按钮。
（20）出现"Module Already Exported"对话框。提示已经存在导出的文件，是否覆盖。
（21）单击"Yes"按钮。
（22）在 Vivado 集成开发环境主界面的主菜单下，选择 File→Launch SDK。
（23）出现"Launch SDK"对话框，使用默认的输出位置。
（24）单击"OK"按钮，导入并启动 SDK 工具。

注：读者可以根据自己的实际情况选择路径和命名文件夹。

22.5.3 创建第一级启动引导

本小节将介绍如何生成 FSBL 应用工程，该工程将用于引导启动代码。

（1）在 SDK 主界面的左侧窗口中，选择 system_wrapper_hw_platform_0，单击鼠标右键，出现浮动菜单。在浮动菜单内，选择 Delete，将其删除。
（2）在 SDK 主界面的主菜单下，选择 File→New→Application Project。
（3）弹出"New Project"对话框，参数设置如下。
① Project name：zynq_fsbl_0。
② OS Platform：Standalone。
③ Language：C。
④ Board Support Package：Create New（使用默认的名字 zynq_fsbl_0_bsp）。

（4）单击"Next"按钮。
（5）出现"New Project：Templates"对话框，在"Available Templates"列表中选择"Zynq FSBL"。
（6）单击"Finish"按钮。
（7）在 SDK 主界面左侧的"Project Explorer"窗口中，新添加了名字为"zynq_fsbl_0"的文件夹和名字为"zynq_fsbl_0_bsp"的文件夹，如图 22.11 所示。

图 22.11 新添加 zynq_fsb1_0 文件夹和 zynq_fsb1_0_bsp 文件夹

22.5.4 创建 SD 卡启动镜像

（1）在创建 SD 卡镜像之前，为了方便，在当前的工程目录 E：\zedboard_example\sd_boot\下新建一个子目录 boot。
（2）在 SDK 主界面的主菜单下，选择 Xilinx Tools→Create Boot Image。
（3）出现"Create Zynq Boot Image"对话框，如图 22.12 所示。
（4）在该对话框中，默认选中"Create new BIF file"前面的复选框。
（5）在该对话框中，单击 Browse 按钮。
（6）出现"BIF File"对话框，将路径定位到 E：\zynq_example\sd_boot\boot，默认的文件名为 output。

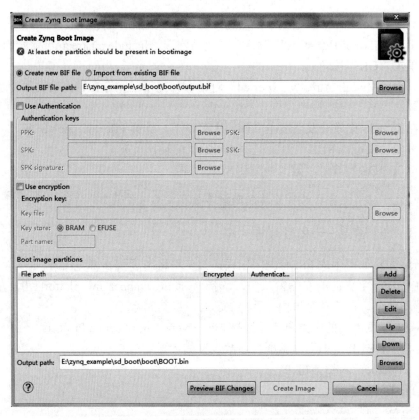

图 22.12 "Create Zynq Boot Image"对话框

(7) 在图 22.12 的 Boot image partitions 右侧,单击"Add"按钮。
(8) 出现"Add partition"对话框,如图 22.13 所示。

图 22.13 "Add partition"对话框

第22章 Zynq-7000 SoC 启动和配置原理及实现

（9）单击 Browse 按钮。

（10）出现"Partition file"对话框。将路径定位到 E：\zynq_example\sd_boot\lab1.sdk\zynq_fsbl_0\Debug。在该路径中，选择 zynq_fsbl_0.elf 文件。

（11）单击"打开"按钮。

（12）返回到"Add partition"对话框。在该对话框中，可以看到 Partition type（分区类型）为 bootloader。

（13）单击"OK"按钮。

（14）可以看到添加了第一个启动镜像文件。

（15）再次在图22.12中单击"Add"按钮。

（16）出现"Add partition"对话框，单击 Browse 按钮。

（17）出现"Partition file"对话框。将路径定位到 E：\zynq_example\sd_boot\lab1.sdk\hello_world0\Debug。在该路径中，选择 hello_world0.elf 文件。

（18）单击"打开"按钮。

（19）返回到"Add partition"对话框，可以看到 Partition type（分区类型）为 datafile。

（20）单击"OK"按钮。

（21）可以看到在"Boot image partitions"窗口下添加了两个文件，如图22.14所示。

Boot image partitions		
File path	Encrypted	Authenticat...
(bootloader) E:\zynq_example\sd_boot\lab1.sdk\zynq_fsbl_0\Debug\zynq_fsbl_0.elf	none	none
E:\zynq_example\sd_boot\lab1.sdk\hello_world0\Debug\hello_world0.elf	none	none

图22.14 添加完启动镜像文件后的"Boot image partitions"窗口

注：在该设计中，由于没有涉及 PL 的内容，所以并没有添加比特流文件。如果在设计中需要使用 PL 的比特流文件，则应该在添加完 fsbl 文件后添加 PL 比特流文件，最后添加用户应用程序，这点要特别注意。

（22）单击图22.12下方的"Create Image"按钮，将生成镜像文件。

（23）读者可以在目录 E：\zynq_example\sd_boot\boot 文件夹中找到相应的文件，如图22.15所示。

| BOOT.bin | 2016/2/16 17:33 | BIN 文件 | 102 KB |
| output.bif | 2016/2/16 17:33 | BIF 文件 | 1 KB |

图22.15 生成的镜像文件

（24）将 Mini SD 卡通过读卡器连接到 PC 的 USB 接口，并将 BOOT.bin 文件复制到 Mini SD 卡上。

22.5.5 从 SD 卡启动引导系统

本小节将介绍如何验证 Mini SD 卡内的镜像文件是否能正确地启动和引导 Zynq-7000 SoC。

（1）给 Z7-EDP-1 开发平台断电。

（2）将 Mini SD 卡从读卡器中取出，并将其插入 Z7-EDP-1 的 Mini SD 卡槽中。

（3）改变 Z7-EDP-1 开发平台上标号为 J1 的跳线设置，修改 Z7-EDP-1 开发平台的启动模式。

① M0、M1 和 M4 连接到 GND 一侧；

② M2 和 M3 连接到 VCC 一侧。

也就是说，M0~M4 的跳线设置为 00110，使得 xc7z020clg484 SoC 处于 SD 卡启动模式。

（4）通过 USB 电缆将 Z7 - EDP - 1 开发平台的 J13 Mini USB 接口与 PC/笔记本电脑的 USB 接口进行连接，保证系统正常运行时能通过虚拟串口将信息打印出来。

（5）打开串口调试工具，并正确地设置串口参数。

（6）外接+5V 直流电源连接到 Z7 - EDP - 1 开发平台的 J6 电源插座上，并打开 Z7 - EDP - 1 的电源开关 SW10。

（7）大约十几秒后，可以看到串口调试工具界面上显示 "Hello World"。

> **注**：如果没有看到这个信息，则可以按一下 Z7 - EDP - 1 开发平台上的 U38 按键（该按键可以对 xc7z020 器件进行整体复位）。

22.6 生成 QSPI Flash 镜像并启动

当使用 QSPI 内保存的镜像文件启动系统时，Zynq - 7000 SoC 内的 BootROM 将引导事先烧写在 QSPI Flash 内的镜像文件。

22.6.1 QSPI Flash 接口

Z7 - EDP - 1 平台上有一个 4 位的 SPI（四 - SPI）串行的 NOR Flash，该 Flash 为 Micron 提供的 N25Q256A。多个四 - I/O SPI Flash 存储器用来提供非易失性的代码和数据存储。它也能用来初始化 PS 子系统和配置 PL 子系统。

QSPI Flash 接口如图 22.16 所示。SPI Flash 连接到 Zynq - 7000 AP SoC，支持最多四 - I/O SPI 接口。这就要求连接到 MIO Bank 0/500 指定的引脚 MIO[1 : 6，8]。使用了四 - SPI 反馈模式。这样，qspi_sclk_fb_out/MIO[8]通过一个 20 kΩ 的上拉电阻连接到 3.3 V 的电源。

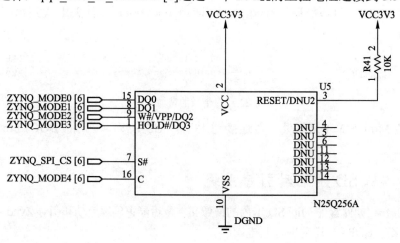

图 22.16 QSPI Flash 接口

> **注**：Zynq 只支持 24 位寻址。然而，可以通过内部的 Bank 切换访问 256MB 的 Flash 容量。

22.6.2 创建 QSPI Flash 镜像

本小节将介绍如何创建 QSPI Flash 镜像，该镜像将用于从 QSPI Flash 启动系统。

（1）给 Z7 - EDP - 1 开发平台断电。

（2）修改 Z7 - EDP - 1 开发平台上的 J1 跳线设置，将 xc7z020clg484 SoC 的启动模式设置为 JTAG，即 M0~M4 = 00000。

（3）通过 USB 电缆将 Z7 - EDP - 1 开发平台上标记为 J12 的 Mini - USB 接口与 PC/笔记本电脑上的 USB 接口进行连接。

（4）通过 Z7 - EDP - 1 开发平台上的 J6 接口，将+ 5 V 直流电源连接到开发平台上，并打开目标板的 SW10 电源开关。

（5）通过 USB 电缆将 Z7 - EDP - 1 开发平台的 J13 Mini USB 接口与 PC/笔记本电脑的 USB 接口进行连接，保证系统正常运行时能通过虚拟串口将信息打印出来。

（6）在 SDK 主界面的主菜单下，选择 Xilinx Tools→Program Flash。

（7）出现"Program Flash Memory"对话框，如图 22.17 所示。

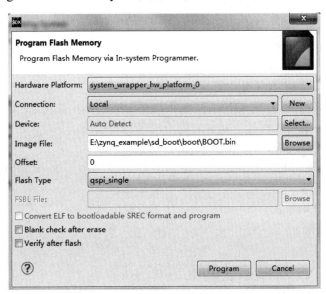

图 22.17 "Program Flash Memory"对话框

（8）单击右侧的 Browse 按钮。

（9）出现"Select Flash Image File"对话框。定位到 E：\zynq_example\sd_boot\boot 路径，选择 BOOT.bin。

（10）单击"打开"按钮。

（11）在"Offset"文本框中输入 0。

（12）单击"Program"按钮。

（13）在 SDK 主界面的"Program Flash"窗口内给出了编程 Flash 的信息，如图 22.18 所示。

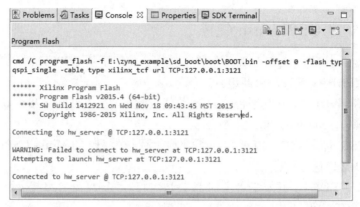

图 22.18 "Program Flash"窗口

22.6.3 从 QSPI Flash 启动引导系统

本小节将介绍如何验证 QSPI Flash 内的镜像是否能正确地启动和引导系统工作。

（1）给 Z7 - EDP - 1 开发平台断电。

（2）修改 Z7 - EDP - 1 开发平台上 J1 跳线的设置，修改 xc7z020clg484 SoC 的启动模式。

① M3 连接到 Vcc 一侧。

② M0、M1、M2 和 M4 连接到 GND 一侧。

（3）断开 Z7 - EDP - 1 开发平台和调试主机之间的 USB - JTAG 连接电缆。

（4）通过 USB 电缆将 Z7 - EDP - 1 开发平台的 J13 Mini USB 接口与 PC/笔记本电脑的 USB 接口进行连接，保证系统正常运行时能通过虚拟串口将信息打印出来。

（5）打开串口调试工具，并正确地设置串口参数。

（6）外接+ 5V 直流电源连接到 Z7 - EDP - 1 开发平台的 J6 电源插座上，并打开 Z7 - EDP - 1 的电源开关 SW10。

（7）由于 QSPI Flash 启动过程很快，因此很快就可以在串口调试工具界面上看到所显示的"Hello World"信息。

22.7 Cortex - A9 双核系统的配置和运行

本节将介绍在 Zynq - 7000 SoC 中同时运行 CPU0 和 CPU1 的实现方法，并制作 SD 卡镜像文件，对设计进行验证。

注：该设计资料由 Xilinx 协助提供，并对该设计中出现的问题进行了详细指导。

22.7.1 构建双核硬件系统工程

本小节将介绍如何在 Vivado 2015.4 集成开发环境中构建新的双核硬件系统工程。

（1）打开 Vivado 2015.4 集成开发环境。

（2）在 Vivado 主界面的主菜单下，选择 File→New Project，建立新的设计工程。

> 注：（1）路径为 E：/zynq_example/dual_core/project_1/project_1.xprj。
> （2）Boards 选择 Zynq - 7000 Embedded Development Platform，该平台由北京汇众新特科技有限公司开发，选用的芯片为 xc7z020clg484 - 1。

（3）在 Vivado 集成开发环境主界面左侧的"Flow Navigator"窗口中，找到并展开 Project Manager。在展开项中，找到并单击 Project Settings。

（4）出现"Project Settings"对话框。单击左侧界面的 IP 图标。单击右侧的"Repository Manager"标签。在"Repository Manager"标签页中，单击 ➕ 按钮，指向下面路径。

> E：/ zynq_example/irq_gen_v1_00_a

（5）单击"OK"按钮，退出"Project Settings"对话框。

22.7.2 添加并互联 IP 核

本小节将介绍如何添加双核系统所需要的 IP 核，并将这些 IP 核连接在一起。

（1）在 Vivado 集成开发环境主界面左侧的 Flow Navigator 窗口中，找到并展开 IP Integrator。在展开项中，找到并单击 Create Block Design。创建一个名字为"design_1"的块设计。

（2）在 IP 目录中，找到名字为"ZYNQ7 Processing System"的 IP 核并添加到"Diagram"窗口中。

（3）在"Diagram"窗口的上方，找到并单击 Run connection automatation。Vivado 自动处理 Zynq - 7000 最小系统。

（4）用鼠标左键双击名字为"processing_system7_0"的 IP 块符号，出现"Re - customize IP：ZYNQ7 Processing System（5.5）"对话框，如图 22.19 所示。在该界面左侧的"Page Navigator"窗口中，找到并单击 Interrupts。在右侧窗口中，找到并展开 Fabric Interrupts。在展开项中，找到并展开 PL - PS Interrupt Ports。在展开项中，找到并选中"Core1_nIRQ"前面的复选框。

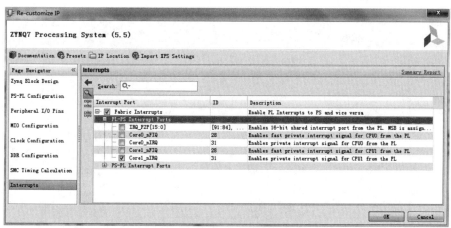

图 22.19 "Re - customize IP：ZYNQ7 Processing System（5.5）"对话框

注：保证在 PS - PL Configuration 所对应的右侧窗口中选中"M AXI GP0 interface"后面的复选框。该选项使能 GP0 接口。

（5）在 IP 目录中，找到名字为"irq_gen_v1_0"的 IP 核并添加到"Diagram"窗口中。

（6）在"Diagram"窗口的上方，找到并单击 Run connection automatation。

（7）在 IP 目录中，找到名字为"VIO（Virtual Input/Output）"的 IP 核并添加到"Diagram"窗口。

（8）双击"Diagram"窗口中名字为"vio_0"的 IP 块符号，出现"Re - customize IP：VIO（Virtual Input/Output）（3.0）"对话框，如图 22.20 所示。按图 22.20 所示设置参数。

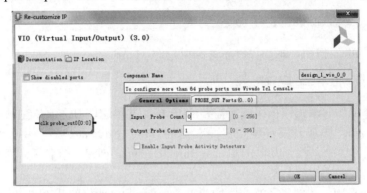

图 22.20 "Re - customize IP：VIO（Virtual Input/Output）（3.0）"对话框

（9）单击"OK"按钮。

（10）在 IP 目录中，找到名字为"ILA（Integrated Logic Analyzer）"的 IP 核并添加到"Diagram"窗口中。

（11）双击"Diagram"窗口中名字为"ila_0"的 IP 块符号，出现"Re - customize：ILA（Integrated Logic Analyzer）（6.0）"对话框，如图 22.21 所示。按图 22.21 所示设置参数。

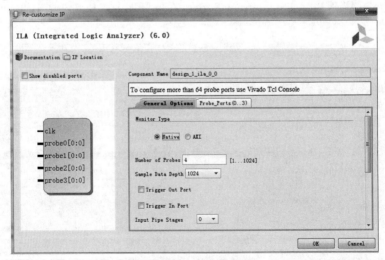

图 22.21 "Re - customize IP：ILA（Integrated Logic Analyzer）（6.0）"对话框

(12) 将所添加的 IP 连接在一起，如图 22.22 所示。

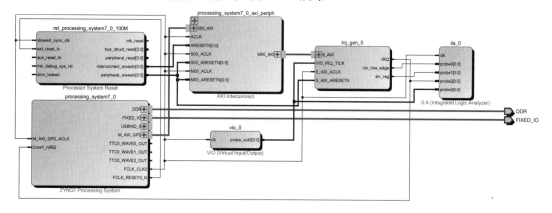

图 22.22　互联所有 IP 后的系统

22.7.3　导出硬件设计到 SDK 中

本小节将介绍如何导出硬件设计到 SDK 中。

（1）按"F6"键，对设计进行有效性检查。

（2）在 Vivado 主界面的"Sources"标签页中，找到并选中 design_1.bd，单击鼠标右键，出现浮动菜单。在浮动菜单内，选择 Generate Output Products...。

（3）出现"Generate Output Products"对话框，采用默认设置。

（4）单击"Generate"按钮。

（5）再次选中 design_1.bd，单击鼠标右键，出现浮动菜单。在浮动菜单内，选择 Create HDL Wrapper...。

（6）出现"Create HDL Wrapper"对话框，默认选择"Let Vivado manage wrapper and auto - update"选项。

（7）单击"OK"按钮。

（8）在 Vivado 主界面的主菜单下，选择 File→Export→Export Hardware...。

（9）出现"Export Hardware"对话框，选中"Include bitstream"前面的复选框。

（10）单击"OK"按钮。

（11）在 Vivado 主界面的主菜单下，选择 File→Export→Launch SDK。

（12）出现"Launch SDK"对话框。

（13）单击"OK"按钮，启动 SDK 2015.4 软件开发工具。

22.7.4　设置板级包支持路径

在该双核系统中，需要添加 Xilinx 提供的额外板级支持包文件。

（1）在 SDK 主界面的主菜单中，选择 Xilinx Tools→Repositories。

（2）出现"Preferences"对话框。在该对话框的右侧窗口中，找到并单击"New"按钮。

（3）出现浏览文件夹对话框，将路径指向额外板级支持包所在的下面路径。

E：\zynq_example\sdk_repo

（4）单击"确定"按钮，返回"Preferences"对话框。可以看到在对话框中新添加了路径，如图 22.23 所示。

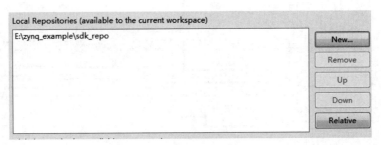

图 22.23　添加额外的板级支持包路径

（5）单击"OK"按钮。

思考与练习 22 - 1：请读者进入到下面的路径。

E:\zynq_example\sdk_repo\bsp\standalone_v5_19\src\cortexa9\gcc

在该路径中，找到并打开 boot.s 文件和 asm_vectors.s 文件，仔细分析这两个文件，说明这两个文件的作用。

22.7.5　建立 FSBL 应用工程

本小节将介绍如何在 SDK 2015.4 集成开发环境下生成 FSBL 应用工程。

（1）在 SDK 主界面的主菜单下，选择 File→New→Application Project。

（2）出现"New Project：Application Project"对话框，参数设置如下。

① Project name：fsbl。

② Processor：ps7_cortexa9_0。

③ Language：C。

④ Board Support Package：Create New（默认文件名为 fsbl_bsp）。

（3）单击"Next"按钮。

（4）出现"New Project：Templates"对话框，在左侧的"Available Templates"列表中选择"Zynq FSBL"。

（5）单击"Finish"按钮。

注：读者可以看到在 SDK 主界面左侧的"Project Explorer"窗口中生成了名字为"fsbl"和"fsbl_bsp"的文件夹。

22.7.6　建立 CPU0 应用工程

（1）在 SDK 主界面的主菜单下，选择 File→New→Application Project。

（2）出现"New Project：Application Project"对话框，参数设置如下。

① Project name：app_cpu0。

② Processor：ps7_cortexa9_0。

③ Language：C。
④ Board Support Package：Create New（默认文件名为 app_cpu0_bsp）。

（3）单击"Next"按钮。

（4）出现"New Project：Templates"对话框，在左侧的"Available Templates"列表中选择"Empty Application"。

（5）单击"Finish"按钮。

（6）在 SDK 主界面左侧的"Project Explorer"窗口中，选择并展开 app_cpu0。在展开项中，找到并展开 src。在展开项中，找到并双击 app_cpu0.c。在该文件中，按代码清单 22-1 添加设计代码。

代码清单 22-1　app_cpu0.c 文件

```
* helloworld.c:simple test application
*/

/************************Include Files****************************/
#include <stdio.h>
#include "xil_io.h"
#include "xil_mmu.h"
#include "xil_exception.h"
#include "xpseudo_asm.h"
#include "xscugic.h"

/*********************** Constant Definitions ***************************/
#define INTC            XScuGic
#define INTC_DEVICE_IDXPAR_PS7_SCUGIC_0_DEVICE_ID
#define INTC_HANDLERXScuGic_InterruptHandler

#define COMM_VAL (* (volatile unsigned long *) (0xFFFF0000) )

#define APP_CPU1_ADDR0x02000000

/*
 * Assign the driver structures for the interrupt controller
 */
INTC    IntcInstancePtr;

/*********************** Function Prototypes ***************************/
static int    SetupIntrSystem (INTC *IntcInstancePtr);
/***********************************************************************
/ int main ()
{
    int Status;

    // Disable cache on OCM
    Xil_SetTlbAttributes (0xFFFF0000, 0x14de2) ; // S = b1 TEX = b   100 AP = b11, Domain = b1111, C = b0, B = b0
    // Disable cache on fsbl vector table location
```

```c
        Xil_SetTlbAttributes (0x00000000, 0x14de2) ;   // S = b1 TEX = b100 AP = b11, Domain = b1111, C = b0, B = b0
        COMM_VAL = 0;

        // Initialize the SCU Interrupt Distributer (ICD)
        Status = SetupIntrSystem (&IntcInstancePtr) ;
        if (Status ! = XST_SUCCESS) {
            return XST_FAILURE;
        }
        print ("CPU0:writing startaddress for cpu1\n\r") ;
        {
        / *Reset and start CPU1
         * - Application for cpu1 exists at 0x00000000 per cpu1 linkerscript
         */
        #include "xil_misc_psreset_api.h"
        #include "xil_io.h"

        #define A9_CPU_RST_CTRL       (XSLCR_BASEADDR  + 0x244)
        #define A9_RST1_MASK        0x00000002
        #define A9_CLKSTOP1_MASK     0x00000020
        #define CPU1_CATCH        0x00000024

        #define XSLCR_LOCK_ADDR      (XSLCR_BASEADDR + 0x4)
        #define  XSLCR_LOCK_CODE    0x0000767B

        u32 RegVal;
        / * Setup cpu1 catch address with starting address of app_cpu1.The FSBL initialized the vector table at 0x00000000
         * using a boot.S that checks for cpu number and jumps to the address stored at the end of the vector table in cpu0_catch and cpu1_catch entries.
         * Note:Cache has been disabled at the beginning of main () .Otherwise a cache flush would have to be issued after this write* /
        Xil_Out32 (CPU1_CATCH, APP_CPU1_ADDR) ;

        / * Unlock the slcr register access lock */
        Xil_Out32 (XSLCR_UNLOCK_ADDR, XSLCR_UNLOCK_CODE) ;

        // the user must stop the associated clock, de - assert the reset, and then restart the clock. During a
        // system or POR reset, hardware automatically takes care of this.Therefore, a CPU cannot run the code
        // that applies the software reset to itself.This reset needs to be applied by the other CPU or through
        // JTAG or PL.Assuming the user wants to reset CPU1, the user must to set the following fields in the
        // slcr.A9_CPU_RST_CTRL (address 0xF8000244) register in the order listed:
        // 1.A9_RST1 = 1 to assert reset to CPU0
        // 2.A9_CLKSTOP1 = 1 to stop clock to CPU0
        //   3.A9_RST1 = 0 to release reset to CPU0
        //   4.A9_CLKSTOP1 = 0 to restart clock to CPU0
```

```c
        /* Assert and deassert cpu1 reset and clkstop using above sequence*/
        RegVal = Xil_In32 (A9_CPU_RST_CTRL);
        RegVal |= A9_RST1_MASK;
        Xil_Out32 (A9_CPU_RST_CTRL, RegVal);
        RegVal |= A9_CLKSTOP1_MASK;
        Xil_Out32 (A9_CPU_RST_CTRL, RegVal);
        RegVal &=~A9_RST1_MASK;
        Xil_Out32 (A9_CPU_RST_CTRL, RegVal);
        RegVal &=~A9_CLKSTOP1_MASK;
        Xil_Out32 (A9_CPU_RST_CTRL, RegVal);

        /* lock the slcr register access */
        Xil_Out32 (XSLCR_LOCK_ADDR, XSLCR_LOCK_CODE);
    }
    while (1) {
        print ("CPU0:Hello World CPU 0\n\r");
        COMM_VAL = 1;
        while (COMM_VAL == 1);
    }
    return 0;
}

/***************************************************************************/
/* This function setups initializes the interrupt system.
 * @paramIntcInstancePtr is a pointer to the instance of the Intc driver.
 * @paramPeriphInstancePtr is a pointer to the instance of peripheral driver.
 * @paramIntrId is the Interrupt Id of the peripheral interrupt
 * @returnXST_SUCCESS if successful, otherwise XST_FAILURE.
***************************************************************************/
static int SetupIntrSystem (INTC *IntcInstancePtr)
{
    int Status;
    XScuGic_Config *IntcConfig;
    /*Initialize the interrupt controller driver so that it is ready to* use.*/
    IntcConfig = XScuGic_LookupConfig (INTC_DEVICE_ID);

if (NULL == IntcConfig) {
        return XST_FAILURE;
    }
    Status = XScuGic_CfgInitialize (IntcInstancePtr, IntcConfig, IntcConfig->CpuBaseAddress);
    if (Status != XST_SUCCESS) {
        return XST_FAILURE;
    }
    /*Initialize the exception table*/
    Xil_ExceptionInit ();
    /*Register the interrupt controller handler with the exception table*/
    Xil_ExceptionRegisterHandler (XIL_EXCEPTION_ID_INT, (Xil_ExceptionHandler) INTC_HANDLER,
        IntcInstancePtr);
```

```
/*Enable non - critical exceptions*/
Xil_ExceptionEnable();
return XST_SUCCESS;
}
```

（7）按"Ctrl+S"组合键，保存该文件。

思考与练习 22-2：请读者分析 app0_cpu.c 文件所实现的功能。

22.7.7　建立 CPU1 板级支持包

本小节将介绍如何建立 CPU1 的板级支持包。

（1）在 SDK 主界面的主菜单下，选择 File→New→Board Support Package。

（2）出现"New Board Support Package Project"对话框，参数设置如下。

① Project name：app_cpu1_bsp。

② CPU：ps7_cortex9_1。

（3）单击"Finish"按钮。

（4）出现"Board Support Package Settings"对话框，如图 22.24 所示。在该对话框左侧的窗口中，展开 Overview。在展开项中，找到并展开 drivers。在展开项中，找到并选中 ps7_cortexa9_1。

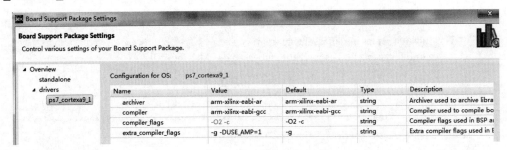

图 22.24　"Board Support Package Settings"对话框

（5）在右侧的"Configuration for OS：ps7_cortexa9_1"窗口中，找到名字为"extra_compiler_flags"一行，将其对应的 Value 一列下的值改为"-g -DUSE_AMP=1"。

22.7.8　建立 CPU1 应用工程

（1）在 SDK 主界面的主菜单下，选择 File→New→Application Project。

（2）出现"New Project：Application Project"对话框，参数设置如下。

① Project name：app_cpu1。

② Processor：ps7_cortexa9_1。

③ Language：C。

④ Board Support Package：Use existing（默认文件名为 app_cpu1_bsp）。

（3）单击"Next"按钮。

（4）出现"New Project：Templates"对话框，在左侧的"Available Templates"列表中

选择"Empty Application"。

（5）单击"Finish"按钮。

（6）在 SDK 主界面左侧的"Project Explorer"窗口中，选择并展开 app_cpu1。在展开项中，找到并展开 src。在展开项中，找到并双击 app_cpu1.c。在该文件中，按代码清单 22-2 添加设计代码。

代码清单 22-2　app_cpu1.c 文件

```c
/*****************************Include Files*****************************/
#include "xparameters.h"
#include <stdio.h>
#include "xil_io.h"
#include "xil_mmu.h"
#include "xil_cache.h"
#include "xil_exception.h"
#include "xscugic.h"
#include "sleep.h"
/*****************************Constant Definitions*****************************/
#define INTC            XScuGic
#define INTC_HANDLER    XScuGic_InterruptHandler
#define INTC_DEVICE_ID  PAR_PS7_SCUGIC_0_DEVICE_ID
#define PL_IRQ_ID       XPS_IRQ_INT_ID

#define IRQ_PCORE_GEN_BASE  XPAR_IRQ_GEN_0_BASEADDR

#define COMM_VAL        (* (volatile unsigned long *) (0xFFFF0000) )

/*****************************Type Definitions*****************************/
/*This typedef contains configuration information for the device driver.*/
typedef struct {
    u16 DeviceId;          /** < Unique ID of device */
    u32 BaseAddress;       /** < Base address of the device */
} Pl_Config;

/* The driver instance data.The user is required to allocate a variable of this type.
    A pointer to a variable of this type is then passed to the driver APIfunctions.*/
typedef struct {
    Pl_Config Config;      /** < Hardware Configuration */
    u32 IsReady;           /** < Device is initialized and ready */
    u32 IsStarted;         /** < Device is running */
} XPlIrq;
/****************Macros (Inline Functions) Definitions*****************/
/*************************Variable Definitions*************************/
extern u32 MMUTable;
/*Assign the driver structures for the interrupt controller and PL Core interrupt source*/
INTC   IntcInstancePtr;
XPlIrq PlIrqInstancePtr;

// Global for IRQ communication to main ()
```

```c
int irq_count;

/ *************************Function Prototypes *************************** /

void        Xil_L1DCacheFlush (void);
static int  SetupIntrSystem (INTC *IntcInstancePtr, XPlIrq *PeriphInstancePtr, u16 IntrId);
static void DisableIntrSystem (INTC *IntcInstancePtr, u16 IntrId);
static void PlIntrHandler (void *CallBackRef);


/**************************************************************************/
/ * main ()
************************************************************************** /
int main ()
{
    int Status;

        // Disable cache on OCM
        Xil_SetTlbAttributes (0xFFFF0000, 0x14de2); // S = b1 TEX = b100 AP = b11, Domain = b1111, C = b0, B = b0
        print ("CPU1: init_platform\n\r");
        irq_count = 0;
    // Initialize driver instance for PL IRQ
    PlIrqInstancePtr.Config.DeviceId = PL_IRQ_ID;
    PlIrqInstancePtr.Config.BaseAddress = IRQ_PCORE_GEN_BASE;
    PlIrqInstancePtr.IsReady = XIL_COMPONENT_IS_READY;
    PlIrqInstancePtr.IsStarted = 0;
    / *Connect the PL IRQ to the interrupt subsystem so that interrupts can occur* /
    Status = SetupIntrSystem (&IntcInstancePtr, &PlIrqInstancePtr, PL_IRQ_ID);
    if (Status ! = XST_SUCCESS) {
        return XST_FAILURE;
    }

    while (1) {
        while (COMM_VAL = = 0) {};
        if (irq_count > 0) {
        print ("CPU1: Hello World With Interrupt CPU 1\n\r");
        irq_count = 0;
        sleep (2);              // Delay so output can be seen
        } else {
        print ("CPU1: Hello World CPU 1\n\r");
        }
        COMM_VAL = 0;
    }
    / * Disable and disconnect the interrupt system * /
    DisableIntrSystem (&IntcInstancePtr, PL_IRQ_ID);
    return 0;
}
/ ************************************************************************ /
/ * This function setups the interrupt system such that PL interrupt can occur
 * for the peripheral.This function is application specific since the actual
```

```
 * system may or may not have an interrupt controller. The peripheral device could be
 * directly connected to a processor without an interrupt controller. The
 * user should modify this function to fit the application.
 * @ paramIntcInstancePtr is a pointer to the instance of the Intc driver.
 * @ paramPeriphInstancePtr is a pointer to the instance of peripheral driver.
 * @ paramIntrId is the Interrupt Id of the peripheral interrupt
 * @ returnXST_SUCCESS if successful, otherwise XST_FAILURE.
 * @ note         None.
****************************************************************************/
static int SetupIntrSystem (INTC *IntcInstancePtr, XPlIrq *PeriphInstancePtr, u16 IntrId)
{
    int Status;
    XScuGic_Config *IntcConfig;
    /*Initialize the interrupt controller driver so that it is ready to use.*/
    IntcConfig = XScuGic_LookupConfig (INTC_DEVICE_ID);
    if (NULL == IntcConfig) {
        return XST_FAILURE;
    }
    Status = XScuGic_CfgInitialize (IntcInstancePtr, IntcConfig, IntcConfig -> CpuBaseAddress);
    if (Status ! = XST_SUCCESS) {
        return XST_FAILURE;
    }
    /* Connect the interrupt handler that will be called when an interrupt occurs for the device.*/
    Status = XScuGic_Connect (IntcInstancePtr, IntrId,   (Xil_ExceptionHandler) PlIntrHandler, PeriphInstancePtr);
    if (Status ! = XST_SUCCESS) {
        return Status;
    }
    /*Enable the interrupt for the PL device.*/
    XScuGic_Enable (IntcInstancePtr, IntrId);
    /*Initialize the  exception table*/
    Xil_ExceptionInit ();
    /* Register the interrupt controller handler with the exception table*/
    Xil_ExceptionRegisterHandler (XIL_EXCEPTION_ID_INT,
        (Xil_ExceptionHandler) INTC_HANDLER,
        IntcInstancePtr);
    /*Enable non - critical exceptions*/
    Xil_ExceptionEnable ();
    return XST_SUCCESS;
}

/****************************************************************************/
/*This function is the Interrupt handler for the PL Interrupt.
 * It is called when the PL creates an interrupt and the interrupt gets serviced.
 * This function sets the globalvarialbe irq_count = 1 and clears the interrupt source.
 * @ paramCallBackRef is a pointer to the callback function.
 * @ returnNone.
 * @ note  None.
****************************************************************************/
static void PlIntrHandler (void *CallBackRef)
```

```
{
    XPlIrq *InstancePtr = (XPlIrq *) CallBackRef;
    / *Clear the interrupt source* /
    Xil_Out32 (InstancePtr - > Config.BaseAddress, 0) ;
    irq_count = 1;
}

/****************************************************************************/
/ * This function disables the interrupts that occur
  * @ paramIntcInstancePtr is the pointer to the instance of INTC driver.
  * @ paramIntrId is the Interrupt Id of the peripheral
  *         value from xparameters. h.
*****************************************************************************
*** /
static void DisableIntrSystem (INTC *IntcInstancePtr, u16 IntrId)
{
    / *Disconnect and disable the interrupt* /
    / * Disconnect the interrupt */
    XScuGic_Disable (IntcInstancePtr, IntrId) ;
    XScuGic_Disconnect (IntcInstancePtr, IntrId) ;
}
```

（7）按"Ctrl + S"组合键，保存该文件。

思考与练习 22 - 3：请读者分析 app1_cpu.c 文件所实现的功能。

22.7.9　创建 SD 卡镜像文件

（1）在下面的目录中新建一个名字为"boot"的子目录。

E：/ zynq_example/dual_core

（2）在 SDK 主界面的主菜单下，选择 Xilinx Tools→Create Boot Image。

（3）出现"Create Zynq Boot Image"对话框。在该对话框中，按图 22.25 所示加入 SD 卡镜像文件。

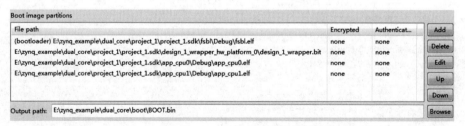

图 22.25　生成 SD 卡镜像文件

（4）单击"Create Image"按钮。

（5）可以看到在下面的目录中，生成了名字为"BOOT.bin"的镜像文件。

E：\zynq_example\dual_core\boot

（6）将 SD 卡通过读卡器连接到 PC/笔记本电脑的 USB 接口，并且将生成的 BOOT.bin 文件复制到 SD 卡中。

22.7.10 双核系统运行和测试

（1）将 SD 卡重新插入 Z7 - EDP - 1 开发平台的 Mini SD 卡卡槽中。

（2）按前面方法，正确连接 Z7 - EDP - 1 开发平台与 PC/笔记本电脑的 USB - JTAG 和 USB - UART 电缆。

（3）在 SDK 工具中，正确设置串口通信参数。

（4）给 Z7 - EDP - 1 开发平台上电，下载并运行前面的设计。

（5）可以看到在 SDK 的串口终端界面中显示图 22.26 所示的信息。

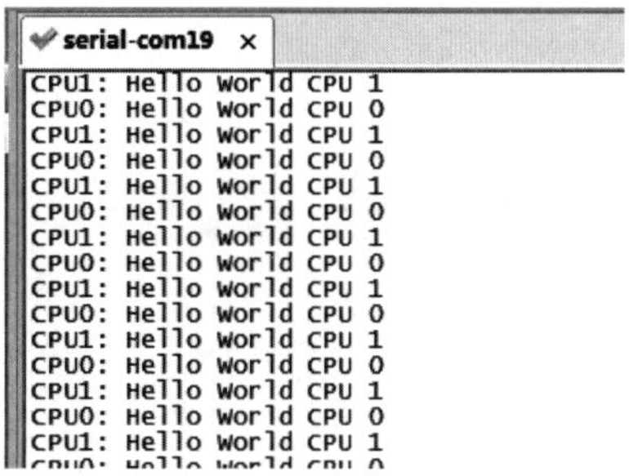

图 22.26 串口终端显示的信息

22.7.11 双核系统的调试

（1）在 Vivado 2015.4 集成开发环境左侧的"Flow Navigator"窗口中，找到并展开 Program and Debug。在展开项中，找到并单击 Open Hardware Manager。

（2）在右侧的"Hardware Manager"窗口中，找到并单击 Open target，出现浮动菜单。在浮动菜单内，选择 Auto Connect。Vivado 开始自动连接硬件。

（3）在"Hardware"窗口中，找到并展开 xc7z020_1，如图 22.27 所示。在展开项中，可以看到 hw_ila_1。

（4）在"Trigger Setup"窗口中，单击 + 按钮，出现"Add Probes"对话框，如图 22.28 所示。在该对话框中，显示 4 个信号，按"Shift"+鼠标左键，选中所有的 4 个信号。

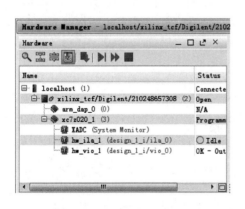

图 22.27 "Hardware"窗口

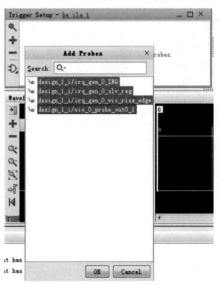

图 22.28 "Add Probes"对话框

(5)单击"OK"按钮。

(6)添加完信号的"Trigger Setup"窗口如图 22.29 所示。

(7)在"Trigger Setup"窗口中,找到并选中 design_1_i/irq_gen_0_IRQ 信号,单击下拉框。出现浮动对话框,如图 22.30 所示,通过下拉框将 Radix 改为[B],Value 改为 R。

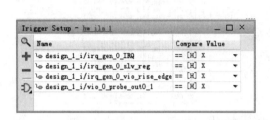

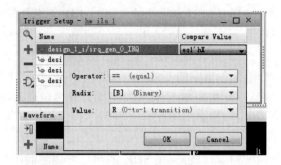

图 22.29　添加完信号后的"Trigger Setup"窗口　　　图 22.30　修改 irq_gen_0_IRQ 信号的触发条件

(8)在"Settings - hw_ila_1"窗口中的"Capture Mode Settings"标题栏下,找到 Trigger position in window,在右侧文本框中输入 100。

注:该值的作用是在满足触发条件之前可以显示 100 个时钟捕获。

(9)单击"hw_vios"标签。在该标签页中,单击+按钮。出现浮动对话框,如图 22.31 所示。在该对话框中,选择 vio_0_probe_out0 信号。

(10)单击"OK"按钮。

(11)在"hw_vios"标签页中,选择 vio_0_probe_out0 信号,单击鼠标右键,出现浮动菜单。在浮动菜单内,选择 Rename Probe。

(12)出现"Rename Probe"对话框。在"Cunstom name"文本框中输入 Active High Button。

(13)在"Hardware"窗口中,选择 hw_ila_1,单击鼠标右键,出现浮动菜单。在浮动菜单内,选择 Run Trigger,可以看到 Status 的值变成了 Waiting For Trigger。

(14)单击右侧窗口的"hw_vios"标签。在该标签页下,将 Active High Button 所对应的 Value 一列的值改为 1,如图 22.32 所示。这样,就触发了一个中断。

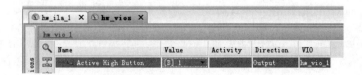

图 22.31　添加 vio_0_probe_out0 信号　　　图 22.32　修改 vio_0_probe_out0 信号的值

(15) 在 "hw_ila_1" 窗口中，可以看到触发中断后的信号波形，如图 22.33 所示。

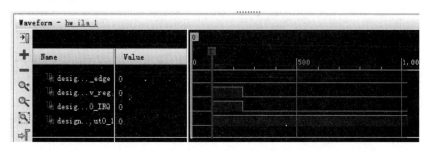

图 22.33　触发中断后的信号波形

思考与练习 22-4：通过上面的现象，分析整个设计的工作原理。

第23章 Zynq-7000 SoC 内 XADC 原理及实现

本章将介绍 Zynq-7000 SoC 内 XADC 的原理及实现方法。内容包括 ADC 转换器接口结构、ADC 转换器功能、XADC IP 核结构及信号、开发平台上的 XADC 接口、在 Zynq-7000 SoC 内构建数模混合系统、使用 SDK 设计和实现应用工程。

在 Zynq-7000 SoC 内集成了 XADC 单元,进一步扩展了该器件在数模混合系统中的应用范围。

23.1 ADC 转换器接口结构

在 Zynq-7000 SoC 内集成了模拟到数字的转换器(Analog-to-Digital Converter,ADC)接口,这样允许 Zynq-7000 SoC 内的 Cortex-A9 处理器和其他主机访问 XADC(不需要配置 PL),如图 23.1 所示。XADC 提供了 ADC 全部的功能,其最高采样率可以达到 1 Msps,分辨率最高为 12 位。XADC 可以用于监控 Zynq-7000 SoC 内的供电电压和工作温度。通过专用的串行接口,实现 PS 与 XADC 模块的通信。这个串行接口用于将来自 PS 的命令串行化,将其发送到 PL。同时,接口模块也将来自 PL 的串行数据转换为 32 位的量化数据。通过 APB 接口,将其提供给 PS 主设备。在 XADC 内,提供命令 FIFO 和响应 FIFO 用于缓冲命令和数据。

通过 XADC AXI IP 核,PS 也可以访问 XADC。这个 IP 允许添加 XADC,将其作为一个软核外设,并将其连接到 PS 的一个 AXI 端口上。

> **注**:读者必须设置一个寄存器位使能接口,以允许 PS 访问 XADC。当 PS 控制 XADC 时,不再使用 PL JTAG 接口访问它。

XADC 接口的主要功能和特性如下。
(1)读和写 XADC 寄存器。
(2)15 个深度的写命令 FIFO 和 15 个深度的读 FIFO(所有的 32 位宽度)。
(3)可编程 FIFO 级中断。
(4)报警中断。
(5)超过温度中断。
(6)当没有配置 PL 时(要求 PL 供电),允许访问 XADC。
(7)通过 XADC 模块内部的寄存器单元可以配置 XADC 接口的工作模式。

第 23 章 Zynq-7000 SoC 内 XADC 原理及实现

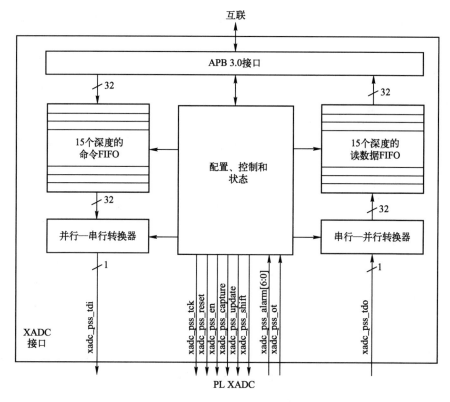

图 23.1 XADC 接口的结构

23.2 ADC 转换器功能

XADC 包含一个双 12 位 1Msps ADC、片上电源和温度传感器。ADC 可以最多访问 17 个外部模拟输入通道。通过 XADC 接口，PS 可以访问 XADC 模块。

通过使用包含专用控制信号的一个边界扫描协议和全双工的同步比特串行链路，实现 XADC 接口与 XADC 模块的通信。通过一个 APB 3.0 接口，与 PS 内的模块进行交互。

在将命令发送到 XADC 之前，XADC 的主要功能是将命令串行化。当接收到来自 XADC 的串行数据时，执行串行到并行的转换。默认情况下，当复位后，禁止 PS 和 XADC 之间的连接。通过将控制寄存器（偏移地址为 0x100）的第 31 比特位设置为 1，在 PS 和 PL 之间建立链路。当 PS 控制 XADC 时，不再通过 PL JTAG 接口访问 XADC。

通过 PL，XADC 支持 PS XADC 接口（JTAG DRP），以及对 XADC 的直接访问。在系统内，可以同时使用所有专用的布线路径与 PL 连接。XADC 提供了在 PS XADC 接口与 PL 连线之间进行仲裁的能力。

为了将系统慢速传输过程对 PS 吞吐量的影响降低到最小，XADC 接口提供了连接到 XADC 的 15 个 32 位的命令缓冲区，以及来自 XADC 的 15 个 32 位的读数据缓冲区。这样，在一个时刻允许主设备最多发送 15 个命令。一旦 XADC 准备好，则返回相应的读数据。因此，需要不断填充命令，以便读取最后一个数据。

在 XADC 接口杂项状态寄存器（偏移地址为 0x104）中，可以跟踪命令和读 FIFO 的状态。

> **注**：读一个空的 FIFO 将引起一个 APB 从错误。

23.2.1 XADC 的命令格式

XADC 的命令格式如图 23.2 所示。当活动时，PS 的 XADC 接口代替 PL 的 JTAG DRP 接口。

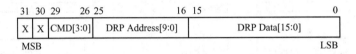

图 23.2 XADC 命令格式

（1）XADCIF_CMD_FIFO 的低 16 位位域 DRP Data[15：0]保存 DRP 寄存器的数据。

（2）对于所有的读和写操作，XADCIF_CMD_FIFO[25：16]为地址位域 DRP Address [9：0]，它保存着 DRP 目标寄存器的地址。

（3）XADCIF_CMD_FIFO [29：26]为命令位域 CMD[3：0]，用于指定一个读操作、写操作或无操作。XADC 接口的 DRP 命令格式如表 23.1 所示。

表 23.1 XADC 接口的 DRP 命令格式

CMD[3：0]				操 作
0	0	0	0	无操作
0	0	0	1	DRP 读
0	0	1	0	DRP 写
—	—	—	—	没有定义

23.2.2 供电传感器报警

从最后上电或最后复位 XADC 控制逻辑后，XADC 为内部供电传感器跟踪最小和最大的记录值，所记录的最大值和最小值保存在 DPR 状态寄存器中。上电或复位后，将所有最小值寄存器设置为 FFFFh，将所有最大值寄存器设置为 0000。每当一个片上传感器产生一个新的值后，该值就与最大值和最小值进行比较，然后修改最大值和最小值。

当一个内部传感器的测量值超过用户定义的门限时，XADC 能产生一个报警信号。报警门限保存在 XADC 的控制寄存器中，用户可以在 XADC 配置寄存器内禁止报警功能。

通过专用的 XADC 接口，可以将 XADC 报警信号送到 PS 中。当激活一个报警时，它可以触发一个可屏蔽的中断。通过 XADCIF_INT_STS 寄存器，用户可以确定活动的报警。当给该寄存器的活动比特位写 1 时，将清除中断标志。通过 XADCIF_MSTS 寄存器，用户可以找到报警时间。XADC 的报警信号如表 23.2 所示。

第 23 章 Zynq-7000 SoC 内 XADC 原理及实现

表 23.2 XADC 的报警信号

报 警	描 述
ALM[0]	温度传感器报警
ALM[1]	VCCINT 传感器报警
ALM[2]	VCCAUX 传感器报警
ALM[3]	VCCBARM 传感器报警
ALM[4]	VCCPINT 传感器报警（处理器 VCCINT）
ALM[5]	VCCPAUX 传感器报警（处理器 VCCAUX）
ALM[6]	VCCDDRO 传感器报警（处理器 DDR 控制器电压）

23.3 XADC IP 核结构及信号

AXI XADC IP 核的内部结构如图 23.3 所示。AXI XADC IP 核由 3 个主要模块构成，即 AXI Lite 接口模块、AXI XADC 核逻辑、XADC 硬核宏。

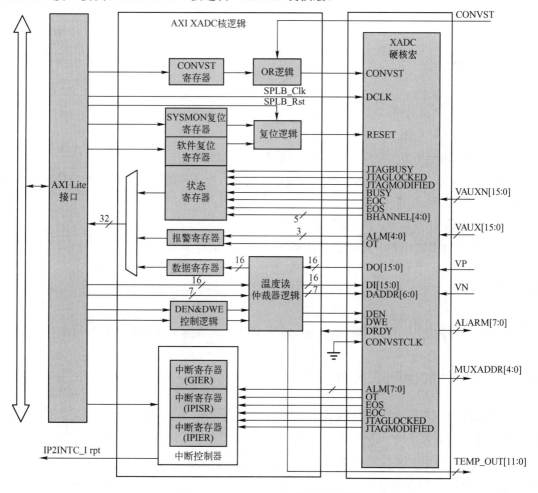

图 23.3 AXI XADC IP 核的内部结构

XADC 硬核宏的内部结构如图 23.4 所示。

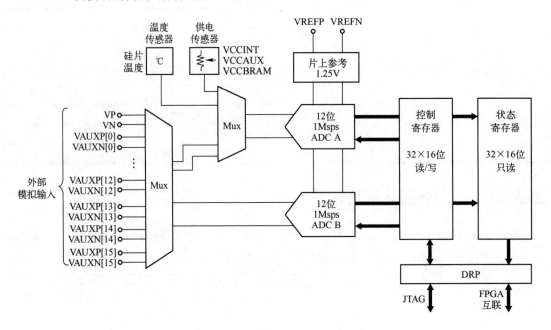

图 23.4　XADC 硬核宏的内部结构

AXI XADC IP 核的接口信号如下。

（1）VAUXP[15∶0]：差分模拟输入的正端。

（2）VAUXN[15∶0]：差分模拟输入的负端。

（3）CONVST：转换开始信号输入端口，它用于控制采样的时刻，该信号只用于事件驱动的采样模式。

（4）ALARM[7∶0]：XADC 报警输出信号。

（5）MUXADDR[4∶0]：XADC 外部多路复用器的地址输出。

（6）TEMP_OUT[11∶0]：用于 12 位数字量温度输出，应该连接到 xadc_device_temp_i 引脚。

注：对于不同的 Zynq-7000 SoC 来说，所支持的差分模拟通道数并不相同。

23.4　开发平台上的 XADC 接口

在本设计中，使用 Z7-EDP-1 开发平台。在该开发平台上，通过名字为 "J9" 的插座将 Zynq-7000 SoC 上提供的模拟输入接口引出来供用户使用，如图 23.5 所示。这些接口的功能如表 23.3 所示。

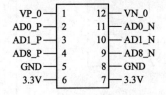

图 23.5　Z7-EDP-1 开发平台上的 XADC 接口

第 23 章　Zynq - 7000 SoC 内 XADC 原理及实现

表 23.3　Z7 - EDP - 1 开发平台上 XADC 接口信号的功能

名　字	描　述	输入电压要求	XADC 插座引脚	Zynq 器件的引脚
VP - 0 VN - 0	7 系列封装个专用引脚，它用于 ADC 专用模拟输入通道	最大 1V 峰峰值	1 12	VP_0：L11 VN_0：M12
AD0_P AD0_N	辅助差分模拟输入通道 0，用于同步采样	最大 1V 峰峰值	2 11	AD0P：F16 AD0N：E16
AD1_P AD1_N	辅助差分模拟输入通道 1，用于同步采样	最大 1V 峰峰值	3 10	AD1P：E15 AD1N：D15
AD8_P AD8_N	辅助差分模拟输入通道 8，用于同步采样	最大 1V 峰峰值	4 9	AD8P：D16 AD8N：D17
GND	Z7 - EDP - 1 开发平台的地	—	5 8	—
3.3V	Z7 - EDP - 1 开发平台的+ 3.3V 供电电源	3.3V@ 2A	6 7	—

23.5　在 Zynq - 7000 SoC 内构建数模混合系统

本节将介绍通过 Vivado 集成开发环境在 Zynq - 7000 SoC 内构建数模混合系统，内容包括打开前面的设计工程、配置 PS 端口、添加并连接 XADC IP 到设计、查看地址空间、添加设计约束文件和设计处理。

23.5.1　打开前面的设计工程

本小节将介绍如何在第 7 章所创建工程的基础上实现该设计。

（1）在 E：\zynq_example 的目录下，创建一个名字为 "xadc" 的子目录。

（2）将 E：\zynq_example\lab1 目录下的所有文件复制到 E：\zynq_example\xadc 目录下。

（3）打开 Vivado 2015.4 集成开发环境。

（4）定位到 E：\zynq_example\xadc 子目录，打开名字为 "lab1.xpr" 的工程。

注：读者可以根据自己的实际情况选择路径和命名文件夹。

23.5.2　配置 PS 端口

本小节将介绍如何配置 PS 32 位 GP AXI 主端口。

（1）在 Vivado 主界面左侧的 "Flow Navigator" 窗口中，找到并展开 IP Integrator。在展开项中，找到并单击 Open Block Design。

（2）在 Vivado 右侧的窗口中，出现 "Diagram" 窗口。在该窗口中，出现 ZYNQ7 Processing System 块图符号。

（3）双击该块图符号，打开 "Re - customize IP" 对话框。

（4）在该对话框左侧的 "Page Navigator" 窗口中，找到并单击 PS - PL Configuration。

在右侧的"PS - PL Configuration"窗口中，按下面设置参数。

① 找到并展开 AXI Non Secure Enablement。在展开项中，找到并展开 GP Master AXI Interface。在展开项中，选中"M AXI GP0 interface"后面的复选框。

② 找到并展开 General。在展开项中，找到并展开 Enable Clock Resets。在展开项中，找到并选中"FCLK_RESET0_N"后面的复选框。

（5）在"Re - customize IP"对话框左侧的"Page Navigator"窗口中，找到并单击 Clock Configuration。在右侧窗口中，找到并展开 PL Fabric Clocks。在展开项中，找到并选择"FCLK_CLK0"前面的复选框。

（6）在该对话框左侧的窗口中，选择 Interrupt。在右侧的窗口中，选中"Fabric Interrupts"前面的复选框，并展开。在展开项中，找到并展开 PL - PS Interrupt Ports。在展开项中，找到并选中"IRQ_F2P[15∶0]"前面的复选框，如图 23.6 所示。

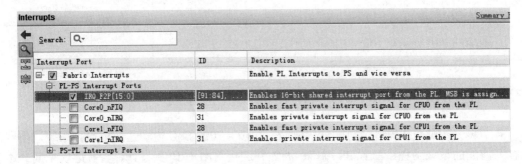

图 23.6　中断连接选项

（7）单击"OK"按钮，退出"Re - customize IP"对话框。

23.5.3　添加并连接 XADC IP 到设计

本小节将介绍如何添加并连接 XADC IP 到设计中。

（1）在"Diagram"窗口左侧一列的工具栏中单击 按钮。

（2）出现查找 IP 对话框。在"Search"文本框中输入 xadc。在下面的窗口中，找到并双击 XADC Wizard。将名字为"xadc_wiz_0"的 XADC Wizard IP 核添加到设计界面中。

（3）双击 xadc_wiz_0 IP 块图符号，打开"Re - customize IP"对话框。在该对话框中，按如下设置参数。

① 在"Basic"标签页中，按如下设置参数。
- Interface Options：AXI4Lite。
- Startup Channel Selection：Independent ADC。
- 其余按默认参数设置。

② 在"Alarms"标签页中，取消选择所有的复选框。

③ 在"Channel Sequencer"标签页中，按如下设置参数，如图 23.7 所示。
- 通过勾选复选框分别使能 VP/VN、vauxp0/vauxn0、vauxp1/vauxn1 和 vauxp8/vauxn8。

- 通过勾选复选框选中 VP/VN、vauxp0/vauxn0、vauxp1/vauxn1 和 vauxp8/vauxn8 的 Bipolar 属性。

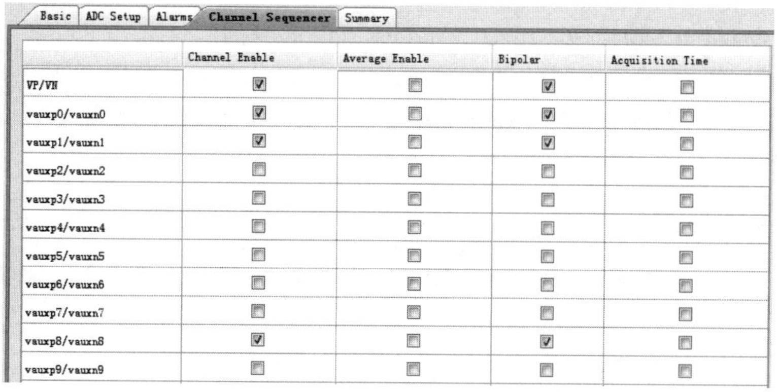

图 23.7 "Channel Sequencer"标签页

（4）单击"OK"按钮，退出"Re - customize IP"对话框。

（5）在"Diagram"窗口的上方找到并单击 Run Connection Automation。

（6）出现"Run Connection Automation"对话框，使用默认设置。

（7）单击"OK"按钮。Vivado 集成开发环境将自动连接系统。

（8）通过使用手工连线方法，将 xadc_wiz_0 IP 核的端口 ip2intc_irpt 和 processing_system_0 IP 核的 IRQ_F2P[0 : 0]端口进行连接。

（9）在 xadc_wiz_0 IP 核中，分别找到并选中下面的端口：Vp_Vn、Vaux0、Vaux1、Vaux8 和 alarm_out，单击鼠标右键，出现浮动菜单。在浮动菜单内，选择 Make External。

（10）在"Diagram"窗口左侧一列的工具栏中单击 按钮，重新绘制布局，如图 23.8 所示。

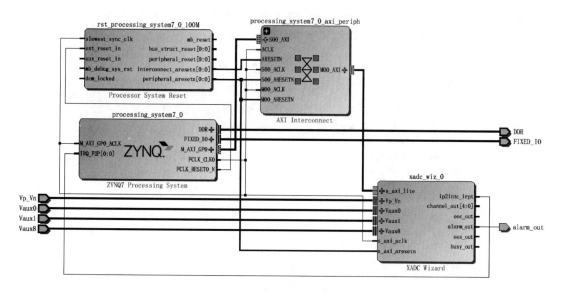

图 23.8　系统结构图

23.5.4 查看地址空间

本小节将介绍如何查看地址空间。

（1）在"Diagram"窗口中，单击"Address Editor"标签。

（2）在该标签页下，找到并展开 processing_system7_0。在展开项中，找到并展开 Data。在展开项中，找到名字为"xadc_wiz_0"的 IP 例化模块，如图 23.9 所示。可以看到，Vivado 为该 XADC 分配的基地址为 0x43C0_0000。

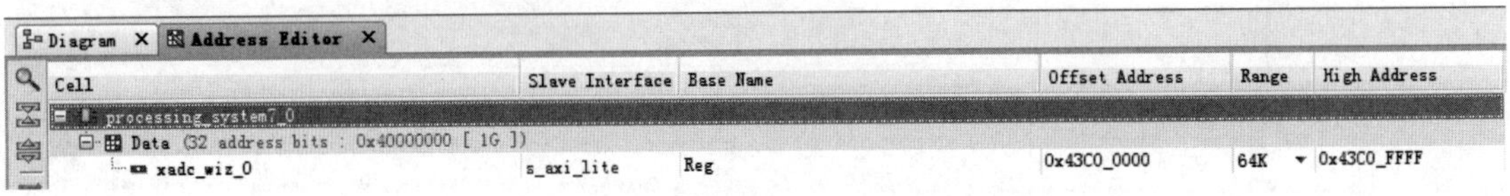

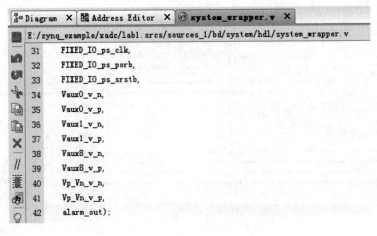

图 23.9 "Address Editor"标签页

（3）切换到当前"Diagram"窗口中，按"F6"按键，Vivado 对设计进行验证。

（4）在 Vivado 主界面的"Sources"标签页中，找到并选中 system.bd 文件，单击鼠标右键，出现浮动菜单。在浮动菜单内，选择 Generate Output Products...。

（5）出现"Generate Output Products"对话框，使用默认设置。

（6）单击"Generate"按钮。

（7）再次选中 system.bd 文件，单击鼠标右键，出现浮动菜单。在浮动菜单内，选择 Create HDL Wrapper...。

（8）出现"Create HDL Wrapper"对话框。使用默认设置，即选中"Let Vivado manage wrapper and auto-update"前面的复选框。

（9）单击"OK"按钮。

（10）读者可以在"Sources"标签页中找到并打开 system_wrapper.v 文件，如图 23.10 所示。从图中可以看出，新添加了 Vaux0_v_n、Vaux0_v_p、Vaux1_v_n、Vaux1_v_p、Vaux8_v_n、Vaux8_v_p、Vp_Vn_v_n、Vp_Vn_v_p、alarm_out 端口。

图 23.10 新添加的模拟输入和数字输入端口

23.5.5 添加用户约束文件

本小节将介绍如何添加用户约束文件。

（1）在 Vivado 当前工程主界面的"Sources"标签页中，选中 Constraints。单击鼠标右键，出现浮动菜单。在浮动菜单内，选择 Add Sources。

（2）出现"Add Sources"对话框，选中"Add or Create Constraints"前面的复选框。

（3）单击"Next"按钮。

（4）出现"Add Sources：Add or Create Constraints"对话框。

（5）单击"Add Files"按钮，出现"Add Constraint Files"对话框。在该对话框中，定位到本书所提供资料的下面路径。

\zynq_example\source

在该路径下，找到并双击 xadc.xdc 文件。

（6）自动返回到"Add Sources"对话框，单击"Finish"按钮。

（7）在"Sources"标签页下，找到并展开 Constraints。在展开项中，找到并再次展开 constrs_1。在展开项中，找到并双击 xadc.xdc，打开约束文件，如代码清单 23-1 所示。

程序清单 23-1　xadc.xdc 文件

```
set_property PACKAGE_PIN E16 [get_ports Vaux0_v_n]
set_property IOSTANDARD LVCMOS33 [get_ports Vaux0_v_n]
set_property PACKAGE_PIN F16 [get_ports Vaux0_v_p]
set_property IOSTANDARD LVCMOS33 [get_ports Vaux0_v_p]
set_property PACKAGE_PIN D15 [get_ports Vaux1_v_n]
set_property IOSTANDARD LVCMOS33 [get_ports Vaux1_v_n]
set_property PACKAGE_PIN E15 [get_ports Vaux1_v_p]
set_property IOSTANDARD LVCMOS33 [get_ports Vaux1_v_p]
set_property PACKAGE_PIN D17 [get_ports Vaux8_v_n]
set_property IOSTANDARD LVCMOS33 [get_ports Vaux8_v_n]
set_property PACKAGE_PIN D16 [get_ports Vaux8_v_p]
set_property IOSTANDARD LVCMOS33 [get_ports Vaux8_v_p]
set_property PACKAGE_PIN M12 [get_ports Vp_Vn_v_n]
set_property IOSTANDARD LVCMOS33 [get_ports Vp_Vn_v_n]
set_property PACKAGE_PIN L11 [get_ports Vp_Vn_v_p]
set_property IOSTANDARD LVCMOS33 [get_ports Vp_Vn_v_p]
set_property PACKAGE_PIN AB14 [get_ports alarm_out]
set_property IOSTANDARD LVCMOS33 [get_ports alarm_out]
```

23.5.6 设计处理

本小节将介绍如何对前面的设计进行后续处理，生成可以导出到 SDK 工具的硬件文件。

（1）打开 system.bd 块设计。

（2）在 Vivado 主界面左侧的"Flow Navigator"窗口中，找到并展开 Program and Debug。在展开项中，单击 Generate Bitstream。Vivado 集成开发环境将自动执行综合、实现和生成比特流的过程。

（3）在 Vivado 主界面的主菜单下，选择 File→Export→Export Hardware...。

（4）出现"Export Hardware"对话框，选中"Include bitstream"前面的复选框。

（5）单击"OK"按钮。

（6）出现"Module Already Exported"对话框，提示已经存在导出的文件，是否覆盖原来的文件信息。

（7）单击"Yes"按钮。

23.6 使用 SDK 设计和实现应用工程

本节将介绍如何在 SDK 工具中设计和实现应用工程，内容包括生成新的应用工程、导入应用程序、下载硬件比特流文件到 FPGA 和运行应用工程。

23.6.1 生成新的应用工程

本小节将介绍如何创建新的应用工程，并对前面所设计的硬件系统进行测试。

（1）在 Vivado 主界面的主菜单下，选择 File→Launch SDK。

（2）出现"Launch SDK"对话框，使用默认设置。

（3）单击"OK"按钮。

（4）在 SDK 主界面左侧的"Project Explorer"窗口下，分别选中 system_wrapper_hw_platform_0 文件夹、hello_world0_bsp 文件夹和 hello_world0 文件夹。单击鼠标右键，出现浮动菜单。在浮动菜单内，选择 Delete。

（5）出现"Delete Resources"对话框，选中"Delete project contents on disk（cannot be undone）"前面的复选框。

（6）单击"OK"按钮。

（7）在 SDK 主界面的主菜单下，选择 File→New→Application Project。

（8）出现"New Project：Application Project"对话框，按如下设置参数。

① Project name：xadc_test_0。

② Language：C。

③ OS Platform：Standalone。

④ 选中"Board Support Package"标题栏右侧"Create New"前面的复选框。默认新创建 BSP 的名字为 xadc_test_0_bsp。

（9）单击"Next"按钮。

（10）出现"New Project：Templates"对话框，在"Available Templates"列表中选择"Empty Application"。

（11）单击"Finish"按钮。

（12）在 SDK 主界面左侧的"Project Explorer"窗口下，添加了 xadc_test_0_bsp 文件夹和 xadc_test_0 文件夹。xadc_test_0_bsp 文件夹下，保存着系统硬件模块需要使用的 BSP 相关文件。xadc_test_0 文件下无应用程序及相关的文件。

（13）在 SDK 主界面左侧的"Project Explorer"窗口下，找到并展开 xadc_test_0_bsp 文

第23章 Zynq-7000 SoC 内 XADC 原理及实现

件夹。在展开项中，找到并用鼠标左键单击 system.mss 文件，打开图 23.11 所示的窗口，可以查看更详细的文档说明和设计实例。

```
ps7_slcr_0 generic        Documentation
ps7_uart_1 uartps         Documentation  Import Examples
ps7_xadc_0 xadcps         Documentation  Import Examples
xadc_wiz_0 sysmon         Documentation  Import Examples
```

图 23.11　查看设计资源

思考与练习 23-1：请打开文档资料，了解用于操作 XADC 接口的函数类型。

23.6.2　导入应用程序

本小节将介绍如何将本书所提供的软件应用程序代码添加到该设计中，用于验证所构建 ACP 数据传输系统的正确性。

（1）在 SDK 主界面左侧的"Project Explorer"窗口中，找到并展开 xadc_test_0 文件夹。在展开项中，找到并选中 src，单击鼠标右键，出现浮动菜单。在浮动菜单内，选中 Import...。

（2）出现"Import：Select"对话框，在"Select an import source"下面的窗口中选中并展开 General 文件夹。在展开项中，找到并选择 File System。

（3）单击"Next"按钮。

（4）出现"Import：File system"对话框，单击 From directory 右侧的"Browse"按钮。

（5）出现"Import from directory"对话框，定位到下面的路径。

> E:\zynq_example\source

（6）单击"确定"按钮。

（7）在"Import：File system"右侧的窗口中，选中"xadc_test.c"前面的复选框。

（8）单击"Finish"按钮。

（9）SDK 工具自动对新添加的软件代码进行编译。xadc_test.c 文件的内容如代码清单 23-2 所示。

代码清单 23-2　xadc_test.c 文件

```c
/*************************Include Files *****************************/

#include "xsysmon.h"
#include "xparameters.h"
#include "xstatus.h"
#include "stdio.h"

/************************Constant Definitions ***********************/
#define SYSMON_DEVICE_ID XPAR_SYSMON_0_DEVICE_ID
```

```c
/****************Macros (Inline Functions) Definitions *******************/

#define printf xil_printf /* Small foot - print printf function */

/*************************Function Prototypes ****************************/

static int SysMonPolledPrintfExample (u16 SysMonDeviceId);
static int SysMonFractionToInt (float FloatNum);

/*************************Variable Definitions ***************************/
static XSysMon SysMonInst;      /* System Monitor driver instance */

int main (void)
{
    int Status;
    Status = SysMonPolledPrintfExample (SYSMON_DEVICE_ID);
    if (Status! = XST_SUCCESS) {
        return XST_FAILURE;
    }
    return XST_SUCCESS;
}
/***********************************************************************/
/**
*
* This function runs a test on the System Monitor/ADC device using the
* driver APIs.
* This function does the following tasks:
*   - Initiate the System Monitor device driver instance
*   - Run self - test on the device
*   - Setup the sequence registers to continuously monitor on - chip
*     temperature, VCCINT and VCCAUX
*   - Setup configuration registers to start the sequence
*   - Read the latest on - chip temperature, VCCINT and VCCAUX
*
* @param   SysMonDeviceId is the XPAR_< SYSMON_ADC_instance >_DEVICE_ID value
*          from xparameters.h.
*
* @return
*          - XST_SUCCESS if the example has completed successfully.
*          - XST_FAILURE if the example has failed.
*
* @note    None
*
************************************************************************/
int SysMonPolledPrintfExample (u16 SysMonDeviceId)
{
    int Status;
    XSysMon_Config *ConfigPtr;
    u32 TempRawData;
```

```c
    u32 VccAuxRawData;
    u32 VccIntRawData;
    float TempData;
    float VccAuxData;
    float VccIntData;
    float MaxData;
    float MinData;
    XSysMon *SysMonInstPtr = &SysMonInst;

    printf ("\r\nEntering the SysMon Polled Example.\r\n");

    /*
     * Initialize theSysMon driver.
     */
    ConfigPtr = XSysMon_LookupConfig (SysMonDeviceId);
    if (ConfigPtr == NULL) {
        return XST_FAILURE;
    }
    XSysMon_CfgInitialize (SysMonInstPtr, ConfigPtr,
            ConfigPtr -> BaseAddress);

    /*
     *Self Test the System Monitor/ADC device
     */
    Status = XSysMon_SelfTest (SysMonInstPtr);
    if (Status! = XST_SUCCESS) {
        return XST_FAILURE;
    }
    /* Disable the Channel Sequencer before configuring the Sequence registers.*/
    XSysMon_SetSequencerMode (SysMonInstPtr, XSM_SEQ_MODE_SAFE);
    /* Disable all the alarms in the Configuration Register 1.*/
    XSysMon_SetAlarmEnables (SysMonInstPtr, 0x0);
    /*
     * Setup the Averaging to be done for the channels in the
     * Configuration 0register as 16 samples:
     */
    XSysMon_SetAvg (SysMonInstPtr, XSM_AVG_16_SAMPLES);
    /*
     * Setup the Sequence register for 1st Auxiliary channel
     * Setting is:
     *     - Add acquisition time by 6 ADCCLK cycles.
     *     - Bipolar Mode
     *
     * Setup the Sequence register for 16th Auxiliary channel
     * Setting is:
     *     - Add acquisition time by 6 ADCCLK cycles.
     *     - Unipolar Mode
     */
    Status = XSysMon_SetSeqInputMode (SysMonInstPtr, XSM_SEQ_CH_AUX00);
```

```c
if (Status! = XST_SUCCESS) {
    return XST_FAILURE;
}
Status = XSysMon_SetSeqAcqTime (SysMonInstPtr, XSM_SEQ_CH_AUX15 |
        XSM_SEQ_CH_AUX00);
if (Status! = XST_SUCCESS)
{ return XST_FAILURE;
}
/ *
 * Enable the averaging on the following channels in the Sequencer
 * registers:
 *    - On - chip Temperature, VCCINT/VCCAUX   supply sensors
 *    - 1st/16th Auxiliary Channels
 *    - Calibration Channel
 * /
Status = XSysMon_SetSeqAvgEnables (SysMonInstPtr, XSM_SEQ_CH_TEMP |
                XSM_SEQ_CH_VCCINT |
                XSM_SEQ_CH_VCCAUX |
                XSM_SEQ_CH_AUX00 |
                XSM_SEQ_CH_AUX15 |
                XSM_SEQ_CH_CALIB);
if (Status! = XST_SUCCESS)
    {return XST_FAILURE;
}
/ *
 * Enable the following channels in the Sequencer registers:
 *    - On - chip Temperature, VCCINT/VCCAUX supply sensors
 *    - 1st/16th Auxiliary Channel
 *    - Calibration Channel
 * /
Status = XSysMon_SetSeqChEnables (SysMonInstPtr, XSM_SEQ_CH_TEMP |
                XSM_SEQ_CH_VCCINT |
                XSM_SEQ_CH_VCCAUX |
                XSM_SEQ_CH_AUX00 |
                XSM_SEQ_CH_AUX15 |
                XSM_SEQ_CH_CALIB);
if (Status! = XST_SUCCESS)
    {return XST_FAILURE;
}
/ *
 * Set the ADCCLK frequency equal to 1/32 of System clock for the System
 * Monitor/ADC in the Configuration Register 2.
 * /
XSysMon_SetAdcClkDivisor (SysMonInstPtr, 32);
/ *
 * Set the Calibration enables.
 * /
XSysMon_SetCalibEnables (SysMonInstPtr,
                XSM_CFR1_CAL_PS_GAIN_OFFSET_MASK |
```

XSM_CFR1_CAL_ADC_GAIN_OFFSET_MASK);

/*Enable the Channel Sequencer in continuous sequencer cycling mode.*/
XSysMon_SetSequencerMode (SysMonInstPtr, XSM_SEQ_MODE_CONTINPASS);
/*Wait till the End of Sequence occurs*/
XSysMon_GetStatus (SysMonInstPtr);   /* Clear the old status */
while ((XSysMon_GetStatus (SysMonInstPtr) & XSM_SR_EOS_MASK) ! =
    XSM_SR_EOS_MASK);
/*
 * Read the on - chip Temperature Data (Current/Maximum/Minimum)
 * from the ADC data registers.
 */
TempRawData = XSysMon_GetAdcData (SysMonInstPtr, XSM_CH_TEMP);
TempData = XSysMon_RawToTemperature (TempRawData);
printf ("\r\nThe Current Temperature is % 0d.% 03d Centigrades.\r\n",
        (int)   (TempData) , SysMonFractionToInt (TempData));

TempRawData = XSysMon_GetMinMaxMeasurement (SysMonInstPtr, XSM_MAX_TEMP);
MaxData = XSysMon_RawToTemperature (TempRawData);
printf ("The Maximum Temperature is % 0d.% 03d Centigrades.\r\n",
        (int)   (MaxData) , SysMonFractionToInt (MaxData));

TempRawData = XSysMon_GetMinMaxMeasurement (SysMonInstPtr, XSM_MIN_TEMP);
MinData = XSysMon_RawToTemperature (TempRawData);
printf ("The Minimum Temperature is % 0d.% 03d Centigrades.\r\n",
        (int)   (MinData) , SysMonFractionToInt (MinData));
/*
 * Read theVccInt Votage Data (Current/Maximum/Minimum) from the
 * ADC data registers.
 */
VccIntRawData = XSysMon_GetAdcData (SysMonInstPtr, XSM_CH_VCCINT);
VccIntData = XSysMon_RawToVoltage (VccIntRawData);
printf ("\r\nThe Current VCCINT is % 0d.% 03d Volts.\r\n",
        (int)   (VccIntData) , SysMonFractionToInt (VccIntData));

VccIntRawData = XSysMon_GetMinMaxMeasurement (SysMonInstPtr,
                    XSM_MAX_VCCINT);
MaxData = XSysMon_RawToVoltage (VccIntRawData);
printf ("The Maximum VCCINT is % 0d.% 03d Volts.\r\n",
        (int)   (MaxData) , SysMonFractionToInt (MaxData));

VccIntRawData = XSysMon_GetMinMaxMeasurement (SysMonInstPtr,
                    XSM_MIN_VCCINT);
MinData = XSysMon_RawToVoltage (VccIntRawData);
printf ("The Minimum VCCINT is % 0d.% 03d Volts.\r\n",
        (int)   (MinData) , SysMonFractionToInt (MinData));
/*
 * Read theVccAux Votage Data (Current/Maximum/Minimum) from the
 * ADC data registers.

```c
    */
            VccAuxRawData = XSysMon_GetAdcData (SysMonInstPtr, XSM_CH_VCCAUX);
            VccAuxData = XSysMon_RawToVoltage (VccAuxRawData);
            printf ("\r\nThe Current VCCAUX is % 0d.% 03d Volts.\r\n",
                    (int)   (VccAuxData) , SysMonFractionToInt (VccAuxData) );

            VccAuxRawData = XSysMon_GetMinMaxMeasurement (SysMonInstPtr,
                            XSM_MAX_VCCAUX);
            MaxData = XSysMon_RawToVoltage (VccAuxRawData);
            printf ("The Maximum VCCAUX is % 0d. % 03d Volts. \r\n",
                    (int)   (MaxData) , SysMonFractionToInt (MaxData) );

            VccAuxRawData = XSysMon_GetMinMaxMeasurement (SysMonInstPtr,
                            XSM_MIN_VCCAUX);
            MinData = XSysMon_RawToVoltage (VccAuxRawData);
            printf ("The Minimum VCCAUX is % 0d. % 03d Volts. \r\n\r\n",
                    (int)   (MinData) , SysMonFractionToInt (MinData) );
            printf ("Exiting the SysMon Polled Example. \r\n");
            return XST_SUCCESS;
}

/****************************************************************************/
/*
* This function converts the fraction part of the given floating point number
*   (after the decimal point) to an integer.
*
* @ param           FloatNum is the floating point number.
*
* @ return          Integer number to a precision of 3 digits.
*
* @ note
* This function is used in the printing of floating point data to a STDIO device
* using thexil_printf function. The xil_printf is a very small foot - print
* printf function and does not support the printing of floating point numbers.
*
*****************************************************************************/
int SysMonFractionToInt (float FloatNum)
{
    float Temp;

    Temp = FloatNum;
    if (FloatNum < 0) {
        Temp = - (FloatNum);
    }

    return ( ( (int)   ( (Temp - (float)   ( (int) Temp) ) * (1000. 0f) ) ) );
}
```

思考与练习 23 - 2：请分析该段代码的功能。

23.6.3　下载硬件比特流文件到 FPGA

本小节将介绍如何将比特流文件下载到 Z7 - EDP - 1 开发平台上。

（1）通过 USB 电缆将 Z7 - EDP - 1 开发平台上的 J13 Mini USB 接口（该接口提供了 UART - USB 的转换）和用于当前设计的电脑的一个 USB 接口连接（需要事先安装 UART - USB 的软件驱动程序）。

（2）通过 USB 电缆将 Z7 - EDP - 1 开发平台的 J12 Mini USB 接口（该接口提供了 JTAG - USB 的转换）和用于当前设计的电脑的另一个 USB 接口连接（电脑自动扫描并安装驱动程序）。

（3）外接+ 5V 电源插到 ZedBoard 开发平台的 J6 接口上，并通过 SW10 开关打开目标板的电源。

（4）在 SDK 主界面的主菜单下，选择 Xilinx Tools→Program FPGA，准备将程序和硬件比特流文件下载到 FPGA 中。

（5）出现"Program FPGA"对话框，给出了需要下载的比特流文件的路径。

（6）单击"Program"按钮。

（7）出现"Progress Information"对话框，表示当前正在将比特流文件下载到 Z7 - EDP - 1 开发平台上的 xc7z020clg484 SoC 器件中。

（8）等待将比特流文件成功下载到 xc7z020clg484 SoC 器件内。

23.6.4　运行应用工程

本小节将介绍如何在 Z7 - EDP - 1 硬件开发平台上运行应用工程。为了在 xc7z020clg484 SoC 上正确地运行程序，以及在 SDK 设计环境下观察运行的结果，需要对运行环境进行配置。

（1）在 SDK 主界面左侧的"Project Explorer"窗口下，选中 xadc_test_0，单击鼠标右键，出现浮动菜单，在浮动菜单内，选择 Run As→Run Configurations...。

（2）出现运行配置界面。在该配置界面下，选择 Xilinx C/C + + ELF，单击鼠标右键，出现浮动菜单，选择 New，生成新的运行配置界面。

（3）正确配置 STDIO 参数，使得可以在"Console"窗口中正确地显示信息。

（4）单击"Device Initialization"标签，在该标签页下的 Reset Type（复位类型）中选择 Reset Entire System（复位整个系统）。

（5）单击运行配置界面下方的"Run"按钮，运行程序。

（6）在 SDK 主界面下方的消息显示窗口中单击"Console"，在该窗口所在的界面下显示测试信息。

思考与练习 23 - 3：修改软件设计，计算测量信号的参量信息。

第24章 Linux 开发环境的构建

本章将详细介绍 Linux 开发环境的构建方法，主要内容包括构建虚拟机环境、安装和启动 Ubuntu 14.04 客户机操作系统、安装 FTP 工具、安装和启动 SSH 和 GIT 组件、安装交叉编译器环境、安装和配置 Qt 集成开发工具。

读者通过对本章内容的学习，可以更好地掌握操作系统的基本知识，理解并掌握 Linux 操作系统在 Zynq 平台上实现的方法。

24.1 构建虚拟机环境

（1）下载并安装 vmware - workstation - 11.0 软件工具。

（2）使用下面的一种方法启动虚拟机。

① 在 Windows 7 操作系统主界面的左下角，选择开始→所有程序→VMware→VMware Workstation。

② 在 Windows 7 操作系统的桌面上，用鼠标左键双击名字为"VMware Workstation"的图标。

（3）在 VMware Workstation 主界面的右侧视图内，选择并单击"创建新的虚拟机"按钮，如图 24.1 所示。

图 24.1　VMware Workstation 主界面

第 24 章　Linux 开发环境的构建

（4）出现"新建虚拟机向导"对话框，勾选"自定义（高级）（C）"选项。

（5）单击"下一步"按钮。

（6）出现"新建虚拟机向导：选择虚拟机硬件兼容性"对话框，保持默认设置。

（7）单击"下一步"按钮。

（8）出现"新建虚拟机向导：安装客户机操作系统"对话框，如图 24.2 所示，选择"稍后安装操作系统（S）"选项。

（9）单击"下一步"按钮。

（10）出现"新建虚拟机向导：选择客户机操作系统"对话框，如图 24.3 所示。

图 24.2　"新建虚拟机向导：
安装客户机操作系统"对话框

图 24.3　"新建虚拟机向导：
选择客户机操作系统"对话框

① 在"客户机操作系统"栏选择"Linux（L）"选项。

② 在"版本（V）"栏选择"Ubuntu 64 位"选项。

（11）单击"下一步"按钮。

（12）出现"新建虚拟机向导：命名虚拟机"对话框，如图 24.4 所示。在该对话框中，读者可以单击"浏览（R）..."按钮，定位所要保存 Ubuntu 操作系统的位置。在本书中，将其保存到"d：\Ubuntu"。

（13）单击"下一步"按钮。

（14）出现"新建虚拟机向导：处理器配置"对话框，如图 24.5 所示。读者可以根据自己所使用电脑的情况设置处理器的数量和每个处理器的核心数量。

> **注**：在本书中，使用的笔记本电脑的 CPU 为 i7 - 4700。因此，将每个处理器的核心数量配置为 4。

（15）单击"下一步"按钮。

图 24.4 "新建虚拟机向导：命名虚拟机"对话框　　图 24.5 "新建虚拟机向导：处理器配置"对话框

（16）出现"新建虚拟机向导：此虚拟机的内存"对话框，如图 24.6 所示。读者可以根据当前所使用电脑的内存资源进行配置。在本书中，通过用鼠标拖曳左侧的进度条，为虚拟机分配了 4GB 内存空间。

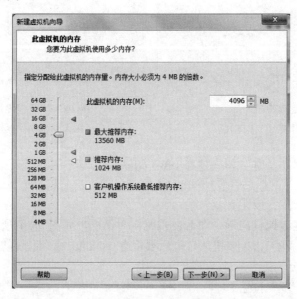

图 24.6 "新建虚拟机向导：此虚拟机的内存"对话框

（17）单击"下一步"按钮。

（18）出现"新建虚拟机向导：网络类型"对话框，选择"使用桥接网络（R）"前面的复选框。

注：该选项表示给 Ubuntu 操作系统分配一个 IP 地址。

第 24 章　Linux 开发环境的构建

（19）单击"下一步"按钮。

（20）出现"新建虚拟机向导：选择 I/O 控制器类型"对话框，默认选中"LSI Logic（L）"前面的复选框，不修改该默认设置。

（21）单击"下一步"按钮。

（22）出现"新建虚拟机向导：选择磁盘类型选项"对话框，默认选中"SCSI（S）（推荐）"前面的复选框，不修改该默认设置。

（23）单击"下一步"按钮。

（24）出现"新建虚拟机向导：选择磁盘选项"对话框，默认选中"创建新虚拟磁盘（V）"前面的复选框，不修改默认设置。

（25）单击"下一步"按钮。

（26）出现"新建虚拟机向导：指定磁盘容量"对话框。在该对话框中，分配最大磁盘大小，使用默认的 20.0，为虚拟机首先分配 20GB 的硬盘空间，其他保持默认参数设置。

（27）单击"下一步"按钮。

（28）出现"新建虚拟机向导：指定磁盘文件"对话框。在该对话框中，在"磁盘文件"下方的文本框中输入"root.vmdk"，作为磁盘文件的名字。

（29）单击"下一步"按钮。

（30）出现"新建虚拟机向导：已准备好创建虚拟机"对话框。该对话框中，给出虚拟机所使用的资源信息。

（31）单击"完成"按钮。

24.2　安装和启动 Ubuntu 14.04 客户机操作系统

本节将介绍安装和启动 Ubuntu 14.04 客户机操作系统的方法。

24.2.1　新添加两个磁盘

本小节将介绍如何分别添加两个名字为"xilinx"和"swap"的磁盘。

（1）在"Ubuntu 64 位 - VMware Workstation"窗口的右侧，选择并单击"编辑虚拟机设置"图标，如图 24.7 所示。

（2）出现"虚拟机设置"对话框，选择硬盘（SCSI）20GB 条目。

（3）单击"添加"按钮。

（4）出现"添加硬件向导"对话框。在硬件类型窗口的下方，选择硬盘条目。

（5）单击"下一步"按钮。

（6）出现"添加硬件向导：选择磁盘类型"对话框。在该对话框中，选择默认设置。

（7）单击"下一步"按钮。

（8）出现"添加硬件向导：选择磁盘"对话框。在该对话框中，选择"创建新虚拟磁盘前"面的复选框。

（9）单击"下一步"按钮。

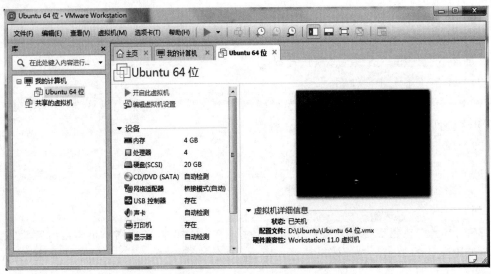

图 24.7 "Ubuntu 64 位 - VMware Workstation"窗口

(10) 出现"添加硬件向导：指定磁盘容量"对话框。在该对话框中，将最大磁盘大小设置为 20.0GB，其余按默认设置。

(11) 单击"下一步"按钮。

(12) 出现"添加硬件向导：指定磁盘文件"对话框。在该对话框中，将文件名改为 xilinx.vmdk。

(13) 单击"完成"按钮。

(14) 按照步骤（2）～步骤（13），再添加一个名字为"swap.vmdk"的磁盘。

(15) 在"虚拟机设置"对话框中，单击"确定"按钮。

24.2.2 设置 CD/DVD（SATA）

当使用虚拟机安装 Ubuntu 14.04 时，可以使用光盘安装，也可以使用光盘镜像文件安装。本书使用光盘镜像文件安装 Ubuntu 14.04。

(1) 单击图 24.7 中"设备"栏下面的"CD/DVD（SATA）自动检测"选项，出现"虚拟机设置"对话框，如图 24.8 所示。在该对话框右侧的窗口中，按下面的步骤进行设置。

① 设备状态：勾选"启动时连接（O）"前面的复选框。该选项表示当启动虚拟机时连接 Ubuntu 14.04。

② 连接：选择"使用 ISO 映像文件（M）"前面的复选框，然后单击"浏览（B）..."按钮，选择安装 Ubuntu 14.04 所使用光盘镜像文件的位置。在本书中，该安装包保存在下面的路径中。

E：\software\ubuntu - 14.04.3 - desktop - amd64.iso

(2) 单击"确定"按钮。

第 24 章　Linux 开发环境的构建

图 24.8　"虚拟机设置"对话框

24.2.3　安装 Ubuntu 14.04

本小节将介绍安装 Ubuntu 14.04 的步骤。

（1）设置好光盘镜像后，单击图 24.7 中的"开启此虚拟机"图标，启动虚拟机。

（2）出现"Install：Welcome"对话框，如图 24.9 所示。在该对话框的左侧，选择"English"选项。

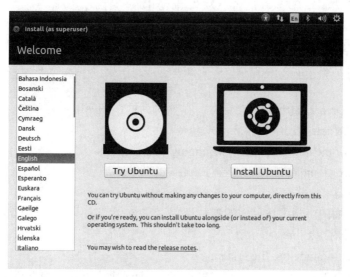

图 24.9　"Install：Welcome"对话框

（3）单击图24.9中的"Install Ubuntu"按钮。

（4）出现"Install：Preparing to install Ubuntu"对话框。在该对话框中，不修改任何设置。

（5）单击"Continue"按钮。

（6）出现"Install：Installation type"对话框。在该对话框中，选择"something else"前面的复选框。

（7）单击"Continue"按钮。

（8）再次出现类似的"Install：Installation type"对话框，如图24.10所示。本书中的虚拟机将使用3个虚拟磁盘空间。

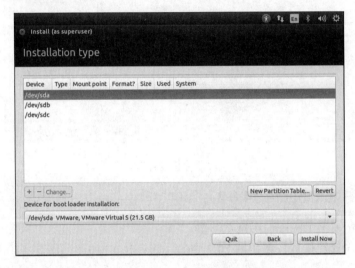

图24.10 "Install：Installation type"对话框

（9）在该对话框中，首先双击名字为"/ dev/sda"一行。

（10）出现"Create new empty partition table on this device?"对话框。

（11）单击"Continue"按钮。

（12）可以看到新添加了名字为"free space"的一行，如图24.11所示。鼠标左键双击该行。

（13）出现"Create partition"对话框。在该对话框，按如下设置参数。

① Type for the new partition：Primary。

② Location for the new partition：Beginning of this space。

③ Use as：Ext4joutnaling file system。

④ Mount Point（挂载点）：/。

（14）重复上面的步骤，按前面的参数设置"/ dev/sdb"，除了设置以下。

① Mount Point：/ xilinx。

② Use as：Ext4joutnaling file system。

（15）重复上面的步骤，按前面的参数设置"/ dev/sdc"，除了设置以下。

① Use as：swap area。

第 24 章　Linux 开发环境的构建

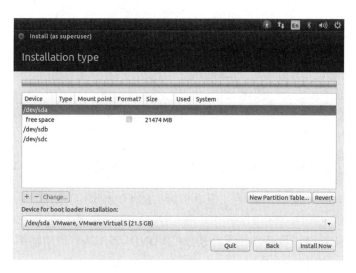

图 24.11　创建新磁盘

② Mount Point：（设置为空）。

（16）完成分区设置后，单击图 24.11 所示界面下的"Install Now"按钮。

（17）出现"Write the changes to disks？"对话框。

（18）单击"Continue"按钮。

（19）出现"Install：Where are you？"对话框。在该对话框下方的文本框中，输入"Beijing"。

（20）单击"Continue"按钮。

（21）出现"Install：Keyboard layout"对话框。在该对话框中，不修改任何设置。

（22）单击"Continue"按钮。

（23）出现"Install：Who are you？"对话框，如图 24.12 所示。在该对话框中，输入用户名和密码。

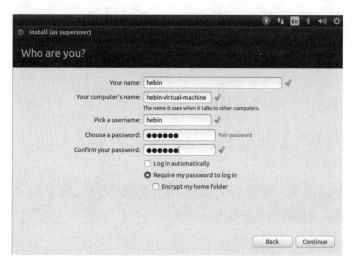

图 24.12　"Install：Who are you？"对话框

（24）单击"Continue"按钮。

（25）在剩下的安装步骤中，选择默认设置，直到安装完成。

（26）出现"Install Complete"对话框。

（27）单击"Restart Now"按钮。

（28）在图 24.7 左侧的窗口中，选中"Ubuntu 64 位"并单击鼠标右键，出现浮动菜单。在浮动菜单内，选择电源→关机。

24.2.4　更改 Ubuntu 14.04 操作系统启动设备

成功安装完 Ubuntu 14.10 后，为了以后正确启动 Ubuntu 14.04 操作系统，需要进行下面的设置。

（1）单击图 24.7 中"设备"栏下面的"CD/DVD（SATA）自动检测"选项，出现"虚拟机设置"对话框，如图 24.8 所示。

（2）在"连接"栏下，选择"使用物理驱动器"前面的复选框。

注：该选项用于保证在以后能正常地启动该操作系统。

24.2.5　启动 Ubuntu 14.04 操作系统

本小节将介绍在虚拟机中启动 Ubuntu 14.04 操作系统的方法。

（1）将在图 24.7 中，单击"开启虚拟机"按钮，在虚拟机中启动 Ubuntn 14.04 操作系统。

（2）在虚拟机窗口中单击鼠标左键，则进入 Ubuntu 操作界面。

（3）在登录界面中，输入在安装 Ubuntu 14.04 操作系统时设置的密码。

注：（1）在进入 Ubuntu 操作界面后，同时按住"Ctrl + Alt + T"组合键，打开命令行窗口，进入 Terminal 模式。

（2）在"Terminal"窗口中输入"sudo su"命令，并且输入用户密码，即可获取根权限。

（3）同时按下"Ctrl + Alt"组合键，退出 Ubuntu 操作界面，返回到 Windows 操作系统主界面。

（4）在 Ubuntu 14.04 集成开发环境左侧一列的工具栏中，找到并单击"System Settings" 图标。

（5）出现"System Settings"对话框。在该对话框中，找到并用鼠标单击"Displays"图标。

（6）打开"Displays"对话框。在该对话框中，通过 Resolution 右侧的下拉框将显示分辨率设置为 1360×768（16∶9）。

注：读者需要根据不同的情况设置分辨率，一般与 Windows 环境设置相同的分辨率。这样，便于后面的安装和设计过程。

24.2.6　添加搜索链接资源

为了让 Ubuntu 能自动下载并安装后续设计所需要的工具，需要在 Ubuntu 14.04 操作系统的 sources.list 文件中添加搜索链接资源。

（1）在 Ubuntu 14.04 操作系统界面中，按下"Atl + Ctrl + T"组合键，出现命令行窗口。

（2）输入"sud3o su"命令，然后输入登录 Ubuntu 时的密码，获取根权限。

（3）输入"gedit/etc/apt/sources.list"命令，打开 sources.list 文件。

（4）如下所示，在该文件中，添加下面的链接资源。

> deb http:// ftp.us.debian.org/debian stable main contrib non - free
> deb http:// ftp.us.debian.org/debian - non - US stable/non - US main contrib non – free
> deb http:// ftp.us.debian.org/debian testing main contrib non - free
> deb http:// ftp.us.debian.org/debian - non - US testing/non - US main contrib non – free
> deb http:// ftp.us.debian.org/debian unstable main contrib non - free
> deb http:// ftp.us.debian.org/debian - non - US unstable/non - US main contrib non - free

（5）保存并关闭该文件。

（6）输入"apt - get update"命令，更新 Ubuntu 14.04 的软件包。

（7）退出命令行窗口。

24.3 安装 FTP 工具

本节将介绍在 Windows 操作系统和 Ubuntu 操作系统下安装 FTP 工具的方法。

24.3.1 Windows 操作系统下 LeapFTP 安装

LeapFTP 是小巧且强大的 FTP 工具之一，具有友好的用户界面和稳定的传输速度，是一款 FTP 客户端软件，只要在 Linux 上安装并启动了 FTP 服务，就可以很方便地在 Windows 操作系统和 Linux 操作系统上直接进行文件传输，如图 24.13 所示。

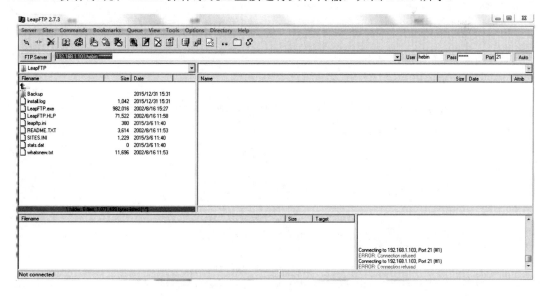

图 24.13　LeapFTP 主界面

注：读者可以在网上找到并下载 LeapFTP 安装包。本书使用 LeapFTP2.7.3 版本。

当需要在 Windows 和 Ubuntu 之间共享文件时，需要执行下面的步骤。

（1）在图 24.13 左侧的窗口中显示出需要和 Linux 共享的文件路径。

（2）在"FTP Server"文本框中输入安装 Linux 所用主机的 IP 地址；在"User"文本框中输入登录 Ubuntu 的用户名；在"Password"文本框中输入登录 Ubuntu 的密码；在"Port"文本框内输入"21"。

注：（1）默认端口号为 21。
（2）当连接 Ubuntu 时，必须保证开启 Ubuntu 操作系统，以及在 Ubuntu 中已经配置了 FTP 服务器。

24.3.2　Ubuntu 操作系统环境下 FTP 安装

Ubuntu 14.04 提供了一个很方便的安装工具 apt‐get。下面介绍安装、配置和启动 FTP 服务器的步骤。

（1）在 Ubuntu 操作系统环境下，同时按下"Alt + Ctrl + T"组合键，进入命令行窗口。

（2）输入"sudo su"命令，根据提示输入 Ubuntu 登录密码，获得根权限。

（3）输入下面的命令，自动安装 FTP 服务器。

apt‐get install vsftpd

注：当安装过程中出现提示信息时，一律输入"Y"。

（4）安装完 FTP 服务器工具后，打开/etc/vsftpd.conf 文件，其命令格式为

gedit/etc/vsftpd.conf

（5）打开 vsftpd.conf 文件。在该文件中，找到下面一行：

#local_enable = YES
#write_enable = YES

（6）去掉这两行前面的注释符号"#"，保存并关闭该文件。

为了方便理解，下面对该配置文件进行简单说明。

listen_ipv6 = YES   #服务器监听
anonymous_enable = YES   #允许匿名访问
local_enable = YES   #允许本地主机访问
write_enable = YES   #写允许
anon_upload_enable = YES   #允许匿名上传
anon_mkdir_write_enable = YES   #允许匿名创建文件夹
dirmessage_enable = YES   #允许进入文件夹
xferlog_enable = YES   #允许记录 FTP 日志
connect_from_port_20 = YES   #允许使用 20 号端口作为数据传输的端口

（7）为了方便客户端在根权限下登录 FTP 服务器，需要修改 ftpusers 文件。在命令行窗

第 24 章 Linux 开发环境的构建

口的根权限模式下,输入下面的命令:

gedit/etc/ftpusers

(8)打开该文件,该文件中给出了禁止访问 FTP 的用户名,其中就包括 root,读者在 root 前面添加#,即#root,这样就允许在根权限下访问 FTP 服务器了。修改后的代码如下:

#/etc/ftpusers:list of users disallowed FTP access.See ftpusers(5).
#root
Daemon
……
nobody

(9)保存并关闭该文件。
(10)启动 vsftpd 服务器,其命令格式为

service vsftpd start

注:此时,在 Windows 操作系统环境下,通过 LeapFTP 与 Ubuntu 进行连接,显示连接成功的消息,表示已经成功在 Ubuntu 操作系统环境下安装了 FTP 工具。

24.4 安装和启动 SSH 和 GIT 组件

本节将介绍在 Ubuntu 14.04 中安装和配置 SSH 与 GIT 组件的步骤。

注:安装组件需要获得根权限。

24.4.1 安装和启动 SSH 组件

(1)按下"Alt + Ctrl + T"组合键,打开命令行窗口。
(2)命令行窗口中,输入安装 SSH 的命令,其格式为

apt - get install openssh - server

注:当安装过程中遇到提示信息时,输入"Y",则完成上述过程。

(3)安装完成后,需要启动 SSH。在命令行窗口中,输入启动命令,格式为

/ etc/init.d/ssh start

(4)输入下面的命令,确认是否启动 SSH 服务:

ps – e | grep ssh

在命令行窗口中,出现"1076? 00:00:00 sshd",说明已经成功启动了 SSH 服务。

注:如果只有 ssh - agent,则没有启动 SSH 服务器。

(5)读者可以在命令行窗口中输入命令打开 SSH 配置文件,格式为

gedit/etc/ssh/sshd_config

注：读者可以看到在该文件中定义了 SSH 的服务端口，默认为 22，读者也可以自己定义端口号。此外，还可以进一步设置 SSH，让打开 SSH 服务的时间更短。

（6）关闭该文件。

24.4.2 安装和启动 GIT 组件

（1）在 Ubuntu 命令行窗口，输入安装 GIT 的命令：

apt - get install git

注：当安装过程中遇到提示信息时，输入"Y"，则完成上述过程。

（2）当安装完成时，在命令行中输入"git"，可以列出该命令的所有选项。

24.5 安装交叉编译器环境

交叉编译，简单地说，就是在一个平台上生成另一个平台上的可执行代码。这里需要注意的是，所谓平台，实际上包含两个概念，即体系结构和操作系统。同一个体系结构可以运行不同的操作系统；同样，同一个操作系统也可以在不同的体系结构上运行。

我们常用的电脑软件，都需要通过编译的方式，把使用高级语言编写的代码（如 C 代码）编译成电脑可以识别和执行的二进制代码。例如，我们在 Windows 平台上，可使用 Visual C ++开发环境，编写程序并编译成可执行程序。在这种方式下，我们使用 PC 平台上的 Windows 工具开发针对 Windows 本身的可执行程序，这种编译过程称为本机编译。然而，在进行嵌入式系统的开发时，运行程序的目标平台通常具有有限的存储空间和运算能力，如常见的 Arm 平台，其一般的静态存储空间大概是 16～32MB，而 CPU 的主频大概在 100～500MHz 之间。这种情况下，在 Arm 平台上进行本机编译就不太可能了。这是因为一般的编译工具链需要很大的存储空间，并需要很强的 CPU 运算能力。为了解决这个问题，交叉编译工具就应运而生了。通过交叉编译工具，就可以在 CPU 能力很强、存储空间足够的主机平台上（如 PC 上）编译出针对其他平台的可执行程序。

要进行交叉编译，需要在主机平台上安装对应的交叉编译工具链，然后用这个交叉编译工具链编译我们的源代码，最终生成可在目标平台上运行的代码。

24.5.1 安装 32 位支持工具包

因为在本书的设计中使用的是 64 位的 Ubuntu 14.04 平台，而在后面的设计中使用到 32 位的工具。典型地，Xilinx 的 SDK 2015.4 工具中提供了 32 位的编译器。为了支持这些 32 位的工具，需要预先安装 32 位支持工具包。

（1）按下"Atl + Ctrl + T"组合键，出现命令行窗口。

（2）输入"sudo su"命令，然后输入登录 Ubuntu 的密码，获取根权限。

（3）在命令行中，输入安装 32 位支持包的命令，格式为

第 24 章　Linux 开发环境的构建

```
apt - get install lib32z1 lib32ncurses5 lib32bz2 - 1.0 lib32stdc ++ 6。
```

> **注**：当安装过程中遇到提示信息时，输入"Y"，则完成上述过程。当成功执行上面的过程后，就可以在 64 位的 Ubuntu 14.04 平台中安装并使用 32 位的交叉编译器了。

24.5.2　安装和设置 SDK 2015.4 工具

在 Vivado 环境提供的 SDK 工具中，已经自动包含了交叉编译器。因此，读者需要在 Ubuntu 14.04 中下载并安装 SDK 2015.4 工具。

（1）在 Ubuntu 的浏览器界面中，输入 www.xilinx.com 网址，登录 Xilinx 的官网。

（2）进入下载页面（网址为"http：// www.xilinx.com/support/download.html"）。

（3）在该页面中，单击"Embedded Development"标签。在该标签页中，找到并双击"SDK 2015.4 Webinstall for Linux 64（BIN - 76.92MB）"，这是一个通过网上实现下载和安装的安装包，如图 24.14 所示。

图 24.14　Vivado SDK 最小安装包

（4）输入 Xilinx 用户名和密码。

（5）默认情况下，将其保存在/home/hebin/Downloads，下载安装包的名字默认为 Xilinx_SDK_2015.4_1118_2_Lin64.bin。

（6）按下"Alt + Ctrl + T"组合键进入命令行窗口。

（7）输入"sudo su"命令，获取根权限。

（8）在命令行中输入命令"cd Downloads"，进入保存下载安装包的目录中。

> **注**：如果当前目录不在/home/...中，需要通过 cd 命令进入该路径。

（9）输入命令"chmod + x Xilinx_SDK_2015.4_1118_2_Lin64.bin"。

> **注**：命令 chmod 用于修改文件的权限，它后面的+表示增加权限，x 表示可执行权限。

（10）输入命令"./Xilinx_SDK_2015.4_1118_2_Lin64.bin"。

（11）出现"SDK 2015.4 Installer：Welcome"对话框。

（12）单击"Next"按钮。

（13）出现"Select Install Type"对话框。在该对话框中，按如下参数设置。

① 在"User ID"文本框中输入已经在 Xilinx 注册的用户名。

② 在"Password"文本框中输入已经在 Xilinx 注册的密码。

③ 选择"Download and Install Now"前面的复选框。

（14）单击"Next"按钮。

（15）出现"Accept License Agreements"对话框。在该对话框中，选中"I Agree"前面的复选框。

（16）单击"Next"按钮。

（17）出现"Select Edit to Install"对话框。在该对话框中，选中"Xilinx software Development Kit（XSDK）"前面的复选框。

(18)单击"Next"按钮。

(19)出现"Xilinx Software Development Kit(XSDK)"对话框。在该对话框中,使用默认设置。

(20)单击"Next"按钮。

(21)出现"Select Destination Directory"对话框。在该对话框的"Select the installation directory"中,给出安装 SDK 的路径。在本书中,SDK 安装在/xilinx 下。其余按默认设置。

> 注:在本书中,SDK 安装在/xilinx 下。

(22)单击"Next"按钮。

(23)出现"SDK 2015.4 Installer - Installation Summary"对话框。

(24)单击"Install"按钮。

(25)出现"SDK 2015.4 Installer:Installation Progress"对话框。在该对话框中,自动进行安装的过程。

(26)安装结束,出现"Vivado License Manager"对话框。在该对话框中,选择"Load License"选项。在右侧,单击"Copy License"按钮。

(27)出现"Select License File"对话框。将路径指向事先得到的 Vivado 授权文件,然后单击"Open"按钮。

(28)提示成功导入 SDK 许可文件。

(29)单击"OK"按钮。

(30)退出"Vivado License Manager"对话框。

(31)关闭"Xilinx Software Install"对话框,完成安装 SDK 2015.4 工具。

24.6 安装和配置 Qt 集成开发工具

本节将介绍安装和配置 Qt 集成开发工具的过程。这个过程主要包括构建 PC 平台 Qt 环境和构建 Arm 平台 Qt 环境。

24.6.1 Qt 集成开发工具功能

Qt 集成开发工具包括了丰富的设计资源,包括项目生成向导(用于帮助生成基本程序框架);高级 C++代码编辑器(实现编译 C++程序);浏览/查找文件/类的工具,它们用于帮助程序员开发程序。在该集成开发环境中,还提供了 Designer、Assistant 和 Linguist 工具包,以及图形化的调试界面,用于方便程序员在程序开发阶段调试程序。此外,在该集成开发环境中包含了 qmake 工具,该工具可以帮助程序员自动地生成 makefile 文件等。

Qt Creator 帮助程序员快速地掌握 Qt 集成开发环境,并且能够在该开发环境中独立运行项目工程,实现设计要求。此外,它还可显著提高 Qt 的软件开发效率。其主要特点如下。

1. 强大的 C++代码编辑器

通过该编辑器,设计者可以高效快捷地编写代码。

（1）语法和代码完成提示功能。通过提示功能，程序员就可以在输入代码时检查代码的有效性。

（2）与设计相关的上下文帮助，方便的代码回卷功能，简化了设计视图界面。通过这个功能，程序员可以查看代码中的括号是否匹配。

2．管理源代码的浏览工具

（1）在 Qt 集成开发环境中，集成先进的版本控制软件（如 Git、Perforce 和 Subversion）。

（2）开放式文件。基于该模式，程序员不需要准确知道文件名及所在的位置。

（3）程序员可以查找设计中所需要的类/文件。

（4）跨越不同的位置或在文件中延用符号。

（5）可以在头文件/源文件/声明/定义之间进行切换。

3．跨平台的互操作功能

（1）集成了简单易懂的专用于 Qt 程序的功能（如信号和槽）。

（2）图形化的调试器界面，可以让程序员清楚地查看 Qt 类结构内部的成员。

（3）只需单击工具栏内的运行按钮，程序员就可生成并运行 Qt 工程。

24.6.2　构建 PC 平台 Qt 环境

Qt 环境的构建包括在主机上安装 Qt 集成开发环境，以及构建在 xc7z020 SoC 的 Ubuntu 操作系统中可以运行的 Qt 应用程序环境。

在将 Qt 应用程序移植到运行在 xc7z020 SoC 的 Ubuntu 14.03 操作系统环境之前，需要在上位机 Qt 集成环境中对开发的应用程序进行编译和调试。只有在主机上调试成功后，才能将所开发的 Qt 应用程序移植到 xc7z020 SoC 平台上进行最终的验证与调试。

Qt 集成开发环境包括 Qt Creator、Lib 和 Designer 等，它们被一起打包成 Qt SDK。设计者通过两种方式安装 Qt 集成开发环境。

（1）在 Ubuntu 环境下登录网址 http：//qt - project.org/downloads，进入官网。在官网上，选择相应的版本并将其下载到主机。对于这种下载方式来说，在 Ubuntu 14.04 虚拟机环境下安装 Qt 之前，需要通过 chmod 命令将文件属性设置为可执行的，然后才能安装它。

（2）在 Ubuntu 的 Terminal 界面，使用 apt - get 工具进行自动下载和安装。这种方式相对简单，并且能一次性安装完成所有 Qt 的组件，采用这种方式所安装的 Qt 是最新的版本。

> **注：** 从编译器等方面考虑，本书选用 Ubuntu 64 位环境下的 Qt5.2.1 版本安装包，而不是目前最新的 Qt5.5.1 版本。因此，采用第一种方法安装 Qt 集成开发工具。

接下来介绍采用第一种方法安装 Qt 集成开发环境的步骤。

（1）在虚拟机的 Ubuntu 环境下，打开浏览器，输入网址 download.qt.io/archive/qt/5.2/5.2.1/，进入下载页面，如图 24.15 所示。

（2）选中图 24.15 中的 qt - opensource - linux - x64 - 5.2.1.run，单击鼠标右键，在弹出的快捷菜单中选择 Save Link As。

qt-opensource-mac-x64-android-ios-5.2.1.dmg	24-Feb-2014 13:07	1.3G	Details
qt-opensource-mac-x64-android-5.2.1.dmg	24-Feb-2014 13:02	851M	Details
qt-opensource-linux-x86-android-5.2.1.run	24-Feb-2014 12:50	848M	Details
qt-opensource-linux-x86-5.2.1.run	24-Feb-2014 12:38	371M	Details
qt-opensource-linux-x64-android-5.2.1.run	24-Feb-2014 12:56	846M	Details
qt-opensource-linux-x64-5.2.1.run	24-Feb-2014 12:33	368M	Details
md5sums.txt	24-Feb-2014 12:41	1.1K	Details

图 24.15　下载 Qt 5.2.1 的入口

（3）出现"Save As"对话框。在该对话框中，使用下面默认的保存路径。

/home/用户名/Downloads

默认地，保存文件的名字为 qt - opensource - linux - x64 - 5.2.1.run。

> 注：x64 表示 64 位系统。5.2.1 表示 Qt5.2.1。

（4）单击"Save"按钮。
（5）按下"Alt + Ctrl + T"组合键，出现命令行窗口。
（6）输入"sudo su"命令，获取根权限。
（7）在命令行中，输入"cd/home/hebin/Downloads"命令，进入 Downloads 子目录。
（8）在命令行中，输入"chmod + x qt - opensource - linux - x64 - 5.2.1.run"命令，为该安装添加可执行属性。
（9）在命令行中，输入"./ qt - opensource - linux - x64 - 5.2.1.run"命令，启动安装过程。
（10）出现"Qt 5.2.1 Setup"对话框。
（11）单击"Next"按钮。
（12）出现"Qt 5.2.1 Setup：Installation Folder"对话框，该对话框给出了安装路径。在本书中，使用下面的默认安装路径。

/ opt/Qt5.2.1

（13）单击"Next"按钮。
（14）出现"Qt 5.2.1 Setup"对话框，选择默认设置。
（15）单击"Next"按钮。
（16）出现"Qt 5.2.1 Setup：License Agreement"对话框，如图 24.16 所示，选择"I have read and agree..."前面的复选框。
（17）单击"Next"按钮。
（18）出现"Qt 5.2.1 Setup：Ready to Install"对话框。
（19）单击"Install"按钮，开始安装过程。
（20）出现"Qt 5.2.1 Setup：Completing the Qt 5.2.1 Wizard"对话框。
（21）单击"Finish"按钮。
（22）自动打开"Qt Creator"窗口，如图 24.17 所示。

第 24 章　Linux 开发环境的构建

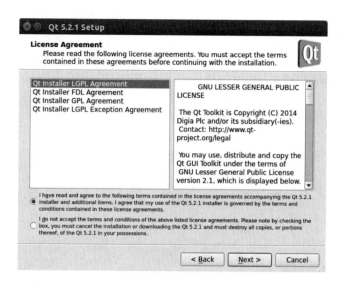

图 24.16　"Qt 5.2.1 Setup：License Agreement"对话框

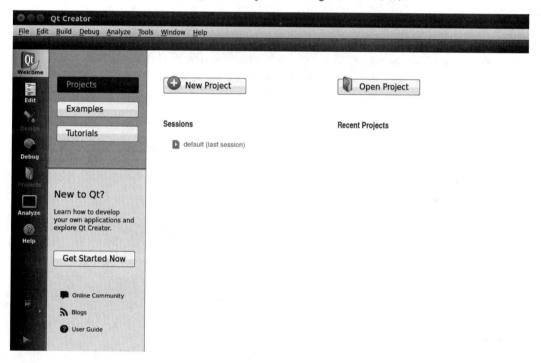

图 24.17　"Qt Creator"窗口

注：读者也可以在命令行中输入命令进入到/user/目录下，格式为 cd/usr/bin。在命令行中输入 qtcreator，启动 Qt 集成开发环境。

（23）单击"New Project"按钮。

（24）出现"New Project"对话框，如图 24.18 所示。在左侧选择 Applications 项，在中间选择 Qt Widgets Application。

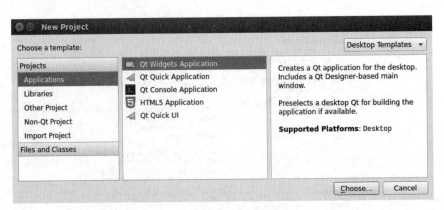

图 24.18 "New Project"对话框

注：读者事先建立一个名字为"/xc7z020/qt_example"的目录。

（25）单击"Choose..."按钮。

（26）出现"Qt Widgets Application：Introduction and Project Location"对话框，如图 24.19 所示，参数设置如下。

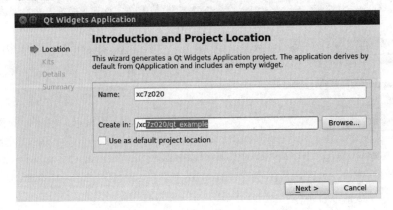

图 24.19 "Qt Widgets Application：Introduction and Project Location"对话框

① Name：xc7z020。

② Create in：/xc7z020/qt_example。

（27）单击"Next"按钮。

（28）出现"Qt Widgets Application：Kit Selection"对话框，如图 24.20 所示。在该对话框中，使用默认设置。

（29）单击"Next"按钮。

（30）出现"Qt Widgets Application：Class Information"对话框，如图 24.21 所示。在该对话框中，使用默认设置。

（31）单击"Next"按钮。

（32）出现"Qt Widgets Application：Project Management"对话框，如图 24.22 所示。在该对话框中，使用默认设置。

第 24 章　Linux 开发环境的构建

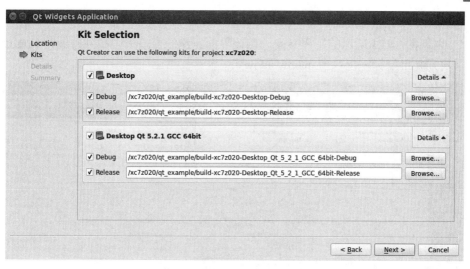

图 24.20　"Qt Widgets Application：Kit Selection"对话框

图 24.21　"Qt Widgets Application：Class Information"对话框

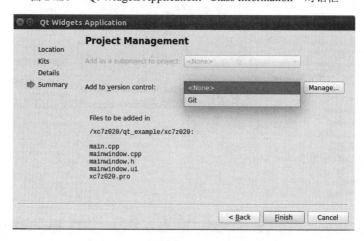

图 24.22　"Qt Widgets Application：Project Management"对话框

（33）单击"Finish"按钮。

（34）出现图 24.23 所示的工程界面。在该界面左侧的窗口中，找到并展开 Forms。在展开项中，找到并用鼠标左键双击 mainwindow.ui。

图 24.23　工程界面

（35）出现工程设计窗口。在该窗口左侧的"Buttons"子窗口下，选择并将 Push Button 控件拖曳到中间的窗口，如图 24.24 所示。

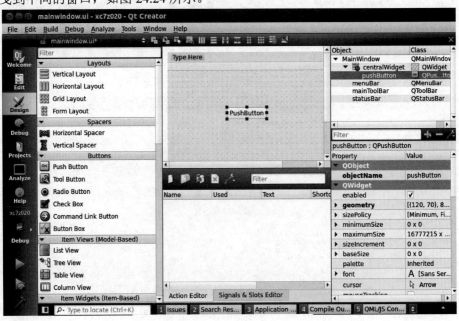

图 24.24　添加 PushButton 控件

（36）选择刚添加的按钮，在右下方的"Property"窗口中，找到并在 text 文本框中输入 XC7Z020，作为该按钮的名字，如图 24.25 所示。

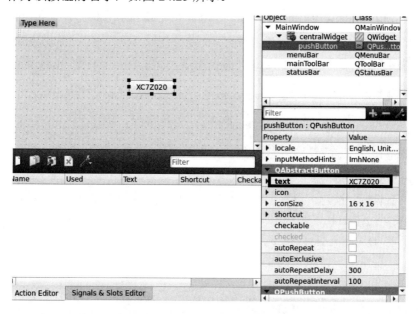

图 24.25 修改 PushButton 控件的属性

（37）在图 24.24 所示的界面中，用鼠标单击▶按钮。

（38）在图 24.24 的底部单击"Compile Output"按钮，可以看到编译的信息。

24.6.3 构建 Arm 平台 Qt 环境

构建目标机 Qt 环境就是使 Qt 能识别在 Ubuntu 环境下的 Arm CPU 架构。主要内容包括下载 Qt 5.2.1 源码、添加 Zynq - 7000 SoC 器件、运行 configure 命令和配置 Qt Creator 环境。

1. 下载 Qt 5.2.1 源码

本部分将介绍如何下载 Qt 5.2.1 源码，并使用交叉编译器对源码进行编译的过程。

（1）打开 Ubuntu 14.04 的浏览器，输入 Qt 官网的网址 http:// www.qt.io。

（2）继续在官网中查找，直到进入下面的网址页面，如图 24.26 所示。

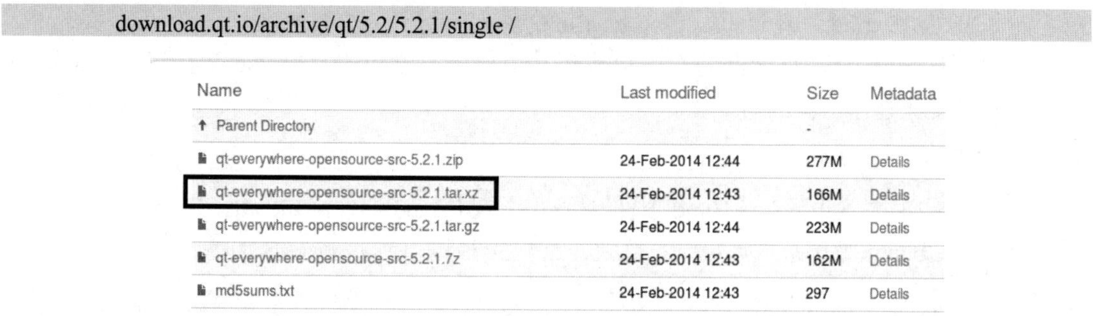

图 24.26 下载 Qt 5.2.1 源码的入口

（3）在该页面中，找到 qt - everywhere - opensource - src - 5.2.1.tar.xz。单击鼠标右键，出现浮动菜单。在浮动菜单内，选择 Save Link As。

（4）出现"Enter name of file to save to..."对话框。在该对话框中，使用下面默认的保存路径。

/home/用户名/Downloads

默认地，保存文件的名字为 qt - everywhere - opensource - src - 5.2.1.tar.xz。

注：默认将该压缩文件保存在 /home/用户名/Downloads 目录下。用户名是指读者登录 Ubuntu 输入的具体用户名。

（5）单击"Save"按钮。

（6）完成下载后，读者可以在 Downloads 目录中找到所下载的压缩文件 qt - eventwhere - opensource - src - 5.2.1.tar.qz。

（7）在当前 Downloads 目录下，单击鼠标右键，出现浮动菜单。在浮动菜单内，选择 New Folder。默认情况下，生成的文件夹名字为 Untitled Folder。将该文件夹的名字修改为 qt_file。

注：读者可以自己命名新建文件夹的名字。

（8）出现"Archive Manager"对话框，如图 24.27 所示。在该对话框中，用鼠标左键单击上方的"Extract"按钮。

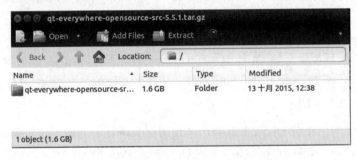

图 24.27 "Archive Manager"对话框

（9）出现"Extract"对话框。单击 qt_file 文件夹，进入该文件夹。

（10）在"Extract"对话框的右下角找到并用鼠标左键单击"Extract"按钮，这样就将下载的压缩文件进行了解压缩处理。

2．添加 Zynq - 7000 SoC 器件

由于 qt 5.2.1 本身并不支持 Zynq 器件，因此需要将 Zynq 器件添加到 qt 5.2.1 开发环境中。

（1）在 Ubuntu 操作系统环境下，通过下面的路径进入到 devices 文件夹。

/home/Downloads/qt_file/qt - everywhere - opensource - src - 5.2.1/qtbase/mkspecs/devices

（2）在 devices 文件夹下，单击鼠标右键，出现浮动菜单。在浮动菜单内，选择 New

Folder,新建一个名字为"Untitled Folder"的文件夹。将该新建文件夹的名字改为 linux - arm - xilinx - zynq - g++。

(3)进入到该新建文件夹。在该文件夹界面内,单击鼠标右键,出现浮动菜单。在浮动菜单内,选择 New Document→Empty Document,新建一个名字为"Untitled Document"的文件,将其名字修改为 qmake.conf。

(4)在该文件中,为 qmake 添加 arm - xilinx - linux g++编译器配置,如图 24.28 所示。

```
#
# qmake configuration for linux-g++ using arm-xilinx-g++ compiler
#

MAKEFILE_GENERATOR      = UNIX
CONFIG                  += incremental gdb_dwarf_index
QMAKE_INCREMENTAL_STYLE = sublib

include(../../common/linux.conf)
include(../../common/gcc-base-unix.conf)
include(../../common/g++-unix.conf)

load(device_config)

QT_QPA_DEFAULT_PLATFORM = linuxfb

# modifications to g++.conf
QMAKE_CC                = $${CROSS_COMPILE}gcc
QMAKE_CXX               = $${CROSS_COMPILE}g++
QMAKE_LINK              = $${QMAKE_CXX}
QMAKE_LINK_SHLIB        = $${QMAKE_CXX}

# modifications to linux.conf
QMAKE_AR                = $${CROSS_COMPILE}ar cqs
QMAKE_OBJCOPY           = $${CROSS_COMPILE}objcopy
QMAKE_NM                = $${CROSS_COMPILE}nm -P
QMAKE_STRIP             = $${CROSS_COMPILE}strip

QMAKE_CFLAGS            += -I$$[QT_SYSROOT]/include -DZYNQ
QMAKE_CXXFLAGS          += -Wno-psabi -I$$[QT_SYSROOT]/include -DZYNQ
QMAKE_LFLAGS            += -L$$[QT_SYSROOT]/lib

QMAKE_CFLAGS            += -march=armv7-a -mcpu=cortex-a9 -mtune=cortex-a9 -mfpu=neon -pipe -fomit-frame-pointer
QMAKE_CXXFLAGS          += $$QMAKE_CFLAGS

deviceSanityCheckCompiler()
```

图 24.28　qmake.conf 文件

(5)保存并关闭该文件。

(6)在 linux - arm - xilinx - zynq - g++文件夹界面内,单击鼠标右键,出现浮动菜单。在浮动菜单内,选择 New Document→Empty Document,新建一个名字为"Untitled Document"的文件,将其名字修改为"qplatformdefs.h"。在该文件中,只需要添加一行代码。

    #include"./../linux - g++/qplatformdefs.h"

(7)保存并关闭该文件。

3.运行 configure 命令

下面将通过 configure 命令生成 makefile 文件。由于 configure 命令的参数较多,为了方便起见,将 configure 命令放在.sh 文件中,这样也便于根据不同的 Qt 版本修改 configure 命令的参数。

(1)进入名字为"qt - everywhere - opensource - src - 5.2.1"的文件夹下。在该文件夹界面内,单击鼠标右键,出现浮动菜单。在浮动菜单内,选择 New Document→Empty

Document。新建一个名字为"Untitled Document"的文件，将其名字修改为 qt.sh。

（2）在该文件中，添加 configure 配置命令及选项，如图 24.29 所示。

```
*qt.sh
./configure -prefix /opt/Qt/5.2.1 \
-device linux-arm-xilinx-zynq-g++ \
-device-option CROSS_COMPILE=arm-xilinx-linux-gnueabi-\
-release \
-reduce-relocations \
-no-qml-debug \
-qt-zlib \
-qt-libpng \
-qt-libjpeg \
-qt-freetype \
-qt-harfbuzz \
-qt-pcre \
-no-xcb \
-qt-xkbcommon \
-no-opengl \
-no-eglfs \
-no-kms \
-confirm-license \
-opensource \
-no-icu \
-no-pch \
-verbose\
-skip qtconnectivity
```

图 24.29 qt.sh 文件

（3）保存并关闭该文件。

注：读者可以在 Ubuntu 命令行窗口，进入 qt - everywhere - opensource - src - 5.2.1 文件夹路径。在命令行中，输入 "./ configure - h" 命令查看 configure 命令参数的含义。

（4）按下 "Alt + Ctrl + T" 组合键，进入命令行窗口。通过命令 "sudo su" 获取根权限。

（5）在命令行中输入下面的命令，用于指向 Zynq - 7000 SoC 的交叉编译器所在的路径。

source/xilinx/SDK/2015.4/settings64.sh

注：读者千万别忘记执行该步骤，否则执行下面的命令时会报告找不到编译器的错误。

（6）在 Ubuntu 命令行窗口，进入 qt - everywhere - opensource - src - 5.2.1 文件夹路径下。在命令行中，输入 "sh ./ qt.sh" 命令。启动生成 makefile 文件的过程。

注：读者最好登录 wiki.qt.io 网址，查看是否需要给 Ubuntu 14.04 操作系统打补丁，以保证后续正常的生成过程。

（7）当成功执行完 configure 命令后，将在 qt - everywhere - opensource - src - 5.2.1 文件夹下生成 makefile 文件。

注：读者可以打开该文件，查看该文件的内容。

（8）在命令行窗口中，进入 qt - everywhere - opensource - src - 5.2.1 文件夹路径下。然后在命令行中输入 make 命令。

第 24 章 Linux 开发环境的构建

> **注**：(1) 该命令的作用是使用 arm - xilinx - linux - gnueabi - g++ 编译器对 Qt 5.2.1 源代码进行重新编译，生成安装包文件。
> (2) 该过程时间很长，大约需要 2 小时，当执行 make 的过程时，读者要有足够的耐心。

(9) 编译成功后，在 Ubuntu 命令行中，输入 "make install" 命令，该命令用于安装被 arm - linux - gnueabi - g++ 编译过的 Qt 5.2.1 开发环境。

> **注**：(1) 当安装完 Arm 版本的 Qt 5.2.1 开发环境后，其保存在/opt/Qt/5.2.1 路径下。该路径在 configure 命令中，通过参数进行了设置。
> (2) 如果读者觉得上述过程比较麻烦，则可以直接使用作者所提供现成的安装完成以后的开发环境。

4. 配置 Qt Creator 环境

这里将为 Qt 5.2.1 版本添加对 Arm 平台的支持。

(1) 打开 Qt 5.2.1 集成开发环境。

(2) 在 Qt Creator 主界面的主菜单下，选择 Tools→Options。

(3) 出现 "Options" 对话框，如图 24.30 所示。在左侧窗口，选择 Build & Run 项。在右侧窗口，单击 "Compilers" 标签。在该标签页下，可以看到只有支持 x86 的 64 位和 32 位的 GCC 编译器。因此，需要添加对 Zynq - 7000 SoC 内 Cortex - A9 Arm 平台的 GCC 编译器支持。

图 24.30 "Options" 对话框

(4) 单击 "Add" 按钮，出现浮动菜单。在浮动菜单内，选择 GCC。

(5) 在"Compilers"标签页的下方出现添加编译器选项,如图 24.31 所示,参数设置如下。

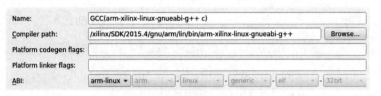

图 24.31 添加 Xilinx 编译器支持

① Name:GCC(arm - xilinx - linux - gnueabi - g++ c)。

② Compiler path:/ xilinx/SDK/ 2015.4/gnu/arm/ lin/bin/arm - xilinx - linux - gnueabi - g++。

(6) 单击图 24.30 右下角的"Apply"按钮。

(7) 在图 24.30 中,单击"Qt Versions"标签。进入"Qt Versions"标签页,如图 24.32 所示。

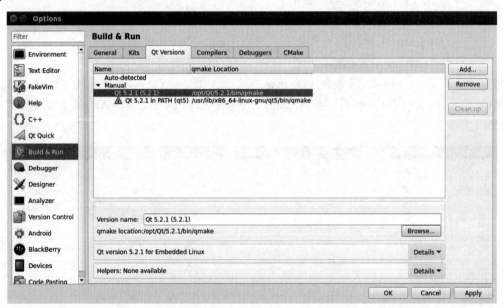

图 24.32 "Qt Versions"标签页

(8) 单击"Add"按钮。

(9) 在"Qt Versions"标签页的下方出现设置版本参数选项,如图 24.32 所示。通过单击"Browse..."按钮,将 qmake location 的路径定位到/opt/Qt/5.2.1/bin/qamke 路径下。

(10) 单击"Apply"按钮。

(11) 可以看到在"Qt Versions"标签页的上方添加了 Qt 5.2.1(5.2.1)。

(12) 在图 24.32 所示的标签页中,单击"Kits"标签,出现"Kits"标签页,如图 24.33 所示。

(13) "Kits"标签页下方的参数设置如下。

第 24 章　Linux 开发环境的构建

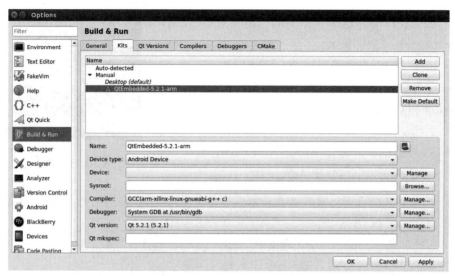

图 24.33 "Kits"标签页

① Name：QtEmbedded - 5.2.1 - arm。

② Device type：Android Device。

③ Compiler：GCC（arm - xilinx - linux - gnueabi - g++ c）。

④ Debugger：System GDB at/usr/bin/gdb。

⑤ Qt version：Qt 5.2.1（5.2.1）。

（14）单击图 24.33 右下角的"Apply"按钮。读者可以看到在该标签页的上方添加了 QtEmbedded - 5.2.1 - arm。

（15）在 Qt 集成开发环境左侧的窗口中，找到并单击 Projects，出现"Build Settgings"窗口，如图 24.34 所示。

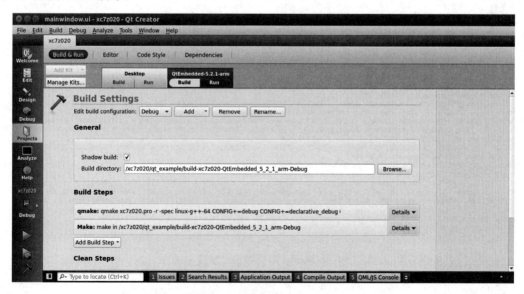

图 24.34 "Build Settgings"窗口

（16）在该窗口中，单击左上角的"Add Kit"按钮，添加 QtEmbedded - 5.2.1 - arm。

（17）在图 24.34 左侧的窗口中，选择并单击 Debug，出现"Debug"窗口，如图 24.35 所示。在该窗口中可以看到有 Desktop 和 QtEmbedded - 5.2.1 - arm 两个选项，前者是 PC 平台下的编译环境，在该平台下编译的程序可以直接运行在 PC 平台上；后者是 Arm 平台下的编译环境，在该平台下编译的程序可以运行在 Arm 平台上。

图 24.35 "Debug"窗口

注：（1）在 PC 平台上编译的程序不能运行在 Arm 平台上，并且在 Arm 平台上编译的程序不能运行在 PC 平台上。

（2）在进行嵌入式设计时，一般先用 Desktop 进行编译、调试和运行，在达到要求后再切换到 QtEmbedded - 5.2.1 - arm 平台下重新编译即可。

（18）当修改 Debug 选项后，在 Qt 主界面的主菜单下，选择 Build→Build All，开始将应用工程编译到 Arm 平台上。

（19）读者可以通过单击 Qt 集成开发环境下方的"Compile Output"按钮，切换到编译器输出窗口，如图 24.36 所示。从图中可以看到，Qt Creator 集成开发环境使用了 arm - xilinx - linux - gnueabi - 编译器对工程进行处理。这样就可以将设计工程适配到 Zynq - 7000 SoC 的双核 Cortex - A9 平台上。

```
/opt/Qt/5.2.1/bin/uic ../xc7z020/mainwindow.ui -o ui_mainwindow.h
arm-xilinx-linux-gnueabi-g++ -c -pipe -Wno-psabi -I/include -DZYNQ -pipe -I/include -DZYNQ -march=armv7-a -mcpu=cortex-a9 -
mtune=cortex-a9 -mfpu=neon -pipe -fomit-frame-pointer -g -Wall -W -D_REENTRANT -fPIE -DQT_QML_DEBUG -DQT_DECLARATIVE_DEBUG -
DQT_WIDGETS_LIB -DQT_GUI_LIB -DQT_CORE_LIB -I/opt/Qt/5.2.1/mkspecs/devices/linux-arm-xilinx-zynq-g++ -I../xc7z020 -I/opt/Qt/5.2.1/
include -I/opt/Qt/5.2.1/include/QtWidgets -I/opt/Qt/5.2.1/include/QtGui -I/opt/Qt/5.2.1/include/QtCore -I. -I. -I. -o main.o ../
xc7z020/main.cpp
arm-xilinx-linux-gnueabi-g++ -c -pipe -Wno-psabi -I/include -DZYNQ -pipe -I/include -DZYNQ -march=armv7-a -mcpu=cortex-a9 -
mtune=cortex-a9 -mfpu=neon -pipe -fomit-frame-pointer -g -Wall -W -D_REENTRANT -fPIE -DQT_QML_DEBUG -DQT_DECLARATIVE_DEBUG -
DQT_WIDGETS_LIB -DQT_GUI_LIB -DQT_CORE_LIB -I/opt/Qt/5.2.1/mkspecs/devices/linux-arm-xilinx-zynq-g++ -I../xc7z020 -I/opt/Qt/5.2.1/
include -I/opt/Qt/5.2.1/include/QtWidgets -I/opt/Qt/5.2.1/include/QtGui -I/opt/Qt/5.2.1/include/QtCore -I. -I. -I. -o mainwindow.o
../xc7z020/mainwindow.cpp
/opt/Qt/5.2.1/bin/moc -DQT_QML_DEBUG -DQT_DECLARATIVE_DEBUG -DQT_WIDGETS_LIB -DQT_GUI_LIB -DQT_CORE_LIB -I/opt/Qt/5.2.1/mkspecs/
devices/linux-arm-xilinx-zynq-g++ -I../xc7z020 -I/opt/Qt/5.2.1/include -I/opt/Qt/5.2.1/include/QtWidgets -I/opt/Qt/5.2.1/include/
QtGui -I/opt/Qt/5.2.1/include/QtCore -I. -I. -I. -I/xilinx/SDK/2015.4/gnu/arm/lin/lib/gcc/arm-xilinx-linux-gnueabi/include/c++/4.9.2
-I/xilinx/SDK/2015.4/gnu/arm/lin/lib/gcc/arm-xilinx-linux-gnueabi/include/c++/4.9.2/arm-xilinx-linux-gnueabi -I/xilinx/SDK/2015.4/
gnu/arm/lin/lib/gcc/arm-xilinx-linux-gnueabi/include/c++/4.9.2/backward -I/xilinx/SDK/2015.4/gnu/arm/lin/lib/gcc/arm-xilinx-linux-
gnueabi/4.9.2/include -I/xilinx/SDK/2015.4/gnu/arm/lin/lib/gcc/arm-xilinx-linux-gnueabi/4.9.2/include-fixed -I/xilinx/SDK/2015.4/gnu/
arm/lin/lib/gcc/arm-xilinx-linux-gnueabi/include -I/xilinx/SDK/2015.4/gnu/arm/lin/arm-xilinx-linux-gnueabi/libc/usr/include ../
xc7z020/mainwindow.h -o moc_mainwindow.cpp
arm-xilinx-linux-gnueabi-g++ -c -pipe -Wno-psabi -I/include -DZYNQ -pipe -I/include -DZYNQ -march=armv7-a -mcpu=cortex-a9 -
mtune=cortex-a9 -mfpu=neon -pipe -fomit-frame-pointer -g -Wall -W -D_REENTRANT -fPIE -DQT_QML_DEBUG -DQT_DECLARATIVE_DEBUG -
DQT_WIDGETS_LIB -DQT_GUI_LIB -DQT_CORE_LIB -I/opt/Qt/5.2.1/mkspecs/devices/linux-arm-xilinx-zynq-g++ -I../xc7z020 -I/opt/Qt/5.2.1/
include -I/opt/Qt/5.2.1/include/QtWidgets -I/opt/Qt/5.2.1/include/QtGui -I/opt/Qt/5.2.1/include/QtCore -I. -I. -I. -o
moc_mainwindow.o moc_mainwindow.cpp
arm-xilinx-linux-gnueabi-g++ -L/lib -Wl,-rpath,/opt/Qt/5.2.1/lib -o xc7z020 main.o mainwindow.o moc_mainwindow.o   -L/opt/Qt/5.2.1/
lib -lQt5Widgets -lQt5Gui -lQt5Core -lpthread
/xilinx/SDK/2015.4/gnu/arm/lin/bin/../lib/gcc/arm-xilinx-linux-gnueabi/4.9.2/../../../../arm-xilinx-linux-gnueabi/bin/ld: warning:
library search path "/lib" is unsafe for cross-compilation
{ test -n "" && DESTDIR="" || DESTDIR=.; } && test $(gdb --version | sed -e 's,[^0-9][^0-9]*\([0-9]\)\.\([0-9]\).*,\1\2,;q') -gt 72
&& gdb --nx --batch --quiet --ex 'set confirm off' -ex "save gdb-index $DESTDIR" -ex quit 'xc7z020' && test -f xc7z020.gdb-index &&
arm-xilinx-linux-gnueabi-objcopy --add-section '.gdb_index=xc7z020.gdb-index' --set-section-flags '.gdb_index=readonly' 'xc7z020'
'xc7z020' && rm -f xc7z020.gdb-index || true
13:25:24: The process "/usr/bin/make" exited normally.
13:25:24: Elapsed time: 00:06.
```

图 24.36 编译器输出窗口

（20）在 Ubuntu 系统环境下，通过下面的路径进入到 qt_example 文件夹。

xc7z020/qt_example

（21）可以看到生成了一个名字为"build - xc7z020 - QtEmbedded_5_2_1_arm - Debug"的文件夹，如图 24.37 所示。

图 24.37　qt_example 文件夹中的内容

（22）在 qt_example 文件夹中保存着一个名字为"xc7z020"的可执行文件。

注：在后面，将详细介绍运行该应用程序的方法。

第25章 构建 Zynq-7000 SoC 内 Ubuntu 硬件运行环境

本章将使用 Vivado 集成开发环境在 Zynq-7000 SoC 内构建可以运行 Ubuntu 操作系统的硬件环境，本书后续 Ubuntu 环境下驱动和应用程序的运行将基于本章所构建的硬件环境。此外，还可以在这个基本硬件环境的基础上添加用户定制外设的 IP，实现更强大的系统功能。

25.1 建立新的设计工程

本节将介绍如何在 Vivado 2015.4 环境下建立新的设计工程。

（1）在 Windows 7 操作系统主界面的左下角，选择开始→所有程序→Xilinx Design Tools→Vivado 2015.4→Vivado 2015.4。

（2）在 Vivado 2015.4 主界面下，选择下面的一种方法创建新的工程。

① 在主菜单下，选择 File→New Project…。

② 在主界面的"Quick Start"标题栏下，单击"Create New Project"图标。

（3）出现"New Project：Create a New Vivado Project"对话框。

（4）单击"Next"按钮。

（5）出现"New Project：Project Name"对话框，参数设置如下。

① Project name：project_1。

② Project location：E:/zynq_example/linux_basic。

③ 选中"Create project subdirectory"前面的复选框。

（6）单击"Next"按钮。

（7）出现"New Project - Project Type"对话框，选中"RTL Project"前面的复选框。

（8）单击"Next"按钮。

（9）出现"New Project - Add Sources"对话框，参数设置如下。

① Target language：Verilog。

② Simulator language：Mixed。

（10）单击"Next"按钮。

（11）出现"New Project：Add Existing IP（optional）"对话框。

（12）单击"Next"按钮。

（13）出现"New Project：Add Constraints（optional）"对话框。

第25章 构建 Zynq - 7000 SoC 内 Ubuntu 硬件运行环境

（14）单击"Next"按钮。

（15）出现"New Project：Default Part"对话框。在"Select"标题的右侧单击"Boards"图标 。

（16）在"Display Name"窗口中选择 Zynq - 7000 Embedded Development Platform。

（17）单击"Next"按钮。

（18）出现"New Project：New Project Summary"对话框，给出了建立工程的完整信息。

（19）单击"Finish"按钮。

25.2 添加 IP 核路径

在构建 Ubuntu 操作系统的环境时，除了需要 Xilinx 提供的 IP，还需要用户预先设计的 IP 核模块。要添加用户的 IP 核，必须包含用户 IP 核的路径。

（1）在本书所提供资料的/zynq_example/source 子目录下，找到名字为 axi_dispctrl_1.0、hdmi_tx_1.0 和 vga 的 3 个文件夹，并将这 3 个文件夹复制到当前工程的路径下。本书当前工程的路径指向 E:/zynq_example/linux_basic。

（2）在 Vivado 当前主界面左侧的"Flow Navigator"窗口下，找到并展开 Project Manager。在展开项中，找到并单击 Project Settings。

（3）出现"Project Settings"对话框。在该对话框左侧的窗口中，选中并单击 IP 图标。在右侧的"IP"窗口中，单击"Repository Manager"标签。在"Repository Manager"标签页中，单击 ➕ 按钮。

（4）出现"IP Repositories"对话框。在该对话框中，将路径定位到当前设计工程的目录下，并通过"Ctrl"键和鼠标左键，同时选中 axi_dispctrl_1.0、hdmi_tx_1.0 和 vga 的 3 个文件夹。

（5）单击"OK"按钮，出现"Add Repository"对话框。

（6）单击"OK"按钮。

（7）可以看到在 IP Repositories 中新添加了 3 个用户定制 IP 的路径，如图 25.1 所示。

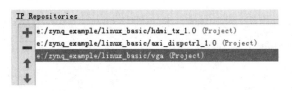

图 25.1 包含用户定制 IP 的路径

（8）单击"OK"按钮，退出"Project Settings"对话框。

25.3 构建硬件系统

本节将详细介绍在 xc7z020 SoC 内构建用于运行 Ubuntu 操作系统硬件平台的过程。

25.3.1 添加和配置 ZYNQ7 IP

本小节将介绍如何添加和配置 ZYNQ7 IP。

（1）在 Vivado 主界面左侧的"Flow Navigator"窗口中，找到并展开 IP Integretor。在展开项中，找到并单击 Create Block Design。

（2）在右侧出现"Diagram"窗口。在该窗口中，单击 按钮。

（3）出现查找 IP 对话框。在 Search 文本框中输入 zynq。在窗口下方，双击 ZYNQ7 Processing System。将名字为"processing_system7_0"的 ZYNQ IP 核添加到设计界面中。

（4）单击"Diagram"窗口上方的 Run Block Automation。

（5）出现"Run Block Automation"对话框，使用默认设置。

（6）单击"OK"按钮，Vivado 自动进行系统连接。

（7）在"Diagram"窗口中，双击名字为"processing_system7_0"的 IP 符号，出现"Re-customize IP"对话框。

（8）在该对话框中，按如下设置参数。

① 在左侧窗口中，单击 PS-PL Configuration 选项。在右侧窗口中，找到并展开 GP Master AXI Interface。在展开项中，确保已经选中了"M AXI GP0 interface"后面的复选框。

② 在左侧窗口中，单击 PS-PL Configuration 选项。在右侧窗口中，找到并展开 HP Slave AXI Interface。在展开项中，选中"S AXI HP0 interface"后面的复选框。

③ 在左侧窗口中，单击 PS-PL Configuration 选项。在右侧窗口中，找到并展开 General。在展开项中，找到并展开 Enable Clock Resets。在展开项中，找到并确保已经选中"FCLK_RESET0_N"后面的复选框，以及选中"FCLK_RESET1_N"后面的复选框。

④ 在左侧窗口中，单击 Clock Configuration 选项。在右侧窗口中，找到并展开 PL Fabric Clocks。在展开项中，首先分别选中"FCLK_CLK0"和"FCLK_CLK1"前面的复选框，然后将 FCLK_CLK0 的时钟频率设置为 100，将 FCLK_CLK1 的时钟频率设置为 150，如图 25.2 所示。

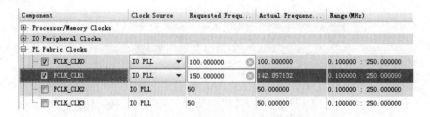

图 25.2 配置 PL 侧的时钟参数

⑤ 在左侧窗口中，单击 Peripheral I/O Pins 选项。在右侧窗口中，取消勾选"TTC0"前面的复选框，表示禁止 TTC0。

（9）单击"OK"按钮，退出"Re-customize IP"对话框。

25.3.2 添加和配置 VDMA IP 核

本小节将介绍如何添加和配置 VDMA IP 核。

（1）在"Diagram"窗口中，单击 按钮。

（2）出现查找 IP 对话框。在 Search 文本框中输入 vdma。在窗口下方，双击 AXI Video Direct Memory Access。将名字为"axi_vdma_0"的 VDMA IP 核添加到设计界面中。

（3）双击该 IP 核符号，打开"Re - customize IP"对话框。单击"Basic"标签。在"Basic"标签页下，如图 25.3 所示，按下面设置参数。

① 取消勾选"Enable Write Channel"前面的复选框，也就是禁止写通道操作。
② 选中"Enable Read Channel"前面的复选框，也就是使能读通道操作。
③ Memory Map Data Width：64。
④ Read Burst Size：16。
⑤ Stream Data Width：32。
⑥ Line Buffer Depth：2048。
⑦ 其余按默认参数设置。

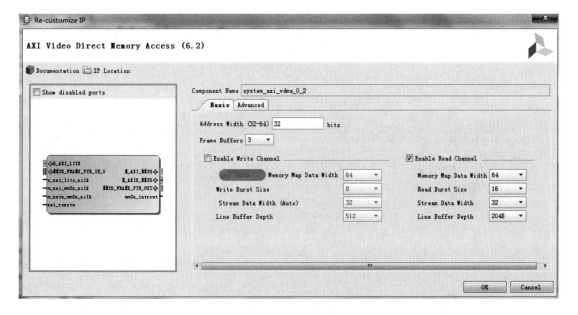

图 25.3 "Basic"标签页

类似地，单击"Advanced"标签。在"Advanced"标签页下，如图 25.4 所示，按下面设置 Read Channel Options 参数。

① Fsync Options：mm2s fsync。
② GenLock Mode：Slave。

（4）单击"OK"按钮，退出"Re - customize IP"对话框。

（5）单击"Diagram"窗口上方的 Run Block Automation。

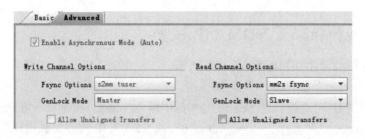

图 25.4 "Advanced"标签页

（6）出现"Run Connection Automation"对话框。在该对话框左侧的窗口中，首先选中"S_AXI_LITE"前面的复选框，如图 25.5 所示，通过下拉框，将右侧窗口"Options"标题栏下方的 Clock Connection 设置为 Auto，然后，在左侧窗口中，选中"S_AXI_HP0"前面的复选框，如图 25.6 所示，通过下拉框，将右侧窗口"Options"标题栏下方的 Clock Connection 设置为/processing_system7_0/FCLK_CLK1（142M）。

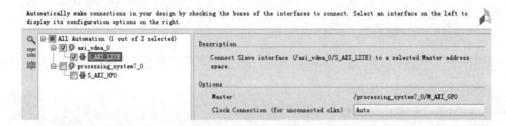

图 25.5 "Run Connection Automation"对话框（1）

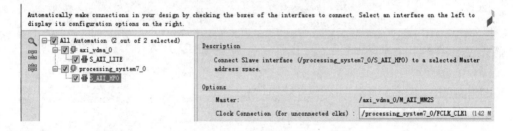

图 25.6 "Run Connection Automation"对话框（2）

（7）单击"OK"按钮，退出"Run Connection Automation"对话框。

25.3.3　添加和配置 AXI Display Controller IP 核

本小节将介绍如何添加和配置 AXI Display Controller IP 核。

（1）在"Diagram"窗口中，单击 按钮。

（2）出现查找 IP 对话框。在 Search 文本框中输入 axi_dis。在窗口下方，双击 AXI Display Controller。将名字为"axi_dispctrl_0"的 AXI Display Controller IP 核添加到设计界面中。

（3）双击 axi_dispctrl_0 块图符号，打开"Re - customize IP"对话框。通过下拉框，将

第25章 构建 Zynq - 7000 SoC 内 Ubuntu 硬件运行环境

Use PXL_CLK_5X 设置为 Yes，如图 25.7 所示。

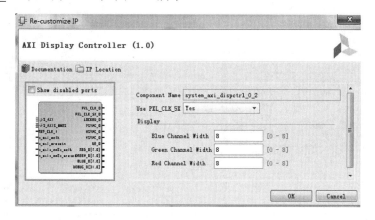

图 25.7 "Re - customize IP" 对话框

（4）单击 "OK" 按钮，退出 "Re - customize IP" 对话框。

25.3.4 添加和配置 HDMI Transmitter IP 核

本小节将介绍如何添加和配置 HDMI Transmitter IP 核。

（1）在 "Diagram" 窗口中，单击 按钮。

（2）出现查找 IP 对话框。在 Search 文本框中输入 hdmi。在窗口下方，双击 HDMI Transmitter，将名字为 "hdmi_tx_0" 的 HDMI Transmitter IP 核添加到设计界面中。

25.3.5 添加和配置 VGA IP 核

本节将添加和配置 VGA IP 核。

（1）在 "Diagram" 窗口中，单击 按钮。

（2）出现查找 IP 对话框。在 Search 文本框中输入 vga。在窗口下方，双击 vga_v1_0，将名字为 "vga_0" 的 VGA IP 核添加到设计界面中。

> **注**：在本设计中，读者可以同时通过 HDMI 或 VGA 接口显示器显示 Ubuntu 桌面系统。

25.3.6 连接用户自定义 IP 核

本小节将介绍如何将用户自定义的 IP 核连接在一起。

（1）为了便于连接用户自定义的 IP 核，在 "Diagram" 窗口内调整它们之间的位置，如图 25.8 所示。

（2）在用户自定义的 IP 核之间连线，如图 25.9 所示。

（3）分别选择 HSYNC_0、VSYNC_0、HDMI_CLK_P、HDMI_CLK_N、HDMI_D2_P、HDMI_D2_N、HDMI_D1_P、HDMI_D1_N、HDMI_D0_P、HDMI_D0_N、r_out[3:0]、g_out[3:0]和 b_out[3:0]，然后执行 Make External 操作，也就是这些引脚将连接到 Zynq - 7000 SoC PL 一侧的引脚，如图 25.10 所示。

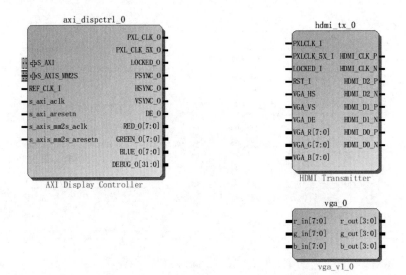

图25.8　调整用户 IP 核之间的位置

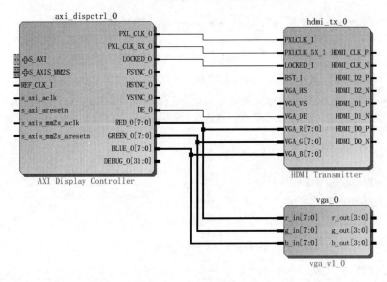

图25.9　在用户有定义的 IP 核之间连线

（4）手工将 axi_dispctrl_0 的 HSYNC_0 与 hdmi_tx_0 的 VGA_HS 连接。

（5）手工将 axi_dispctrl_0 的 VSYNC_0 与 hdmi_tx_0 的 VGA_VS 连接。

（6）在"Diagram"窗口中，单击 ⚙ 按钮。

（7）出现查找 IP 对话框。在 Search 文本框中输入 constant。在窗口下方，双击 Constant，将名字为"xlconstant_0"的 Constant IP 核添加到设计界面中。

（8）双击该 IP 核，打开"Re-customize IP"对话框。在 Const Val 文本框中输入 0。

（9）单击"OK"按钮，退出"Re-customize IP"对话框。

（10）手工连接 xlconstant_0 的 dout[0:0] 与 hdmi_tx_0 的 RST_I。

（11）手工连接 axi_vdma_0 的 mm2s_fsync 与 axi_dispctrl_0 的 FSYNC_0。

第 25 章 构建 Zynq - 7000 SoC 内 Ubuntu 硬件运行环境

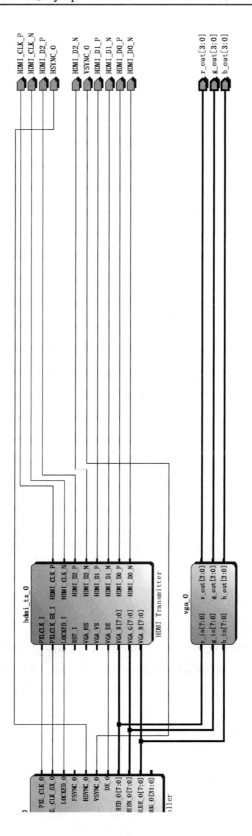

图 25.10 Make External 后的界面

（12）手工连接 axi_vdma_0 的 m_axis_mm2s_aclk 与 axi_dispctrl_0 的 s_axis_mm2s_aclk。

（13）手工将 axi_dispctrl_0 的 s_axis_mm2s_aclk 和 PXL_CLK_0 连接在一起。

（14）单击"Diagram"窗口上方的 Run Block Automation。

（15）出现"Run Block Automation"对话框，使用默认设置。

（16）单击"OK"按钮。

（17）在"Diagram"窗口中，单击 按钮。

（18）出现查找 IP 对话框。在 Search 文本框中输入 constant。在窗口下方，双击 Constant，将名字为"xlconstant_1"的 Constant IP 核添加到设计界面中。

（19）双击该 IP 核，打开"Re-customize IP"对话框，参数设置如下。

① Const Val：0。

② Const Width：6。

（20）单击"OK"按钮，退出"Re-customize IP"对话框。

（21）手工将 xlconstant_1 IP 核的 dout[5:0]与 axi_vdma_0 IP 核的 mm2s_frame_ptr_in[5:0]连接。

25.3.7 添加和配置 Processor System Reset IP 核

本小节将介绍如何添加和配置 Processor System Reset IP 核。

（1）在"Diagram"窗口中，单击 按钮。

（2）出现查找 IP 对话框。在 Search 文本框中输入 processor sys。在窗口下方，双击 Processor System Reset，将名字为"proc_sys_reset_0"的 Processor System Reset IP 核添加到设计界面中。

（3）手工将 proc_sys_reset_0 的 slowest_sync_clk 与 axi_vdma_0 的 m_axis_mm2s_aclk 连接。

（4）手工将 proc_sys_reset_0 的 ext_reset_in 与 processing_system7_0 的 FCLK_RESET0_N 连接。

（5）手工将 proc_sys_reset_0 的 peripheral_aresetn[0:0]与 axi_dispctrl_0 的 s_axis_mm2s_aresetn 连接。

25.3.8 连接系统剩余部分

本小节将介绍如何连接系统剩余部分。

（1）手工将 axi_dispctrl_0 的 S_AXIS_MM2S 和 axi_vdma_0 的 M_AXIS_MM2S 连接在一起。

（2）手工将 axi_dispctrl_0 的 REF_CLK_I 和 s_axi_aclk 连接在一起。

（3）单击"Diagram"窗口左侧一列工具栏中的 按钮，调整系统块图设计界面内的布局。

（4）按"F6"键，Vivado 开始对设计进行验证。

（5）出现"Critical Messages"对话框。

（6）单击"OK"按钮，完成对硬件设计结构的验证。

注：为了方便读者在设计的时候进行参考，给出了系统的完整设计结构，如图 25.11 所示。

第 25 章 构建 Zynq-7000 SoC 内 Ubuntu 硬件运行环境

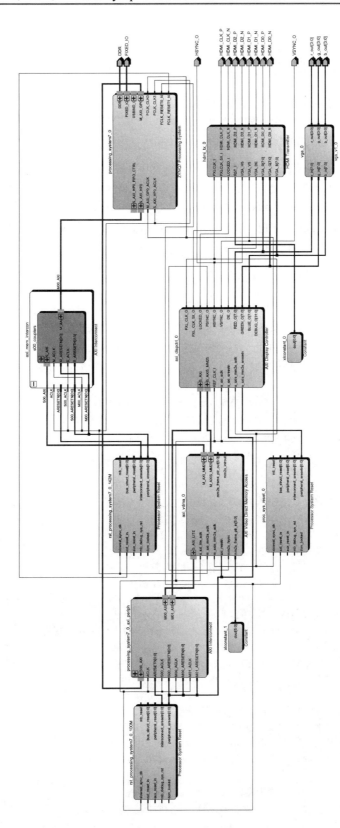

图 25.11 系统的完整设计结构

25.4 添加设计约束文件

本节将介绍如何为该硬件设计添加约束文件。

（1）在 Vivado 当前工程主界面的"Sources"标签页中，选中 Constraints。单击鼠标右键，出现浮动菜单。在浮动菜单内，选择 Add Sources。

（2）出现"Add Sources"对话框，选中"Add or Create Constraints"前面的复选框。

（3）单击"Next"按钮。

（4）出现"Add Sources：Add or Create Constraints"对话框。

（5）单击"Add Files"按钮，出现"Add Constraint Files"对话框。在该对话框中，定位到本书所提供资料的下面路径。

\zynq_example\source

在该路径下，找到并双击 top_edp.xdc 文件。

（6）自动返回"Add Sources"对话框，单击"Finish"按钮。

（7）在"Sources"标签页下，找到并展开 Constraints。在展开项中，找到并再次展开 constrs_1。在展开项中，找到并双击 edp_top.xdc，打开约束文件，如代码清单 25-1 所示。

程序清单 25-1　edp_top.xdc 文件

```
set_property PACKAGE_PIN B20 [ get_ports HDMI_CLK_N]
set_property PACKAGE_PIN A22 [ get_ports HDMI_D0_N]
set_property PACKAGE_PIN A19 [ get_ports HDMI_D1_N]
set_property PACKAGE_PIN A17 [ get_ports HDMI_D2_N]

set_property PACKAGE_PIN B19 [ get_ports HDMI_CLK_P]
set_property PACKAGE_PIN A21 [ get_ports HDMI_D0_P]
set_property PACKAGE_PIN A18 [ get_ports HDMI_D1_P]
set_property PACKAGE_PIN A16 [ get_ports HDMI_D2_P]
set_property IOSTANDARD TMDS_33 [ get_ports HDMI_CLK_*]
set_property IOSTANDARD TMDS_33 [ get_ports HDMI_D*]

#set_property PACKAGE_PIN F17 [ get_ports { HDMI_OEN[0]}]
#set_property IOSTANDARD LVCMOS33 [ get_ports { HDMI_OEN[0]}]

set_property PACKAGE_PIN E19 [ get_ports HSYNC_O]
set_property IOSTANDARD LVCMOS33 [ get_ports HSYNC_O]

set_property PACKAGE_PIN E20 [ get_ports VSYNC_O]
set_property IOSTANDARD LVCMOS33 [ get_ports VSYNC_O]
set_property PACKAGE_PIN C18 [ get_ports b_out[3]]
set_property IOSTANDARD LVCMOS33 [ get_ports b_out[3]]

set_property PACKAGE_PIN C17 [ get_ports b_out[2]]
set_property IOSTANDARD LVCMOS33 [ get_ports b_out[2]]
```

```
set_property PACKAGE_PIN C15 [ get_ports b_out[1]]
set_property IOSTANDARD LVCMOS33 [ get_ports b_out[1]]

set_property PACKAGE_PIN B22 [ get_ports b_out[0]]
set_property IOSTANDARD LVCMOS33 [ get_ports b_out[0]]

set_property PACKAGE_PIN E21 [ get_ports g_out[3]]
set_property IOSTANDARD LVCMOS33 [ get_ports g_out[3]]

set_property PACKAGE_PIN D22 [ get_ports g_out[2]]
set_property IOSTANDARD LVCMOS33 [ get_ports g_out[2]]

set_property PACKAGE_PIN D21 [ get_ports g_out[1]]
set_property IOSTANDARD LVCMOS33 [ get_ports g_out[1]]

set_property PACKAGE_PIN C22 [ get_ports g_out[0]]
set_property IOSTANDARD LVCMOS33 [ get_ports g_out[0]]

set_property PACKAGE_PIN B21 [ get_ports r_out[3]]
set_property IOSTANDARD LVCMOS33 [ get_ports r_out[3]]

set_property PACKAGE_PIN B17 [ get_ports r_out[2]]
set_property IOSTANDARD LVCMOS33 [ get_ports r_out[2]]

set_property PACKAGE_PIN B16 [ get_ports r_out[1]]
set_property IOSTANDARD LVCMOS33 [ get_ports r_out[1]]

set_property PACKAGE_PIN B15 [ get_ports r_out[0]]
set_property IOSTANDARD LVCMOS33 [ get_ports r_out[0]]
```

25.5 导出硬件文件

本节将介绍如何对设计进行处理，生成可以导出到 SDK 的硬件设计文件。

（1）在 Vivado 主界面左侧的"Flow Navigator"窗口下，单击 Open Block Design；或者在源文件窗口下，选择并单击 system.bd 文件。

（2）在"Sources"标签页中，选中 system.bd，单击鼠标右键，出现浮动菜单。在浮动菜单内，选择 Generate Output Products。

（3）出现"Generate Output Products"对话框，使用默认设置。

（4）单击"Generate"按钮。

（5）在"Sources"标签页中，选中 system.bd，单击鼠标右键，出现浮动菜单。在浮动菜单内，选择 Generate HDL Wrapper。

（6）出现"Create HDL Wrapper"对话框，使用默认的 Let Vivado manage wrapper and auto-update。

（7）单击"OK"按钮。

(8) 在 Vivado 主界面左侧的 "Flow Navigator" 窗口下,找到并展开 Program and Debug。在展开项中,单击 Generate Bitstream。

(9) 出现 "Bitstream Generation Completed" 对话框。

(10) 单击 "Cancel" 按钮。

(11) 在 Vivado 当前工程主界面的主菜单下,选择 File→Export→Export Hardware。

(12) 出现 "Export Hardware" 对话框,选中 "Include bitstream" 前面的复选框。

注:因为该设计中包含了 Zynq-7000 SoC 内的 PL 部分,所以必须生成比特流文件。

(13) 单击 "OK" 按钮。

第26章 构建 Zynq-7000 SoC 内 Ubuntu 软件运行环境

在第 24 章系统地介绍了在 PC 上安装 Ubuntu 客户操作系统，以及在 PC 平台和 Arm 平台下构建 Qt 集成开发环境的方法，本章则将侧重于说明在 Zynq-7000 SoC 硬件上运行 Ubuntu 操作系统的条件和实现方法。

要想在 Zynq 平台上运行 Ubuntu 操作系统，必须预先制作镜像文件，而镜像文件中必须有 u-boot、内核、设备树及文件系统。下面将详细说明它们的作用及生成它们的方法。

> **注**：建议读者直接下载作者所提供的设计资源，作者对一些下载的设计资源进行了修改，以适配作者的 Z7-EDP+ 开发平台。

26.1 u-boot 原理及实现

本节将介绍 u-boot 的原理及配置和编译它的方法。u-boot 是德国 DENX 小组开发的用于多种嵌入式 CPU 的 bootloader 程序。当前，u-boot 不仅支持嵌入式 Linux 系统的引导，它还支持 NetBSD、VxWorks、QNX、RTEMS、ARTOS、LynxOS 嵌入式操作系统。u-boot 除支持 Arm 系列的处理器外，还能支持 MIPS、x86、PowerPC、XScale 等诸多常用系列的处理器。

> **注**：在本书中，u-boot 主要用于引导 Ubuntu 操作系统。

26.1.1 下载 u-boot 源码

本小节将介绍下载 u-boot 源码的方法。

（1）在虚拟机 Ubuntu 操作系统的环境下，打开浏览器。

（2）输入下面的网址，打开 GitHub，如图 26.1 所示。

http://github.com/Xilinx/u-boot-xlnx

图 26.1 u-boot 源码下载的界面

(3) 在该界面中,单击"Download ZIP"按钮。

(4) 弹出"Opening u-boot-xlnx-master.zip"对话框,选中"Save File"前面的复选框。

注: 在该对话框中提示所要下载的压缩文件的文件名为 u-boot-xlnx-master.zip。

(5) 单击"OK"按钮。

(6) 等待下载完成后,在 Ubuntu 操作系统中,进入 Downloads 目录的界面中。在该界面中,找到并双击 u-boot-xlnx-master.zip 文件。

(7) 出现"Archive Manager"对话框,单击"Extract"按钮。

(8) 出现"Extract"对话框。将解压缩文件放在当前 Downloads 文件夹下。

(9) 在该对话框右下角找到并单击"Extract"按钮。

注: 解压缩后的文件保存在/Downloads/u-boot-xlnx-master 文件夹下。

26.1.2 u-boot 文件结构

在 Ubuntu 环境下,读者可以通过下面的路径进入 u-boot-xlnx-master 目录中。

home/用户名/Downloads/u-boot-xlnx-master

在该路径下,找到并打开 makefile 文件。该文件的最前面有下面几行代码:

```
VERSION = 2015
PATCHLEVEL = 10
SUBLEVEL =
EXTRAVERSION =
NAME =
```

表示本书所使用的 u-boot 版本号为 2015.10。

当进入 u-boot-xlnx-master 文件夹时,可以看到 u-boot 由下面的文件夹构成,其中的每个文件夹都实现一个对应的功能。

(1) api:相关的 API 函数,如输出字符函数等。

(2) arch:与特定 CPU 架构相关的目录。在该目录下,u-boot 所支持的不同 CPU 架构都有一个单独的子目录对应。典型地,arch 文件夹下名字为"arm"的子目录就是本书介绍的 Zynq-7000 SoC 所使用的 CPU 架构目录。

(3) board:和一些已有开发板有关的文件。每一个开发板都以一个子目录出现在当前目录中,如/board/Xilinx/zynq 子目录中存放与本书所用开发板相关的文件。

(4) common:实现 u-boot 命令行下所支持的命令。在该目录下,每一条命令对应一个独立的文件。

(5) disk:提供对磁盘的支持。

(6) doc:文档目录,u-boot 有非常完善的文档。

(7) drivers:在该目录下保存着 u-boot 所支持的设备驱动程序。例如,各种网卡、支持 CFI 的 Flash 存储器、串口和 USB 等。

（8）fs：对于 Ubuntu 所支持的文件系统，在该目录下都有一个文件夹与之相对应。例如，u - boot 现在支持 cramfs、jffs2 和 ext4 等文件系统。

（9）include：该目录中保存着 u - boot 所使用的头文件，对各种硬件平台支持的汇编文件、系统的配置文件及对文件系统支持的文件。该目录下的 configs 目录有与开发板相关的配置头文件，如 zynq_common.h 是与本书所使用开发板相关的配置文件。

（10）lib：该目录中保存着与体系结构相关的库文件。

（11）net：该目录下保存着与网络协议栈相关的代码。例如，BOOTP 协议、TFTP 协议、RARP 协议和 NFS 文件系统的实现。

（12）tools：该目录下保存着用于生成 u - boot 的工具，包括 mkimage、crc、makefile 和 boards.cfg 配置文件。

26.1.3　u - boot 工作模式

u - boot 的工作模式分为启动加载模式和下载模式。

1．启动加载模式

该模式是 Bootloader 的正常工作模式。当发布正式的嵌入式产品时，Bootloader 必须工作在这种模式下。Bootloader 的作用是将硬件平台上外部 SD 卡或 SPI Flash 中所保存的嵌入式操作系统加载到 Zynq - 7000 SoC 的片内存储器和片外 DDR3 存储器中，整个加载过程是自动完成的，并不需要任何人工干预。

2．下载模式

该模式就是 Bootloader 通过某些通信手段将内核映像或根文件系统映像等从 PC 中下载到目标处理器的外部 Flash 存储器中。在这种模式下，用户可以利用 Bootloader 提供的一些命令接口来完成所需要的操作。

26.1.4　u - boot 启动过程

u - boot 启动的过程中涉及两个特别重要的文件。

（1）/arch/arm/cpu/armv7 文件夹下的 start.S 文件。

（2）/arch/arm/lib 文件夹下的 cto.S 文件。

在这两个文件的引导下，会调用其他相关文件完成 u - boot 的启动过程。

为了方便读者对 u - boot 启动过程的理解，下面对段进行简单说明。

包含有代码的可执行程序至少有一个段，通常称为 .text。在 .data 段包含数据。可执行代码保存在 .text 段，读写 .data 段中的数据。此外，只读常数保存在 .rodata 段。初始化为零的数据保存在 .bss 段。以符号 bss 段起始的块定义了没有初始化的静态数据空间。

1．start.S 文件源码

在复位向量开始时声明两个全局符号 reset 和 save_boot_parame_ret，表示其他文件可以看到这些符号，如代码清单 26-1 所示。在 reset 行标号下，有一条指令 b save_boot_params，跳转到标号为 save_boot_params 的指令。在该文件后面的代码中，可以看到通过 ENTRY （save_boot_params）进入被调用程序中，如代码清单 26-2 所示。这里的 save_boot_params 函数没做什么直接跳回，也没有初始化堆栈，最好也不要在函数中进行操作。

代码清单 26-1 start.S 文件的片段 1

```
    .globl reset
    .globl save_boot_params_ret

reset:
    /* Allow the board to save important registers */
    b    save_boot_params
save_boot_params_ret:
    /*
     * disable interrupts (FIQ and IRQ), also set the cpu to SVC32 mode,
     * except if in HYP mode already
     */
    mrs    r0, cpsr
    and    r1, r0, #0x1f       @ mask mode bits
    teq    r1, #0x1a           @ test for HYP mode
    bicne  r0, r0, #0x1f       @ clear all mode bits
    orrne  r0, r0, #0x13       @ set SVC mode
    orr    r0, r0, #0xc0       @ disable FIQ and IRQ
    msr    cpsr, r0
```

代码清单 26-2 start.S 文件的片段 2

```
ENTRY ( save_boot_params )
    b    save_boot_params_ret   @ back to my caller
ENDPROC ( save_boot_params )
    .weak    save_boot_params
```

从代码清单 26-2 中可以看到 .weak 关键字，它相当于声明一个函数，如果该函数在其他地方没有定义，则为空函数，有定义则调用该定义的函数。

接下来继续执行代码清单 26-1 中的代码，save_boot_params_ret 标号下面的 7 行代码，作用是判断当前是否是 HYP 模式，如果不是 HYP 模式，则设置为 SVC 模式，并且禁止 FIQ 和 IRQ。

继续往下，如代码清单 26-3 所示。如果没有同时定义 CONFIG_OMAP44XX 和 CONFIG_SPL_BUILD，修改 CP15 内的系统控制寄存器 SCTLR，将 V 设置为 0，表示向量表在低地址区，并且将处理器异常向量的入口地址设置为_start。

注：Arm 默认异常向量表的入口在 0x0 地址，u-boot 的运行存储空间映射地址可能不在 0x0 起始的地址，所以需要修改异常向量表的入口。

代码清单 26-3 start.S 文件的片段 3

```
#if ! ( defined ( CONFIG_OMAP44XX ) && defined ( CONFIG_SPL_BUILD ))
    /* Set V = 0 in CP15 SCTLR register - for VBAR to point to vector */
    mrc    p15, 0, r0, c1, c0, 0        @ Read CP15 SCTLR Register
```

```
        bic    r0, #CR_V                    @ V = 0
        mcr    p15, 0, r0, c1, c0, 0        @ Write CP15 SCTLR Register

        / * Set vector address in CP15 VBAR register * /
        ldr    r0, = _start
        mcr    p15, 0, r0, c12, c0, 0       @ Set VBAR
#endif
```

接下来在代码清单 26-4 中,如果没有定义宏 CONFIG_SKIP_LOWLEVEL_INIT,则会分别执行 cpu_init_cp15 和 cpu_init_crit。

代码清单 26-4　start.S 文件的片段 4

```
#if ! ( defined ( CONFIG_OMAP44XX) && defined ( CONFIG_SPL_BUILD))
        / * Set V = 0 in CP15 SCTLR register - for VBAR to point to vector * /
        mrc    p15, 0, r0, c1, c0, 0        @ Read CP15 SCTLR Register
        bic    r0, #CR_V                    @ V = 0
        mcr    p15, 0, r0, c1, c0, 0        @ Write CP15 SCTLR Register

        / * Set vector address in CP15 VBAR register * /
        ldr    r0, = _start
        mcr    p15, 0, r0, c12, c0, 0       @ Set VBAR
#endif

        / * the mask ROM code should have PLL and others stable * /
#ifndef CONFIG_SKIP_LOWLEVEL_INIT
        bl     cpu_init_cp15
        bl     cpu_init_crit
#endif

        bl     _main
```

下面首先分析 cpu_init_cp15 的代码,如代码清单 26-5 所示。该段代码用于配置 CP15 处理器相关的寄存器来配置处理器的 MMU、Cache 及 TLB。如果没有定义 CONFIG_SYS_ICACHE_OFF,则会打开 ICACHE,关掉 MMU 及 TLB。

注:读者可以参考本书第 5 章的内容,详细了解这些寄存器的功能和使用方法。

代码清单 26-5　start.S 文件的片段 5

```
/ *****************************************************************
 *
 * cpu_init_cp15
 *
 * Setup CP15 registers (Cache, MMU, TLB). The I - cache is turned on unless
 * CONFIG_SYS_ICACHE_OFF is defined.
 *
 *****************************************************************/
ENTRY (cpu_init_cp15)
```

```
/*
 * Invalidate L1 I/D
 */
    mov    r0, #0                    @ set up for MCR
    mcr    p15, 0, r0, c8, c7, 0     @ invalidate TLBs
    mcr    p15, 0, r0, c7, c5, 0     @ invalidate icache
    mcr    p15, 0, r0, c7, c5, 6     @ invalidate BP array
    mcr    p15, 0, r0, c7, c10, 4    @ DSB
    mcr    p15, 0, r0, c7, c5, 4     @ ISB

/*
 * disable MMU stuff and caches
 */
    mrc    p15, 0, r0, c1, c0, 0
    bic    r0, r0, #0x00002000       @ clear bits 13 ( - - V - )
    bic    r0, r0, #0x00000007       @ clear bits 2:0 ( - CAM)
    orr    r0, r0, #0x00000002       @ set bit 1 ( - - A - ) Align
    orr    r0, r0, #0x00000800       @ set bit 11 ( Z - - - ) BTB
#ifdef CONFIG_SYS_ICACHE_OFF
    bic    r0, r0, #0x00001000       @ clear bit 12 ( I) I - cache
#else
    orr    r0, r0, #0x00001000       @ set bit 12 ( I) I - cache
#endif
    mcr    p15, 0, r0, c1, c0, 0

#ifdef CONFIG_ARM_ERRATA_716044
    mrc    p15, 0, r0, c1, c0, 0     @ read system control register
    orr    r0, r0, #1 << 11          @ set bit #11
    mcr    p15, 0, r0, c1, c0, 0     @ write system control register
#endif

#if (defined (CONFIG_ARM_ERRATA_742230) || defined (CONFIG_ARM_ERRATA_794072))
    mrc    p15, 0, r0, c15, c0, 1    @ read diagnostic register
    orr    r0, r0, #1 << 4           @ set bit #4
    mc     rp15, 0, r0, c15, c0, 1   @ write diagnostic register
#endif

#ifdef CONFIG_ARM_ERRATA_743622
    mrc    p15, 0, r0, c15, c0, 1    @ read diagnostic register
    orr    r0, r0, #1 << 6           @ set bit #6
    mcr    p15, 0, r0, c15, c0, 1    @ write diagnostic register
#endif

#ifdef CONFIG_ARM_ERRATA_751472
    mrc    p15, 0, r0, c15, c0, 1    @ read diagnostic register
    orr    r0, r0, #1 << 11          @ set bit #11
    mcr    p15, 0, r0, c15, c0, 1    @ write diagnostic register
#endif
#ifdef CONFIG_ARM_ERRATA_761320
```

```
        mrc    p15, 0, r0, c15, c0, 1      @ read diagnostic register
        orr    r0, r0, #1 << 21            @ set bit #21
        mcr    p15, 0, r0, c15, c0, 1      @ write diagnostic register
#endif

        mov    r5, lr                       @ Store my Caller
        mrc    p15, 0, r1, c0, c0, 0        @ r1 has Read Main ID Register ( MIDR)
        mov    r3, r1, lsr #20              @ get variant field
        and    r3, r3, #0xf                 @ r3 has CPU variant
        and    r4, r1, #0xf                 @ r4 has CPU revision
        mov    r2, r3, lsl #4               @ shift variant field for combined value
        orr    r2, r4, r2                   @ r2 has combined CPU variant + revision

#ifdef CONFIG_ARM_ERRATA_798870
        cmp    r2, #0x30                    @ Applies to lower than R3p0
        bge    skip_errata_798870           @ skip if not affected rev
        cmp    r2, #0x20                    @ Applies to including and above R2p0
        blt    skip_errata_798870           @ skip if not affected rev

        mrc    p15, 1, r0, c15, c0, 0       @ read l2 aux ctrl reg
        orr    r0, r0, #1 << 7              @ Enable hazard - detect timeout
        push   {r1 - r5}                    @ Save the cpu info registers
        bl     v7_arch_cp15_set_l2aux_ctrl
        isb                                 @ Recommended ISB after l2actlr update
        pop    {r1 - r5}                    @ Restore the cpu info - fall through
skip_errata_798870:
#endif


#ifdef CONFIG_ARM_ERRATA_801819
        cmp    r2, #0x24                    @ Applies to lt including R2p4
        bgt    skip_errata_801819           @ skip if not affected rev
        cmp    r2, #0x20                    @ Applies to including and above R2p0
        blt    skip_errata_801819           @ skip if not affected rev
        mrc    p15, 0, r0, c0, c0, 6        @ pick up REVIDR reg
        and    r0, r0, #1 << 3              @ check REVIDR[3]
        cmp    r0, #1 << 3
        beq    skip_errata_801819           @ skip erratum if REVIDR[3] is set

        mrc    p15, 0, r0, c1, c0, 1        @ read auxilary control register
        orr    r0, r0, #3 << 27             @ Disables streaming. All write - allocate
                                            @ lines allocate in the L1 or L2 cache.
        orr    r0, r0, #3 << 25             @ Disables streaming. All write - allocate
                                            @ lines allocate in the L1 cache.
        push   {r1 - r5}                    @ Save the cpu info registers
        bl     v7_arch_cp15_set_acr
        pop    {r1 - r5}                    @ Restore the cpu info - fall through
skip_errata_801819:
#endif

#ifdef CONFIG_ARM_ERRATA_454179
```

Xilinx Zynq-7000 嵌入式系统设计与实现

```
            cmp    r2, #0x21                @ Only on < r2p1
            bge    skip_errata_454179

            mrc    p15, 0, r0, c1, c0, 1    @ Read ACR
            orr    r0, r0, #(0x3 << 6)      @ Set DBSM( BIT7) and IBE( BIT6) bits
            push   {r1 - r5}                @ Save the cpu info registers
            bl     v7_arch_cp15_set_acr
            pop    {r1 - r5}                @ Restore the cpu info - fall through

skip_errata_454179:
#endif

#ifdef CONFIG_ARM_ERRATA_430973
            cmp    r2, #0x21                @ Only on < r2p1
            bge    skip_errata_430973

            mrc    p15, 0, r0, c1, c0, 1    @ Read ACR
            orr    r0, r0, #(0x1 << 6)      @ Set IBE bit
            push   {r1 - r5}                @ Save the cpu info registers
            bl     v7_arch_cp15_set_acr
            pop    {r1 - r5}                @ Restore the cpu info - fall through

skip_errata_430973:
#endif

#ifdef CONFIG_ARM_ERRATA_621766
            cmp    r2, #0x21                @ Only on < r2p1
            bge    skip_errata_621766

            mrc    p15, 0, r0, c1, c0, 1    @ Read ACR
            orr    r0, r0, #(0x1 << 5)      @ Set L1NEON bit
            push   {r1 - r5}                @ Save the cpu info registers
            bl     v7_arch_cp15_set_acr
            pop    {r1 - r5}                @ Restore the cpu info - fall through

skip_errata_621766:
#endif

            mov    pc, r5                   @ back to my caller
ENDPROC( cpu_init_cp15)
```

下面分析一下 cpu_init_crit 代码，如代码清单 26-6 所示。很清楚，cpu_init_crit 调用 lowlevel_init 函数，进行进一步的初始化工作。

代码清单 26-6   start.S 文件的片段 6

```
#ifndef CONFIG_SKIP_LOWLEVEL_INIT
/**************************************************************************
 *
 * cpu_init_critical registers
```

```
 *
 * setup important registers
 * setup memory timing
 *
 **************************************************************************/
ENTRY( cpu_init_crit)
    /*
     * Jump to board specific initialization . . .
     * The Mask ROM will have already initialized
     * basic memory. Go here to bump up clock rate and handle
     * wake up conditions.
     */
    b    lowlevel_init           @ go setup pll, mux, memory
ENDPROC ( cpu_init_crit)
#endif
```

读者可以通过路径/arch/arm/cpu/armv7 进入 armv7 子目录中。在该目录中，找到并打开 lowlevel_init. S 文件，文件内容如代码清单 26-7 所示。该文件中设置了一个临时的堆栈，全局数据并不使用该堆栈。堆栈的地址由 CONFIG_SYS_INIT_SP_ADDR 定义，并且在 8 字节边界对齐。读者要注意，在代码中提到了为板子设置全局数据，该部分代码很快就会被去除。然后，将 ip 和 lr 入栈，调用 s_init 函数。读者可以通过路径 arch/arm/cpu/armv7/kona-common 找到并打开 s_init. c 文件，该文件中的 s_init. c 函数内容为空。最后，将 ip 和 lr 出栈。

代码清单 26-7　lowlevel_init. S 文件

```
#include < asm – offsets. h >
#include < config. h >
#include < linux / linkage. h >

ENTRY ( lowlevel_init)
    /*
     * Setup a temporary stack. Global data is not available yet.
     */
    ldr    sp, = CONFIG_SYS_INIT_SP_ADDR
    bic    sp, sp, #7 / * 8 - byte alignment for ABI compliance * /
#ifdef CONFIG_SPL_DM
    mov r9, #0
#else
    /*
     * Set up global data for boards that still need it. This will be * removed soon. */
#ifdef CONFIG_SPL_BUILD
    ldr    r9, = gdata
#else
    sub    sp, sp, #GD_SIZE
    bic    sp, sp, #7
    mov    r9, sp
#endif
```

```
#endif
    /*
     * Save the oldlr ( passed in ip) and the current lr to stack
     */
    push{ ip, lr}

    /*
     * Call the very early init function. This should do only the
     * absolute bare minimum to get started. It should not:
     *
     * - set up DRAM
     * - use global_data
     * - clear BSS
     * - try to start a console
     *
     * For boards with SPL this should be empty since SPL can do all of
     * this init in the SPL board_init_f() function which is called
     * immediately after this.
     */
    bl      s_init
    pop     { ip, pc}
ENDPROC ( lowlevel_init)
```

然后继续分析 start.S 文件,如代码清单 26-4 所示,在该代码中,最后一句话为

```
bl _main
```

表示要跳到_main 入口点。

2. ctr0.S 文件源码

读者可以通过路径/arch/arm/lib 进入到 lib 目录中,找到并打开 ctr0.S 文件。下面将对该文件的代码进行分析,如代码清单 26-8 所示。首先将 CONFIG_SPL_STACK 或 CONFIG_SYS_INIT_SP_ADDR 定义的值加载到栈指针,在配置头文件中指定这个宏定义。这段代码是为 board_init_f C 语言调用提供环境,也就是初始化堆栈指针 sp 并且 8 字节对齐。然后,减掉 GD_SIZE,这个宏定义是指全局结构体 gd 的大小,在此处为 160 个字节的大小,这个结构体用来保存 u-boot 的一些全局信息,需要使用一块单独的内存。最后将 sp 保存在 r9 寄存器中。因此,r9 寄存器的地址就是 gd 结构体的首地址。

代码清单 26-8 ctr0.S 文件的片段 1

```
ENTRY (_main)

/*
 * Set up initial C runtime environment and call board_init_f(0).
 */

#if defined ( CONFIG_SPL_BUILD) && defined ( CONFIG_SPL_STACK)
    ldr    sp, = ( CONFIG_SPL_STACK)
```

```
#else
    ldr    sp, = ( CONFIG_SYS_INIT_SP_ADDR)
#endif
#if defined ( CONFIG_CPU_V7M)          /* v7M forbids using SP as BIC destination */
    mov    r3, sp
    bic    r3, r3, #7
    mov    sp, r3
#else
    bic    sp, sp, #7                  /* 8 - byte alignment for ABI compliance */
#endif
    mov    r2, sp
    sub    sp, sp, #GD_SIZE            /* allocate one GD above SP */
#if defined ( CONFIG_CPU_V7M)          /* v7M forbids using SP as BIC destination */
    mov    r3, sp
    bic    r3, r3, #7
    mov    sp, r3
#else
    bic    sp, sp, #7                  /* 8 - byte alignment for ABI compliance */
#endif
    mov    r9, sp                      /* GD is above SP */
    mov    r1, sp
    mov r0, #0
clr_gd:
    cmp r1, r2                         /* while not at end of GD */
#if defined ( CONFIG_CPU_V7M)
    itt    lo
#endif
    strlo  r0, [r1]                    /* clear 32 - bit GD word */
    addlo  r1, r1, #4                  /* move to next */
    blo    clr_gd
#if defined ( CONFIG_SYS_MALLOC_F_LEN)
    sub    sp, sp, #CONFIG_SYS_MALLOC_F_LEN
    str    sp,[ r9,#GD_MALLOC_BASE]
#endif
    /* mov r0,#0 not needed due to above code */
        bl board_init_f
```

在上面段代码的最后一行 bl board_init_f 跳转到 board_init_f 中。读者可以通过路径/common 进入 common 子文件夹中，找到并打开 board_f.c 文件，找到 board_init_f 函数。该函数初始化一些用于从 DRAM 或 DDR 执行代码所需要的环境。然而，系统 RAM 可能不可用，但是该函数必须使用当前 GD 保存一些数据，之后这些数据会传递到后面的存储空间中。这些数据包括重定位的目的地址，进一步确定堆栈和 GD 位置。

建立中间环境，如代码清单 26-9 所示，它是在系统 RAM 中由 board_init_f()所分配的堆栈和 GD，但是 BSS 和初始化常数仍不可用。

代码清单 26-9　ctr0.S 文件的片段 2

```
#if ! defined ( CONFIG_SPL_BUILD)
```

```
/*
 * Set up intermediate environment ( new sp andgd) and call
 * relocate_code ( addr_moni). Trick here is that we'll return
 * 'here' but relocated.
 */
        l    drsp, [ r9, #GD_START_ADDR_SP]     /* sp = gd -> start_addr_sp */
#if defined ( CONFIG_CPU_V7M )                   /* v7M forbids using SP as BIC destination */
        mov  r3, sp
        bicr 3, r3, #7
        mov  sp, r3
#else
        bic  sp, sp, #7                           /* 8-byte alignment for ABI compliance */
#endif
        ldr  r9, [ r9, #GD_BD]                   /* r9 = gd -> bd */
        sub  r9, r9, #GD_SIZE                    /* new GD is below bd */

        adr  lr, here
        ldr  r0, [ r9, #GD_RELOC_OFF]            /* r0 = gd -> reloc_off */
        add  lr, lr, r0
#if defined ( CONFIG_CPU_V7M )
        orr  lr, #1                               /* As required by Thumb-only */
#endif
        ldr  r0, [ r9, #GD_RELOCADDR]            /* r0 = gd -> relocaddr */
        b    relocate_code
here:
/*
 * now relocate vectors
 */

bl relocate_vectors
```

在上面的代码中，通过 b relocate_code 指令，调用 relocate_code()函数，该函数将重定位监控程序代码。读者可以通过路径 arch/arm/lib 进入到 lib 文件夹，找到并打开 relocate.S 文件，如代码清单 26-10 所示。

代码清单 26-10 relocate.S 文件的片段 1

```
ENTRY ( relocate_code)
        ldr    r1, = __image_copy_start     /* r1 <- SRC & __image_copy_start */
        subs   r4, r0, r1                    /* r4 <- relocation offset */
        beq    relocate_done                 /* skip relocation */
        ldr    r2, = __image_copy_end        /* r2 <- SRC & __image_copy_end */

copy_loop:
        ldmia r1!, { r10 - r11}              /* copy from source address [r1] */
        stmia r0!, { r10 - r11}              /* copy to target address [r0] */
        cmp   r1, r2                          /* until source end address [r2] */
        blo   copy_loop
```

```
        /*
         * fix .rel.dyn relocations
         */
        ldr     r2, = __rel_dyn_start           /* r2 <- SRC & __rel_dyn_start */
        ldr     r3, = __rel_dyn_end             /* r3 <- SRC & __rel_dyn_end */
fixloop:
        ldmia   r2!, {r0 - r1}                  /* (r0, r1) <- (SRC location, fixup) */
        and     r1, r1, #0xff
        cmp     r1, #23                         /* relative fixup? */
        bne     fixnext

        /* relative fix: increase location by offset */
        ad      dr0, r0, r4
        ldr     r1, [r0]
        add     r1, r1, r4
        str     r1, [r0]
fixnext:
        cmp     r2, r3
        blo     fixloop

        relocate_done:

#ifdef __XSCALE__
        /*
         * On xscale, icache must be invalidated and write buffers drained,
         * even with cache disabled – 4.2.7 of xscale core developer's manual
         */
        mcr     p15, 0, r0, c7, c7, 0           /* invalidate icache */
        mcr     p15, 0, r0, c7, c10, 4          /* drain write buffer */
#endif

        /* Armv4 – don't know bx lr but the assembler fails to see that */

#ifdef __ARM_ARCH_4__
        mov pc, lr
#else
        bx      lr
#endif

ENDPROC(relocate_code)
```

下面继续分析 crt0.S 文件。代码清单 26-9 中的最后一行通过 bl relocate_vectors 指令，调用 relocate_vector() 函数，该函数将 u-boot 由当前位置重定位到由 board_init_f() 函数所计算出的目的位置。同样地，读者可以通过路径 arch/arm/lib 进入 lib 文件夹，找到并打开 relocate.S 文件，如代码清单 26-11 所示。首先将可重定位的异常向量表复制到正确的地址空间，前面提到 CP15 c1 的 V 比特位用于确定向量的位置，即 0x00000000 或 0xFFFF0000。

注：对于 SPL 来说，board_init_f() 仅返回到 ctr0。在 SPL 中，没有代码重定位过程。

代码清单 26-11　relocate. S 文件的片段 2

```
    . section   . text. relocate_vectors, " ax " , % progbits
       . weak      relocate_vectors

ENTRY ( relocate_vectors)

#ifdef CONFIG_CPU_V7M
    /*
     * On Armv7 - M we only have to write the new vector address
     * to VTOR register.
     */
    ldr     r0, [ r9, #GD_RELOCADDR]                /* r0 = gd - > relocaddr */
    ldr     r1, = V7M_SCB_BASE
    str     r0, [ r1, V7M_SCB_VTOR]
#else
#ifdef CONFIG_HAS_VBAR
    /*
     * If the Arm processor has the security extensions,
     * use VBAR to relocate the exception vectors.
     */
    ldr     r0, [ r9, #GD_RELOCADDR]                /* r0 = gd - > relocaddr */
    mcr     p15, 0, r0, c12, c0, 0                  /* Set VBAR */
#else
    /*
     * Copy the relocated exception vectors to the
     * correct address
     * CP15 c1 V bit gives us the location of the vectors:
     * 0x00000000 or 0xFFFF0000.
     */
    ldr     r0, [ r9, #GD_RELOCADDR]                /* r0 = gd - > relocaddr */
    mrc     p15, 0, r2, c1, c0, 0                   /* V bit ( bit[13]) in CP15 c1 */
    ands    r2, r2, #(1 < < 13)
    ldre    qr1, = 0x00000000                       /* If V = 0 */
    ldrne   r1, = 0xFFFF0000                        /* If V = 1 */
    ldmia   r0!, { r2 - r8, r10}
    stmia   r1!, { r2 - r8, r10}
    ldmia   r0!, { r2 - r8, r10}
    stmia   r1!, { r2 - r8, r10}
#endif
#endif
    bx      lr

ENDPROC ( relocate_vectors)
```

下面继续分析 crt0.S 文件。

（1）首先调用 start.S 文件中的 c_runtime_cpu_setup，如代码清单 26-12 所示。如果使能指令高速缓存，则使得它无效。

代码清单 26-12   c_runtime_cpu_setup 代码

```
ENTRY ( c_runtime_cpu_setup)
/*
 * If I - cache is enabled invalidate it
 */
#ifdef CONFIG_SYS_ICACHE_OFF
    mcr    p15, 0, r0, c7, c5, 0          @ invalidate icache
    mcr    p15, 0, r0, c7, c10, 4         @ DSB
    mcr    p15, 0, r0, c7, c5, 4          @ ISB
#endif

    bx lr

ENDPROC ( c_runtime_cpu_setup)
```

（2）在这个环境中有 BSS（初始化为 0），用于初始化的非常数数据（初始化为它们所需要的值）、系统 RAM 内的堆栈（可选用 SPL 将堆栈和 GD 移动到 RAM 中）和 GD 保存着由 board_init_f() 所设置的值，如代码清单 26-13 所示。

代码清单 26-13   ctr0.S 文件的片段 3

```
/* Set up final ( full) environment */

    bl      c_runtime_cpu_setup         /* we still call old routine here */
#endif
#if ! defined ( CONFIG_SPL_BUILD) || defined ( CONFIG_SPL_FRAMEWORK)
#ifdef CONFIG_SPL_BUILD
    /* Use a DRAM stack for the rest of SPL, if requested */
    bl      spl_relocate_stack_gd
    cmp     r0, #0
    movne   sp, r0
#endif
    ldr     r0, = __bss_start           /* this is auto - relocated! */

#ifdef CONFIG_USE_ARCH_MEMSET
    ldr     r3, = bss_end               /* this is auto - relocated! */
    mov     r1, #0x00000000             /* prepare zero to clear BSS */

    subs    r2, r3, r0                  /* r2 = memset len */
    bl      memset
#else
    ldr     r1, = bss_end               /* this is auto - relocated! */
    mov     r2, #0x00000000             /* prepare zero to clear BSS */

clbss_l: cmp    r0, r1                  /* while not at end of BSS */
#if defined ( CONFIG_CPU_V7M)
    itt     lo
#endif
    strlo   r2, [ r0]                   /* clear 32 - bit BSS word */
```

```
            addlo     r0  r0, #4                          /* move to next */
            blo       clbss_l
#endif

#if ! defined ( CONFIG_SPL_BUILD)
            bl        coloured_LED_init
            bl        red_led_on
#endif
            /*        call board_init_r ( gd_t * id, ulong dest_addr) */
            mov       r0, r9                              /* gd_t */
            ldr       r1, [ r9, #GD_RELOCADDR]            /* dest_addr */
            /*        call board_init_r */
            ldr       pc, = board_init_r                  /* this is auto - relocated! */

            /*        we should not return here. */
#endif

ENDPROC (_main)
```

(3) 最后通过 ldr pc, = board_init_r 调用 board_init_r()函数。

读者可以通过路径/common 进入 common 子文件夹中。找到并打开 board_r. c 文件，找到 board_init_r 函数。

至此，u - boot 为后续引导内核建立了完整的运行环境。

26.1.5 编译 u - boot

本小节将介绍编译 u - boot 的方法。在编译 u - boot 之前，需要保证在 Ubuntu 环境中已经安装了设备树编译器（Device Tree Compiler，DTC）工具。

(1) 打开 Ubuntu 命令行窗口。

(2) 在命令行中，输入"sudo su"命令，获得根权限。

(3) 在命令行中输入下面命令安装 DTC 工具。

```
apt - get install device - tree - compiler
```

当安装完 DTC 工具后，就可以编译 u - boot 了。

(1) 在命令行中，输入下面命令定位到交叉编译器。

```
source / xilinx / SDK / 2015. 4 / settings64. sh
```

(2) 进入 u - boot - xlnx - master 文件夹，该文件夹中保存着 u - boot 的源码。

(3) 在命令行中输入下面的命令，生成 makefile 文件。

```
make CROSS_COMPILE = arm - xilinx - linux - gnueabi - zynq_zed_defconfig
```

(4) 完成配置后，进行编译。在命令行中输入下面的命令，生成可执行文件。

```
make CROSS_COMPILE = arm - xilinx - linux - gnueabi -
```

第 26 章 构建 Zynq - 7000 SoC 内 Ubuntu 软件运行环境

编译成功完成后，在 u - boot - xlnx - master 根目录下生成 u - boot（一个 elf 文件）、u - boot. bin 和 u - boot. srec 等文件，如图 26.2 所示。

注：u - boot（一个 elf 文件）用于制作最后启动的 BOOT 文件。

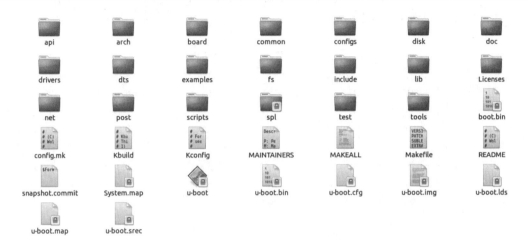

图 26.2　编译完后生成的 u - boot 文件

（5）在命令行中输入下面的命令，查看 u - boot 中不同段的空间分配情况，如图 26.3 所示。

图 26.3　u - boot 中不同段的分配情况

arm - xilinx - linux - gnueabi - objdump - h u - boot

26.1.6 链接脚本文件结构

u-boot 中不同段的位置，其实是由 u-boot.lds 文件控制的。当生成 u-boot（一个可执行文件）后，可以在当前保存 u-boot 源代码的 u-boot-xlnx-master 目录中找到并打开 u-boot.lds 文件，该文件是一个链接脚本文件，如代码清单 26-14 所示。

代码清单 26-14　u-boot.lds 文件

```
//下一行代码指定输出可执行文件为 elf 格式，32 位 Arm 指令，小端
OUTPUT_FORMAT ( "elf32-littlearm", "elf32-littlearm", "elf32-littlearm" )
OUTPUT_ARCH ( arm )                    // 本行代码指定输出可执行文件的平台为 Arm
ENTRY (_start)                         // 指定输出可执行文件的起始代码段为_start
SECTIONS
{ //指定可执行 image 文件的全局入口点，通常这个地址都位于 ROM（Flash）0x0 的位置。必须使编译器
  //知道这个地址，通常都是通过修改此处完成的。
  . = 0x00000000;                      // 从地址 0x0 的位置开始
  . = ALIGN(4);
  .text :
  {
    * ( .__image_copy_start)
    * ( .vectors)
    arch / arm / cpu / armv7 / start. o ( .text * )    // 第一个执行的文件
    * ( .text*)
  }
```

注：（1）上面代码的内容表示将 text{} 内的内容可合并成一个 .text 段。
　　（2）关于 .vector，读者可以通过路径/arch/arm/lib 进入 lib 文件夹中，找到并双击 vector.S 打开该文件，在后面对该文件的内容进行简单说明。

```
  . = ALIGN(4);
  .rodata : { *( SORT_BY_ALIGNMENT ( SORT_BY_NAME (.rodata*))) }
```

注：修改当前的定位寄存器，使得上面的 .rodata 输出段与 4 字节对齐，定义 .rodata 数据段为所有文件的 .rodata 输入节，*表示通配符，(.rodata*) 为所有的 rodata 开头的段。

```
  . = ALIGN(4);
  .data : {                            // 定义数据段
    * ( .data*)
  }
  . = ALIGN(4);
  . = .;
  . = ALIGN(4);
```

```
. u_boot_list : {
KEEP ( * ( SORT ( . u_boot_list * )));
}
. = ALIGN (4);
. image_copy_end :
{
  * ( . __image_copy_end)
}
. rel_dyn_start :            // * rel_dyn_start 和 * rel_syn_end 之间的区域,用于
                             // 动态链接的重定位信息
{
  * ( . __rel_dyn_start)
}
. rel. dyn : {
  * ( . rel * )
}
. rel_dyn_end :
{
  * ( . __rel_dyn_end)
}
. end :
{
  * ( . __end)
}
_image_binary_end = . ;
. bss_start __rel_dyn_start ( OVERLAY) :
{ KEEP ( * ( . __bss_start));
  __bss_base = . ;
}
. bss __bss_base ( OVERLAY) : {
  * ( . bss* )
. = ALIGN(4);
  __bss_limit = . ;
}
. bss_end __bss_limit ( OVERLAY) :
{ KEEP ( * ( . __bss_end));
}
/ DISCARD / : { * ( . dynsym) }
/ DISCARD / : { * ( . dynbss * ) }
/ DISCARD / : { * ( . dynstr * ) }
/ DISCARD / : { * ( . dynamic * ) }
/ DISCARD / : { * ( . plt * ) }
/ DISCARD / : { * ( . interp * ) }
/ DISCARD / : { * ( . gnu * ) }
/ DISCARD / : { * ( . ARM. exidx * ) }
/ DISCARD / : { * ( . gnu. linkonce. armexidx. * ) }
}
```

26.2 内核结构及编译

本节将介绍内核的结构及编译过程。这里的"内核"是一个提供硬件抽象层、磁盘机文件系统控制、多任务等功能的系统软件。一个内核不是一套完整的操作系统。一套基于 Linux 内核的完整操作系统叫作 Linux 操作系统。Linux 内核最大的优势就是开放源代码、稳定性好、免费和市场占有率高,因此,在嵌入式系统设计中经常使用 Linux 操作系统。

26.2.1 内核结构

Linux 的源代码采用汇编语言和 C 语言编写,了解内核源代码的整体分布情况,有利于理解 Linux 如何组织各项功能的实现。内核源代码目录中的每一个子目录都代表了一个特定的内核功能性子集。

(1) arch:保存源代码所支持的与硬件体系结构相关的核心代码。例如,对于 Arm 平台就是 arm,对于 86 系列平台就是 x86 等。

(2) kernel:内核核心部分,与处理器架构相关的代码都保存在 arch/ * /kernel 目录下。

(3) lib:保存了核心的库代码,与处理器架构相关的库代码都保存在 arch/ * /lib 目录下。

(4) mm:存放体系结构所指定的内存管理程序的实现,与具体硬件架构相关的内存管理代码位于 arch/ * /mm 目录下,如对应于 arm 的就是 arch/arm/mm 目录。

(5) Documentation:该目录下面是关于内核各个部分的解释和注释的英文文档。

(6) drivers:这个目录保存所有驱动程序。每个驱动程序对应一个子目录。例如,保存着显卡、网卡、SCSI 适配器、PCI 总线、USB 总线和其他任何 Linux 支持的外围设备或总线的驱动程序。

(7) fs:该目录中保存不同文件系统的代码。Linux 所支持的所有文件系统在 fs 目录下面都对应一个子目录,如 ext2、jffs2 和 ramdisk 等。

(8) include:该目录包含了内核中大部分的头文件。

(9) init:该目录中保存内核的初始化代码。典型地,main.c 创建早期用户空间的代码及其他初始化代码。

(10) ipc:interprocess communication,表示进程间通信。该目录下包含了共享内存、信号量及其他形式的 ipc 代码。

(11) net:该目录下保存了与网络相关的代码,用于实现各种常见的网络协议,如 TCP/IP、IPX 等。

(12) scripts:该目录只包含用于配置内核的脚本文件。

(13) block:该目录包含了部分块设备的驱动程序。

(14) crypto:该目录包含了内核本身所用的加密应用程序接口函数 API,用于实现常用的加密和散列算法,以及其他一些压缩和 CRC 校验算法。

(15) security:该目录包含了不同的 Linux 安全模型代码,如 NSA Security - Enhanced Linux。

(16) sound:该目录包含常用的音频设备驱动,如声卡驱动及其他声音相关的代码。

第26章 构建Zynq-7000 SoC内Ubuntu软件运行环境

（17）usr：该目录包含用于实现打包和压缩的cpio等。
（18）tools：该目录包含一些相关工具的代码。
（19）firmware：该目录包含Linux系统固件。
（20）samples：该目录包含Linux内核例子。

26.2.2 下载Linux内核源码

本小节将介绍下载Linux内核源代码。
（1）在Ubuntu环境中，打开浏览器，在地址栏中输入下面的地址。

> https://github.com/Digilent/linux-Digilent-Dev

（2）打开登录界面，找到并用鼠标左键单击 Download ZIP。
（3）出现"Opening linux-Digilent-Dev-master.zip"对话框，选择"Save File"前面的复选框。
（4）单击"OK"按钮。
（5）默认情况下，所下载的Linux内核源代码保存在/Home/用户名/Downloads目录下，名字为linux-Digilent-Dev-master.zip。
（6）双击该文件名，打开"Archive Manager"对话框，单击"Extract"按钮。
（7）打开"Extract"对话框。在该对话框中，将解压缩文件保存到默认的Downloads路径下。
（8）单击该对话框右下角的"Extract"按钮。
（9）等待完成解压缩过程。
（10）出现解压缩成功的对话框，单击"Close"按钮。

> 注：Linux内核源代码保存在/Downloads/linux-Digilent-Dev-master目录下。

26.2.3 内核版本

进入Downloads/linux-Digilent-Dev-master目录，找到并打开makefile文件，可以看到该文件头部的版本信息，Linux内核的版本号为3.12.0。

```
VERSION = 3
PATCHLEVEL = 12
SUBLEVEL = 0
EXTRAVERSION =
NAME = One Giant Leap for Frogkind
```

26.2.4 内核系统配置

Linux内核的配置系统由下面3个部分构成。
（1）makefile：分布在Linux内核源代码中的makefile定义了Linux内核的编译规则。
（2）配置文件（config）：给用户提供选择配置的功能。
（3）配置工具：包括配置命令解释器（对配置脚本中使用的配置命令进行解释）和配置

用户界面，如提供基于字符、基于 Ncurses 图形及基于 Xwindows 图形的用户配置界面，它们各自对应于 Make config、Make menuconfig 和 Make xconfig。

这些配置工具使用脚本语言编写，如 Tcl/TK、Perl，其中一些也使用 C 语言编写。本节将主要介绍使用配置系统的方法。对于一般的内核开发者来说，不需要掌握它们的原理，只需要知道编写 makefile 和配置文件的方法即可。本节只对 makefile 和配置文件进行简单说明。

1. makefile 分析

makefile 的作用是根据配置的情况构造出需要编译的源文件列表，然后分别编译，并把目标代码链接到一起，最终形成 Linux 内核二进制文件。

由于 Linux 内核源代码是按照树形结构组织的，所以 makefile 也分布在目录树中。Linux 内核中的 makefile 及与 makefile 直接相关的文件如下。

（1）makefile：顶层 makefile，是整个内核配置、编译的总体控制文件。

（2）.config：内核配置文件，包含可供用户选择的配置选项，用来存放配置内核后的结果（如 Make config）。

（3）arch/*/makefile：位于不同 CPU 架构目录下的 makefile，实现对该子目录下源代码的管理。

（4）各个子目录下的 makefile：负责管理该子目录下的源代码。

2. makefile 中的变量

1）版本信息

在 26.2.3 一节中进行了详细说明。

2）CPU 架构：ARCH

在顶层 makefile 的开头，用 ARCH 定义目标 CPU 的体系结构，如 ARCH: = arm 等。在许多子目录的 makefile 中，要根据 ARCH 定义来选择编译源文件的列表。

3）路径信息：TOPDIR、SUBDIRS

① TOPDIR 定义了 Linux 内核源代码所在的根目录。例如，各个子目录下的 makefile 通过 $（TOPDIR）/Rules.make 就可以找到 Rules.make 的位置。

② SUBDIRS 定义了一个目录列表。在编译内核或模块时，顶层 makefile 会根据 SUBDIRS 来决定所进入的子目录。SUBDIRS 的值取决于内核的配置，在顶层 makefile 中将 SUBDIRS 赋值为 kernel、drivers、mm、fs、net、ipc 和 lib 等。根据内核的配置情况，在 arch/*/makefile 中扩充了 SUBDIRS 的值。

4）配置变量 CONFIG_*

.config 文件中有许多的配置变量等式，用来说明用户配置的结果。例如，CONFIG_MODULES = y 表明用户选择了 Linux 内核的模块功能。

.config 被顶层 makefile 包含后，就形成许多配置变量，每个配置变量具有确定的值：y 表示本编译选项对应的内核代码被静态编译进 Linux 内核；m 表示本编译选项对应的内核代码被编译成模块；n 表示不选择此编译选项；如果根本就没有选择，那么配置变量的值为空。

5）编译器设置

当编译内核时，需要显式地给出编译环境，针对不同的交叉编译环境要求，定义了

CROSS_COMPILE，如代码清单 26-15 所示。

代码清单 26-15　编译器设置代码片段

```
AS              = $(CROSS_COMPILE)as
LD              = $(CROSS_COMPILE)ld
CC              = $(CROSS_COMPILE)gcc
CPP             = $(CC) -E
AR              = $(CROSS_COMPILE)ar
NM              = $(CROSS_COMPILE)nm
STRIP           = $(CROSS_COMPILE)strip
OBJCOPY         = $(CROSS_COMPILE)objcopy
OBJDUMP         = $(CROSS_COMPILE)objdump
AWK             = awk
GENKSYMS        = scripts/genksyms/genksyms
INSTALLKERNEL   := installkernel
DEPMOD          = /sbin/depmod
PERL            = perl
CHECK           = sparse

CHECKFLAGS:= -D__linux__ -Dlinux -D__STDC__ -Dunix -D__unix__ \
            -Wbitwise -Wno-return-void $(CF)

CFLAGS_MODULE   =
AFLAGS_MODULE   =
LDFLAGS_MODULE  =
CFLAGS_KERNEL   =
AFLAGS_KERNEL   =
CFLAGS_GCOV     = -fprofile-arcs -ftest-coverage
```

3. 子目录 makefile

子目录 makefile 用来控制本级目录以下源代码的编译规则。下面通过一个例子来讲解子目录 makefile 的构成，如代码清单 26-16 所示。

代码清单 26-16　子目录 makefile 文件的代码

```
#
# makefile for the linux kernel.
#
# All of the (potential) objects that export symbols.
# This list comes from 'grep -l EXPORT_SYMBOL *.[hc]'.
export-objs          := tc.o
# Object file lists.
obj-y                :=
obj-m                :=
obj-n                :=
obj-                 :=
obj-$(CONFIG_TC)    += tc.o
obj-$(CONFIG_ZS)    += zs.o
obj-$(CONFIG_VT)    += lk201.o lk201-map.o lk201-remap.o
```

```
# Files that are both resident and modular : remove from modular.
obj - m              := $( filter - out $( obj - y), $( obj - m))
# Translate to Rules. make lists.
L_TARGET             := tc. a
L_OBJS               := $( sort $( filter - out $( export - objs), $( obj - y)))
LX_OBJS              := $( sort $( filter $( export - objs), $( obj - y)))
M_OBJS               := $( sort $( filter - out $( export - objs), $( obj - m)))
MX_OBJS              := $( sort $( filter $( export - objs), $( obj - m))) include $( TOPDIR) /
Rules. makea)
```

对 makefile 的说明和解释，由#开始。

类似于 obj - $ (CONFIG_TC) + = tc. o 的语句是用来定义编译的目标，是子目录 makefile 中最重要的部分。编译目标用于定义在本子目录下，需要编译到 Linux 内核中的目标文件列表的文件。为了只有用户选择了此功能后才编译，所有的目标定义都融合了对配置变量的判断。

每个配置变量的取值范围是 y、n、m 和空，obj - $(CONFIG_TC) 分别对应着 obj - y、obj - n、obj - m、obj - 。如果 CONFIG_TC 配置为 y，那么 tc.o 就进入了 obj - y 列表。obj - y 为包含到 Linux 内核 vmlinux 中的目标文件列表；obj - m 为编译成模块的目标文件列表；obj - n 和 obj - 中的文件列表被忽略。配置系统就根据这些列表的属性进行编译和链接。

export - objs 中的目标文件都使用了 EXPORT_SYMBOL()定义公共的符号，以便可装载模块使用。在 tc.c 文件的最后部分，有 " EXPORT_SYMBOL (search_tc_card);"，表明 tc.o 有符号输出。

注：对于编译目标的定义，存在着两种格式，分别是旧格式定义和新格式定义。
① 旧格式定义就是前面 Rules.make 使用的那些变量。
② 新格式定义就是 obj - y、obj - m、obj - n 和 obj - 。
Linux 内核推荐使用新格式定义，但是因为 Rules.make 不理解新格式定义，因此需要在 makefile 中的适配段将其转换成旧格式定义。

适配段的作用是将新格式定义转换成旧格式定义。在前面的例子中，适配段就是将 obj - y 和 obj - m 转换成 Rules.make 能够理解的 L_TARGET、L_OBJS、LX_OBJS、M_OBJS、MX_OBJS。

"L_OBJS : = $(sort $(filter - out $(export - objs), $ (obj - y)))" 定义了 L_OBJS 的生成方式：在 obj - y 的列表中过滤掉 export - objs(tc.o)，然后排序并去除重复的文件名。这里使用到了 GNU Make 的一些特殊功能，具体的含义可参考 Make 的文档(info make)。

26.2.5 Bootloader 启动过程

从软件角度来看，一个嵌入式 Linux 系统包含 4 个部分。

（1）引导加载程序（Bootloader）：Bootloader 是系统启动或复位以后执行的第一段代码，它主要用来初始化处理器及外设，然后调用 Linux 内核。Bootloader 在运行过程中虽然具有初始化系统和执行用户输入的命令等作用，但它最根本的功能就是为了启动 Linux 内核。

（2）Linux 内核。

（3）文件系统。Linux 内核在完成系统的初始化之后需要挂载某个文件系统作为根文件系统（Root Filesystem）。根文件系统是 Linux 系统的核心组成部分，它可以作为 Linux 系统中文件和数据的存储区域，通常它还包括系统配置文件和运行应用软件所需要的库。

（4）应用程序。应用程序可以说是嵌入式系统的灵魂，它所实现的功能通常就是设计该嵌入式系统所要达到的目标。如果没有应用程序的支持，在任何硬件上设计精良的嵌入式系统都没有实用价值。

1. Bootloader 的概念和作用

Bootloader 是嵌入式系统的引导加载程序，它是系统上电后运行的第一段程序，其作用类似于 PC 上的基本输入/输出系统（Basic Input Output System，BIOS）。在完成对系统的初始化任务之后，它会将非易失性存储器（通常是 Flash 或 SD 等）中的 Linux 内核复制到 RAM 中，然后跳转到内核的第一条指令处继续执行，从而启动 Linux 内核。因此，Bootloader 和 Linux 内核有着密不可分的联系，要想清楚地了解 Linux 内核的启动过程，必须首先理解 Bootloader 的执行过程。

2. Bootloader 的执行过程

不同的处理器上电或复位后执行的第一条指令地址并不相同。对于 Arm 处理器来说，该地址为 0x00000000；对于一般的嵌入式系统，通常把 Flash 等非易失性存储器映射到这个地址处，而 Bootloader 就位于该存储器的最前端，所以系统上电或复位后执行的第一段程序便是 Bootloader。因为存储 Bootloader 的存储器不同，执行 Bootloader 的过程也不相同。

嵌入式系统中广泛采用的非易失性存储器通常是 Flash，而 Flash 又分为 NOR Flash 和 NAND Flash 两种。它们之间的不同在于：

① NOR Flash 支持芯片内执行（eXecute In Place，XIP），这样可以在 Flash 中直接执行代码而不需要事先复制到 RAM 中；

② NAND Flash 不支持 XIP，所以要想执行 NAND Flash 中所保存的代码，必须先将其复制到 RAM 中，然后再跳到 RAM 中执行。

3. Bootloader 的功能

1）初始化 RAM

因为一般都会在 RAM 中运行 Linux 内核，所以在调用 Linux 内核之前 Bootloader 必须设置和初始化 RAM，为调用 Linux 内核做好准备。初始化 RAM 的任务包括设置 CPU 的控制寄存器参数，以便能正常使用 RAM 及检测 RAM 容量等。

2）初始化串口

在启动 Linux 过程中，串口有着非常重要的作用，它是 Linux 内核与用户之间进行交互的一种方式。通过串口，在启动 Linux 的过程中就可以输出启动过程的信息。这样，设计者就可以非常清楚地观察 Linux 的启动过程。尽管它并不是 Bootloader 必须要完成的工作，但是通过串口输出信息是调试 Bootloader 和 Linux 内核的强有力工具，因此 Bootloader 一般都会在执行过程中初始化一个串口作为调试端口。

3）检测处理器类型

在调用 Linux 内核之前，Bootloader 必须检测系统的处理器类型，并将其保存到某个常量中提供给 Linux 内核进行参考。当启动 Linux 内核时，它会根据事先检测到的处理器类型调用相应的初始化程序。

4）设置 Linux 启动参数

在执行 Bootloader 的过程中，必须设置和初始化 Linux 的内核启动参数。目前，传递启动参数主要采用两种方式：通过 struct param_struct 和 struct tag（标记列表，tagged list）两种结构传递。struct param_struct 是一种比较旧的参数传递方式，在 2.4 版本以前的内核中常使用这种格式。2.4 版本以后的 Linux 内核基本上采用标记列表的方式。

但是，为了保持与以前版本的兼容性，它仍支持 struct param_struct 参数传递方式，只不过在内核启动的过程中它将被转换成标记列表方式。标记列表方式是一种比较新的参数传递方式，它必须以 ATAG_CORE 开始，并以 ATAG_NONE 结尾。中间可以根据需要加入其他列表。Linux 内核在启动的过程中会根据该启动参数进行相应的初始化工作。

5）调用 Linux 内核映像

Bootloader 完成的最后一项工作便是调用 Linux 内核。如果 Linux 内核保存在 Flash 中，则可以直接在 NOR Flash 中运行，然后直接跳转到内核中执行。但是，在 Flash 中执行代码会受到很多限制，而且速度很慢。因此，在通常情况下，嵌入式系统都是将 Linux 内核事先复制到 RAM 中，然后再跳转到 RAM 中执行。

不管哪种情况，在跳到 Linux 内核执行之前，CPU 的寄存器必须满足以下条件：

（1）r0 = 0；

（2）r1 = 处理器类型；

（3）r2 = 标记列表在 RAM 中的地址。

26.2.6　Linux 内核启动过程

在 Bootloader 将 Linux 内核映像复制到 RAM 以后，可以通过下列代码启动 Linux 内核：

```
call_linux (0, machine_type, kernel_params_base)
```

其中：

（1）machine_tpye 是 Bootloader 检测出来的处理器类型；

（2）kernel_params_base 是启动参数在 RAM 的地址。

通过这种方式，将 Linux 启动需要的参数从 Bootloader 传递到 Linux 内核有两种映像：一种是非压缩内核，叫 Image；另一种是它的压缩版本，叫 zImage。

根据内核映像的不同，Linux 内核的启动在开始阶段也有所不同。zImage 是 Image 经过压缩形成的，所以它比 Image 小。但为了能使用 zImage，必须在它的开头加上解压缩的代码，将 zImage 解压缩之后才能执行，因此它的执行速度比 Image 要慢。但考虑到嵌入式系统的存储空间一般都比较小，所以当使用 zImage 时可以占用更少的存储空间，因此牺牲一点性能上的代价也是值得的。所以，一般的嵌入式系统均采用压缩内核的方式。

对于 Arm 系列的处理器来说，zImage 的入口程序即 arch/arm/boot/compressed/head.S。它依次完成以下工作：

① 开启 MMU 和 Cache；

② 调用 decompress_kernel()解压内核；

③ 通过调用 call_kernel() 进入非压缩内核 Image 的启动。

1. Linux 内核入口

Linux 非压缩内核的入口位于文件 /arch/arm/kernel/head-armv.S 中的 stext 段。该段的基地址就是压缩内核解压后的跳转地址。如果系统中加载的内核是非压缩的 Image，那么当 Bootloader 将内核从 Flash 中复制到 RAM 以后将直接跳到该地址处，从而启动 Linux 内核。

不同架构 Linux 系统的入口文件是不同的，而且因为该文件与具体架构有关，因此一般均使用汇编语言编写。对于使用 Arm 平台的 Linux 系统来说，该文件就是 head-armv.S。通过查找处理器内核类型和处理器类型，该函数调用相应的初始化函数，再建立页表，最后跳转到 start_kernel() 函数开始初始化内核。

在汇编子函数 lookup_processor_type 中，完成检测处理器的内核类型。通过以下代码可实现对它的调用：

```
bl __lookup_processor_type
```

当结束调用 _lookup_processor_type 并返回源程序时，会将返回结果保存到寄存器中。其中：

（1）R8 寄存器保存了页表的标志位；
（2）R9 寄存器保存了处理器的 ID 号；
（3）R10 寄存器保存了与处理器相关的 stru proc_info_list 结构地址。

检测处理器的类型是在汇编子函数 __lookup_architecture_type 中完成的。与 __lookup_processor_type 类似，它通过下面的代码来实现对它的调用：

```
bl __lookup_processor_type
```

该函数返回时，会将返回结果保存在 R5、R6 和 R7 三个寄存器中。其中：

（1）R5 寄存器保存了 RAM 的起始基地址；
（2）R6 寄存器保存了 I/O 基地址；
（3）R7 寄存器保存了 I/O 的页表偏移地址。

当检测处理器内核和处理器类型结束后，将调用 __create_page_tables 子函数来建立页表，它所要做的工作就是将 RAM 基地址开始的 4MB 空间物理地址映射到 0xC0000000 开始的虚拟地址处。

当所有的初始化结束之后，使用如下代码跳到 C 程序的入口函数 start_kernel() 处，开始之后的内核初始化工作：

```
b SYMBOL_NAME ( start_kernel)
```

2. start_kernel() 函数

start_kernel() 函数是所有 Linux 平台进入系统内核初始化后的入口函数，它主要完成剩余的与硬件平台相关的初始化工作，在进行一系列与内核相关的初始化后，调用第一个用户进程——init 进程并等待用户进程的执行，这样整个 Linux 内核便启动完毕。该函数所做的具体工作包括：调用 setup_arch() 函数进行与体系结构相关的第一个初始化工作，对不同的体系结构来说该函数有不同的定义，对于 Arm 平台而言，该函数的定义在 arch/arm/kernel/ setup.c 中，它首先通过检测出来的处理器类型初始化处理器内核；然后，根据系统定义的 meminfo 结构，通过 bootmem_init()函数初始化内存结构；最后，调用 paging_init()开启 MMU，创建内核页表，映射所有的物理内存和 I/O 空间，创建异常向量表和初始化中断处理函数，初始化系统核心进程调度器和时钟中断处理机制，初始化串口控制台（serial-console）。Arm-Linux 在初始化的过程中一般都会初始化一个串口作为内核的控制台，这样在启动内核的过程中就可以通过串口输出信息以便开发者或用户了解系统的启动进程。创建和初始化系统高速缓存，为各种内存调用机制提供缓存，包括动态内存分配、虚拟文件系统及页缓存，初始化内存管理用于检测内存大小及被内核占用的内存情况，初始化系统的进程间通信机制（IPC）。当完成以上所有的初始化工作后，start_kernel()函数会调用 rest_init()函数进行最后的初始化，包括创建系统的第一个进程——init 进程结束内核的启动。init 进程首先进行一系列的硬件初始化，然后通过命令行传递过来的参数挂载根文件系统。

当所有的初始化工作结束后，调用 cpu_idle()函数使系统处于空闲状态，并等待执行用户程序。至此，整个 Linux 内核启动完毕。

26.2.7　编译内核

本小节将介绍编译内核的过程。

（1）在 Ubuntu 环境中，打开命令行窗口。
（2）在命令行中输入"sudo su"，获取根权限。
（3）使用 cd 命令，进入到保存内核源代码的 linux-Digilent-Dev-master 目录。
（4）在命令行中，输入下面的命令，指向交叉编译器。

```
source / xilinx / SDK / 2015.4 / settings64.sh
```

（5）在命令行中，输入下面的命令，生成 makefile 文件。

```
make ARCH = arm CROSS_COMPILE = arm - xilinx - linux - gnueabi - xilinx_zynq_defconfig
```

（6）在命令行中，输入下面的命令，编译内核文件。

```
make ARCH = arm CROSS_COMPILE = arm - xilinx - linux - gnueabi -
```

（7）编译完成后，在/arch/arm/boot 目录下产生 zImage 和 Image 文件，本书后面将使用 zImage 文件。

26.3　设备树原理及实现

本节将介绍设备树的原理及实现方法。

26.3.1　设备树概述

操作系统的启动、运行和软硬件之间的接口最初都是采用 Firmware 进行初始化配置的。后来为了标准化和兼容性，IBM 和 Sun 等公司联合推出了固件接口 IEEE 1275 标准，采用

Open Firmware。在运行时,构建系统硬件的设备树信息传递给内核,实现系统的启动运行。

作为 u-boot 和 Linux 内核之间的动态接口,设备树的引入,降低了内核对系统硬件的严重依赖,提高了代码的重用效率,并且加速了 Linux 支持包的开发。这样,使得单个内核镜像能支持多个系统,通过降低硬件所带来的需求变化和成本,降低对内核设计和编译的要求。

26.3.2 设备树数据格式

设备树是一个简单节点和属性的树状结构。节点可以包含属性和子节点。下面给出一个简单 .dts 格式的设备树源文件,如代码清单 26-17 所示。

代码清单 26-17 .dts 格式的设备树源文件

```
{
    node1 {
        a - string - property = " A string" ;
        a - string - list - property = " first string" ," second string" ;
        a - byte - data - property = [0x01 0x23 0x34 0x56];
        child - node1 {
            first - child - property;
            second - child - property = < 1 > ;
            a - string - property = " Hello,world" ;
        };
        child - node2 {
        };
    };
    node2 {
        an - empty - property;
        a - cell - property = < 1 2 3 4 > ;
        child - node1 {
        };
    };
};
```

因为设备树并没有描述任何东西,所以该设备树显然是没有意义的。但是,它体现了设备树结构的节点和属性。

(1)一个单独的根节点:"/"。

(2)根节点下一对子节点:"node1"和"node2"。

(3)node1 的一对子节点:"child - node1"和"child - node2"。

(4)一系列分散的属性。

属性值可以为空或包含任意的字节流。虽然数据类型没有编码成数据结构,但是有 5 个基本的数据表达式可以表示一个设备树源文件。

(1)用双引号的文本字符串(null 结束)表示:

```
string - property = " a string "
```

(2)cells 是 32 位的无符号整数,用尖括号包含:

```
cell - property = < 0xbeef 123 0xabcd1234 >
```

（3）二进制数用方括号包含：

binary - property = [0x01 0x23 0x45 0x67];

（4）不同的数据类型可以用逗号连接在一起：

mixed - property = " a string " , [0x01 0x23 0x45], < 0x12345678 > ;

（5）逗号也可以用于创建字符串列表：

string - list = " red fish " , " blue fish " ;

思考与练习 26-1：读者可以参照本数据格式分析本书提供的 devicetree_ramdisk.dts 文件。

26.3.3 设备树的编译

要生成 .dtb 格式的设备树文件，需要对 .dts 格式的文件进行编译。

注：（1）本书中，将 Linux 内核源代码保存在/home/用户名/Downloads/linux - Digilent - Dev - master 目录下。

（2）读者可以在保存 Linux 内核源代码的目录中进入/arch/arm/boot/dts 子目录。如果在该子目录下存在 zynq - zed.dtb 文件，则表示已经编译生成了设备树文件，不需要再编译设备树；否则需要执行下面的步骤。

（1）必须事先下载并安装设备树编译器工具（前面已经下载并安装了设备树编译器工具，如果没有，则需要执行该步骤）。在 Ubuntu 下，输入命令：

apt - get install device - tree - compiler

（2）为了后续使用方便，在 Ubuntu 命令行窗口中，将路径指向保存 Linux 内核源代码的路径。

（3）在命令行中，输入命令：

dtc - O dtb - I dts - o zynq - zed.dtb zynq - zed.dts

即可生成 zynq - zed.dtb 文件。

26.4 文件系统原理及下载

文件系统用于解决在存储设备上存储数据的方法，其中包括存储布局、文件命名、空间管理、安全控制等。

Linux 操作系统支持很多流行文件系统，如 ext2、ext3 和 ramdisk 等。本节将使用 Linaro 提供的桌面文件系统。

（1）在 Ubuntu 环境下，打开浏览器。

（2）输入网址 releases.linaro.org / archive / ，打开 Linaro 官网下载资源。

（3）在 Linaro 下载界面的下方，找到并单击 12.09 图标，如图 26.4 所示。

第 26 章　构建 Zynq-7000 SoC 内 Ubuntu 软件运行环境

（4）在新界面中，找到并单击 ubuntu，如图 26.5 所示。

图 26.4　Linaro 下载界面（1）　　　　图 26.5　Linaro 下载界面（2）

（5）在新界面中，找到并单击 precise-images，如图 26.6 所示。

（6）在新界面中，找到并单击 ubuntu-desktop，如图 26.7 所示。

图 26.6　Linaro 下载界面（3）　　　　图 26.7　Linaro 下载界面（4）

（7）在新界面中，找到并单击 linaro-precise-ubuntu-desktop-20120923-436.tar.gz，如图 26.8 所示。

图 26.8　Linaro 下载界面（5）

（8）出现 "Opening linaro-precise-ubuntu-desktop-20120923-436.tar.gz" 对话框。在该对话框中，选中 "Save File" 前面的复选框。

（9）单击 "OK" 按钮。

（10）在 Ubuntu 界面中，进入 Downloads 子目录。在该目录中，存在一个名字为 "linaro-precise-ubuntu-desktop-20120923-436.tar.gz" 的压缩文件。

> 注：（1）建议读者插入新卡。
> （2）读者可以从本书所提供的地址下载该文件系统。

26.5　生成 Ubuntu 启动镜像

为了在 Z7-EDP-1 开发平台上启动并成功运行 Ubuntu 操作系统，需进行以下操作：

（1）生成 FSBL 文件。

（2）生成 BOOT.bin 启动文件。
（3）复制 Linux 内核。
（4）复制设备树。
（5）复制文件系统。

26.5.1 生成 FSBL 文件

本小节将介绍生成 FSBL 文件。

（1）在 Vivado 集成开发环境中，打开 project_1.xprj 工程文件。

> 注：在第 25 章已经完成导出硬件的操作，如果没有执行该步骤，请参考第 25 章相关内容。

（2）在 Vivado 主界面的主菜单下，选择 File→Launch SDK。
（3）出现"Launch SDK"对话框，使用默认设置。
（4）单击"OK"按钮，启动 SDK 集成开发工具，自动导出硬件文件。
（5）在 SDK 主界面左侧的"Project Explorer"窗口中，已经导入了硬件设计文件。
（6）在 SDK 主界面的主菜单下，选择 File→New→Application Project。
（7）出现"New Project"对话框，按下面步骤设置参数。

① Project name：zynq_fsbl_0。
② 选中"Board Support Package：Create New"前面的复选框（默认名字为 zynq_fsbl_0_bsp）。
③ 其他按默认设置。

（8）单击"Next"按钮。
（9）出现"New Project：Templates"对话框，在左侧的"Available Templates"列表中选择"Zynq FSBL"。
（10）单击"Finish"按钮。

26.5.2 生成 BOOT.bin 启动文件

本小节将介绍生成 BOOT.bin 文件，该文件用于启动和引导 Z7-EDP-1 开发平台上的 xc7z-020。BOOT.bin 文件包含第一级启动引导代码、硬件比特流文件和 u-boot 文件。

（1）在下面的路径中，新建一个名字为"boot"的子目录。

E:\zynq_example\linux_basic

（2）在生成 BOOT.bin 文件前，需要将虚拟机下生成的 u-boot 可执行文件导入 Windows 系统中，也就是要复制到 Windows 环境下的 E:\zynq_example\linux_basic\boot 路径下。

> 注：在本书中，该文件保存在虚拟机环境的 /home/hebin/Downloads/u-boot-xlnx-master 路径下。

（3）当复制到 Windows 的指定路径后，在该文件后添加后缀名.elf，文件全名为 u-

第 26 章　构建 Zynq-7000 SoC 内 Ubuntu 软件运行环境

boot.elf。

（4）在 SDK 主界面的主菜单下，选择 Xilinx Tools→Create Boot Image。

（5）出现"Create Zynq Boot Image"对话框，单击"Browse"按钮。

（6）出现"BIT File"对话框，将路径指向：

E:\zynq_example\linux_basic\boot

（7）单击"保存"按钮，可以看到"Output BIF file path"文本框指向了刚才给定的路径，默认的文件名为 output.bif。

（8）在"Boot image partitions"标题栏的下方，单击"Add"按钮，指向下面的路径，添加启动引导镜像文件。

E:\zynq_example\linux_basic\project_1\project_1.sdk\zynq_fsbl_0\Debug\zynq_fsbl_0.elf

（9）在"Boot image partitions"标题栏的下方，单击"Add"按钮，指向下面的路径，添加硬件比特流文件。

E:\zynq_example\linux_basic\project_1\project_1.sdk\system_wrapper_hw_platform_0\system_wrap.per.bit

（10）在"Boot image partitions"标题栏的下方，单击"Add"按钮，指向下面的路径，添加 u-boot 文件。

E:\zynq_example\linux_basic\boot\u-boot.elf

（11）添加完 3 个文件后的界面如图 26.9 所示。

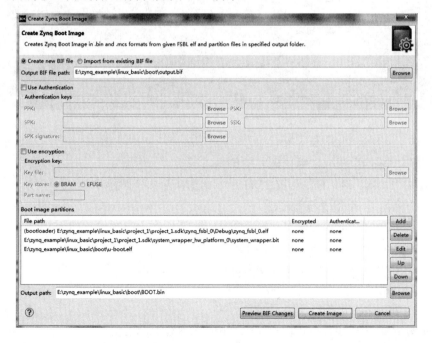

图 26.9　创建 BOOT.bin 文件

(12) 单击 "Create Image" 按钮,创建 BOOT.bin 文件。

> 注:读者可以在 E:\zynq_example\linux_basic\boot 目录下找到该文件。

26.5.3 制作 SD 卡

在 Z7-EDP-1 上运行 Ubuntu 操作系统所需要的文件均需要保存在 SD 卡中,因此需要在 PC/笔记本电脑上的虚拟机中制作特殊格式的 SD 卡。

> 注:本设计所使用的 Z7-EDP-1 开发平台上提供了 Mini-SD 卡接口。读者需要事先将 8GB 的 Mini-SD 卡插入 Mini-SD 卡槽中。

(1) 在 Ubuntu 的搜索路径中输入 disk,如图 26.10 所示。

图 26.10 搜索 disk

(2) 出现 "Disks" 图标,用鼠标左键单击该图标。

(3) 出现 "Disks" 对话框,如图 26.11 所示。选择图中左侧窗口中名字为 "7.8GB Drive" 的条目。在右侧窗口中单击 + 按钮。

(4) 出现 "Create Partition" 对话框,如图 26.12 所示,参数设置如下。

① 将 Partition Size 设置为 2000MB。

② Type:Compatible with all systems and devices (FAT)。

③ Name:FAT。

(5) 单击 "Create" 按钮。

(6) 在图 26.13 中,选择右边的 "Free Space 5.8 GB" 图标。

第 26 章 构建 Zynq - 7000 SoC 内 Ubuntu 软件运行环境

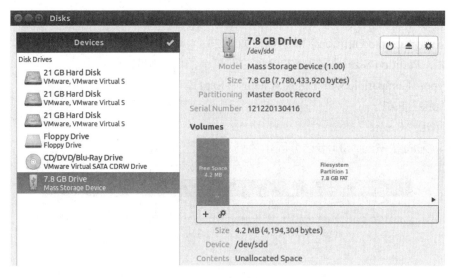

图 26.11 "Disks" 对话框（1）

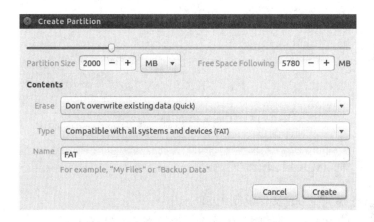

图 26.12 "Create Partition" 对话框（1）

图 26.13 "Disks" 对话框（2）

（7）继续单击 + 按钮。
（8）出现"Create Partition"对话框，如图 26.14 所示，参数设置如下。
① 默认 Partition Size 设置为 5779MB，即剩余的所有空间。
② Type：Compatible with Linux systems（Ext4）。
③ Name：EXT。
（9）单击"Create"按钮。
至此，完成对 Mini - SD 卡的分区，并拔下 SD 读卡器。

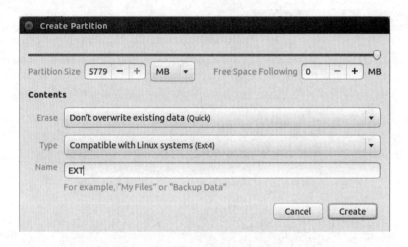

图 26.14 "Create Partition"对话框（2）

26.5.4 复制 BOOT.bin 文件

本小节介绍将 BOOT.bin 文件复制到 SD 卡中。

（1）将分区后的 SD 卡，通过 USB 读卡器连接到 PC 的 USB 接口，并在 Windows 下打开该 SD 卡。

（2）在 Windows 环境下，指向下面的路径。

> E:\zynq_example\linux_basic\boot

找到并将 BOOT.bin 文件复制到在 Windows 操作系统中可以看到的 SD 卡分区中。

（3）为了在虚拟机中能重新识别 SD 卡，需要拔下 USB 读卡器。

26.5.5 复制编译后的内核文件

本小节介绍将编译后的内核文件复制到 SD 卡中。

（1）启动 PC/笔记本电脑虚拟机环境中的 Ubuntu 操作系统。

（2）将 USB 读卡器重新连接到 PC 的 USB 接口，这样在虚拟机环境下就可以识别 SD 卡。

(3) 在虚拟机环境下，指向下面的路径。

/ home / hebin / Downloads / linux - Digilent - Dev - master / arch / arm / boot

(4) 在该路径下，找到并将 zImage 文件复制到 SD 卡的 FAT 分区中。

26.5.6 复制编译后的设备树文件

本小节介绍将编译后的设备树文件复制到 SD 卡中。

(1) 在虚拟机环境下，指向下面的路径。

/ home / hebin / Downloads / linux - Digilent - Dev - master / arch / arm / boot / dts

(2) 在该路径下，找到并将 zynq - zed.dtb 文件复制到 SD 卡的 FAT 分区中。

26.5.7 复制文件系统

本小节介绍将文件系统复制到 SD 卡中。

(1) 在虚拟机下面的路径中，找到并将文件 linaro - precise - ubuntu - desktop - 20120923-436.tar.gz（该文件为压缩文件）复制到 SD 卡的 EXT 分区中。

/ home / hebin / Downloads

(2) 在 SD 卡的 EXT 分区中，找到并双击该压缩文件。
(3) 出现"Archive Manager"对话框。
(4) 在该对话框中，单击"Extract"按钮。
(5) 在新出现的界面中，单击"Extract"按钮，对该压缩文件进行解压缩操作。
(6) 当解压缩成功后，再次弹出"Archive Manager"对话框。在该对话框中，提示"Extract completed successfully"信息。
(7) 单击"Close"按钮，关闭"Archive Manager"对话框。
(8) 在解压缩完成后，在 SD 卡上自动生成了一个名字为"binary"的子目录。
(9) 从该子目录下进入下面的路径。

/ boot / filesystem.dir

该目录下的所有文件就是启动 Zynq - 7000 SoC 所需要的文件系统。

(10) 在 filesystem.dir 目录中，选中任意一个子文件夹，单击鼠标右键，出现浮动菜单。在浮动菜单内，选择 Properties。

(11) 出现"Properties"对话框。在该对话框中，Location 后面给出了 filesystem.dir 目录中所有文件夹的位置信息。

注：在本设计中，文件系统的位置信息为/media/hebin/EXT/binary/boot/filesystem.dir。

（12）在本设计中，需要将 filesystem.dir 文件夹内所有的文件复制到 SD 卡的 EXT 分区中。在 SD 卡的 EXT 分区中，选择 binary 文件夹。单击鼠标右键，出现浮动菜单。在浮动菜单内，选择 Properties。

（13）出现"Properties"对话框。在 Location 后面给出了 SD 卡 EXT 分区的路径信息。

注：SD 卡 EXT 分区的位置信息为/media/hebin/EXT。

（14）在虚拟机中，按"Ctrl + Alt + T"组合键，进入命令行模式。
（15）在命令行中，输入"sudo su"，获取根权限。
（16）输入下面的命令，进入所要复制文件系统的目录。

cd / media / hebin / EXT / binary / boot / filesystem.dir

（17）输入下面的命令，将文件系统的所有文件复制到 SD 卡 EXT 分区的根目录中。

rsync - a . / media / hebin / EXT

注：该复制过程需要几分钟的时间，当命令行中重新出现命令提示符时，表示复制过程的结束。

26.6　启动 Ubuntu 操作系统

本节将在 Z7 - EDP - 1 开发平台上启动 Ubuntu 操作系统。
（1）从 PC/笔记本电脑的 USB 接口中拔出 SD 卡读卡器。
（2）将 Mini - SD 卡插入 Z7 - EDP - 1 开发平台的 Mini - SD 卡槽中。
（3）将 Z7 - EDP - 1 开发平台的启动模式设置为 SD 卡启动。
（4）通过 Z7 - EDP - 1 开发平台上标识为 J13 的 Mini - USB 接口，连接 PC/笔记本电脑的 USB 接口，用于实现串口通信。
（5）打开 SDK 集成开发环境的"SDK Terminal"窗口，正确配置串口参数。
（6）通过 Z7 - EDP - 1 开发平台的 HDMI 接口，连接到外部的 HDMI 显示设备。
（7）给 Z7 - EDP - 1 开发平台上电。
（8）当 xc7z020 成功启动 Ubuntu 操作系统后，在"SDK Terminal"窗口中显示相关信息，如图 26.15 和图 26.16 所示。
（9）当成功启动 Ubuntu 操作系统后，在 HDMI 显示设备上会看到 Ubuntu 操作系统的桌面系统。

```
serial-com4 ×

U-Boot 2014.01-00005-gc29bed9-dirty (Jan 01 2016 - 11:56:48)

I2C:   ready
Memory: ECC disabled
DRAM:  448 MiB
MMC:   zynq_sdhci: 0
SF: Detected S25FL128S_64K with page size 256 Bytes, erase size 64 KiB, total 16 MiB
*** Warning - bad CRC, using default environment

In:    serial
Out:   serial
Err:   serial
Net:   Gem.e000b000
Hit any key to stop autoboot:  0
Device: zynq_sdhci
Manufacturer ID: 3
OEM: 5344
Name: SU08G
Tran Speed: 50000000
Rd Block Len: 512
SD version 3.0
High Capacity: Yes
Capacity: 7.4 GiB
Bus Width: 4-bit
reading uEnv.txt
** Unable to read file uEnv.txt **
Copying Linux from SD to RAM...
reading uImage
4191496 bytes read in 363 ms (11 MiB/s)
reading devicetree.dtb
8195 bytes read in 16 ms (500 KiB/s)
## Booting kernel from Legacy Image at 03000000 ...
   Image Name:   Linux-4.0.0-gafe7a69-dirty
   Image Type:   ARM Linux Kernel Image (uncompressed)
   Data Size:    4191432 Bytes = 4 MiB
   Load Address: 00008000
   Entry Point:  00008000
   Verifying Checksum ... OK
## Flattened Device Tree blob at 02a00000
   Booting using the fdt blob at 0x2a00000
   Loading Kernel Image ... OK
   Loading Device Tree to 1bb29000, end 1bb2e002 ... OK

Starting kernel ...
```

图 26.15　u - boot 的启动过程

```
 * Documentation:  https://wiki.linaro.org/

79 packages can be updated.
0 updates are security updates.

79 packages can be updated.
0 updates are security updates.

root@linaro-ubuntu-desktop:~#
```

图 26.16　Ubuntu 操作系统成功启动完后的信息

第27章 Linux 环境下简单字符设备驱动程序的开发

在 Zynq-7000 SoC 内,除 PS 一侧的外设外,读者还可以在 PL 内定制大量不同类型的外设。对于 PL 内的这些外设来说,在 Linux 操作系统中并没有提供这些定制外设的驱动。因此,要求读者能自行开发这些外设的驱动程序。

本章将通过一个简单的例子说明在 Linux 环境下开发驱动程序的方法。

27.1 驱动程序的必要性

在一些简单的应用中,不需要运行操作系统,也就是我们经常所说的"裸奔"。典型地,8051 单片机中就不需要运行操作系统。再比如,在前面几章介绍对 Zynq-7000 SoC 内 Cortex-A9 外设进行操作时并没有操作系统的支持。

无操作系统时的软件层次架构如图 27.1 所示。从图中可以看出,当没有操作系统支持时,读者可以直接对底层硬件进行驱动。典型地,包括写控制寄存器和读状态寄存器。在这种情况下,驱动程序不但对底层硬件是可见的,对于应用程序同样也是可见的,应用程序程序员很清楚每个寄存器的地址、寄存器中每一位的含义、处理器的中断机制等。

对于一些简单的应用来说,在编写应用程序时,就同时实现对底层硬件的驱动。而对于一些稍微复杂的应用来说,可以将对底层的硬件直接操作,简单地封装为应用程序接口(Application Program Interface,API)。在 C 语言中,这种封装通常仅仅是简单的函数而已。当有操作系统支持时,软件层次架构如图 27.2 所示。从图中可以看出,当有操作系统支持时,驱动程序对于底层硬件和操作系统是可见的,而对于应用程序是不可见的。也就是说,编写应用程序的程序员根本不需要知道底层硬件的细节,如所操作具体寄存器的地址、寄存器的每一位含义、处理器的中断机制等。

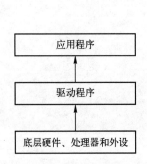

图 27.1 无操作系统时的软件层次架构

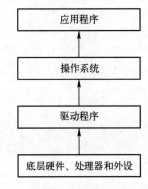

图 27.2 有操作系统时的软件层次架构

此外，驱动程序对操作系统是可见的。也就是说，操作系统可以为每个底层硬件找到所需要的驱动程序，因此就需要将驱动程序封装成可以识别的格式。此时，驱动程序的核心仍然是对底层硬件的驱动，而在核心操作的外部增加了操作系统可以识别的入口等封装。因此，与不带操作系统支持的驱动程序相比，包含操作系统支持的驱动程序要复杂很多。

由于操作系统将驱动程序进行了封装，应用程序只能通过封装好的应用程序接口函数访问操作系统，然后再通过操作系统与底层硬件进行交互。

27.2 Linux 操作系统下的设备文件类型

在 Linux 操作系统中，外设可以分为 3 类：字符设备（Character Device）、块设备（Block Device）和网络设备（Network Device）。

1. 字符设备

字符设备可以像字节流（如文件）一样被访问，即对它们的访问是以字节为单位的。典型地，RS-232 就是以字节为单位收发数据的。在很多设计中，可以选择在驱动程序的内部使用缓冲区来存放数据，以提高效率。

在字符设备中，可以通过函数 open()、close()、read() 和 write() 实现系统调用，应用程序可以通过设备文件访问字符设备。

2. 块设备

在块设备中，数据以块形式保存，如 NAND Flash 上的数据就是以页为单位保存的。与字符设备类似，应用程序也可以通过相应的设备文件调用函数 open()、close()、read() 和 write() 实现系统调用，从而实现向块设备传送任意字节的数据。对于用户来说，访问字符设备和块设备的方式没有差别，块设备的特别之处在于如下两个方面。

1）操作硬件的接口实现方式

对于块设备来说，驱动程序将用户发送的数据组织成数据块，然后再写入数据；或者从设备中先读取若干数据，然后再从中挑出有用的数据。

2）数据块上的数据可以有一定的格式

在块设备中，数据按照一定格式保存。典型地，不同的文件系统可以用来定义这些格式的数据。在 Linux 内核中，文件系统位于设备块驱动程序之上。这就是说，块设备驱动程序除向应用层提供与字符设备一样的接口外，还要向内核其他部件提供一些接口。对于应用层来说，是看不到的。通过这些接口，用户可以在块设备上存放文件系统，挂载块设备。

3. 网络设备

网络设备同时具有字符设备和块设备的部分特点。该类型设备的特别之处就在于如果说它是字符设备，它的输入/输出却是结构的、成块的，如报文、包、帧；如果是块设备，它的块的大小并不是固定的，可以在几字节到几千字节之间。典型地，在 Linux 操作系统中，访问网络接口的方法是给它们分配一个唯一的名字，如 eth0，但是该名字在文件系统中并不存在对应的节点项。此外,应用程序、内核和网络驱动程序之间的通信完全不同于字符设备、块设备,库和内核提供了一套与数据包传输相关的函数。

27.3 Linux 驱动的开发流程

(1)必须清楚地知道所要驱动设备的特性,如寄存器的种类、数量和功能等。通过查找这些设备的原理图和数据手册,用户可以获取这些信息。

(2)明确知道需要驱动的设备属于前面所说的设备类型。这样,就可以在 Linux 提供的驱动程序库中找到相似的模板,进而通过修改代码,完成所要驱动设备驱动程序代码的编写。当然,在少数情况下可能需要从头开始编写驱动程序代码。

(3)初始化驱动程序,向内核注册驱动程序。这样,当应用程序传入文件名时,才能找到相应的驱动程序。

(4)确定驱动程序中需要实现的操作,如前面提到的 open()、close()、read()和 write()等。

(5)此外,有些驱动程序中还需要提供服务中断的功能。

(6)将驱动编译到内核中,或者用 insmod 命令加载驱动程序。

(7)编写测试程序,对驱动进行测试。

27.4 驱动程序的结构框架

本节介绍驱动程序的结构框架。

27.4.1 加载和卸载函数模块

在 Linux 操作系统中,支持两种方式加载驱动程序。

(1)静态加载:这种加载方式是指在编译内核时,直接将驱动程序编译到内核中。当加载内核时,自动地会加载所对应外设的驱动程序。

(2)动态加载:这种加载方式是指在编译内核时,并不会将驱动程序编译到内核中。而是在加载完内核后,根据用户的需要手工加载驱动。

在驱动中需要有两个函数提供加载和卸载函数模块的功能。

(1)module_init (my_init);

初始化函数。该函数用于初始化函数,注册模块。当连接到内核时会调用该函数。通过该函数执行驱动程序的加载。my_init 是用户编写的初始化函数的名字,这个名字由用户自己定义。

(2)module_exit (my_exit);

卸载函数。该函数用于撤销注册,从内核中移除驱动程序时会调用该函数。my_exit 是用户编写的卸载函数的名字,这个名字由用户自己定义。

在该 LED 驱动中,给出了加载和卸载函数模块,如代码清单 27-1、代码清单 27-2 和代码清单 27-3 所示。

第 27 章　Linux 环境下简单字符设备驱动程序的开发

代码清单 27-1　加载和卸载函数

```
module_init (myled_init);
module_exit (myled_exit);
```

代码清单 27-2　myled_init 函数

```
static int myled_init (void)
{
major = register_chrdev (0, " myled ", &myled_fops);
myled_class = class_create (THIS_MODULE, " myled ");
myled_class_dev = device_create (myled_class, NULL, MKDEV (major, 0), NULL, " myled ");
led_reg = (volatile unsigned long * ) ioremap (0x6a000000, 32);
* led_reg = 0x55;
printk ( " Open LED_init \n " );
return 0;
}
```

代码清单 27-3　myled_exit 函数

```
static int myled_exit (void)
{
unregister_chrdev ( major, " myled " );
device_unregister ( myled_class_dev);
class_destroy ( myled_class);
iounmap ( led_reg);
printk ( " MY_LED_exit \n " );
return 0;
}
```

27.4.2　字符设备中重要的数据结构和函数

在 Linux 操作系统中，所有的设备都被看作文件，以操作文件的方式访问设备，应用程序不能对硬件直接操作，而是使用统一的接口函数调用硬件驱动程序。

1. file_operations 数据结构

对于字符设备驱动程序来说，这些操作函数集中在一个称为 file_operations 类型的数据结构中，该结构在 Linux 内核的/include/linux/fs.h 中定义，如代码清单 27-4 所示。

代码清单 27-4　file_operations 数据结构

```
struct file_operations
{struct module * owner;
loff_t ( * llseek) (struct file *, loff_t, int);
ssize_t ( * read) (struct file *, char __user *, size_t, loff_t * );
ssize_t ( * write) (struct file *, const char __user *, size_t, loff_t * );
ssize_t ( * aio_read) (struct kiocb *, const struct iovec *, unsigned long, loff_t);
ssize_t ( * aio_write) (struct kiocb *, const struct iovec *,unsigned long , loff_t);
int ( * iterate) ( struct file *, struct dir_context * );
unsignedint ( * poll) ( struct file *, struct poll_table_struct * );
long ( * unlocked_ioctl) ( struct file *, unsigned int, unsigned long );
```

```
    long ( * compat_ioctl) ( struct file *, unsigned int, unsigned long );
    int ( * mmap) ( struct file *, struct vm_area_struct * );
    int ( *open) ( struct inode *, struct file * );
    int ( *flush) ( struct file *, fl_owner_t id);
    int ( *release) ( struct inode *, struct file * );
    int ( *fsync) ( struct file *, loff_t, loff_t, int datasync);
    int ( *aio_fsync) ( struct kiocb *, int datasync);
    int ( *fasync) ( int, struct file *, int );
    int ( *lock) ( struct file *, int, struct file_lock * );
    ssize_t ( *sendpage) ( struct file *, struct page *, int, size_t, loff_t *, int );
    unsigned long ( *get_unmapped_area) (struct file *, unsigned long, unsigned long, unsigned long,
unsigned long );
    int ( *check_flags) ( int );
    int ( *flock) ( struct file *, int, struct file_lock * );
    ssize_t ( *splice_write) (struct pipe_inode_info*, struct file*, loff_t*, size_t, unsigned int );
    ssize_t ( *splice_read) ( struct file *, loff_t *, struct pipe_inode_info *, size_t, unsigned int );
    int ( *setlease) ( struct file *, long, struct file_lock ** );
    long ( *fallocate) ( struct file *file, int mode, loff_t offset, loff_t len);
    int ( *show_fdinfo) ( struct seq_file * m, struct file * f);
};
```

当应用程序使用 open 函数打开某个设备时，就会调用 file_operations 结构中的 open 成员；当应用程序使用 read、write、ioctl 等函数读/写、控制设备时，就会调用驱动程序的 file_operations 中的相应成员（read、write、ioctrl）。从这个角度来说，编写字符设备驱动程序就是为具体硬件的 file_operations 结构编写各个函数。

（1）struct module *owner

第一个 file_operations 成员根本不是一个操作，它是一个指向拥有这个结构的模块的指针。这个成员用来在它的操作还在被使用时阻止模块被卸载。在几乎所有时间中，它被简单初始化为 THIS_MODULE，它是在 linux/module.h 中定义的宏。

（2）loff_t (*llseek) (struct file *, loff_t, int);

llseek 方法用于改变文件中当前读/写的位置，并且新位置作为（正的）返回值。loff_t 参数是一个"long offset"，并且就算在 32 位平台上至少也是 64 位宽度。一个负的返回值表示错误。如果这个函数指针是 NULL，则 seek 调用会以潜在的无法预知的方式修改 file 结构中的位置计数器。

（3）ssize_t (*read) (struct file *, char __user *, size_t, loff_t *);

用来从设备中获取数据。在这个位置的一个空指针导致 read 系统调用以-EINVAL（"Invalid argument"）失败。一个非负返回值代表了成功读取的字节数（返回值是一个"signed size"类型，常常是目标平台本地的整数类型）。

（4）ssize_t (*aio_read) (struct kiocb *, char __user *, size_t, loff_t);

初始化设备上的一个异步读操作，可能在函数返回前没有结束的读操作。如果这个方法为 NULL，则所有的操作会同步由 read 取代。

（5）ssize_t (*write) (struct file *, const char __user *, size_t, loff_t *);

发送数据给设备。如果为 NULL，则 -EINVAL 返回给调用 write 系统调用的程序。如果

第 27 章　Linux 环境下简单字符设备驱动程序的开发

返回值为非负，则返回值表示成功写入的字节数。

（6）ssize_t (*aio_write) (struct kiocb *, const char __user *, size_t, loff_t *);

初始化设备上的一个异步写操作。

（7）int (*readdir) (struct file *, void *, filldir_t);

对于设备文件，这个成员应当为 NULL。它用于读取目录，并且仅对文件系统有用。

（8）unsigned int (*poll) (struct file *, struct poll_table_struct *);

poll 方法是 3 个系统调用后端的其中之一，即 poll、epoll 和 select，它们用于判断对一个或多个文件描述符的读/写操作是否会阻塞。poll 方法应当返回一个位掩码表示是否非阻塞的读或写是可能的，并且可能地提供给内核信息用来使调用进程休眠，直到 I/O 变为可能为止。如果一个驱动的 poll 方法为 NULL，则将设备看作可以实现非阻塞的读/写操作。

（9）int (*ioctl) (struct inode *, struct file *, unsigned int, unsigned long);

ioctl 系统调用提供了发出设备特定命令的方法，如格式化软盘的一个磁道，这既不是读操作也不是写操作。此外，几个 ioctl 命令被内核识别而无须引用 fops 表。如果设备不提供 ioctl 方法，对于任何未事先定义的请求（-ENOTTY，"设备无这样的 ioctl"），系统调用返回一个错误。

（10）int (*mmap) (struct file *, struct vm_area_struct *);

mmap 用来请求将设备内存映射到进程的地址空间。如果这个方法是 NULL，则 mmap 系统调用返回 -ENODEV。

（11）int (*open) (struct inode *, struct file *);

尽管这常常是对设备文件进行的第一个操作，但不要求驱动声明一个对应的方法。如果这个项是 NULL，则设备打开一直成功，但是用户的驱动不会得到任何通知。

（12）int (*flush) (struct file *);

在进程关闭它的设备文件描述符的复制时调用该操作，它应当执行并等待设备任何未完成的操作。读者不要和用户查询请求的 fsync 操作混淆。目前，在驱动中很少使用 flush，SCSI 磁盘驱动使用它。例如，为保证所有写的数据在设备关闭前写到磁盘上。如果 flush 为 NULL，则内核将简单地忽略用户应用程序的操作请求。

（13）int (*release) (struct inode *, struct file *);

在释放文件结构时引用该操作。类似地，像 open、release 那样可以为 NULL。

（14）int (*fsync) (struct file *, struct dentry *, int);

该方法是 fsync 系统调用的后端，用户调用来刷新任何挂着的数据。如果这个指针是 NULL，则系统调用返回 -EINVAL。

（15）int (*aio_fsync) (struct kiocb *, int);

它是 fsync 方法的异步版本。

（16）int (*fasync) (int, struct file *, int);

这个操作用来通知设备其 FASYNC 标志的改变。如果驱动不支持异步通知，这个成员可以是 NULL。

（17）int (*lock) (struct file *, int, struct file_lock *);

lock 方法用来实现文件加锁。加锁对常规文件是必不可少的特性，但是设备驱动几乎从不实现它。

（18）ssize_t (*readv) (struct file *, const struct iovec *, unsigned long, loff_t *);

（19）ssize_t (*writev) (struct file *, const struct iovec *, unsigned long, loff_t *);

这些方法实现发散/汇聚读和写操作。应用程序偶尔需要做一个包含多个内存区的单个读或写操作。这些系统调用允许它们这样做而不必对数据进行额外复制。如果这些函数指针为 NULL，read 和 write 方法被调用（可能多于一次）。

（20）ssize_t (*sendfile) (struct file *, loff_t *, size_t, read_actor_t, void *);

这个方法实现 sendfile 系统调用的读，使用最少的复制从一个文件描述符搬移数据到另一个地方。例如，它被一个需要发送文件内容到一个网络连接的 web 服务器使用。在设备驱动中，通常 sendfile 为 NULL。

（21）ssize_t (*sendpage) (struct file *, struct page *, int, size_t, loff_t *, int);

sendpage 是 sendfile 的另一半，它由内核调用来发送数据，每次发送一页到对应的文件中。设备驱动实际上不实现 sendpage。

（22）unsigned long (*get_unmapped_area) (struct file *, unsigned long, unsigned long, unsigned long, unsigned long);

这个方法的目的是在进程的地址空间寻找一个合适的位置来映射在底层设备上的内存段中。这个任务通常由内存管理代码实现，该方法的存在主要是使驱动能强制特殊设备可能有的任何的对齐请求。在绝大部分驱动中可以将这个方法设置为 NULL。

（23）int (*check_flags) (int);

这个方法允许模块检查传递给 fnctl (F_SETFL...)调用的标志。

（24）int (*dir_notify) (struct file *, unsigned long);

这个方法在应用程序使用 fcntl 来请求目录改变通知时调用，它只对文件系统有用，驱动程序不需要实现 dir_notify。

它的 file_operations 结构是按如下方法进行初始化的。

```
struct file_operations scull_fops = {
    .owner =    THIS_MODULE,
    .llseek =   scull_llseek,
    .read =     scull_read,
    .write =    scull_write,
    .ioctl =    scull_ioctl,
    .open =     scull_open,
    .release =  scull_release,
};
```

在本章中，其具体初始化代码如代码清单 27-5 所示。

代码清单 27-5　file_operations 的具体初始化代码

```
static struct file_operations myled_fops = {
    .owner =    THIS_MODULE,
    .open =     myled_open,
    .write =    myled_write,
};
```

2. open 调用函数

在本章中，通过 file_operations 中的系统调用 open 实现对用户自定义函数 myled_open 的调用，如代码清单 27-6 所示。

代码清单 27-6　myled_open 函数

```
static int myled_open ( structinode * inode, struct file * file)
{
    printk (" Open LED_DRV \ n" );
    return 0;
}
```

3. write 调用函数

在本章中，通过 file_operations 中的系统调用 write 实现对用户自定义函数 myled_write 的调用，如代码清单 27-7 所示。

代码清单 27-7　myled_write 函数

```
static ssize_t myled_write ( struct file * file,constchar __user * buf, size_t count, loff_t * ppos)
{
    intval;
    printk (" Open MY_LED_write \ n" );
    copy_from_user (&val, buf, count);
    * led_reg = val;
    return 0;
}
```

4. read 调用函数

在本章中，通过 file_operations 中的系统调用 read 实现对用户自定义函数 myled_read 的调用，如代码清单 27-8 所示。

代码清单 27-8　myled_read 函数

```
static ssize_t myled_read ( struct file * file, char __user * buf, size_t size, loff_t * ppos)
{
    intval;
    val = * led_reg;
    return copy_to_user ( buf, &val, size) ? - EFAULT : 0;
}
```

5. register_chrdev 函数

该函数用于注册字符设备，函数原型如下：

```
int register_chrdev ( unsigned int major, const char * name, struct file_operations * fops);
```

其中，参数 major 如果等于 0，则表示采用系统动态分配的主设备号；不为 0，则表示静态注册。其使用方法如代码清单 27-2 所示。

6. unregister_chrdev 函数

该函数用于注销字符设备，注销字符设备可以使用 unregister_chrdev 函数。

```
int unregister_chrdev ( unsigned int major, const char * name);
```

参数含义同上。其使用方法如代码清单 27-3 所示。

7. class_create 函数

该函数位于 Liunx 内核的 include/linux/device.h 文件中，函数原型定义如下：

```
#define class_create ( owner, name)                    \
({                                                      \
    static struct lock_class_key __key;                 \
    __class_create ( owner, name, &__key);              \
})
```

该函数为该设备创建一个 class，然后再为每个设备调用 class_device_create 创建对应的设备。大致用法如下：

```
struct class * myclass = class_create ( THIS_MODULE, "myled" );
class_device_create ( myclass, NULL, MKDEV ( major_num, 0), NULL, " myled" );
```

当加载该 module 时，udev daemon 就会自动在/dev 下创建 myled 设备文件。其使用方法如代码清单 27-2 所示。

8. ioremap 函数

一般来说，在系统运行时，外设的 I/O 内存资源的物理地址是已知的，由硬件的设计决定。但是 CPU 通常并没有为这些已知的外设 I/O 内存资源的物理地址预定义虚拟地址范围，驱动程序并不能直接通过物理地址访问 I/O 内存资源，而必须通过页表将它们映射到核心虚拟地址空间内，然后才能根据映射所得到的核心虚拟地址范围通过访内存的指令来访问这些 I/O 内存资源。

Linux 在 io.h 头文件中声明了函数 ioremap()，用来将 I/O 内存资源的物理地址映射到核心虚拟地址空间 3~4GB 的范围内，函数原型如下：

```
void * ioremap ( unsigned long phys_addr, unsigned long size, unsigned long flags);
```

其中，（1）phys_addr：要映射的起始 I/O 地址；（2）size：要映射空间的大小；（3）flags：要映射 I/O 空间与访问权限相关的标志。

其使用方法如代码清单 27-2 所示。

9. iounmap 函数

该函数用于取消 ioremap()所做的映射。类似地，在 mm/ioremap.c 文件中定义了该函数。函数原型如下：

```
void iounmap ( void * addr);
```

其使用方法如代码清单 27-3 所示。

10．copy_from_user 函数

该函数用于将用户空间的数据传送到内核空间，该函数在/include/asm - arm/uaccess. h 中定义。

函数原型如下：

unsigned long copy_from_user (void * to, const void__user * from, unsigned long n)

其中，（1）参数 to 是内核空间的数据目标地址指针；（2）参数 from 是用户空间的数据源地址指针；（3）参数 n 是数据的长度。

如果成功复制数据，则返回零；否则，返回没有复制成功的数据字节数。更进一步地说，该函数实现将 from 指针指向的用户空间地址开始的连续 n 字节的数据传送到 to 指针指向的内核空间地址。

11．copy_to_user 函数

该函数用于将内核空间的数据传送到用户空间，该函数在/include/asm - arm/uaccess. h 中定义。

unsigned long copy_to_user (void__user * to, const void * from, usigned long n);

其中，（1）参数 to 是用户空间的数据目标地址指针；（2）参数 from 是内核空间的数据源地址指针；（3）参数 n 是数据的长度。

如果成功复制数据，则返回零；否则，返回没有复制成功的数据字节数。更进一步地说，该函数实现将 from 指针指向的内核空间地址开始的连续 n 字节的数据传送到 to 指针指向的用户空间地址。

> 注：在本书中，本章的驱动程序位于 Ubuntu 环境的/Home/用户名/Downloads/led_driver 目录下。

27.5 编写 makefile 文件

编写完驱动程序后，需要对驱动程序源代码进行编译。在编译驱动程序源代码之前，需要编写一个 makefile 文件，如代码清单 27-9 所示。

代码清单 27-9　makefile 源文件

```
SRC = / home / hebin / Downloads / linux - Digilent - Dev - master
obj - m : = myled.o
all:
    make - C $ (SRC)    M = ' pwd '
modules clean:
    make - C $ (SRC)    M = ' pwd ' clean
```

（1）SRC 后面为 Linux 内核源代码的路径。

（2）obj‐m:=myled.o 表示将要从目标文件 myled.o 中建立一个模块，建立后的模块名字为 myled.ko。

（3）make 命令用于要求建立用户模块。

（4）-C 选项的作用是将当前工作目录转移到用户所指定的内核源文件的位置。在该位置可以找到内核的顶层 makefile 文件。

（5）M='pwd' 的作用是在尝试建立模块目标之前，使得 makefile 文件返回到用户的模块源文件目录中。然后，modules 目标指向 obj‐m 变量中所设定的模块。

（6）clean 是删除在当前驱动下所生成的文件。

27.6　编译驱动程序

编写完驱动程序后，需要对所编写的驱动程序进行编译。

（1）在 Ubuntu 操作系统中，进入命令行窗口。

（2）在命令行窗口中，输入"sodu su"命令，获取根权限。

（3）在命令行窗口中，输入下面的命令，指向 Xilinx 提供的交叉编译器。

source / xilinx / SDK / 2015. 4 / settings64. sh

（4）通过 cd 命令进入保存 ledtest.c 和 makefile 文件的目录。

注：在本设计中，这两个文件保存在/home/hebin/Downloads/led_driver 子目录中。读者可以根据自己所保存文件的位置指定路径。

（5）在命令行窗口中，输入下面的命令，对驱动程序进行编译。

make ARCH = arm CROSS_COMPILE = arm - xilinx - linux - gnueabi -

对该驱动程序进行编译的过程如图 27.3 所示。编译过程结束后，所生成的文件如图 27.4 所示。

图 27.3　编译驱动程序的过程

第 27 章　Linux 环境下简单字符设备驱动程序的开发

图 27.4　编译驱动程序结束后所生成的文件

27.7　编写测试程序

编译完驱动程序后，需要读者编写应用程序用于测试所编写的驱动程序是否满足设计要求。本节将介绍编写测试程序及测试驱动程序的方法。

(1) 在 Ubuntu 操作系统中，进入当前保存驱动程序的下面路径中。

/ home / hebin / Downloads / led_driver

注：读者可以根据自己的要求选择合适的路径。

(2) 在当前路径下，建立一个名字为 "ledtest.c" 的文件，在该文件中输入测试程序代码，如代码清单 27-10 所示。

代码清单 27-10　ledtest.c 文件

```c
#include < sys / types.h >
#include < sys / stat.h >
#include < fcntl.h >
#include < stdio.h >

int main ( int argc, char **argv)
{
int fd;
int val = 0x0AA;
fd = open (" / dev / myled", O_RDWR);
if ( fd < 0)
    {
        printf (" error, can' t open \ n" );
        return 0;
    }
        write ( fd, &val, 4);
        return 0;
}
```

在测试代码中，open 函数表示打开名字为 "myled" 的设备，根据前面所介绍的内容，myled 实际为所编写驱动程序的名字。O_RDWR 为打开设备的属性，表示读、写打开。此外可选的打开设备属性如下。

① O_RDONLY：只读打开。

② O_WRONLY：只写打开。
③ O_RDWR：读和写打开。
④ O_APPEND：每次写时都加到文件的尾端。
⑤ O_CREAT：若此文件不存在，则创建它。使用此选择项时，需同时说明第3个参数 mode，用其说明该新文件的存取许可权位。
⑥ O_EXCL：如果同时指定了 O_CREAT，而文件已经存在，则出错。这可以测试一个文件是否存在，如果不存在，则创建此文件成为一个原子操作。
⑦ O_TRUNC：如果此文件存在，而且为只读或只写成功打开，则将其长度截断为0。
⑧ O_NOCTTY：如果 pathname 指的是终端设备，则不将该设备分配作为此进程的控制终端。
⑨ O_NONBLOCK：如果 pathname 指的是一个 FIFO、一个块特殊文件或一个字符特殊文件，则此选项为此文件的本次打开操作和后续的 I/O 操作设置非阻塞方式。
⑩ O_SYNC：使每次 write 都等到物理 I/O 操作完成。
这些控制字都是通过"或"符号分开（|）的。

（3）保存并关闭该文件。
（4）在 Ubuntu 命令行中输入下面的命令对该测试程序进行编译。

arm‑xilinx‑linux‑gnueabi‑gcc ‑o ledtestledtest.c

> 注：在对测试程序进行编译前，必须保证事先已经指向 Xilinx 提供的交叉编译器。如果没有指向，则需要在命令行中输入下面的命令，指向 Xilinx 提供的交叉编译器。
>
> source /xilinx/SDK/2015.4/settings64.sh

27.8 运行测试程序

（1）进入 PC/笔记本电脑的虚拟机环境。
（2）将 SD 卡通过读卡器再次与 PC/笔记本电脑的 USB 接口连接。
（3）进入虚拟机的下面路径中，找到前面编译完的驱动程序 myled.ko。

/home/hebin/Downloads/led_driver

（4）将该驱动文件复制到 SD 卡 EXT 分区的 /home 目录中。
（5）再次进入虚拟机的下面路径中，找到前面编译完的测试程序 ledtest。

/home/hebin/Downloads/led_driver

（6）将该测试文件复制到 SD 卡 EXT 分区的 /home 目录中。
（7）将 SD 卡重新插入 Z7‑EDP‑1 开发平台的 Mini‑SD 卡槽中。
（8）重复前面在 Z7‑EDP‑1 开发平台上启动 Ubuntu 操作系统的设置。
（9）等待 Z7‑EDP‑1 开发平台上成功启动 Ubuntu 操作系统。
（10）在"SDK Terminal"窗口中，输入下面命令加载驱动程序，如图27.5所示。

第 27 章 Linux 环境下简单字符设备驱动程序的开发

```
cd / home
insmod myled.ko
```

图 27.5 "SDK Terminal" 窗口

（11）在"SDK Terminal"窗口中，输入下面的命令加载测试程序，如图 27.5 所示。

```
./ ledtest
```

思考与练习 27-1：请读者观察 Z7 - EDP - 1 开发平台上 LED 的变化情况是否与设计一致？

思考与练习 27-2：请读者尝试修改驱动程序和测试程序，进一步熟悉简单字符驱动程序的开发流程。

第28章 Linux 环境下包含中断机制驱动程序的开发

在前一章介绍编写简单字符设备驱动程序代码的基础上,本章将介绍在 Linux 环境下处理中断触发机制的驱动程序的编写方法。

28.1 设计原理

当读者按下 Z7-EDP-1 开发板 PS 一侧的按键 U34 时,会触发 Zynq-7000 SoC 内 PS 一侧的 GPIO 中断。当触发中断时,会通过在 Ubuntu 环境下所加载的包含处理中断服务句柄的驱动程序进行处理。

注:由于驱动程序中的中断服务例程已经对中断事件进行了具体的处理,因此在本设计中,并没有额外编写驱动测试程序。

28.2 编写包含中断处理的驱动代码

本节将分析作者所提供的包含中断处理功能的驱动程序。读者在当前 Ubuntu 操作系统环境下,在路径/home/hebin/Downloads 下,新建一个名字为"interrupt"的子目录。

在该文件夹中,新建一个名字为"button_irq.c"的文件。

注:(1)读者可以根据自己的要求选择路径。
(2)读者可以打开本书提供的该文件进行分析。

28.2.1 驱动程序头文件

button_irq.c 文件的头文件如代码清单 28-1 所示。

代码清单 28-1 button_irq.c 文件的头文件

```
#include <linux/device.h>
#include <linux/kernel.h>
#include <linux/module.h>
#include <asm/irq.h>
#include <linux/irq.h>
#include <linux/interrupt.h>
#include <linux/sched.h>
#include <asm/uaccess.h>        /* Needed for copy_from_user */
```

```
#include <asm/io.h>                    /* Needed for IO Read/Write Functions */
#include <linux/proc_fs.h>             /* Needed for Proc File System Functions */
#include <linux/seq_file.h>            /* Needed for Sequence File Operations */
#include <linux/platform_device.h>     /* Needed for Platform Driver Functions */
```

28.2.2 驱动的加载和卸载函数

驱动的加载和卸载函数如代码清单 28-2 所示。

代码清单 28-2 驱动的加载和卸载函数

```
module_init( irq_init);
module_exit( gpnu_irq_exit);
```

通过系统函数 module_init 调用用户自定义中断初始化函数 irq_init，如代码清单 28-3 所示。此外，通过系统函数 module_exit 调用用户自定义中断卸载函数 gpnu_irq_exit，如代码清单 28-4 所示。

代码清单 28-3 用户自定义中断初始化函数 irq_init

```
int major;
static struct class *irq_class;
static struct device *irq_device;
static int irq_init ( void)
{
    major = register_chrdev (0, " irq_drv", &irq_fops);
    irq_class = class_create ( THIS_MODULE, " irq_class" );
    irq_device = device_create ( irq_class, NULL, MKDEV (major, 0), NULL, " irq_device");
    device_create_file (irq_devicc, &dcv_attr_node1);
    request_irq (gpio_to_irq (50), irqhandler, IRQF_TRIGGER_RISING, " irq_instance50", NULL);
    return 0;
}
```

代码清单 28-4 用户自定义中断卸载函数 gpnu_irq_exit

```
static void gpnu_irq_exit ( void)
{
unregister_chrdev (major, " irq_drv");
device_unregister (irq_device);
class_destroy (irq_class);
free_irq (gpio_to_irq (50), NULL);
}
```

1. device_create_file 函数

该函数可以在/sys/class/下创建对应的属性文件，从而通过对该文件的读/写实现特定的数据操作，函数原型如下：

```
int device_create_file ( struct device *dev, const struct device_attribute *attr)
```

其中，使用这个函数时要引用 device_create 所返回的 device*指针，作用是在/sys/class/下创建一个属性文件，通过对这个属性文件进行读/写就能完成对应的数据操作。

2．DEVICE_ATTR

它可以在 sysfs 中添加"文件"，通过修改该文件内容，可以在运行过程中实现动态控制 device 的目的。在本设计中，DEVICE_ATTR 的声明如下：

```
static DEVICE_ATTR (node1, S_IWUSER, NULL, irq_fun1);
```

DEVICE_ATTR 的原型如下：

```
DEVICE_ATTR (_name, _mode, _show, _store)
```

（1）_name：名字，也就是将在 sysfs 中生成的文件名称。
（2）_mode：上述文件的访问权限，与普通文件相同，UGO 的格式。
（3）_show：显示函数，cat 该文件时，调用此函数。
（4）_store：写函数，echo 内容到该文件时，调用此函数，如代码清单 28-5 所示。

代码清单 28-5　irq_fun1 函数

```
static ssize_t irq_fun1 ( struct device * dev, struct device_attribute * attr, const char* buf, size_t count)
{
wait_event_interruptible ( button_waitq, ev_press);
ev_press = 0;
printk(" \ n");
return count;
}
```

3．wait_event_interruptible 函数

该函数修改 task 的状态为 TASK_INTERRUPTIBLE，意味着该进程将不会继续运行直到被唤醒，然后将其添加到等待队列 wq 中。函数原型如下：

```
wait_event_interruptible ( wq, condition)
```

在该函数中首先判断 condition 是不是已经满足，如果条件满足，则直接返回 0，否则调用 __wait_event_interruptible()，并用 __ret 来存放返回值。

（1）代码清单 28-5 中的 button_waitq 由下面定义：

```
static DECLARE_WAIT_QUEUE_HEAD (button_waitq);
```

（2）代码清单中的 ev_press 由下面定义：

```
static volatile intev_press = 0;
```

4．request_irq 函数

在 Linux 内核中，该函数用于申请中断，该函数在 Linux 内核的/linux/interrupt.h 中定义，数原型如下：

```
int request_irq ( unsigned int irq, irq_handler_t handler, unsigned long flags, const char *name, void * dev);
```

第 28 章 Linux 环境下包含中断机制驱动程序的开发

通过查看完整的函数定义,实际上是调用函数:

request_threaded_irq (irq, handler, NULL, flags, name, dev);

该函数在/kernel/irq/manage.c 中定义。

(1) irq 是要申请的硬件中断号。在设计中,通过调用 gpio_to_irq 函数,得到 Zynq-7000 SoC 的 MIO 引脚所对应的中断号。函数中的参数 50 表示标号为 50 的 MIO 引脚。

(2) handler 是向系统注册的中断处理函数,是一个回调函数。当发生中断时系统调用这个函数。在本设置中,中断处理函数的名字为 irqhandler,如代码清单 28-6 所示。

代码清单 28-6　irqhandler 中断处理函数

```
static irqreturn_t irqhandler ( int irq, void * dev_id)
{
Printk (" button% d interrupt! \ n", irq - 96);
ev_press = 1;
wake_up_interruptible (&button_waitq);
return IRQ_RETVAL (IRQ_HANDLED);
}
```

(3) flags 是中断处理的属性。

(4) name 传到 request_irq 的字符串被/proc/interrupts 使用,用于给出中断源。

(5) dev 用于共享中断线的指针。当不使用时,可以赋值为 NULL。

5. wake_up_interruptible 函数

该函数用于唤醒注册到等待队列上的进程,函数原型如下:

void wake_up_interruptible (wait_queue_head_t *q);

唤醒 q 指定的注册在等待队列上的进程。该函数不能直接地立即唤醒进程,而是由调度程序转换上下文,调整为可运行状态。其中,变量 q 为等待队列变量指针。

28.2.3　file_operations 初始化

在该设计中,通过 file_operations 结构体初始化函数调用。

```
static struct file_operationsirq_fops = {
    . owner = THIS_MODULE,
};
```

28.3　编写 makefile 文件

编写完驱动程序后,需要对驱动程序的源代码进行编译。在编译驱动程序源代码之前,需要编写一个 makefile 文件,如代码清单 28-7 所示。

代码清单 28-7　makefile 文件

```
SRC = / home / hebin / Downloads / linux - Digilent - Dev - master
obj - m : = button_irq.o
```

```
all:
    make -C $(SRC)           M='pwd' modules
clean:
    make -C $(SRC)           M='pwd' clean
```

(1) SRC 后面为 Linux 内核源代码的路径。

(2) obj-m := button_irq.o 表示将要从目标文件 button_irq.o 中建立一个模块，建立后的模块名字为 button_irq.ko。

(3) make 命令用于要求建立用户模块。

(4) **-C** 选项的作用是将当前工作目录转移到用户所指定的内核源文件的位置。在该位置可以找到内核的顶层 makefile 文件。

(5) M='pwd' clean 的作apply用是在尝试建立模块目标之前，使得 makefile 文件返回到用户的模块源文件目录中。然后，modules 目标指向 obj-m 变量中所设定的模块。

(6) clean 是删除在当前驱动下所生成的文件。

28.4 编译驱动程序

编写完驱动程序后，需要对所编写的驱动程序进行编译。

(1) 在 Ubuntu 操作系统中，进入命令行窗口。

(2) 在命令行窗口中，输入"sodu su"命令，获取根权限。

(3) 在命令行窗口中，输入下面的命令，指向 Xilinx 提供的交叉编译器。

```
source /xilinx/SDK/2015.4/settings64.sh
```

(4) 通过 cd 命令进入保存 button_irq.c 和 makefile 文件的目录。

> **注**：在本设计中，这两个文件保存在 /home/hebin/Downloads/interrupt 子目录中。读者可以根据自己所保存文件的位置指定路径。

(5) 在命令行窗口中输入下面的命令，对驱动程序进行编译。

```
make ARCH=arm CROSS_COMPILE=arm-xilinx-linux-gnueabi-
```

对该驱动程序进行编译的过程如图 28.1 所示。编译过程结束后，所生成的文件如图 28.2 所示。

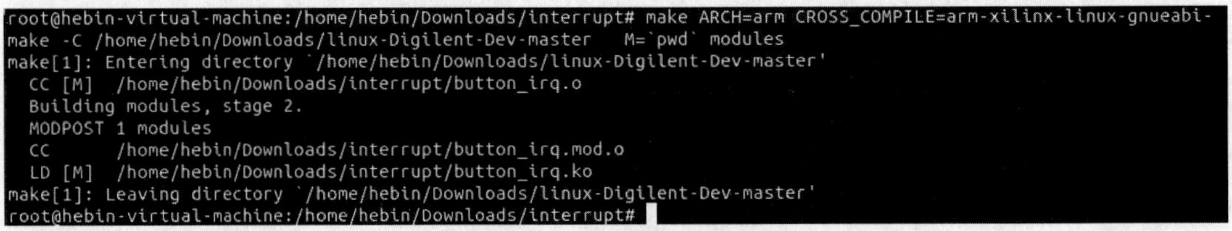

```
root@hebin-virtual-machine:/home/hebin/Downloads/interrupt# make ARCH=arm CROSS_COMPILE=arm-xilinx-linux-gnueabi-
make -C /home/hebin/Downloads/linux-Digilent-Dev-master     M=`pwd` modules
make[1]: Entering directory `/home/hebin/Downloads/linux-Digilent-Dev-master'
  CC [M]  /home/hebin/Downloads/interrupt/button_irq.o
  Building modules, stage 2.
  MODPOST 1 modules
  CC      /home/hebin/Downloads/interrupt/button_irq.mod.o
  LD [M]  /home/hebin/Downloads/interrupt/button_irq.ko
make[1]: Leaving directory `/home/hebin/Downloads/linux-Digilent-Dev-master'
root@hebin-virtual-machine:/home/hebin/Downloads/interrupt#
```

图 28.1 编译驱动程序的过程

图 28.2 编译驱动程序后所生成的文件

28.5 测试驱动程序

（1）进入 PC/笔记本电脑的虚拟机环境。
（2）将 SD 卡通过读卡器再次连接 PC/笔记本电脑的 USB 接口。
（3）进入虚拟机的下面路径中，找到前面编译完的驱动程序 button_irq.ko。

/ home / hebin / Downloads / interrupt

（4）将该驱动文件复制到 SD 卡 EXT 分区的/home 目录中。

注：在该设计中，没有单独的测试程序。

（5）将 SD 卡重新插入 Z7 - EDP - 1 开发平台的 Mini - SD 卡槽中。
（6）重复前面在 Z7 - EDP - 1 开发平台上启动 Ubuntu 操作系统的设置。
（7）等待 Z7 - EDP - 1 开发平台上成功启动 Ubuntu 操作系统。
（8）在"SDK Terminal"标签页中，输入下面命令加载驱动程序，如图 28.3 所示。

```
cd / home
insmod button_irq. ko
```

图 28.3 "SDK Terminal"标签页

思考与练习 28-1：请读者观察 Z7 - EDP - 1 开发平台上 LED 的变化情况是否和设计一致？
思考与练习 28-2：请读者尝试修改驱动程序和测试程序，进一步熟悉包含中断机制驱动程序的开发流程。

第29章 Linux 环境下图像处理系统的构建

本章将介绍在 Zynq-7000 SoC 平台和 Ubuntu 桌面系统环境下构建图像处理系统的方法。通过 Z7-EDP-1 开发平台上所搭载的单目/双目摄像头套件采集图像,并且通过 Z7-EDP-1 开发板上的以太网接口将图像传输到上位机上。

构建该平台的两个主要目的:

(1) 通过 Z7-EDP-1 平台测试并比较分别采用软件和硬件处理图像的效果。

(2) 通过 Z7-EDP-1 平台上搭载的千兆以太网接口,将图像传输到上位机上,使得从事图像处理算法研究的读者可以在上位机上直接通过 Matlab 软件研究图像处理算法,从而提高图像处理算法的研究效率。

29.1 系统整体架构和功能

Zynq-7000 嵌入式 Linux 数字图像处理系统的整体架构如图 29.1 所示。系统主要由 OV5640 摄像头模组、xc7z020 SoC 器件、外部 DDR3 动态存储器、HDMI 显示器接口以及连接上位机的网络接口等构成。

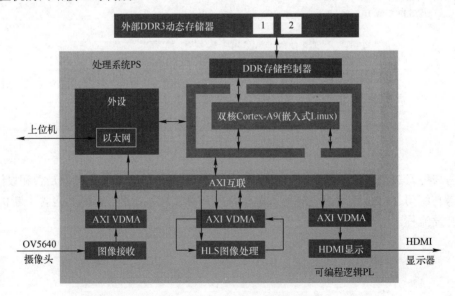

图 29.1 系统的整体架构

xc7z020 SoC 器件作为整个实时处理系统的核心，包括处理系统（Processing System，PS）和可编程逻辑（Programmable Logic，PL）两部分。其中，PS 部分包含了最高可运行在 1GHz 的 Cortex - A9 双核硬核处理器；PL 部分提供了传统 FPGA 内海量的可编程逻辑单元和 DSP 资源。

xc7z020 SoC 器件的优势在于它包含了完整的 Arm 处理系统，处理器系统集成了各种控制器和大量的外设，使 Cortex - A9 在 Zynq - 7000 中完全独立于 PL 部分，在可编程逻辑部分紧密地与 ARM 的处理单元相结合。

1. PS 实现的主要功能

处理系统 PS 部分实现的主要功能包括：运行 Ubuntu 桌面系统；调用自定义 IP 驱动实现与可编程逻辑 PL 部分数据的交互；实现上层应用程序 Qt 及网络编程等。

2. PL 实现的主要功能

可编程逻辑 PL 部分实现的主要功能包括：负责从 OV5640 摄像头中获取图像数据，并通过 VDMA 传输至 DDR3 动态存储器中保存；将 DDR3 中保存的图像数据通过 VDMA 传输到图像处理 IP 核（该 IP 核由 HLS 工具生成）进行处理，并把处理后的图像通过 VDMA 重新写回到 DDR3 存储器中；PL 中所定制的 HDMI/VGA 显示模块与 VDMA IP 模块实现 Ubuntu 桌面系统和处理前后的图像。

29.2　OV5640 摄像头性能

本章所使用的摄像头基于 OmniVision 公司的 OV5640 传感器模组，内部结构如图 29.2 所示。

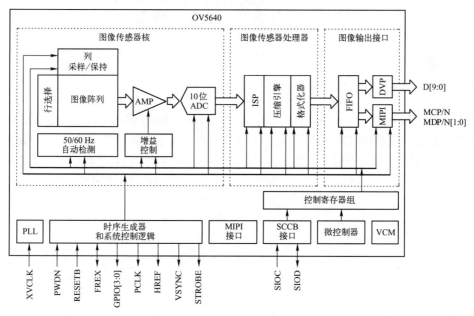

图 29.2　OV5460 传感器模组的内部结构

OV5640 传感器模组的主要功能如下。

（1）该传感器模组提供了自动的图像控制功能，包括自动曝光控制 AEC、自动白平衡 AWB、自动带宽滤波 ABF、自动 50/60Hz 亮度检测、自动黑色校准 ABLC。

（2）支持输出格式：RAW RGB、RGB565/555/444、CCIR656、YUV422/420、YVb Cr422 和压缩格式。

（3）提供标准的串行相机控制总线（Serial Camera Control Bus，SCCB）接口。

（4）提供视频端口（DVP）并行输出接口和双通道 MIPI 输出接口。

（5）支持最高的图像传输速度：①QSXGA（2592×1944）：15fps；②1080p：30fps；③1280×960：45ps；④720p：60ps；⑤VGA（640×480）：90fps；⑥QVGA（320×240）：120fps。

29.2.1 摄像头捕获模块的硬件

参考本书附录给出的 OV5640 双目摄像头配件设计原理图，该双目摄像头配件的外观如图 29.3 所示。该双目摄像头模组通过 FMC 插座与 Z7-EDP-1 开发平台连接。

图 29.3 双目摄像头配件的外观

29.2.2 SCCB 接口规范

OmniVision 公司开发串行摄像头控制总线（Serial Camera Control Bus，SCCB），通过 SCCB 对摄像头传感器模组内的寄存器进行读/写操作，就可以修改摄像头传感器模组的工作模式。为了减少器件封装的引脚个数，SCCB 工作在修改后的两线制模式下。在该模式下，不使用 SCCB_E 信号。当采用两线制模式时，允许一个 SCCB 主设备只与一个从设备连接，如图 29.4 所示。

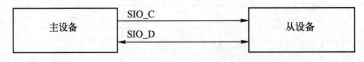

图 29.4 两线制 SCCB 结构

（1）对于主设备来说，SIO_C 时钟信号为输出。当总线空闲时，主设备将该信号驱动为逻辑"1"。当系统处于停止模式时,将该信号驱动为逻辑"0"。在正常工作时,产生逻辑"0"和逻辑"1"交替变化的信号。

(2)对于主设备来说,SIO_D 数据信号为输入/输出。当总线空闲时,该信号处于浮空状态;当系统处于停止模式时,将该信号驱动为逻辑"0"。

注:在本章中,主设备是指 Xilinx 的 xc7z020 SoC 器件。

SCCB 的数据传输由主设备控制,主设备能够发出数据传输启动信号、时钟信号及传送结束时的停止信号,如图 29.5 所示。

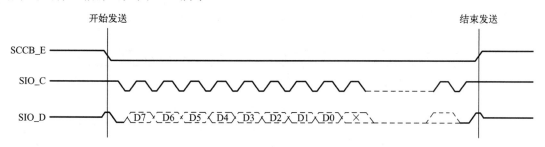

图 29.5 三线制 SCCB 发送时序图

(1)在 SCCB 协议中,将开始发送数据的条件定义为:当 SID_C 为高电平时,SID_D 出现一个下降沿,则表示 SCCB 开始发送数据的过程,如图 29.5 所示。

(2)在 SCCB 协议中,将停止发送数据的条件定义为:当 SID_C 为高电平时,SID_D 出现一个上升沿,则表示 SCCB 停止发送数据的过程,如图 29.5 所示。

29.2.3 写摄像头模组寄存器操作

在 OV5640 摄像头模组中,当主设备对从设备的寄存器进行写操作时,需要 4 个周期,如图 29.6 所示。

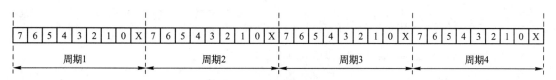

图 29.6 写传输周期

(1)周期 1:发送从设备(OV5640 传感器模组)的 ID 号,该 ID 号由 7 个比特位构成(比特位 7~比特位 1),而比特位 0 用于指示读/写操作(逻辑"0"表示写操作,逻辑"1"表示读操作)。对于 OV5640 来说,ID 号为固定的值,即 0x78。

注:"×"表示无关位。

(2)周期 2:发送从设备(OV5640 传感器模组)内部寄存器的高 8 位地址,该地址由比特位 7~比特位 0 构成。

(3)周期 3:发送从设备(OV5640 传感器模组)内部寄存器的低 8 位地址,该地址由比特位 7～比特位 0 构成。

> 注：对 OV5640 寄存器的写操作需要 16 位地址。

（4）周期 4：发送从设备（OV5640 传感器模组）内部寄存器的控制字，该控制字由比特位 7～比特位 0 构成。

29.2.4 读摄像头模组寄存器操作

在 OV5640 摄像头模组中，当主设备读取从设备寄存器的内容时，需要两个阶段。

（1）在第一个阶段时，需要 3 个周期，如图 29.7 所示。

图 29.7 读操作第一阶段

① 周期 1：发送从设备（OV5640 传感器模组）的 ID 号，该 ID 号由 7 个比特位构成（比特位 7～比特位 1），而比特位 0 用于指示读/写操作（逻辑"0"表示写操作，逻辑"1"表示读操作）。对于 OV5640 来说，ID 号为固定的值，即 0x78。

> 注：(1)"×"表示无关位。
> （2）比特位 0 为逻辑"0"，表示写地址操作。

② 周期 2：发送从设备（OV5640 传感器模组）内部寄存器的高 8 位地址，该地址由比特位 7～比特位 0 构成。

③ 周期 3：发送从设备（OV5640 传感器模组）内部寄存器的低 8 位地址，该地址由比特位 7～比特位 0 构成。

> 注：对 OV5640 寄存器的写操作需要 16 位地址。

（2）在第二个阶段时，需要两个周期，如图 29.8 所示。

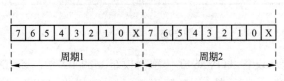

图 29.8 读操作第二阶段

① 周期 1：发送从设备（OV5640 传感器模组）的 ID 号，该 ID 号由 7 个比特位构成（比特位 7～比特位 1），而比特位 0 用于指示读/写操作（逻辑"0"表示写操作，逻辑"1"表示读操作）。对于 OV5640 来说，ID 号为固定的值，即 0x78。

> 注：比特位 0 为逻辑"1"，表示读取数据操作。

第29章 Linux 环境下图像处理系统的构建

② 周期 2：从设备（OV5640 传感器模组）返回主设备所要读取的数据。
SCCB 写寄存器操作时序如代码清单 29-1 所示。

代码清单 29-1　SCCB 写寄存器操作时序（VHDL 编写）

```
if busy_sr(11 downto 10) = " 10 " or
    busy_sr(20 downto 19) = " 10 " or
    busy_sr(29 downto 28) = " 10 " or
    busy_sr(38 downto 37) = " 10 " then
        siod < =' Z ';
else
        siod < = data_sr(40);
end if;
case busy_sr(41 - 1 downto 41 - 3) & busy_sr(2 downto 0) is
    when " 111 " &" 111 "   = >   - - start seq #1
    case divider(7 downto 6) is
            when " 00 "    = > SIOC < = ' 1 ';
            when " 01 "    = > SIOC < = ' 1 ';
            when " 10 "    = > SIOC < = ' 1 ';
            when others   = > SIOC < = ' 1 ';
        end case;
    when " 111 " &" 110 "   = >   - - start seq #2
    case divider(7 downto 6) is
            when " 00 "    = > SIOC < = ' 1 ';
            when " 01 "    = > SIOC < = ' 1 ';
            when " 10 "    = > SIOC < = ' 1 ';
            when others   = > SIOC < = ' 1 ';
        end case;
    when " 111 " &" 100 "   = >   - - start seq #3
    case divider(7 downto 6) is
            when " 00 "    = > SIOC < = ' 0 ';
            when " 01 "    = > SIOC < = ' 0 ';
            when " 10 "    = > SIOC < = ' 0 ';
            when others   = > SIOC < = ' 0 ';
        end case;
    when " 110 " &" 000 "   = >   - - end seq #1
    case divider(7 downto 6) is
            when " 00 "    = > SIOC < = ' 0 ';
            when " 01 "    = > SIOC < = ' 1 ';
            when " 10 "    = > SIOC < = ' 1 ';
            when others   = > SIOC < = ' 1 ';
        end case;
    when " 100 " &" 000 "   = >   - - end seq #2
    case divider(7 downto 6) is
            when " 00 "    = > SIOC < = ' 1 ';
            when " 01 "    = > SIOC < = ' 1 ';
            when " 10 "    = > SIOC < = ' 1 ';
            when others   = > SIOC < = ' 1 ';
        end case;
    when " 000 " &" 000 "   = >   - - Idle
    case divider(7 downto 6) is
```

```
                    when " 00 " => SIOC <= ' 1 ';
                    when " 01 " => SIOC <= ' 1 ';
                    when " 10 " => SIOC <= ' 1 ';
                    when others => SIOC <= ' 1 ';
                end case;
            when others =>
                case divider(7 downto 6) is
                    when " 00 " => SIOC <= ' 0 ';
                    when " 01 " => SIOC <= ' 1 ';
                    when " 10 " => SIOC <= ' 1 ';
                    when others => SIOC <= ' 0 ';
                end case;
```

29.2.5 摄像头初始化流程

在该设计中，将 OV5640 摄像头模组设置为 1280×720、15fps 模式，如代码清单 29 - 2 所示。

注：完整的初始化流程详见《OV5640 Auto Focus Camera Module Application Notes（with DVP Interface）》，Nov，4，2011，读者可自行到厂商的网站上下载。

代码清单 29 - 2　设置 OV5640 摄像头模组部分寄存器代码片段

```
case address is
    when x" 00" => sreg <= x" 303511 " ; -- PLL
    when x" 01" => sreg <= x" 303646 " ; -- PLL
    when x" 02" => sreg <= x" 3c0708 " ; -- light meter 1 threshold [7 : 0]
    when x" 03" => sreg <= x" 382041"; -- Sensor flip off, ISP flip on
    when x" 04" => sreg <= x" 382107"; -- Sensor mirror on, ISP mirror on, H binning on
    when x" 05" => sreg <= x" 381431"; -- X INC
    when x" 06" => sreg <= x" 381531"; -- Y INC
    when x" 07" => sreg <= x" 380000"; -- HS
    when x" 08" => sreg <= x" 380100"; -- HS
    when x" 09" => sreg <= x" 380200"; -- VS
    when x" 0a" => sreg <= x" 380304"; -- VS
    when x" 0b" => sreg <= x" 38040a"; -- HW " HE"
    when x" 0c" => sreg <= x" 38053f"; -- HW " HE"
    when x" 0d" => sreg <= x" 380607"; -- VH " VE"
    when x" 0e" => sreg <= x" 38079b"; -- VH " VE"
    when x" 0f" => sreg <= x" 380802"; -- DVPHO
    when x" 10" => sreg <= x" 380980"; -- DVPHO
    when x" 11" => sreg <= x" 380a01"; -- DVPVO
    when x" 12" => sreg <= x" 380be0"; -- DVPVO
    when x" 13" => sreg <= x" 380c07"; -- HTS
    when x" 14" => sreg <= x" 380d68"; -- HTS
    when x" 15" => sreg <= x" 380e03"; -- VTS
    when x" 16" => sreg <= x" 380fd8"; -- VTS
    when x" 17" => sreg <= x" 381306"; -- Timing Voffset
    when x" 18" => sreg <= x" 361800";
    when x" 19" => sreg <= x" 361229";
```

```
when x"1a" => sreg <= x"370952";
when x"1b" => sreg <= x"370c03";
when x"1c" => sreg <= x"3a0217"; -- 60Hz max exposure, night mode 5fps
when x"1d" => sreg <= x"3a0310"; -- 60Hz max exposure
when x"1e" => sreg <= x"3a1417"; -- 50Hz max exposure, night mode 5fps
when x"1f" => sreg <= x"3a1510"; -- 50Hz max exposure
when x"20" => sreg <= x"400402"; -- BLC 2 lines
when x"21" => sreg <= x"30021c"; -- reset JFIFO, SFIFO, JPEG
when x"22" => sreg <= x"3006c3"; -- disable clock of JPEG2x, JPEG
when x"23" => sreg <= x"471303"; -- JPEG mode 3
when x"24" => sreg <= x"440704"; -- Quantization scale
when x"25" => sreg <= x"460b35";
when x"26" => sreg <= x"460c22";
when x"27" => sreg <= x"483722"; -- DVP CLK divider
when x"28" => sreg <= x"382402"; -- DVP CLK divider
when x"29" => sreg <= x"5001a3"; -- SDE on, scale on, UV average off, color matrix on, AWB on
when x"2a" => sreg <= x"350300"; -- AEC / AGC on
when others => sreg <= x"FFFFFF";
end case;
```

使用 HDL 实现 SCCB 读/写控制时序和摄像头初始化流程后，就可以通过 Vivado 工具提供的 IP 核封装器生成 OV5640 控制器 IP 核，如图 29.9 所示。

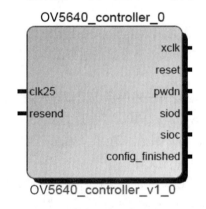

图 29.9 OV5640 摄像头控制模块的符号

29.3 Vivado HLS 实现拉普拉斯算子滤波算法的设计

本节将介绍通过 Vivado HLS 工具实现拉普拉斯算子滤波算法的方法，从而说明使用 HLS 工具对高级语言算法建模和转换的巨大优势。

29.3.1 Vivado HLS 工具的性能和优势

Vivado 集成开发工具的最大亮点就是集成了高级综合工具（High Level Synthesis，HLS）。该工具突破了 FPGA 传统的设计方法，即传统上对 FPGA 的设计都是基于硬件描述语言（Hardware Description Language，HDL）的 RTL 级描述。HDL 设计方法带来的问题主要有以下 5 种。

（1）当在 FPGA 上使用 HDL 描述复杂的算法时，除要求设计者对 FPGA 的底层结构非常清楚外，还要求有非常好的 HDL 语言编码习惯。但是，对于很多从事算法研究的人来说，很难同时具备这两个条件。

（2）设计人员将软件算法用 HDL 进行描述时，要求他们在算法模型和 HDL 之间建立直接的映射关系，这对于他们来说是一件非常困难的事情。

（3）当算法模型一旦有一些修改时，可能要求大面积地修改 HDL 设计代码，甚至要求重新编写所有的 HDL 代码，因此设计效率非常低。

（4）由于不同设计人员 HDL 代码的编码习惯不同，导致别人在理解代码时会遇到很多困难，可读性较差。

（5）当在 RTL 级上进行算法的仿真验证时，效率非常低，往往执行一个 RTL 级的仿真都需要好几天的时间才能完成。

综上所述，传统的设计方法在很大程度上限制了 FPGA 在实现复杂算法方面的应用，尽管大家都知道 FPGA 是真正可以实现数据并行处理的器件，其处理数据的性能是 CPU、DSP 和 GPU 的几十到上千倍。

Vivado HLS 能提高系统设计的抽象层次，为设计人员带来切实的帮助。其优势主要体现在以下 3 个方面。

（1）使用 C/C++高级语言作为编程语言，并且充分利用高级语言中提供的复杂数据结构，使得算法研究人员可以通过高级语言直接描述算法。此外，也不要求他们对 FPGA 的底层结构有很深入的理解。

（2）一旦使用 C/C++高级语言所描述的算法模型确定后，就可以通过 Vivado HLS 工具提供的不同用户策略指导 HLS 工具对算法模型进行处理，将 C/C++算法模型直接转换成 RTL 级的 HDL 描述，或者 IP 核。最后，通过 Vivado 工具将 RTL 级的描述进行综合、实现，生成可以配置到 FPGA 的比特流文件。

其最大的优势在于只要算法模型确定，设计者就可以通过尝试不同的用户策略，在实现成本和性能之间进行权衡，最终找到满足要求的设计方案。在设计者尝试不同的设计方案时，HLS 工具会根据设计者所选择的策略自动地进行 RTL 级 HDL 代码的转换，以及生成符合 AXI4 规范的 IP 核。

（3）通过 HLS 工具，设计者可以使用 C/C++语言编写测试文件。在这个抽象层次上，对使用 C/C++语言编写的算法模型进行测试，显著提高了算法模型验证的效率，与传统基于 RTL 级的仿真测试相比，仿真测试的效率提高了几个数量级。

正是由于 HLS 工具的这些明显优势，使得基于 FPGA 的复杂算法越来越多地采用 C/C++语言进行描述，而不再使用传统基于 RTL 的 HDL 描述。这样，使得 FPGA 可以很轻松地应用于未来的大数据处理、人工智能等领域，进一步加速算法的实现，从整体上进一步降低硬件的总成本。同时，对传统的 CPU、GPU 和 DSP 的数据处理方法带来了巨大的挑战，这也意味着，FPGA 将来会大规模地替代这些传统的硬件。

第29章 Linux 环境下图像处理系统的构建

> **注**：关于 Vivado HLS 工具的具体使用方法，参见《Xilinx FPGA 权威设计指南 - Vivado 2014 集成开发环境》。

29.3.2 拉普拉斯算法与 HDL 之间的映射

本节将介绍拉普拉斯算法与 HDL 之间映射的过程，内容包括拉普拉斯算法原理、拉普拉斯算法的 HLS 描述、拉普拉斯算法的 HLS 验证。

1. 拉普拉斯算法原理

拉普拉斯算子是最简单的各向同性微分算子，具有旋转不变性。一个二维图像函数的拉普拉斯变换是各向同性的二阶导数，定义为

$$\nabla^2 f(x,y) = \frac{\partial^2 f}{\partial x^2} + \frac{\partial^2 f}{\partial y^2}$$

上述定义的离散方程表示为

$$\nabla^2 f = [f(x+1,y) + f(x-1,y) + f(x,y+1) + f(x,y-1)] - 4f(x,y)$$

拉普拉斯算子可以表示成模板的形式。图 29.10（a）给出拉普拉斯算子的原始模板，图 29.10（b）给出拉普拉斯算子的扩展模板，图 29.10（c）和图 29.10（d）分别表示其他两种拉普拉斯的实现模板。

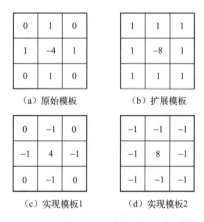

图 29.10 拉普拉斯算子的模板

从图中的模板形式容易看出，如果在图像中一个较暗的区域中出现了一个亮点，那么用拉普拉斯运算就会使这个亮点变得更亮。这是因为图像中的边缘就是那些灰度发生跳变的区域，所以拉普拉斯锐化模板在边缘检测中很有用。一般增强技术对于陡峭的边缘和缓慢变化的边缘很难确定其边缘线的位置。但此算子却可用二次微分正峰和负峰之间的过零点来确定，对孤立点或端点更为敏感。因此，特别适用于以突出图像中的孤立点、孤立线或线端点为目的的场合。

2. 拉普拉斯算法的 HLS 描述

Vivado HLS 实现拉普拉斯算法数据流如图 29.11 所示。

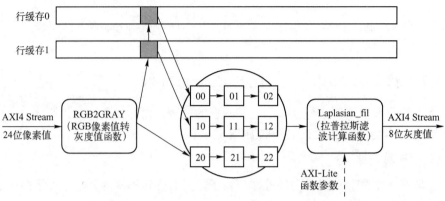

图 29.11 Vivado HLS 实现拉普拉斯算法的数据流

（1）箭头的方向表示数据之间的依赖关系。

（2）在每个时钟周期，数据在单元中并行运算或在各个单元间并行移动。

（3）AXI4 Stream 接口将 24 比特位表示的一个像素送入算法模块中。首先，经过灰度处理；然后，存入容量为 2×640 的行缓存（共 2 行，每行 640 个）中，行缓存和新的数据构成 3×3 的窗口数据；最后，9 个数据和 AXI_GP 接口送来的数据进行运算得到一个新的 8 比特位的像素值，并写回到 DDR3 中。

HLS 工具中拉普拉斯算的描述如代码清单 29 - 3 所示。

代码清单 29 - 3 HLS 工具中拉普拉斯算法的描述

```
for_outer:for( int i = 0;i < ROWS;i ++ ){
#pragma HLS LOOP_FLATTEN off
        for_inner:for( int j = 0;j < COLS;j ++ ){
#pragma HLS PIPELINE II = 1
            img_0 >> pix_in;
            gray = rgb2gray( pix_in);
            window[0][0] = window[0][1];
            window[0][1] = window[0][2];
            window[0][2] = y_buf[0][ i];
            window[1][0] = window[1][1];
            window[1][1] = window[1][2];
            window[1][2] = y_buf[1][ i];
            window[2][0] = window[2][1];
            window[2][1] = window[2][2];
            window[2][2] = gray;
            y_buf[0][ i] = y_buf[1][ i];
            y_buf[1][ i] = gray;
            lapval = ( *lap00) *window[0] [0] + ( * lap01) * window[0] [1] + ( * lap02) *
window[0][2] +
            (*lap10)*window[1][0] + (*lap11)*window[1][1] + (*lap12)*window[1][2] +
            (*lap20)*window[2][0] + (*lap21)*window[2][1] + (*lap22)*window[2][2];
            if ( lapval < 0)
                lapval = 0;
            else if ( lapval > 255)
                lapval = 255;
```

```
            pix_out.val[2] = ( unsigned char) lapval;
            pix_out.val[1] = ( unsigned char) lapval;
            pix_out.val[0] = ( unsigned char) lapval;
            img_1 << pix_out;
        }
    }
```

经过 HLS 工具处理所生成的拉普拉斯算子处理 IP 核的符号如图 29.12 所示。

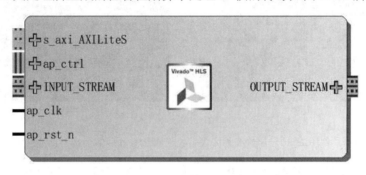

图 29.12　HLS 工具生成的拉普拉斯算法处理 IP 核的符号

3. 拉普拉斯算法的 HLS 验证

Vivado HLS 还提供了基于 C 和 RTL 级仿真的功能。该设计采用两步流程对拉普拉斯算法进行验证。

第一步是 C 语言仿真。在该步骤中，对 C/C++高级语言的编译和执行与标准的 C/C++高级语言的处理相同。

第二步是 C/RTL 协同仿真。在该步骤中，根据 C/C++语言编写的测试代码，Vivado HLS 会自动生成 RTL 级的 HDL 测试向量。基于所生成的 RTL，即 HDL 测试向量，执行 RTL 仿真，以确认并检查所描述拉普拉斯算法的正确性。

在 HLS 工具中，用 C 语言所描述的测试代码如代码清单 29-4 所示。

代码清单 29-4　HLS 工具中的 C 测试代码

```c
int main ( int argc, char** argv) {
    IplImage* src = cvLoadImage(" lena.jpg" );
    IplImage* dst = cvCreateImage( cvGetSize( src), src -> depth, src -> nChannels);
    ap_int < 8 > lap00 = - 1;ap_int < 8 > lap01 = - 1;ap_int < 8 > lap02 = - 1;
    ap_int < 8 > lap10 = - 1;ap_int < 8 > lap11 = 8;ap_int < 8 > lap12 = - 1;
    ap_int < 8 > lap20 = - 1;ap_int < 8 > lap21 = - 1;ap_int < 8 > lap22 = - 1;
    AXI_STREAM   src_axi, dst_axi;
    IplImage2AXIvideo( src, src_axi);
    laplasian_filter(&lap00,&lap01,&lap02,&lap10,&lap11,
        &lap12,&lap20,&lap21,&lap22,src_axi, dst_axi);
    AXIvideo2IplImage( dst_axi, dst);
    cvSaveImage(" lena1.png" , dst);
        cvReleaseImage(&src);
        cvReleaseImage(&dst);
    return 0;
}
```

测试原图片和生成图片如图 29.13 所示。

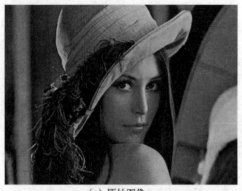

（a）原始图像

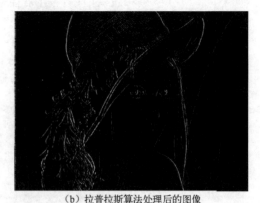

（b）拉普拉斯算法处理后的图像

图 29.13　原始图像和拉普拉斯算法处理后的图像对比

使用 Vivado HLS 对 xc7z020 的 PL 部分进行综合实现后，得到该系统消耗的资源，如图 29.14 所示，其延迟和吞吐量指标如图 29.15 所示。

Name	BRAM_18K	DSP48E	FF	LUT
Expression	-	-	-	-
FIFO	0	-	75	300
Instance	2	12	926	584
Memory	-	-	-	-
Multiplexer	-	-	-	-
Register	-	-	6	-
Total	2	12	1007	884
Available	120	80	35200	17600
Utilization (%)	1	15	2	5

图 29.14　Vivado HLS 工具给出实现拉普拉斯算法消耗的资源

Latency		Interval		
min	max	min	max	Type
619681	619681	619682	619682	dataflow

图 29.15　Vivado HLS 工具给出实现拉普拉斯算法的延迟和吞吐量指标

从图 29.14 可以看出，xc7z020 SoC 内所提供的 PL 资源完全可以实现拉普拉斯算法。从图 29.15 可以看出，延迟和吞吐量大约为 6ms@100MHz。因此，采用 xc7z020 SoC 就可以完全实现每秒 30 帧 640×480 帧格式的实时图像处理。

29.4　图像处理系统的整体构建

本节将介绍在 Vivado 2015.4 内构建图像处理系统的结构，如图 29.16 所示。VDMA 提供了 FPGA 与 DDR3 存储器进行高速数据传输的机制。VDMA 具有两个数据端口：MM2S 和 S2MM。MM2S 和 S2MM 的最大数据位宽均为 64 位，缓存区深度均为 512 字节。其中，MM2S 端口负责将数据从 DDR3 存储器向 FPGA 传输；S2MM 端口负责将数据从 FPGA 向 DDR3 存储器传输。Arm 处理器可以通过通用接口（AXI_GP）对 VDMA 进行控制。

思考与练习 29 - 1：根据图 29.16，说明在该设计中硬件结构的原理。

第 29 章 Linux 环境下图像处理系统的构建

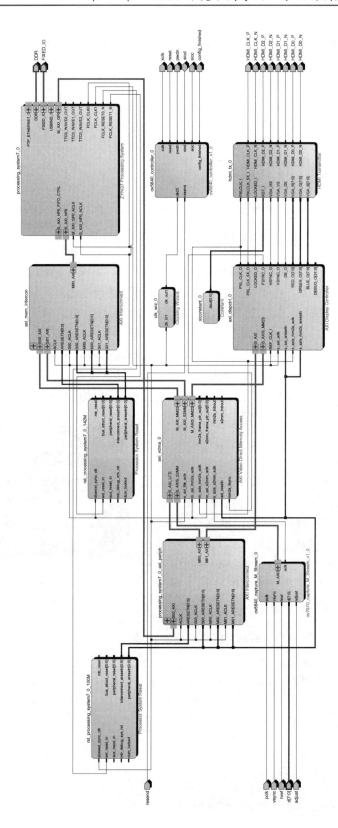

图 29.16 Vivado 环境中所构建的 OV5640 图像处理的硬件系统

思考与练习 29-2：根据系统的整体结构，说明该设计所使用的软件和硬件协同设计的方法。

思考与练习 29-3：根据对拉普拉斯算法的硬件设计介绍，请分析和比较将拉普拉斯算法采用硬件实现比使用传统软件实现的优势与性能的提升，进一步说明使用 PL 实现复杂算法的优势。

29.5 图像处理系统软件的设计

该图像处理系统是基于 Ubuntu 桌面系统和 Qt Creator 集成开发环境实现的。

29.5.1 Ubuntu 桌面系统的构建

Ubuntu 是一款基于 Linux 的开源桌面操作系统，其发行版本集成了 Linux 环境下常用的软件工具，具有界面友好、使用方便等特点。在 Linux 环境下进行嵌入式开发时，常常需要安装各种开发工具。借助 Ubuntu 强大的软件库和简易的安装方式，嵌入式开发环境的搭建过程将变得简单快捷。

本设计在北京汇众新特科技有限公司提供的 u-boot 源代码包和 Linux 源代码包的基础上，经过修改移植得到将要使用的 u-boot 启动镜像和嵌入式 Linux 系统，然后在 Vivado 设计工具中导出硬件设计，利用 SDK 开发工具建立和生成包含硬件比特流的启动镜像文件 BOOT.bin。

29.5.2 Qt 图像处理程序的开发

在 Qt Creator 开发工具中，进行嵌入式软件的界面设计和代码编写，实现对图像显示及控制的功能。图像显示的功能在 Z7-EDP-1 开发平台上实现，设置 Qt Creator 开发工具的交叉编译环境，编译生成嵌入式可执行文件。图像的控制功能在上位机中实现，通过网络传递拉普拉斯算法参数。控制端 Qt 程序的图形界面如图 29.17 所示。Qt 程序的代码如代码清单 29-5 所示。

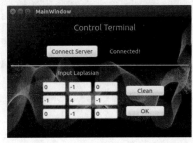

图 29.17 Qt 程序的图形界面

代码清单 29-5 Qt 程序的代码

```
#include "mainwindow.h"
#include "ui_mainwindow.h"
#include <QtCore>
#include <time.h>
#include <stdio.h>
#include <stdlib.h>
#include <unistd.h>
#include <sys/mman.h>
#include <fcntl.h>
MainWindow::MainWindow( QWidget *parent) :
```

第29章　Linux 环境下图像处理系统的构建

```cpp
                    QMainWindow( parent),
                    ui( new Ui::MainWindow)
        {
                ui -> setupUi( this);
                move(600,200);
                QTimer *timer = new QTimer( this);
                connect( timer,SIGNAL( timeout()),this,SLOT( picture_show()));
                timer -> start(30);
        }
        void MainWindow::picture_show(){
                int fp;
                fp = open(" / dev / mem" , O_RDWR);
                if( fp < 0){
                        perror(" cannot open mem" );
                }
                unsigned char *pic_base_vir = NULL;
                pic_base_vir = ( unsigned char *) mmap( NULL,PIC_SIZE,PROT_READ | PROT_WRITE,
MAP_SHARED,fp,( off_t) PIC_BASE_PHY);
                if( pic_base_vir = = MAP_FAILED){
                        perror(" cannot mmap" );
                }

                QImage *img;
                img = new QImage( pic_base_vir,PIC_WIDTH,PIC_HEIGHT,QImage::Format_RGB888);
                QImage *imgScaled = new QImage;
                *imgScaled = img -> scaled( PIC_WIDTH_SHOW,PIC_HEIGHT_SHOW,Qt::KeepAspectRatio);
                ui -> label -> setPixmap( QPixmap::fromImage(*imgScaled));

                munmap(( void *) pic_base_vir,PIC_SIZE);
          :: close( fp);
        }
        void MainWindow::startTcpserver(){
                m_tcpServer = new QTcpServer( this);
                m_tcpServer -> listen( QHostAddress::Any,19999);
                connect( m_tcpServer,SIGNAL( newConnection()),this,SLOT( newConnect()));
        }

        void MainWindow::newConnect(){
                m_tcpSocket = m_tcpServer -> nextPendingConnection();
                picNum = 0;
                connect( m_tcpSocket,SIGNAL( readyRead()),this,SLOT( readMessage()));
        }

        void MainWindow::readMessage(){
                qDebug() << picNum;
                eachTimeBytesAvailable = m_tcpSocket -> bytesAvailable();
                qba = m_tcpSocket -> read( eachTimeBytesAvailable);
```

```
        memcpy(&pic_base_vir[ picNum],qba. data(),eachTimeBytesAvailable);
        picNum + = eachTimeBytesAvailable;

        if( picNum = = PIC_SIZE){img = new
QImage( pic_base_vir,PIC_WIDTH,PIC_HEIGHT,QImage::Format_RGB888);
            imgScaled = new QImage;

*imgScaled = img - > scaled( PIC_WIDTH_SHOW,PIC_HEIGHT_SHOW,Qt::KeepAspectRatio);
            ui - > label_PicZone - > setPixmap( QPixmap::fromImage(*imgScaled));
    }
}
void MainWindow::connectServer(){
    m_tcpSocket = new QTcpSocket( this);
    m_tcpSocket - > abort();
    m_tcpSocket - > connectToHost(" 192. 168. 1. 105" ,19999);
    connect( m_tcpSocket,SIGNAL( connected()),this,SLOT( sendPic()));
}
void MainWindow::sendPic(){
    pixel + = 1;
    memset( pic. pixel,PIC_SIZE);
    m_tcpSocket - > write(( const char *) pin,PIC_SIZE);
}
```

29.6　嵌入式图像处理系统测试

　　测试系统运行在 Z7 - EDP - 1 开发平台上，外设主要由 OV5640 摄像头、HDMI 显示器、PC/笔记本电脑构成。OV5640 双目摄像头配件通过板载 FMC 插座与 Z7 - EDP - 1 开发平台连接。PC/笔记本电脑通过 Z7 - EDP - 1 上的千兆以太网接口和 Z7 - EDP - 1 上的 USB - UART 与 Z7 - EDP - 1 上的 xc7z020 SoC 通信。测试系统的场景如图 29.18 所示。

图 29.18　测试系统的场景

控制端输入不同的拉普拉斯算子得到的处理结果如图 29.19 和图 29.20 所示。

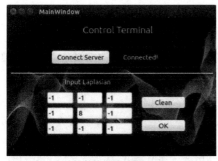
（a）拉普拉斯算子模板(1)

（b）图像处理后的结果(1)

图 29.19 控制端和实时显示的处理结果（1）

（a）拉普拉斯算子模板(2)

（b）图像处理后的结果(2)

图 29.20 控制端和实时显示的处理结果（2）

第30章 Zynq-7000 SoC 上构建和实现 Python 应用

本章将主要完成以下两个任务：一是在 Xilinx Zynq-7000 SoC 上使用 Xilinx 的嵌入式系统开发工具 PetaLinux 构建 Linux 操作系统，并在该操作系统上安装 Python 开发环境，然后在该开发环境中设计并运行一个 Python 应用；二是在 PC/笔记本的 Windows 操作系统环境下，安装 Python 开发环境，并在该开发环境中设计并运行一个应用。在该设计中，实现 Zynq-7000 SoC（作为服务器端）与笔记本电脑/PC（作为客户端）的交互。

本章内容包括设计所需的硬件环境、构建 PetaLinux 开发环境、构建嵌入式系统硬件、构建嵌入式 Python 开发环境、构建 PC 端 Python 开发环境、服务器和客户端 Python 的开发，以及设计验证。

通过比较 Python 语言在 PC/笔记本电脑和 Arm 32 位嵌入式系统上的运行效率，使读者能正确看待 Python 语言的使用环境和应用场合。

30.1 设计所需的硬件环境

在该设计中，所需要的硬件和软件环境包括：

（1）本书配套的 Z7-EDP-1 硬件开发平台（包括 SD 卡和网线），该平台上搭载 Xilinx 公司的 xc7z020clg484-1 SoC 器件，该器件内集成 Arm Cortex-A9 双处理器硬核。

（2）内存大于 8GB 的 PC/笔记本电脑，在该电脑的 Windows 环境中安装了虚拟机。

30.2 构建 PetaLinux 开发环境

本节内容使用的环境是 Ubuntu 16.04、PetaLinux 2018.2，Ubuntu 16.04 可根据本书第 24 章内容安装，安装完成后进入 Ubuntu 界面，按照下面步骤安装 PetaLinux 2018.2。

30.2.1 PetaLinux 开发环境概述

PetaLinux 工具提供了在 Xilinx 处理系统上定制、构建和部署嵌入式 Linux 解决方案所需的一切，该解决方案专为提高设计效率而设计。与 Xilinx 硬件设计工具配合使用，可以很轻松地开发使用于 Zynq UltraScale MPSoC、Zynq-7000 SoC 和 MicroBlaze 的 Linux 系统。

PetaLinux 工具（主机）简化了基于 Linux 产品的开发，使用以下从系统启动到执行的所有方式：

（1）命令行界面；
（2）应用程序、设备驱动程序、库生成器和开发模板；
（3）启动引导系统镜像建立器（Builder）；
（4）调试代理；
（5）GCC 工具；
（6）集成的 QEMU 全系统模拟器；
（7）自动化的工具；
（8）支持 Xilinx 系统调试器。

使用这些工具，开发人员可以自定义启动引导程序、Linux 内核或者 Linux 应用。它们可以在包含的全系统仿真器（QEMU）或者物理硬件上，通过网路或 JTAG，加载新的内核、设备驱动程序、应用程序和库，以及启动和测试软件栈。

1. 定制 BSP 生成工具

PetaLinux 工具使得开发人员能够在获得新功能和设备的同时将软件平台与硬件设计同步。

PetaLinux 工具将自动生成定制的 Linux 板级支持包，包括用于 Xilinx 嵌入式处理器 IP 核、操作系统内核和启动引导配置的设备驱动程序。这个能力允许软件工程师能专注于它们的增值应用而不是底层的开发任务。

2. Linux 配置工具

PetaLinux 包含用于定制引导加载程序、Linux 内核、文件系统、库核系统参数的工具。

这些配置工具完全了解 Xilinx 硬件开发工具核特定于定制硬件的数据文件。因此，如 Xilinx 嵌入式 IP 核的设备驱动程序会根据设计人员指定的设备地址自动构建和部署。

3. 软件开发工具

PetaLinux 工具集成了开发模板，允许软件团队创建自定义设备驱动程序、应用程序、库和板级支持包（Board Support Package，BSP）配置。

一旦创建了产品的软件基准（BSP、设备驱动程序、核心应用程序等），PetaLinux 工具使开发人员能够打包和分发所有软件组件，以便 PetaLinx 开发人员轻松地安装和使用。

4. 参考 Linux 发行版

PetaLinux 提供了一个完整的参考 Linux 发行版，该发行版已经针对 Xilinx 器件进行了集成和测试。参考 Linux 发行版包括二进制和源 Linux 包，包括：

（1）启动引导程序；
（2）CPU 优化的内核；
（3）Linux 应用程序&库；
（4）C&C++应用程序开发；
（5）调试；
（6）线程和 FPU 支持；
（7）集成的 Web 服务器，可以轻松远程管理网络和固件配置。

5. 快速启动 Linux 镜像

所有 PetaLinux 的 BSP 都包括预配置的启动引导程序、系统镜像和比特流。内建的工具允许单个命令将这些部件部署，并引导到物理硬件或包含完整的 QEMU 系统仿真器。

使用 PetaLinux，开发人员可以在安装后大约 5 分钟内启动并运行基于 Xilinx 的硬件，准备好应用、库和驱动程序开发。

30.2.2 安装 32 位库

读者需要按照本书前面章节所介绍的方法在虚拟机中下载并安装 Ubuntu 操作系统。

PetaLinux 需要在 Ubuntu 主机上安装许多标准的开发工具和库。以下将说明设计所需的包，以及在 Ubuntu 操作系统环境中安装它们的方法，主要步骤如下。

（1）按下"Alt + Ctrl + T"组合键，进入 Ubuntu 命令行窗口如下。

（2）在提示符后面，输入命令"sudo - s"，然后按提示输入 Ubuntu 账户和密码。

（3）在获取根权限后，在命令行窗口中出现 root@ubuntu:~#提示符。

（4）在该提示符后输入下面的命令。

```
apt-get install tofrodos gawk xvfb git libncurses5-dev tftpd zlib1g-dev zlib1g-dev:i386 \
libssl-dev flex bison chrpath socat autoconf libtool texinfo gcc-multilib \
libsdl1.2-dev libglib2.0-dev screen pax
```

30.2.3 安装并测试 tftp 服务器

本节将安装并测试 tftp 服务器。

1. 安装 tftp 服务器

安装 tftp 服务器的主要步骤如下。

（1）在 Ubuntu 操作系统命令行窗口模式下，保持处于获取根权限状态。

（2）在 root@ubuntu:~#提示符后面输入下面的命令。

```
apt-get install tftpd tftp openbsd-inetd
```

（3）安装完成后，在 root@ubuntu:~#后面输入下面的命令。

```
gedit /etc/inetd.conf
```

打开名字为"inetd.conf"的配置文件。在该文件中，添加如下内容。

```
tftp    dgram    udp    wait    nobody    /usr/sbin/tcpd    /usr/sbin/in.tftpd /tftpboot
```

（4）保存并退出该文件。

（5）在命令行提示符后面输入下面的命令。

```
mkdir /tftpboot
```

（6）在命令行提示符后面输入下面的命令。

```
chmod 777 /tftpboot
```

（7）在命令行提示符后面输入下面的命令。

```
/etc/init.d/openbsd-inetd restart
```

（8）在命令行提示符后面输入下面的命令。

```
netstat -an | more | grep udp
```

当在命令行窗口中看到如下输出提示信息时，

| udp | 0 | 0 0.0.0.0:69 | 0.0.0.0:* |

即表示 tftp 安装成功。

2. 测试 tftp 服务器

测试 tftp 服务器的主要步骤如下所示。

（1）到/tftpboot 文件夹下面建立一个名字为"test"的文本文件，输入一些内容并保存该文件。

（2）在命令行提示符后面输入下面的命令。

> cd /home/zyh

（3）在命令行提示符后面输入下面的命令。

> tftp 127.0.0.1

（4）在命令行提示符后面输入下面的命令。

> tftp > get test

（5）在命令行提示符后面输入下面的命令。

> tftp > q

（6）在命令行提示符后面输入下面的命令。

> cat test

（7）验证完成后，重新启动 Ubuntu，使得安装的 tftp 服务器生效。

30.2.4　下载并安装 PetaLinux

下面需要下载并安装 PetaLinux，步骤主要如下。

（1）在 Windows 操作系统的浏览器中，通过输入网址 http://www.xilinx.com，打开 xilinx 的官网主界面。

（2）如图 30.1 所示，在官网主界面的主菜单下，选择 Support。出现浮动菜单，在浮动菜单内，选择 Download & Licensing。

图 30.1　下载页面入口

（3）出现新的界面，在该界面的上方单击 Embedded Development。如图 30.2 所示。在该界面左侧的"Version"标题下面选择 2018.2。在右侧窗口中，找到"PetaLinux - Installation Files - 2018.2"子窗口。在该子窗口中，单击 PetaLinx 2018.2 Installer（TAR/GZIP - 6.15GB）。

（4）按提示信息，将名字为"petalinux - v2018.2 - final - installer.run"的 PetaLinux 安装文件保存在读者指定的目录中。

（5）将指定目录中的 petalinux - v2018.2 - final - installer.run 复制到 Ubuntu 操作系统的安装目录下，如本书所用目录为/home/zyh/workspace/opt。

图 30.2　PetaLinux 下载界面

（6）再次通过按"Alt + Ctrl + T"组合键，进入 Unbuntu 命令行窗口。

（7）在提示符后面，输入命令"sudo - s"，然后按提示输入 Ubuntu 账户与密码，获取根权限。

（8）在命令行提示符后面输入下面的命令。

```
cd /home/zyh/workspace/opt
```

（9）在命令行提示符后面输入下面的命令。

```
./petalinux-v2018.2-final-installer.run
```

安装 PetaLinux。

（10）按照提示输入相应的查看命令和退出命令，如图 30.3 所示。

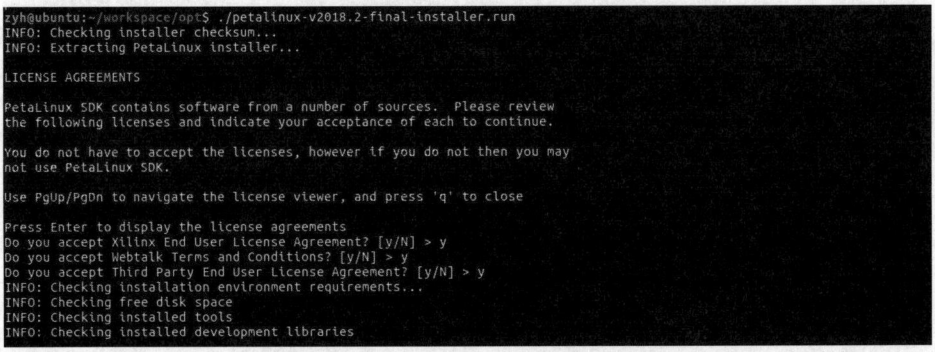

图 30.3　PetaLinux 安装过程提示信息

（11）安装完成后，执行设置环境变量脚本，如图 30.4 所示。

图 30.4　执行设置环境变量脚本

30.3 构建嵌入式系统硬件

本节将介绍如何在 Vivado 2018.2 集成开发环境下构建用于该设计的硬件系统。内容包括下载并安装 Vivado 2018.2 集成开发环境、添加板级支持包文件、建立新的 Vivado 工程，以及构建硬件系统。

30.3.1 下载并安装 Vivado 2018.2 集成开发环境

在搭建用于该设计的硬件系统之前，需要下载并安装 Vivado 2018.2 集成开发环境。主要步骤如下：

（1）在 Windows 浏览器中，通过输入下面的网址进入 Vivado2018.2 下载界面。

https://www.xilinx.com/support/download.html

（2）在该界面上方的菜单中，找到并单击 Vivado。

（3）在该界面左侧的"Version"窗口中，找到并单击 2018.2。

（4）在右侧窗口中，找到名字为"Vivado Design Suite - HLx Editions - 2018.2 Full Product Installation"的子窗口。在该子窗口中，找到并单击 Vivado HLx 2018.2: All OS installer Single-File Download（TAR/GZIP - 17.11 GB）。按提示信息下载 Vivado 2018.2 安装包。

（5）安装 Vivado 2018.2 集成开发环境。

30.3.2 添加板级支持包文件

为了便于在 Vivado 2018.2 集成开发环境中构建嵌入式硬件系统，需要预先将用于该设计的 Z7 - EDP - 1 硬件开发平台提供的板级支持包 Z7 - EDP - 1 复制到 Vivado 2018.2 安装路径下的 data\boards\board_files 中，如本书所用到目录 D:\Xilinx\Vivado\2018.2\data\boards\board_files。

30.3.3 建立新的 Vivado 工程

本小节将介绍如何在 Vivado 2018.2 环境下建立新的设计工程，主要步骤如下。

（1）在 Windows 操作系统主界面的左下角，选择开始->所有程序->Xilinx Design Tools->Vivado 2018.2->Vivado 2018.2。

（2）在 Vivado 2018.2 的主界面下，选择下面的一种方法创建新的工程：

① 在主菜单下，选择 File->New Project…

② 在主界面的"Quick Start"标题栏下，单击"Create New Project"图标。

（3）出现"New Project：Create a New Vivado Project"对话框。

（4）在该对话框内，单击"Next"按钮。

（5）出现"New Project - Project Name"对话框，按如下设置参数。

① Project name：z7edp_base。

② Project location：E:\zynq_example\z7edp_base。

③ 选中"Create project subdirectory"前面的复选框。

（6）单击"Next"按钮。

（7）出现"New Project：Project Type"对话框。在该对话框中，选中"RTL Project"前面的复选框。

（8）单击"Next"按钮。

（9）出现"New Project - Default Part"对话框。在"Select"标题的右侧单击"Boards"标签。在该标签页下面的窗口中给出了可选择的硬件开发板列表。在 Display Name 一栏的下面选择名字为"Zynq - 7000 Embedded Development Platform"的一行，该行显示该硬件平台的外观图片（Preview）、供应商信息（Vendor）、文件版本（File Version）、所用器件（Part）等信息。

（10）单击"Next"按钮。

（11）出现"New Project：New Project Summary"对话框，该对话框给出了建立工程的完整信息。

（12）单击"Finish"按钮。

30.3.4 构建硬件系统

下面将在 Vivado 2018.2 集成开发环境中构建嵌入式系统硬件平台，主要步骤如下。

（1）在 Vivado 主界面左侧的"Flow Navigator"窗口中，找到并展开 IP Integrtor。在展开项中，找到并单击 Create Block Design。

（2）弹出"Create Block Design"对话框，如图 30.5 所示。在该对话框中，将 Design name 设置为 design_1。

（3）单击"OK"按钮。

（4）在右侧出现"Diagram"标签页。在该标签页中，单击 This design is empty.Press the + button to add IP 提示消息中间的"+"或者单击该标签页工具栏中的+按钮。

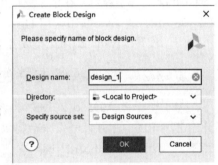

图 30.5 "Create Block Design"对话框

（5）弹出查找 IP 对话框。在该对话框的 Search 文本框中输入 zynq。在窗口下方列出了 ZYNQ7 Processing System，双击该条目，将名字为"processing_system7_0"的 ZYNQ IP 核添加到设计界面中。

（6）单击"Diagram"窗口上方的 Run Block Automation。

（7）出现"Run Block Automation"对话框。在该对话框中，使用默认设置。

（8）单击"OK"按钮，Vivado 自动进行系统连接。

（9）单击"Diagram"窗口工具栏中的+按钮，再次查找和添加 IP。

（10）出现查找 IP 对话框。在该对话框的 Search 文本框中输入 gpio。在该对话框下面的窗口中，出现名字为"AXI GPIO"的 IP 核。

（11）双击名字为"AXI GPIO"的 IP 核，将其添加到"Diagram"窗口中。

（12）在"Diagram"窗口中，找到并双击名字为"axi_gpio_0"的 IP 核符号。打开其配置界面,如图 30.6 所示。在该界面的右侧窗口中,单击"Board"标签。在该标签页中,按如下设置参数。

① GPIO:leds 8bits;
② GPIO2:Custom。

注:leds 8bits 是板级支持包自带的 GPIO 设置。

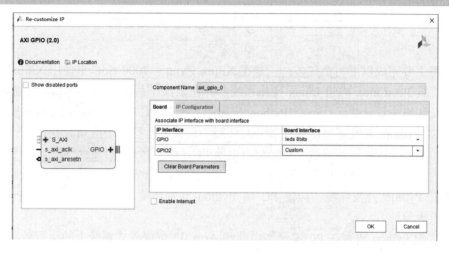

图 30.6 axi_gpio_0 的配置界面

(13) 单击"OK"按钮,退出 axi_gpio_0 的配置界面。
(14) 单击"Diagram"窗口上方的 <u>Run Block Automation</u>。
(15) 弹出"Run Connection Automation"对话框,如图 30.7 所示。在该对话框中,选中"All Automation(2 out of 2 selected)"前面的复选框,该选项表示 Vivado 工具可以自动将该 IP 核连接到 Zynq-7000 IP 核。

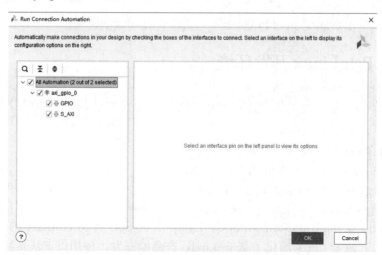

图 30.7 "Run Connection Automation"对话框

（16）单击"OK"按钮。

（17）Vivado 自动将 axi_gpio_0 的 IP 核连接到 Zynq-7000 IP 核，连接完成后的"Diagram"窗口如图 30.8 所示。

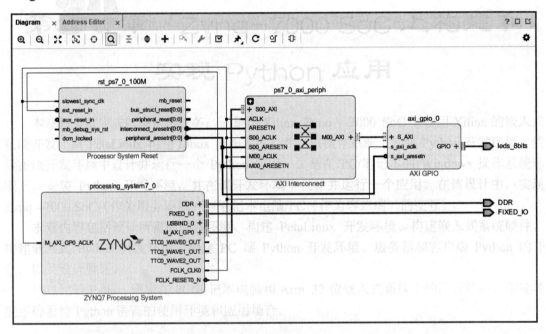

图 30.8 "Diagram"窗口

（18）在 Vivado 主界面左侧的"Flow Navigator"窗口下，单击 Open Block Design；或者在源文件窗口下，选择并单击 design_1.bd 文件。

（19）在"Sources"标签页中，选中 design_1.bd，单击鼠标右键，出现浮动菜单。在浮动菜单内，选择 Generate Output Products。

（20）出现"Generate Output Products"对话框，使用默认设置。

（21）单击"Generate"按钮。

（22）在"Sources"标签页中，选中 design_1.bd，单击鼠标右键，出现浮动菜单。在浮动菜单内，选择 Generate HDL Wrapper。

（23）出现"Create HDL Wrapper"对话框。在该对话框中，使用默认的 Let Vivado manage wrapper and auto-update。

（24）单击"OK"按钮。

（25）在 Vivado 主界面左侧的"Flow Navigator"窗口下，找到并展开 Program and Debug。在展开项中，单击 Generate Bitstream。

（26）出现"Bitstream Generation Completed"对话框。

（27）单击"Cancel"按钮。

（28）在 Vivado 当前工程主界面的主菜单下，选择 File->Export->Export Hardware。

（29）出现"Export Hardware"对话框。在该对话框中，选中"Include bitstream"前面

的复选框。

(30) 单击"OK"按钮。

30.4 构建嵌入式 Python 开发环境

下面将在 Ubuntu 中搭建 PetaLinux 工程,主要步骤如下。

(1) 在 Ubuntu 中,进入命令行窗口。

(2) 获取根权限。

(3) 在命令行提示符后面输入下面的命令。

  cd /home/zyh/workspace/projects/z7edp/

切换到工程目录。

(4) 在命令行提示符后面输入下面的命令。

  petalinux-create --type project --template zynq --name z7edp_base

创建一个新的设计工程。

(5) 在前一节构建嵌入式系统硬件生成工程的 z7edp_base.sdk 目录下找到生成的文件 design_1.hdf(注:该文件保存着嵌入式系统硬件平台的信息),并将其复制到新生成的 z7edp_base 目录下。

(6) 在命令行提示符后面输入下面的命令。

  cd z7edp_base

切换到该目录。

(7) 在命令行提示符后面输入下面的命令。

  petalinux-config --get-hw-description=.

(8) 出现名字为"Yocto Settings"的配置界面,如图 30.9 所示。在该界面中,选中 "Enable Debug Tweaks"选项前面的复选框,该选项的功能是关闭用户选择和密码。

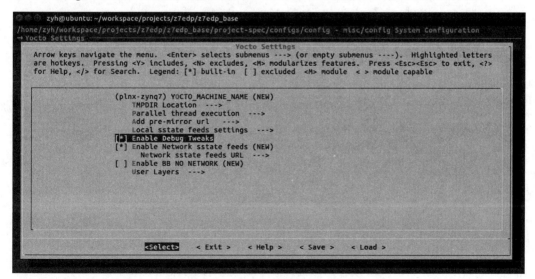

图 30.9 "Yocto Settings"配置界面

（9）配置和添加 Python 库。在 Ubuntu 命令行窗口的命令行提示符后面输入下面的命令。

petalinux-config -c rootfs

（10）出现名字为"Filesystem Packages"的配置界面。在该界面中，选择 devel->python，输入"Y"，选中 python、python - threading、python - netclient、python - netserver。

（11）在"Filesystem Packages"的配置界面中，选择 devel->python - numpy，输入"Y"，选中 python - numpy、python - numpy - dev、python - numpy - deb，使 Zynq 支持该设计中要用到的库。其中 python - numpy 的配置界面如图 30.10 所示，单击"Exit"退出配置界面并保存。

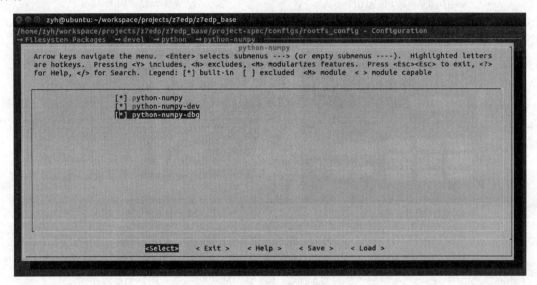

图 30.10　python - numpy 的配置界面

（12）在 Ubuntu 的命令行窗口的命令行提示符后面输入下面的命令。

petalinux-build

执行该命令，对 PetaLinux 工程进行编译。

（13）将前面一节生成的 design_1_wrapper.bit（z7edp_base\z7edp_base.runs\impl_1 目录下）复制到 Ubuntu 的/home/zyh/workspace/projects/z7edp/z7edp_base/images/linux 目录下。

（14）在 Ubuntu 命令行窗口的命令行提示符后面输入下面的命令。

cd images/linux/

切换到该目录下。

（15）在 Ubuntu 命令行窗口的命令行提示符后面输入下面的命令。

petalinux-package --boot --fsbl zynq_fsbl.elf --fpga design_1_wrapper.bit --u-boot

该命令生成 BOOT.bin 文件。

当执行完该命令后，就可以看到在该目录下生成了 BOOT.bin 文件。

30.5　构建 PC 端 Python 开发环境

本节将介绍如何为搭载 Windows 10 操作系统的 PC/笔记本电脑下载并安装 Python 3.7.0 开发环境，主要步骤如下所示。

（1）在 IE 浏览器中，通过输入下面的网址登录 Python 软件基金会的页面。

```
https://www.pythdengon.org/
```

（2）在主页面“Looking for a specific release？”标题下方的窗口中，给出了可用的 Python 版本列表，如图 30.11 所示。在该列表窗口中，单击 Python 3.7.0 一行右侧的“Download”按钮。

Looking for a specific release?

Python releases by version number:

Release version	Release date		Click for more
Python 3.5.6	Aug. 2, 2018	Download	Release Notes
Python 3.4.9	Aug. 2, 2018	Download	Release Notes
Python 3.7.0	June 27, 2018	Download	Release Notes
Python 3.6.6	June 27, 2018	Download	Release Notes
Python 2.7.15	May 1, 2018	Download	Release Notes
Python 3.6.5	March 28, 2018	Download	Release Notes
Python 3.4.8	Feb. 5, 2018	Download	Release Notes

图 30.11　可用的 Python 版本列表

（3）出现 Python 3.7.0 下载页面，如图 30.12 所示。在该设计中，单击 Windows x86-64 executable installer 条项。

Files

Version	Operating System	Description	MD5 Sum	File Size	GPG
Gzipped source tarball	Source release		41b6595deb4147a1ed517a7d9a580271	22745726	SIG
XZ compressed source tarball	Source release		eb8c2a6b1447d50813c02714af4681f3	16922100	SIG
macOS 64-bit/32-bit installer	Mac OS X	for Mac OS X 10.6 and later	ca3eb84092d0ff6d02e42f63a734338e	34274481	SIG
macOS 64-bit installer	Mac OS X	for OS X 10.9 and later	ae0717a02efea3b0eb34aadc680dc498	27651276	SIG
Windows help file	Windows		46562af86c2049dd0cc7680348180dca	8547689	SIG
Windows x86-64 embeddable zip file	Windows	for AMD64/EM64T/x64	cb8b4f0d979a36258f73ed541def10a5	6946082	SIG
Windows x86-64 executable installer	Windows	for AMD64/EM64T/x64	531c3fc821ce0a4107b6d2c6a129be3e	26262280	SIG
Windows x86-64 web-based installer	Windows	for AMD64/EM64T/x64	3cfdaf4c8d3b0475aaec12ba402d04d2	1327160	SIG
Windows x86 embeddable zip file	Windows		ed9a1c028c1e99f5323b9c20723d7d6f	6395982	SIG
Windows x86 executable installer	Windows		ebb6444c284c1447e902e87381afeff0	25506832	SIG
Windows x86 web-based installer	Windows		779c4085464eb3ee5b1a4fffd0eabca4	1298280	SIG

图 30.12　Python 3.7.0 下载页面

> **注**：根据自己的 Windows 版本（64 位还是 32 位）从 Python 的官方网站下载 Python 3.7 对应的 64 位安装程序或 32 位安装程序，然后运行下载的.exe 安装包。

（4）将名字为"python - 3.7.0 - amd64.exe"的安装包保存在用户指定的目录下。

（5）双击 python - 3.7.0 - amd64.exe 文件，启动 Python 3.7.0 安装过程。

（6）弹出"Python 3.7.0（64 - bit）Setup"对话框。在该对话框中，必须选中"Add Python 3.7 to PATH"前面的复选框。

（7）单击图 30.13 中的"Install Now"按钮，即可完成安装过程。

图 30.13　"Python 3.7.0（64 - bit）Setup"对话框

（8）安装完成后，在 Windows 操作系统中，通过 cmd 命令，进入命令行窗口，如图 30.14 所示。

图 30.14　命令行窗口

（9）在命令行提示符后面输入 python。然后，进入 Python 交互环境并可看到版本信息，说明安装成功。

30.6　服务器和客户端 Python 的开发

在该设计中，分别为 Z7 - EDP - 1 硬件开发平台上的 Zynq - 7000 SoC 和 PC/笔记本电脑编写 Python 工程，用于实现网络服务器（Zynq - 7000 SoC）和客户端（PC/笔记本）的功能，网络服务器监听客户端的请求，将生成的数据通过网络发往客户端，客户端将接收到的数据显示出来。

30.6.1 服务器端 Python 的开发

服务器进程首先要绑定一个端口并监听来自其他客户端的连接。如果侦听到某个客户端的连接请求时,则服务器就尝试与该客户端建立 Socket 套接字连接。当 Socket 连接成功后,基于该连接实现客服端和服务器之间的通信。

所以,服务器会打开固定端口(如80)监听,每当接收到客户端的一个连接请求时,就创建该 Socket 连接。由于服务器会有大量来自客户端的连接,所以要求服务器能够区分一个 Socket 所连接和绑定的客户端。因此,一个 Socket 套接字需要以下 4 个信息项,包括:服务器地址、服务器端口、客户端地址和客户端端口。

在 Ubuntu 环境下,新建文本文档,并键入 Python 设计代码,如代码清单 30-1 所示,并将其文件名保存为 server.py。

代码清单 30-1 网络服务器端的 Python 源代码

```python
#!/usr/bin/env python3
# -*- coding: utf-8 -*-
__author__ = 'hebin'
__email__ = '50006931@qq.com'
# 导入库
import socket, time, threading, struct
import numpy as np

sampling_rate = 8000
fft_size = 512
tcp_size = 1024


def tcplink(sock, addr):
    print('Accept new connection from %s:%s...' % addr)
    while True:
        dataRecv = sock.recv(1024)
        if dataRecv != b'':
            if len(dataRecv) == 4 and dataRecv[:4].decode('utf-8') == 'exit':
                break
            else:
                # 接收参数
                data = struct.unpack('2f', dataRecv)
                frequency1 = data[0]
                frequency2 = data[1]
                t = np.arange(0, 1.0, 1.0 / sampling_rate)
                x = np.sin(2 * np.pi * frequency1 * t) + 2 * np.sin(2 * np.pi * frequency2 * t)
                xs = x[:fft_size]
                xf = np.fft.rfft(xs) / fft_size

                freqs = np.linspace(0, sampling_rate / 2, fft_size / 2 + 1)
                xfp = 20 * np.log10(np.clip(np.abs(xf), 1e-20, 1e100))
                # 发送数据
```

```
            dataSend = struct.pack('512f', *t[:fft_size])
            sock.send(dataSend[:tcp_size])
            sock.send(dataSend[tcp_size:tcp_size*2])
            dataSend = struct.pack('512f', *xs)
            sock.send(dataSend[:tcp_size])
            sock.send(dataSend[tcp_size:tcp_size*2])
            dataSend = struct.pack('257f', *freqs)
            sock.send(dataSend[:tcp_size])
            sock.send(dataSend[tcp_size:tcp_size*2])
            dataSend = struct.pack('257f', *xfp)
            sock.send(dataSend[:tcp_size])
            sock.send(dataSend[tcp_size:tcp_size*2])
        time.sleep(0.5)
    sock.close()
    print('Connection from %s:%s closed.' % addr)

s = socket.socket(socket.AF_INET, socket.SOCK_STREAM)
# 监听端口:
s.bind(('192.168.1.101', 9999))
s.listen(5)
print('Waiting for connection...')
while True:
    # 接受一个新连接:
    sock, addr = s.accept()
    # 创建新线程来处理TCP连接:
    t = threading.Thread(target=tcplink, args=(sock, addr))
    t.start()
```

30.6.2 客户端Python的开发

大多数连接都是可靠的TCP连接。创建TCP连接时,主动发起连接的叫客户端,被动响应连接的叫服务器。

在PC/笔记本电脑的Python开发环境中,输入设计代码,如代码清单30-2所示,并将其文件名保存为client.py。

代码清单30-2　PC/笔记本网络客户端的Python源代码

```
#!/usr/bin/env python3
# -*- coding: utf-8 -*-
__author__ = 'hebin'
__email__ = "50006931@qq.com"



# 导入库
import socket
import matplotlib.pyplot as pl
import struct
from tkinter import *
```

```python
fft_size = 512
tcp_size = 1024

def func():
s = socket.socket(socket.AF_INET, socket.SOCK_STREAM)
    # 建立连接
    s.connect(('192.168.1.101', 9999))
    # 发送参数
    frequency1 = float(en.get())
    frequency2 = float(en1.get())
    dataSend = struct.pack('2f', frequency1, frequency2)
    s.send(dataSend)
    # 接受数据
    T1 = s.recv(tcp_size)
    T2 = s.recv(tcp_size)
    dataRecv = T1 + T2
    t = struct.unpack('512f', dataRecv)
    T1 = s.recv(tcp_size)
    T2 = s.recv(tcp_size)
    dataRecv = T1 + T2
    xs = struct.unpack('512f', dataRecv)
    T1 = s.recv(tcp_size)
    T2 = s.recv(tcp_size)
    dataRecv = T1 + T2
    freqs = struct.unpack('257f', dataRecv)
    T1 = s.recv(tcp_size)
    T2 = s.recv(tcp_size)
    dataRecv = T1 + T2
    xfp = struct.unpack('257f', dataRecv)
    # 画图
    pl.figure(figsize=(8,4))
    pl.subplot(211)
    pl.plot(t[:fft_size], xs)
    pl.xlabel(u"Time(s)")
    pl.title(u"Waveform and spectrum of %.2fHz and %.2fHz" % (frequency1, frequency2))
    pl.subplot(212)
    pl.plot(freqs, xfp)
    pl.xlabel(u"Frequency(Hz)")
    pl.subplots_adjust(hspace=0.4)
    pl.show()
    s.send(b'exit')
    s.close()

# 图形界面
root = Tk();
root.title("Client")
label = Label(root, text='Frequency1', anchor='c').grid(row=0)
en = Entry(root)
```

```
en.grid(row=0, column=1)
label1 = Label(root, text='Frequency2').grid(row=1)
en1 = Entry(root)
en1.grid(row=1, column=1)
Button(root, text='OK', width=6, height=1, command=func).grid(row=2, column=0)
Button(root, text='QUIT', width=6, height=1, command=root.quit).grid(row=2, column=1)
root.mainloop()
```

30.7 设计验证

本节将介绍如何对前面的设计进行验证，包括启动服务器程序和启动客户端程序。

30.7.1 启动服务器程序

启动服务器程序的步骤主要如下。

（1）将本章生成的 BOOT.bin 文件、z7edp_base/images/linux 目录下的 image.ub 文件和本章生成的 server.py 文件复制到 SD 卡中。

注：SD 卡必须是 FAT32 格式。

（2）将 SD 卡插入 Z7-EDP-1 硬件开发平台中，并通过网线将 Z7-EDP-1 硬件开发平台上的网络接口连接到路由器。

（3）通过 USB 线将 Z7-EDP-1 硬件开发平台上的串口连接到 PC/笔记本电脑。按如下设置串口助手参数，即波特率设置为 115200。

（4）将 Z7-EDP-1 硬件开发平台设置为 SD 卡启动模式。

（5）给 Z7-EDP-1 硬件平台上电。在串口显示信息，如图 30.15 所示。

图 30.15 从 Z7-EDP-1 硬件开发平台串口发送的调试信息

（6）在串口调试助手界面中，输入命令 python，在 Z7-EDP-1 硬件开发平台（服务器）上执行 Python 文件。

（7）可以看到 Z7-EDP-1 硬件开发平台上出现 python 命令行。在命令行中输入打印命令。

```
print('Hello world')
```

可以看到成功打印出"Hello World"的信息,与 PC 机上执行的效果一样,如图 30.16 所示。

```
root@z7edp_base:~# python
Python 2.7.13 (default, Jun 11 2018, 21:07:50)
[GCC 7.2.0] on linux2
Type "help", "copyright", "credits" or "license" for more information.
>>> print('Hello World')
Hello World
>>>
```

图 30.16　执行 print 打印命令的结果

(8) 在串口调试助手界面中,输入命令 exit(),退出 python 命令行。
(9) 在串口调试助手界面中,输入下面的命令。

    mount /dev/mmcblk0p1 /mnt

挂载 SD 卡。
(10) 在串口调试助手界面中输入下面的命令。

    cd /mnt

切换目录。
(11) 在串口调试助手界面中输入下面的命令。

    ifconfig eth0 192.168.1.101

配置服务器的 IP 地址。
(12) 在串口调试助手界面中输入下面的命令。

    python server.py

启动服务器。

启动服务器后,串口调试助手界面内给出的信息如图 30.17 所示。从图中可以看到,服务器成功启动,正在等待客户端连接。

```
root@z7edp_base:/mnt# ifconfig eth0 192.168.1.101
root@z7edp_base:/mnt# python server.py
waiting for connection...
```

图 30.17　启动服务器后串口调试助手界面给出的信息

30.7.2　启动客户端程序

在 PC/笔记本电脑上启动客户端程序的步骤主要如下。
(1) 在搭载 Windows 10 操作系统的 PC/笔记本电脑上通过运行 cmd 进入命令行窗口,如图 30.18 所示。在该窗口的命令行提示符后面输入下面的命令。

图 30.18　命令行窗口(1)

python - m pip install - upgrade pip

安装 matplotlib 库。

（2）在如图 30.19 所示的命令行中定位到保存 client.py 文件的目录中。

图 30.19　命令行窗口（2）

注：在该设计中，将 client.py 文件保存在 E:\zynq_example\z7edp_base 目录下。

（3）如图 30.17 所示，在命令行提示符后面输入命令 python client.py。
（4）弹出 "Client" 对话框，如图 30.20 所示。

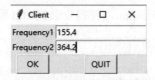

图 30.20　"Client" 对话框

（5）在如图 30.18 所示的对话框中输入不同的两个频率。
（6）单击 "OK" 按钮，退出 "Client" 对话框。
（7）弹出两个频率叠加的波形图和两个频率显示界面，如图 30.21 所示。

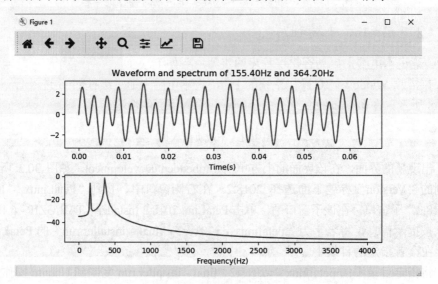

图 30.21　显示界面（1）

（8）重新输入其他两个频率 262.7 和 527.6，可以看到新的图像显示界面，如图 30.22 所示，对话框工具可以对图形放大、缩小、查看数据、保存等。

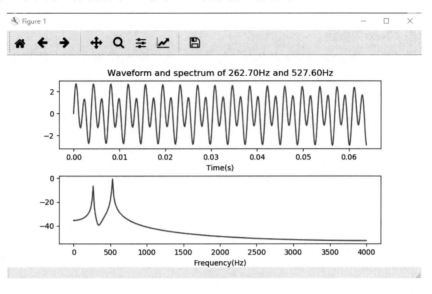

图 30.22　显示界面（2）

（6）单击"Next"按钮。

（7）出现"New Project: Project Type"对话框，在该对话框中，选中"RTL Project"前面的复选框。

（8）单击"Next"按钮。

（9）出现"New Project - Default Part"对话框，在"Select"标题的右侧单击"Boards"标签。在该标签页下面的窗口中给出了可选择的硬件开发板列表。在Display Name一栏的下面选择名字为"Zynq-7000 Embedded Development Platform"的一行，该行显示该硬件平台的外观图片（Preview）、供应商信息（Vendor）、文件版本（File Version）、所用器件（Part）等信息。

（10）单击"Next"按钮。

（11）出现"New Project: New Project Summary"对话框，该对话框给出了建立工程的完整信息。

（12）单击"Finish"按钮。

30.8.4 构建硬件系统

下面将在Vivado 2018.2集成开发环境中构建嵌入式系统硬件平台，主要步骤如下。

（1）在Vivado主界面左侧的"Flow Navigator"窗口中，找到并展开IP Integrator。在展开项中，找到并单击Create Block Design。

（2）弹出"Create Block Design"对话框，如图30.5所示。在该对话框中，将Design name设置为design_1。

（3）单击"OK"按钮。

（4）在右侧出现"Diagram"标签页。在该标签页中，单击This design is empty.Press the + button to add IP 提示消息中间的"+"或者单击该标签页工具栏中的+按钮。

图30.5 "Create Block Design"对话框

（5）弹出查找IP对话框。在该对话框的Search文本框中输入zynq，在窗口下方列出了ZYNQ7 Processing System，双击该条目，将名字为"processing_system7_0"的ZYNQ IP核添加到设计界面中。

（6）单击"Diagram"窗口上方的Run Block Automation。

（7）出现"Run Block Automation"对话框。在该对话框中，使用默认设置。

（8）单击"OK"按钮，Vivado自动进行系统连接。

（9）单击"Diagram"窗口工具栏中的+按钮，再次查找和添加IP。

（10）出现查找IP对话框。在该对话框的Search文本框中输入gpio。在该对话框下面的窗口中，出现名字为"AXI GPIO"的IP核。

（11）双击名字为"AXI GPIO"的IP核，将其添加到"Diagram"窗口中。

（12）在"Diagram"窗口中，找到并双击名字为"axi_gpio_0"的IP核符号，打开其配